Termeer
Münster als Marke

Marcus Termeer, geb. 1962, Dr. phil., M.A. Promotion in Soziologie, neuerer Geschichte und Politikwissenschaft an der Uni Münster. Freier Autor und Journalist (war Redaktionsleiter der taz in Münster). Arbeitsschwerpunkte: Kultursoziologie, Raum- und Stadtsoziologie, Geschlechtergeschichte, gesellschaftliche Naturbeziehungen. Veröffentlichte u.a. *Verkörperungen des Waldes*, Bielefeld 2005.

Marcus Termeer

Münster als Marke

Die „lebenswerteste Stadt der Welt“, die Ökonomie der Symbole und ihre Vorgeschichte

WESTFÄLISCHES DAMPFBOOT

Bibliografische Information der Deutschen Nationalbibliothek
Die Deutsche Nationalbibliothek verzeichnet diese Publikation in der Deutschen Nationalbibliografie; detaillierte bibliografische Daten sind im Internet über http://dnb.d-nb.de abrufbar.

1. Auflage Münster 2010

Umschlag: Lütke Fahle Seifert AGD, Münster
Druck: Rosch-Buch Druckerei GmbH, Scheßlitz
Gedruckt auf säurefreiem, alterungsbeständigem Papier
ISBN 978-3-89691-794-2

Inhalt

Entree

„Städtische Räume erschließen sich heute wesentlich über Imageproduktionen. Es ist ein Kernelement der Globalisierungspolitik, dass graphische Bilder in einem noch mal gesteigerten Maße Wahrnehmung prägen. Während Bildproduktionen systematisch Raumerfahrungen eröffnen – was ebenso bedeutet, dass sie alternative Raumerfahrungen verschließen – haftet Städtebildern der Ruf des Unmittelbaren, geradezu Unschuldigen an. Um es zuzuspitzen: *Im Wettkampf der Städte zählt das Bild. Gesellschaftliche Skepsis, Gesellschaftskritik bezieht sich jedoch auf den Text und lässt die Bilder wirken.*“ (Löw 2006: 2; Hervorhebung im Original)

Martina Löws Worte lassen sich verstehen als Aufforderung für eine eingehende ideologiekritische Beschäftigung mit diesen Bildproduktionen, mit den Weisen, in denen sie soziale Räume vorstrukturieren und mit den Weisen, in denen sie in diesen Räumen aufgehen bzw. eben nicht aufgehen. Der „Kampf um Reputation“ im Städtewettbewerb auf allen Ebenen, so Löw, „wird ikonographisch geführt.“ Denn im Bestreben der Städte, in immer neuen Imagekampagnen „selbst zum Weltlabel zu werden“, geht es darum, EinwohnerInnen, KonsumentInnen, TouristInnen zu akquirieren bzw. zu halten (vgl. ebd.: 1f.).

So werden Innenstädte tendenziell zu Orten, die exklusiv KonsumentInnen und TouristInnen vorbehalten sind, wird der „touristische Blick“ zum dominanten Blick, unter dem „sich die Orte“ verwandeln „zu Kulissenlandschaften und Freizeitanlagen, in denen soziale Heterogenität eher als irritierend und störend empfunden wird“, wie Klaus Ronneberger/Stephan Lanz/Walther Jahn (1999: 72) das ausdrücken. Seit den 1990er Jahren seien zur Aufrechterhaltung der sozialen Reputation „der Subjekte bestimmte Konsummuster inzwischen unerläßlich geworden. Der Konsum stellt jetzt eine Artikulationsweise des Sozialen dar, über den sich Milieus als Lebensstilgruppen definieren und klassifizieren“. Kennzeichnend für „diese konsumistischen Formen der Identitätsbildung“ sei eine Kombination von Einkauf, Erlebnis und Kommunikation, für die ein „Erlebnisraum“ bereitgestellt werde, der primär „ein Raum der sicheren Distanz vor unerwarteten Ereignissen und Situationen“ sei, „die die erwünschte Atmosphäre in Frage stellen könnten“. Genutzt werde so die Vielfalt der City, aber „unter Ausschluß aller möglichen Gefährdungen und Unsicherheiten“ (ebd.: 71f.) bzw. Belästigungen: Risikolose urbane Erlebnisse für „Mittelklassekonsumenten“. Das fügt sich ein in die umfängliche Transformation von BürgerInnen in KundInnen (Stephan Voswinkel 2004).

Wie sich eine Stadt im allfälligen postfordistischen Wettbewerb – regional, national, international und global – als 'Marke' präsentiert und etabliert, wie unter diesen Bedingungen die Strukturen sozialer Inklusionen und Exklusionen aussehen, welche Rolle Kultur und Geschichte dabei spielen, wie sich Reichtum und Armut verteilen und darstellen, soll in diesem Buch am Beispiel Münsters untersucht werden.

Sharon Zukin betrachtet in einer Weiterentwicklung des Konzepts von Pierre Bourdieu kulturelles Kapital als eine direkt ökonomisch bedeutsame Größe. Sie spricht von einer „kapitalistischen Ökonomie der Symbole" bei der städtischen Imagebildung, der Belegung urbaner Räume mit jeweils spezifischen architektonischen, kulturellen etc. Symbolen. Dabei unterscheidet sie zwischen einer „traditionellen städtischen Ökonomie der Symbole" und deren Transformation „zu einem neuen globalen Kulturkapitalismus (1998: 31f.).

Und so kann man Zukins Satz über New York und Paris abwandeln: In dem diskursiven Sinn, in dem es Städten gelingt, durch eine Verdichtung „kulturelle[r] Werte zu einem visuellen Image [...] erwünschte oder unerwünschte gesellschaftliche Aspekte zu verkörpern" (ebd.: 29), *ist* Münster der Prinzipalmarkt mit seinen Arkadengängen, dem gotischen Rathaus und der Lambertikirche, der Dom, Fahrräder, das Schloss (die Universität), die „Skulptur Projekte" alle zehn Jahre, seit wenigen Jahren vor allem auch der „Kreativkai" als Zentrum des weiträumigen Gentrifizierungs-Areals am Stadthafen.[1] Als identifizierbares und exklusives Symbol im (globalen) Wettbewerb *ist* Münster aber primär noch immer der Prinzipalmarkt. Der ist schon traditionell ein Ort, der „Vermischung von Einkaufs- und Freizeitaktivitäten" (Ronneberger/Lanz/Jahn 1999: 71), vorgeblich historisches Gesamtkunstwerk zur Repräsentation der Kaufmannschaft und damit ein Ort, an dem Kultur und Konsum untrennbar miteinander verbunden sind. So betont auch das in Köln ansässige Marketing-Netzwerk „Nordrhein-Westfalen Tourismus e.V." Anfang 2006 die enorm wachsende Bedeutung des „Shopping-Tourismus'" unter anderem am Beispiel „der historischen Altstadt von Münster" mit dem Mittelpunkt Prinzipalmarkt, wo „Gäste Shopping, Kunst- und Kulturgenuss bestens miteinander kombinieren" könnten (*NRW-Tournews* vom 2. Februar 2006).[2]

---

1 Im Original heißt es: „In diesem diskursiven Sinne ist Manhattan riesige Wolkenkratzer, Neonreklamen von und Gemälde von unschätzbarem Wert im Metropolitan Museum, und Paris ist Straßencafés, kleine bunte Läden mit großen Schaufenstern und Gemälden von unschätzbarem Wert im Louvre." (ebd.: 29)

2 Der Informationsdienst „Nordrhein-Westfalen Tourismus e.V"." wurde 1997 im Auftrag des damaligen NRW-Wirtschaftsministeriums gegründet und „vier Jahre lang zu hundert Prozent von der Landesregierung finanziert. Seit 2002 wird die Agentur zusätzlich von inzwischen gut 50 privaten und öffentlichen Mitgliedsunternehmen getragen. Ziel ist die Ankurbelung des Tourismus. Nach eigenen Angaben ist diese Form der Wirtschaftsförderung sehr erfolgreich (*NRW-Tournews* vom 30. März 2006).

Das korrespondiert mit umfangreichen 'kundenorientierten' architektonischen Aufwertungen der Altstadt. In den letzten Jahren entstanden die exklusive *Shopping Mall* „Münster Arkaden", das von ihr umschlossene Picasso-Museum und der eigens neu geschaffene Picasso-Platz, das Einkaufsviertel „Hanse Carré" und das Einkaufs- und Dienstleistungszentrum „Stubengasse". Zu diesen Aufwertungen einer wohlhabenden Innenstadt gehört auch ein tendenziell zentrales City-Management. Ausgeübt wird es durch die „Initiative starke Innenstadt", gebildet aus Kaufleuten und Stadtverwaltung. Diese Entwicklungen gehören in den Kontext einer Renaissance der Innenstädte zugunsten prosperierender Privathaushalte und Unternehmen. Einen bisherigen Höhepunkt stellt hier der Bau der *Gated Community* „Klostergärten" an der Promenade dar. Volker Kirchberg (1998b: 41f.) hat generell von einer „Urban Political Economy" gesprochen. Gemeint ist damit eine am Profit ausgerichtete Stadtentwicklung, betrieben durch eine „Wachstumskoalition", die besteht aus Immobilienwirtschaft und VertreterInnen der Stadtverwaltung, von Stadtmarketing und Tourismus.

Münster ist eine relativ reiche, mittlere Großstadt. Sie gilt als überschaubar und als 'Schreibtisch Westfalens', geprägt von Verwaltung, Universität und sieben weiteren Hochschulen mit über 50.000 Studierenden (die als wichtiger 'Standortfaktor' gelten). Münster ist inzwischen in gewisser Weise eine 'schwarz-grüne' Stadt, eine Wahl-Hochburg sowohl der CDU (die heute im Bundesvergleich als relativ liberal gelten kann), als auch der Grünen, deren Kreisverband zwar zu den vergleichsweise linken zählt, deren lokale AnhängerInnen aber zugleich auch sichtbar machen können, warum die Grünen inzwischen als Partei des „neuen Bürgertums" (Melanie Haas 2004) zu bezeichnen sind (inklusive des ökologischen Distinktionsgewinns). Eine Koalition zwischen CDU und Grünen/GAL ist zwar nach wie vor nicht vorstellbar, der politische Einfluss der Grünen ist aber relativ hoch. Bei der Kommunalwahl 2009 erzielte die CDU 39,2 Prozent, die Grünen 19,3 (SPD 25, FDP knapp 9, die Linke gut 3, die UWG knapp 1,7 Prozent, die Piraten erhielten gut 1,5 und die ÖDP knapp 0,9 Prozent). Die CDU stellt mit Markus Lewe zwar den Oberbürgermeister, hat ihre vorherige knappe Mehrheit mit der FDP aber eingebüßt. 2004 votierten noch gut 42 Prozent der WählerInnen für die CDU, die Zahlen für Grüne und SPD waren damals nahezu gleich. So, wie Münster bis 1933 vom katholischen Zentrum dominiert wurde, dominierte nach 1945 die CDU. Von 1994 bis 1999 allerdings wurde die Stadt von einer SPD/Grünen-Mehrheit regiert und nach einer absoluten Mehrheit für die CDU 1999 ging deren Stimmenanteil kontinuierlich zurück.

Die herkömmliche – und zumindest bis in die 1970er Jahre zutreffende – Zuschreibung einer 'schwarzen', klerikal-konservativ dominierten Stadt ist somit inzwischen weitgehend passé. An einer solchen, zum Klischee erstarrten Zuschreibung festzuhalten, hätte auch den Nachteil, aktuelle Entwicklungen, die in diesem Buch untersucht werden sollen, nicht fassen zu können. In Münster herrscht längst ein Klima der relativen Liberalität; allerdings einer Liberalität des Wohlstands.

Die geringe industrielle Prägung Münsters ist ein wesentlicher Grund dafür, dass postfordistische Umbrüche sich hier verhältnismäßig gering auswirken: Die 'schrumpfende Stadt', wie sie auch in der deutschen Stadtsoziologie derzeit als dominierendes Phänomen wahrgenommen wird, ist hier (derzeit) nicht anzutreffen. Vielmehr steigt die Bevölkerungszahl laut Amt für Stadtentwicklung seit Jahren leicht an. 281.050 Menschen lebten laut Amt für Stadtentwicklung am Stichtag 31. Dezember 2008 in Münster, davon 271.006 mit Haupt- und 10.044 mit Nebenwohnsitz (vgl. *Westfälische Nachrichten*[3] vom 17. März 2009) Drei Jahre zuvor waren es noch insgesamt 278.925 EinwohnerInnen (vgl. *WN*, 29. März 2006). Für die nächsten beiden Jahrzehnte wird ein weiterer leichter Anstieg prognostiziert.

Auch der relative Reichtum lässt sich beziffern. 2004 – neuere Zahlen liegen nicht vor – lag das durchschnittliche steuerpflichtige Einkommen in Münster mit 33.498 Euro 2300 Euro über dem nordrheinwestfälischen Landesdurchschnitt. Bei der Verteilung werden aber klare Unterschiede deutlich. Von den damals knapp 125.000 Steuerpflichtigen in Münster verdienten nahezu 60 Prozent weniger als 30.000 Euro und nur ein Prozent mindestens 175.000 Euro im Jahr (vgl. *Münstersche Zeitung*[4] vom 19. November 2008).

Zugleich zeigt sich eine verschärfte Polarisierung. Im ersten Halbjahr 2009 bezogen 13.000 Menschen in Münster Hartz IV (vgl. *MZ* vom 7. Mai 2009), 7588 und damit rund 18 Prozent der Kinder lebten im selben Zeitraum von Sozialleistungen. 4647 bezogen Hartz IV, die anderen knapp 3000 erhielten Sozialhilfe oder Zahlungen nach dem Asylbewerberleistungsgesetz (vgl. *WN* vom 16. April 2009). Zugleich berichteten die 15 Sozialbüros der Caritas von einer zunehmenden Armut, die immer mehr Menschen an den sozialen Rand dränge. Allein im Hochhausstadtteil Kinderhaus müssten mehr als 1400 Menschen mit Lebensmittelgutscheinen und Spenden unterstützt werden (vgl. *MZ* vom 18. September 2009). 2008 waren nach einer Studie der Wirtschaftsauskunftei „Creditreform Münster" 20.400 BürgerInnen überschuldet. Da Wirtschaftsauskunfteien die Kreditwürdigkeit von Menschen schon anhand ihrer Adresse ablesbar machen wollen, bilden sie die sozialräumliche Verteilung der Polarisierung in „Schuldneratlanten" ab. Dieser Atlas fällt für Münster erwartbar aus. In den Trabantenstädten Kinderhaus und Coerde, aber auch in den eher ländlichen Stadtteilen Sprakel, Gelmer und Handorf wurde mit 15 Prozent die höchste „Schuldnerquote" im gesamten Münsterland ermittelt, in der Innenstadt, genauer im Kreuzviertel, in der Altstadt und im Großraum Aasee hingegen mit gut 5 Prozent die geringste (*WN* vom 20. Januar 2009).

Seit Oktober 2004 schmückt sich Münster mit dem Titel „lebenswerteste Stadt der Welt". Gewählt wurde die Stadt bei den vom UN-Umweltprogramm unter-

3 Künftig zitiert mit ihrem Kürzel *WN*.

4 Künftig zitiert mit ihrem Kürzel *MZ*.

stützten „LivCom-Awards“ im kanadischen Niagara von einer internationalen Jury aus Landschaftsplanern und -architekten in der Kategorie der Städte mit 200.000 bis 750.000 EinwohnerInnen. Dieser für die Imageproduktion der Stadt wesentliche Titel erscheint als übergeordnete Konstruktion eines homogenen städtischen ‘Wir’, bei dem aber real die marginalisierten Bevölkerungsgruppen draußen bleiben; und das buchstäblich etwa in den maroden Hochhäusern der Brüningheide in Kinderhaus.

Der „LivCom“-Titel gerät zum Höhepunkt einer ganzen Reihe solcher Auszeichnungen. National lag Münster seit 2003 dreimal im „Fahrradklimatest“ des Allgemeinen Deutschen Fahrradclubs und des BUND vorn, war zweimal „Klimahauptstadt“ der Deutschen Umwelthilfe (DUH). 2009 wurde die Stadt zum fünften Mal in Folge von der DUH, der Energieagentur NRW und der Zeitschrift *Solarthemen* zum „NRW-Solar-Landesmeister“ gekürt, weil Münster die Großstadt mit den meisten Sonnenkollektoren und der höchsten Solar-Stromleistung sei (vgl. *MZ* vom 11. August 2009). Gleichzeitig wird die Stadt regelmäßig in neoliberalen Städte-Rankings auf vorderen Plätzen eingestuft. Das Magazin *Focus Money* bescheinigt Münster 2008 unter den Städten und Kreisen in Nordrhein-Westfalen die „stärkste Wirtschaftskraft“ und stuft es bundesweit auf Platz 26 ein. Auf Basis von Zahlen der statistischen Landesämter sollen etwa die Arbeitslosenquote, die Bruttowertschöpfung je Erwerbstätigen oder das verfügbare Pro-Kopf-Einkommen berücksichtig worden sein (vgl. *MZ* vom 16. Dezember 2008). Im Wirtschaftsranking des omnipräsenten arbeitgebernahen Lobbyisten-Netzwerkes „Initiative Neue Soziale Marktwirtschaft“ (INSM) und der *WirtschaftsWoche* (9. Oktober 2009 und 5. September 2008) landet Münster 2009 und 2008 unter den 50 größten deutschen Städten jeweils auf Platz zwei hinter München.

Im Münsteraner Stadt-Marketing sind die Lebensqualität und ihre Inwertsetzung untrennbar miteinander verbunden. Sie bezeichnen eine bürgerliche Prosperität, die sich als nachhaltig versteht. ‘Nachhaltigkeit’ aber ist ein Begriff, mit dem sich der Kapitalismus neu legitimieren lässt. Münster scheint aufgrund seiner Sozialstruktur und der Dominanz des tertiären Sektors prädestiniert für einen solchen „neuen Geist des Kapitalismus“ (Luc Boltanski/Eve Chiapello 2003), der sich speist aus der Absorption postmaterialistischer Kritik.

Untersuchungen konkreter lokaler Sinnstrukturen und -produktionen stellen, wie Helmuth Berking/Martina Löw (2005: 10ff.) betonen, bis dato einen ‘blinden Fleck’ in der Stadtsoziologie dar. Zwar sei die (Groß-) Stadt seit der „Entdeckung des ‘Sozialen’ […] zum privilegierten Erfahrungsraum für die sozialwissenschaftliche Theoriebildung“ geworden, hier aber stets als „Teilmenge“, als „Subkategorie solch analytischer Konzepte wie ‘Gesellschaft’, ‘Kapitalismus’, ‘Modernisierung’ und ‘Moderne’ […], als Laboratorium für sozialen Wandel, Devianz, Desintegration, Segregation etc.“. So sei „ein breites Wissen über die kapitalistisch (später auch patriarchal) strukturierte Stadtentwicklung" entstanden, allerdings sei es stets „eine spezifische Subsumtionslogik, die mit Verweis auf ein gesellschaftstheoretisches Strukturprinzip das Wissensobjekt 'Stadt' konstituiert". Ebenso garantiere „eine spezifische Funktionslogik [...] die Einheit und damit die Erzählbarkeit des Objekts". Hingegen:

> „Das sozialwissenschaftliche Wissen [...] über die Differenz zwischen Städten, über die Bedeutung materieller Konstellationen für den städtischen Alltag, über die Relevanz lokaler Sinnkontexte ist bis heute nur fragmentarisch. Ebenso unerforscht ist [...], wie sich im Handeln Stadt als Bezugskontext und als erlebte Einheit herstellt. Wie wird eine Stadt für verschiedene soziale Gruppen, für politische und wirtschaftliche FunktionsträgerInnen, für TouristInnen zu 'ihrer' Stadt? Decken sich die Stadtkonstruktionen der Gruppen? Und welche Bedingungen gehen in die Einheitsherstellung heterogener Orte als Stadt ein?" (ebd.: 12)

Besonders in Deutschland habe die Stadtsoziologie eine solche Analyse von Einzelfällen „weitgehend der Stadtethnologie bzw. der kulturwissenschaftlichen Stadtforschung überlassen" (ebd.); ebenso, muss man ergänzen, der Regional- und Lokalhistoriographie. So erfahre man soziologisch denn auch wenig „über die Eigenlogik der Städte, über die Stadt als distinktes Wissensobjekt *Stadt* [...]. Ein Vergleich der verfügbaren Strukturdaten von Wanne-Eickel und New York City etwa würde zweifellos signifikante Differenzen offenbaren, die Städte aber ließen sich hierüber nicht identifizieren". Trotzdem sei das Wissen darüber unbestreitbar, „dass Wanne-Eickel nicht New York und New York nicht Beirut ist" (ebd.). Oder Münster.

Martina Löw (2001: 46) bescheinigt der Stadtsoziologie noch vor wenigen Jahren, nicht zu fragen, „wie soziale Strukturen sich als räumliche niederschlagen oder wie räumliche Strukturen soziales Handeln prägen". Noller/Priggen/Ronneberger (1994a: 14) hingegen konstatieren inzwischen – ausgehend von Henri Lefèbvres These der „Dominanz des Räumlichen und [der] totalisierenden Tendenz der Verstädterung" seit der zweiten Hälfte des 20. Jahrhunderts – eine „Verschiebung" der in der Soziologie lange praktizierten Konzentration auf „Zeit und Geschichte" hin „zum Räumlichen in den Diskursen und Praxisformen" unter den Stichworten „Post-Moderne", „Postfordismus", „Informationsgesellschaft", „Kulturgesellschaft" und „Globalisierung". Globalisierung ist danach zu verstehen als „Erweiterung des Organisationsraumes von Produktion und Konsumtion zu *einem* Raum der 'Markt-Welt' und als Differenzierung *transnationaler* Kulturen", als „eine 'Weise des Sich-In-Beziehung-Setzens mit der Raum-Welt'", für die die Stadt den sozialen Vermittlungs- und Integrationsraum biete.

Bestandteil des geschilderten „Sich-In-Beziehung-Setzens" ist die Konstruktion von „sozial-räumlichen Einheiten", das „Zelebrieren des Lokalen", so Gisela Welz (1994: 223). Auch Welz sieht eine in den Sozialwissenschaften dominante Tendenz, „die Kategorie Raum als unproblematisch" und als bloßen „Behälter" historischer Prozesse zu begreifen:

„Das verdeckt, daß sozialräumliche Einheiten ebenso konstruiert werden wie historische Prozesse, und daß auch diese unsichtbar gemachten sozialen Konstruktionsvorgänge Machteffekte transportieren und Orte politischer Auseinandersetzungen sind." (ebd.)

Ziel dieser Studie ist es, die Weise zu untersuchen, in der das 'Lokale' als das 'Besondere', als 'Marke' produziert und wahrgenommen wird – mit ihren Folgerichtigkeiten und Widersprüchlichkeiten. Damit sollen auch städtische Räume und ihre wechselseitige Erzeugung untersucht werden, ebenso ihr gegenseitiger Ausschluss, Räume als Produkte und Produzenten sozialer Strukturen, sozialen Handelns, von Macht, Inklusion und Exklusion und dabei zugleich die Verschränkungen mit historischen Prozessen.

Münster als Marke hat zwei Teile. Teil eins beschäftigt sich mit den aktuellen Tendenzen einer postfordistischen Urbanisierung und ihrer räumlichen Fragmentierungen und Synthetisierungen. In Teil zwei geht es um den Wiederaufbau der im Zweiten Weltkrieg weitgehend zerstörten Altstadt, insbesondere um den Neubau des Prinzipalmarktes als der zentralen Image-Ikone Münsters. Schon 1987 hat Roswitha Rosinski gezeigt, wie dieses Architektur-Ensemble völlig neu entsteht als Suggestion einer 'heilen Geschichte' und als Visualisierung der Selbstidentifikation und der ökonomischen Interessen der bürgerlich-konservativen Elite der Stadt. Der Vorkriegs-Prinzipalmarkt bestand aus einer innerhalb von 600 Jahren realisierten vielfältigen Architektur zwischen Gotik und Historismus. Ab 1948 entstand dagegen eine Architektur „aus einem Guß", deren Fassaden Geschichte vortäuschen und ausblenden sollen. Das aber mit Mitteln des „architektonischen Konservativismus des frühen 20. Jahrhunderts", die auch im deutschen Faschismus eine Rolle gespielt haben (Rosinski 1987: 96).

Ich werde daran anknüpfen, den Blick aber erweitern auf die Funktion des Prinzipalmarktes als architektonische Deckerinnerung, in der die damals 'jüngste Geschichte' nicht einfach allgemein verschwindet, sondern mit ihr auch sehr konkret Vorgänge wie die 'Arisierungen' jüdischer Geschäfte oder die Beschäftigung von ZwangsarbeiterInnen vor und *Displaced Persons* nach 1945 zur Räumung der Bombentrümmer. Der erweiterte Blick schließt auch die restliche Altstadt als Ort der Derealisierung des Faschismus mit ein, und hier die (Neu-) Erfindung urwestfälischer Gemütlichkeit mittels neu gebauter Traditionskneipen.

Erster Teil: Die starke Innenstadt und die Inwertsetzung von Lebensqualität

„Wir empfehlen Münster als Investitionsstandort",

wird im April 2008 Thomas Beyerle, Leiter des „Bereichs Research und Strategie" bei der „Deutschen Gesellschaft für Immobilienfonds" (DEGI) zitiert (*MZ* vom 16. April 2008). Die DEGI, die nach eigenen Angaben rund 20 Milliarden Euro an Investitionsvermögen in offenen Fonds verwaltet und damit zu den fünf größten Firmen Europas gehöre, bescheinigt dem „Standort Münster" in ihrem „Marktreport", er sei ein „eindeutiger Zuzugsmarkt" mit „[g]länzende[n] Zukunftsperspektiven". In diesem Rendite-Ranking unter „69 Standorten" bundesweit landet die Stadt auf Platz 10 des „Büroimmobilienmarktes" und Platz 16 „bei Einzelhandelsimmobilien". Hier werde bis 2018 verlässlich Rendite erzielt (vgl. ebd.; vgl. *WN* vom 17. April 2008). Münster, referieren die *WN* „Beyerles Einschätzungen", glänze „nicht nur als Wachstumsstandort, sondern auch als Universitätsstadt und Wissenschaftscluster sowie mit dem 'Label grüne Stadt'". Neben den Dienstleistungsunternehmen profitierten von diesen 'Standortfaktoren' die „Generation 50 plus" und „die junge Erben-Generation". Beide ziehe es „in die Mitte der Metropolen, dorthin, wo die Kultur und das Leben pulsieren." Mittelfristig komme es, wie auch andernorts, zum Abmagern der „'Speckgürtel' um Münster" herum und zu einer „Renaissance der Innenstadt". Wobei die gutbetuchte Klientel nicht „auf lieb gewonnene Standards verzichten" wolle. So müssten für die dann „verstärkt" gebauten exklusiven „Townhouses" bisherige Miets- und Reihenhäuser schlicht abgerissen werden (ebd.). Zugleich werde es „erhebliche Preissteigerungen" bei Immobilien geben. „Mit allen negativen Folgen für sozial Schwache." (*MZ* vom 16. April 2008)

Am Beispiel Immobilienranking zeigen sich konkret wesentliche Facetten des Berater- und Ranking-Kapitalismus.[1] Zum einen herrscht zwischen den einzelnen Anbietern von Rankings ein Wettbewerb, der sich nicht selten in mehr oder weniger widersprüchlichen Wertungen niederschlägt. Während Münster laut DEGI-Gutachten „unter den 'B-Locations' eine Spitzenposition" einnehme und auf dem Büroimmobilienmarkt auf einer Stufe „mit Stuttgart, Hamburg und München und

1 Vgl. hierzu Kap. 6.

noch vor Bonn, Bremen, Essen und Dortmund" liege (*WN* vom 17. April 2008), sieht das wenig später nach einer Analyse des Wirtschafts-Magazins *Capital* etwas anders aus. Hier wird Münster ein „im Wert beständige[r] Immobilienmarkt" mit den „Top-Wohngebieten [...] Kreuz- und Erphoviertel, Aaseestadt, Sentruper Höhe und St. Mauritz" bescheinigt. Aber die Schlagwort-Bewertung „Ein Stück heile Welt" steht lediglich für Solidität. Bonn („Überholspur statt Schmollecke"), Dortmund („Erfolgsgeschichte im Pott") und Essen („Neue Aufbruchstimmung") hingegen werden ungleich höhere Dynamiken zugesprochen (*WN* vom 7. Mai 2008). Innerhalb der „Urban Political Economy" der „Wachstumskoalition" (Kirchberg 1998b: 41f.) fungieren solche konkurrierenden und divergierenden Bewertungen angeblich unabhängiger ExpertInnen als Wechselspiel aus einer Bestätigung, die 'richtige Strategie' zu fahren und der steten Mahnung, in diesen Bemühungen nicht nachzulassen, sie möglichst weiter zu forcieren. Zum anderen sind Expertisen wie die der DEGI nicht zuletzt selbst direkte Markt-Strategie: 'ExpertInnen' in eigener Sache präsentieren kommunalen EntscheidungsträgerInnen Trends, die diese tunlichst nicht verschlafen sollten. Nicht mehr in der Provinz investiere die Immobilienbranche, so Beyerle, sondern es gehe klar „zurück in die Stadt". Zudem konkurriere Münster zukünftig nicht mehr regional und national, „sondern mit Uppsala und Bilbao", wovon letztlich wieder die 'ExpertInnen' direkt profitieren. Die DEGI wird wegen der „positiven Marktdaten" zumindest bis 2010 „mit Sicherheit" einiges Geld anlegen (*WN* vom 17. April 2008).[2] Für die Bewältigung der sozialen Folgen sieht Immobilienexperte Beyerle „die Politik" zuständig (*MZ* vom 16. April 2008).

Zusammengenommen bedeutet dies einen Aufruf zur weiteren Forcierung der seit Jahren betriebenen Segregation, die Abdrängung der einkommensschwachen Bevölkerung in die Peripherie: die Hochhaussiedlungen „Berg Fidel" und „Kinderhaus" oder das Wohnviertel „Schwarzer Kamp"; soziale Brennpunkte, die Franka Schäfer (2007: 11) in der von Dieter Hoffmeister herausgegebenen Studie über städtische Armut am Beispiel Münsters als „die Schattenseiten des Oberzentrums" mit seinem „Glanzbild" einer „vor Wohlstand und Gediegenheit geradezu strotzenden Idylle" bezeichnet, ein Bild, das nicht zuletzt im Wettbewerb um den „LivCom Award" 2004 entstanden ist bzw. bestätigt wird.

Im ersten Kapitel meiner Untersuchung mit der Leitfrage, wie sich Münster im Städte-Wettbewerb als 'Marke' positioniert, geht es um die Konstruktion der „lebenswertesten Stadt der Welt" im Verhältnis zur seit Jahren aktuellen Bau- und 'Stand-

2 Das scheint wenig später in der 'Finanzmarktkrise' fraglich. Wie viele andere offene Immobilienfonds beschließt die DEGI im Herbst 2008 wegen mangelnder Liquidität einen Rücknahmestopp für Anteile. Ende Januar öffnet sie den Fond „DEGI International" zwar wieder, der Fonds „DEGI Europe" bleibt aber (wie die Fonds anderer Anbieter) für zumindest weitere neun Monate geschlossen (vgl. *Frankfurter Rundschau* vom 24. Januar 2009).

ortpolitik' einer 'kundenorientierten unternehmerischen Stadt'. Gezeigt werden soll, wie die Stadt zusammen mit Investoren eine auf innerstädtische Großprojekte und die Bedürfnisse von wohlhabenden Haushalten und der Dienstleistungsökonomie konzentrierte Wachstums- und Entwicklungs-Strategie anwendet; und damit auch, dass das, was die Immobilienwirtschaft als notwendig anmahnt, längst Realität ist. Hierbei werden zwei Formen von 'Aufwertungen' deutlich.

Zum Einen die klassische Gentrifizierung: Sie lässt sich seit Jahren besonders am Kanalhafen und in seiner Umgebung beobachten. Ihren vorläufigen Höhepunkt soll diese Entwicklung in dem trotz einiger Rückschläge hartnäckig geplanten Wohnquartier „Neuhafen" erfahren. Zu dieser Variante gehören auch das Wohnquartier „Germania Campus" auf dem Gelände einer ehemaligen Brauerei am nördlichen Rand der Innenstadt.

Eine andere Variante scheint charakteristisch für eher wohlhabende Städte wie Münster zu sein. Sie äußert sich in zusätzlichen Aufwertungen von Stadträumen, die bis dahin keineswegs als abgewertet oder brach liegend betrachtet wurden. Dazu zählt die *Gated Community* „Klostergärten" auf dem Gelände eines eigens dafür abgerissenen Klosters in einem gutbürgerlichen Viertel an der Promenade unweit der Altstadt. Weitere Prestige-Projekte sind das „Hanse Carré" und die „Stubengasse" mit Läden, Hotel und Stadtwohnungen und die exklusive Einkaufspassage „Münster-Arkaden"; allesamt inmitten der Altstadt. Um diese und andere „Leuchtturm-Projekte" – hierzu zählte auch die 2008 in einem Bürgerentscheid gescheiterte Musikhalle vor dem Schloss – angemessen zu flankieren, sind ebenso neue „Entrees" in die Altstadt geplant. Geplant ist hier vor allem die Aufwertung der Ecke Vossgasse/ Alter Fischmarkt (die Straße führt direkt zum Prinzipalmarkt) nach dem Umzug der „Deutschen Bank" von hier zur Stubengasse. Aufgewertet werden sollen ebenso mit einem städtebaulichen Wettbewerb das Umfeld des Aegidii-Tors im Süden und das Umfeld des bahnhofnahen Mauritz-Tors (im Wettbewerb nun „Ost-Tor" genannt) im Osten der Altstadt.

Zu fragen ist hierbei nicht zuletzt nach den jeweiligen Verhältnissen der Ökonomie der Symbole und der Symboliken des Ausschlusses, damit auch danach, wann und wie symbolische Schwellen zu manifesten werden in den unterschiedlichen Weisen der Privatisierung des öffentlichen Raums. Diese führt nicht nur zu einer weiteren Segregation insgesamt, sondern auch zu ihrer Ausweitung auf bisher nicht betroffene Bereiche. So hat die Ansiedlung der „Klostergärten" in dem erwähnten ruhigen Wohnviertel nicht nur bereits mit Baubeginn für Unruhe und Protest gesorgt; eine solche bewachte Wohnanlage für Bestbetuchte dürfte eben aufgrund der Überwachungsszenarien eine bislang in diesem Viertel nicht bekannte 'Bedrohungslage' evozieren.

Zu fragen ist damit also auch, wie erfolgreich derartige Strategien aus Sicht der Stadtpolitik sind, bzw. nach Selbstwidersprüchen der lokalen Wachstumskoalition. Projekte wie „Münster-Arkaden", „Hanse-Carré" und „Stubengasse" treiben die

Ladenmieten in der Innenstadt weiter in die Höhe, was dann zu drohenden oder tatsächlichen Geschäftsaufgaben und dementsprechend aufgeregten Diskussionen in Politik und Presse führt. Zudem bedeuten neue Einzelhandelsflächen nicht selten bloße Verlagerung bereits ansässiger Unternehmen. Etwas anders ist die Situation im Hafen. Hier steht noch bis mindestens Frühjahr 2011 ein Gefahrgutlager nicht nur den 'Visionen' eines „Wohnens am Wasser" im „Neuhafen", sondern auch der Ansiedlung eines Luxushotels in einem alten Speicher im Weg. Beide Projekte sollen der Stadt indirekt neue Einnahmen garantieren. Gleichzeitig dürfte sie der Abzug des Gefahrgutlagers in jedem Fall Geld kosten. Da der Pachtvertrag noch bis 2016 läuft, wären Ausgleichszahlungen fällig. Bei einem (zumindest zwischenzeitlich erwogenen) Wegzug der Firma aus Münster käme es zu Gewerbesteuerausfällen.

1 Eine bürgerliche Idylle des bunten Marktes?

Wenn hier von Privatisierungen des öffentlichen Raums die Rede ist, dann ist das nicht im Sinne von Desintegrations- oder gar „Amerikanisierungs"-Thesen gemeint, wie sie in der deutschen Stadtsoziologie seit rund zwei Jahrzehnten vor allem von Hartmut Häußermann und Jens S. Dangschat aber auch Wilhelm Heitmeyer vertreten werden. Sie errichten das Modell der „europäischen Stadt", einer vor allem im bürgerlichen 19. Jahrhundert entstandenen „urbane[n] Kultur der sozialen Vielfalt", die nun infolge einer Ausrichtung der Städte am globalen Wettbewerb und einer somit bewirkten Polarisierung bzw. Spaltung der städtischen Gesellschaft „durch unversöhnliche Widersprüche zerstört" werde (Häußermann 1998: 170). Segregation wird in diesen Theorien als 'amerikanisches' Phänomen betrachtet, das die Kultur europäischer Städte bedrohe. Schon Klaus Ronneberger, Stephan Lanz und Walther Jahn (1999: 206f.) bezeichnen diese „Kritikfigur" besonders deshalb als problematisch, weil

> „dabei mit einem völlig reduzierten Verständnis des öffentlichen Raumes operiert wird, der als neutrale Arena einer vorbehaltlosen Konfrontation mit dem Fremden erscheint. Zum einen bleibt außer Betracht, daß der Zugang zum öffentlichen Raum der europäischen Stadt historisch nie für alle Gruppen gleichberechtigt war. [...] Zum anderen reproduzieren Nutzungsweisen und Begegnungsformen 'auf der Straße' bestehende Machtverhältnisse und soziale Identitäten – eine Tatsache, die unterschlagen wird, wenn man lediglich auf die positiven Wirkungen einer 'Begegnung mit dem Fremden' rekurriert."

Ausgeblendet werden in solchen Konstruktionen des öffentlichen Raums als „urbane[m] Mythos" (Bareis 2007a: 81) sexistische und rassistische Exklusions- und Machtverhältnisse. Gerade Frauen sind in der Geschichte der bürgerlichen Gesellschaft weitgehend ins Private verwiesen und so vom öffentlichen Leben ausgeschlossen worden. Und als Fremde Identifizierte – ethnisch oder wegen ihrer sexuellen Orientierung

'Abweichende' – sind in einem für sie formal offenen Raum einem breiten Repertoire diskriminierender Praktiken ausgesetzt worden. Entwürfe des öffentlichen Raums als „zentrale[m] Topos des Städtischen rekurrieren somit nicht nur „auf eine spezifische normative Grundlage", sie sind desgleichen „funktionalistisch" angelegt, weil die Existenz des öffentlichen Raums allein „für das Vorhandensein einer funktionierenden 'urbanen Kultur' steht" (ebd.). Hierin entsteht dann das Bild eines bunten Markplatzes, auf dem sich völlig fremde Menschen aus unterschiedlichsten sozialen Realitäten und unterschiedlichster Lebensstile vorgeblich zwanglos und offen begegnen. Das ist nicht von ungefähr ein Bild aus dem Fundus des 'Neuen Urbanismus', für den auch etwa der Wettbewerb um die „lebenswerteste Stadt der Welt" steht, der den harten Fährnissen der neoliberalen Globalisierung ein jeweils lokales 'Wir' entgegensetzen soll, aber an sozialen Verwerfungen entscheidend beteiligt ist, schon weil diese Verwerfungen *innerhalb* dieser Idylle der Toleranz stattfinden, von ihr aber verschleiert werden.

Selbstverständlich also lassen sich gesellschaftliche Umbrüche beobachten: eine zunehmende residenzielle Segregation, ein tendenzieller definitorischer Ersatz des Souveräns weg von den BürgerInnen mit ihren Grundrechten hin zu den KundInnen mit ihrer Marktmacht (vgl. Voswinkel 2004), ein sich ausweitendes (Zugangs-) Management öffentlicher und quasi-öffentlicher Räume durch private *und* öffentliche Akteure in als Unternehmen definierten Städten. Das ist aber keine Frage widerstreitender 'amerikanischer' und 'europäischer' Kulturen. Im Gegenteil, denn gerade dem Beharren auf solchen Konstruktionen kultureller Widersprüche kommt eine Funktion innerhalb dieser Umbrüche zu. Die anscheinend kritiklose Adaption von Vorstellungen historisch gewachsener Urbanitäten in Europa innerhalb soziologischer Desintegrations-Theorien läuft immer Gefahr, sich – wie ungewollt auch immer – instrumentalisieren zu lassen.

> „Insbesondere eine positive Bezugnahme auf die Bürger-Stadt des 19. Jahrhunderts, deren extreme Klassengegensätze auch die Nutzung ihrer öffentlichen Räume strukturierten, ist damit mehr als problematisch: Bezeichnenderweise bildet sie gegenwärtig die Grundlage einer Politik, die eine Wiederkehr des besitzenden Bürgers als Träger der städtischen Kultur anstrebt und andere Gruppen als Gefahr derselben diffamiert. [...] Die revanchistische Politik der Ausgrenzung von Submilieus, die als nicht vereinbar mit einer urbanen Lebensweise gelten, agiert häufig auch unter dem Banner der europäischen Stadt. Der Urbanitätsbegriff wird dabei pervertiert: Nicht mehr die Exklusion unerwünschter Bevölkerungsgruppen gilt als ihr Widerspruch, sondern die 'Unfähigkeit' einzelner, sich in dieses selektive Modell zu integrieren." (Ronneberger/Lanz/Jahn 1999: 208.)

Am Ideal der europäischen Bürgerstadt ausgerichtete Desintegrations-Theorien stützen also durchaus die neoliberale Ideologie des allein für sich verantwortlichen Individuums. Zugleich sind sie im Bemühen, „sozialräumliche Maßnahmen einzufordern, die der Spaltung der Städte entgegenwirken", weil sie ein Versagen der bisherigen urbanen Integrationsmechanismen konstatieren, in der Lage, „Bedrohungsszenarien" zu entwickeln, „nach denen deviante Verhaltensweisen, die den ärmeren oder 'ausgegrenzten' Bevölkerungsteilen zugeschrieben werden, die 'Stadtkultur' bedrohen" (Bareis 2007a: 82). Häußermann (1998: 170) etwa spricht von einem „latente[n] Bürgerkrieg" in gespaltenen Städten. Derartige Bilder 'guter', weil integrierter, und 'böser', weil desintegrierter Armer entstehen nicht zuletzt deshalb, weil

> „die bloße Einforderung des räumlichen Zugangsrechtes für ausgegrenzte Gruppen den entscheidenden Punkt verfehlt: Die Vorstellung einer zwanglosen urbanen Vielfalt, zu der auch Marginalisierte gehören, schreibt deren Position im Rahmen der sozialen Gegensätze eher fest. Zu fragen ist viel mehr, im Rahmen welcher Macht- und Herrschaftsprozesse Ausgegrenzte überhaupt erst zu solchen gemacht werden" (Ronneberger/Lanz/Jahn 1999: 208).

Während nun Desintegrations-Theorien auf ein absolut gesetztes gesellschaftliches Ganzes abheben, das von Fragmentierung oder Auflösung bedroht sei, weshalb nach Strategien zur Umkehrung zu suchen sei, ist mit Ellen Bareis vielmehr davon auszugehen, dass es sich bei „Fragmentierungen und Homogenisierungen" des Raumes um „grundlegende Prozesse kapitalistischer Vergesellschaftung" handelt (Bareis 2007a: 89). Auf Basis der Regulationstheorie lassen sich die Unterschiede zwischen fordistischen und postfordistischen Vergesellschaftungen nachzeichnen. Der Fordismus erscheint „als historisch spezifische[r] Kompromiss zwischen Kapital und Arbeit" – weshalb Fordismus und Keynesianismus zusammengehören – in dem Massenproduktion Massenkonsumtion ermöglicht und eine nationalstaatliche Sozial- und Wohlfahrtspolitik Krisenphänomene des Kapitalismus regulieren. Diese Produktion gesellschaftlicher Teilhabe ist gebunden an eine

> „weitgehende Kohäsion von Raum, Gesellschaft, Markt und Staat [...]. Dieses Modell der Kapitalakkumulation und deren Regulationsweise strebte auf räumlicher Ebene die Homogenisierung von Orten unter dem Primat des nationalen Territoriums an [...]. Zur Dominanz der nationalen Ebene tritt im Fordismus 'das Städtische' als Kernkategorie im Sinne eines 'sozialstaatlichen Stadtentwicklungsmodell' [...] wie auch als Aktionsrahmen der sozialen Bewegungen hinzu" (ebd.: 84)

Postfordistisch lösen sich die „Dynamiken des Urbanisierungsprozesses" zunehmend von diesen Zusammenhängen ab und verlaufen „im Rahmen einer internationalen Städtehierarchie", was auch „neue[n] Formen der Arbeitsteilung und der politisch-ökonomischen Regulation" mit sich bringt (ebd.).

Anknüpfend an materialistische Theorien von Henri Lefèbvre, David Harvey und Saskia Sassen verfolgt Bareis, wie sich die „Fragmentierung und Homogenisierung" des Raumes als zentrale und untrennbare „Momente im kapitalistischen Verwertungsprozess" (ebd.) darstellen lassen: Lefèbvre beschreibt in den 1970er Jahren den abstrakten Raum analog zur abstrakten Arbeit und zur „generellen Warenform" bei Marx. Er kann damit diesen Raum als gesellschaftliches Produkt zeigen. Er kennzeichnet die „Homogenität von Raum" als Phänomen der ideologischen bzw. Erscheinungs-Ebene, „während der Raum 'real' fragmentiert und eine 'Multiform' sei". Der Raum ist also ein hierarchischer, aufgeteilt nach Maßgaben der politischen Herrschaft, des Wertes und der Symbolökonomie in niedere und höhere Orte. Ein gutes Jahrzehnt später schreibt Harvey „die empirisch evident gewordene Fragmentierung von Raum eher einem veränderten Akkumulationsregime, denn den Praktiken der Kritik und der Dekonstruktion fordistischer (homogener) Raumproduktion" zu. In den 1990er Jahren schließlich nimmt Sassen „die Hervorbringung und Artikulation neuer Konfliktlinien im neu fragmentierten und neu zusammengesetzten Raum" in den Blick. Zugleich korrigiert Sassens Analyse Harvey in einem wesentlichen Punkt des Verhältnisses von 'lokal' und 'global'. Während Harvey ersteres als statisch und letzteres als dynamisch und das Lokale produzierend betrachtet, betont Sassen, dass „die sozial-ökonomischen Dynamiken des Lokalen in den 'Global Cities' Globalisierung mitproduzieren. Es handelt sich demnach eher um einen zirkulären und weniger um einen determinierenden Produktionsprozess von lokal und global, für den Lefèbvres abstrakte Begriffe der Fragmentierung und Homogenisierung in der Produktion des Raumes nach wie vor angemessen erscheinen" (ebd.: 90 u. 85).

Allerdings müssen hier Einschränkungen gemacht werden. Lefèbvre geht (logischerweise), so schreibt es auch Bareis selbst, noch von den dominierenden „sozialen Raumproduktionen [...] in der fordistischen Produktionsweise" aus: vom Vorrang der „Repräsentationen des Raums" und der Abdrängung der „gelebten und mit Symboliken belegten 'Räume der Repräsentation'". Lefèbvre schwebte vor, dass in den sozialen Kämpfen besonders „in künstlerischen und affektiven Zugängen" ein sozial produzierter, also nicht ursprünglicher, aber trotzdem nicht-entfremdeter „dritter Raum" entstehen könne, angeeignet durch „Individuen und Kollektive". Dies dadurch, dass die „Repräsentationen des Raums" – in der die „bauliche Struktur" quasi als „Bühne und Zuschauerraum" fungiere – spielerisch mit den „Räume[n] der Repräsentation" – die quasi als Theaterstück, als Interaktion mit dem Publikum fungieren – aufeinander träfen, ohne dass beide je Eins würden. (ebd.: 224).

Postfordistische Räume hingegen, so kann man auch Bareis verstehen, sind so nicht mehr erfassbar. Solche Räume werden im Zentrum der Frage stehen, wie sich Münster als Marke präsentiert. Die „Münster Arkaden" sind eine „postfordistische Shoppingmall", nach Bareis also nicht mehr „Bühne" in Lefèbvres Sinn, sondern vielmehr „ein als 'Bühne' und 'Theater' gemanagter Raum, der kapitalistischen Rationalitäten unterliegt und das alltägliche Leben wie die touristische Attraktion einzuschließen sucht" (ebd.). Diese Form des zentralen Managements greift inzwischen mehr als nur tendenziell auf den öffentlichen Raum der Innenstädte selbst über. In Münster etwa vor allem in der Altstadt durch das Wirken der „Initiative starke Innenstadt". Der postfordistische Raum ist gekennzeichnet dadurch, dass er – bis zu einem bestimmten Punkt zumindest – das, was Lefèbvre noch als nicht entfremdeten „dritte[n] Raum" beschreibt, subsumieren, zum Bestandteil einer Verwertungskette machen und damit auch zur Stabilisierung bestehender Machtverhältnisse einsetzen kann. Dazu zählen auch subkulturelle Zentren wie das am Hawerkamp auf einem ehemaligen Fabrikgelände hinter der Halle Münsterland. Künstlerische Raumproduktionen, wie die im Zehn-Jahres-Rhythmus stattfindenden „skulptur projekte münster“ (zuletzt 2007), mögen sie auch noch so politisch-kritisch sein, sind selbst feste Bestandteile des Stadt-Marketings und können als symbolische Schwellen zur Ausgrenzung dienen. Ähnliches trifft auf 'alternative' Wohn- und Arbeitsquartiere zu, denen innerhalb der „Ökonomie der Symbole“ im Städtewettbewerb insofern eine eigene Rolle zukommt, als dass sie von ihren AkteurInnen – zunächst (meist) unfreiwillig – in dann auch für Kapitalkreisläufe interessante Orte transformiert werden. Damit wäre der Großraum des Hafens angesprochen.

Die bürgerliche Idylle des bunten Marktplatzes, die in den Desintegrations-Theorien als Idealbild beschworen wird, ist also selbstverständlich Bestandteil postfordistischer Raumproduktionen. Eine Zitadellenkultur, wie sie die „Klostergärten“ entfalten, ist es ebenso. Eigentlich sollte das auch aus Sicht von Desintegrations-Theorien gar kein Widerspruch sein, sind doch machtvoll distanzierende Wohn-Räume auch gerade in der Bürgerstadt des 19. Jahrhunderts verbreitet. Oder, wie es Boris Michel noch eher zurückhaltend formuliert: „Ob das Manchester Friedrich Engels oder das Paris Walter Benjamins weniger segregierte, ordnete und ausschloss als die postfordistische Stadt, ist äußerst zweifelhaft.“ (2005: 57) Wer städtische Räume, die „nicht per se“ existieren, sondern vielmehr „durch konkurrierende Nutzungen und Symboliken“ stets neu produziert und codiert werden, wie nutzt oder nutzen kann, ist also nicht nur eine Frage der „Privatisierung und Kontrolle“, sondern ebenso der „Prozesse der Herstellung solcher Bilder und Bedeutungen. Denn in der Definitionsmacht darüber spiegeln sich die gesellschaftlichen Herrschaftsverhältnisse“ (Ronneberger/Lanz/Jahn 1999: 207).

Zu solchen Bildern gehört auch das 'Wir' der „gewachsene[n], europäische[n] Stadt“ (so der damalige Oberbürgermeister Berthold Tillmann in einem Interview mit *Hallo Münster* vom 11. Februar 2009), mit dem sich Münster im Wettbewerb um finanziell potente (Neu-) Bürger positioniert. Gerade als diese spezifisch europäische Stadt soll Münster weltweit anerkannt lebenswert sein. Der Sieg in Wettbewerben wie den „LivCom Awards“, so Tillmann, sei einer aller MünsteranerInnen (vgl. ebd.).

2 Was ist eine „lebenswerteste Stadt der Welt“ und wem nutzt sie (nicht)?

> „Success in the Awards may be used to promote tourism and Inward Capital Investment“,

offerieren die VeranstalterInnen der „LivCom Awards“ einen der möglichen Vorteile für teilnehmende Kommunen. Die „International Awards for Liveable Communities", wie der Wettbewerb vollständig benannt ist, werden seit 1997 jährlich ausgelobt durch eine gemeinnützige englische Organisation, unterstützt von der „International Federation of Park and Recreation Administration" (IFPRA) – also der internationalen Vereinigung der Gartenbauverwaltungen –, die unter der selben Adresse in Reading (Berkshire) firmiert wie das Team der „LivCom Awards", sowie der UNEP, dem Umweltprogramm der Vereinten Nationen (vgl. LivCom Awards 2009)[3].

Abb. 1: Konstruktion eines städtischen 'Wir': Mit solchen Signets, die die Stadtverwaltung auf ihrer Homepage zum Download bereitstellt, können die BürgerInnen ihren Stolz zeigen (Grafik: Presseamt Münster)

Teilnehmende Kommunen wurden unterteilt in fünf Größenkategorien (von unter 20.000 bis über 750.000 EinwohnerInnen) und nach fünf Kriterien bewertet: „Enhancement of the Landscape", „Heritage Management", „Environmentally Sensitive Practices", „Community Involvement" und „Planning for the Future" (LivCom Awards Previous Winners 2009).

Eine international besetzte Jury mit Fachleuten aus Landschafts-Architektur und -Planung urteilte 2004 im Finale im kanadischen Niagara über 48 (von ursprünglich gut 400 teilnehmenden) Kommunen aus 20 Ländern. Münster gewann in der Kategorie der Städte mit 200.000 bis 750.000 EinwohnerInnen laut Stadtpresseamt „souverän". Siegreich waren vorgestellte Konzepte zu Grünordnung, Umwelt- und Klimaschutz, Abfallentsorgung und „erfolgreiche Aktionen aus der Bürgerbeteiligung", hierbei besonders das „Integrierte Stadtentwicklungs- und Stadtmarketingkonzept" (*PresseInfo* vom 19. Oktober 2004), kurz:

> „Münster zeigte in seinem Beitrag eindrucksvoll, wie nur durch eine koordinierte und langfristige Planung scheinbare Selbstverständlichkeiten wie saubere Luft, Grünflächen und Erholungsanlagen, überschaubare Wohnviertel und umweltfreundliche Transportmittel erhalten und weiterentwickelt werden können." (ebd.)

3 Zur besseren Lesefreundlichkeit werden Internetquellen mit Kürzeln angegeben, die in der Bibliographie aufgelöst werden.

Dass vieles, „was in Münster selbstverständlich ist" von anderen Städten im Wettbewerb „als außergewöhnlich" herausgestellt worden ist, „ob Kompostierung und Abfalltrennung, de[r] Einsatz alternativer Energien oder de[r] behutsame[] Umgang mit historischer Bausubstanz" (*PresseInfo* vom 23. Oktober 2004), wird so gewesen sein. Ebenso, dass ausschließlich Städte „mit einem systemischen Ansatz" erfolgreich gewesen seien (ebd.). Abgesehen davon, dass Münster 2009 in dem von der Europäischen Union ausgeschriebenen Wettbewerb „European Green Capital", u.a. wegen eines zu geringen Einsatzes regenerativer Energien und eines zu hohen CO_2-Ausstoßes nicht den Titel holte (vgl. *MZ* vom 26. Februar 2009), stellen sich die siegreich präsentierten Wohnbau- und Verkehrsverhältnisse sowie die Bürgerbeteiligung – gemäß der sozialen Segregation – höchst unterschiedlich dar. Im Folgenden soll daher näher betrachtet werden, *wessen* lebenswerte Stadt hier präsentiert wird. Es wird sich herausstellen, dass auch in Münster „scheinbare Selbstverständlichkeiten" oft nur scheinbar sind.

Die „umweltfreundliche[n] Transportmittel", mit denen Münster punkten konnte, sind hauptsächlich Fahrräder, von denen es in dieser Stadt fast doppelt so viele geben soll wie EinwohnerInnen. Das ist ein enorm wichtiger Faktor innerhalb der städtischen Imageproduktion, der verschleiert, dass Münster sehr wohl auch eine Autostadt ist.[4]

Mit dem Hinweis von Ruth Kamphern, dass der Bau reiner „Wohnsiedlungen mit geringen Beschäftigungsmöglichkeiten in den Außenbezirken der Stadt, wie z.B. Berg Fidel, Gelmer oder Kinderhaus [...] Mobilität" erzwinge (1993: 301), ist dann der Zusammenhang zu dem oben genannten Aspekt überschaubarer Wohnviertel hergestellt – bzw. eben nicht. Die erzwungene Mobilität in einen peripheren Stadtteil wie Kinderhaus ist offensichtlich eine weitgehend motorisierte. Begegnet man in der Promenade um die Altstadt – aber auch allgemein in den Straßen der Innenstadt – praktisch zu jeder Tageszeit Hunderten von RadfahrerInnen, sind sie auf den mehrere Kilometer langen Straßen nach Kinderhaus – auf Hauptverkehrsstraßen, aber auch auf den Nebenwegen durchs 'Grüne' – vergleichsweise selten anzutreffen. Motorisierte Mobilität bedeutet aber nicht nur Autos, sondern auch Busse, die in Münster inzwischen durchgehend mit Russfiltern ausgestattet sind. Nach Kinderhaus bieten die Stadtwerke drei, zu Hauptzeiten stark genutzte Linien an. Busfahren in Münster ist aber für einen Großteil der KinderhauserInnen, die von Arbeitslosengeld II, Sozialhilfe oder Grundrente leben müssen oder die prekär beschäftigt sind, nicht eben billig. Das Einzelticket kostet 2,10 Euro, ab 21:00 Uhr fahren nur noch Nachtbusse, für die ein Zuschlag von 50 Cent fällig wird. Das 4er-Ticket kostet 7,40 Euro, beim Kauf im Bus 7,90 Euro. Ein „9 Uhr Tages Ticket (1 Erwachsener + 3 Kinder)" ist

4 Da es hierzu ein eigenes Kapitel gibt, soll das an dieser Stelle nicht näher ausgeführt werden; vgl. Kap. 7.1.

allerdings für 3,60 Euro zu haben, beim Kauf im Bus für 3,90. Das Monats-Ticket kostet 52,70, als Abonnement 42,15 Euro. Die genannten Preise gelten nur fürs Stadtgebiet (vgl. Stadtwerke Münster Preise; Stand Herbst 2009).

Damit nun zu Wohnverhältnissen, um die es bei den „LivCom Awards" nicht gegangen ist. Eine hoch verdichtete Hochhaus-Siedlung mit Sozialwohnungen am Stadtrand wie die 'Nordwest-Schleife' in Kinderhaus bleibt in der Selbstdarstellung der lebenswerten Stadt offensichtlich draußen. Dieses Draußen spielt sich auf verschiedenen, aber miteinander verwobenen Ebenen ab.

2.1 Jenseits der „lebenswertesten Stadt der Welt": Die „Schleife" in Kinderhaus

> „Die Großsiedlung ist das Wohnmodell der Vollindustrialisierung, sie zielt auf eine maximale Entfesselung von Mobilität und Naturverbrauch, sie ist per se ökologisch ignorant. Vorausgesetzt ist im Modell aber auch – und da zeigt sich die soziale Ignoranz der Planer –, daß die Bewohner psychisch stabil genug sind, um die Erfahrungsarmut und Privatheit der Großsiedlungsexistenz auch tatsächlich auszuhalten. Aus dem 17. Stock sehe ich viel, aber ich habe zu nichts eine Beziehung – weder zu dem Grund und Boden, auf dem das Hochhaus steht, noch zu den Nachbarn noch zum Gemeinwesen. [...] Die Großsiedlung ist auf der Behauptung der Unnötigkeit von Geschichte und Überlieferung aufgebaut, die gebaute Abwesenheit ist stärker und saugt jede Erzählungsanstrengung mühelos auf." (Hoffmann-Axthelm 2002: 166f.)

Was Dieter Hoffmann-Axthelm zur Berliner Gropiusstadt schreibt, lässt sich als Folie für derartige Orte lesen.

Die Großwohnsiedlung Brüningheide, so der eigentliche Name – die Bezeichnung „Nordwest-Schleife" entstammt dem schleifenförmigen Verlauf der Straße Brüningheide – „ist das größte und am stärksten verdichtete Sozialwohnungsgebiet in Münster" (bgz 2009: 3). Das Kinderhauser Begegnungszentrum Sprickmannstraße e.V. (bgz), das seit gut 20 Jahren Stadtteilarbeit betreibt, verdeutlicht das in seinem „Jahresbericht 2008" anhand von Vergleichszahlen. Während im gesamten Stadtgebiet 9 Menschen pro Hektar leben, sind es in der „Schleife" 177 (vgl. ebd.). Auch im Stadtteil Kinderhaus stellen sich die Verhältnisse heterogen dar. Er „ist infrastrukturell gut ausgestattet und weist Wohnquartiere sehr unterschiedlicher Güte auf (von der Villa bis zum Hochhaus – Blick vom Golfplatz auf die Großsiedlung)". Insgesamt leben hier rund 15.600 EinwohnerInnen, davon „ca. 3.500 Personen in bis zu 10-geschossigen Gebäuden in ca. 880 von 1055 Sozialwohnungen", von denen demnach rund 180 leer stehen. Es gibt eine Fluktuation von rund 25 Prozent. Beträgt die Wohndauer im Durchschnitt im gesamten Münster 13,7 Jahre, sind es in der „Schleife" nur 7,4. Rund 60 Prozent der BewohnerInnen sind hier „Migranten unterschiedlicher Herkunft". Kinder und Jugendliche bis 18 Jahren machen 32,3 Prozent aus, in ganz Münster nur 15,6. Umgekehrt erscheint das Verhältnis bei den über 65jährigen. In der gesamten Stadt leben 17,4 Prozent, in den Hochhäusern von Kinderhaus 7,8 (ebd.: 2f.). Hier herrscht eine signifikante Armut:

> „Weniger als 25% der Wohnbevölkerung sind in der finanziellen Lage, die Kostenmiete ohne Unterstützung durch das Sozial- bzw. Wohnungsamt selbst zu tragen. Die Verschuldung der privaten Haushalte weist in Münster-Nord für die Gesamtstadt die höchsten Quoten aus. Hintergrund ist sicherlich, dass die Abhängigkeit von ALG II in den meisten Familien kaum noch die Grundversorgung sicher stellen kann, zumal selbst für Mietnebenkosten und Kautionen für die Vermieter oft zusätzliche Ratenzahlungen in Anspruch genommen werden müssen. Ein Verein FRÜZ e.V. sichert mittlerweile über Spendengelder das Frühstück vieler Kinder vor der Schule ab; das Sozialbüro der Kirchen und die Münster-Tafel werden stark frequentiert." (ebd.: 3)

Die Großwohnsiedlung in Münster-Kinderhaus entsteht zwischen 1970 und 1978 auf Basis des vorherrschenden Städtebau-Leitbildes „Urbanität durch Dichte". Die zu 90 Prozent als sozialer Wohnungsbau geplanten „Mehrgenerationenhäuser" mit „unterschiedliche[n] Wohnungstypen" wie etwa „großzügige Erdgeschoßwohnungen mit Gartenzugängen, kompakte Drei- bis Vierzimmerwohnungen sowie Maisonettewohnungen mit Dachgärten" werden aber so nicht verwirklicht. Die Bauträger verlangen zugunsten einer größeren Wirtschaftlichkeit eine noch größere Verdichtung. Das heißt konkret, dass die Wohnungen in „Großblockeinheiten" zusammengefasst, die ursprünglichen Grundrisse aber weitgehend übernommen werden. „Man fügte [die Wohnungen] jedoch bis zu zwölf Geschosse über- und bis zu 210 m Länge nebeneinander." Die eigentlich zur Auflockerung gedachten Grünflächen bleiben zugunsten von Parkdecks unrealisiert (Richard-Wiegandt 1996: 125f.).

Sollten nach dem „Stadtentwicklungsplan 2000" von 1972 nach dem endgültigen Ausbau Anfang der 1980er Jahre in ganz Kinderhaus rund 35.000 Menschen in 14.000 Wohnungen leben, wurde dieser Plan 1978 vor dem Hintergrund sinkenden Wirtschaftswachstums, sinkender Bevölkerungszahlen und beginnender Kritik an der „Urbanität durch Dichte" drastisch auf 6.000 Wohnungen für 16.000 Menschen korrigiert (vgl. ebd.). Zugleich hatte sich, infolge der Segregation in Münster und damit infolge städtischer Zuweisungspolitik, die Sozialstruktur vollkommen verändert. „Die anfängliche Belegung mit ca. 70% Angestellten und Beamten veränderte sich schon bis 1985 mit 70% finanzschwacher Bewohnerschaft ins Gegenteil." (bgz 2009: 1) In dieser Zeit stehen 20 Prozent der Wohnungen leer. Seitdem entwickeln sich die Leerstände wellenförmig. Als Reaktion beschließt der Rat 1986 eine „städtebauliche Nachbesserung im öffentlichen und privaten Umfeld", für die bis 1992 gut 12 Millionen DM aufgewendet werden. Neben dem Rückbau der überdimensionierten Autostraßen, dem Umbau des in der „Schleife" zentralen Sprickmannplatzes, der Einrichtung von Begegnungsstätten und Grünflächen sowie einer Aufhübschung der „ungepflegten, wenig einladenden" Eingänge der Wohnhäuser steht besonders die Schaffung eines „andere[n] 'Image'" auf dem Programm (Richard-Wiegandt 1996: 129f.). Dass seitdem zwischenzeitlich die Leerstände wieder abnehmen, dürfte nicht nur an dieser von Ursula Richard-Wiegandt konstatierten „deutlichen Verbesserung der Wohnsituation" – bei anhaltend schlechtem Ruf – (ebd.: 130), liegen, sondern ebenso an einer fortgesetzten Segregation. Laut bgz ist die fast komplette Belegung der Wohnungen Ende 1987 auch durch einen „vermehrten Zuzug von Menschen mit Migrations-Vorgeschichte" zu erklären. „Während des Zuzugs russlanddeutscher Bevölkerung [...] gab es sogar Wartelisten." Viele Eigentümer hätten jedoch eine grundlegende Sanierung und die Schaffung eines akzeptablen Wohnungsstandards versäumt"; seit 2000 steigen daher „die Fluktuations- und Leerstandsraten wieder an" (2009: 1).

Im Eingangs-Zitat von Dieter Hoffmann-Axthelm war die Rede von derartigen Großwohnsiedlungen als Räumen planerischer sozialer Ignoranz, von „gebaute[r] Abwesenheit" von Geschichte und Erfahrung, von Räumen, die somit eine Erfahrungs- und Beziehungsarmut ihrer BewohnerInnen vorstrukturieren. Damit bezieht er sich offenbar, wenn auch nicht explizit, auf Heide Berndts inzwischen klassischen Charakterisierungen des modernen Funktionalismus. Dieser betrachte, so Berndt (1971: 18), Architektur als unabhängig „von historischen Gebundenheiten". Diese „Geschichtsfeindlichkeit" bewirke, dass sich im Funktionalismus „die gesellschaftlichen Schwerkräfte stärker, weil weniger reflektiert durchsetzten", womit der Funktionalismus den eigenen Anspruch einer zeitlosen Ästhetik verliere: Unterwerfe er sich „ohne weiteres den jetzigen gesellschaftlichen Funktionsanforderungen, so bleibt sein Ausdrucksniveau beschränkt auf das architektonische Niveau von Kasernen, Scheunen, Silos und anderen reinen Nutzbauten, die bloß als eine Hülse für einen bestimmten Zweck fungieren" (ebd.: 18f.). Berndt spricht in Anlehnung an Herbert Marcuse von einer „'eindimensionale[n]' Ästhetik" funktionaler Architektur. Sie spiegele die gesamtgesellschaftliche Eindimensionalität wider, die Verselbständigung der technischen Mittel gegenüber gesellschaftlichen Zielsetzungen [...]. Der eindimensionale Charakter der modernen Industriegesellschaften gründet in der Koppelung von rationalen Mitteln und irrationalen Zwecken" (ebd.: 40).

Heide Berndt, Alfred Lorenzer und Klaus Horn veröffentlichen ihr gemeinsames Buch „Architektur als Ideologie" erstmals 1968, zu Hochzeiten des Fordismus und damit zu einem Zeitpunkt, zu dem mit dem systematischen Bau von Großwohnsiedlungen wie der Gropius-Stadt oder eben der Brüningheide in Münster begonnen wird. Der städtebauliche Funktionalismus des Fordismus gründet auf einer strikten Trennung der Produktions- und Reproduktions-Räume, der Lohnarbeits- und Wohn-Räume, Räumen einer jeweiligen tendenziellen Homogenisierung. Die Betonung des Begriffs Lohnarbeit erfolgt mit Bedacht, denn Wohn-Räume sind immer zugleich Räume gesellschaftlich notwendiger Arbeit:

> „Die Wohnung ist der Ort der Gebrauchswirtschaft. In ihr finden produktive Tätigkeiten statt. Die gebrauchswirtschaftlichen Arbeiten bilden die materielle Basis der Wohnung. [...] Zwar ist diese Produktion keine gesellschaftliche im Sinne arbeitsteilig organisierter Großbetriebe mit entlohnter Arbeit, sondern eine familiale Produktion, organisiert in

Hauswirtschaften mit nicht entlohnter Arbeit. Doch prinzipiell erfolgt die Reproduktion der Arbeitskraft nicht wesentlich durch Konsumtion. Sie erfordert in jedem Falle Arbeitsaufwand. Dieser kann kommerziell oder nicht kommerziell erbracht werden. Die gesellschaftliche Regel und Norm ist, daß sie privat und von Frauen unbezahlt geleistet wird.“ (Terlinden 1990: 41)

Ulla Terlinden hat der Stadtsoziologie „Ignoranz gegenüber der Arbeit der Frauen“ vorgeworfen (1990: 53) und weist das sowohl für Milieu-Theorien, wie für politökonomische und regulationstheoretische Ansätze nach. Gabriele Köhler (1990: 72) schreibt: „Die Zuweisungspraxis, die Zuordnung der Sphären entsprechend der Dichotomie ‘public man’ – ‘private woman’, hat den Charakter eines ‘Habitus’ erhalten“. Dieser Habitus bildet sich offensichtlich auch in Theorien ab.

Die Grundlagen des funktionalen Bauens werden in den 1920er Jahren gelegt. Damals, darauf hat Adelheid von Saldern (1999: 114) hingewiesen, macht „die Rationalisierung der Haushalte und der Hausfrauenarbeit“ ein „eigenes Kapitel“ aus. Dass Wohnungen Arbeits-Räume sind, wird also selbstverständlich berücksichtigt – um unter dem Signum der Reform die Aufspaltung der Arbeitsräume nach dem Geschlecht auf ‘höherer Ebene’ zu festigen. Ganz „nach den Prinzipien des Taylorismus“ werden die Bewegungsabläufe bestimmter Hausarbeiten studiert, wird versucht,

> „die daraus resultierenden Erkenntnisse zu normieren und sie in Raummaße und Raumnutzungsvorgaben umzusetzen. Die Arbeit der Hausfrau wurde verplant und standardisiert. Rationalisierte Hausarbeit, die mit betrieblicher Arbeit verglichen wurde, versprach wesentliche Arbeitsentlastung für die Hausfrau, vor allem bei entsprechender Maschinisierung. [...] Die geschlechtsspezifische Arbeitsteilung wurde auf modernisierter Grundlage dadurch neu legitimiert. In den Begriffskanon der ordentlichen, sauberen, guten ... Mutter und Hausfrau reihten sich nun auch noch die Begriffe *rationell* und *effizient* ein“ (ebd.; Hervorhebung im Original)

Rund vier Jahrzehnte, bevor er selbst noch die Realisierung der Berliner Gropiusstadt erlebte, hatte Walter Gropius betont, „das Problem des Wohnungsbaues an sich“ müsse „in seinem ganzen soziologischen, wirtschaftlichen, technischen und formalen Gefüge erfaßt und danach planmäßig und im Großen von Grund auf gelöst“ werden in einer „großangelegten Regie“ (zit. n. ebd.: 108f.). Als „Erziehung durch den Raum“ (ebd.: 114) bezeichnet Adelheid von Saldern das Konzept einer damaligen Architektur-Avantgarde um Gropius oder den Frankfurter Stadtbaurat Ernst May, die „im Zeichen der aufkommenden Sozialökologie und des Behaviorismus“ sowie des neuen sozialen Massen-Wohnungsbaus der Weimarer Republik „durch bewußte [architektonische] Erziehung“ einen „neue[n] Menschentyp mit einem rationalisierten modernen Wohnverhalten“ schaffen will (ebd.: 113).

„Architekten als Menschengestalter“ (ebd.: 108) propagieren die Übertragung der Prinzipien des Taylorismus – die „fließende Fabrikation“ und das Sich-Einfügen der „Tätigkeit der Menschen“ unter den „‘Plan’ des Raumes“ (ebd.: 111) – auf den Wohn-Raum.

„Zum weithin anerkannten Modell eines nach einheitlichen Prinzipien organisierten Lebensraumes wurde der rationalisierte Betrieb. Leistungs- und Kontrollsteigerungen schienen durch diverse innerbetriebliche Rationalisierungs- und Mechanisierungsvorgänge, die auch ihren räumlichen Niederschlag fanden, in einem bis dahin nicht vorstellbaren Ausmaße möglich zu werden. [...] Kein Wunder, daß der öffentliche Raum der Städte und Wohnräume im Vergleich zum taylorisierten Betriebsraum der Architektenavantgarde als planlos, chaotisch, verschwenderisch galt. Um so attraktiver erschien der Taylorismus als mögliches Gegenmittel gegen dieses 'Chaos der Unvernunft' ein sozialtechnizistisches Strukturierungssystem auch für die Stadt. Der Stadtraum sollte wie die industrielle Produktion in separierte, aber durch Transportbahnen miteinander verbundene Zonen mit jeweils spezifischen Funktionen zerlegt werden. Dadurch konnte der bis dahin vorherrschende Komplexitätsgrad städtischen Lebens reduziert werden, was eine Reglementierung und Kontrolle (falls überhaupt noch nötig) erleichterte." (ebd.: 111f.)

Die funktionalistische Separierung städtischer Räume, so von Saldern, sei schon vor ihrer Festschreibung in der „Charta von Athen" 1933 „als ungeschriebenes Gesetz akzeptiert worden, konnte aber immer nur partiell realisiert werden" (ebd.: 112). Das sollte sich gut drei Jahrzehnte nach der „Charta" in deutschen Städten ändern.

Die Hochhaus-Siedlung an der Peripherie, das rationalisierte und standardisierte Massen-Wohnen, erscheint in den 1960er und 70er Jahren als Entsprechung zur rationalisierten und standardisierten industriellen Massen-Produktion. Dazu schreibt Ellen Bareis (2007a: 83): „Erzeugnisse, die zuvor für die proletarischen Klassen unerschwinglich waren, geraten in den Bereich des für sie Möglichen, und Konsum erhält volkswirtschaftlich und sozial-kulturell eine neue Relevanz". Vergleichbares scheint zunächst auch für den Wohnraum zu gelten. Hoffmann-Axthelm (2002: 164) schildert, dass die ersten Bewohner in die Gropiusstadt zogen, „weil sie endlich die Segnungen modernen Lebens haben wollten, Klo und Bad in der eigenen Wohnung, warmes Wasser aus dem Hahn und Heizungswärme, ohne Kohlen schleppen zu müssen. Sie kamen aber auch, weil man ihnen eingeredet hatte, ihre alten Häuser seien nicht modernisierbar und müssten abgerissen werden. Denn das war das politische Projekt: weniger Stadterweiterung [...] als ein Abriß der innerstädtischen Arbeiterquartiere, der sowohl Arbeitsbeschaffungsprogramm wie Abrechnung mit der historischen Last dieser Bereiche war".

Allerdings waren solche Projekte „einer flächendeckenden Enturbanisierung, einer Zerstörung der herkömmlichen Stadt und ihrer sozialen Netze" (ebd.: 165) nicht überall nur zur Umsiedlung von ArbeiterInnen gedacht. Nach Ulfert Herlyns (1970: 111) Befragungen in Wohnhochhäusern in München, Stuttgart, Hamburg und Wolfsburg bildet Ende der 60er Jahre überall die Gruppe „kleine Selbständige und Angestellte/Beamte" die relative Mehrheit (37 Prozent) – in München sogar die absolute Mehrheit (51 Prozent) –, gefolgt von „Facharbeiter[n]" (23,7 Prozent) – in Hamburg bilden sie mit 37 Prozent die relative Mehrheit –, „leitende[n] Angestellte[n] und Beamte[n], Akademiker[n] und Freiberufliche[n]" (14 Prozent). Es folgen die

Gruppen „untere Angestellte und Beamte (13 Prozent) und „un- bzw. angelernte Arbeiter“ (10 Prozent). Berufslose machen nur 1,7 Prozent der BewohnerInnen aus.

Auch in Münster ging es, schon mangels vorhandener Industrie und dementsprechend mangels Arbeiterquartieren, eher um die Stadterweiterung. Wie gesehen, wohnten in Kinderhaus anfangs gut zwei Drittel Angestellte und BeamtInnen. Mit der Krise des Fordismus um 1980 setzt dann nicht nur die breite Kritik an hochverdichteten Wohnquartieren ein, sondern passend dazu verändert sich auch, nicht zuletzt gesteuert durch die Stadt, zunehmend die Bewohnerschaft. Zu der Zeit wohnten dann zu zwei Dritteln Menschen dort, die bis heute unter dem Begriff der „sozial Schwachen“ subsumiert werden.

Besonders verschlechtert hat sich die Wohnsituation in der Kinderhauser „Schleife“ mit dem Verkauf von 630 Wohnungen der „Wohnungsgesellschaft Münsterland mbH“ (WGM) an den australischen Investor „Babcock & Brown Residential Property“, an dem auch die Bayerische Hypovereinsbank beteiligt ist. Die WGM begründete laut *WN* vom 30. August 2005 den Verkauf mit „Verlusten bei der Bewirtschaftung. [...] Die Bestände ohne wesentliche Investitionen zu halten, würde in naher Zukunft eine weitere Verschlechterung der Situation vor Ort bedeuten und zu Schäden an der Bausubstanz führen [...]. Und: Eine umfassende Modernisierung wäre mit umfangreichen Investitionen verbunden“ (ebd.). Konkret heißt das, die WGM scheut die notwendige Sanierung der schon damals in einem schlechten Zustand befindlichen Hochhäuser und überlässt diese lieber der Globalisierung des Immobilienmarktes. Die WGM firmierte bis 1991 als gemeinnütziges Unternehmen unter dem Namen „Wohnstättengesellschaft Münsterland“. Die Stadt Münster ist an der Politik der WGM durchaus nicht unbeteiligt. Im Aufsichtsrat sitzt der Stadtdirektor und Dezernent für Planung, Bau und Marketing Hartwig Schultheiß (CDU). Die stadteigene „Wirtschaftsförderung Münster GmbH“ begrüßte den Deal mit „Babcock & Brown“ mit den Worten: „Nun ist Münster auch für australische Rentenfonds attraktiv geworden“, (zit. n. bgz 2009: 1) – offenbar gemäß ihres „strategische[n] Ziel[s]“, der „Positionierung Münsters als eine[m] der führenden Wirtschaftsstandorte in Nordrhein-Westfalen“, was erreicht werde durch eine „konsequente Kundenorientierung in der Wirtschaftsförderung“ (WFM Index 2009).

Auch das Land Nordrhein-Westfalen ist an diesen Entwicklungen beteiligt. Die Landesregierung plante seit 2005 vier Milliarden Euro zu erlösen durch den Verkauf seiner „Landesentwicklungsgesellschaft“ (LEG) mit insgesamt rund 100.000 Wohnungen, davon 6.000 in Münster, vor allem in den Stadtteilen Berg Fidel, Coerde, Gievenbeck, aber auch im Bahnhofs- und Südviertel. Erneut sind vor allem Wohnungen der WGM betroffen, an der die LEG mit 50 Prozent beteiligt ist, aber auch Wohnungen einer weiteren LEG-Tochtergesellschaft, der „Gemeinnützigen Wohnungsgesellschaft Nordwestdeutschland“ (vgl. Hoffmeister 2007: 12f.; vgl. *WN* vom 30. November 2006 u. 12. Juni 2008). Mitte 2008 melden die *WN* (12. Juni) dann den „größte[n] Deal in der Immobiliengeschichte" Münsters, den Verkauf der LEG und damit auch der hiesigen Wohnungen an den US-Immobilienfonds „Goldmann Sachs", ein Unternehmen, so das Blatt, das „vielen als 'Heuschrecke' erscheint".

Hintergrund ist die Abschaffung der Steuern auf Veräußerungsgewinne im Jahr 2000 und das „Investmentmodernisierungsgesetz" von 2003, mit dem die Bundesregierung Schröder explizit ausländische Investoren anlocken wollte. Mitte 2005 schreibt Rudolf Hickel, es werde „erheblicher Druck auf die Bundesregierung ausgeübt, die noch existierenden steuerlichen Hindernisse abzubauen". Und zwar zugunsten der damals neuen „*Real Estate Investment Trusts*, [...] eine Kombination aus unternehmerisch tätiger, börsennotierter Immobilien AG und Immobilienfonds", spezialisiert „auf die Ausschlachtung großer Wohnungsgesellschaften". Wie Private Equity Fonds und Hedgefonds kennzeichnen sie eine „neue Stufe des Kapitalismus. Vagabundierendes Spekulationskapital lenke die milliardenschweren Fonds in die wertschöpfenden Unternehmen" und wirke „damit wie ein Turbo an der Kapitalismusmaschine", indem sie für kurzfristig hohe Renditen gezielt Teile herauskaufen (Hickel 2005: 647f.).

Beim Kauf der Kinderhauser Hochhäuser versprach der Europavorstand des Investors „Babcock & Brown", „jährlich mindestens 500.000 Euro in den Wohnungsbestand [...] investieren zu wollen. 'Wir versprechen uns davon zufriedenere Mieter und einen Rückgang der Leerstände – nur so können wir Geld verdienen'" (*MZ* vom 1. Oktober 2005). Der Kauf sollte angeblich nur zu „maximal 75 Prozent" mit Krediten finanziert gewesen sein und wegen der niedrigen Zinsen in der Euro-Zone rund sieben Prozent Rendite für einen australischen Rentenfonds abwerfen (*WN* vom 1. Oktober 2005); wohlgemerkt: aus den Einnahmen aus sanierungsbedürftigen Sozialwohnungen, deren Mietpreisbindung ausgelaufen ist. Und das, ohne dass sich für die MieterInnen – „vorerst" – etwas ändern sollte (*MZ* vom 1. Oktober 2005).

Geändert hat sich seitdem nichts an der Sanierungsbedürftigkeit, im Gegenteil. Inzwischen wurden 55 weitere Wohnungen an die deutsch-spanische „Nau Real Estate AG" veräußert, die „in rasantem Tempo zu verkommen schein[en]" und „ohne wirkliche [...] Betreuung" sind (bgz 2009: 2), so dass nun „685 Wohnungen (von insgesamt 1055)" in einem „inakzeptab[len] und skandalös[en]" Zustand seien, wie das Bürgerzentrum schreibt (ebd.). Dazu zählen verwahrloste und verschmutzte Eingänge und Treppenhäuser, bröckelnde (Beton-) Wände, massive Schimmelbildung in den Wohnungen, Taubenkot und Ungeziefer auf den Balkonen, oft defekte Aufzüge, „keine sozialverträgliche Belegung, z.T. Belegung mit Drogen-WGs, um Leerstandsquoten zu senken" (ebd.: 4). Im restlichen, von andren Wohngesellschaften (unter anderen der städtischen „Wohn- und Stadtbau") betriebenen Drittel, betont das bgz, herrschten akzeptable Verhältnisse (vgl. ebd.: 4f.).

Nachdem das bgz Stadtverwaltung, Lokalpolitik und Medien informiert hatte und so für einige Öffentlichkeit sorgte (vgl. *MZ* vom 27. Februar 2009 u. 3. März

2009), kündigte die Berliner „Barg Holding GmbH", ein Beteiligungsunternehmen von „Babcock & Brown", das deren Immobilienbesitz verwaltet, an, die Wohnungen in Kinderhaus für 1,5 Millionen zu sanieren. „Man habe erkannt, [...] 'dass das Portfolio Münster ein zukünftig werthaltiges' sei", zitiert die *MZ* vom 4. März 2009. Laut „Experten aus der Wohnungswirtschaft" sei der Betrag viel zu gering, notwendig seien bis zu 20 Millionen Euro, berichten die *WN* am 6. März 2009. Im Sommer des Jahres sollte die Sanierung beginnen. „Babcock & Brown" war allerdings schon im März 2009 insolvent. Das Firmengeflecht hatte seit 2008 wegen über drei Milliarden australischer Dollar (rund 1,5 Milliarden Euro) Schulden mit der Pleite gekämpft (vgl. *Handelsblatt* vom 26. November 2008). Im Sommer übernimmt dann das ebenfalls australische Investment- und Asset Management-Unternehmen „GTP-Group" über seine europäische Tochter, die „GTP Halverton" (London) die Anteile von „Babcock & Brown". Die Stadtverwaltung geht davon aus, dass es bei der Sanierungszusage bleibt (*WN* vom 12. Juni 2009), obwohl auch „GTP" nach Informationen des Mieterschutzvereins „in großen Schwierigkeiten" stecke und „sich aus dem Immobiliengeschäft in Europa zurückziehen" wolle. Der Mieterschutzverein befürchtet eine Verschlimmerung der Lage (*MZ* vom 13. Juni 2009). Bis Herbst 2009 haben keine Sanierungsarbeiten an den Häusern stattgefunden.

Die „Nau Real Estate AG" hatte die sichtbar schlechten Zustände ihrer Häuser stets geleugnet. Vielmehr seien sie in einem „befriedigend[en] und dem Baualter entsprechend[en]" Zustand (*WN* vom 12. Juni 2009). Ende Juli 2009 werden die 55 Wohnungen der „Nau Real Estate AG" vom Amtsgericht Münster unter Zwangsverwaltung gestellt. Offenbar hatte das Unternehmen seine Bankkredite nicht mehr bedient (vgl. *MZ* vom 20. August 2009). Nach Auskunft des Wohnungsamtes führt eine Zwangsverwaltung in 80 Prozent der Fälle zu einer Zwangsversteigerung. „Die Stadt", überlegt die *MZ* am 10. September 2009, „bekäme die Möglichkeit, den völlig heruntergekommenen Wohnungsbestand für wenig Geld zu erwerben – und könnte ihn dann möglicherweise abreißen". Kurze Zeit später wird dann der Sozialdezernent der Stadt Thomas Paal zitiert, die Zwangsverwaltung werde wohl jahrelang dauern. Nun würden die eingenommenen Mieten sämtlich in eine wohl langwierige Instandsetzung gesteckt. Das, so Paal, „sei doch schon mal positiv" (*MZ* vom 16. September 2009).

Der „Mieterverein für Münster und Umgebung" im „Deutschen Mieterbund" forderte die Stadtverwaltung auf, statt immer nur auf „Kommunikationsbemühungen" mit den Eigentümern „Nau" und „Babcock & Brown" zu setzen, „Instrumente des Wohnungsbindungsgesetzes und ihre Rechte aus den Darlehensverträgen geltend [zu] machen", das hieße „öffentliche Mittel und Zuschüsse von den Eigentümern zurück zu fordern" und Geldbußen aufzuerlegen (*MZ* vom 13. März 2009). Nach § 144 des Baugesetzes können Städte zudem Vermieter bei derartigen Zuständen zur Sanierung verpflichten. Laut der Verbrauchersendung „Markt" des WDR-Fernsehens vom 31. August 2009 ist dies in Dortmund geschehen. Laut *WN* vom 6. März 2009 sollte diese Möglichkeit damals von der Münsteraner Verwaltung geprüft werden. Im folgenden halben Jahr hat die Verwaltung jedoch keines der genannten Sanktionsinstrumente angekündigt. Vielmehr setzte sie auch weiterhin auf das „Prinzip der freiwilligen Abhilfe", schon weil die „Hürden für die Anwendung des Wohnaufsichtsrechts" hoch seien. Zugleich sollte die Beratung der MieterInnen intensiviert werden. Vor allem aber wollte die Verwaltung zu einem speziellen Instrument greifen. Rund zwei Drittel der Hochhaus-BewohnerInnen erhalten Sozialleistungen und daher auch Geld für ihre Mietzahlungen von der Stadt. Die kündigte an, „bei Neuanmietungen in Gebäuden mit mangelhafter Gebäudeunterhaltung daher zukünftig nur noch reduzierte Angemessenheitssätze an[zu]wenden", also geringere als die geforderten Mieten zu überweisen (*WN* vom 12. Juni 2009). Für bestehende Mietverhältnisse sollte sich demnach gar nichts ändern. Es bleibt die Frage, wem es aus Sicht der Stadtverwaltung zumutbar ist, neu in derartige Häuser zu ziehen? Und warum sollten sich Eigentümer, die massive Leerstände in Kauf nehmen, durch zukünftige geringere Mietzahlungen durch das Sozialamt zur Sanierung gedrängt fühlen?

Die „Barg Holding" macht die Stadt Münster mitverantwortlich für die katastrophalen Zustände ihrer Häuser. Die Verwaltung „hat sich nicht darum gekümmert", sagt der „Barg"-Geschäftsführer. Und von der „WGM" habe man die Häuser bereits in einem sehr schlechten Zustand übernommen. Laut *WN* vom 6. März 2009 hatten „Babcock & Brown" für die 635 Wohnungen jedoch rund 500 Euro je Quadratmeter bezahlt, obwohl höchstens 200 Euro angemessen gewesen seien. Die Begründung der „Barg Holding" ist interessant, denn sie klingt nach den gängigen Gentrifizierungsprinzipien: „Wenn man Häuser in schlechtem Zustand kaufe und dann saniere, lasse sich der Wert langfristig 'massiv steigern' – wobei in der Immobilienbranche 'sieben bis zehn Jahre' als langfristiges Engagement gelten. Wäre die Immobilienkrise nicht dazwischen gekommen, hätte es also durchaus sein können, dass die 635 Wohnungen in der Schleife schon 2012 erneut den Besitzer gewechselt hätten." (ebd.)

Einerseits sind die Rechtfertigungsversuche der Eigentümer für den „Sanierungsstau" durchsichtig. Dass seit 2005 nichts gegen den Verfall der Häuser getan wurde, lässt sich nicht mit dem „Preisverfall in der Immobilienbranche" (ebd.) ab Herbst 2008 begründen. Ebenso wenig erscheint die Behauptung plausibel, dass „strukturell dumm[e]" (Hoffmann-Axthelm 2002: 166) und in mehrfacher Hinsicht periphere Wohnhochhäuser profitabel 'aufgewertet' werden sollten, während der interkommunale Wettbewerb um wohlhabende 'NeubürgerInnen' als 'Renaissance der Innenstädte' inszeniert wird. Vielmehr muss das Gebaren global agierender Investmentfonds in diesem Segment im Kontext der kürzlich geplatzten 'Immobilienblase' wohl analog zum Handel mit 'Schrotthypotheken' als Handel mit 'Schrottimmobilien' gesehen werden. Das entlässt aber die „Wohnungsgesellschaft Münsterland" als Vorbesitzerin, die eine Sanierung offenbar als nicht mehr lohnend angesehen und die Häuser zu

Abb. 2: Bleibt in den Darstellungen der „lebenswertesteten Stadt der Welt" draußen: eines der 2005 an einen Investmentfonds verkauften Wohn-Hochhäuser in der Brüningheide

laut *WN* überhöhten Preisen verkauft hat, nicht aus der Mitverantwortung. Ebenso wenig die Stadtverwaltung mit dem Stadtdirektor im WGM-Aufsichtsrat oder die Landesregierung in Düsseldorf.

Eine Mitverantwortung der Verwaltung lässt sich auch aus der Stellungnahme des „Begegnungszentrums Sprickmannstraße" herauslesen. Dem zufolge hat sich die Stadt bis 2007 dagegen gesträubt, die Großwohnsiedlung als sozial degradiertes Quartier anzuerkennen. Obwohl sich für Kinderhaus/Brüningheide „klassisch" die „drei prägenden Sozialindikatoren für ein sozial benachteiligtes Wohnquartier" nachweisen lassen – ein jeweils hoher Anteil „von Menschen mit Migrationsvorgeschichte", von „junger Bevölkerung" sowie von „ finanzschwacher Bevölkerung" –, sei „in Münster das Vorhandensein eines solchen Programmgebiets mit entsprechendem zusätzlichen Handlungsbedarf jahrelang negiert" worden, schreibt das bgz. Erst seit 2007 sei „dann doch die Aufnahme in das Bund-Länder-Programm 'Soziale Stadt'" gelungen (bzg 2009: 4). Das allerdings laufe 2010 bereits wieder aus.

Das Programm „Stadtteile mit besonderem Entwicklungsbedarf – Soziale Stadt", dessen Projekte gemeinsam von Bund, Ländern und Kommunen finanziert werden, nennt als Ziel, „die 'Abwärtsspirale' in benachteiligten Stadtteilen aufzuhalten und die Lebensbedingungen vor Ort umfassend zu verbessern". Als Hintergrund wird die „[k]leinräumige Segregation" genannt, die „seit den 1990er Jahren in vielen Städten zu selektiven Auf- und Abwertungen von Wohngebieten und damit auch zur Herausbildung benachteiligter Stadtteile" geführt habe. Diese Stadtteile „sind meist durch komplexe Problemlagen in den Bereichen Städtebau und Umwelt, infrastrukturelle Ausstattung, lokale Ökonomie, Soziales, Integration und nachbarschaftliches Zusammenleben sowie Imagebildung charakterisiert. Das Programm Soziale Stadt reagiert darauf mit einem integrierten Ansatz der umfassenden Quartiersentwicklung". Beim Start 1999 waren 161 Stadtteile in 124 Kommunen beteiligt, 2008 sind es 523 Stadtteile in 326 Gemeinden gewesen (Soziale Stadt Programm 2009).

Das „Begegnungszentrum Sprickmannstraße", das nach eigener Darstellung „von hohem Engagement" von BewohnerInnen aus Kinderhaus getragen wird, die aber wegen der Wohnsituation „zu ca. 50% nicht mehr direkt im Quartier wohnen", werde „wöchentlich von etwa 1000 BewohnerInnen aller Altersgruppen" beansprucht. Hier arbeiten fünf hauptamtliche und rund 80 ehren- und nebenamtliche Kräfte „in den Bereichen Selbsthilfe, Bildung, Arbeitslosigkeit, Kommunikation, Migrationsarbeit für alle Zielgruppen". Im Rahmen der „Sozialen Stadt" arbeitet das Zentrum derzeit im Bereich der Integration und der sozialen Sicherung (bgz 2008: 6). Die Einrichtung versteht ihre Arbeit als „anwaltlich im Sinne der Betroffenen" (ebd.: 12) und wünscht sich ein aktives und unabhängiges Quartiersmanagement wie andernorts innerhalb des Programms. In Münster aber dominierten Verwaltung und Wohnungswirtschaft die Gebietsmoderation. Zudem seien die sechs Handlungsfeld-Verantwortlichen [des Programms „Soziale Stadt; M.T.]" ausschließlich städtische Mitarbeiter. Das stehe

„kreativen-kritisch-konstruktiven Lösungsansätzen gelegentlich auch im Wege" (ebd.: 13).

In der kritischen Stadtsoziologie werden Programme wie „Soziale Stadt" allerdings zu Recht problematisiert. Zunächst sei gegen eine solche Aktivierung der von „Verarmung Betroffenen zu eigenem Handeln" nichts einzuwenden, schreiben Ronneberger, Lanz und Jahn, zumal eine „lokale Verankerung von sozialpolitischen Strategien" – mit den Stichworten Stadtteilarbeit und Hilfe zur Selbsthilfe – seit den 1970er Jahren eine richtige Forderung der „neuen sozialen Bewegungen aus dem Widerstand gegen zentralstaatlich gesteuerte Flächensanierungsprogramme heraus" gewesen sei. Inzwischen aber finde „empowerment" in einem deutlich veränderten politischen Kontext, dem eines umfassenden neoliberalen Umbaus, statt. Der Einsatz nicht-staatlicher Akteure zur bloßen Kompensation von Verarmungsauswirkungen und eine „Delegation der Verantwortung an die Individuen" bei fortschreitender Beschneidung der sozialen Infrastruktur stütze nun den Diskurs der Deregulierung (1999: 212f.). Die im Projekt „Soziale Stadt" angelegte Stadtteilorientierung „und der Blick auf den sozialen Nahraum" führt nach Boris Michel zudem in die Richtung einer „verstärkten räumliche[n] Regulation der Verhältnisse" vom Typus einer „territorialen Anti-Armutspolitik" (2005: 71). Es geht also nicht um eine Öffnung der „ausgegrenzten Gebiete" im Sinne eines „gesamtstädtischen Ausgleich[s]" (Ronneberger/Lanz/Jahn 1999: 213). In ihrer Wirkung sind solche Programme, auch wenn das nicht den Intentionen beteiligter Akteure entsprechen sollte, letztlich an einer Zementierung der Segregation beteiligt.

Die Diagnose der jüngsten Armutsstudie für Münster insgesamt lässt sich auch auf Kinderhaus im Speziellen übertragen. Diagnostiziert wird eine zunehmende „Akzeptanz des Mangels" bei den Betroffenen – in den 1980er Jahren sei noch eine eher „kämpferisch[e]" Stimmung und politische Motivation feststellbar gewesen –, heute „Passivität, Apathie und Verweigerung" (Hoffmeister 2007: 173f.). Die verstärkte „Spaltung der Gesellschaft" lässt sich demnach konkretisieren als „Wegfall der Hierarchisierung der kommunalen Armutsgesellschaft" bei einer „Zunahme multipler Probleme". Zugespitzt ausgedrückt verlaufe die „Demarkationslinie" im Zeitalter der „Agenda 2010" nicht mehr innerhalb einer Hierarchie von Arbeitslosen und SozialhilfeempfängerInnen sondern nun „eher zwischen den 'High Potentials' und dem Risikoteil der Bevölkerung (ebd.: 174), was sich stadträumlich zweifellos abbildet. Mit der Diagnose der gruppenweisen Etablierung einer „kollektive[n] Armutskultur", einer Herausbildung von „Gesellschaften in der Gesellschaft", von „perspektivlose[n] Inseln des Überlebens", die sich „durch Einrichten im Gegebenen herausbilden" (ebd.: 173), ist etwas angesprochen, was mit Pierre Bourdieu als Orts- bzw. Raumeffekte (je nach Übersetzung) zu bezeichnen wäre. Bei der Frage nach der heutigen gesellschaftlichen Wirkung von Großwohnsiedlungen bzw. nach dem anhaltend 'schlechten Ruf' der „Schleife" (vgl. Richard-Wiegandt 1996: 130) seit

Mitte der 1970er Jahre lassen sich mehrere einander ergänzende Zugänge finden: Zu diskutieren sind hier die Formen des Regierens in der neoliberalen Stadt, raumsoziologische Überlegungen im kritischen Anschluss an Bourdieu und die Raster der symbolischen Ökonomie nach den postfordistischen Umbrüchen.

Wenn Dieter Hoffmann-Axthelm (2002: 164) davon spricht, dass die Architekten „ein Gesamtkunstwerk vor Augen hatten – die in Einzelwohnanlagen aufgelöste Siedlung, deren autonome Körper auf einer begrünten Fläche stehen sollten wie Kunstwerke im zweckfreien Raum einer Galerie", dann ist das als Kritik an einer soziologischen und stadtplanerischen Ignoranz gemeint, es dokumentiert aber durchaus, wie Großwohnsiedlungen im ausgehenden Fordismus, zunächst positiv gemeint, für die Massenproduktion von Wohnraum, von rationalisiertem Raum überhaupt stehen. In der postfordistischen Stadt hat sich das grundlegend geändert. Bei Wohnmaschinen (um das berühmte Diktum Le Corbusiers zu benutzen) handelt es sich, so Hoffmann-Axthelm, um eine „Gebäudetypologie, die strukturell dumm ist. Ein innerstädtisches Haus kann möglicherweise zu unterschiedlichsten Nutzungen und Ideen inspirieren. Eine Großwohnanlage erlaubt nichts anderes als das isolierte kleinfamiliale Wohnen" (ebd.: 166); und wo das nicht mehr möglich oder erwünscht scheint, bleibt dann nur der Abriss. Die Münsteraner SPD hatte im Frühjahr 2009 den teilweisen Abriss der maroden Häuser in der „Schleife" als Möglichkeit diskutiert (vgl. *MZ* vom 5. u. 16. März 2009).

Innerhalb der symbolischen Ökonomie des Städtischen haben solche Häuser – anders als etwa alte Fabrikgebäude oder Speicherhäuser am Hafen, die ja auch eine funktionale Architektur darstellen, aber bevorzugte Gentrifizierungsobjekte sind – nun nur noch Funktionen der Exklusion. Nach wie vor spielen Hochhäuser in der Symbolökonomie eine enorme Rolle, Prestigebauten wie Banken- und Büro-Türme, die 'Skylines' bilden. Auch diese könnte man als strukturell dumme Gesamtkunstwerke bezeichnen – und Alexander Mitscherlich hat bekanntlich vor 45 Jahren die funktionale Monotonie von Wohn- wie Arbeitsgebäuden gleichermaßen kritisiert. Beide Hochhaustypen sind nur aus der Distanz vollständig wahrnehmbar. Den schlechten Ruf haben die Wohntürme weitgehend allein. Beide distanzieren; allerdings in unterschiedlicher Weise. Beim Prestige-Bau dient die Größe der Präsentation von Macht, beim Wohnsilo signalisiert auch die Größe die Ohnmacht seiner BewohnerInnen.

In einem Aufsatz zur Aktualität von Mitscherlichs psychohistorisch fundierter Kritik der „Unwirtlichkeit der Städte" beschäftigt sich Marianne Rodenstein (2009) mit Großwohnsiedlungen als Räumen sozialer Beziehungslosigkeit. Mitscherlichs Pamphlet im Kontext der fordistischen Gesellschaft habe zwar diese Quartiere noch nicht im Blick gehabt, „doch seine Kritik traf auf diese noch viel mehr zu" (ebd.: 149). Die Monotonie funktionalistischer Wohnblocks – ebenso von Büro-Hochhäusern – schaffe sozialpathologische Strukturen, vor allem Apathie, was „jede Planung für eine demokratische Freiheit illusorisch macht" (Mitscherlich 1969: 41), Strukturen, in denen vor allem Kinder ihrer Bedürfnisse beraubt würden und Fähigkeiten der Sublimierung und der „sozialen Grundleistungen“ gar nicht mehr entwickeln könnten (ebd.: 24), so der Kern von Mitscherlichs Argumentation. Rodenstein schildert die anfängliche „hohe Wohnzufriedenheit“ in den Hochsiedlungen der 1960er und 70er Jahre mit Mitscherlich als „gelungene Anpassung an ein destruktives Milieu“, verweist aber auch auf sich schnell entwickelnden Widerstand als Akt der „Selbstbehauptung gegenüber der Wohnungsbaugesellschaft und städtischen Behörden, die es anfangs am notwendigsten für das tägliche Leben wie Einkaufsgelegenheiten, Straßenbahnanbindungen etc. fehlen ließen“. So seien „sukzessive“ erfolgreiche Bürgerinitiativen entstanden (2009: 149f.).

In „der nachfordistischen Gesellschaft“, schreibt Rodenstein dann, zeige der „neue Reichtum in den Städten“ deren „positive Seite“, die „neue Armut“ hingegen „die negative Seite“ (ebd.: 150). Das klingt merkwürdigerweise, als gebe es keinen Zusammenhang zwischen beidem. In den Großwohnsiedlungen, heißt es weiter, habe sich „das Prinzip der sozialen Durchmischung“ seit den 70er Jahren aufgelöst. Heute lebten dort diejenigen Menschen, „die sich selbst am wenigsten helfen können, in einer Wohnumwelt zusammen, die sie besonders wenig unterstützt“ (ebd.). Während Mitscherlich (1969: 9) Stadträume als „Prägestöcke“ begriffen hat, die Menschen zur Anpassung und teilweise Veränderung von Verhalten und Wesen zwingen, hält Rodenstein das für zumindest missverständlich, denn: „Die räumlichen Verhältnisse können soziales Handeln ermöglichen oder auch hemmen, aber sie erzeugen es nicht. Insofern ist das Bauliche nur eine wichtige Rahmenbedingung, neben der Hauptsache, den sozialen Verhältnissen, den schwachen Erziehungsleistungen der Eltern“ und „den viel zu früh ausgrenzenden Schulen sowie fehlenden Ausbildungsplätzen“ (2009: 150).

Aus der Perspektive aktueller raumsoziologischer Konzepte ist diese Darstellung unzureichend. Anders als Rodenstein betont Martina Löw die Dualität räumlicher Strukturen:

> „Räumliche Strukturen müssen, wie jede Form von Strukturen, im Handeln verwirklicht werden, strukturieren aber auch das Handeln. Die Dualität von Handeln und Struktur stellt sich damit auch als die *Dualität von Raum* heraus. Das bedeutet, daß räumliche Strukturen eine Form von Handeln hervorbringen, welches in der Konstitution von Räumen eben jene räumlichen Strukturen reproduziert. Die Rede von einer Dualität von Raum bringt deutlich die keineswegs selbstverständliche Überlegung zum Ausdruck, daß Räume nicht einfach nur existieren, sondern daß sie im (in der Regel repetitiven) Handeln geschaffen werden und als räumliche Strukturen, eingelagert in Institutionen, Handeln steuern.“ (Löw 2001: 172; Hervorhebung im Original)

Zugleich hebt Löw „den Aspekt der Wahrnehmung“ für die Raum-Konstitution hervor. Das „Spüren der Umgebung, in der man sich befindet“, sei ein Prozess der Verdichtung wahrgenommener Eindrücke, wobei zugleich „das Spüren der Betroffenen“ durch die „Außenwirkungen“ der im Raum platzierten Objekte und der anwesenden anderen Menschen beeinflusst werde (ebd.: 195). Für den hier behandelten Wohn-

Raum in Kinderhaus besteht die Umgebung aus maroden Hochhauswohnblocks mit Objekten wie defekten Klingelanlagen, Aufzügen, Lampen usw., mit nicht beseitigtem Müll, Schimmel und Dreck. Grundsätzlich gehört zur Wahrnehmung das „Spüren", sich innerhalb einer städtischen Hierarchie am unteren Ende zu befinden. Die Dualität des Raumes entsteht hier aus den genannten „perspektivlose[n] Inseln des Überlebens", die als Strukturen Handlungen einer „kollektive[n] Armutskultur" hervorbringen, die wiederum räumlich konstitutiv die Strukturen reproduzieren.

Zur Wahrnehmung solcher stigmatisierter Orte – sowohl durch die BewohnerInnen als auch durch die NichtbewohnerInnen – schreibt Pierre Bourdieu: Das

> „stigmatisierte Viertel [degradiert] symbolisch jeden einzelnen seiner Bewohner, der das Viertel degradiert, denn er erfüllt die von den verschiedenen gesellschaftlichen Spielen geforderten Voraussetzungen ja nicht. Zu teilen bleibt hier nur die gemeinsame gesellschaftliche Ex-Kommunikation. Die räumliche Versammlung einer in ihrer Besitzlosigkeit homogenen Bevölkerung hat auch die Wirkung, den Zustand der Enteignung zu verdoppeln, insbesondere in kulturellen Angelegenheiten und Praktiken." (1990: 25)

Bourdieu erachtet räumliche Strukturen als Materialisierungen sozialer Machverhältnisse und damit als Materialisierungen von Kämpfen um „[r]äumliche Profite", deren Erlangung abhängig ist vom materiellen und symbolischen Kapital. Es geht also um die Fähigkeiten, Räume zu beherrschen und sich die vorhandenen öffentlichen oder privaten Güter aneignen zu können, oder darum, Räumen ausgeliefert zu sein. Während es das Verfügen über Kapital ermöglicht, physisch-räumlich, symbolisch usw. zu distanzieren, werden „die Kapitallosen gegenüber den gesellschaftlich begehrtesten Gütern, sei es physisch, sei es symbolisch, auf Distanz gehalten. Sie sind dazu verdammt, mit den am wenigsten begehrten Menschen und Gütern Tür an Tür zu leben. Der Mangel an Kapital verstärkt die Erfahrung der Begrenztheit: er kettet an einen Ort" (ebd.: 22f.). Die architektonische Materialisierung des mangelnden Vermögens, den Ort verlassen zu können, ist nach Bourdieu „symbolische Gewalt". Ausgeübt wird sie nicht zuletzt durch die öffentliche segregierende Stadtplanung, die dann auch als „Vorstrukturierung klassenspezifische, sexistische und rassistische Effekte hervorbringt", so dass „diese räumliche Struktur von den Handelnden nicht mehr als 'eigener Ort' besetzt werden kann" (Bareis 2007a: 112f.).

Vor allem Bourdieus starres Habitus-Konzept ist oft kritisiert worden, damit aber auch sein nur „metaphorisch gemeinte[r]" Begriff des „soziale[n] Raum[s]" (Löw 2001: 182). Wenn nach Bourdieu ausschließlich „der Habitus [...] das Habitat macht" (zit. n. ebd.), dann, so Löw, erhält „der Begriff des sozialen Raums" nur bildlichen Charakter, „um soziale Prozesse zu verdeutlichen", während der angeeignete physische Raum „der Logik eines starren Raums, in den sich soziale Prozesse einschreiben", unterliegt (ebd.). Zwar sei Bourdieus Grundannahme, dass „die Klassenlage ('die Position im sozialen Raum') die Konstitution von Räumen prägt", richtig. Er sei aber „durch seinen absolutistischen Begriff des angeeigneten sozialen Raums gezwungen, das Soziale dem Räumlichen einseitig strukturierend gegenüberzustellen. Er nimmt sich damit die Möglichkeit, Wechselwirkungen zu untersuchen“ (ebd.: 183).

Auf einen anderen Aspekt verweist Ellen Bareis. Wenn Bourdieu herausstellt, dass die BewohnerInnen von peripheren Großwohnsiedlungen diese nicht mehr als „eigene[n] Ort“ besetzen können, „dann besteht der Effekt“ ausschließlich „in einer Entmächtigung der Akteure, die dann im strengen Sinne keine Akteure mehr, sondern den Strukturen ausgeliefert sind. Bourdieu verfolgt nicht, welche Handlungs- und Wahrnehmungsoptionen die mit diesen Strukturen konfrontierten Akteure entwickeln, welche sozialen Kämpfe entstehen oder ob und wie sich in diesem Prozess sowohl die Orte als auch der Habitus modifizieren“ (2007a: 113).

In der Tat dürfte eine Bandbreite von Wahrnehmungs- und Handlungsoptionen sichtbar werden zwischen Ausgeliefertsein und Apathie einerseits (wofür die Ergebnisse der Armutsstudie sprechen könnten) sowie Versuche von Gegenstrategien andererseits (wofür die wöchentlich 1000 BesucherInnen im „Begegnungszentrum Sprickmannstraße“ sprechen könnten).

Zu den Modifikationsprozessen von Habitus und Ort kann dann auch gehören, dass sich Menschen nichtsdestotrotz in solchen Häusern zuhause fühlen können. Das muss objektiv kein Widerspruch sein, kann aber für die Wahrnehmung der Betroffenen entscheidende Unterschiede ausmachen. Zugleich aber kann sich diese ‘Wahl’ des Wohnortes gesamtgesellschaftlich gegen sie wenden. Die (ältere) Kritik am Funktionalismus, am Wohnsilo, auch wenn sie keineswegs so intendiert sein sollte, fließt nun anscheinend selbst diskursiv ein in die Stigmatisierung des Orts und seiner BewohnerInnen. Auch der Abriss als letztlich einzige Lösung richtet sich gegen sie, zumindest solange ein besserer Wohnraum mangels Plänen und Investoren nicht im Ansatz bereit steht. Die im Ursprung geplante „Erziehung durch den Raum“ wird zum – allerdings dysfunktionalen – disziplinargesellschaftlichen Relikt, das sich nur noch an eine neu definierte ‘Unterklasse’ wendet, der im neoliberalen Diskurs einer ‘Individualisierung’ und somit faktischen Entpolitisierung das Label „selbst Schuld“ anhaftet.

Boris Michel beobachtet drei programmatische Aspekte städtischen „Regierens in der post/neo-sozialen Kontrollgesellschaft“, die sich architektonisch, diskursiv und politisch auf unterschiedliche Weisen äußern: Erstens den „*Spatial Turn* der sozialen Kontrolle“, also eine Praxis räumlicher Exklusion statt der Sanktionierung von Vergehen und, damit korrespondierend, eine „segmentierende und festschreibende Nahraumorientierung“, zweitens die „Rückkehr des autonomen Subjekts als selbstverantwortlichem Akteur, der [...] die Schuld an der eigenen Exklusion trägt“, was aber als Bestandteil der Arbeitsmarkt- und Sozialpolitik „weniger [...] ein originär städtisches Feld“ sei, und drittens eine „kommunitäre Erfindung der homogenen Gemeinschaft“ als Versuch, „den durch neoliberale Umstrukturierung entstandenen Verwerfungen und wahrgenommenen Ambivalenzen einen positiven

Neuentwurf entgegenzusetzen", der aber real „massiv an deren Verschärfung" beteiligt ist (2005: 17f.).

Eine solche Erfindung eines kommunitären 'Wir', das den Ausschluss der Betroffenen durch Nicht-Beachtung verdoppelt, oder, das wäre eine andere Möglichkeit, innerhalb des 'Großen Ganzen' zum Verschwinden bringt, ist die Konstruktion der „Lebenswertesten Stadt der Welt". Die jahrelange Weigerung der Stadt Münster, die Großwohnsiedlung Brüningheide zum Programm „Soziale Stadt" anzumelden, könnte dann auch als Versuch erscheinen, die unlebenswerten Seiten der Stadt nicht allzu sichtbar werden zu lassen.

> „Münster hat [...] mehrere Gesichter. Neben der glitzernden Fassade gediegener Bürgerlichkeit und relativen Wohlstands verbirgt sich eine immer größere Ausmaße annehmende und sich verschärfende Armut. Obwohl also auch in Münster die soziale Schere immer weiter auseinander geht, ist es offenbar gelungen, Armut hier weitgehend zu verschleiern oder unsichtbar zu machen und in bestimmte Nischen zu verbannen. Die Ursache hierfür liegt auf der Hand: War Armut in früheren Zeiten noch funktional, so ist sie heute für viele nur noch ein Ärgernis; ein Ärgernis, mit dem man sich – auch und gerade in der schönen heilen Welt der Westfalen-Metropole – nur bedingt belasten möchte." (Hoffmeister 2007: 175)

Die heile Welt des gediegenen Wohlstands und die unheile Welt der maroden Wohnmaschinen schließen sich gegenseitig aus. Gleichzeitig bedingen sie sich gegenseitig. Das ist eigentlich eine dialektische Binsenweisheit, sollte aber trotzdem betont werden. Bourdieus Überlegungen zu den „Ortseffekten" haben den Vorteil, diesen Zusammenhang deutlich zu machen. Den stigmatisierten Orten der Armutsquartiere mit ihren Erfahrungen von Distanziertsein und Begrenztheit stehen als Gegenpol die „Luxus-Residenzen" mit ihren „Club-Effekt[en]" auf Basis permanenter Ansammlung ökonomischen wie kulturellen Kapitals gegenüber (Bourdieu 1999: 24); in Münster neuerdings besonders klar die *Gated Community* „Klostergärten".

2.2 Konstruktionen und Brüche eines städtischen 'Wir' I: Das „Integrierte Stadtentwicklungs- und Stadtmarketingkonzept Münster"

> „Stadtmanagement geht von dem Idealbild des inaktiven, inkompetenten und apathischen Stadtbewohners aus. Entscheidungen über Entwicklungen werden von einer kleinen Gruppe von politischen und fachlichen Experten getroffen und durchgesetzt. Das Problem aber ist, daß der klassischen Bürgerstadt ein republikanisches Aushandlungsmodell zugrunde liegt. Diesem steht in der Realität das technokratisch-elitäre Modell in der Stadtplanung entgegen, die nach einem Managementmodell verfährt. Da dies in der Realität nicht ohne Reibung abläuft, werden neue Formen zur Leitbild- und Konsensbildung organisiert, mit dem Ziel, durch Expertenwissen als richtig angesehene Planungen im Nachhinein durch die Bürger legitimieren zu lassen. So bedeuten die in der Stadtplanung durch Bürgerbeteiligung vorgesehene Einbindung in den Planungsprozeß

die Diskussion eines Expertenvorschlages und nicht die Diskussion von Alternativen". (Hannemann/Sewing 1998: 69)

Christine Hannemann und Werner Sewing verfolgen den Vorgang zurück bis zum „Prinzip Haussmann", also dem großflächigen Umbau von Paris im 19. Jahrhundert. Dieses Prinzip liefere sowohl den „ästhetisch-räumlichen Prototyp der Stadtentwicklung" als „auch das organisatorische Modell dazu: technokratische Elite, Managementorientierung, Orientierung auf Großprojekte, Bündelung von Kompetenzen und massive Durchsetzungskraft gegenüber Widerständen". Zugleich aber werde „ein Modell für das Operieren mit öffentlichem Konsens" mitgeliefert, bei dem die Vollendung des Bauprojektes bei den „Projektbetroffenen" zu einer „Akzeptanz im nachhinein" führe. Dieses Stadtpolitik-Modell habe sich seit Beginn des 20. Jahrhunderts allgemein durchgesetzt (ebd.: 69f.). Eine „Auszehrung des öffentlichen Interesses" sei somit nicht erst ein Resultat der „vom Neoliberalismus geförderte[n] Dominanz privater Projektsteuerung". Dass eine „identitätsbedrohende, nämlich technische und funktionale Rationalität" zur Identitäts-Erzeugung eingesetzt wird, zur Produktion „glückliche[r] Menschen [...], die in einer pluralisierten Gesellschaft ihre Identität gefunden haben" (ebd.: 68f.), so sollte man ergänzen, ist aber innerhalb postfordistischer Städte-Konkurrenzen zu einem zentralen Mechanismus geworden. Als Virtuosen auf den Baubühnen Berlins in den letzten Jahrzehnten stellen Hannemann/Sewing den Architekten Josef Paul Kleihues vor (ebd.). Von ihm stammt in Münster die *Shopping Mall* „Münster Arkaden".

Wenn die Stadt Münster darauf verweist, dass zum Gewinn bei den „LivCom Awards" 2004 gerade auch die hier praktizierte Beteiligung der BürgerInnen an der Stadtentwicklung beigetragen habe, erweckt das den Anschein, das von Hannemann und Sewing beschriebene Modell des Stadtmanagements treffe nicht zu – zumindest für Münster. Auch, dass die Kategorie „Community Involvement" als ein Haupterfolgskriterium des weltweiten „LivCom"-Wettbewerbs geführt wird, widerlegt das Idealbild der Passivität der BürgerInnen nur scheinbar. Beide propagieren ein 'Wir' als 'Großes Ganzes'.

Um diese Scheinbarkeit näher zu begründen, stellt sich zunächst die Frage, was mit BürgerInnen und was mit ihrer Beteiligung gemeint ist. Antworten darauf lassen sich im „Integrierten Stadtentwicklungs- und Stadtmarketingkonzept Münster" (ISM) durchaus finden. In der Prozessdokumentation heißt es zu den Zielen und Ergebnissen:

> „Die Suche nach Zukunftsperspektiven für Münster wurde als bürgerschaftlicher Prozess durchgeführt, an dem sich die gesellschaftlichen Gruppen und Akteure sowie die Stadtgesellschaft umfassend beteiligt haben. Ebenso waren die Mitglieder der Gremien des Rates breit eingebunden. [...] Das dialogische Verfahren wurde durch eine Bürgerumfrage zu den grundsätzlichen Zielen der Stadtentwicklung sowie durch Imageumfragen ergänzt, wodurch der ISM-Prozess auf eine breite, empirisch abgesicherte Basis gestellt

werden konnte [...]. Es ist gelungen, das Verfahren kompakt zu gestalten, indem die wesentlichen bürgerschaftlichen Prozessschritte in einem Jahr durchgeführt wurden. Der Prozess führte zum Aufbau neuer Kooperationen zwischen öffentlichen und privaten Akteuren und zur Festigung bestehender Netzwerke." (ISM 2004: 11f.)

Unter welchem Leitgedanken diese Perspektiv-Suche für die Zukunft der Stadt gestanden hat, macht gleich der erste Absatz der Prozessdokumentation klar:

> „Aufgrund des verstärkten Standortwettbewerbs und der zunehmenden Gefährdung der Funktionen von Münster als Verwaltungszentrum in und für Westfalen wurde die Verwaltung Anfang 2002 beauftragt, in einem dialogischen Verfahren ein Integriertes Stadtentwicklungs- und Stadtmarketingkonzept zu erarbeiten." (ebd.: 9)

Gesteuert wurde das Verfahren vom Amt für Stadt- und Regionalentwicklung und Statistik und von der städtischen Tourismus- und Eventagentur „Münster Marketing". Die Vorstellung und Diskussion der „zentralen Botschaften aus dem bürgerschaftlichen Prozess (Profilvorschläge, Leitorientierungen)" erfolgte bei der öffentlichen Veranstaltung „AufTakt Münster" im Schloss, danach in den Beiräten Münster Marketing, für Kommunale Entwicklungszusammenarbeit und im Ausländerbeirat sowie in einzelnen Foren und Werkstätten. „Das bürgerschaftliche Engagement", wird betont, habe sich aber nicht nur hierauf beschränkt,

> „sondern schloss auch eine finanzielle Unterstützung durch den Verein zur Förderung von Wirtschaft, Handel und Verkehr Münster e.V. (heute 'Wirtschaftsinitiative Münster/WIN') zur Durchführung von Imageanalysen ein. Durch die finanzielle Förderung konnten fundierte Imageanalysen zum Selbst- und Fremdbild von Münster durchgeführt werden, die wesentlich zur Abschätzung von Wahrnehmungsdefiziten und Identifikation möglicher Kommunikationsoptionen (Binnenkommunikation, Außendarstellung) beigetragen haben." (ebd.: 11)

Es fällt auf, das diese Initiative kommunaler Unternehmen, die sich das sprechende Kürzel „WIN" gegeben hat – von ihr ist später noch zu lesen – als einzige Gruppe in dieser Einleitung hervorgehoben wird und so quasi für die BürgerInnen steht. Das passt zur örtlichen Tradition, dass die Klientelpolitik bzw. Politik in eigener Sache des „Vereins der Kaufmannschaft von 1835 e.V." oder von anderen UnternehmerInnen-Vereinigungen offiziell als bürgerschaftliches Engagement durchgeht.

Verschärfter „Standortwettbewerb", Marketing, Image. Das sind die übergeordneten Kategorien des Konzepts. Wenn dabei von Kooperationen öffentlicher und privater Akteure die Rede ist, sind zwar auch lokale NGOs gemeint, die Formulierung klingt aber sehr nach „Public Private Partnership". Als aktiv handelnde BürgerInnen erscheinen im Einleitungstext dann auch VertreterInnen der „Wirtschaftsinitiative", während NormalbürgerInnen weitgehend als passiv gedacht für „Bürgerumfragen" ausgewählt werden.

Nun ist es gut möglich, dass sich das ISM-Konzept tatsächlich gegenüber ähnlichen Vorgängen in anderen Städten durch eine breitere Einbindung gesellschaftlicher Gruppen auszeichnet. So ist mit dem Ausländerbeirat der Stadt die politische Vertretung der MigrantInnen durchgehend institutionell involviert gewesen (was man jedoch auch für selbstverständlich halten könnte) und Zwischenergebnisse sind „im Rahmen des Bürger/innen-Forums 'Zukunftsfähiges Münster'" der „Lokalen Agenda 21" diskutiert worden (ebd.: 10). In der ersten Werkstatt „Wohnen und Soziales" am 9. Juli 2002 wurde im Anschluss an die Präsentation öffentlicher Leitlinien und „Stärken- und Schwächen-Analysen" die Diskussion „vor allem von Vertretern organisierter Gruppen dominiert", wie sich das Protokoll doch etwas distanziert ausdrückt. Immerhin konnten hier das Projekt „Münster braucht ein Behandlungszentrum für Folteropfer" und ein alternatives Wohnprojekt vorgestellt werden (ebd.: 172f.). Die Gruppe „'Integration der Menschen mit Behinderung' lobte grundsätzlich die Möglichkeiten für behinderte Menschen in Münster", mahnte aber auch Verbesserungen durch barrierefreie Planung an (ebd.: 175). In der Diskussion kamen schließlich auch grundlegende Defizite des ISM-Prozesses zur Sprache. So wurde aus dem Plenum die Einbindung engagierter BürgerInnen scharf als mangelhaft kritisiert. „Eine Beteiligung an den Zielkonflikten [...] wenn auch Kosten ins Spiel kämen und Prioritäten gesetzt werden müssten, fände nicht statt". Ebenfalls kritisiert wurde, „dass erst in letzter Minute das Themenfeld 'Wohnen und Soziales' überhaupt in den Stadtmarketingprozess aufgenommen worden ist" (ebd.: 175).

Betrachtet man den Aufbau des ISM, zeigt sich, dass Stadtentwicklung- und marketing hier explizit als integrativer Prozess bezeichnet werden, dass es sich aber real um einen eher segregativen handelt, bzw. um einen Prozess, der Segregation festschreibt. Es gibt fünf Foren: „City", „Kunst und Kultur", „Wirtschaft und Wissenschaft", „Freizeit, Sport, Natur" und schließlich „Wohnen und Soziales". Nicht die formale Aufteilung ist dabei das Problem, sondern die weitgehende inhaltliche Trennung, die zwischen „City" und „Wohnen und Soziales" deutlich wird.

Im also zunächst gar nicht geplanten „Forum Wohnen und Soziales" arbeiteten VertreterInnen der Stadtverwaltung, der Ratsfraktionen, des Ausländerbeirates, der Wohnungswirtschaft, der Wohlfahrtsverbände und von Selbsthilfegruppen, der ArchitektInnenorganisationen und des Deutschen Mieterbundes sowie der Hochschulen mit (ebd.: 125f.). Als zentrale „Profilkomponenten" werden „Die soziale Stadt", „Die Stadt/das Quartier zum Wohnen, Leben und Arbeiten", „Die Stadt der unterschiedlichen Lebensformen und Quartiere" und „Die Gesundheitsstadt" vorgestellt. Als Ziele werden genannt: Die Sicherung des sozialen Friedens und der Gerechtigkeit, die Förderung der „Eigenverantwortlichkeit der Menschen und der Anerkennung von Kompetenzen" sowie der Erhalt bzw. die Schaffung von Beratungsangeboten. Dazu sollen ausreichende Wohngebiete „zu fairen Preisen" in enger Zusammenarbeit mit den Wohnungsunternehmen entstehen, „Urbanität" geschaffen werden unter den Titeln „Stadt für vielfältige Lebensformen" und „Wahlfreiheit und Toleranz" bei einer „Vereinbarkeit von Familie und Beruf" (ebd.: 91).

In diesem Forum werden einige liberale Ziele deutlich wie die Integration von MigrantInnen und ein stadtteilorientiertes „[s]elbstbestimmtes Wohnen für pflegebedürftige Senioren und behinderte Menschen" (ebd.: 94). Die Ziele sind aber auch oft gepaart mit Marketing-Sprache – „Erlebnisraum Quartier" oder „Profilierung Münsters als Gesundheitsstadt" (ebd.) – oder der Sprache des „philantropisch-karitative[n] Sozialkomplex[es]" (Ronneberger/Lanz/Jahn 1999: 204), also jener Wohlfahrtsträger, die „sich zwar gegen bestimmte Formen der Ausgrenzung" wenden, dabei aber gleichzeitig „durch Klassifizierungsverfahren den Grenzbereich zwischen Inklusion und Exklusion" organisieren (ebd.). Im „Forum Wohnen und Soziales" geht es um „gesundheitsfördernde Handlungskonzepte (insbesondere mit dem Fokus auf sozial Schwächere)" oder um eine „(ganzheitliche) Integration von sozial auffälligen Haushalten in die Wohnungsbestände". Ebenso kommen Einsprengsel neoliberaler Ideologeme („Eigenverantwortung") vor (ISM 2004: 91 u. 95). Bezüglich des Wohnens ist überwiegend von Stadtteilen die Rede. Gefordert wird aber auch ein Konzept für „Wohnraum für Familien in der Stadt zu tragbaren Preisen", das allerdings, wie auch die „Berücksichtigung der Interessen von Frauen", nur als „Perspektivprojekt" (ebd.: 95).

Nun ist es unbestreitbar, dass die Stadt über ihre Wohnungsgesellschaft „Wohn- und Stadtbau GmbH" an den Rändern der Innenstadt in den letzten Jahren öffentlich geförderten Wohnraum schafft. So etwa im Bereich Grevener Straße/Steinfurter Straße/Gasselstiege. Allerdings sind auch diese Projekte nicht problemlos. So kämpften die Bürgerinitiative „Wohnen im Dreieck" und das autonome Kulturzentrum „Versetzt" seit Jahren um den Erhalt von preiswerten Häusern überwiegend aus der Gründer-, aber auch aus der Nachkriegszeit. Die im städtischen Besitz heruntergekommen Objekte sind inzwischen weitgehend abgerissen und zum Teil Neubauten der „Wohn- und Stadtbau" gewichen.

Vor zehn Jahren wurde bereits die benachbarte und zwischenzeitlich besetzte Uppenbergschule abgerissen. Auf dem angrenzenden Areal der Eichendorfschule an der Schulstraße errichtet die „Wohn- und Stadtbau" ein neues Quartier mit 104 Wohnungen und 148 Tiefgaragen-Stellplätzen. Von den Wohnungen sind allerdings nur 16 öffentlich gefördert und 23 frei finanziert. Hinzu kommen 65 exklusive Eigentumswohnungen im sanierten alten Schulgebäude, das als Quartiers-Zentrum fungiert. Der Gründerzeitbacksteinbau diente jahrelang der Künstlergemeinschaft Schulstraße als Atelierhaus. Sie soll nun ab 2011 in einem angrenzenden Neubau unterkommen. Die Stadt lässt hier also durch ihr eigenes Unternehmen vor allem Wohnraum für finanziell besser gestellte MieterInnen errichten. Nachdem ihre anfänglichen Partnerunternehmen WGM und GWN infolge des Verkaufs ihrer Muttergesellschaft LEG an einen US-Fonds (s.o.) abgesprungen waren, übernahm die „Wohn- und Stadtbau" die Investitionen von 30 Millionen Euro allein. Auch gegen dieses Projekt hatten sich AnwohnerInnen zu einer Initiative zusammengeschlossen.

Sie kritisiert, dass es nie eine ernsthafte Beteiligung der BürgerInnen gegeben habe und kämpft unter anderem gerichtlich vor allem gegen die neue Verkehrsführung (vgl. *MZ* vom 25. Februar u. 15. August 2009).

Zu Fragen des Städtebaus und der Architektur leistet sich die Stadt seit 1997 einen „Gestaltungsbeirat", der den Planungsausschuss berät. Zur 100. Sitzung bescheinigte sich der Beirat selbst seine Wichtigkeit, weil „er die Qualität der alltäglichen Architektur und des Städtebaus kritisch hinterfragt und bewertet" (zit. n. *MZ* vom 25. November 2008). Das aber, kritisiert die *MZ*, „findet wie eh und je im Verborgenen statt. Ergebnisse werden vertraulich zum Planungsausschuss weitergereicht". Die Diskussionen und Auseinandersetzungen im Beirat liefen unter Ausschluss der Öffentlichkeit: „Und das schon seit 100 Sitzungen" (ebd.).

Allerdings gibt es in Münster, bei bestimmten Projekten wie den „Münster Arkaden" oder dem „Picasso-Platz" gegenüber des von den „Arkaden" umschlossenen „Picasso-Museums", sehr wohl bestimmte Formen der BürgerInnenbeteiligung. Dabei geht es jedoch nicht um die Entscheidung über die Projekte (die ist längst gefallen), sondern um Formen der Identifikations-Produktion und KundInnenbindung. So wurde der Name der *Shopping Mall* in einer größeren Umfrage ermittelt. Zur Umgestaltung des ehemaligen Parkplatzes zum „Picasso-Platz" durften gut 400 BürgerInnen Ideen äußern. Dazu wurde etwa vor dem Museum „an drei Tagen ein roter Sessel aufgestellt, auf dem die Bürger Platz nehmen und ihre Wünsche und Ideen dokumentieren lassen konnten", die dann in einen Architekturwettbewerb einfließen sollten (*WN* vom 23. April 2005). Mit diesen Beispielen einer machtvollen Projektrealisierung, die zugleich Formen nachgelagerter Akzeptanzbildungen beinhaltet, lässt sich ein Bogen zurück zum ISM schlagen.

Im „Forum City" des „Integrierten Stadtentwicklungs- und Stadtmarketingkonzepts Münster" geht es umfänglich um Fragen der 'Inwertsetzung'. So ist auch der zentrale Punkt einer Erhöhung der 'Aufenthaltsqualität' zu verstehen, der sich erkennbar an zahlende KundInnen wendet und die Innenstadt als möglichst störungsfreien Erlebnisraum für ein (gehobenes) Mittelschichtspublikum definiert. Fest- und fortgeschrieben wird damit der soziale Status Quo vor allem in und um Münsters 'guter Stube', dem Prinzipalmarkt. Innerhalb der „Profilkomponenten Handel – Service/Dienstleistung – Erreichbarkeit – Stadtbild" sind vier „Schlüsselprojekte" vereinbart worden: „Gemeinsamkeit im Handel" – also vereinheitlichte Rahmenbedingungen und verbindliche Kooperationen des Handels untereinander und mit der Stadt –, eine „Service-Offensive" – zu der eine „Wohlfühlkampagne" und die „Umsetzung von attraktiven Angeboten für Kunden" gehören sollen –, das „Angebot der Kaufmannschaft zur frühzeitigen Beteiligung und aktiven Einbindung in sensible innerstädtische Planungen", schließlich die Kampagne „Die City nimmt Platz". Hierbei sollen „durch gezieltes 'Platzmanagement' Plätze beleb[t] und ins 'rechte Licht'" gerückt werden (ISM 2004: 48f.). Dazu zählt zuvorderst die inzwischen erfolgte deutliche Ausweitung der Außengastronomie. Als Ziel wurde also die Schaffung eines zentralen Innenstadt-Managements angestrebt. Das ist inzwischen mit der „Initiative starke Innenstadt", einem so genannten *Business Improvement District*, verwirklicht worden.[5]

Die Ausrichtung des Forums ist wenig überraschend. Mitglieder sind hier neben VertreterInnen der Stadtverwaltung, der Ratsfraktionen, der Spitze von „Münster Marketing" und der Industrie- und Handelskammer vor allem VertreterInnen der Kaufmannschaft, der Kaufhäuser und der Gastronomie. Der Ausländerbeirat oder MieterInnenorganisationen sind nicht vertreten (vgl. ebd.: 117f.).

Auch in der Innenstadt Münsters wird nach wie vor gewohnt, die Steuerung ist aber hier offensichtlich keine wirkliche Frage der BürgerInnenbeteiligung. „Wohnen und Soziales" wird in dieser Ausrichtung in der Auflistung „Bedeutung des Leitbildes 'City' für das Münster-Profil" dann auch ganz zum Schluss unter dem Stichwort „Funktionszentrum" erwähnt und erweckt den Anschein eines Minderheitenvotums: „Für die Kinder- und Jugendhilfe ist wichtig, dass die 'City' nicht nur als Einkaufsstadt und 'Museum' wahrgenommen wird, sondern auch als ein Stadtteil von Münster, in dem normale Familien mit Kindern leben können." (ebd.: 57) Diese Forderung stammt erkennbar von der an den Treffen teilnehmenden Leiterin des Amtes für Kinder, Jugendliche und Familien (vgl. ebd.: 118). Auch zuvor, unter dem Oberbegriff „City-Projekte" taucht das Thema unter „Weitere Projekte" innerhalb des Clusters „Raumfunktionales Flächen- und Entwicklungsmanagement" auf. Auch hier wieder am Ende hinter Vorschlägen zu Neubebauungen und -entwicklungen innerstädtischer 'Filetgrundstücke', zum Bau neuer Hotels und des Kulturforums (der Musikhalle), zum Umbau des Bahnhofs und gar zur „Überdachung der Fußgängerzone Ludgeristraße". Verwiesen wird zwar auf die „Werkstatt Wohnen + Soziales", allerdings könnten hinter der Formulierung „Schaffung attraktiver und individueller Wohnraumangebote in der City" (ebd.: 54) eher auch Angebote für die im Städte-Wettbewerb gesuchten prosperierenden Haushalte stehen.

Die Wettbewerbs-Ausrichtung wird in der Ausgestaltung der Leitlinien sehr deutlich: „Das historische Zentrum" ist der „identifikationsstiftende Teil der Stadt", von dem Münster „[n]ach außen hin lebt". Der „Identifikationsort" wird mehrfach als „Anziehungspunkt" und „Zielort für auswärtige Besucher" bezeichnet. Die Innenstadt sei „Handelszentrum" mit großer Außen-Ausstrahlung und „Spielraum für Unternehmen". Sie sei „öffentlicher Begegnungsraum für alle" und stehe „im Gegensatz zum 'privaten' Stadtraum in den Wohnsiedlungsbereichen der Stadtrandzonen und Stadtteile". Hier ist die erwünschte Aufteilung, in der Wohnen nur in exklusiven Modellen denkbar scheint, auf den Punkt gebracht. Zugleich erscheint der „Begegnungsraum für alle" reduziert auf „Freizeit- und Sportaktivitäten" und

5 Vgl. hierzu Kap. 3.7.

kostenpflichtige „Vergnügungsstätten". Das „Funktionszentrum" Innenstadt hält demnach „die wichtigsten oberzentralen Einrichtungen" von Verwaltung und Uni, Kirchen und „Shopping" bereit und bietet „Kultur und 'Kommerz' auf engstem Raum" (ISM 2004: 56).

Die im „Forum City" sichtbaren Tendenzen lassen sich, leicht akzentuiert auch im „Forum Kunst und Kultur" beobachten. Dieses Forum bringt in seiner Selbstpositionierung Alexander Kluge („In Gefahr und Not bringt der Mittelweg den Tod."), Heiner Müller („Wer sich nicht in Gefahr begibt, kommt darin um.") und Wolfgang Clement („Leuchtturm-Projekte") in einen Zusammenhang (ISM 2004: 64a). Das soll wohl die richtige Mischung aus Intellektualität und Tatkraft inszenieren, läuft aber argumentativ in eine Richtung. Leuchttürme sind – es grüßt der berühmte 'Bilbao-Effekt' durch Frank O. Gehrys Guggenheim-Museum – schlicht Marketing-Instrumente, die sich, dafür steht die Metapher, an Auswärtige richten und sie sicher heran- und hereinführen sollen. Gefordert werden daher „kulturelle Großprojekte" als Basis für „lebendige Qualität" und „höchste Qualitätsansprüche" und zur „Identitätsstiftung nach innen ('Wir in Münster')" und „außen" (ebd.: 64b). Zwar sei der Prinzipalmarkt

> „ein herausragendes Kulturdenkmal von europäischer Bedeutung – zugleich aber auch eine Herausforderung für die Gegenwart und Zukunft der Stadt. Um die Qualität der Stadt Münster zu bewahren, was den Münsteranern weise in den letzten Jahren gelungen ist, brauchen wir jetzt Kühnheit. Darum moderne, eigenständige Baukörper neben die Kulturdenkmale! Denn: Reibung setzt Spannung frei"(ebd.: 64a).

Die Engführung des Themas „Kunst und Kultur" auf architektonische Großprojekte ist kein Zufall. Zum einen entspricht sie den aktuellen Strategien postfordistischer Städte,[6] zum anderen ist ein prominentes Mitglied des Gremiums der Architekt Rainer Maria Kresing (vgl. ebd.: 119), der seit Jahren in Münster kontinuierlich beansprucht, solche architektonischen „Kühnheit[en]" zu realisieren oder planen. Dazu zählen etwa der Neubau des Geschäftshauses „WMF-Ecke" in der Salzstraße (1995), der Sparda Bank-Hauptverwaltung (1999), des Büro-Turms an der Hammer Straße (2001), der Umbau der Bezirksregierung am Domplatz (2006), das „Hanse Carré (2009) und als geplante Projekte der „Neuhafen" am Kreativkai, die Bürotürme „zeb i-land" und „Butterfly" (vgl. Kresing 2009, Meyer/Skarabis 2007: 10f., 62ff.).

Als vorrangig sah das Gremium den Bau „der *Musikhalle für Münster*" an (ebd.: 64c; Hervorhebung im Original). Auch das ist wenig verwunderlich. Nicht nur, weil die Verwaltung und die Ratsfraktionen von CDU, SPD und FDP dieses Projekt befürworteten. Mitglied des Forums war auch der Universitäts-Kanzler Klaus Anderbrügge (vgl. ISM 2004: 119. Er war zugleich Vorsitzender des „Vereins zur Förderung einer Musikhalle" (was allerdings in der ISM-Dokumentation unerwähnt

6 Vgl. Kap. 3.3.

bleibt). Es ist daher nicht übertrieben, das „Forum Kunst und Kultur" als Instrument der Klientelpolitik zu bezeichnen.

Bei der von einer Bürgerinitiative, an der auch die Grünen, die Linke und die UWG beteiligt waren, erzwungenen BürgerInnenbeteiligung an der Musikhallen-Frage fiel dieser „Leuchtturm" eindeutig durch. 70,87 Prozent der WählerInnen (bei einer Wahlbeteiligung von 44,6 Prozent) hatten im April 2008 vor dem Hintergrund massiver Kürzungen im Sozial- und Kulturetat der Stadt in einem Bürgerentscheid gegen das Prestigeprojekt gestimmt. In einem ersten Kommentar sagte der Oberbürgermeister: „Das ist bitter. Morgen wird bei den Gegnern der Musikhalle der Kater kommen. Münsters Stellenwert wird sich im Wettbewerb der Städte in NRW relativieren." (*WN* vom 28. April 2008) Die Konstruktionen eines städtischen 'Wir', die normalerweise über Wettbewerbsgewinne Münsters erfolgen, funktioniert also auch noch bei Misserfolgen partialer Interessen. Dann haben 'Wir' alle verloren.

2.3 Konstruktionen und Brüche eines städtischen 'Wir' II: Der Stolz der BürgerInnen aufs Image

> „Civic pride will be enhanced by being with 'the leading communities in the world'" (LivCom Awards Benefits 2009).

Dieses Versprechen der AusrichterInnen der „LivCom Awards" für erfolgreich teilnehmende Städte liefert das städtische 'Wir' gleich von Beginn an mit. Der Stolz aller BürgerInnen wird auch im dominierenden Diskurs Münsters als Selbstverständlichkeit behandelt. Im Interview eines Anzeigenblatts mit Oberbürgermeister Tillmann hört sich das so an:

> „Frage: Was ist das Geheimnis des Erfolges?
>
> Tillmann: Es werden keine einsamen Entscheidungen in Planungsstäben getroffen. Stattdessen betrachten wir in Münster die Bewerbungen als kollektive Aufgaben. Wenn wir gewonnen haben, dann haben 270.000 Münsteraner gewonnen." (*Hallo Münster* vom 11. Februar 2009)

Der Stolz aller BürgerInnen, zu den führenden Kommunen der Welt zu gehören, muss aber auch dokumentiert werden. Unter dem Titel „Stolz sein und es zeigen" berichtet das Presseamt (*PresseInfo* vom 10. Februar 2005), wie die eigens geschaffenen „Signet[s] mit Sprechblase und Goldmedaille" nebst verschiedenen Motiven, die im städtischen Internetangebot zum Download bereit stehen, „eifrig genutzt" werden von Hotels, Firmen, der Handwerkskammer, vom lokalen Allgemeinen Deutschen Fahrrad Club wie von einem BMW-Händler und von Karnevalsvereinen. Zuvor hatte die Stadt eine Werbekampagne gestartet und ihre BürgerInnen aufgefordert, mittels bereitgestellter „[f]arbenfroh[er] und pfiffig[er]" Postkarten", die „an alle Haushalte" gesendet würden, vom Gewinn bei den „LivCom Awards" zu künden. „In einem

Begleitschreiben bittet der Oberbürgermeister die Adressaten, quasi als 'Münster-Botschafter' aktiv zu werden. 'Münsters beste Botschafter sind die von ihrer Stadt überzeugten Münsteraner', so Tillmann." (*PresseInfo* vom 10. Dezember 2004)

Das städtische 'Wir', das alle MünsteranerInnen eingemeindet – auch die real Marginalisierten – entfaltet ein harmonisches bürgerlich-tolerantes Gesamtgebilde. Boris Michel spricht unter dem Stichwort *New Urbanism* von „einer größeren Bewegung neotraditioneller Stadtplanung" [...], der es um die Wiederherstellung einer verloren geglaubten bürgerlichen, modernen (vormotorisierten), harmonischen und offenen Stadt geht". Michel behandelt dies hauptsächlich am Beispiel des von einflussreichen kalifornischen StadtplanerInnen und ArchitektInnen gegründeten und seit 1993 jährlich ausgerichteten *Congress for the New Urbanism* (CNU), dessen Leitlinien die fußläufige, verbindende und sozial wie baulich vielfältige, städtebaulich und architektonisch hochwertige, traditionell nachbarschaftliche, nachhaltige und lebenswerte Stadt propagieren. Gerichtet ist das erkennbar gegen die standardisierten, eintönigen und unökologischen „endlosen Mittelklassen-Suburbias" der USA (2005: 77f.). Zudem geht es dem CNU um die Neugründung von Städten oder Vorstädten. Die Nähe zu den Prinzipen der „LivCom Awards" und dem Image einer Stadt wie Münster ist aber augenfällig. Michel verweist dann auch auf „zahlreiche Beispiele" europäischer Innenstadtrestaurationen als Äußerungen einer Stadterneuerungspolitik, die konzeptionell häufig im grün-alternativen Umfeld und in der Kritik an der autogerechten Stadt und den Kahlschlagsanierungen der 1970er Jahre ihren Ursprung habe.

> „Die einfache Behauptung, Traditionalismus sei rechter Konservativismus, ist zumindest in Anbetracht zahlreicher programmatischer Positionen nicht haltbar. Andererseits darf die liberal und ökologisch konnotierte Argumentationsweise nicht darüber hinwegtäuschen, dass hier ganz bestimmte Positionen sprechen, die die formal eingeschlossenen marginalisierten Bevölkerungsgruppen kulturell und ökonomisch ausschließen." (ebd.)

Das trifft gerade auf Münster und seine imagebildende Verbindung von Traditionalismus und Fortschritt zu. „Stadt mit Innovation aus Tradition" heißt es in einem Hintergrundbericht des Presseamtes:

> „Münster – eine Stadt voller Geschichten und Geschichte, jung geblieben seit mehr als 1200 Jahren, mit vielen Akzenten und doch eindeutigem Profil. Hightech und bodenständiges Handwerk, barocke Adelssitze und kühne Architektur, historischer Stadtkern und wegweisender Städtebau – in Westfalens Hauptstadt sind das keine Gegensätze, sondern Facetten einer lebendigen, jungen Stadt mit rund 50 000 Studierenden." (*PresseInfo* vom 13. Juni 2007)

Dass marginalisierte Bevölkerungsgruppen in einem harmonischen 'Großen Ganzen' subsumiert werden, dabei aber möglichst unsichtbar bleiben, verdoppelt ihre Marginalisierung. Anders ausgedrückt: „Der Zusammenhang zwischen der Produktion einer mit bestimmten kulturellen Symbolen codierten Umwelt und den dort anwesenden Menschen bzw. die Verdrängungsleistung, die durch bestimmte Formen der Gestaltung von Räumen erfolgt, wird dabei nicht thematisiert bzw. als eine Zunahme von Lebensqualität begriffen." (Michel 2005: 83) Zugleich wird in diesen Entwürfen gerade die soziale Vielfalt herausgestrichen, die zur Lebensqualität einer Stadt beitrage. Michel äußert den Verdacht, „die gewünschte Heterogenität gelte hauptsächlich für die Pluralität der (Mittelklassen-) Lebensstile. Verschiedene Geschmäcker und ästhetische Stile machen urbanes Leben erst aufregend und kulturell wertvoll". Eine tatsächliche soziale Vielfalt sei „innerhalb einer marktwirtschaftlichen Gesellschaft nur möglich mit einem ambitionierten sozialen Wohnungsbau oder der Integration billiger, das heißt schlechter oder dichter Wohneinheiten". Das sei beim *New Urbanism* in den USA nicht vorgesehen (ebd.) und in der 'gewachsenen europäischen Stadt' geht die Entwicklung ebenfalls in die entgegengesetzte Richtung.

Nicht von ungefähr behandelt Michel den *New Urbanism* in einem Kapitel, das sich auch mit *Gated Communities* und *Shopping Malls* befasst. In Innenstädten wie der Münsteraner, in denen Tendenzen eines zentralen Raummanagements existieren („Initiative starke Innenstadt"), und damit eine Übernahme von *Mall*-Strukturen, lässt sich demnach beobachten, was Aldo Legnaro und Almut Birenheide für *Malls* beschreiben. Diese seien als „Ort[e] kommoder Freiheit zu betrachten. Der Begriff

> „fasst in aller Doppelbödigkeit zwei ihrer wesentlichen Aspekte zu einem Terminus zusammen: einerseits die Bequemlichkeit, Übersichtlichkeit und Aufgeräumtheit, wie sie durch die Dichte und Konzentration der präsentierten Waren hergestellt wird, andererseits ihre unumschränkte Kommodifizierung, die sich weit über die Waren hinaus auf alle feilgebotenen Erlebnisstrukturen erstreckt" (Legnaro/Birenheide 2007: 261)

Zu diesen Erlebnisstrukturen gehören auch atmosphärische Momente wie soziale und kulturelle Vielfalt und Toleranz. Sie werden in den inzwischen allfälligen Städte-Rankings regelmäßig gerade als eine wesentliche Größe hinsichtlich des Wettbewerbs um die Ansiedlung prosperierender Unternehmen gewertet (vgl. Löw 2008: 225f.).

Um bei den „LivCom Awards" zu reüssieren, müssen die teilnehmenden Kommunen integrierte Strategien im Umgang mit Umwelt, Landschaft und dem 'historischen Erbe' sowie zur nachhaltigen Zukunftsplanung und Bürgerbeteiligung nachweisen. Das soll sich auszahlen. „I can assure you that participating in the LivCom Awards is professionally rewarding and will potentially bring long-lasting benefits to your city", versichert Chief Executive Alan Smith. Die Finalteilnahme biete die Möglichkeit, „your City's Best Practice" auf internationaler Bühne zu präsentieren und somit die international gültigen Standards zu beeinflussen. Zudem knüpfe man an ein Netzwerk an, gebildet von Kommunen mit ähnlichen Zielen aus über 50 Nationen. Dies schaffe Möglichkeiten, Erfahrungen und Strategien auszutauschen und biete weitere Unterstützungen für Innovationen und kommunales Engagement (LivCom Awards Benefits 2009). Gegen all das lässt sich formal erst einmal nichts einwenden. Aber schon die Titel verleihende Organisation verweist auf einen weltweit propagierten herausragenden Marketing-Faktor und stellt damit eine wohl entscheidende Verknüpfung her: „Success in the Awards may be used to promote tourism and Inward Capital Investment." (ebd.)

Auch in der Stadtverwaltung Münster wird diese Sicht selbstverständlich geteilt:

> Frage: Macht sich der Aufwand bezahlt?
> Tillmann: Er hat sich schon bezahlt gemacht – wenn man allein die Explosion der Touristenzahlen betrachtet. Oder die Entwicklung der Kongresse. Münster und das Münsterland sind eine der attraktivsten Regionen in Deutschland. Wir konkurrieren mit Gebieten wie Oberbayern. [...] Eine Bewerbung in einem Wettbewerb wie diesem ist wie ein Marathon. Gewonnen haben Sie erst nach 42,195 Kilometern.
> Frage: Und wenn Münster ins Ziel läuft, wird es in einem Atemzug mit Hamburg, München und Berlin genannt?
> Tillmann: Sicherlich nicht, was die Größe betrifft. Aber wenn wir über das Europa der Regionen oder über die moderne, langsam gewachsene, europäische Stadt sprechen, dann ist Münster dabei." (*Hallo Münster* vom 11. Februar 2009)

Und die anlässlich des „LivCom"-Sieges eigens produzierten Signets, Postkarten und Plakate „'können wir auch ideal in der Tourismuswerbung nutzen', freut sich Hermann Meyersick, Touristik-Chef bei Münster Marketing, über die zusätzliche internationale Aufmerksamkeit. 'Nicht viele Städte können so glaubhaft auf ihre 'ausgezeichnete' Lebensart verweisen.'" (*PresseInfo* vom 10. Dezember 2004).

Nun würden Stadtverwaltungen stets argumentieren, dass sich die Fokussierung auf Investoren und Tourismus in Form von Steuereinnahmen auch segensreich für den Sozial- und Alltags-Kultur-Etat auswirken, was ja grundsätzlich stimmt. Die weitgehende Konzentration auf die gewünschten Gruppen, die sich auch stadtplanerisch in Fokussierungen aufs Innerstädtische und auf kurzfristige Strategien äußert, widerspricht dem aber offensichtlich.

Die Dominanz gerade des touristischen Blicks hat aber auch Konsequenzen für die wohlhabenderen BürgerInnen in einem öffentlichen Raum, der als Bühne erscheint, in der sie einerseits und „offensichtlich durchaus lustvoll, Statisten in ihrer eigenen Stadt sind", wie Werner Sewing kommentiert (zit. n. Rada 1998: 106). Das aber ist nur folgerichtig. In „der Stadt der Dienstleistungen, des Finanzkapitals und der Kultur- und Wissensindustrien", schreiben Tom Holert und Mark Terkessidis, scheine es

> „weitgehend unmöglich, zwischen Tourismus und anderen Formen des Konsums zu unterscheiden. 'Das normale Leben, wenn es ein gutes Leben sein soll, sollte ein ständiger Urlaub sein' (Zygmunt Bauman). Imaginäres und Reales, Alltag und Außeralltägliches: alles entdifferenziert? Kann man eigentlich nicht mehr *nicht* Tourist sein? Zumindest deutet vieles darauf hin, dass die Bürger einer Stadt eine zunehmend verbrauchende Beziehung zu ihrem eigenen Alltag eingehen. Sie kolonisieren und folklorisieren sich gewissermaßen selbst. Sie experimentieren mit ihrer eigenen lokalen Identität und halten sich spielerisch offen, wie an- oder abwesend sie sich gerade fühlen" (2006: 204).

Die auch in Münster beobachtbare Melange aus Folklorisierung und (inszenierter) Weltoffenheit hat semantische Folgen.

> „So verschieben sich Bedeutung und Erfahrung eines Ortes. Die Touristisierung der Städte stellt Anforderungen an die Bereitschaft, sich mit den gastgebenden Umwelten zu identifizieren. Durch solche Anrufungen wird die kommerzielle Wende des Kosmopolitentums eingeleitet. Eine Führung durch die eigene Stadt [...] appellier[t] sowohl an die kulturelle Kompetenz wie an die ökonomische Potenz zu genießen. Man soll in der Lage sein, sich in der spielerischen Aufhebung lokaler Begrenzungen und Besonderheiten neu zu erfinden." (ebd.: 205)[7]

Diese Fähigkeiten aber sind solche des kulturellen und auch ökonomischen Kapitals, was zwangsläufig zu klassenspezifischen Ausschlüssen führt und führen soll. Zugleich hat die hier beschriebene Touristisierung als gesellschaftliches Programm überwiegend nichts mehr mit den fordistischen Formen der Reproduktion von Arbeitskraft zu tun, sondern ist vielmehr als Inszenierung von Orten und Personen „Teil einer ökonomischen Strategie, Aufenthaltsqualität und Immobilienwert zu steigern. Und die Verbraucher und die Dienstleister, die Bewohner und die Gäste sind durch ihr Verhalten und ihre Performanzen aktiv an dieser Wertschöpfung beteiligt" (ebd.: 206).

Die kommerzielle Wende des Kosmopolitentums findet einen ihrer Ausdrücke in der Konstruktion der „Lebenswertesten Stadt der Welt", die wiederum korrespondiert mit der Zufriedenheit der BürgerInnen mit ihrer Stadt. Auch dies gehört zu den Performanzen der Wertschöpfungskette, gekleidet in regelmäßige städtische „Bürgerumfragen". In der Umfrage für 2001 sind über drei Viertel der Befragten mit ihrer Wohngegend „sehr zufrieden" oder „zufrieden". Befragt wurden 4000, 46% antworteten, damit seien die Antworten repräsentativ (*PresseInfo* vom 3. Dezember 2001). Für 2005 antworten 2000 von 5000 Befragten. Als Ergebnis wird festgehalten: Die MünsteranerInnen „sind mit den Lebensbedingungen ihrer Stadt mehr als zufrieden. In allen Stadtbezirken zu mehr als Zwei Dritteln, wie schon in den Vorjahren. Spitzenwerte erreichen die Stadtbezirke Ost (86 Prozent) und Mitte (85 Prozent) (*PresseInfo* vom 11. Januar 2006). Für 2007 schließlich heißt es: Die MünsteranerInnen „sind von ihrer Stadt begeistert", 52% von knapp 1900 Antwortenden fühlen sich stark, 28% sehr stark mit ihr verbunden. Münster sei gemütlich, gepflegt, gastlich. Neben diesen Traditionswerten sollten Toleranz, Lebendigkeit und Fortschrittlichkeit noch stärker verankert werden (*PresseInfo* vom 9. September 2008).

Wer sind all diese Zufriedenen? Gehören auch die Menschen in der „Schleife" in Kinderhaus dazu? Bei der Kommunalwahl 2004 gingen hier 26,2 Prozent der

---

7 Holert und Terkessidis entwickeln ihre Überlegungen im Kontext der Erfindung des 'Stadtstrandes'. Solche postfordistischen Heterotopien gibt es in Münster im Rahmen der Gentrifizierungsprojekte „Kreativkai" und „Germania-Campus" inzwischen auch. Vgl. Kap. 4.1 und 4.2.

Wahlberechtigten wählen. 13,4 Prozent waren es bei der Europawahl 2009 „im zentralen Wahllokal Killingstraße“ (bgz 2009: 3). Bei der Kommunalwahl 2009 gaben in der Brüningheide knapp 31 Prozent und in der Killingstraße 21,7 Prozent der Berechtigten ihre Stimmen ab. In ganz Münster lag die Wahlbeteiligung bei 58 Prozent (Stadt Münster Kommunalwahl 2009). Die Vermutung liegt nahe, dass die Menschen, die nicht zu Wahlen gehen, auch in den städtischen Umfragen zur Zufriedenheit mit den Lebensbedingungen nicht vorkommen.

Bei den Begründungen zu den „Bürgerumfragen“ lassen sich seit 2001 Akzentverschiebungen ausmachen. So schreibt die Verwaltung noch zur Umfrage 2001: „Bürgerumfragen helfen der Stadt bei ihren Planungen für die Zukunft.“ (*PresseInfo* vom 3. Dezember 2001) Für 2005 betont Stadtdirektor Hartwig Schultheiß (CDU): Mit diesem Instrument verbessere man „auch die Kundenorientierung im ‘Dienstleistungsunternehmen’ Stadt Münster“ (*PresseInfo* vom 11. Januar 2006). Und für 2007 heißt es beim Stadtplanungsamt: Münster habe „sehr gute Voraussetzungen im Wettbewerb der Städte um EinwohnerInnen künftig zu bestehen“, denn die Positionierung „als Stadt der Wissenschaft mit unverwechselbaren städtebaulichen Qualitäten und einer herausragenden Lebensqualität“ habe sich als richtig bestätigt. Und nur, was die BürgerInnen mittrügen, könne „für eine authentische Profilierung im Wettbewerb der Städte und Regionen genutzt werden“ (*PresseInfo* vom 9. September 2008).

Dazu passt eine Meldung, die der WDR im letzten Jahr mit dem Titel „Undurchsichtiger Wohnungsmarkt“ verbreitet:

> „In Münster fehlen preisgünstige Wohnungen, die Stadtverwaltung weiß aber nicht wie viele. Die Kenntnisse über den Wohnungsmarkt seien sehr unzureichend, heißt es in einem Bericht, der gestern im Sozialausschuss zur Debatte stand. Jetzt sollen Gutachter den Wohnungsbestand in Münster analysieren und ermitteln, wie viele Wohnungen in welcher Größe und zu welchem Preis zusätzlich nötig sind.“ (*WDR-Text* vom 28. Mai 2009: 776)

Diese mangelnden Kenntnisse verwundern etwas, geht doch aus dem „Handlungsprogramm Wohnen V/0351/2005“ der Stadtverwaltung von 2005 hervor, dass damals rund acht Prozent des Gesamtbestandes, und damit 11.500 Wohnungen in Münster mietpreisgebunden sind. Von diesen würden bis 2009 knapp 3.500 und bis 2016 weitere 1000 wegen der auslaufenden Preisbindung aus dem Bestand der Sozialwohnungen herausfallen, heißt es weiter (vgl. Hoffmeister 2007: 12). Auch die städtische „Wohn- und Stadtbau“ betont in den letzten Jahren, es gebe genug teure Wohnungen in Münster, aber viel zu wenig bezahlbaren Wohnraum. Um diesen gebe es eine „Konkurrenz zwischen Studenten und Geringverdienern“ (*WN* vom 5. Juni 2009). 2008 konnte die Wohn- und Stadtbau nach eigenen Angaben „nur jedem sechsten der 3000 Bewerber eine Wohnung vermitteln“ (*MZ* vom 6. Juni 2009).

Die behaupteten Kenntnismängel bezüglich bezahlbarer Wohnungen müssen im Kontext des Wettbewerbs der Städte gesehen werden. Der Wettbewerb wird geführt um Dienstleistungsunternehmen und wohlhabende Privathaushalte, um InvestorInnen und TouristInnen. Nicht um SozialmieterInnen. Und das lässt sich für Münster zweifellos zeigen.

3 Das 'Unternehmen' Münster und seine 'KundInnen'

> „Wer Sozialwohnungen an der Stubengasse bauen möchte, der leidet an Realitätsverlust",

sagt laut *WN* vom 26. September 2008 der FDP-Ratsherr Jürgen Reuter. Anlass ist eine Ratsdebatte. Der städtische Investor und Betreiber aller Parkhäuser „Westfälische Bau-Industrie" (WBI) soll zu den Prestige-Projekten „Stubengasse" und „Hanse-Carré" ein Fahrradparkhaus errichten. Und darüber obendrein „acht großzügige Wohnungen mit je 175 qm". Das sei nur was für „Porschefahrer-Familien", findet SPD-Fraktionschef Wolfgang Heuer. Die SPD schlägt stattdessen Sozialwohnungen vor. Die CDU/FDP-Mehrheit lehnt ab. Begründung: siehe oben. Ob unter einer SPD/Grünen-Mehrheit tatsächlich Sozialwohnungen in den '1a-Lagen' der Altstadt entstünden, sei dahin gestellt. Zumal angesichts der Haus- und Grundstückspreise. „Teuerer als in Münster ist es nirgendwo" im gesamten Regierungsbezirk, fasst die *MZ* am 16. Juli 2009 einen Bericht des „Oberen Gutachterausschusses für Grundstückswerte in NRW" zusammen. So koste ein Quadratmeter Wohnfläche schon in mittlerer Lage 2110 Euro, im „Speckgürtel" der Stadt schon deutlich weniger. „Zentralität und Lebensqualität" wirkten sich „offenbar direkt auf die Preise aus", folgert das Blatt.

Der „Wohnkubus" mit begrüntem Innenhof über der Radstation an der Stubengasse bietet als „Clou" annähernd zehn Meter lange elektrisch steuerbare Vorhänge, die „die Bewohner der acht Mietwohnungen vor allzu neugierigen Blicken schützen sollen", schreibt die *MZ* am 13. März 2009. Das heißt aber, der eigentliche „Clou" sind knapp zehn Meter hohe und die gesamte Fassade einnehmende Fenster zur Straße, die inzwischen als Fußgängerzone ausgewiesen ist. Die acht Wohnungen in der oberen Etage erstrecken sich „jeweils über drei Ebenen", sollen inzwischen aber 'nur' noch 140 Quadratmeter haben und wegen ihrer „exklusiven Ausstattung [...] allerdings auch ihren Preis", wie es bei der WBI heißt. Das städtische Unternehmen investiert nach eigenen Angaben „rund sieben Millionen Euro" in den Neubau, für den Mitte 2009 ein „alles andere als ansehnliches" Parkhaus abgerissen wurde um einem, so die *MZ*, „architektonischen Blickfang" Platz zu machen. Entworfen hat das Luxus-Wohnhaus das Ahlener Architekturbüro Fritzen, das auch für die Bebauung des ehemaligen Parkplatzes Stubengasse gegenüber mitverantwortlich ist. Laut WBI entstehen an dieser Stelle so Architekturkomplexe „aus einem Guss" (ebd.).

Exklusives und exkludierendes Wohnen – auf Dauer oder auf Zeit – kennzeichnet das gesamte neue Altstadtareal. Das genannte „Einzelhandels- und Dienstleistungszentrum" Stubengasse bietet ein Vier-Sterne-Hotel „mit Boardinghouse-Apartments" (*WN*, 29. Februar 2008). Und das „Hanse-Carré" ist als anspruchsvolles Wohn- und Geschäftsviertel konzipiert. Allerdings dominieren hier mehrere Textil- und Schuhfilialisten. Dazu gibt eine „Tapas-Bar" und eine „Starbucks"-Filiale in einem gläsernen Pavillon. Acht eineinhalbstöckige Einfamilienhäuser mit Wohnflächen von 130 Quadratmetern, Gärten und einem „Dorfplatz" befinden sich hinter den Giebeln verborgen auf den Dächern der Gebäude. „Jedes Haus hat ein großes Eckfenster, das hochinteressante Ein- und Ausblicke in münsterische Altstadtquartiere ermöglicht [...]. 'Eine Hommage an die Stadt', nennt Kresing die Wohnsiedlung auf dem Dach. Denn ökonomisch mache sie wenig Sinn" (*Ahlener Zeitung* vom 27. September 2008). Das von Andreas Deilmann und Rainer M. Kresing gebaute Quartier besteht aus zwei Blöcken und soll durch mehrere versetzte Fassaden Kleinteiligkeit suggerieren. Die Giebelfassaden aus Backstein und Beton als Sandsteinsurrogat sollen an die traditionelle lokale Architektur und ihre Maßstäblichkeit anknüpfen. Das Ganze könnte aber auch als 'moderne' westfälische Kleinstadtarchitektur durchgehen. Entstanden ist mit der Neubebauung auch eine „Beginengasse". Und so dichtet die *MZ* am 10. Oktober 2008 zur Eröffnung des Komplexes:

> „Dort, wo im 17. Jahrhundert Münsters 'Kleines Armenhaus' stand, dort, wo sich in den vergangenen Jahrzehnten ein Behördenhochhaus den Menschen in den Weg stellte – dort flanieren plötzlich Menschen, kaufen ein. Entdecken neue Wege. Trinken dort Kaffee [...]. Unter anderem in einer neuen Gasse, die es in Münster noch nie gab."

„Segregierte Räume", schreibt Volker Kirchberg (1998b: 44), seien schlicht eine „Optimierung des Immobilien-Marketings", stelle eine Homogenisierung der Innenstädte zugunsten gehobener Mittelschichten doch die effizienteste Zielgruppenwerbung dar. Wie eine Baupolitik zugunsten von einkommensstarken Schichten und Dienstleistungen zum zentralen Feld im neoliberalen Städtewettbewerb wird, zeigt Susanne Heeg (2008). Sie untersucht die Strategie „eines sogenannten 'property-led development'" zwar konkret am Beispiel Bostons, schon, weil diese Entwicklung seit den 1990er Jahren „ihren Ausgangspunkt in anglo-amerikanischen Städten" gefunden hat; die Strategie erhält aber „eine immer größere Resonanz [auch] in europäischen bzw. deutschen Städten" (ebd.: 12).

Hintergrund ist die schon seit längerem konstatierte postfordistische Entwicklung der Stadt zum „Unternehmen" (David Harvey), geprägt durch die Transformation einer formal-bürokratisch-administrativen Ausrichtung von Politik in Formen von Public Private Partnerships, durch eine verstärkte Orientierung an „einkommensstarken Haushalten [...] und internationalen Investoren", eine „Festivalisierung der Stadtpolitik" und eine Verschärfung der Sicherheitspolitik. Hiermit sollen im städtischen 'Standortwettbewerb' national wie international das Profil und der Bekanntheitsgrad für Investitionen gestärkt, die Qualifikation lokaler Arbeitskräfte optimiert und die administrativen Abläufe effizienter im Sinne betriebswirtschaftlicher Abläufe gestaltet und den Entwicklungen des globalen Markts angepasst werden (vgl. Heeg 2004: 187f.). Die genannten Transformationen sollen in den nachfolgenden Kapiteln näher beleuchtet werden. Am Anfang steht die BWL.

3.1 Der Konzern Kommune

„Kommunen sind keine Unternehmen!"

Kommunen gelten inzwischen als Konzerne. Gewirtschaftet wird in Anlehnung an das Handelsrecht. Das herkömmliche kameralistische Rechnungswesen ist passé. Von den Protagonisten aus Politik, Verwaltungen und nicht zuletzt Unternehmensberatung wird dies einhellig als großer Fortschritt hin zu mehr Transparenz, Klarheit und Sicherheit gefeiert. Trotz der flächendeckenden Dominanz des neoliberalen Paradigmas gibt es hierzu auch Widerspruch. Das Eingangs-Zitat stammt allerdings aus keinem anti-neoliberalen Pamphlet, sondern vom Deutschen Städte- und Gemeindebund (DStGB 2008: 6). Es wendet sich auch gar nicht grundsätzlich gegen die Transformation ins Betriebswirtschaftliche, sondern betont deren Grenzen und warnt vor neuen Belastungen und Unsicherheiten für Kommunen. Genaueres dazu wird weiter unten folgen. Festzuhalten bleibt hier schon einmal, dass diese Belastungen und Unsicherheiten innerhalb des postfordistischen Verständnisses von Management eigentlich gar keinen Widerspruch darstellen, da sie regelmäßig kurzfristige Märkte für „Manager auf Zeit, also Berater" (Resch 2005: 265) eröffnen. Der Einzug der BWL in die Verwaltungen vollzieht sich exemplarisch unter dem Begriff des „Neuen Kommunalen Finanzmanagements" (NKF). Konkret geht es dabei um den Ersatz der bisherigen kameralistischen Haushaltsführung durch die „doppische". Die in kapitalistischen Unternehmen angewandte „Doppik" – doppelte Buchführung in Konten – sieht nicht nur eine Einteilung in Einnahmen und Ausgaben vor, sondern auch die Vorlage einer Eröffnungsbilanz und eines Gesamtabschlusses. „Der Gesamtabschluss trägt zukünftig dazu bei, den Konzern Kommune mit modernen und in der Wirtschaft seit Jahrzehnten bewährten Methoden zu steuern", betont Ingo Wolf (FDP), seit 2005 Innenminister des Landes Nordrhein-Westfalen (*NRW-Presse* vom 29. Dezember 2008). Er setzt fort, was seit Ende der 1990er Jahre von der SPD/Grünen-Landesregierung begonnen worden ist und was nach einem Beschluss der Innenministerkonferenz von 2003 (vgl. DStGB 2008: 2) in ganz Deutschland eingeführt werden soll. In NRW ist das „Gesetz über ein neues Kommunales Finanzmanagement für Gemeinden" (NKFG NRW) seit dem 1. Januar 2005 in Kraft. Seit 2009 sind alle nordrhein-westfälischen Kommunen verpflichtet, ihre Etats betriebswirtschaftlich zu führen.

Als Basis des Gesetzes diente eine „intensiv[e] Erprobung in insgesamt sieben „Modellkommunen" zwischen 1999 und 2003. Neben Brühl, Dortmund, Düsseldorf, Hiddenhausen, dem Kreis Gütersloh und Moers nimmt auch Münster (als eine der ersten) daran teil. Die damals von einer Mehrheit aus SPD und Grünen regierte Stadt Münster nutzt ihre Rolle als Modellkommune auf Einladung des NRW-Innenministeriums auch als Marketing. Das Land setze hier gerade „auf den Sachverstand der münsterschen Stadtverwaltung", heißt es im *PresseInfo* der Stadt vom 26. April 1999. Die damalige Oberbürgermeisterin Marion Tüns (SPD) wird zitiert: „Das Angebot des Landes ist als Anerkennung der hohen Qualität der Verwaltungsarbeit, der soliden Finanzpolitik und Haushaltsführung der Stadt Münster zu verstehen." Und ein Vorteil im Städtewettbewerb sei die Teilnahme allemal. Da die „Doppik" in naher Zukunft für alle Kommunen obligatorisch werde, verschaffe sich Münster als Modellkommune „beste Startbedingungen". So freue sich Tüns darüber, „daß der Mut, neue Wege zu gehen, belohnt wird", wie sich auch hier zeige.

Überhaupt sieht sich die Stadt schon bald darauf als „Doppik"-Avantgarde. Münster nehme hier „inzwischen bundesweit eine führende Stellung [...] ein. Neben der Beteiligung am Modellprojekt des Landes ist die Stadt auch in einer Arbeitsgruppe des Deutschen Städtetages zur Reform des Haushaltsrechts vertreten." (*PresseInfo* vom 13. November 2001).

Die von Tüns benannten mutigen neuen Wege, auf denen Instrumente der BWL wie „Kosten-Leistungs-Rechnung, Budgetierung, Berichtswesen etc." für Transparenz und „Einsparpotenziale" sorgen sollen (DStGB 2008: 4), sehen im Einzelnen so aus: Während in der Kameralistik Einnahmen und Ausgaben nach dem „Geldverbrauchskonzept" ausgewiesen werden, also „unabhängig davon, ob und in welcher Periode die Zahlungen zu Erträgen bzw. Aufwendungen führen", gilt in der betriebswirtschaftlichen „Doppik" das „Ressourcenverbrauchskonzept", nach dem Erträge und Aufwendung „periodengerecht" erfasst werden (ebd.). In der Kameralistik bestimmen zwei Komponenten das Geschehen, der Haushaltsplan als Vorgabe für jedes Etatjahr und die Haushaltsrechnung am Ende des Jahres, die dann mit dem Haushaltsplan verglichen wird. In der „Doppik" werden, weitgehend angepasst an das Handelsgesetzbuch (HGB), drei Komponenten installiert. Die „Vermögensrechnung" entspricht der unternehmerischen Bilanz, die „Ergebnisrechnung" der Gewinn- und Verlustrechnung und die „Finanzrechnung" dem „Cash-Flow" bzw. der Kapitalrechnung. Aus den drei Komponenten ergibt sich der Jahresabschluss inklusive Rechenschaftsbericht. Nach einigen Jahren soll dann ein Gesamtabschluss erfolgen, auch als „Konzernbilanz" bezeichnet, der Vermögen und Erträge vollständig – also inklusive aller Eigenbetriebe und 'Outsourcings' – erfasst. Eingedenk des „Ressourcenverbrauchskonzepts" müssen dann für die kommunalen „Vermögensgegenstände" wie vor allem Gebäude zu bestimmten Stichdaten der jeweilige Wert ermittelt werden, was infolge von Abnutzung genauer heißt: der jeweilige Wertverlust oder „Werteverzehr", der abgeschrieben werden muss. Zugleich müssen auch „Zuführungen zu Rückstellungen" als künftige Zahlungsverpflichtungen – besonders Beamtenpensionen – berücksichtigt werden. Abschreibungen und Rückstellungen sind in der Kameralistik nicht „zahlungswirksam" gewesen, da sich hier der Etatausgleich „auf die Deckung der Ausgaben durch sämtliche Einnahmen eines Haushaltsjahres bezieht". Die „Doppik" hingegen verlangt „den Ausgleich von Erträgen und Aufwendungen innerhalb einer Rechnungsperiode" (ebd.: 5).

Daraus ergibt sich vor allem: Der „Konzern Kommune" hat nun Schulden, die „nicht mehr versteckt oder verschwiegen werden" können (*MZ* vom 22. November 2007). Anders ausgedrückt: Die Stadt hat Schulden, die sie vorher – zu kameralistischen Etat-Zeiten – nicht hatte, weil sie nun als betriebswirtschaftlich verfasstes Unternehmen Abschreibungen und Rückstellungen vornehmen muss. In den Worten des DStGB: „Indem mit der Doppik der 'Werteverzehr' innerhalb einer Rechnungsperiode erstmals erfasst und transparent gemacht wird, erhöhen sich die Anforderungen an den Haushaltsausgleich." (2008: 4) Fehlbeträge einer Rechnungsperiode können und müssen letztlich jeweils durch die Rücklagen der Kommunen (das „Eigenkapital") ausgeglichen werden. Ist durch regelmäßig fehlende Überschüsse das „Eigenkapital" aufgezehrt, droht dem Unternehmen die Insolvenz, der Kommune das Haushaltssicherungskonzept. Das war zwar schon nach kameralistischem Haushaltsrecht möglich, dürfte nun aber virulenter sein (ebd.: 6). Und, wie schon gesagt: „Kommunen sind keine Unternehmen". Während Unternehmen renditeorientiert seien, seien Kommunen dem Gemeinwohl verpflichtet. Sozialetats und Versorgungsleistungen seien gesetzliche Pflichtaufgaben, die sich genauso wie freiwillige Leistungen in Kultur oder Sport (Theater, Bibliotheken, Museen, Schwimmbäder) unternehmerisch nicht rentieren. „Je größer das politisch motivierte und betriebswirtschaftlich 'unvorteilhafte' Aufgabenbündel der Kommunen ist, desto schwieriger ist der Haushaltsausgleich" (ebd.: 7).

In den Stellungnahmen der Münsteraner Stadtverwaltung finden sich solche Problematisierungen nicht. Hier wird nur (vermeintlich) Positives herausgesellt:

> „Wesentliches Ziel des neuen Verfahrens: vollständigere Informationen im Haushaltsplan und im Jahresabschluss, mehr Transparenz im Rechnungswesen. Dadurch soll zum einen die Politik bessere Entscheidungsgrundlagen erhalten, zum anderen sollen die Bemühungen um mehr Wirtschaftlichkeit in der Verwaltung unterstützt werden." (*PresseInfo* vom 13. November 2001).

Die Position des Städte- und Gemeindebundes dagegen bleibt hier ambivalent. Dieser wendet sich gegen die „reine Lehre" der BWL, begrüßt aber grundsätzlich die Umstellung aufs unternehmerische Rechnungswesen, da auch er mehr Transparenz und Effizienz erwartet. Das „kommunale Aufgabenspektrum ändert sich dadurch (zunächst) aber nicht" (DStGB 2008: 6).

Das „(zunächst)" ist hier eine zutreffende Einschränkung. Denn zur unternehmerisch rechnenden Stadt gehört auch die Einführung von „Kennzahlen zu geplanten Leistungen" (*PresseInfo* vom 13. November 2001), mit denen etwa die Anzahl der

Ausleihen in der Stadtbücherei – in Relation zu den Kosten des Betriebs – festgestellt und wiederum mit den Kennzahlen anderer Städte verglichen werden kann. Derartige interkommunale Vergleiche nach dem betriebswirtschaftlichen Prinzip des *benchmarking* bzw. der *best practice* werden seit längerem besonders auch bezüglich der Sozialleistungen angestellt. Sie dienen einem Wettbewerb nach unten.[8] Sie dienen also einer quantitativen wie qualitativen Änderung des kommunalen Aufgabenspektrums.

Es lässt sich also eine Kausalkette ausmachen. Die postfordistische Stadt erscheint als Unternehmen, diese Unternehmenswerdung als quasi Naturgesetz: „Viele Kommunen verfügen über eine konzernähnliche Struktur mit einer Vielzahl an ausgegliederten Unternehmen und Einrichtungen oder sind an anderen privaten Unternehmen beteiligt", so NRW-Innenminister Ingo Wolf (*NRW-Presse* vom 29 Dezember 2008). Das verlangt dann BWL, die wiederum erhöht den Effizienz- und Spardruck. Das Unternehmen Stadt hat nun permanent neu ausgewiesene Fehlbeträge, verfügt andererseits aber zugleich auch möglichst über Rücklagen und damit über Geld, das gewinnbringend 'am Markt' angelegt werden soll. Und: „NKF bleibt [...] in allen Kommunen eine Daueraufgabe der Politik und der Verwaltungschefs", wie das Landes-Innenministerium betont (*NRW-Presse* vom 24. April 2007), folge doch demnächst „die zweite Phase der Reform" mit der Einführung der „Konzernbilanz".

Die Einführung der „Doppik" lässt sich somit auch als umfangreiche Form der Kunden-Akquise für Beraterfirmen verstehen. Schon bei der Initiierung der „Doppik" in NRW zwischen 1999 und 2003 ist die Unternehmensberatung – in Gestalt der Firma „Steria Mummert Consulting AG" – federführend involviert (vgl. NKF-Netzwerk 2008). Bei der konkreten Umsetzung lässt sich das Münsteraner Finanzdezernat von der Firma „best practice consulting" unterstützen (vgl. *PresseInfo* vom 15. März 2002). Auch dieses Berater-Unternehmen mit Hauptsitz in Münster hat die öffentlichen Verwaltungen neben der Immobilienwirtschaft als ein Hauptbetätigungsfeld entdeckt. Neben der BWL bietet sie die Technologie per Computersoftware des Branchenriesen SAP gleich mit: „An der Entwicklung der Musterlösung Integrierte Doppik sind wir als Special Expertise Partner der SAP beteiligt und begleiten unsere Kunden bei deren Einführung". (BPC Branchen 2008). Selbstverständlich verfügt die Firma über eine „Philosophie", deren Kern so aussieht:

> „Eine zunehmend komplexere Welt verlangt mehr Einsatz, mehr Einfallsreichtum und mehr Mut zu Innovationen als bisher, um auch weiterhin wettbewerbsfähig zu bleiben. Wir wollen, dass Sie die beste Position am Markt haben und gut gerüstet in die Zukunft starten, gleichgültig, aus welcher Branche Sie kommen. Gemeinsam mit Ihnen setzen wir ganzheitliche Strategie-, Organisations- und IT-Projekte um. Unser Name ist dabei

8 Vgl. Kap. 6.

> Programm: Wir orientieren uns an den 'best practices' der erfolgreichsten Unternehmen und Institutionen und setzen diese passgerecht auf Ihre Bedürfnisse um. (BPC Philosophie 2008)

Die von der Unternehmensberatung 'begleitete' Einführung des „Neuen Kommunalen Finanzmanagements" verspricht eine bisher ungekannte Transparenz für Stadtverwaltungen, die am Markt wettbewerbsfähig sein wollen. Diese Transparenz erscheint dann nicht nur als notwendig in einer immer komplexeren Welt, in den Marketingstrategien der Unternehmensberatung führt sie desgleichen zu einer enorm gestiegenen Komplexität der Verwaltungsaufgaben. Zur neuen angeblichen Transparenz gehört dann auch die gezielte Erwartung, dass die kommunalen 'Haushälter' nun beim Umgang mit ihren unternehmerischen Etats den Durchblick verlieren und daher dringend umfangreiche Beratung benötigen. Das scheint nur auf den ersten Blick paradox und gehorcht vielmehr einer immanenten Logik. Auch und gerade in der Folge werden also Kommunalverwaltungen zu lukrativen Märkten für die Branche, die dem Unternehmen Stadt ebenso breit gefächerte wie jeweils punktgenau 'Lösungen' offeriert. Und, so will es die immanente Logik, gerade die bislang an kameralistische Abläufe gewöhnten öffentlichen Verwaltungen haben nach der Transformation dieser Abläufe ins Betriebswirtschaftliche eine derartige externe 'Hilfe' besonders nötig. Zwar sollten die notwendigen Kenntnisse eigentlich nach Jahren der Einführung und Umstellung in den Verwaltungen vorhanden sein; zumal in den Modellkommunen. Aber, die Konstruktion eines spezifischen Wissens der Unternehmensberatung und eines dementsprechenden Nicht-Wissens ihrer Kundschaft ist eine wesentliche Basis des von Christine Resch (2005) analysierten aktuellen „Berater-Kapitalismus". Für Münster spielt hier vor allem die Nürnberger Firma „Rödl & Partner" 2006 mit ihrem Spargutachten für die Stadtverwaltung eine große Rolle.[9]

„Rödl & Partner", heißt es in der Selbstdarstellung, verfügt „über starke Marktpositionen" und hat Niederlassungen „überall dort, wo unsere Mandanten sind", nach eigenen Angaben über 20 in Deutschland und weltweit weitere 60 (Rödl Deutschland 2009; Rödl Standorte 2009) Als ein wesentliches Betätigungsfeld in Deutschland versteht das Unternehmen den öffentlichen Sektor:

> „Die Beratung der öffentlichen Hand genießt bei Rödl & Partner hohe Priorität. Ein exzellentes Experten-Netzwerk berät Politik und Verwaltung bei komplexen Vorhaben." (Rödl Öffentlicher Sektor 2009)

Bei Transformation der Städte zu 'Unternehmen' und ihrer anschließenden weiteren Steuerung bietet auch „Rödl" eine breite 'Produktpalette', deren Zutaten die Marketingstrategien bereits verdeutlichen können. Einen hohen Stellenwert erhält hier

---

9 Vgl. Kap. 6.

so auch die Beratung zum NKF. Angeboten werden die „Doppikeinführung Schritt für Schritt“ und zwar in „neun Monaten“, die Aufstellung von Eröffnungs- und Abschlussbilanzen sowie deren „Prüfung“, eine „[o]ptimale Steuerung“ und „Organisation des Rechnungswesens“, die Installation eines internen „Kontrollsystems“ und ein „kommunale[r] Entschuldungsplan“ (Rödl NKF 2009).

Jetzt aber beginnen die „komplexen Vorhaben“ erst richtig. Weil nun aufgrund „der kaufmännischen Rechnungslegung [...] der wirtschaftliche Gehalt von Geschäftsvorfällen sowie deren Auswirkungen auf die künftige Vermögens-, Schulden-, Finanz- und Ertragslage deutlich“ werde, steht für „Rödl“ „Kommunales Treasury“ im engsten Zusammenhang mit dem NKF, schließlich will das städtische Vermögen auch marktgerecht angelegt sein, wollen die städtischen Schulden professionell gemanagt sein. Denn: „Mit Blick auf den 'Konzern Kommune' beinhaltet Public Treasury auch das gezielte Cash-Management zwischen Kernhaushalt und den wirtschaftlich oder rechtlich selbständigen Organisationseinheiten (Eigenbetriebe, Anstalten, Zweckverbände, Eigengesellschaften)“, betont „Rödl“. Und nicht nur das. Gefragt sind „[i]nnovative Lösungen zur Verbesserung der Liquiditäts- und Ertragslage“ und damit auch Regelungen der „professionellen Bewirtschaftung Ihres Anlage- und Schuldenportfolios“, der „Optimierung von Darlehens- und Zinskosten“, der „Bilanzierung und Bewertung von Finanzderivaten“ wie „Swap, Cap, Floor, Collar“ usw. Das wiederum verlangt nach „Analyse [...] von Anlageprodukten und -konzepten“ sowie nach „Bewertung und laufende[m] Controlling von Banken und Vermögensverwaltern“. All das (und vieles mehr) verspricht „Rödl“ dem 'Unternehmen Stadt' zu liefern, bis hin sogar zur „Formulierung der Ausschreibungsunterlagen“ (Rödl Kommunales Treasury 2009).[10]

Beratung und Betreuung wird ebenso bei Public Private Partnerships (PPP) gewährt, weil diese „als alternative Beschaffungsform[en] gegenüber der konventionellen Vergabe“ immer wichtiger würden. Beraten wird desgleichen beim dazugehörigen Vergaberecht, „von der Bedarfsermittlung bis zur Auftragsvergabe“ sowie bei „der Planung und Umsetzung“ von Projekten, „gleich ob es sich um Schulen, Sporthallen, Freizeitbäder oder ähnlichen [sic!] Einrichtungen handelt“ (Rödl PPP 2009).

Nun stellt der Deutsche Städte- und Gemeindebund fest, es könnten

> „sich für die Gebietskörperschaften schwerwiegende Umstellungsprobleme beim Übergang von der Kameralistik auf die Doppik ergeben, die in der Privatwirtschaft nicht bekannt sind. [...] Alles in allem kann die reine Lehre des kaufmännischen Rechnungswesens auf den öffentlichen Bereich daher nicht ohne Anpassungen angewandt werden“ (DStGB 2008: 4).

---

10 Die Liste der angebotenen Dienstleistungen zum „Kommunale[n] Treasury“ auf der „Rödl“-Homepage ist auffallend lang (vgl. Rödl Kommunales Treasury 2009).

Diese Argumentation ist aus der Perspektive des Berater-Kapitalismus ziemlich gestrig, sind doch gerade schwerwiegende Umstellungsprobleme dazu da, von Beratern gelöst zu werden.

Christine Resch zeichnet die Entwicklung des Kapitalismus als eine „vom Eigentümer- über den Manager- zum Berater-Kapitalismus“ nach. Im Einzelnen: Die „Firma als Familienbetrieb“ wird von einem Patriarchen geleitet und beruht auf langfristigen, generationenübergreifenden Planungen und Strategien zur Expansion und damit zur Anhäufung eines zu vererbenden Vermögens (Resch 2005: 263f.). Im „Manager-Kapitalismus“ wird die Firma zur „bürokratischen Einrichtung“, über deren Politik keine EigentümerInnen, sondern eingekaufte externe ExpertInnen als leitende Angestellte entscheiden. Auch hier geht es um Expansion im Sinne der Eigentümer- und Aktionärsinteressen, nun aber mit mittelfristigen Strategien. Zum einen, weil sich Aktien hier noch als stabile Wertanlagen mittelfristig rentieren müssen, zum anderen, weil die Manager auch im Interesse der eigenen Karriere handeln. Der „Berater-Kapitalismus“ dagegen erscheint „als Sieg der kurzfristigen Strategien“. Aktien sind keine stabile Kapitalinvestition mehr, sondern „Handels- und Spekulationsobjekte“ für schnelles Geld. „Was aus der Firma wird, an der man Anteile besitzt, ist gleichgültig, sofern man selbst die Aktien rechtzeitig und profitabel verkauft hat. Dass das nicht allen gelingt, tut nichts zur Sache.“ Im neuen Akteurs-Kräfteverhältnis werden die VertreterInnen der „bürokratischen Einrichtungen“, die „mit der Firma identifiziert sind“ – ManagerInnen und GewerkschafterInnen – zu „potentielle[n] Verlierer[n]“, die es gilt, auf Flexibilität einzuschwören, bei ManagerInnen über enorme Gehälter, Aktien-Boni und Abfindungen. Die Strategien bestimmen nun obligatorische Teilzeit-ManagerInnen: „Berater“. Firmen werden selbst zur obligatorischen Ware und zum Projekt, deren „(wenn auch fiktiven) Wert“ Börsenkurse festlegen, die dann auch über Fusionen bzw. Verkäufe oder Teilverkäufe bestimmen (ebd.: 264).

Um den Bogen zur Stadt als Unternehmen zu schlagen: Privatisierungen öffentlicher Güter und öffentlichen Besitzes sind dann nichts anderes, sagt Resch, als „die staatliche“ – oder auch kommunale – „Version dieses Verständnisses der Firma als Handelsware“ (ebd.). Die Implementierung des „Neuen Kommunalen Finanzmanagements“ erscheint als ‘Beschleunigung’ der Verwaltung vom ‘trägen Beamtenapparat’ zur ‘unternehmerischen Effizienz’. Profiteure dieses Vorgangs sind auch hier Berater, die als Teilzeit-ManagerInnen möglichst viele Verwaltungen auf Beschleunigung und Schnelllebigkeit einstellen, die dann wiederum Berater brauchen, die den Durchblick haben, der den VerwaltungsexpertInnen selbst infolge gestiegener ‘Komplexität’ abgehen soll. Das nicht nur beim NKF, sondern, wie gesehen auch bezüglich der Strategien in der Immobilienwirtschaft. Auch Städte werden so zum Projekt und zur Ware. Ihr Wert bemisst sich zwar nicht nach den Aktienkursen der Börsen, aber nach etwas ganz ähnlichem, nämlich nach allfälligen Ratings bzw.

Rankings, die regelmäßig und kurzfristig den Wert bzw. die Bonität von Städten im Wettbewerb festlegen, sei es als Ganzes oder auf Teilgebieten.

Münster wird zur „lebenswertesten Stadt der Welt", landet in den Wirtschaftskraft-Rankings der omnipräsenten neoliberalen „Initiative Neue Soziale Marktwirtschaft" regelmäßig in der Spitzengruppe der 50 größten Städte, scheitert Anfang 2009 nur knapp am Titel „European Green Capital" der EU-Umweltkommission, verfügt auf dem Prinzipalmarkt über „Ausnahme-Immobilien", für die „auf einem spezifischen Käufermarkt [...] Liebhaberpreise gezahlt werden, 'die vergleichbar mit der Düsseldorfer Königsallee sind'", wie die *WN* vom 8. April 2009 einen Sprecher der „Düsseldorfer Comfort GmbH", einen „Spezialisten für Einzelhandelsimmobilien", zitiert.

In Sharon Zukins (1998: 32) Theorie einer „städtischen Ökonomie der Symbole" werden die Wechselwirkungen des kulturellen Kapitals mit wirtschaftlichen Faktoren wie Immobilienpreisen und Aktienkursen dargestellt, wobei wirtschaftliche Faktoren als „externe" erscheinen. Anhand der gezeigten Rankings wird aber deutlich, dass die Wechselwirkungen intensiver sind. So wird das kulturelle Kapital selbst quasi zum ökonomischen in den von 'Analysten' aufgestellten Ratings, zugleich werden „externe" zu internen Faktoren, das heißt, eigentlich ökonomische Faktoren wie besonders hohe Immobilienpreise werden zu kulturellem Kapital.[11]

3.2 Kundenorientierte Produktbereiche

Die Bonitätsratings der unternehmerischen Städte können aus dem Blickwinkel des *Benchmarking* auch als „Kennzahlen" definiert werden, in diesem Fall selbstverständlich in Städtewettbewerben nach 'oben'. Das Kennzahlen-Regime steuert desgleichen auch Wettbewerbe innerhalb der Städte, zwischen den einzelnen Dezernaten. Gemäß des „Neuen Kommunalen Finanzmanagements" erbringt die Stadt in ihrem Etat „nicht mehr einfach nur Dienstleistungen, sondern Produkte, 196 an der Zahl. Jedes Produkt hat seinen Preis und seine Kosten. Quervergleiche zwischen den Ämtern sind jetzt möglich". So erklärt es die *MZ* am 22. November 2007 ihren LeserInnen. Der zu dieser Zeit vom Münsteraner Oberbürgermeister im Rat eingebrachte Haushaltsplan 2008 enthält dann auch erstmals Produkt-Ebenen. Beispielsweise ist der übergeordnete Etatposten „Soziale Leistungen" nun ein „Produktbereich", der Unterposten „Sicherung besonderen sozialen Bedarfs" eine „Produktgruppe" und die konkrete Leistung „Hilfe bei (drohender) Obdachlosigkeit" ist dann das „Produkt" (Haushaltsplan 2008: 382). Gewährleistende kommunale BeamtInnen oder Angestellte werden zu VerkäuferInnen von Produkten, deren EmpfängerInnen zu KundInnen.

---

11 Ausführlicheres hierzu findet sich in Kap. 6.

„Kundenorientierung", so Stephan Voswinkel (2004: 145), ist die Bezeichnung eines seit Ende der 1980er Jahre entstandenen Managementkonzeptes und „zugleich ein[es] Deutungsmuster[s]", in dem sich ein „grundlegender Einstellungswechsel" manifestiert:

> „Die Qualität von Produkten und Dienstleistungen soll nicht mehr produkt-, sondern kundenbezogen definiert werden. Kundenzufriedenheit ist deshalb eine subjektivistische Kategorie: Nur was der Kunde als gut empfindet und nur was der Kunde zu brauchen glaubt, gilt als zufriedenstellend." (ebd.)

Für das Marketing der kundenorientierten Organisation sind drei Momente entscheidend. Die richtige Identifizierung und Übersetzung der Bedürfnisse, Wünsche und Perspektiven der KundInnen ist die Basis aller Unternehmensprozesse. Daraus folgt, dass die Wahrnehmungen der KundInnen Herstellung und Entwicklung der Produkte bedingen, dass also der „Wertschöpfungsprozess vom Ende, vom Kunden her zu denken" ist. Die Wahrnehmungen der KundInnen definieren dann auch das Marketing, das wiederum „die Kundenbedürfnisse und -sichtweisen zu wecken und auszubilden" hat (ebd.: 145f.). Zum Marketing gehört aber ebenso die Festlegung,

> „wen denn die Organisation als Kunden haben möchte und wen nicht, wie sie welche Kunden durch ihre Kommunikation anzieht oder abstößt" (ebd.: 146).

Und damit zum Münsteraner Sozialamt und seinen KundInnen, den Obdachlosen. Es mag als sozialer Fortschritt erscheinen, dass Menschen sich in Notsituationen gegenüber einer Behörde nicht mehr als lästige BittstellerInnen, sondern als vorgeblich geschätzte KundInnen empfinden können sollen. Nur liegt hier ein Zynismus zugrunde. Denn die eben genannten Definitionen der Steuerung von Produktions- und Wertschöpfungsprozessen nach Maßgaben der „Kundenorientierung" treffen hier nicht zu. Und die Produktrhetorik ist dann auch weiterhin gefüllt mit bürokratischer. So heißt es im Münsteraner Etat 2008 (382) zum „Produkt 050305":

> „Das Produkt umfasst Leistungen mit Rechtsanspruch nach dem Ordnungsbehördengesetz (OBG), SGB II, SGB XII für Personen, die wohnungslos oder von Wohnungslosigkeit bedroht sind. Die Hilfen umfassen die Versorgung mit Wohnraum, präventiver Beratung, Gewährung wirtschaftlicher Leistungen und sonstige individuelle Hilfestellungen zur Verhinderung von Obdachlosigkeit. Zu diesem Produkt gehört auch die Bereitstellung und der Betrieb von Einrichtungen zur Erstversorgung von Flüchtlingen nach dem Flüchtlingsaufnahmegesetz NW und Spätaussiedlern nach dem Landesaufnahmegesetz NW."

Es sind keine subjektivistischen Kategorien, nicht die Wünsche und Sichtweisen der „Kunden", die über die Ausformung der „Produkte" bestimmen, sondern das Ordnungsbehördengesetz und das Sozialgesetzbuch. Es lässt sich nicht völlig bestreiten, dass hier – wenn auch basale – Bedürfnisse der „Kunden" berücksichtigt werden. Aber auch diese definieren Gesetze, an die dann auch Fragen der „Kundenzufriedenheit" delegiert werden.

Voswinkel spricht von einer „folgenschwere[n] Ambivalenz", denn:

„Derartige Beziehungen asymmetrischer Macht, aber auch Verpflichtungen werden als Verhältnis wechselseitiger Freiwilligkeit fingiert. Dies macht sie im Prinzip aufkündbar. Die Ersetzung des ‘Bürgers’ durch den ‘Kunden’ der Verwaltung erscheint zwar für diejenigen, die sich in der Realität als Antragsteller einer obrigkeitlichen Rechteverwaltung erleben, als attraktiver Fortschritt. Aber sie greift letztlich ein ins Herz der Souveränität." (Voswinkel 2004: 149)

Sichtbar werde eine bestimmten Form kapitalistischer Gleichmacherei, die „Entspezifizierung“, in der hinter der unterstellten „einheitliche[n] Eigenschaft des ‘Kundeseins’“ die jeweils spezifischen Probleme, Rollen, Beziehungen verschwinden (ebd.). Dass die unternehmerische Stadt (potentielle) Obdachlose ebenso wie (potentielle) ParkhausnutzerInnen in dieser Weise entspezifiziert, hat auf der „Produktebene“ auch einen weiteren Grund. Das neue Finanzmanagement im kommunalen Zahlenwerk führt dazu, dass sich nun die Inanspruchnahme der Rechte nicht ungewollt auf der Straße leben zu müssen und auf ein Existenzminimum prinzipiell mit der Bereitstellung von Autostellplätzen nach „Preis“ und „Kosten“ ver*gleichen* lässt. Das macht nur dann einen Sinn, wenn Aufwendungen und Erträge miteinander verglichen werden sollen, um die Aufwendungen zu senken. Vergleiche nach „Kennzahlen“ können hier ebenfalls interkommunal für die ‘richtigen’ Argumente sorgen.

Wettbewerb, Ranking, ‘Standortvorteil’. Unter dem Signum der „Kundenorientierung“ werden öffentliche soziale Güter dann auch in Wettbewerbsvorteile transformiert. So unterliegen auch eigentlich positive Entwicklungen, wie etwa „Barrierefreiheit als Gestaltungsprinzip für Städte und Gemeinden“, dieser Transformation. Anfang April 2006 hatten die Stadt Münster, die Universität, die Fachhochschule und das in Münster ansässige „Europäische Institut Design für Alle“ gut 150 Fachleute aus zehn Ländern zu einem Workshop und einer Tagung ins Rathaus eingeladen. Titel der Veranstaltung: „Städte und Gemeinden gestalten für alle – Leben und Erleben ohne Barrieren“. Das Ziel fasste das städtische Presseamt am 5. April 2006 so zusammen:

„Wer heute die Barrierefreiheit beachtet, verschafft sich Wettbewerbsvorteile für morgen – auch mit Blick auf die Altersentwicklung der Bevölkerung. Vorgestellt und diskutiert werden Beispiele gelungener Barrierefreiheit – von Gebäuden bis zu Verkehrsmitteln, von Medien bis zum Geldautomaten.“

Hier geht es argumentativ nicht (mehr) darum, dass alle Menschen ungeachtet ihrer geistigen und physischen Fähigkeiten und unabhängig von ihren finanziellen Möglichkeiten das Recht darauf haben sollen, selbstbestimmt alle öffentlichen Orte der Stadt zu nutzen. Es wird nicht mit Menschen- und Bürgerrechten, mit Emanzipation argumentiert, sondern ‘kundenorientiert’, mit den zufriedenen zahlenden KundInnen der Zukunft.

Den von ihm konstatierten Eingriff ins „Herz der Souveränität“ erläutert Voswinkel (2004: 150) so:

„Nicht mehr der Bürger ist die Legitimationsbasis des demokratischen Staates, sondern der 'Kunde' ist der neue Souverän. Zum Kunden aber wird man nicht durch Rechte, sondern durch Kauf- und Marktmacht. Damit erweist sich die Entspezifizierung zugleich als *Partikularisierung*. 'Kunde' ist eine Beziehungs-, keine Statuskategorie. Dass jeder einen Anspruch hat, in eine Gaststätte einzukehren, Zutrittsverbote für Juden und 'Neger' als diskriminierend und *deshalb* illegitim gelten, ist Folge erst eines *Bürgerrechts* aufs Kundesein. Aus der Rolle des Kunden ergibt sich von selbst keine Pflicht zur Gleichbehandlung, wie Strategien der Kundensegmentierung zeigen. Sie erfordert vielmehr moralische und rechtliche Abstützung." (Hervorhebung im Orig.)

Zu den Begriffen, die die „normative[n] Umcodierung[en] ins „Kundesein" beschreiben, gehören neben der „Entspezifizierung" und „Partikularisierung" noch die „Entnormativierung" und die „Ökonomisierung der Beziehung". Hier geht es um den „Kundenwert" im positiv gemeinten Sinn, um die nach Marktmacht und Kaufkraft bestimmenden (auch juristischen) Personen, denen man nichts abschlagen kann. „Wie ist die Ablehnung eines Investitionsvorhabens durch die Stadt unter Verweis auf städteplanerische Gesichtspunkte zu begründen, wenn hinter diesen nur das Gemeinwohl, aber kein Kunde steht?" (ebd.)

Die machtvolle Kundenorientierung duldet keine 'weißen Flecken' auf der städtischen Landkarte. Was Außen ist, soll Innen werden:

„Die Annahme, der befreite Markt reguliere besser als jede staatliche Intervention, erträgt Bereiche, die dem Marktprinzip nicht unterworfen sind, nur schwer. Das gilt in entscheidendem Maße auch für den Raum. Während die Inwertsetzung bisher nicht verwerteten Raumes, sprich unerschlossene Natur, diesen in ein Verhältnis von Eigentum und Nicht-Eigentum einordnet, das deren interne (natürliche) Logik ignoriert, geht es bei der Inwertsetzung städtischen Raumes darum, bisher öffentlichen Raum zu aktivieren und damit umzuarbeiten. Hinzu kommen große Flächen ehemals fordistisch genutzter Stadtareale, die ihrer (Re-)Aktivierung harren." (Michel 2005: 39)

3.3 Der Konzern Kommune auf der Suche nach Rendite: *Landmarks* für Gutbetuchte

Die Strategie des *property-led developement*, so wird sich zeigen, entspricht den Charakterisierungen des „Berater-Kapitalismus". Es geht um kurzfristige Strategien, die auf schnelllebige Markttrends reagieren. Das soll in permanenten Städte-Immobilien-Rankings von Beraterfirmen und Immobilienakteuren abgebildet werden. Es geht ebenso um die Konzentration auf ein 'Kerngeschäft' – womit innerstädtische 'Filetgrundstücke' ebenso gemeint sind, wie eine (stillschweigende) Umdefinierung städtebaulicher Ideen. Statt der Daseinsvorsorge für alle geht es tendenziell um die Förderung kaufkräftiger Schichten. Dabei muss es gar nicht nur zu 'echten' Privatisierungen städtischer Immobilien kommen. Ebenso unterstützen Kommunen private Immobilienakteure durch eine massive Förderung von Bauprojekten auch auf Flächen, die ihr nicht gehören. Bei öffentlichen Flächen kann die Förderung auch darin bestehen, dass auf europaweite Ausschreibungen verzichtet wird, wie beim Grundstück der Stadtwerke im Hafen, das für die Wohnanlage „Neuhafen" gedacht war (vgl. *MZ* vom 7. Dezember 2008). Vor allem aber werden den privaten Akteuren große Einflüsse auf die Planungsprozesse gewährt. Der „Konzern Kommune" verspricht sich von dieser auf die Ansiedlung neuer Unternehmen und gut betuchter Haushalte ausgerichteten Strategie 'Renditen', also Wirtschaftswachstum und Steigerungen der Steuereinnahmen sowie des städtischen Images.

> „Den Ansprüchen eines property-led development scheinen insbesondere Großprojekte auf innerstädtischen Brach- und untergenutzten Flächen gerecht zu werden. Die Lage in der Nähe von Schwerpunkten städtischer Dienstleistungsökonomien macht entsprechende Flächen für kapitalkräftige Investoren und Projektentwickler attraktiv. Denn dort besteht eine große Nachfrage nach urbanem Wohnen und Büroflächen. Änderungen von Nachfragemustern, vor allem die hohe Wertschätzung von wassernahen bzw. innerstädtischen Standorten lassen einen umfangreichen Markt erwarten. Großprojekte werden aus diesen Gründen in der Stadtpolitik als solide Basis für Wachstum und wirtschaftlichen Funktionswandel gesehen: sie sollen physische Regeneration und wirtschaftliche Entwicklung verbinden [...]. Eine an Immobilien ausgerichtete Entwicklungsstrategie von Investoren und Stadtpolitikern bedeutet damit eine Konzentration stadt- und wirtschaftspolitischer Maßnahmen auf bestimmte zentral gelegene Räume." (Heeg 2008: 15)

Die genannten städtischen Areale werden zu Instrumenten der Wirtschaftsförderung und einer erhofften Anpassung „an die räumlichen Anforderungen einer postindustriellen Gesellschaft und Dienstleistungsökonomie", schreibt Susanne Heeg. Und gerade große Bauprojekte seien hier „zu einem Symbol des Willens für eine Veränderung städtischer Ökonomien und baulicher Anordnungen bzw. Erscheinungen geworden" (ebd.: 12f.). Hierbei sollen

> „Räume für gehobenes Wohnen und Arbeiten geschaffen, die Attraktivität der Stadt erhöht und international beachtete landmarks gestaltet werden. Unmittelbar sollen Investitionen und Bewohner angezogen, städtische Steuereinnahmen erhöht, bislang industriell genutzte Flächen für die Dienstleistungsunternehmen wieder in Wert gesetzt sowie Flächen entsprechend der Nachfrageentwicklung auf Lager gehalten werden. Immobilieninvestitionen erhalten in diesem Zusammenhang den Stellenwert eines Gegenmittels gegen Deindustrialisierung und geringes Wirtschaftswachstum. Durch die Schaffung der gebauten Umwelt soll die Ökonomie revitalisiert und die Downtown belebt werden; in Aussicht stehen Arbeitsplatzwachstum, höhere Haushaltseinkommen und damit eine Zunahme der lokalen Kaufkraft. Insgesamt sollen ausgehend von konkreten Projekten trickle-down Effekte zu einem neuen metropolitanen Wohlstand beitragen" (ebd.: 13).

Da die Städte selbst (meist) keine aktive Baupolitik mehr betreiben, müssen bei dieser Art Wirtschaftsförderung private Immobilienkonzerne motiviert werden. Das geschieht durch einen „gewisse[n] trade-off zwischen Immobilienakteuren und Planern/Wirtschaftsförderern", das heißt, es werden den Immobilienakteuren ihnen genehme ökonomische Verwertungsbedingungen geboten und „ihre Interessen werden in die Planung eingeschrieben", ihre „stadtpolitischen Analysen" erhalten in

Public Private Partnerships ein gesteigertes Gewicht. Diese forcierte „Kooperation mit privatwirtschaftlichen Akteuren“ bedeutet zwar nicht das Ende von Stadtplanung per se, wohl aber einen tendenziellen Abschied von einer *längerfristigen* und *umfassenderen* Stadtplanung zugunsten von Flexibilisierung und „Einzelfallbezug [...], um die Anpassungsfähigkeit an ökonomische Dynamiken, Interessen und Trends zu gewährleisten“ und damit auch eine „Herauslösung spezifischer Räume aus einer gesamtstädtischen Perspektive“, um die Bedürfnisse prosperierender Schichten zu befriedigen (ebd.: 16).

> „Konkret bedeutet dies eine stärkere Ausrichtung der Projekte auf unternehmensorientierte Dienstleistungen und besser gestellte Haushalte als Nachfrager. Eine Akzeptanz dieser Ausrichtung beinhaltet, die ökonomische Rationalität der Immobilienakteure und Dynamiken auf dem Immobilienmarkt zu beachten. Unabhängig vom Verhältnis der Großprojekte zu ihrer Umgebung wird die öffentliche Aufmerksamkeit auf diese Projekte als einem machtvollen Image gerichtet. Mit dem Großprojekt werden Hoffnungen auf einen attraktiven städtebaulichen Ansatz, gehobene Wohn- und Lebensräume für besser verdienende Haushalte und Raum für zentrale Wirtschaftsbereiche verbunden. Kurz gesagt werden in der städtebaulichen Diskussion rund um diese Projekte symbolische Kapazitäten geschaffen und gebündelt.“ (ebd.)

Das dominierende Modell der „Stadt als Markenartikel“ verlangt nach einer „Architekturpolitik als Mittel der Identitätsstiftung“ und nach einer „Festivalisierung von Stadtentwicklung“ (Hannemann/Sewing 1998: 68f.), nach „urbanen Bühnen, auf denen das Spiel 'Europäische Stadt' inszeniert wird“ (ebd.: 76). In diesem Kontext dienen dann nicht erst die fertig gestellten Großprojekte dem erhofften Image, auch schon die Baustellen werden zu Events.

> „Mit der Vermarktung des Bauprozesses erhielt auch die technische Dimension des Projekts einen Erlebniswert. [...] Die Banalität der Baustelle mutierte zur touristischen Attraktion oder geriet zum spektakulären Medienereignis. Die immer wieder aufgezählten Tonnen an Erdaushub, die Masse an verarbeitetem Beton, die Größenordnung der Logistikprobleme und die Effizienz ihrer Lösung standen für die Einzigartigkeit des Vorhabens. [...] Selbst die Knochenarbeit der schlecht bezahlten Arbeitskräfte aus Portugal oder Osteuropa geriet so zu einem Spektakel, bei dem sich die Touristen wie Zuschauer in einem römischen Amphietheater fühlen konnten. Die Zurschaustellung von Arbeit und Produktion folgte dabei dem Trend, die industrielle Fertigung selbst als Unterhaltung zu inszenieren.“

Was Ronneberger, Lanz und Jahn (1999: 92) für Berlin-Mitte in den 1990er Jahren beschreiben, dient auch in Münster als Vorbild, wenn auch im bescheideneren Rahmen. So wurde beim Bau der Einkaufspassage „Münster-Arkaden“, Architekt ist mit Josef Paul Kleihues bekanntlich einer der Regisseure der architektonischen „Bühne Berlin“, in der Ludgeristraße ein 'Schaufenster' in die Baugrube eingerichtet. Die Dimensionen der Bauaufgabe wurden auch auf den eigens entworfenen und mit Logos und Aufrissen versehenen Hochglanzbauzäunen in detaillierten Zahlen ausgedrückt. Seit Fertigstellung des Baus sind sie dann Bestandteile der Internetpräsentation, um auf diese Weise als Attraktion herzuhalten. Dort sind als „Eckdaten“ das „Investitionsvolumen“ von ca. 125 Millionen Euro ebenso angegeben, wie die Zahlen zur Schuttmenge (über 60.000 Tonnen) des abgerissenen Vorgebäudes – der Hauptstelle der Stadtsparkasse. Verbaut wurden laut Betreiber für einen Bruttorauminhalt von rund einer Viertelmillionen Kubikmeter über 20.000 Kubikmeter Beton und 5000 Tonnen Betonstahl etc. (vgl. Münster Arkaden 2009).

Bei der Bebauung der Stubengasse wurden die Fortschritte seit Anfang 2008 dann, einem neueren Trend folgend, gleich in den virtuellen Raum transportiert, das heißt, von der benachbarten Raphaelsklinik per Webcam im Internet präsentiert. „Genießen Sie den Logenplatz auf Münsters Großbaustelle“, heißt es dort. Mehr als ein Standbild, das sich per Klick aktualisieren lassen sollte, bot der „Logenplatz“ dann aber nicht. Allerdings wurden die BesucherInnen mit genauesten Angaben der Kameraposition (beispielsweise „51°57‘33.45“ N · 7°37‘46.93“ O“ am 17. Dezember um 19 Uhr) versorgt (Raphaelsklinik 2008).

Die systematischen Einschreibungen der Interessen privatwirtschaftlicher Akteure betreffen nicht nur konkrete Projekte, sondern schon die Planung der Rahmenbedingungen. Der konsequent kundenorientierte städtische Eigenbetrieb „Wirtschaftsförderung Münster GmbH“ beschreibt genau das als seine Aufgabe:

> „Mit unserem fachlichen Know-how, unseren Netzwerken und unserem Einfluss unterstützen wir Sie dabei, ihre Visionen in der Stadt umzusetzen. Schließlich ist es unser Ziel, gemeinsam mit Ihnen Münster zur Stadt des dynamischen Mittelstands in Nordrhein-Westfalen zu machen. Sind Sie dabei?“ (WFM 2009)

Deutlich wird derartiges beispielsweise bei der Pressekonferenz zum „Handelsimmobilienreport“, den die „Wirtschaftsförderung“ zusammen mit dem Beratungsunternehmen „SQM Property Consulting“ vorgelegt hat (vgl. *MZ* vom 6. August 2009). Zunächst dient die Veranstaltung der Versicherung, die richtige Strategie zu fahren. Bundesweit sei Münster unter den zehn attraktivsten „Einzelhandelsstandorten“ zu finden, regional vor Dortmund und Osnabrück. Sodann geht es um weitere bauliche Veränderungen „an drei Orten in der Innenstadt“ im Anschluss an die Fertigstellung des Stubengassenkomplexes. Dies werde „mittelfristig“ geschehen, zitiert die Zeitung den Chef der „SQM Property Consulting“ Guido Müller:

> „Müller kann noch nicht allzu viel sagen zu den drei Projekten, weil vieles noch nicht entschieden ist. Als er [...] doch einiges sagte, gelang ihm auch das so diplomatisch, dass der Chef der Wirtschaftsförderung, Dr. Thomas Robbers, im Scherz sagte, er würde ihn gleich einstellen, wenn die Wirtschaftsförderung mal wieder Bedarf habe. Die Fragen betreffen das Gebäude der Deutschen Bank am Alten Fischmarkt, den Bau der Dresdner Bank an der Königsstraße und den Salzhof an der Salzstraße. Alle drei Standorte stehen vor großen Veränderungen.“ (ebd.)

Es ist also der Leiter einer Consultingfirma, der neue Großbaustellen für Münster ankündigt (bloß flankiert von der städtischen Wirtschaftsförderung), und nicht etwa die Stadtverwaltung. Müller weiß darüber hinaus auch schon, was baulich

„möglich sein wird. Der Alte Fischmarkt [...] soll als Verlängerung des Prinzipalmarkts etabliert werden. Etwas 'szeniger', ein wenig 'wie der Hackesche Markt in Berlin vielleicht'. Der Ort habe jedenfalls 'ein bestimmtes Potential für Handel'. Man müsse dabei schauen, welche Gebäudeteile erhaltbar sind. In jedem Fall werde die Umgebung aufgewertet." (ebd.)

Aufgewertet werden solle ebenfalls der „Salzhof" an der Salzstraße, vielleicht nach hinten verlängert, wahrscheinlich solle auch die dortige Anbieterstruktur verändert werden. Für den Bau der „Dresdner Bank" sei die Ansiedlung von Geschäften geplant, wozu ein Umbau, aber kein Abriss vonnöten sei. Für alle drei Projekte heißt es:

„Einen Zeitplan verriet Müller nicht, aber er kündigte an, die Planungen in einigen Wochen zu konkretisieren." (ebd.)

Was bei all diesen schon recht konkreten Plänen keine Rolle spielt, ist das, was eigentlich Normalität wäre: Bebauungspläne, Diskussionen und Abstimmungen in Politik und Verwaltung und BürgerInnenbeteiligung. Privatwirtschaftliche Akteure können sich vielmehr als federführend und entscheidend inszenieren, was die Stadt offenbar unterstützt und die Presse als selbstverständlich wiedergibt.

Die Selbstverständlichkeit des Agierens von Beratern zeigt ebenfalls ein Statement der bei der Entwicklung der *Shopping Mall* „Münster Arkaden" beteiligten Consulting-Firma „Comfort". Sie avisiert auch die Beratung von

„Städte[n] und Kommunen, die sich mit den Fragen der Errichtung oder der Erweiterung von innerstädtischen Einkaufszentren zu beschäftigen haben. Als Verantwortlicher der Stadtverwaltung sitzen Sie einem professionellen Investor in der Regel ohne Erfahrungen auf diesem Gebiet gegenüber. Wir stellen Ihnen das notwendige Wissen bereit, sich diesem Investor als gleichwertiger Verhandlungspartner zu präsentieren und auf diese Weise das für Ihre Stadt oder Kommune beste Ergebnis zu erzielen" (ebd.).

In Münster ist allerdings die Konditionierung der Verwaltung auf ein solches „Wissen" nicht notwendig gewesen. Investorin der „Münster Arkaden" war die Sparkasse Münsterland Ost.

Heeg verweist darauf, dass die Strategie des *property-led developement* vor allem als Reaktion auf postfordistische Umbrüche angewandt wird. „Im Kontext von städtischen Problemlagen im sozialen und wirtschaftlichen Bereich werden Städtebauprojekte mehr und mehr als eine Antwort auf industrielle Restrukturierungsprozesse, anhaltende Wirtschaftsprobleme und Verschiebungen von Nachfrage- und Konsummustern gesehen." (ebd.: 12) Einiges von dem Gesagten muss für Münster modifiziert werden. In der traditionell wenig industrialisierten und vom dritten Sektor geprägten Stadt wirken sich diese Umbrüche weitaus weniger aus, zumal die Bevölkerungszahlen konstant leicht ansteigen. Auch betreibt Münster, wie gesehen, noch über die „Wohn- und Stadtbau" eine eigene Baupolitik auf dem Gebiet des öffentlich geförderten Wohnens. Ansonsten lässt sich in Münster die genannte Strategie mit allen Konsequenzen einer verschärften Segregation seit einigen Jahren in vollem Umfang beobachten. Ein bisheriger Höhepunkt ist der Bau der *Gated Community* „Klostergärten".

3.4 Das 'Kloster' als Herrschaftsarchitektur für „hochqualifizierte Leistungsträger": Die *Gated Community* „Klostergärten"

„Besonderen Wert legt man bei Frankonia auf die Stimmigkeit des Umfelds. Wer sich für 'Premium' entscheidet, möchte auch bei der Nachbarschaft keinerlei Kompromisse eingehen." (Frankonia Eurobau)

Die Firma „Frankonia Eurobau" zählt sich selbst „zu den leistungsfähigsten und erfolgreichsten" mittelständischen Immobilienentwicklern. An dem Unternehmen mit Hauptsitz in Nettetal ist die „Westfälische Provinzial" in Münster zu 50 Prozent beteiligt (Klostergärten Entwickler 2008 u. Klostergärten Impressum 2008). Neben den Münsteraner „Klostergärten" hat das Unternehmen derzeit eine ganze Reihe weiterer solcher „Premium-Quartiere" fertig gestellt, in Bau oder in Planung: die „Sophienterrassen" in Hamburg, das „Andreasquartier", die „Heinrich Heine Gärten" und die „Königskinder" in Düsseldorf, in Köln das „Gerlingquartier", in München die „Lenbach Gärten" (Frankonia Eurobau Projekte 2008a).

Die Prinzipien der „Quartiersentwicklung" der „Frankonia" lesen sich wie eine Blaupause der von Heeg analysierten Strategie. So seien „alle Stadtquartiere von Frankonia nur in attraktiven Innenstadtlagen oder ganz besonders urbanen Bezirken mit hohem Potenzial für eine weitere Entwicklung zu finden". Ebenso unerlässlich sei „das historische und architektonische Potenzial" der Gegend und des Objektes. Hierbei gelte die eingangs zitierte kompromisslose Umfeld-Stimmigkeit für die avisierten Wohn- und Büroimmobilien gleichermaßen. Zur Erfüllung der eigenen Kriterien betreibt „Frankonia" nach eigenen Angaben „aufwändige" Vorfeld-Recherchen und Analysen. Man arbeite

„bereits sehr früh mit renommierten und erfahrenen Städteplanern und den zuständigen Mitarbeitern der jeweiligen Stadtverwaltungen, mit Lokalpolitikern und mit Anwohnern zusammen. Von dieser engen Kooperation profitieren letztlich nicht nur die Kunden und Investoren, sondern auch die Städte, deren urbane Strukturen durch Frankonia aufgewertet werden" (Frankonia Eurobau Quartiersentwicklung 2008).

Von einer Zusammenarbeit „mit Anwohnern" kann allerdings wohl keine Rede sein. Vielmehr ist es unter diesen offenbar zu Unmut und Protesten gegen die abgeriegelte Luxuswohnanlage gekommen (vgl. *MZ* vom 18. Juli 2008). Als Zielgruppe für seine Wohnimmobilien nennt das Unternehmen „hochqualifizierte Leistungsträger, die sehr hohe Wohn-, Sicherheits- und Qualitätsansprüche haben und die progressiven und innovativen Lebensformen offen gegenüber stehen" (Frankonia Eurobau Zielgruppen 2008). Zur „Produktphilosophie" zählt prominent „ein vielfältiges Sicherheits- und Serviceangebot" (Frankonia Eurobau Philosophie 2008). Zu einem solchen Angebot gehören Videokameras, Bewegungsmelder, Alarmschaltungen, insbesondere aber der *Doorman* (vgl. Glasze 2003: 11).

Noch vor wenigen Jahren schien eine solche bewachte, in beiderlei Wortsinn exklusive Wohnanlage mit „mondänen Stadtwohnungen und Villen" für finanziell

Abb. 3: Exkludierend und exklusiv, baulich aber standardisiert: die Gated Community *„Klostergärten" während der Bauphase im Dezember 2009*

herausgehobene Schichten in Deutschland nicht denkbar zu sein. Am Beispiel des massiven Leerstands in der ersten deutschen *Gated Community* „Arcadia" in Potsdam (gegründet 1999) stellt die *Süddeutsche Zeitung* vom 13. Januar 2006 fest: „Wohnen hinter Mauer und Zaun gilt hierzulande als unattraktiv". Nicht nur bei potenziellen KundInnen. „In den deutschen Kommunalverwaltungen ist man sich wohl einig, diese Art Privateigentum bei uns nicht sehen zu wollen,", wird Georg Glasze, seit Jahren zum Thema forschender Geograph, zitiert. Schon zuvor hatte er festgestellt, abgesehen von „wenige[n] Wochenendhausgebieten" gebe es damals in Deutschland seines Wissens keine bewachten Siedlungen (Glasze 2003: 12ff.), anders als vor allem in den USA, wo schon Mitte der 1990er Jahre rund 40.000 abgeschottete Wohn-Anlagen gezählt werden (ebd.: 6). Der internationale Vergleich, so Glasze, zeige „bewachte Wohnkomplexe" mit einer „sozial homogene[n] Bewohnerschaft" als nur vereinzeltes Phänomen „in den mittel- und nordeuropäischen Wohlfahrtsstaaten". Begründet wird das mit dem gängigen Modell der 'europäischen Stadt' und ihrer grundsätzlich schon seit dem Hochmittelalter praktizierten Selbstverwaltung. Vor allem seit der Industriemoderne habe sich eine demokratische Stadt mit „institutionellen Mechanismen" entwickelt, „die gesellschaftliche Integration erzeugen bzw. aufrechterhalten". *Gated Communities* würden begünstigt von Gesellschaften, in denen solche „Leitbilder niemals breite Akzeptanz finden konnten wie in den USA", und in denen eine problematische „politische Fragmentierung und Substitution öffentlicher kommunaler Verwaltung“ stattfinde (ebd.: 15ff.).

Bei Glasze klingt hier die schon bekannte Unterscheidung in eine amerikanische und eine europäische politische Kultur durch. Boris Michel (2005: 93) hingegen reflektiert bezüglich der „residentiellen Segregation“ (David Harvey) die Prozesse des Postfordismus; zunächst auch in den USA. Zwar seien *Gated Communities* hier in nahezu allen Bundesstaaten verbreitet, auffällig sei aber eine deutliche Konzentration „in den städtischen Ballungsräumen der Staaten des *Sun Belt*, [...] die zu den Triebkräften der postfordistischen Restrukturierung gehören“. In dieser Perspektive deutet sich dann schon damals an, was inzwischen auch in Deutschland sichtbar wird, denn es könne „vermutet werden, dass geschlossene und abgrenzende Wohnquartiere zu den bedeutenden Charakteristika postfordistischer Stadtentwicklung gehören“ (ebd.: 89f.).

Auch Michel sieht vor rund fünf Jahren in Mitteleuropa erst sehr vereinzelte Beispiele für *Gated Communities* wie „Arcadia“ oder die Siedlung „Fontana“ bei Wien, diese aber als Anzeichen einer Gesamttendenz „von ausgrenzenden Communities“. In Deutschland gebe es vor allem einen Boom von „Doormen-Gebäude[n]“ (ebd.: 93f.). Diesen Boom haben zuvor auch Jan Wehrheim (2002) und Michael Zinganel (2003) konstatiert. *Doormen*-Wohnen findet in Deutschland seit Jahren in luxuriösen Apartmenthäusern statt, aber auch am anderen Ende der Segregation, in Wohnkomplexen für SozialmieterInnen (vgl. Wehrheim 2002: 185). Der *Doorman* als eine Mischung aus Pförtner und Sicherheitsbeauftragtem, bei dem die Fäden der Technik zusammenlaufen, ist die zentrale Figur. Er personifiziert die „Symbolik des Ausschlusses“ (ebd.: 185ff.). Die „Abschottung durch *doormen* könnte[n] sich“, so Michel, „als die europäische und bzw. weil unauffälligere Variante der *gated community* entpuppen“ (2005: 94). Unauffälliger, weil diese Form des in- und exkludierenden Wohnens für Oberschichten in Mitteleuropa – anders als in den USA mit ihren expandierenden Vorstädten – in Innenstädten angesiedelt ist. Die Symbolik der Exklusion ist dabei wechselseitig verbunden mit den Manifestationen kulturellen Kapitals. Das hat Manuel Castells bereits 2001 betont. Die „wirklich exklusiven Wohngebiete“ Europas zeigten die Tendenz,

> „sich die städtische Kultur und Geschichte einzuverleiben, indem sie die renovierten oder gut erhaltenen zentralen Gebiete der Innenstadt beziehen. So wird unterstrichen, dass, wenn Herrschaft erst einmal fest etabliert und durchgesetzt ist (anders als im neureichen Amerika), die Elite nicht ins Vorstadt-Exil flüchten muss, um dem Pöbel zu entkommen“ (zit. n. ebd.).

Es ist vielmehr der „Pöbel“ selbst, dem meist nur das Vorstadt-Exil in Hochhaussiedlungen wie Münster-Kinderhaus bleibt. Die Effekte derart exklusiver und exkludierender Räume, die die hier Befugten symbolisch ‘erhöhen’, verweisen gleichzeitig auf ihr Gegenteil, die für Kinderhaus schon einmal dargestellte Raumproduktion der verdoppelten – ökonomischen und kulturellen – Enteignung als Folge einer politischen Konstruktion des Raumes durch die Wohnbaupolitik der öffentlichen Verwaltungen (vgl. ebd.: 25).

Die von Georg Glasze vor einigen Jahren für deutsche Stadtverwaltungen konstatierte Ablehnung von *Gated Communities* ist im Zeichen des *property-led developement* inzwischen passé, wie sich am Beispiel der „Klostergärten" nachweisen lässt. Zur Grundsteinlegung im April 2008 vor gut 100 geladenen Gästen schritt nicht nur der Vorstandsvorsitzende des Investors und Bauherrn „Frankonia Eurobau", Uwe Schmitz über einen roten Teppich in die Baugrube, sondern auch der strahlende Münsteraner Stadtdirektor Hartwig Schultheiß (CDU) (vgl. *WN* vom 11. April 2008). Davon, dass sich die bewachten und abgeschotteten „Premium-Quartiere" umfangreich rentieren werden, in Münster wie an anderen 'Standorten', geht auch die „Frankonia Eurobau" aus. Sie bietet ihren

> „Investoren und Käufern über den Erwerb hinaus ein professionelles Full-Service-Management und flexible 'Sorglos-Pakete' mit dem Ziel einer nachhaltigen Rendite- und Wertsteigerung und Erhöhung der Ertragskraft" (Frankonia Eurobau Leistungsspektrum 2009).

Und diese Renditesteigerungen werden nicht zuletzt aufgrund des umfassenden Sicherheitsservices innerhalb der Immobilien gegen vermeintliche Bedrohungen von außen erzielt. Eine sich weiter verschärfende Segregation als Wachstumsschub verkünden dann auch andere Beteiligte. Die „städtebauliche[n] Entwicklungen" der nahen Zukunft seien eine „Herausforderung" für das Sicherheitsgewerbe, heißt es beim Branchenführer „Securitas". Man müsse sich einstellen auf eine fortschreitend segregationsbedingte „Spezialisierung nach Kundengruppen", heißt es in der Branchen-Zeitschrift *Der Sicherheitsdienst* (DSD 2008: 27) denn:

> „Die städtebauliche Entwicklung in Deutschland ist in den kommenden Jahren und Jahrzehnten durch Landflucht, Verdichtung in Mega-Cities und Ballungszentren mit Villenvierteln und möglichen gated areas einerseits sowie Satellitenstädten für sozial Schwächere andererseits gekennzeichnet." (ebd.)

Die Erwartungen privater Sicherheitsdienstleister verweisen auf ein weiteres Kennzeichen neoliberaler Stadtpolitik: die Verschärfung der Sicherheitspolitik, die sich ausformt in einer Vermischung der Sphären von Gesetzen und Regeln (vgl. Mongin 2008). Diese Entgrenzung des Prinzips 'Hausordnung' und die Akkumulation von Finanzkapital und visuellem Image hängen vielfach zusammen. Bevor ich mich damit beschäftige, wie sie das tun, möchte ich näher untersuchen, wie sich die Etablierung von Herrschaft (Castells) mittels der Münsteraner „Klostergärten" symbolökonomisch manifestiert.

Das Wohnquartier liegt direkt außerhalb der Promenade am Hörsterplatz bzw. am Bohlweg und an der Goldstraße. Es besteht aus einem Stadtpalais als „Entree" und vier „Stadtvillen". Insgesamt werden rund 90 Eigentumswohnungen in der Größe von 82 bis 197 Quadratmetern und zu Preisen zwischen 394.700 und 1.192.700 Euro angeboten (Klostergärten Verkauf 2009). Der Entwurf stammt (wie auch bei den „Lenbach Gärten" in München) vom Münchener Star-Architekten Christoph Sattler und seinen Partnern Heinz Hilmer und Thomas Albrecht. Noch in der Planungsphase beschreiben die Architekten ihr Projekt so:

> „Dieses Thema des umschlossenen Hofs nimmt unser Entwurf für eine Wohnbebauung als Anregung auf. [...] Das Motiv des offenen Arkadenganges, des Kreuzganges, des 'hortus conclusus' (Latein 'geschlossener Garten'), der auf die Existenz früherer Klosteranlagen an dieser Stelle hinweist, wurde beibehalten. [...] Die Wohnungen um den offenen Hof sind zentral über ein 'Doormanfoyer' durch einen offenen Arkadengang erschlossen." (zit. n. Meyer/Skarabis 2007: 78f.)

Hortus conclusus. Bemüht wird hier das Motiv des Arkadischen, des Paradiesischen, des *locus amoenus*, des 'lieblichen Ortes' der seit seiner Erfindung in der Antike überwiegend als *hortus conclusus* daher kommt, dessen Mauern das paradiesische Innen vorm schrecklichen Außen (*locus terribilis*) schützen. Geschützt werden soll hier ein „[p]rivilegiertes Leben auf höchstem Niveau [...], geprägt von Komfort, Sicherheit und Exklusivität." (Klostergärten Service 2008) Der Name „Klostergärten" ist, betont der Investor, „in mehrfacher Hinsicht Programm: die nach außen abgeschlossene, repräsentative Anlage entfaltet sich innen um einen modern interpretierte[n] Kreuzgang" (Frankonia Eurobau Projekte 2008b). Hauptinhalt dieses Programms ist das Kloster als Herrschaftsarchitektur. So heißt es unter dem Stichwort „Idee" auf der Marketing-Internetseite der „Klostergärten":

> „Klöster waren schon immer mehr als religiöse Einrichtungen. Auch weltliche Herrscher fanden hier Unterkunft, Schutz, Ruhe und Erholung. Mit den Klostergärten Münster werden die weltlichen Vorzüge des Klosters als sicherer und ruhiger Wohn- und Lebensraum konsequent in unsere Zeit übersetzt und modernen Erfordernissen angepasst." (Klostergärten Idee 2008)

Die aktuellen „weltliche[n] Herrscher" sind demnach die von der „Frankonia" zur Klientel ersonnenen „hochqualifizierte[n] Leistungsträger" (s.o.); oder, wie es für die Münchener „Lenbach-Gärten" heißt: die „gesellschaftliche[] Elite von heute" (Lenbach-Gärten Sammlung Frankonia 2008). Die Neubebauung wird dann im Internet-Marketing-Film auch explizit als Herrschaftsarchitektur vorgestellt:

> „Auf dem historischen Grund eines ehemaligen Franziskanerklosters entsteht hier ein Lebensraum, der eine privilegierte Lage im Herzen der Stadt mit souveräner Architektur und einem umfassenden Servicekonzept verbindet." (Klostergärten Film 2009)

Kurze Zeit später heißt es:

> „Das Stadtpalais am Hörsterplatz bietet das repräsentative Entree für das Premium-Stadtquartier. Die Fassade erinnert mit ihren fein ausgestalteten und handwerklich anspruchsvollen Details bewusst an die klassischen Formen des Art Déco. Dabei verleiht

die Verwendung von edlem Naturstein im Erdgeschoss dem Bauwerk sein souveränes und herrschaftliches Äußeres." (ebd.)

Herrschaftsarchitektur: Die Adaptionen des Art Déco sind in Details erkennbar (und beziehen sich offenbar auf selige vordemokratische Zeiten der Großbürgerlichkeit um 1900), deutlicher wird aber bei den meisten *Gated Communities* der „Frankonia" zwischen Hamburg und München der gesamtarchitektonische Bezug auf den Neoklassizismus, dem hier innerhalb der urbanen Symbolökonomie offenbar eine große Bedeutung zukommt.

Bei den Münchener „Lenbach Gärten" wartet man mit einem Fünf-Sterne-Hotel und der Deutschland-Zentrale von Mc Kinsey auf, vor allem aber mit der (auch architektonischen) Nähe zum Königsplatz (Frankonia Eurobau Projekte 2008a). Hier befinden sich bekanntlich nicht nur klassizistische Repräsentationsbauten, sondern noch immer eine ganze Reihe monumentaler NS-Gebäude aus der Planung von Paul Ludwig Troost. Zu dessen speziellem Neoklassizismus bietet so manches Haus in den „Lenbach Gärten" zumindest vage Spiegelungen. Dieser problematische Umgang mit der Geschichte ist in Hamburg am Ufer der Außenalster zwischen Harvesterhuder Weg und Mittelweg dann explizit Programm. Hier, wo „die teuersten und besten Luxuswohnungen" (Frankonia Eurobau Home 2009) einer reichen Stadt entstehen, wo Stadthäuser und Parkvillen sich berufen sollen auf die „prachtvollen" Alstervillen, die als „Stammsitze" nur „wenigen Dynastien" vergönnt gewesen seien (Sophienterrassen 2009), bildet eine monumentale NS-Kaserne im speerschen Stil den nördlichen Einlass zur *Gated Community*. Gemeint ist die „Graue Festung", gebaut 1935/37 für das Generalkommando des X. Armeekorps der Wehrmacht. Ab 1939 war hier die „Abwehr" unter Admiral Wilhelm Canaris untergebracht, von 1956 bis 2006 das Standortkommando der Bundeswehr (vgl. *Hamburger Abendblatt* vom 19. November 2005). Der Eingang der „Festung" ist geprägt durch sehr hohe rechteckige Fenster, über denen sich Reliefs aus gekreuzten Schwertern und Säbeln befinden und kolossale Pfeiler in Werkstein. Das Vordach ist links und rechts von steinernen Adlern gekrönt. „Frankonia Eurobau" plant diesen Eindruck weiter zu monumentalisieren. In den Marketingbildern scheint die mit einem roten Teppich belegte Eingangstreppe noch erhöht zu sein. Zugleich wird das Haus nun „Sophienpalais" oder auch kurz „Sophie" genannt und innen von einem speziellen Designer umgebaut.

> „Wie ein herrschaftliches Stadtschloss empfängt die dreiflügelige Anlage der 'Sophie' die Bewohner und bildet damit das nördliche Entree in das Stadtquartier. Im Inneren hat kein Geringerer als der geniale Modeschöpfer Karl Lagerfeld dem denkmalgeschützten Bauwerk mit stilsicherem Blick und viel Gespür für Details eine unvergleichliche Grandezza verliehen. Auch zwei der exklusiven Stadtwohnungen wurden vom Meister der Inszenierung gestaltet und ausgestattet. Besonders privilegiert sind die, die eins der wenigen Panorama-Penthouses ihr Eigen nennen können. Denn durch die im Süden voll verglasten Skydecks offenbart sich ein atemberaubender und unwiederbringlicher Blick auf das Alstervorland, die Außenalster und die stolze Hamburger Innenstadt." (Sophienterrassen 2009)

Die stilistischen Vorgaben des angeblichen Stadtschlosses, so ist es im Marketingfilm erkennbar, werden von einigen der Neubauten durchaus dezent aufgenommen (vgl. ebd.). Exklusivität im doppelten Sinn verlangt also offenbar inzwischen wieder nach Orientierungen zu einer solchen Architektur. Deutlich weniger problematisch in dieser Hinsicht soll in Düsseldorf ab 2010 beim „Andreasquartier" das bisherige klassizistische Amtsgerichtsgebäude miteinbezogen werden, das Areal liegt mitten in der Altstadt am Grabbeplatz mit seinen bedeutenden Kunsthallen und nahe zur Rheinpromenade (Frankonia Eurobau Projekte 2008).[12] In Münster sind die Bezugspunkte die direkt benachbarte Altstadt und das Kloster. Anders, als in Hamburg oder beim Düsseldorfer „Andreasquartier" ist hier aber das Referenzgebäude eigens abgerissen worden. Das hat offenbar seinen Grund.

„Im Bewußtsein der Stadt Münster hat das Franziskanerkloster mit seinem allseits umschlossenen ruhigen Hof einen festen Platz", schreiben die Architekten Sattler, Hilmer und Albrecht (zit. n. Meyer/Skarabis 2007: 78). Hier werden also ein konkreter Ort und seine Wahrnehmung durch die Bevölkerung als Bezugspunkt behauptet. Auch die „Frankonia Eurobau" (Quartiersentwicklung 2008) zählt zu ihren Kriterien die mögliche „Seele" eines Objektes und „eine eigene Geschichte", die es erzähle. Das oben erwähnte Orts-„Bewußtsein", dass der Investor so sehr für sich in Anspruch nimmt, ist offensichtlich im weiteren Marketing vollkommen austauschbar. Die Bilder für die „Kostergärten" beim Internetauftritt zeigen dann auch einen mutmaßlich südwesteuropäischen romanischen Kreuzgang (vgl. Klostergärten Index 2008). In der seit 2009 erneuerten Internetpräsenz wird ein Film gezeigt, in dessen Anfang dieses Motiv noch weiter ausgebaut wird. Zu sehen ist ein Mönch, der anfangs in einer Kapelle in einem Buch blättert, dann durch einen gotischen Kreuzgang wandelt und in den Garten blickt. Zu kitschiger Panflötenmusik spricht eine Art Märchenerzähler: „Das Kloster ist nicht mehr. Doch zu meiner Freude erwächst aus den Ruinen erneut ein Kleinod der Botanik und Architektur, um Menschen Ruhe und Besinnung zu schenken." Dann wird überblendet zum „Kreuzgang mit Hortulus" der *Gated Community*, um nach einer erneuten Überblendung – nun spricht eine Frau – wieder Bilder aus mediterranen mittelalterlichen Klostergärten zu zeigen (Klostergärten Film 2009).

Mit dem zuvor an dieser Stelle befindlichen Franziskaner-Kloster hat all das nichts zu tun. Dessen in stark nachgedunkeltem Backstein errichtete Gebäude stammten von 1860/61, die Kapelle stammte gar aus den 1950er Jahren. Der Widerspruch

12 Andere Projekte abgeschotteten Wohnens der „Frankonia" bedienen sich konträrer Symbole. So sollen die ab 2010 geplanten Luxusdoppel-Wohntürme „Königskinder" am Düsseldorfer Medienhafen mit eigenem Yachthafen ausgestattet werden. Ihre Dächer sollen durch Skulpturen von Markus Lüpertz „eine künstlerische Dimension erhalten" (ebd.).

zwischen dieser vormaligen Architektur und der Neubebauung scheint auch der Lokalpresse nicht entgangen zu sein. „Spa statt Spartanismus“ titelt die *MZ* vom 11. April 2008 und folgert: „Krasser könnte der Kontrast kaum sein: Wo einst spartanische Mönche lebten, entstehen nun Lounge, Whirlpool und Nobelwohnungen – die Klostergärten werden zur luxuriösen Wohnanlage“.

Dass die einfache Vorgängerarchitektur sich nicht für die geplante Herrschaftsarchitektur der „Frankonia“ eignet, liegt auf der Hand; mit einer Ausnahme: Erhalten bleibt die ehemalige Klostermauer. Das mag auch als Reminiszenz gedacht sein. Deutlich aber wird, die *Gated Community* soll als quasi 'natürliche' Fortführung einer vormaligen Bebauung, bzw. als zeitgenössisches Kontinuum des Klosters allgemein erscheinen. Ansonsten wird in den Werbebotschaften der Eindruck erweckt, als habe es hier zuvor eine mittelalterliche Ruine gegeben, die nun 'neu belebt' werde. „Um den zentralen Hortulusgarten, der mit seinen umlaufenden Arkadengängen eine moderne Interpretation eines klassischen Klosterkreuzgangs darstellt, gruppieren sich das Stadtpalais und vier Stadtvillen. Ein ebenso abwechslungsreiches wie nach außen abgeschlossenes Ensemble.“ Die einzelnen Bauten erhalten zudem Namen, die sich „an wichtigen Stationen im Leben des Franz von Assisi“ orientieren – wie Laverna, Siena usw. –, zugleich sollen die „einzelnen Villen [...] erkennbar in der Tradition von Direktorenvillen der Gründerzeit“ stehen (Klostergärten Film 2009).

> „Der Schutz, der hier gesucht wird, richtet sich nicht nur gegen physische Gefahren, sondern viel mehr gegen psychische Bedrohungen. Denn 'die eigene Normalität wird erst durch normative Ausgrenzung des Abweichenden hergestellt'“,

schreibt Zinganel (2003: 145) zu *Gated Communities*, wobei er Michael Stolleis zitiert. Diese Ausgrenzung des Abweichenden geschieht offenbar – bei aller Individualitätsrhetorik – in den „Klostergärten“ (und entsprechend in den anderen „Premium-Quartieren“) durch strikt vorgegebene Strukturen und eine diesbezügliche Gleichförmigkeit. Nicht von ungefähr fühlt man sich an Luxushotels oder exklusive Klubs erinnert, und das soll man auch:

> „Direkt neben der Lobby befindet sich eine weitere herausragende Einrichtung der Klostergärten Münster – die hauseigene Lounge. Im Stil angelsächsischer Clubs eingerichtet bietet sie den passenden Rahmen für die Zeitungslektüre, für anregende Gespräche oder besondere Anlässe in gehobener Atmosphäre. Sogar an einen eigenen Bereich für Zigarrenliebhaber wurde dabei gedacht. Die Krönung des Serviceangebots der Klostergärten Münster stellt das private Spa im Souterrain dar. Mit zwei Trainingsräumen, zwei Saunen, Ruhe- und Frischluftzonen sowie einem Therapieraum ist es perfekt für Training und Entspannung ausgestattet. Zusätzlich können über den Conciergeservice hier auf Wunsch auch private Beauty-Anwendungen und Massagen arrangiert werden.“ (Klostergärten Film 2009)

Das auf 'höchstem Niveau' Vorgegebene bestimmt desgleichen die Wohnungen. Das „herrschaftliche Interieur mit luftig hohen Räumen, französischen Fenstern,

Natursteinböden und Edelholzparkett" zeichne sich auch in der „Ausstattung durch heute selten gewordene Großzügigkeit und Hochwertigkeit bis ins kleinste Detail aus", wird betont. In der Tat zeigen die Bilder komplett und detailliert eingerichtete Räume.

Interessant ist auch, dass die hier stets herausgestellte und teuer zu bezahlende Exklusivität bis ins Detail real einen hohen Grad an Standardisierung aufweist. Es wird wiederholt versichert, das Quartier sei „in seiner Art einzigartig" (Klostergärten Index 2008). Vergleicht man aber die Bauten inklusive der französischen Fenster und Balkone und die Einrichtungen in den Selbstdarstellungen des Investors etwa für Münster, Hamburg und München, sind große Übereinstimmungen feststellbar. Auch die „souveräne und herrschaftliche" Fassade entsteht nur durch dünn plattierten „edlen Naturstein. Dahinter befinden sich schlicht Betondecken und -wände, wie beim Bau der „Klostergärten" sichtbar wurde.

Bei dieser Art des exklusiven und exkludierenden Wohnens zeigt sich eine Überlagerung symbolischer Schwellen mit manifesten Grenzen. Laut *SZ* vom 13. Januar 2006 dominiert „noch in den Neunzigern" eine „kernige Sicherheitsrhetorik" beim Marketing solcher Immobilien. So etwas werde „heute vorsichtiger dosiert." Das lässt sich bestätigen. Unter dem Titel „Stets zu Diensten" wird nun das „umfassende Sicherheitskonzept" (Lenbach-Gärten Sammlung Frankonia 2008) in diesen Worten angepriesen:

> „Wer im Leben viel gearbeitet hat, weiß deshalb nur zu gut, wie angenehm es ist, wenn dienstbare Geister die Arbeiten abnehmen, die man selbst nicht erledigen will oder kann. So ist der *Doorman*-Service über die rein baulichen Aspekte hinaus ein sicht- und spürbarer Faktor für Komfort, Sicherheit und Wohlbefinden und eine sinnvolle Ergänzung zum angenehmen Ambiente des Stadtquartiers. Als gute Seele des Hauses und „Kümmerer" managt der *Doorman* alle Details. Und achtet obendrein noch auf die Sicherheit und Privatsphäre der Bewohner." (Klostergärten Doorman 2008)

Inzwischen wird selbst der Begriff *Doorman* in den Marketing-Texten für die „Kloster-Gärten" und die anderen Wohn-Quartiere gar nicht mehr verwendet. Jetzt ist vielmehr von einem „Concierge Service" (Klostergärten Verkauf 2009) die Rede:

> „Die Bewohner und Besucher werden in der eleganten Lobby vom Concierge begrüßt. Als guter Geist des Hauses nimmt er Lieferungen entgegen, kümmert sich um die Wohnungen, wenn die Bewohner im Urlaub sind, und organisiert viele andere Dienstleistungen." (ebd.)

Diese Diskretion bei gleichzeitiger strikter Sicherheit, Prävention und Kontrolle macht deutlich, dass die „besondere[n] Sicherheits- und Servicestandards" (Klostergärten Verkauf 2009) selbst Bestandteil der Symbolökonomie sind, wenn es um die Inszenierung des Lebensstils und des Distinktionsgewinns von „hochqualifizierte[n] Leistungsträger[n]" geht.

3.5 Die Exterritorialisierung des Prinzips 'Hausordnung'

> „Beginnend in den USA der 1970er Jahre lässt sich beobachten, wie die (urbanen) Eliten ihr neoliberales Projekt zunächst ideologisch vorbereitet und mit Liberalisierung, (Re-)Kommodifizierung, Privatisierung und Reregulierung sämtlicher Lebensbereiche vorangetrieben haben. Liberalisierung bezeichnet dabei den Grad der Penetration neuer Märkte, Privatisierung repräsentiert die Veränderung der Eigentumsverhältnisse in vormals kommunal/staatlich bewirtschafteten Sektoren; (Re-)Kommodifizierung meint dabei eine neue Warenförmigkeit vormals öffentlicher Dienstleistungen und Produkte, während mit Reregulierung die aus der Sicht des Kapitals und der politischen Eliten notwendigen Maßnahmen zur Schaffung und Erhaltung eines funktionierenden Wettbewerbs und der Absicherung infrastruktureller Erfordernisse beschrieben werden."

Was Volker Eick, Jens Sambale und Eric Töpfer (2007: 10) als neoliberales Eliten-Projekt vorstellen, haben Ronneberger, Lanz und Jahn (1999: 197) auf eine breitere gesellschaftliche Basis bezogen dargestellt, denn es ist nicht zu übersehen, dass ein „[u]rbaner Revanchismus" (ebd.) mit steigender Tendenz, wie inzwischen auch für Europa zu beobachten ist, auch ein 'Mittelschichten-Projekt' ist. Die „gegenwärtige Hierarchisierung der Metropolen" erfolge

> „nicht nur durch die Kapitallogik einer Vermarktung von Grund und Boden [...], sondern [ist] auch an eine 'revanchistische Politik' – was sowohl Rückeroberung wie auch Rache meint – gekoppelt, die aus der Mitte der Gesellschaft kommt. Die repressive Ausgrenzung von Menschen, die als nicht normenkonform definiert werden, läßt sich erfolgreich damit legitimieren, dass es dabei um die Rettung der räumlichen Kontrolle und die sozial-kulturelle Hegemonie der Gemeinschaft der sogenannten Wohlanständigen gehe" (ebd.: 199f.).

Wesentlich hierbei sind also Vorstellungen von Ordnung und Abweichung, von Inklusion und Exklusion, wie das Beispiel der *Gated Communities* verdeutlicht. Die offenbare Konjunktur einer derartigen Zitadellen-Kultur muss dann auch in einem breiteren Kontext wahrgenommen werden. Eick et al. sprechen von kontrollierter Urbanität, von einer „präventive[n] und repressive[n] Aufrüstung gegen jedwede Form nonkonformen Verhaltens" (Eick/Sambale/Töpfer 2007: 9). Das lässt sich aus zwei Blickwinkeln beobachten. So hätten sich in den letzten gut zwei Jahrzehnten „die Begriffe Ordnung und Kriminalität, Sicherheit und Risiko als mehr oder minder elegantes Schmiermittel bei der Durchsetzung des neoliberalen Globalisierungsprojekts erwiesen" (ebd.: 11). Damit zugleich sei es „zu zwei Erweiterungen des Sicherheitsbegriffes" gekommen, die zunehmend den Alltag strukturieren: Es handele sich um „Moralisierung und Kriminalisierung abweichenden Verhaltens", flankiert von einem Konglomerat aus Normalitäts- und Risikovorstellungen, und einer Auflösung der „Grenze zwischen Kriminalität [...] und bisher nicht strafbewehrten Handlungen (*disorder incivilities*)", wobei Normalitätsvorstellungen und Risiko-Begriffe zum „perpetuum mobile jenseits sinkender Kriminalitätsraten und stabiler Sicherheitsgefühle" würden (ebd.).

Im Folgenden werde ich diese Entwicklung als Entgrenzung des Prinzips 'Hausordnung' behandeln. Dafür lassen sich drei Gründe anführen. So hat es den Eindruck, als würde der Begriff des 'öffentlichen Raums' in seiner Behandlung meist auf der metaphorischen Ebene bleiben. Hausordnungen regeln und strukturieren Verhältnisse, wie sich zeigen wird, räumlich. Bei ihrer Analyse in Bezug auf öffentliche Räume und die Formen ihrer Privatisierung lassen sich daher tatsächliche Raum-Aspekte berücksichtigen. Zugleich lassen sich auf diese Weise die unterschiedlichen Ausprägungen, in denen sich kontrollierte Urbanität äußert, erfassen, sowohl innerhalb eines jeweiligen städtischen Zusammenhangs, als auch im Vergleich unterschiedlicher Städte. Denn in Münster, das sich nicht als globale, sondern als regionale Metropole inszeniert – und dabei eine gewisse Liberalität als Kennzeichen eines relativen Wohlstands dokumentiert –, unterscheiden sich diese Äußerungen durchaus von denen in anderen, vor allem auch größeren Städten. Und auch auf dieser Ebene ist zu fragen nach dem Verhältnis von Image und „Eigenlogik" (vgl. Löw 2008).

Eine Hausordnung ist eine *einseitige* Regelung von Verhaltensweisen in privaten oder funktionalen Räumen, der sich die NutzerInnen zu unterwerfen haben. Wer dagegen verstößt, kann zur unerwünschten Person erklärt und des Raums verwiesen werden. Bei der Ausweitung auf den öffentlichen Raum kommt es zu Formen der Vermischung zweier Sphären, der des Rechts und der der Regeln. Die so entstehenden Ordnungen können explizit und schriftlich fixiert sein, entweder als Aushang zur Hausordnung etwa in *Shopping Malls*, die von privatem Sicherheitspersonal exekutiert wird oder als „Stadtrechte" oder „Ordnungsbehördliche Verordnungen", die von kommunalen Ordnungsdiensten durchgesetzt werden sollen. Andererseits können derartige 'Hausordnungen' auch unausgesprochen aber 'atmosphärisch' wirken, also mittels bestimmter Gestaltungen des Raums.

Auch der französische Philosoph Martin Mongin (2008) hat die Vermischung der Prinzipien des Gesetzes und der Prinzipien der Regel oder Hausordnung konstatiert. Mongin konzentriert sich hierbei auf die Omnipräsenz privater Ordnungs- und Sicherheitskräfte in Einkaufszentren, *Shopping Malls*, Multiplex-Kinos usw. Diese Ordnungskräfte sind „an besonderen Orten tätig, die man als 'von der breiten Masse genutztes Privateigentum' [...] bezeichnen könnte". Es handelt sich also um „doppelwertige[] Räume" (ebd.), die ihre BesucherInnen oft darüber im Unklaren lassen, ob sie privat oder öffentlich sind, die – wie schon seit langem Bahnhöfe – zwar öffentlich genutzt werden, aber dem Hausrecht unterliegen, da sie „von einer Privatperson oder einer unabhängigen Gesellschaft betrieben werden". Derartige Räume verbreiten sich zunehmend auch in Deutschland.

> „Diese doppelwertigen Räume unterscheiden sich von den traditionellen öffentlichen Räumen darin, dass sie streng 'funktional' sind. In einem solchen Raum sind alle Wege im Voraus festgelegt, alle Verhaltensmöglichkeiten antizipiert. Es ist ein logischer Raum – das heißt, er basiert auf einem abgeschlossenen System aus notwendigen Beziehungen

zwischen Dingen, Personen, Zeichen –, dessen sämtliche Teile jedes für sich der Realisierung dieses Gesamtplans untergeordnet sind. [...] Folglich ist ein funktionaler Raum auch ein Raum, in dem nur Personen zugelassen sind, die sich bereitwillig dessen Nutzungsplan unterwerfen. [...] Menschen, die die jeweilige Funktion dieser Orte, also auch deren jeweilige Hausordnung nicht respektieren, gelten, wenn nicht als 'vogelfrei', so doch als 'unerwünscht'. Denn diese Orte beziehungsweise deren Betreiber haben die Neigung, den Zugang zu regulieren und die Besucher in willkommene (Kunden, Abonnenten, Nutzer, Konsumenten, Angestellte) und unerwünschte (Flaneure, Jugendbanden, Ladendiebe, Penner, Demonstranten) einzuteilen. Jede Person gehört, sobald sie einen solchen Raum betritt, prinzipiell zu der einen wie der anderen Kategorie" (ebd.).

Die hier beschäftigten Wachleute sollen für Sicherheit sorgen und diese symbolisieren. Zugleich aber sorgen sie umfangreich für Unsicherheiten, Diffusionen. Schon, weil ihre Aufgabenbeschreibungen stufenlos „von Information zu Prävention, von Prävention zu Intervention, von Intervention zu Repression" wechseln, und weil sie durch ihre permanente Gegenwart die sozial „konstitutiven Trennlinien zwischen der Ordnung des Gesetzes und der Ordnung durch Regeln, wie etwa die Hausordnung, die nur an einem bestimmten Ort gilt, verwischen – aber auch diejenigen zwischen öffentlichem und privatem Raum" (ebd.).

Diese Wachleute, die Regeln repräsentieren und ausüben, initiieren „ein Macht- oder Autoritätsverhältnis" (ebd.), sie verbreiten eine Gesetzesdrohung, obwohl sie real keine anderen rechtlichen Befugnisse haben als alle BürgerInnen. Demnach dürfen sie Alarm schlagen, die Polizei rufen, Nothilfe leisten und in Notwehr handeln. Trotzdem treten sie „in symbolischer Hinsicht stets als Repräsentanten des Gesetzes auf – oder zumindest als Repräsentanten der Repräsentanten des Gesetzes [...], weil die Ursache für sämtliche nicht sichtbaren Wirkungen, die die Präsenz der Wachleute zeitigt, in dem Empfinden liegt, das diese bei den Menschen auslöst" (ebd.). Dieses Empfinden der Menschen, das schon dadurch unterstützt werde, dass sich in den Medien meist keine Klarstellung der Befugnisse von Sicherheitspersonal finde, so Mongin, sei Produkt eines „Kalkül[s] mit der Angst, das am Anfang der Abschreckung steht" (ebd.). Dieses Kalkül beruht insbesondere auf dem Dresscode der Wachleute:

> „schwarzer Anzug und Krawatte oder Drillichhose und Ranger-Stiefel; Schulterstücke, Firmenlogo, Headset, Walkie-Talkie. [...] Die Uniform des privaten Sicherheitsmanns hat vor allem die Funktion, eine Asymmetrie herzustellen, ein Autoritäts- und mithin Machtverhältnis zwischen ihm und den Personen, an die er sich wendet – ein Autoritäts- und Machtverhältnis, das vom Standpunkt des Rechts aus betrachtet vollkommen illegitim ist" (ebd.).

Hinzu komme, betont Mongin, dass der präventive Charakter der Überwachung (potentielle) KundInnen in potentielle DelinquentInnen transformiere. Die Vermischung der Sphären von Recht und Regeln, schreibt er unter Verweis auf Michel Foucault, entspringe dem „Kerker-Kontinuum", sie sei ein Charakteristikum der Disziplinargesellschaft.

„Die Anwesenheit von Aufsehern an öffentlichen Plätzen oder im Eingangsbereich öffentlicher Räume führt dazu, dass das gesamte gesellschaftliche Feld mit der Logik der Gefängniswelt überzogen wird, welche den Instrumenten zur Disziplinierung ebenso wie den Entscheidungen und Sanktionen, die sie ins Werk setzt, gesetzliche Rückendeckung verleiht. ‘Das Kerker-Kontinuum und die Ausweitung der Gefängnisform legalisieren oder legitimieren jedenfalls die Disziplinarmacht, die sich auf diese Weise alle Ausschreitungen oder Missbräuche erspart. [...] Das verallgemeinerte Kerkersystem, das in die Tiefe des Gesellschaftskörpers hineinwirkt und die Kunst des Besserns ständig mit dem Recht zum Strafen vermengt, macht das Bestraftwerden natürlicher und erträglicher.’“

Das Binnenzitat zum „Kerker-Kontinuum stammt aus „Überwachen und Strafen (Foucault 1977: 390). Mongin sieht das von ihm untersuchte Phänomen als eine Entgrenzung der Disziplinargesellschaft. Das mag im Kontext aktueller Deleuze-Rezeptionen zunachst merkwürdig erscheinen. Strategien der Vorfeld-Überwachung, besonders auch durch „Maschinen der dritten Art“ (Deleuze 1993: 259), der „universelle[n] Modulationen“ (ebd.: 261) statt unterschiedlicher Einschlussformen und damit einer Verflüssigung und Unangreifbarkeit sozialer Steuerungsmechanismen hat Gilles Deleuze als Anzeichen der Kontrollgesellschaft beschrieben. Auch die Ausweitung des Kerker-Kontinuums auf die gesamte Gesellschaft wird von Deleuzes InterpretInnen als ein solches Anzeichen gewertet. Viele dieser InterpretInnen betonen, die Kontrollgesellschaft zeichne sich letztlich durch moralische Indifferenz aus und definiere nur, in welchen Räumen bestimmte Verhaltensweisen ausgeschlossen sind. Es ist aber zu fragen, warum nur Inklusionen und nicht auch Exklusionen disziplinierend wirken sollen, als Strafe wirken sie allemal. Zumal Deleuze selbst schreibt: „Es könnte sein, daß alte Mittel, die den früheren Souveränitätsgesellschaften entlehnt sind, wieder auf den Plan treten, wenn auch mit den nötigen Anpassungen.“ (1993: 261).

Zu fragen ist, ob all die öffentlichen wie privaten Hausordnungen nur von Verflüssigungen, oder nicht von (mehr oder weniger subtilen) Disziplinarregimes sprechen? Und gibt es nur noch Übergänge und keine Grenzen mehr, angesichts von residenzieller Segregation etwa durch *Gated Communities*?

„Das Regime der Regel, zu dessen Verbreitung die Wachleute beitragen, gefährdet die individuellen Freiheiten. Es führt dazu, dass die Menschen allzu schnell Autoritätsverhältnisse akzeptieren, gefügiger werden gegenüber den Manifestationen der Macht, ihr Verhalten der Norm anpassen und sich jede Form von Exzentrik und Extravaganz versagen. Gleichzeitig aber schützt sich das Regime vor jeder Äußerung politischer Art sowie vor jedwedem Akt zivilen Ungehorsams, die seine Ausweitung behindern könnten.“ (Mongin 2008)

In der Tat bewirkt die Allgegenwart von Kontrolle Veränderungen von Verhaltensweisen und weitere Autoritätsfixierungen, die zudem immer häufiger gekoppelt sind an ein Personal, das zunächst eigentlich keine Legitimation besitzt, dann aber auch häufig vom 'öffentlichen Sektor' eingebunden wird.[13] Und eine zunehmende Vorfeld-Überwachung – ob nun per Kameras und andere technische Einrichtungen, oder eben durch Sicherheitspersonal – erklärt die *Normalität* zum Zielobjekt, zum Hort unbekannter Gefahren (vgl. Schaar 2007).

Mongin ist in Vielem zuzustimmen. Allerdings sind auch Differenzierungen notwendig. Mongins Grundthese ist die einer Desintegration urbaner Gesellschaft und Kultur. Er teilt also offenbar Vorstellungen von einem öffentlichen Raum, in dem zuvor idealtypisch die unterschiedlichen sozialen Gruppen, inklusive ihrer Exzentriken und Extravaganzen, aufeinander treffen konnten, was durch zunehmende Formen der Privatisierung dieses Raumes gefährdet werde. Permanente Kontrolle zementiert Formen der Marktmacht als souveräne Entscheidungsinstanzen in der konsumistischen „Erlebnisstadt" für die (gehobene) Mittelklasse, die Vielfalt bietet, allerdings „unter Ausschluß aller möglichen Gefährdungen und Unsicherheiten" (Ronneberger/Lanz/Jahn 1999: 71f.) oder Belästigungen. Dabei sollte man jedoch, wie schon einmal dargestellt, weder die – historisch unterschiedlichen – Mechanismen der Exklusion im öffentlichen Raum Stadt ausblenden, noch übersehen, dass in der gegenwärtigen „Erlebnisstadt" ebenso auch öffentliche Akteure an der Entgrenzung des Prinzips 'Hausordnung' beteiligt sind.

Auch Deleuze beschreibt eine Ablösung staatlicher Kontrolle durch das Agieren von Privatunternehmen: „Marketing heißt jetzt das Instrument der sozialen Kontrolle [...]. Die Kontrolle ist kurzfristig und auf schnellen Umsatz gerichtet, aber auch kontinuierlich und unbegrenzt, während die Disziplin von langer Dauer, unendlich und diskontinuierlich war". (1993: 260) Zwar ist in der Tat nicht zu übersehen, dass der private Sicherheits-Markt als Boombranche angesehen wird. Eine Studie der Berenberg Bank und des „Hamburgischen Welt-Wirtschafts-Instituts" (2008) verspricht der Sicherheitsindustrie bis 2030 einen dramatischen Bedeutungszuwachs. Das wird auf Terrorismus, unerwünschte Migration, eine Bedrohung der Datensicherheit und Kriminalität allgemein zurückgeführt, nicht zuletzt aber auch auf eine sich steigernde soziale Polarisierung:

> „So führt beispielsweise eine größere finanzielle Ungleichheit tendenziell zu einem erhöhten Gefährdungspotential durch Kriminalität. Diese kann aber durch eine erhöhte Vorsicht ausgeglichen werden." (ebd.: 8)

Und diese produziert die Sicherheitsindustrie, weshalb die Studie die „Geburt eines Wachstumsmarktes" (ebd.: 45) feiert. Die beschriebenen Erweiterungen des Sicherheitsbegriffs werden aber vor allem durch Polizei und Ordnungsämter in 'Maßnahmen' umgesetzt, so durch in deutschen Städten grassierende „Gefahren-

13 Wenn störende Jungendgruppen von privaten Sicherheitsfirmen im Auftrag der Kaufleute aus Innenstädten vertrieben werden, wird das auch von Stadtverwaltungen goutiert.

abwehrverordnungen“ (Michel 2005: 97f.). Das führt zu einer weiteren notwendigen Differenzierung, nämlich der zwischen unterschiedlichen kommunalen Ordnungskräften und den schon vorgestellten privaten Sicherheitskräften und ihren „(An) Ordnungen“ (Martina Löw) an exklusiven und weniger exklusiven Orten.

Zunächst zum öffentlichen Personal. Das 1996 entstandene „Krefelder Modell“ (*Westdeutsche Zeitung* vom 8. April 2005) eines „Kommunalen Ordnungsdienstes“ (KOD) hat seitdem in (Groß-) Städten Nordrhein-Westfalens wie Gelsenkirchen, Düsseldorf usw., ebenso in anderen Bundesländern, viel Nachahmung gefunden. Auf Basis so genannter „Stadtrechte“ oder „Ordnungsbehördlicher Verordnungen“ wird vorgegangen gegen Randgruppen, „aggressive[s] Betteln“, Ruhestörung, Belästigungen, öffentliches Alkoholtrinken, öffentliches „Lagern in Personengruppen“ und gegen „das Nächtigen, insbesondere auf Bänken“ wie es etwa in Gelsenkirchen heißt (ObVO GE 2008: § 3). Die mit der Durchsetzung solcher Verhaltenspflichten betrauten Ordnungsdienste haben zum Teil erhebliche Befugnisse, bis hin zum Aussprechen von Platzverweisen und zur Anwendung von Zwang, sie können hierzu mit Schlagstöcken und Pfefferspray ausgerüstet sein. Um dies auch schon rein optisch zu dokumentieren, wird häufig auf einen durchaus martialischen Dresscode zurückgegriffen. So tritt etwa der Anfang 2007 gegründete KOD Gelsenkirchen in dunkelblauen paramilitärisch anmutenden Uniformen mit Springerstiefeln und schwarzen Baretten auf (vgl. KOD GE 2007).

Demgegenüber wirkt der „Sicherheits- und Ordnungsservice (SOS) in Münster, wo es bislang keine explizite „Stadtverordnung“ gibt, vergleichsweise harmlos in Uniformen, die eher an die niederländische Polizei, zu Weihnachtsmarktzeiten auch schon ein wenig an die Heilsarmee erinnern können. Allerdings sind die MitarbeiterInnen seit dem Frühjahr 2009 mit Schutzwesten ausgerüstet, weil Angriffe mit Messern oder Spritzen von „Drogensüchtigen“ real sein sollen, vor allem abends und nachts. „Zuletzt ist die Gewaltkriminalität auf Münsters Straßen insbesondere auch nach Alkoholkonsum deutlich gestiegen“ heißt dazu als Begründung in den *WN* vom 11. März 2009. In diesem Kontext gibt es seit Herbst 2009 auch ernsthafte Überlegungen, in bestimmten Bereichen wie dem Kuhviertel, am Hafen, am Albersloher Weg und am Bahnhof Alkoholsperrzonen zu errichten (vgl. *MZ* vom 22. September 2009).

Im Trend liegen andernorts auch Einbindungen privater Sicherheitsfirmen in kommunale Überwachungs- und Abschreckungsszenarien. So besteht seit April 2008 eine Public Private Partnership zwischen den Städten Mühlheim-Ruhr und Essen, ihren Wirtschaftsförderungsgesellschaften, der Polizei und einer ganzen Reihe privater Sicherheitsfirmen. Die Privaten fahren Tag und Nacht Streife und melden der Polizei „auffällige Sachverhalte“. Dies, obwohl zugleich betont wird, dass es relativ wenig Kriminalität in beiden Städten gebe. Sicherheit wird „zum Markenzeichen“ und „Standortfaktor“ (vgl. Stadt Mühlheim an der Ruhr 2008).

Auf andere Maßnahmen als spezielle Varianten des *workfare* schon seit den 1990er Jahren hat Volker Eick hingewiesen. Eingesetzt wird eine Art „'Armenpolizei' mit spezifischen Quartiers- und Milieukenntnissen, als Selbstregulativ von Armutspopulationen". Menschen, die selbst zuvor Langzeitarbeitslose oder Sozialhilfeempfängerinnen waren, wurden in Straßen und Parks gegen Obdachlose und Bettelnde eingesetzt, wenn auch ohne hoheitliche Befugnisse; so die wegen ihrer Westen so genannten „Gelben Engel" in Stuttgart (Eick 2000: 44f.). Ähnliche Streifen am „unteren Ende des ordnungsamtlichen Engagements" gab es auch in Dorsten oder Hannover (Pütter 2000: 48) oder Berlin (Eick 2000: 45f.). Es gibt auch neuere Beispiele für eine „Armenpolizei". So hat die Stadt Augsburg 2007 rund 15 Ein-Euro-Jobber im städtischen Ordnungsdienst eingesetzt (vgl. *AugsburgerExtra* vom 27. November 2007).

Auch auf diesem Gebiet sieht es in Münster etwas anders aus. Hier sorgen seit Mitte 2005 Ein-Euro-Jobber als „Gelbe Engel" bzw. „Team-saubere-Stadt" für den „Service- und Ordnungsdienst" der Stadt für „Sauberkeit und Ordnung" – allerdings, indem sie Unrat beseitigen – und arbeiten im „Fahrradkontrolldienst" (*PresseInfo* vom 15. März 2007). Seit August werden mehre Ein-Euro-Jobber auch als „Busbegleiter" in den Linienbussen der Stadtwerke eingesetzt. Die Quasi-Schaffner, für die nur „Mehraufwandsentschädigung" gezahlt werden muss, sollen SeniorInnen, RollstuhlfahrerInnen oder Eltern mit Kinderwagen beim Einsteigen helfen, aber auch zumindest unter SchülerInnen für Ordnung sorgen (*PresseInfo* vom 17. September 2009). Zusätzlich zu den nach einigen Angriffen auf BusfahrerInnen installierten Videokameras dürfte hiermit auch eine weitere Sicherheitskomponente gemeint sein.

Damit abschließend zu den Differenzierungen nach den Logiken der „Ortseffekte" und des „Spacing". Bourdieu hat auf die Beziehungen von exklusiven und stigmatisierten Orten hingewiesen. Luxus-Residenzen und 'chicke' Wohnviertel stehen also heruntergekommenen Großwohnsiedlungen gegenüber. Erweitert man den Blickwinkel, werden „Ortseffekte" sichtbar auch für andere divergierende Räume wie Discounter und exklusive Einkaufspassagen, Innenstädte als Erlebnisräume wohlhabender Mittelschichten und Plätze oder Grünanlagen als Treffpunkte von Randgruppen. Diese Erweiterung gelingt mit Martina Löws Definition des „Spacing". Räume sind danach „(An)Ordnungen von Menschen und sozialen Gütern an Orten" (Löw 2001: 166). Zugleich sind Räume dual, das heißt sie werden handelnd bzw. wahrnehmend geschaffen und beeinflussen als räumliche Strukturen Handeln und Wahrnehmung (vgl. ebd.: 167).

Diese Logik der „Ortseffekte" und des „Spacing" überträgt sich in gewisser Weise auf das jeweilige Sicherheitspersonal bzw. darauf, wie es von der jeweiligen 'Kundschaft' wahrgenommen wird. Auch die Wahrnehmung lässt sich noch einmal differenzieren zwischen der von erwünschten und der von unerwünschten BesucherInnen der jeweiligen Räume. Differenziert werden muss dann ebenso zwischen kommunalen

Ordnungskräften – und hier wieder zwischen Angestellten der Ordnungsämter und Hilfskräften – und privaten Sicherheitskräften: *Securities* in *Shopping Malls*, aber auch Discountern, sowie *Doormen* in *Gated Communities* und exklusiven Apartmenthäusern. Damit geraten auch die Logiken der jeweiligen Dresscodes, des jeweiligen Habitus' des unterschiedlichen Personals in den Blick.

Die Uniformen oder Anzüge, Namensschilder und Kommunikationsequipments privater Sicherheitskräfte in exklusiven Einkaufspassagen oder in *Gated Communities* signalisieren Relevanz und Kompetenz im 'Dienste des Kunden' (und gegen 'Nicht-KundInnen'). Kommunale Hilfs-Ordnungskräfte als gegenteiliges Extrem wirken trotz öffentlicher Legitimation in ihren Leuchtjacken oder -westen, die manchmal an die Müllabfuhr erinnern, vergleichsweise subaltern. Selbst 'Langzeitarbeitslose', sind sie im (nicht ganz freiwilligen) Einsatz gegen abweichendes Verhalten und 'Regelverletzungen' in Grünanlagen. Festangestellte Angehörige kommunaler Ordnungsdienste wirken in ihrer Aufmachung häufig kaum anders als private Wachleute – in der martialischeren Variante ähneln sie 'Schwarzen Sheriffs', in 'normaleren' Uniformen ähneln sie ebenfalls oft ihren privaten KollegInnen – was die Verwischung zwischen öffentlichem und privatem Raum zusätzlich stützt.

Es gibt also Unterschiede zwischen exklusiven und weniger exklusiven Räumen. Festzuhalten bleibt, dass sich die Tätigkeit privater Wachleute keineswegs nur asymmetrisch gegen potentielle Delinquenz richtet, sondern selbstverständlich auch als 'Kundendienst' wahrgenommen wird. Die Vorfeld-Überwachung durch *Securities* im Discounter, wie etwa seit 2000 bei „Lidl", erklärt KundInnen in der Tat weitgehend zu potenziellen DelinquentInnen. Je 'exklusiver' jedoch der Raum ist, je mehr er auch als symbolische Schwelle wirkt, desto eher nehmen die hier 'Befugten' die Wachleute als ausführende Organe in ihren Diensten wahr (und desto weniger als ihre Überwacher).

Diese Wahrnehmung der Wachleute in Exklusiv-Räumen wird wesentlich beeinflusst durch die urbane „Ökonomie der Symbole". Das ist am Beispiel der *Gated Community* „Klostergärten" besonders deutlich geworden, schon, weil hier die Exklusivität noch höher ist, was mit den höheren rechtlichen wie faktischen Restriktionen von Zugang und Ausschluss gekoppelt ist (vgl. Bourdieu 1998: 24f.). Ein weiteres Beispiel: die *Shopping Mall* „Münster Arkaden" als Raum kommoder/kommodifizierter Freiheiten.

3.6 Das Unternehmen Münster baut sich eine Shopping-Passage

> „Kunst liegt auf der Straße, und sie steht in den Regalen der Kaufhäuser." (Marcel Duchamp, französischer Maler)

Mit diesem Satz warben die Bauherrin Sparkasse Münsterland Ost und die Architekten Josef Paul Kleihues und Norbert Hensel am Eingangstor zur Baustelle der

„Münster Arkaden". Der erste Bauabschnitt wurde im Mai 2005, der zweite im Oktober 2006 eröffnet. Der nach Angaben des Unternehmens rund 125 Millionen Euro teure Bau hat eine Bruttogeschossfläche von gut 55.000 Quadratmetern, die zur Hälfte mit Einzelhandel („40 Shops"), Gastronomie, Büros und einem Veranstaltungsforum belegt sind (vgl. Münster Arkaden Konzept 2009).

Duchamps programmatischer Satz zur Dada-Vernichtung des Auratischen der Kunst schmückt den Bau eines Kauf-Hauses. Das ist als naheliegender Gag der „Schöpfer der Einkaufswelten" (Harun Farocki) einerseits langweilig. Andererseits verweist es auf ein Konzept, die Einkaufswelt „Münster Arkaden" mit bestimmten Distinktionsmerkmalen auszustatten. Dazu gehört etwa der partielle Einschluss des frühklassizistischen Druffelschen Hofs, in dem sich wiederum das von den Architekten Hilmer, Sattler und Albrecht entworfene Picasso-Museum befindet.

Das distinktive Konzept „eine[r] moderne[n] Geschäftspassage mit hochwertigem Angebot" (*WN* vom 17. Oktober 2006) lässt sich vor allem auf die Bauherrin zurückführen. Die Münsteraner *Shopping Mall* als eines der „größten Innenstadt-Bauprojekte[] in Deutschland" (ebd.) wurde nicht von einer der üblichen großen Betreiberfirmen wie der „ECE Projektmanagement" oder der „METRO Group Asset Management" geplant und gebaut, sondern von der „Sparkassen-Grundstücksverwaltungs GmbH", einem Unternehmen der Sparkasse Münsterland Ost, die für die *Mall* ihren Hauptsitz in der Altstadt abreißen ließ.

Die Sparkasse ist ein öffentlich-rechtliches Geldinstitut in kommunaler Trägerschaft. Der Münsteraner Oberbürgermeister ist Vorsitzender des Verwaltungsrats und sitzt als ordentliches stimmberechtigtes Mitglied in der Zweckverbandsversammlung, die Kämmerin ist hier seine Stellvertreterin. Ebenso entsenden die Ratsfraktionen ihre VertreterInnen in beide Gremien. Man könnte also sagen, die Stadt hat sich mit den „Münster Arkaden" mittelbar selbst eine *Shopping Mall* errichten lassen. Erst nach Fertigstellung wurde sie für laut Sparkasse 165 Millionen Euro an den *Mall*-Betreiber Sonae Sierra verkauft (vgl. *MZ* vom 18. Oktober 2006). Zur Begründung hieß es: „Der Betrieb eines Einkaufszentrums sei nun mal kein originäres Geschäftsfeld der Sparkasse. Eigenkapital, das in Immobilien gebunden sei, stehe nicht für die eigentlichen Bankgeschäfte zur Verfügung." (*MZ* vom 28. September 2006) Das führt zur Frage, warum die Sparkasse dieses nicht-originäre Geschäftsfeld dann überhaupt betreten hat? Eine Antwort lautet: Die unternehmerische Stadt lässt sich durch 'ihre' Sparkasse und realisiert von einem Stararchitekten einen architektonischen wie kommerziellen 'Leuchtturm' errichten, der sich zugleich in beiderlei Hinsicht in die bestehenden Strukturen einpassen soll. Auf der Homepage der *Mall* wird das so ausgedrückt:

> „Die Münster Arkaden wurden bewusst nicht als 'Stadt in der Stadt' geplant, sondern als Bestandteil der Einzelhandelslandschaft in Münsters Innenstadt. Die differenzierte Fassade mit der individuellen Natursteinbekleidung fügt sich in das bestehende Stadtbild ein und setzt neue Akzente. Ebenso fügen sich die einzelnen Fachgeschäfte in die beste-

hende Einkaufslandschaft ein und setzen ebenfalls neue Akzente. Dasselbe gilt natürlich auch für die Dienstleister und die Gastronomie." (Münster Arkaden Konzept 2009)

Die „Münster Arkaden" sind dann auch offenbar eine Reaktion auf ein desaströs geendetes anderes *Shopping Mall*-Projekt, den „Preußen-Park", ein Koppelgeschäft der Stadt mit der Hamburger „ECE Projektmanagement" und dem Fußballverein Preußen Münster, das umgerechnet knapp 180 Millionen Euro (damals 350 Millionen DM) kosten sollte. Seit 1994 geplant, sollte so fünf Kilometer außerhalb der City ein neues Fußballstadion mit integrierter *Mall* entstehen, in der auf 39.000 Quadratmetern ca. 90 Läden und Restaurants geplant waren. 1989 beim Aufstieg von Preußen Münster in die Zweite Liga hatte der damalige Oberbürgermeister Jörg Twenhöven (CDU) ein neues Stadion versprochen. Der Architekt und sehr einflussreiche ehemalige CDU-Kreisvorsitzende Hanno Höyng besorgte später den Investoren ECE und wurde von diesem mit dem Bau beauftragt. Im Kommunalwahlkampf 1994 wurde das neue Einkaufs-Stadion zum Wahlversprechen der CDU, dem sich auch die SPD anschloss. 1997 wollte Twenhöven, inzwischen Regierungspräsident, gegen Bedenken der damaligen SPD/Grünen-Landesregierung den „Preußen-Park" offiziell genehmigen. Aus diesem Anlass berichtete der *Focus* (Heft 29/1997) süffisant von Querelen und Seilschaften innerhalb der Münsteraner CDU. Es handele sich um eine „'private und geschäftliche Gemengelage', die selbst in der CDU als 'degoutant' verurteilt wurde", schon weil Höyngs Büro „auch das Privathaus von Twenhöven" entworfen habe und Höyng „auch Freund und Trauzeuge" des damaligen CDU-Fraktionschefs Werner Stolz sei. Stolz habe seine Fraktion „im Rat auf Preußen-Park-Linie" gebracht. Nach ihrem überraschenden Wahlsieg zusammen mit den Grünen war die SPD bei ihrer Haltung pro „Preußen-Park" geblieben. „Bizarre Konsequenz: Kaufmannschaft, Handelsverein und Wirtschaftsverbände paktieren jetzt mit dem grünen Koalitionspartner sowie mit FDP, ÖDP und der Unabhängigen Wählergemeinschaft gegen das Projekt." (ebd.) Kaufmannschaft und Handelsverein opponierten strikt gegen die drohende Konkurrenz an der Peripherie, die die 'Kundenströme' aus der Innenstadt abziehen würde. Dass die CDU in dieser Frage gegen ihre eigene wichtige Klientel agierte, dürfte ein Hauptgrund der innerparteilichen Auseinandersetzungen gewesen sein.

Im Dezember 2000 stoppte das Oberverwaltungsgericht Münster den „Preußen-Park", da ein Stadion-Neubau an der Hammer Straße wegen der Nähe von Wohngebieten aus Lärmschutzgründen nicht zulässig sei. Zu diesem Zeitpunkt begannen nach Angaben des Architekturbüros Kleihues und Kleihues bereits die Planungen für die *Mall* in der Altstadt (vgl. Kleihues Münster Arkaden 2002). Diese wurden vom „Verein der Kaufmannschaft" und vom Handelsverein – inzwischen nennt er sich „Wirtschaftsinitiative Münster" und bildet zusammen mit der städtischen „Münster Marketing" die „Initiative starke Innenstadt" – ausdrücklich begrüßt. Offenbar setzt man hier, wie auch bei der Stadtverwaltung (seit 1999 wieder CDU-dominiert), auf eine Sogwirkung. Mit den „Münster Arkaden" sollte nun die Innenstadt 'gestärkt' werden. Zugleich lässt sich hiermit die Stadt einen doppelwertigen Raum (Mongin) errichten, der dann per Verkauf an einen Spezialisten für Einkaufscenter, der der Sparkasse einen Gewinn von 60 Millionen Euro bringt, vollends privatisiert wird.

Für den Verkauf ist rechtlich allein der Verwaltungsrat unter Vorsitz des damaligen Oberbürgermeisters Berthold Tillmann (CDU) zuständig gewesen. „Rückendeckung" musste sich die Sparkasse auch bei den Ratsfraktionen holen. Während die SPD wegen des zu erzielenden Erlöses für einen sofortigen Verkauf war, gab es bei der CDU – konträr zur Meinung des OB – deutliche Vorbehalte. Im Gespräch war zum damaligen Zeitpunkt ein Kauf durch eine große Versicherung. „Teilen der CDU-Fraktion ist mit Blick auf Münsters gute Stube der Gedanke ein Gräuel, dass die Münster Arkaden – beispielsweise in Anlehnung an die Fußball-Arena in München – demnächst Allianz Arkaden heißen könnten", vermutete die *MZ* am 11. Oktober 2006. Eine Woche später kam dann aber auch die Zustimmung der CDU (vgl. *WN* vom 17. Oktober 2006).

Ein Kritikpunkt am Verkauf war also die Sorge um die 'Identität' der *Mall* und um die Akzeptanz der BürgerInnen, anders ausgedrückt: um einen wohlhabenden Lokalpatriotismus. Denn der Name des Baukomplexes entstammt einer umfangreicheren Passantenbefragung:

> „Der Kunde ist König. Dieser Maxime folgte der Bauherr auch, als es darum ging, seinem Kind einen Namen zu geben. Eine Umfrage, getarnt mit weiteren Fragen zum Einkaufsverhalten, gab am Ende des Verfahrens den Ausschlag. Aus den gut 500 ausgefüllten Bögen ging Münster-Arkaden als klarer Favorit hervor. [...] Freilich waren so viel Demokratie Grenzen gesetzt. [...] Den Prozess, der sich über ein knappes Jahr hinzog, leiteten Professor Dr. Günther Haedrich vom Institut für Marketing der Freien Universität Berlin und die Beratungsagentur von Dr. Petra Rothholz. Zunächst setzten die Experten aufs Zufallsprinzip und generierten Namen, um sie in Workshops mit Projekt-Planern und -nutzern auszusieben. Was blieb, wurde in zwei Gruppen (unter und über 35 Jahre) untersucht. Überraschend: Auch die Jüngeren erteilten dem Amerikanischen entlehnte Begriffe wie Mall oder Kunstnamen wie Münsterama eine Absage. Ludgeri-Hof klang zu provinziell und auf Picasso mochte die Sparkasse nicht setzen. Sie wollte den Geist des Projektes in Namen und Logo transportieren: Schlicht und hochwertig, keinesfalls marktschreierisch [...]." (*WN* vom 6. Dezember 2002)

Die *Mall* sollte also nicht *Mall* heißen, weil auch das der „Philosophie" schlichter Hochwertigkeit entgegenstehen könnte. Die *Mall* heißt „Arkaden", obwohl es sich bei den vorgeblich namengebenden Fassadenbestandteilen vielmehr um Kolonnaden handelt. „Arkaden" soll dann auch einen engen Bezug zu den Bogengängen des benachbarten Prinzipalmarktes herstellen, vielleicht auch zu überregional bekannten *Malls* mit diesem Namensbestandteil, wie etwa den „Potsdamer Platz Arkaden".

Die Sorge um die „Philosophie" des Unternehmens war ein zweiter Kritikpunkt am Verkauf, der beim Vollzug ausdrücklich als unbegründet zurückgewiesen wurde.

Mit „Sonae Sierra“ wurde vertraglich fixiert, dass die „Arkaden-Idee“, der Name, der bislang übliche „Branchenmix und die Großzügigkeit der Räumlichkeiten“ beibehalten werden (*MZ* vom 18. Oktober 2006). „Sonae Sierra“, nach eigenen Angaben „zweitgrößter Investor und Betreiber von Shopping-Centern in Europa“ mit 40 solcher Anlagen und 13 weiteren in der Planung, davon vier in Deutschland im Gesamtwert von rund einer Milliarde Euro, hatte sich in einem Bieterverfahren mit anfangs 25 und schließlich sieben Teilnehmern durchgesetzt (ebd.).

Bevor ich mich weiter konkret mit dieser „Einkaufspassage“, wie sie ihre Architekten bezeichnen (Kleihues Münster Arkaden 2002), beschäftige, stellt sich die Frage, welche Merkmale *Shopping Malls* allgemein haben, um diese dann mit den „Münster Arkaden“ zu vergleichen. Zunächst eine Definition von Ellen Bareis, die eine notwendige Grundlage zum Verständnis ihrer sozialen Funktionen bietet:

> „Die urbanen Shoppingmalls des Postfordismus lassen sich als Schnittpunkte und Verdichtungen sozialer Beziehungen fassen und als Orte der Verdichtung von Reproduktion. Es handelt sich um gesellschaftliche Reproduktion in einem dreifachen Sinn: 1. Reproduktion als Konsumtion – ein in kapitalistischen Gesellschaften notwendiger Bestandteil der Produktionsweise, 2. Reproduktion als Versorgung und Verbrauch – eine notwendige Handlung zur Erhaltung der Arbeitskraft und 3. Reproduktion als Konsum von Gütern wie Bildern – eine Handlung zur Erhaltung, Demonstration, Zurückweisung oder Transformation eines sozialen Status.“ (Bareis 2007b: 160)

Die funktionalen Städtebaukonzepte des Fordismus, so Bareis, sahen eine klare räumliche Trennung von Produktion und Reproduktion, von Lohnarbeit, Konsum und Wohnen, sowie eine tendenzielle „Homogenisierung von Orten“ vor. Diese funktionalen Trennungen führten zu einem Bedeutungsverlust der Innenstädte. Die städtischen Transformationen seit der fordistischen Krise ab den 1980er Jahren bringen die Innenstädte „wieder in den Blick, der aber nun kein funktionaler mehr“ ist; er legt vielmehr den Fokus „auf ‘Erlebnis’, ‘Konsum’, ‘Kultur’ und ‘Symbol’ als mögliche neue ‘Attraktoren’“. In diesem Kontext „ist empirisch eine Ausbreitung von privatwirtschaftlichen Erlebnis- und Konsumräumen *innerhalb* des Städtischen“ festzustellen (ebd.).

Auf einen regelrechten Boom von *Shopping Malls* in Deutschland verweist Jan Wehrheim. Für 2007 zählt er 372 dieser Konsum- und Erlebnisräume, 1990 seien es erst 93 gewesen. Dieser Boom sei zunächst suburban feststellbar gewesen, vor allem seit 1989 in Ostdeutschland, seit Mitte der 90er Jahre verstärkt aber innerstädtisch, vor allem in Westdeutschland (vgl. Wehrheim 2007: 8). Verfolgt man die stadtsoziologischen Darstellungen von *Shopping Malls*, scheint sich auch nach dem ‘Einwandern’ in die Innenstädte an deren Erscheinungsbild kaum etwas verändert zu haben.

Vor rund zehn Jahren sprechen Olaf Berger und Andreas Schmalfeld (1999: 325) am Beispiel Hamburgs von einer „Innenwendung“ als architektonischer Erhöhung der Zugangsschwelle für als Nicht-KonsumentInnen Unerwünschte. Nach außen abweisende Fassaden korrespondierten mit einem Interieur, das zum Konsumieren anlocke.

Kerstin Dörhöfer vergleicht die Passagen des 19. Jahrhunderts mit den heutigen *Malls* und kommt zu einer Reihe von signifikanten Unterschieden: „Die Passage war luxuriös, die Shopping Mall wird möglichst billig mit vorgehängtem Blendwerk errichtet." Passagen seien eingebettet „in eine bestehende Baustruktur" und als „transitorischer Raum", der Straßen und Plätze miteinander verbinde, also als „großstädtischer und weltoffener Durchgangsraum" von den „urbanen Zusammenhängen" lebe. Eine *Shopping Mall* dagegen sei eine ursprünglich „suburbane Einrichtung", ein in die Innenstadt „implantierter Monolith", als Block dominant, „nach außen geschlossen und nach innen gekehrt". Die „äußeren Magneten wurden in den Innenraum verlagert", um KonsumentInnen hineinzusaugen und so lange als möglich im Innern zu behalten. Die *Mall* als gelenkter und überwachter Innenraum sei selbst der Mittelpunkt, anstatt bestehende urbane Mittelpunkte zu vernetzen. Während *Malls* ausschließlich konsumorientiert und trotz der Erweiterung des *Shopping* durch *Dining* und *Entertainment* monofunktional und homogen seien, treffe die Konsum- und Unterhaltungsausrichtung zwar auch auf Passagen zu, diese hätten aber als multifunktionale Einrichtungen mit Kabarett, Theater, Lese-, Club- und Vereinsräumen oder auch Pensionen und Wohnungen einen „differenzierten Charakter" gehabt. Der Raum der Passagen habe dem „distanzierten Betrachten der Auslagen", dem Flanieren und der Selbstpräsentation, ebenso der Ruhe, Muße und Kontemplation gedient. Im Gegensatz dazu sei die *Mall* ein Raum der Rastlosigkeit, des permanenten Geräuschpegels, der Eile, des Ereignisses und des Gedränges. Und: „In der Passage war auch der nächtliche Zugang erwünscht, die Shopping Mall wird des Nachts geschlossen." (Dörhöfer 2007: 68f.)

Dörhöfer hat ihre Beobachtungen in Berlin gemacht, wo 26 solcher Gebäude mit mehr als 10.000 Quadratmetern Verkaufsfläche zwischen 1992 und 2003 entstanden sind (vgl. ebd.: 64). Sie verweist zwar auf große architektonische, städtebauliche, ortsgebundene und nutzerInnenbedingte Unterschiede zwischen den einzelnen Einrichtungen (vgl. ebd.: 65), betont aber doch ein hohes Maß an Homogenität der Raumgestaltung bezüglich des Warenangebots und der Warenanpreisung, desgleichen ein hohes Maß an Homogenität bezüglich der Betriebsführung und der organisatorischen Abläufe (vgl. ebd.: 64).

> „In allen Malls gibt es 'Magnet Stores' und kleine Filialisten. In allen Malls sind die 'Magnet Stores' Bekleidungshäuser, Elektromediengeschäfte und Supermärkte. [...] In allen Malls gibt es 'Schlemmer Oasen' mit Imbiss-Ständen asiatischer, orientalischer, europäischer und amerikanischer Geschmacksrichtungen, ergänzt durch Obst- und Backwaren, in allen gibt es ein Eiscafé. [...] Gleich sind die Formen der Werbung (Center-Zeitungen, Info-Flyer, Fahnen an den Fassaden und im Innenraum) sowie die Inhalte der Werbung (Sonderangebote, Sonderereignisse, 'Events', Öffnungszeiten) und ihre Adressaten (die Familie vor allem und junge Leute). Gleich sind auch die Prinzipien 'Sicherheit, Sauberkeit, Service' und die Hausordnungen. Selbstverständlich gibt es je nach Betreiber betriebswirtschaftliche Variationen, schon aufgrund der unterschied-

> lichen Größen der Projekte. Aber im Prinzip gelten die horizontale Aufreihung und vertikale Schichtung der Konsumangebote in allen Shopping Malls." (ebd.: 64f.)

Dass es sich bei derartigen Einrichtungen auch dann, wenn exklusivere Fassadengestaltungen vorliegen, um Blendwerk handelt, konstatieren auch Ronneberger et al. Die Projekte am Potsdamer Platz in Berlin beschreiben sie als „selbstbezügliche [...] Archipele" und damit als „den Versuch, zentral gelegene Areale von der städtischen Umwelt zu isolieren und gleichzeitig als urbane Orte auszugeben". Die inszenierte Urbanität „auf dem kontrollierten Terrain kommerzieller Erlebniswelten" sei dabei nur höchst vordergründig als „elitäre[r] Ort" aufzufassen:

> „Das Waren- und Vergnügungsangebot zielt eindeutig auf den Geschmack eines Massenpublikums. Die Architektur der Gebäude und der Einsatz erlesener Materialien wie Naturstein oder Glas sollen zwar eine exklusive Atmosphäre erzeugen, um damit bei den Besuchern eine Faszination auszulösen. Aber solche 'Veredelungsprogramme verbreiten nur die Illusion sozialer Exklusivität. Sie verleihen jedem Fast-Food-Konsumenten und jedem Low-Budget-Touristen das Gefühl, einer gehobenen Gemeinschaft anzugehören'. Zum Ausschluß kommt es erst dort, wo der Benutzer den Status des Konsumenten nicht mehr aufrecht erhält oder erhalten kann. Für ein Verhalten, das von den Normalitätsvorstellungen der Mall-Betreiber abweicht, ist an diesen Orten kein Raum." (Ronneberger/Lanz/Jahn 1999: 93f.)

Bareis hat den Konsum von „Bildern", die der sozialen Positionierung dienen, als einen wesentlichen Zweck des *Mall*-Besuchs genannt. Eine ideologiekritische Analyse des Bild-Raums „Münster Arkaden" lässt sich allerdings mit den Angaben von Berger/Schmalfeld, Dörhöfer, und Ronneberger/Lanz/Jahn nur eingeschränkt bewerkstelligen, wie weiter unten gezeigt wird. Das gilt auch für Harun Farockis „Notizen zu einem Film über Malls", die ursprünglich 1999 in der *jungle world* erschienen sind und anlässlich einer Werkschau im Westfälischen Kunstverein Münster 2001 neu herausgegeben wurden. Farockis Dokumentarfilm „Schöpfer der Einkaufswelten" von 2001 befasst sich bekanntlich mit den Planungen der „Münster Arkaden". Seine Notizen sind dagegen aber noch allgemein gehalten.

Farocki (2001: 295) stellt fest, dass *Shopping Malls* wie auch schon Kaufhäuser „keinen Bedarf an Fenstern" haben, weil „die Wände beider Bautypen [...] zur Ausstellung der Waren gebraucht" werden, weshalb „es nichts Funktionelles gibt, das die Fassaden gliedern helfen könnte". Selbst im Parterre hätten Malls „kaum je Schaufenster. Als gelte es, eine Wahl zu treffen: entweder die Straßenöffentlichkeit oder der Mall-Raum. (Vielleicht auch die Idee der Verlockung, wie bei den Nachtlokalen, die sich dem Blick des Passanten verschließen.)" Wie die Fenster fehle dem Bautyp auch „das repetitive Element, das einzeln das Ganze repräsentieren könnte". Außerdem gebe es „kaum je einen eindrucksvollen Eingang",[14] was man als Ausdruck eines

14 „Zu einem eindrucksvollen Eingang", so Farocki, „gehören Treppen. Und kaum etwas fürchtet der Einzelhandel mehr als Treppen. Von Ladengeschäften heißt es, jede Stufe,

Selbstbewusstseins bezüglich der Attraktivität des Innenraums auffassen könnte. Zudem käme der Großteil der BesucherInnen „durch die Hintereingänge von den Parkgaragen“ bzw. von innen aus den Tiefgaragen (ebd.: 301).

Auch Farocki beschreibt also die Inhaltsleere und das Abweisende der *Mall*-Fassaden. Zwar könne auch eine *Mall* als ein von einem Stararchitekten entworfener 'Leuchtturm' fungieren. Das sage aber noch nichts über den Innenraum. Dieser entstehe normalerweise allein nach den standardisierten Vorgaben der Verkaufspsychologie usw. Farocki zeigt das für Renzo Pianos *Mall* am Potsdamer Platz. Hier besitze der Bau „eine besondere Außengestalt“, aber selbst diese bleibe „wirklich gänzlich äußerlich“, da auch „ein Stararchitekt [...] über die Innengestaltung kein Wörtchen mitzureden“ habe. „Das Innen bleibt den festangestellten Ingenieur-Architekten der Betreiberfirma überlassen“ (ebd.).

Zwar gibt es bei den „Münster Arkaden“ eine Reihe von für *Malls* typischen Elementen. Es handelt sich um einen von Wachpersonal und Kameras kontrollierten und ab 23 Uhr verschlossenen Raum der gelenkten Wege. Über seinem Zentrum befindet sich im Dach die übliche flache Glaskuppel. Unter dieser Kuppel wächst ein großer mediterraner Baum. Das Konsumangebot ist horizontal aufgereiht und vertikal geschichtet. Es gibt *Magnet Stores* (Bekleidungsgeschäfte, einen Elektromedienmarkt und ein Filial-Buchkaufhaus, das von einer Parfümerie-Kette betrieben wird) und kleinere Filialgeschäfte, ein Eiscafé im ersten Obergeschoss, Gastronomie im Parterre und einen Supermarkt im Untergeschoss. Buch- und Bekleidungskaufhaus befinden sich jedoch nicht in der *Mall*, sondern zumindest optisch davon getrennt in eigenen Baukörpern. Die Gastronomie besteht nicht aus Imbissständen, sondern aus einer „Brasserie“ und 'gehobenen' Cafés. Auch die weiteren Läden für Kleidung, Einrichtungsgegenstände, Geschenkartikel und Schreibwaren usw. sollen einen gehobenen Standard repräsentieren, zumindest aber 'bessere' Konfektionsware veräußern. Und der Supermarkt ist ein Bio-Supermarkt. Aus Sicht der Betreiber:

> „Die Angebotsvielfalt macht die Münster Arkaden zu einem Anziehungspunkt in der Innenstadt Münsters. National und international führende Einzelhändler und die Einbindung namhafter örtlicher und regionaler Fachgeschäfte gewährleisten ein entspanntes Einkaufserlebnis, welches durch niveauvolle, vielseitige Gastronomie unterstützt wird.“ (Münster Arkaden Konzept 2009)

Malls erklären, sagt Farocki, „mit ihrer synthetischen Urbanität alles Gebiet außerhalb ihres Geltungsbereichs zum Niemandsland“ (ebd.). Das ist für den suburbanen Bautyp und die meisten seiner innerstädtischen Adaptionen richtig. Wenn allerdings die 'unternehmerische Stadt' ebenso wie die *Shopping Mall* „im globalen Standort-

---

die zu steigen sei, koste zehn Prozent Umsatz“ (ebd.). Schon die alten Passagen aber sind, trotz ihrer eindrucksvollen Eingänge und trotz ihres sonstigen luxuriösen Ambientes, ebenfalls treppenlos zu betreten.

wettbewerb etwas bieten" muss (Bareis 2007b: 160), dann ist es sehr wohl möglich, dass sich beide aufeinander beziehen. In Münster ist das der Fall. „Ein Unikat soll es werden, ein Wahrzeichen der Westfalenmetropole", geben die *WN* am 15. Dezember 2001 anlässlich der Auftakt-Pressekonferenz des Bauprojekts die Vorstellungen von „Matthias E. Bechtle, Geschäftsführer der Vermarktungsgesellschaft Comfort" wieder: „Er will nichts, das man auch nach Gelsenkirchen oder Toronto versetzen könnte. Ein Hauch von Florenz wäre dagegen durchaus willkommen vor allem im Picasso-Hof." Und Hartwig Schultheiß (CDU), Stadtdirektor und Planungsdezernent Münsters „unterstrich, dass man von dem Projekt auch eine Stärkung der innerstädtischen Struktur erwarte" (ebd.).

Die schon erwähnte Selbstdarstellung des Unternehmens zum städtebaulichen Konzept, die „Münster Arkaden" seien explizit nicht als „Stadt in der Stadt" geplant, sondern ins vorhandene Stadtbild eingefügt worden, lässt sich ebenso wenig bestreiten, wie die Darstellung des städtischen „Beirats für Stadtgestaltung" der Gebäudekomplex nehme „an der Ludgeristraße Rücksicht auf den differenzierten Grundstücksverlauf" (Stadt Münster 2007: 71). Damit angesprochen ist auch die Fassade der Münsteraner Einrichtung. Anders, als beim beschriebenen Normal-Bautyp ist die Fassade hier vertikal durchgehend gegliedert durch hohe rechteckige Fenster des ersten und zweiten Obergeschosses und Schaufenster im Parterre bzw. das 'Arkadengeschoss'. Zugleich soll die Fassade mehrere Einzelbaukörper und ihre jeweilige Funktion als Bekleidungskaufhaus, als Passagenraum oder als Bürogebäude, deutlich werden lassen. Auch die hohen Eingänge sind aufwändig gestaltet.

Verglichen mit herkömmlichen *Shopping Malls* ist dieser Bau äußerlich zunächst einmal gar nicht abweisend und desintegrativ konzipiert, vielmehr inszeniert die Fassade 'Authentizität' und 'gewachsene' urbane Strukturen in einer wohlhabenden Stadt und soll so schon als 'Magnet' wirken. Zudem beginnen die gelenkten Wege bereits draußen auf der Ludgeristraße. „Durch die logische Fortsetzung der im nördlichen Bestand existierenden Arkaden und ihrer Verbindung über die Passage, wird das Stadtgefüge fortgeschrieben und enger vernetzt", beschreiben die Architekten diesen Umstand (Kleihues Münster Arkaden 2002). Das heißt: PassantInnen, die vom Prinzipalmarkt kommend die Ludgeristraße rechts unter den Kolonnaden betreten – denn um solche handelt es sich hier überwiegend – gelangen unweigerlich unter die Kolonnaden der *Mall* und so schließlich vor eine mit dezenten Firmenschildern ausgestattete Wand, die sie direkt nach rechts in den Eingang weisen. Die von Kleihues und Hensel so genannte „logische Fortsetzung" erscheint aus der Perspektive der „Center-Science[s]" (Sievers 2007) optimal. Die Konstruktionen eines „Zusammenhang[es] von Bedürfnis und Unterbedürfnis" bei *Malls* orientieren sich an AutofahrerInnen.

> „Wer eine Mall betritt, wendet sich fast immer zuerst nach rechts. Jeff Bing erklärt das damit, daß der heutige Fußgänger gänzlich von seinen Autogewohnheiten konditioniert

wird. Wer mit dem Auto fährt, wird kaum je die Straßenseite wechseln, dementsprechend müssen die Angebote einer Stadt gelegen sein." (Farocki 2001: 297)

„Center-Science" nennt Karen Sievers jene angewandte Konsumwissenschaft, mittels der „Architektinnen, Developer und Management" auf Basis von „Ergebnissen der Psychologie und Verhaltensforschung, der Architektur und Planungstheorie sowie der Betriebswirtschaftslehre [...] die perfekte Umgebung für den perfekten Konsumenten" entwickeln (2007: 227). Schon, weil in Münster keine Betreibergesellschaft die „Arkaden" errichtet hat, sind die Architekten Kleihues und Hensel abweichend vom Normalverlauf offenbar auch beim Interieur inklusive der Konzeption der Wahrnehmungslenkungen involviert gewesen. Dies in Zusammenarbeit mit spezialisierten IngenieurInnen und „Developern" der Firma „Comfort", die sich als „Spezialist[en] für Einzelhandelsimmobilien" in „1A-Lage" bezeichnet. Sie bietet „Development", „Centermanagement" und „Consulting". Denn:

> „Damit sich ein Shopping-Center nicht zu einer austauschbaren Verkaufsmaschine ohne Bezug zu seiner Umgebung, sondern zu einer nachhaltig erfolgreichen und individuell entwickelten 1A-Lage entwickelt, müssen bereits früh die konzeptionellen Weichen gestellt werden. Wir bieten daher keine Standardprodukte, sondern entwickeln sensibel und individuell auf den Standort abgestimmte Konzeptionen, die auch über den Shopping-Bereich hinausgehende Aspekte berücksichtigen. Die auf diese Weise erzielte öffentliche Akzeptanz sichert langfristig den wirtschaftlichen Erfolg." (Comfort Center Consulting 2009)

Für die „Developer" ist also ein *Mall*-Typ, wie er in Münster gebaut wurde, jenseits der „verdichteten mittelpunktlosen Teppichurbanisierungen von Wachstumszonen" an der Peripherie, dem eigentlichen „Herkunftsort des Einkaufszentrums" (Hoffmann-Axthelm 1995: 65) längst Realität, ein *Mall*-Typ also, der innerstädtisch partizipiert an der Symbolökonomie und innerhalb dieser gar eine eigene Rolle spielen soll. „Comfort" versammelt auf seiner Homepage reihenweise Bilder derartiger Einkaufszentren aus deutschen Innenstädten in – vorgeblich oder tatsächlich – aufwändigen Ausführungen unterschiedlicher Architekturen. Dazu Dieter Hoffmann-Axthelm:

> „Das innerstädtische Einkaufszentrum repräsentiert den Standpunkt des aufgeklärten Kapitalismus. Es hat zwar seine Tiefgarage, aber der Botschaft nach kooperiert es vorrangig mit öffentlichen Verkehrsmitteln Bahn, Bus, U- und Straßenbahn. Man hat es nicht nötig, sich mit Ellbogengewalt in die Altstädte einzudrängen. [...] Die Einkaufsdramaturgie wird also städtebaulich. Man stützt das Vorhandene und bietet ihm zusätzliche Räume an, deren es selber nicht fähig ist. Städtebaulich besteht die Kunst der Kundenführung im innerstädtischen Geschäftszentrum also darin, die Erschließungsstraßen in bereits bestehende dichte Wegebeziehungen zu legen, so daß Weg durch die Stadt und Weg durch das Einkaufszentrum zusammenfallen." (1995: 66)

In Münster geschieht die Anbindung an den ÖPNV durch eine Bushaltestelle. Die Station heißt „Picasso-Museum". So kann sich die *Mall* auch auf diese Weise mit dieser privaten Kunstsammlung schmücken. Zusätzlich, um dem Image Münsters als Fahrradstadt zu genügen, verfügen die „Arkaden“ über ein Fahrradparkhaus. Aber, da offenbar mit überwiegender Anreise per Auto gerechnet wird, nimmt auf der Homepage die Anfahrtsbeschreibung für diese VerkehrsteilnehmerInnen den größten Raum ein (vgl. Münster Arkaden Anfahrt 2009). Die Radstation scheint übrigens eher unbekannt zu sein, selbst bei MitarbeiterInnen in Geschäften der *Mall*, wie die *MZ* am 21. Januar 2009 berichtet.

Wichtiger aus Betreibersicht ist dann auch die Einbindung ins Altstadtgefüge. Frank Helten (2007: 246) stellt schon für den allgemeinen Trend fest:

> „Investoren von Shopping Malls wählen in jüngster Zeit besonders solche Orte zur Implantation von Malls aus, die eine tatsächliche oder erfundene Verbindung zur Stadtgeschichte aufweisen.“

Der Münsteraner Entwurf der Architekten Kleihues und Hensel orientiert sich am „Konzept der kritischen Rekonstruktion des Stadtbildes“ (Kleihues Münster Arkaden 2002). Josef Paul Kleihues hat dieses Konzept während seiner Zeit als Geschäftsführer der „Internationalen Bau-Ausstellung“ für Neubauten in Berlin 1984 breit propagiert und schon in den 60er und 70er Jahren öffentlichkeitswirksam vertreten. Die „kritische Rekonstruktion“ urbaner Strukturen der Vormoderne, zumindest der Vorkriegszeit, geht zurück auf Aldo Rossi und wendet sich als postmoderne Theorie und Praxis gegen den architektonischen Funktionalismus seit den 50er Jahren (vgl. Hannemann/Sewing 1998: 58 u. 75f.).

> „Hatte die Moderne Identität als universalistisches Prinzip artikuliert, so wurde nun mit der Wiederaufnahme historischer Bezüge Identität bewußt als Differenz definiert. Diese innerarchitektonische Diskussion, die bis weit in die 50er Jahre zurückreicht, erwies sich erst mit dieser historisierend pluralistischen Wendung als anschlußfähig an Identitätsfindungsversuche in anderen gesellschaftlichen Teilsystemen. Die postmoderne Architektur bot nun ein baulich-ästhetisches Identitätsangebot, das in der sich differenzierenden Lebensstilvielfalt der neuen Mittelschichten auf eine entsprechende Nachfrage stieß.“ (ebd.: 75)

Christine Hannemann und Werner Sewing beschreiben Kleihues im Berlin der 70er Jahre als „professionellen Strategen“ und „kulturelle[n] Unternehmer“, der während der „Krise des spätfunktionalistischen Städtebaus“ einer „ratlosen Öffentlichkeit die Rehabilitierung der alten Stadt als Lösung der Stadtkrise“ angeboten habe (ebd.). Anders als Hannemann und Sewing, die von Teilsystemen sprechen und ihre Überlegungen anscheinend an die Systemtheorie anlehnen, lassen sich die jeweiligen architektonischen „Identitätsstiftung[en]“ (ebd.: 68) verstehen als Ausdrücke fordistischer Funktionalisierung und Homogenisierung von Räumen und postfordistischer ‘Differenzierung’ und ‘Inwertsetzung’.

Kleihues’ „kritische Rekonstruktion“ bezieht sich bei den „Münster Arkaden“ auf mehrere Punkte. Zunächst sollen die alten Baufluchten, die der Vorgängerbau aus den 1960er Jahren negiert hatte, wieder sichtbar werden. Das lässt sich dann auch beziehen auf den in Sichtweite liegenden Prinzipalmarkt. Die Verbindung stellen explizit die, allerdings jeweils nur recht kurzen, 'Arkaden'-Geschosse des Einkaufszentrums auf der Ludgeristraße und der Rothenburg dar. Die „kritische Rekonstruktion" ist ja eigentlich keine Rekonstruktion und passt so auch zum Prinzipalmarkt, bei dessen Wiederaufbau nach 1945 die Baufluchten beibehalten wurden, aber völlig neue Fassaden mit einem Ausdruck von 'Dauerhaftigkeit' entstanden.[15] In gewisser Weise wird daher das Bild des Nachkriegs-Prinzipalmarkts gespiegelt in der neoklassizistischen Fassade der „Münster Arkaden". Auch hier zeigt sich eine monumentale, kantige und glatte Werksteinhülle, die 'Dauerhaftigkeit' signalisieren soll, leer und nur durch die Fenster gegliedert. Kleihues und Hensel beziehen sich nach eigenen Angaben „auf die für die 'Münsterländische' Sachlichkeit kennzeichnende vertikale Fassadenordnung" (Kleihues Münster Arkaden 2002). In der Darstellung des Einkaufszentrums liest es sich so: „Der gesamte Gebäudekomplex berücksichtigt den Maßstab und die Feingliedrigkeit der Altstadt. Statt eines kaufhaustypischen Baukörpers ist der Eindruck von sechs Einzelhäusern entstanden, die auf behutsame und anspruchsvolle Art das Stadtbild im Farbspiel des Prinzipalmarktes fortschreiben." (Münster Arkaden Konzept 2009)

Die Anlehnung an Münsters zentrale Altstadtstraße setzt sich fort. So gibt man sich vornehm. Offenbar orientiert an den Statuten am Prinzipalmarkt, wo Fassadenreklame untersagt ist, fehlen auch bei den „Arkaden" außen wie innen 'aufdringliche' Werbebotschaften wie Fahnen und ähnliches. Das Logo der „Arkaden" formt aus den Initialen des Namens eine stilisierte Fassade des Gebäudes. Beim Prinzipalmarkt werden seit den 1950er Jahren stilisierte Fassaden als Werbegrafiken verwendet.

Auch im Innern der Einkaufspassage wird auf Distinktion gesetzt:

> „Die großzügige, klassizistisch gegliederte Passagenfassade steht mit ihrer hellen Kalksteinfassade im Kontrast zum bunt geäderten und geometrisch gegliederten Bodenbelag. Besonderer Wert wurde auf die Attraktivität des Passagenraums gelegt. Durch die Dimension der von Tageslicht durchfluteten Mall wurde ein neuer attraktiver Stadtraum geschaffen, der auf allen Ebenen zum Flanieren einlädt." (Münster Arkaden Konzept 2009)

Das Konzept sieht auch die 'Rekonstruktion' einer klassischen Passage des 19. Jahrhunderts vor. Danach schaffen die „Arkaden" eine „öffentliche Verbindung zwischen der belebten Rothenburg und der Fußgängerzone in der Ludgeristraße" und binden in ihrem Zentrum den „rückwärtige[n] Eingang des Picasso-Museums über einen glasüberdachten Hof in das Wegenetz" ein (Kleihues Münster Arkaden 2002). Richtig daran ist, dass der Komplex als transitorischer Raum zwischen den genannten Straßen konzipiert ist, und dass durch den Hintereingang des Druffelschen Hofs nicht nur das Picasso-Museum eingebunden ist, sondern ebenso die Königs-

15 Zum Wiederaufbau des Prinzipalmarkts vgl. den zweiten Teil dieses Buches.

straße. Das macht aber aus dem Raum keinen öffentlichen. Aber, die Suggestion der Öffentlichkeit ist hier kompletter, als bei herkömmlichen *Malls*, gerade weil explizit die Form der Passage gewählt wurde. Deren hohe und breite Portale, die Türen werden im Sommer im Boden versenkt, sollen die Straßen und ihre Fassaden einbeziehen. Die Rekonstruktion einer klassischen Passage in Münster ist jedoch real pure Konstruktion, da es einen solchen Raum hier zuvor nicht gegeben hat. Was es gab war die aus den 1960er und 70er Jahren stammende Schwundform einer Passage mit Geschäften zwischen Ludgeristraße und Rothenburg im vorhergehenden Sparkassengebäude. Anders als die jetzige *Mall* war sie auch die ganze Nacht über passierbar. Aber diese Sparkassenpassage war eng und niedrig, weshalb die hohe und weite *Mall* vergleichsweise öffentlicher wirkt, zumal hier, ähnlich klassischen Passagen, mehrere Glasdächer, die großen Eingänge und ein fassadenhohes Oberlicht über dem Eingang Ludgeristraße für Tageslicht sorgen.

Grundsätzlich gehört die Passage als Stilzitat zu derartigen Einkaufszentren:

> „Die Einkaufsmall hat Passagencharakter, wobei die Passage hier als Stilmittel, nicht als Typus zitiert wird: Sie ist gläsern überdeckt und wird von gläsern überkuppelten Rotunden und internen Platzräumen überall dort unterbrochen, wo Richtungsänderungen vorfallen oder seitliche Erschließungen angebunden werden“,

so Hoffmann-Axthelm (1995: 64). Frank Helten (2007: 245) charakterisiert *Malls* „als hybride Kreuzung aus Kaufhaus, Passage, Flaniermeile und Laden“. Der Grad des Passagencharakters, der sich innenarchitektonisch dokumentieren soll, ist dabei offenbar abhängig vom Grad der Exklusivität, die ausgedrückt werden soll.

Die Verwendung von Tageslicht ist allerdings nach Gesichtspunkten der „Center-Science[s]“ nicht ungewöhnlich, wenn es um Distinktion geht. „In zahlreichen Centern soll natürliches Licht den Eindruck einer qualitativ hochwertigen Umgebung vermitteln“ und zudem auf die BesucherInnen beruhigend wirken. Künstliches Licht steht dagegen im Verdacht, „klaustrophobische Gefühle hervorrufen“ zu können (Sievers 2007: 227). Die sonst übliche *Muzak*[16] gibt es in den „Münster Arkaden“ nicht. Stattdessen werden JazzmusikerInnen engagiert, die praktisch täglich spielen. Die Livemusik findet direkt unter der Rotunde in der Mitte der *Mall* statt. Damit wendet sie sich hauptsächlich an die BesucherInnen der sich hier befindenden „Brasserie“, ist aber gleichzeitig auch im ganzen Haus zu hören.

Auch die Musikwahl ist verkaufspsychologisch fundiert. „Eine Mischung aus leichter, entspannender Hintergrundmusik und den Lauten gemäßigter Geschäftigkeit verwirrt die Sinne.“ Zudem lässt sich mit der Wahl der Musik die Gehgeschwindigkeit manipulieren. Bei „langsameren Klängen bewegen sich auch die Besucher entspre-

---

16 „Muzak“ ist die Bezeichnung für eine funktionelle Musik in Kaufhäusern etc. Als Konzept erfunden wurde diese Art der Berieselung 1922 von der US-Firma *Muzak inc.*(vgl. Helten 2007:246, Fn. 6)

chend entspannter und nehmen auf diese Weise mehr Produkte und Reize über einen längeren Zeitraum war". Die Musik soll zugleich möglichst einen „Flow" erzeugen, ein Aufgehen „im Einkaufserlebnis" (Sievers 2007: 233). In den „Münster Arkaden" sorgen live gespielte Jazz-Standards nicht nur für eine der Waren-Wahrnehmung angemessene Gehgeschwindigkeit, sie vermitteln den BesucherInnen als „Flow" gleichzeitig das Gefühl, über dem Standard des Massengeschmacks zu stehen und dies in einem Raum mit anderen zu teilen – und damit einen Distinktionsgewinn gegenüber den anderen Geschäften der Innenstadt: den Kaufhäusern mit ihrer *Muzak*, den kleineren Läden, in denen „die beste Musik" des lokalen Kommerzradios dudelt, den überlauten Disco-Rhythmen in den billigen Ketten-Läden für 'junge Mode' etc.

Nichts in der Raumproduktion – der Synthese aus Ort, Personen und Gütern – von *Malls* bleibt dem Zufall überlassen. Schon die Umfrage zum von den potentiellen KundInnen präferierten Namen des Münsteraner Komplexes lange vor seiner Fertigstellung, konzipiert von einer Beratungsagentur und einem Professor für Marketing, dient der Unternehmensplanung. „Konsumenten werden [...] nicht mehr nur nach ihren Einkommensverhältnissen beurteilt, vielmehr geht es auch um die Ansprache bestimmter Lebensstilgruppen. Dies setzt ein Wissen darum voraus, wie und warum Menschen Geld ausgeben, wie sie ihre Freizeit verbringen und welche Wertvorstellungen sie haben". In speziellen *Survey*-Programmen werden verschiedene Persönlichkeitstypen festgelegt, denen jeweilige Konsummuster zugeschrieben werden, anhand derer sich dann die jeweiligen Geschäftsstrategien der Center ausrichten (Sievers 2007: 228f.). Wenn die *WN* vom 6. Dezember schreiben, die Namens-Umfrage sei mit anderen Erkundigungen zum Einkaufsverhalten „getarnt" gewesen, ist das so Unsinn. Das Wissen ums Einkaufsverhalten ist die Basis des Betriebs. Reaktionen auf mögliche Namen für die Mall sind für die Betreiber aber fast ebenso wichtige Fingerzeige, die auf Wertvorstellungen abzielen. In Münster stellte man Amerikanismen, 'Provinzielles' und 'Marktschreierisches' als unerwünscht ebenso fest wie dar. Die Festlegung auf 'Schlichtes' und gleichzeitig 'Hochwertiges' erscheint so nicht nur als Wunsch der Befragten, sondern wird ihnen gleichermaßen werbewirksam weil schmeichelnd unterstellt.

Von dem aus Österreich in die USA emigrierten Architekten Victor Gruen, der dort nach 1945 die *Shopping Malls* entwickelte, stammt die Unterscheidung in 'kaufen' und 'shoppen'. Es geht also nicht um vorgeplante und daher gezielte Einkäufe, sondern ums konsumistische Flanieren (vgl. Sievers 2007: 228). Bereits mit dem Überschreiten der Schwelle zur *Mall* sollen die KonsumentInnen mittels der gezielt eingesetzten Umgebungsstimuli „in eine Art Trance fallen. Das ist der sogenannte Gruen-Effekt" (Farocki 2001: 297). Vom Geographen Paco Underhill, dem Erfinder der „Wissenschaft vom Einkaufen", stammt die Methode, per Kameraaufzeichnungen die Beeinflussung des Kaufverhaltens durch „die spezifische räumliche Zuordnung der Waren" zu ermitteln und umsatzsteigernd zu optimieren. „Dabei liefert der

Kunde 'freiwillig' und unwissentlich die hierzu erforderlichen Daten, und begibt sich – sozusagen selbstverschuldet – in ein immer dichter geknüpftes Netz von Reizen, Verlockungen und Abhängigkeiten." (Helten 2007: 247) Videoaufzeichnungen sollen die BesucherInnenströme im Zeitraffer sichtbar machen, und so die Stellen, die ausgelassen oder zu schnell passiert werden, oder die Stellen, an denen sich die PassantInnen „stauen, ohne ein Geschäft in Sichtweite zu haben". Die *Mall*-Straßen sind „fast immer mit Hindernissen gespickt: Palmkübel, Sitzgelegenheiten (so platziert, daß man ein paar Geschäfte im Blick hat). Auch Teppiche oder die Farbgebung des Bodens sollen den Passantenstrom stauen und umlenken" (Farocki 2001: 299). Die Vorstrukturierungen der Bewegungsabläufe wie der Wahrnehmungen führten gezielt zu Irritationen, aus denen nur der Akt des Kaufens wieder heraushelfe. Die Interieurs der Läden müssen nach den Erkenntnissen des Unternehmensberaters Joseph Weishar so aufgebaut sein, dass sie die Blicke der Eintretenden in die Ladentiefe ziehen. „Die Füße können dem nicht gleich folgen, sie werden woanders hingelenkt. Jetzt hat der Kunde sein Ziel vergessen. Er fühlt sich verloren, und es soll ein Kaufakt sein, der ihm die Selbst-Sicherheit wiedergibt." (ebd.: 305)

„Die Stilmittel der Inszenierung" einer „innere[n] Straße", beschreibt Hoffmann-Axthelm (1995. 64) die *Shopping Mall*,

> „folgen einer einfachen Annahme, die offenbar funktioniert, hinsichtlich des Bildes von Stadt. Was als Stadtbild geliefert wird, ist ungefähr das, was um 1900 handelsüblich war: Symmetrie- und Achsenbildungen, zentrierende, gelenkbildende Plätze mit Begegnungs- und Rekreationsfunktion, Straßendimensionen."

Diese gelenkbildenden Plätze, „Erweiterungen und Ausbuchtungen" werden im *Mall*-Sprech „Courts" genannt. Hier befinden sich „große Essenbereiche" und/oder Stände, um einerseits „den Tunneleffekt" abzumildern und „die lange Strecke von einem zum anderen Ausgang [...] weit weniger monoton" wirken zu lassen (Sievers 2007: 233), anderseits um – wie beschrieben – die Ströme der PassantInnen zu stauen und umzulenken.

Den „Court" der „Münster Arkaden" bildet der bereits erwähnte Platz unter der Glaskuppel-Rotunde. Um den zentralen mediterranen Baum herum erstreckt sich der Gastronomiebereich von „Holstein's Brasserie", einem Unternehmen des Feinschmeckerladens „Butterhandlung Holstein" in der Bogenstraße (einer Verlängerung des Prinzipalmarktes). Die „Brasserie", zu der auch „ein kleiner Delikatessen-Shop" gehört, wendet sich an „Münsters Gourmets" und verkündet „[n]icht ganz ohne Stolz", dass man „vom Wein Gourmet unter den besten Weinbars Europas gelistet ist" (Holstein Brasserie 2009). Dieses distinktive Anliegen soll nicht nur im affektierten Apostroph in „Holstein's" zum Ausdruck kommen, sondern ebenso in der Möblierung. „Insgesamt soll das kulinarische Niveau durch die Gestaltung des Gastbereiches in der Passage unterstrichen und 'abgerundet' werden", schreiben die ArchitektInnen der „Brasserie", Eva Bleckmann und Andreas Krys (zit. n. Meyer/

Skarabis 2007: 35). Dazu verwenden sie dunkle Holzelemente, die als Tischgruppen, lang gezogene Sitzgruppen und Theken- und Kassenbereich um den Baum herum gebaut sind und mit ihren Rundungen die Form der Rotunde aufnehmen.

Dass bei den „Münster Arkaden“ der Passagencharakter hervorgehoben werden soll, zeigt sich vor allem hier im Mittelpunkt der Anlage, wo sich die „Passagenarme verschränken“ sollen (Kleihues Münster Arkaden 2002). Nach Kerstin Dörhöfer (2007: 68f.) zeichnen sich Passagen gegenüber *Malls* durch ihre Differenziertheit aus. Die Passagen-Inszenierung in Münster verwendet einige der von Dörhöfer genannten „multifunktional[en]“ Grundmuster. Zunächst zur Gastronomie. Anders, als für *Malls* (die durch Rastlosigkeit, einen steten Geräuschpegel, Eile, Gedränge und Ereignis gekennzeichnet seien) charakteristisch, dafür aber laut Dörhöfer Passagen-typisch, werden die „Brasserie“ und die Außenmöblierung des Cafés „Pablo“ vor der Rückfront des „Picasso-Museums“ offensichtlich zur Muße und Kontemplation und nicht zuletzt zur Selbstpräsentation genutzt. Und ebenso dürfte von hier aus eher das distanzierte Betrachten der Einkaufsmöglichkeiten dominieren; zumal es den Anschein hat, dass BesucherInnen auch ausschließlich die Gastronomie aufsuchen.

Dabei fallen zwei weitere Dinge auf. Zum einen ist das Sitzen in der Münsteraner Einrichtung fast nur gegen Bezahlung möglich: in der Gastronomie oder in speziellen, münzbetriebenen „Massage-Sesseln“ im Obergeschoss. Die normalerweise in den *Mall*-Konzeptionen so wesentlichen Sitzreihen, die beim Ausruhen verkaufsfördernd die Blicke auf die Auslagen der Läden lenken sollen, sind hier praktisch nicht vorgesehen. Nur zwei Bänke in dunkler Granitoptik mit je vier Sitzplätzen gibt es – je eine im Obergeschoss und im Parterre. Letztere dient jedoch während der Jazz-Darbietungen den MusikerInnen. Hier spiegelt sich anscheinend das Verhältnis von öffentlichen Sitzbänken und der Möblierung für kostenpflichtige Aufenthalte in der gesamten Altstadt seit der spürbaren Ausweitung der Außengastronomie in den letzten Jahren. Überhaupt werden konzeptionelle Ähnlichkeiten zwischen der zentral gemanagten exklusiven *Mall* und Ansätzen des zentralen Managements einer exklusiven Altstadt sichtbar. Davon wird das folgende Kapitel handeln.

Eine weitere Besonderheit der „Münster Arkaden“ betrifft die Frage nach der Vereinzelung bzw. Geselligkeit der BesucherInnen. Dörhöfer zufolge kommen in *Malls* allgemein, konträr zur Zielgruppenwerbung, „mehr als die Hälfte“ der BesucherInnen allein. Rund 60 Prozent der BesucherInnen seien Frauen, von denen wiederum rund 60 Prozent allein kämen. „Auch in den Gaststätten und an den Imbiss-Ständen – außer am Bierstand – halten sich mehr Frauen als Männer auf“, nämlich zwischen 80 Prozent in den Eiscafés und 60 bis 75 Prozent in den Restaurants oder an den Imbissständen. Auch unter den allein Essenden seien Frauen zu 60 Prozent in der Mehrzahl. Das sei „[e]rstaunlich“, denn es entspreche nicht dem allgemeinen Geschlechterverhältnis in städtischen Restaurants, „in denen allein sitzende und speisende Frauen selten anzutreffen sind“. Bei der weiblichen Mehrzahl in der *Mall*-Gastronomie, von denen wiederum eine Mehrzahl allein sei, handele es sich „keineswegs um eilige, berufstätige Frauen, sondern deutlich sichtbar um Rentnerinnen" (ebd.: 66f.). „Holstein's Brasserie" oder das „Pablo" in der Münsteraner Passage hingegen werden augenscheinlich überwiegend von Paaren oder Gruppen unterschiedlichen Alters besucht.

Dörhöfer hat Passagen und *Shopping Malls* vor allem als Geschlechter-Räume analysiert. Die klassischen Passagen erscheinen als männliche Räume, Räume von Sammlern, Flaneuren, Dandies, Boulevardiers und Bohemiens – soziale Rollen, für die es „keine 'weiblichen Entsprechungen'" gab. Frauen waren als Kurtisanen 'amüsante' Begleiterinnen und Schauobjekte. Auch bürgerliche Frauen hatten nur in männlicher Begleitung Zutritt (vgl. ebd.: 59). *Malls* dagegen erscheinen als weibliche Räume. Sie richten sich mit ihren Konzepten des „Erlebniskaufs" an „moderne Frauen als Konsumentinnen", besonders an Singles, bieten aber ebenso Raum für die noch immer weiblich besetzte Reproduktionsarbeit, weil sie eine Konzentration des Angebots an preiswerten Waren und Möglichkeiten zur Kinderbeaufsichtigung bieten. Die „drei großen 'S'" – „Sicherheit, Sauberkeit, Service" – werden offenbar besonders von Frauen „entsprechen[d] ihrer Sozialisation als Hausfrauen und Mütter" und hier vor allem von älteren Frauen goutiert (ebd.: 67f.).

Die „Münster Arkaden" werden, soweit nach stichprobenartigen Beobachtungen einschätzbar, durchaus nicht überwiegend von Frauen besucht. In ihrer Eigenwerbung wenden sie sich aber eindeutig weitgehend an Frauen. Die Startseite im Internet präsentiert als Banner einen weiblichen Unterkörper im teuren Kleid, zwei rote Einkaufstaschen in Händen, daneben den Kopf der Frau mit dem Satz „Ich will shoppen". Auch die weiteren Rubriken sind mit Porträts von angeregt shoppenden oder genussvoll schlemmenden (unter den Stichworten „Shoppen" und „Schlemmen" und weiteren Untergruppen) oder aufgeregt lesenden Frauen („News") versehen (Münster Arkaden 2009). Selbst beim Stichwort „Anfahrt" erscheint eine Frau, unter dem Stichwort „Dienstleistungen", das sich auf die Filiale der Sparkasse bezieht, wird ein Mädchen gezeigt. Zwei Ausnahmen gibt es: Bei der Präsentation von Architektur und Konzept des Hauses erscheint neben dem Satz „Ich will viel erleben" ein heterosexuelles Paar (Münster Arkaden Konzept 2009). Unter dem Stichwort „Kultur", wobei es vor allem um das Picasso-Museum geht, schließlich zeigt das Banner dann einen Männerkopf in 'Denkerpose' zu dem Satz: „Ich will Impressionen" (Münster Arkaden Kultur 2009).

Zum Distinktionsprogramm der „Arkaden" gehört es, nicht das von Dörhöfer (2007: 69) geschilderte monofunktionale *Entertainment* zu bieten, sondern sich als eher multifunktionale Einrichtung mit populärwissenschaftlichen Ausstellungen in Zusammenarbeit mit Hochschulen oder auch Kongressen, vor allem aber mit 'hochkultureller' Kunst zu geben. Dafür steht das Picasso-Museum im frühklassizistischen Hof, aber auch die 'Adoption' einer Skulptur der „skulptur projekte münster 07" von Martha Rosler. Rosler hatte als kritischen Kommentar zur neoklassizistischen Architektur einen steinernen NS-Reichsadler vor dem „Arkaden"-Eingang platziert. Diese Kritik absorbierend wirbt das *Mall*-Unternehmen im Internet mit dem Adler für sich (vgl. Münster Arkaden Konzept 2009).

Kerstin Dörhöfers Gegenüberstellung scheint bezüglich der Passagen leicht romantisierend zu sein. Walter Benjamin hat sie als Häuser „des träumenden Kollektivs" (1991: 1012), als „Häuser oder Gänge [...] welche keine Außenseite haben [...] wie der Traum" (ebd.: 513) charakterisiert. Sie seien somit Materialisierungen des Kapitalismus als „neue[m] Traumschlaf über Europa", in dem sich „eine Reaktivierung der mythischen Kräfte" vollziehe (ebd.: 494). Zugleich müssen auch Passagen als Räume steter sozialer Kontrolle betrachtet werden. So gibt es architekturhistorisch strukturelle Zusammenhänge zwischen den klassischen Passagen und (panoptischen) Gefängnissen (vgl. Helten 2007: 245).

„Geschichte selbst", referiert Susan Buck-Morss (2000: 109) einen wesentlichen Punkt in Benjamins Überlegungen zu den Phantasmagorien der Ware, werde „zu einer Manifestation der Warenform [...] sobald das Neusein zum Fetisch avanciert". In dieser Weise kann man den Versuch betrachten, mit den „Münster Arkaden" einen Passagenraum als Übergangszone zwischen Innen und Außen im 21. Jahrhundert zu errichten. Besonders deutlich wird das am rückwärtigen Eingang des Picasso-Museums. Man sitzt vor einer Außenmauer in einem glasüberdachten Hof und gleichzeitig in einem Innenraum.

Josef Paul Kleihues' „kritische Rekonstruktion" der klassischen Passage überführt diese in einen postfordistischen Raum der zentral gemanagten Bühne. Dieses Management bestimmt vor allem auch, wer und was im Sinne der Hausordnung zugelassen ist oder nicht. „Soziale Kontrolle wird in einem komplizierten Mix unterschiedlicher Ansätze und Instrumente aufgebaut." (Helten 2007: 247) Dazu zählen neben personeller und technischer Überwachung angewandte „Prinzipien des postmodernen *Liberation Marketing*" sowie „eines nur schwer entzifferbaren *Impression Managements* durch professionelles Umweltdesign" (ebd.). Dabei wird offenbar gerade eine möglichst exklusive Gestaltung wie in Münster als Kontrollmechanismus eingesetzt. Sievers (2007: 226) verweist darauf, dass die „Gestaltung eines Centers" als latenter Ausgrenzungsmechanismus wirkt, „sofern sie eine bestimmte 'soziale Höhenlage' suggeriert und somit eventuell für Angehörige anderer sozialer Schichten abschreckend wirkt". Vergleichbar argumentieren Aldo Legnaro und Almut Birenheide. Sie machen „die 'weiche' Kontrolle" als wesentlichen Mechanismus aus. Analog zu Kirchen, die normalerweise ohne Polizeischutz auskämen, da sie eine „eigene Auratisierung vor vielerlei Devianzen schützt", produzierten *Malls* „eine solche Auratisierung künstlich" mit den Mitteln der „Überwältigung durch räumliche Proportionen und architektonische Geste, Überwältigung durch dekorative Details und Kostbarkeit der Materialien, Überwältigung durch sakralisierte Gegenstände.

All dies findet sich in Malls in einer dem Heute angepassten Version" (2007: 265f.). Das steht in direkter Beziehung zu Benjamins Äußerungen über Passagen „als Tempel des Warenkapitals" oder „als Kirchenschiff[e] mit Seitenkapellen" (1991: 86). *Malls*, so Legnaro/Birenheide, seien „als 'totalisierende Institutionen' auf[zu]fassen". Sie seien zonierte Räume der Bewegung, Wahrnehmung und „Sichtbarkeit, sowohl in Hinsicht auf das unbedingt sichtbare (die Waren) wie auch in Hinsicht auf das möglichst Nicht-Sichtbare (der Prozess der inszenierenden Herstellung ebenso wie das 'falsche' Publikum)" (2007: 266).

Die Einhaltung der Hausordnung wird zugleich überwacht durch ein stets präsentes und als solches erkennbares Sicherheitspersonal, ebenso durch Videokameras. Die Kameras in den „Arkaden" sind nicht die einzigen. Eine weitere befindet sich auf der Königsstraße vor dem Eingang des Picasso-Museums, den sie offiziell überwachen soll. Dabei ist auch ein guter Teil der Straße selbst im Blick. Dass innerstädtische *Malls* lediglich als nach außen abweisende und beziehungslose Fremdkörper entstehen, lässt sich in Münster widerlegen. Das hat auch mit tendenziellen Angleichungen der Strukturen zu tun. Die auch semiotische Konzeption der Stadt als Unternehmen hat weitere Konsequenzen:

> „Es kommt in dieser Reformulierung von Macht- und Herrschaftsansprüchen über den Raum und die Implementierung neuer sozialer Technologien durchaus zu einem Aus-Tausch des Vokabulars: So wie der Begriff der 'Attraktoren' aus der Shoppingmall- und Erlebniskonsumbranche kommt, und sich zunehmend im Diskurs des Wettbwerbsurbanen etabliert, bezeichnen sich umgekehrt städtische Shoppingmalls als 'Marktplatz' oder 'Neues Zentrum'." (Bareis 2007b: 160)

Der Austausch findet dann auch real statt. In *Shopping Malls*, „als neue[m] Typus städtischer Marktorte", schreibt Jan Wehrheim (2007: 278), begegneten sich jeden Tag Tausende von Fremden, so wie auch beim alten Typus Marktort; allerdings mit einem signifikanten Unterschied:

> „Gelten innerstädtische Geschäftsstraßen als Orte der Verunsicherung und teilweise sogar als Orte der Unsicherheit, so wird ein betriebswirtschaftlicher Vorteil von Shopping Malls in der Produktion eines 'perfect environments' gesehen, das Sicherheit mit sich bringen und über den 'feel-good-factor' Profitmaximierung ermöglichen soll." (ebd.)

Der betriebswirtschaftliche Vorteil sollte sich, so die Überlegungen entscheidender kommunaler Akteure, auch auf die Innenstädte übertragen lassen. Die Entgrenzung des Prinzips 'Hausordnung' bedeutet mithin auch seine Ausdehnung in den tatsächlich öffentlichen Raum. Für Münster relevant ist hier eine vergleichsweise wenig repressiv wirkende Strategie: die seit Jahren ausgreifende Privatisierung des öffentlichen Raums per Außen-Gastronomie besonders in der Altstadt.

3.7 „Ausgrenzung mit Stil"

„Geschichtsträchtiges Ambiente, etliche Fahrräder und mediterranes Flair kennzeichnen Münster" (*NRW-Tournews* vom 3. Juli 2009),

behauptet der „touristische Informationsdienst für Nordrheinwestfalen". Für wen dieses Ambiente gedacht ist, ergibt sich aus dem Zweck des Informationsdienstes. Im nordwestdeutschen Münster, dessen Witterung auch jenseits des Klischees wenig mit den klimatischen Bedingungen am Mittelmeer verbindet, nun „mediterranes Flair" zu entdecken, dürfte allerdings selbst für den dominanten touristischen Blick etwas neues sein. Auch architektonisch ist der Vergleich wenig stichhaltig, abgesehen von einer vagen Ähnlichkeit der Prinzipalmarkt-Arkaden mit derartigen südwesteuropäischen Architekturen. Offensichtlich wird hier das gemeinte Flair vielmehr mit einer bestimmten Form des erwünschten Konsums assoziiert.

In der Prozessdokumentation des „Integrierten Stadtentwicklungs- und Marketingkonzepts" der Stadt Münster stellt die Arbeitsgruppe „Forum City" 2004 ein „Stärken-Schwächen-Profil 'City'" auf. Zwar wird die „[h]ohe Lebensqualität" in der Innenstadt betont, zugleich aber eine mangelhafte Aufenthaltsqualität besonders außerhalb der Ladenöffnungszeiten moniert (ISM 2004: 59). Mitglieder des „Forums City" sind VertreterInnen der Stadtverwaltung, von „Münster-Marketing", der Parteien im Stadtrat, der Industrie- und Handelskammer, der *Münsterschen Zeitung* und vor allem von ansässigen Unternehmen. Dazu zählen auch Tobias Viehoff, Sprecher der „Wirtschaftsinitiative Münster" (WIN), der aber nur als Besitzer der Viehoff KG vorgestellt wird, und Matthias Lückertz aus dem Vorstand des „Vereins der Kaufmannschaft", der ebenfalls nur als Besitzer des Reisebüros Lückertz firmiert (vgl. ebd.: 117f.). „Es gibt zu wenig Plätze in der City, an denen Bürger/-innen sich aufhalten können [...] bzw. sie werden nicht in Wert gesetzt." (ebd.: 59) Die Inwertsetzung ist hier – wenig verwunderlich bei der Besetzung des Gremiums – weitgehend wörtlich gemeint, denn direkt als nächster Schwachpunkt folgt, es gebe „[z]u wenig Gastronomie mit Außenplätzen." (ebd.). Noch im selben Jahr meldet das Ordnungsamt einen Erfolg. 13 solcher Standorte gebe es neu in der Innenstadt, insgesamt seien es hier nun 56 (von 199 in ganz Münster), heißt es in einer Pressemitteilung der Stadt Münster (*PresseInfo* vom 12. August 2004).

Einige Beispiele für diese Art der Privatisierung des öffentlichen Raums – gemeint sind dabei nicht rückwärtige Biergärten oder ähnliches, sondern Möblierungen bisher öffentlicher Wege und Plätze – seien hier genannt: Die größte Anzahl an Außenplätzen (rund 300, davon aber einige im rückwärtigen Teil) bietet das „Marktcafé" am Domplatz an. Das allerdings schon seit den 1990er Jahren. Das Café entstand durch die Umwandlung des größten Teils der Hauptpost. Direkt nebenan im selben Gebäude befindet sich zudem seit wenigen Jahren „Floyds Coffee-Lounge" mit rund 180 Plätzen draußen. Das Café „Liebigs" möbliert für 100 Sitzplätze einen größeren

Teil des Drubbels (eine Verlängerung des Prinzipalmarkts) als „Terrasse zum Sehen und Gesehenwerden" während der „Shoppingpause" (Farwick/Riese 2007: 207) mit Blick auf die Lambertikirche. Auf der anderen Seite der Kirche stellt „Il Panino" am Brunnen des Lambertikirchplatzes rund 120 Plätze in der Außengastronomie zur Verfügung. Knapp 100 Außenplätze bietet „Starbucks Coffee House" auf der Salzstraße vor Karstadt mit Blick auf die barocke Dominikanerkirche. An derselben Stelle und zusätzlich um die Ecke herum auf dem Syndikatsplatz finden sich rund 150 Außenplätze des Cafés „Lavazza". Über 80 Außenplätze verfügt das Restaurant „Vapiano" im neu gebauten „Kettler'schen Hof" an der Königsstraße im Umkreis der „Münster-Arkaden" und des „Picasso-Museums" nebst neu geschaffenem „Picasso-Platz". Ein Höhepunkt dieser Entwicklung ist sicher die Teilprivatisierung des Stadthauses 1, also des Hauptgebäudes der Stadtverwaltung an der Klemensstraße. Hier befindet sich nun das Restaurant und Café „Pinkus im Stadthaus 1" mit knapp 150 Plätzen in der Außengastronomie. Zuvor war an dieser Stelle eine lange Reihe öffentlicher Bänke, die auch dem Warten auf den Bus dienten. Inzwischen sind, nach vorn verlegt, neue Bänke entstanden, allerdings in reduzierter Anzahl. Direkt daneben, in den ehemaligen Räumen der Touristen-Information vor dem Durchgang zum Rathausinnenhof bietet nun „Das Stadtcafé" ebenfalls ausgedehnte Außenplätze an. Beiden, meist gut besuchten Exterieurs gemein ist der Blick auf die 1980er Klinkerfassade des Kaufhauses „Galeria Kaufhof".

Nicht nur mit Blick auf diese teilweise Neuausrichtung beim Stadthaus lässt sich eine gemeinsame Strategie von Verwaltung und Privatwirtschaft feststellen, die dann auch von der Stadt bestätigt wird:

> „Die Gemeinsamkeit von Gastronomen und Verwaltung funktioniert auch bei der Pflege des architektonisch attraktiven Ambientes in der Altstadt. Gemeinsam mit der Kaufmannschaft, dem Hotel- und Gaststättenverband, Denkmalschützern und Marketing-Fachleuten sind Grundsätze für die Gestaltung der Außengastronomie entwickelt worden", (*PresseInfo* vom 12. August 2004)

Seit Mai 2009 liegt unter dem Titel „Tisch und Stuhl auf Münsters Pflaster" eine überarbeitete Neuauflage des Leitfadens zur Stadtgestaltung vor. Auf immerhin 21 Seiten werden detaillierte Beispiele für zulässige Typen von Stühlen (vgl. Stadt Münster 2009: 12-15), Tischen (16f.), Tischen und Bänken nur zur Sondernutzung (18), Schirmen und Pflanzenkübeln als Begrenzungselemente (18f.) aufgelistet. Die jeweilige Zulässigkeit richtet sich dabei nach den Zonen „B 1: Historischer Bereich – Fußgängerzone/Einkaufstraße" und „B 2: Kuhviertel – sonstiger Bereich" (ebd.: 5). Zusätzlich ist auf sechs Seiten geregelt, welche Materialien für die Möblierung sowie für Tischdecken, Stuhlkissen, Schirme, Bespannungen, Beleuchtung usw. zulässig bzw. ausgeschlossen sind. Verpönt sind grelle Farben, spiegelnde Materialien, Lichterketten und Werbung, verlangt werden vielmehr gedeckte Farben, 'klassische' Formen und unauffällige Materialien (vgl. 6-11). Zu den Anforderungskriterien zählt, dass die Möbel „zum Gastronomiekonzept passen“ und „optische Anreize schaffen“ sollen, sie sollen „den Gästen einen angenehmen Aufenthalt garantieren“ und „bequem sein“, ebenso „haltbar, witterungsbeständig“ und „pflegeleicht“. Aus stadtgestalterischer Sicht sollen sie „sich harmonisch in die Umgebung einfügen“, einheitlich sein und „ortstypische Merkmale unterstreichen“ sowie „gepflegt erscheinen“ und „zum Verweilen einladen“ (ebd.: 11). Beispielgebend erscheint auf dem Titelbild der Broschüre – fotografiert durch einen Arkadenbogen zwecks malerischerer Wirkung – die Außenmöblierung der Gaststätte „Stuhlmacher“ am Prinzipalmarkt. Als Ziel des Leitfadens ist formuliert:

> „Das Stadtbild in Münsters historischer Altstadt zeichnet sich durch seine hohe Attraktivität aus, die sich nicht zuletzt in den Besucherzahlen widerspiegelt. Auch die Bewohner der Stadt verbringen mehr auf den öffentlichen Straßen und Plätzen, indem sie an den Veranstaltungen teilnehmen oder die Angebote der Gastronomie nutzen. Münsters Außengastronomie leistet seit langem einen gewichtigen Beitrag zur Belebung der Altstadt.“ (ebd.: 3)

Die MünsteranerInnen wie BesucherInnen nutzen die Innenstadt also, um Veranstaltungen oder Gaststätten und Cafés zu besuchen. Andere Verweilgründe sind hier argumentativ nicht vorgesehen. „Auch das Design“, schreibt Sharon Zukin, „prägt das Verständnis dafür, wer sich wo unter welchen Bedingungen im öffentlichen Raum aufhalten darf“ (1998: 34).

> „Die Möblierung hinterlässt dabei einen prägenden Einfluss auf das Stadtbild. Gleichzeitig bietet die historische Altstadt ein attraktives architektonisches Ambiente als Voraussetzung für den Erfolg der Außengastronomie. Um diese wirkungsvolle ‘Symbiose’ zu behalten und weiter zu entwickeln, soll den Gästen eine funktionale, ansprechende, aufeinander und auf das Stadtbild abgestimmte Möblierung angeboten werden.“ (Stadt Münster 2009: 3)

Fraglos stehen hier auch denkmalpflegerische Aspekte und die Regulierung des Firmenhandelns im Fokus. So heißt es, im Umfeld „bedeutender Baudenkmale“ müssten „besondere Sorgfalt walten“ und „erhöhte Anforderungen an die gestalterische Qualität gestellt werden. Unpassende Möblierung kann das Erscheinungsbild historischer Gebäude“, die ja als „touristische Anziehungspunkte“ gelten, „beeinträchtigen“, was dann, und darauf läuft es hinaus, „die Attraktivität des Standortes so einschränken“ könne, „dass darunter auch die Gastronomie leidet“ (ebd.: 3). Fraglos wird ebenso die ‘Aufenthaltsqualität’ für MünsteranerInnen und Gäste in den Vordergrund gerückt. So auch in der Festschrift zum zehnjährigen Bestehen des „Beirats zur Stadtgestaltung“. Mit Blick auf die Königsstraße, die „Arkaden“ und den „Kettler’schen Hof“ ist da eben von „deutlich veränderte[n] Aufenthaltsqualitäten“ die Rede. Die beigefügten Fotos dokumentieren, dass hierbei ausschließlich an ein bezahltes Verweilen gedacht wird (Stadt Münster 2007: 71).

Ein solch detaillierter „Möbel-Knigge“, wie ihn die *MZ* (29. Juni 2009) bemüht launisch nennt, hat eigentlich recht wenig mit der allfällig geforderten Deregulierung gemein. Nichtsdestotrotz äußern sich die BetreiberInnen der Innenstadtgastronomie sehr positiv dazu. „Andere Städte beneiden uns darum", zitiert die *MZ* deren Sprecher (ebd.) und folgert: „Was so klingt wie eine weitere behördliche Vorschrift, ist auch in den Augen der beteiligten Gastronomen mehr Hilfsmittel denn Gängelei".[17]

Erarbeitet wurde der Kriterienkatalog zur Innenstadt-Möblierung als „freiwillige Vereinbarung zwischen Partnern" (Stadt Münster 2009: 3) von der „Arbeitsgemeinschaft Außengastronomie", gebildet aus VertreterInnen der Innenstadtgastronomie, des Amtes für Stadtentwicklung und Stadt- und Verkehrsplanung, des Ordnungsamtes, von „Münster Marketing" und der „Wirtschaftsförderung Münster" (vgl. ebd.: 21). Der stellvertretende Leiter von „Münster Marketing" Fritz Schmücker nennt als Ziel „eine wertige Gestaltung der Innenstadt, von der alle profitieren" (*MZ* vom 29. Juni 2009). Wer mit „alle" gemeint ist, lässt sich der Selbstdarstellung des Marketing-Büros entnehmen:

> „Gemeinsam mit unseren zahlreichen Partnern aus Wirtschaft, Wissenschaft und Kultur arbeiten wir daran die Einzigartigkeit unserer Stadt zu erhalten und ihre Attraktivität zu erhöhen: mit einem effektiven, modernen und den städtischen Traditionen verpflichteten Stadtmarketing, im ständigen Dialog mit unseren Kunden. Also mit allen, die in Münster leben und die Münster lieben." (Münster Marketing 2009b)

Es profitieren Stadt und Gastronomie sowie kaufkräftige Gäste, denn es geht um „Kunden". Und schon die Möbel sollen mit einem gehobenen Stil, also mit Kaufkraft assoziiert werden, Plastikgartenstühle wie vor Imbissen oder dergleichen sind ausgeschlossen. Ebenso profitieren damit die Anbieter gehobener Möblierung für die Außengastronomie, denn: „Die Abbildungen der Außengastronomiemöbel" im Leitfaden „wurden zur Verfügung gestellt durch: – Goin – May – Mdsign – Velopa" (Stadt Münster 2009: 21).

---

17 Allerdings scheint diese Harmonie nicht völlig ungetrübt zu bleiben, wenn vom Ordnungsamt ausnahmsweise Konzessionen zurückgenommen oder versagt werden bzw. wenn die Ruhe der AnwohnerInnen berücksichtigt wird. Am 18. April 2009 berichtet die *MZ* über die Unzufriedenheit „einige[r] Gastronomen", die die „Außengastronomie nun in Gefahr" sähen. „'Die Regulierung wird immer stärker [...], beschwert sich ein Gastwirt aus dem Kuhviertel, der anonym bleiben möchte. 'In der Kreuzstraße müssen wir draußen um 22.30 Uhr schließen, das ist doch nicht normal', sagt er. Anwohnerinteressen würden in der Altstadt höher bewertet, als die wirtschaftlichen Sorgen der Gastronomen". An der Königsstraße will ein Besitzer durch eine „chillige" Lounge mit „uraltem Olivenbaum" neben seinem Restaurant zur steigenden „Aufenthaltsqualität" beitragen. Das Ordnungsamt verweist aber auf den nötigen Platz für FußgängerInnen. An der Salzstraße hatte das „Café Extrablatt" jahrelang 18 Tische bis direkt vor den Eingang der Dominikanerkirche platziert. Da der Bereich seit der Fertigstellung des benachbarten Parkhauses als Durchgang benötigt werde, so das Ordnungsamt, sei das ab 2009 nicht mehr möglich.

Der Konsum im angestrebten 'Flair' europäischer Stadt-Ambientes wird real als Lebensqualität genossen. Zugleich findet eine scheinbar liberale Form sozialer Exklusion statt. Die Café-Möblierung öffentlicher Plätze verdrängt zwangsläufig – und offenbar gewollt – unerwünschte Gruppen zugunsten zahlender Kunden und ihres 'richtigen Benehmens'. Ausgeborgt von Elisabeth Timm (2001) lässt sich von „Ausgrenzung mit Stil" sprechen, kommt hier doch dem „sozial ästhetisch urteilenden Blick" eine zentrale Bedeutung zu. Diese Form der Ausgrenzung, so Volker Kirchberg, läuft über die Schaffung „symbolischer Schwellen" (1998a: 91), Inszenierungen von Hochkultur etwa als strategisches Angebot an exklusive Gruppen, die aufgrund vorgegebener Verhaltensweisen, Wissensbestände – kurz: aufgrund kulturellen Kapitals – Nichteingeweihte abschrecken. Wenn als „einziges legitimiertes Verhalten [...] letztendlich nur der Konsum" gilt (ebd.: 92) und hier „das lebensstil-spezifische Konsumieren" (Kirchberg 1998b: 51) urbaner Mittelschichten gastronomisch inszeniert wird, hat das eine Konsequenz: Symbolische Schwellen können zugleich juristische Schwellen sein, per Ausübung des 'Hausrechts' durch die Betreiber. So weit wird und soll es allerdings in den überwiegenden Fällen gar nicht kommen, „weil im kommerzialisierten Freizeit- und Kulturraum Verhaltensunsicherheiten aufgrund der Vorgegebenheit der Verhaltensweisen schon von vornherein ausbleiben" (Kirchberg 1998a: 91).

Fest steht, dass vor Karstadt keine bettelnden Punks mehr anzutreffen sind, seit „Starbucks" und „Lavazza" hier ihre Außengastronomie anbieten. Die Alternativszene, die sich früher am Lamberti-Brunnen traf, ist zwar schon vor einer Reihe von Jahren von allein verschwunden; ein derartiger Treffpunkt wäre unter den heutigen, durch die Café-Tische von „Il Panino" geprägten Umstände nur schwer vorstellbar.

Eine solche gastronomische City-Möblierung gehört zum Typus der Strategien, die Jan Wehrheim „Downtown as Shopping Mall" (2002: 155) betitelt hat. Bei dieser Form des aus Erfahrungen in *Shopping Malls* gespeisten „latenten Ausschluss[es] durch Ästhetisierung" agieren inzwischen auch in Deutschland *Business Improvement Districts* (BIDs). Vorbild sind die nordamerikanischen BIDs, Public Private Partnerships gebildet aus ansässigen Unternehmen, Polizei und privaten Sicherheitsdiensten. Sie üben nicht nur privatrechtlich eine „überwachende Kontrolle" aus (besonders gegen Randgruppen), sie managen zugleich zentral ein „harmonisiertes Angebot an Waren und Dienstleistungen" (ebd.).

> „Wer die Stadtzentren nutzen darf und wie diese gestaltet werden, orientiert sich am Markt, sodass Nicht-Kaufkräftige tendenziell immer weniger Einfluss auf die Gestaltung der Innenstädte haben und im äußersten Fall diese de facto nicht mehr nutzen können" (ebd.),

beschreibt Wehrheim das Wirken dieser BIDs in den USA. Auch in Deutschland seien inzwischen „Modellprojekte in der Umsetzung", um die nordamerikanischen Vorbilder

„in unterschiedlich abgewandelten Formen auf deutsche Verhältnisse an[zu]wenden, denn auch für deutsche Städte bietet das Modell eine Reihe von Möglichkeiten, etwas gegen sinkende Attraktivität von Innenstädten zu unternehmen. Gemeinsam ist allen Modellen, dass sie sich auf Initiative der Betroffenen gründen und selbstbestimmtes Handeln und Finanzverantwortung vor Ort ermöglichen, um die kommunalen Leistungen durch attraktive Maßnahmen 'on Top' zu bereichern. Dieser Maßnahmenkatalog reicht in anderen Städten von Pflegemaßnahmen des öffentlichen Raumes, Steigerung der Sicherheit, Werbung und Marketing bis zu Investitionen in Beleuchtung und Bodenbeläge" (WIN: BID 2009).

heißt es im Januar 2009 bei der Münsteraner „Initiative Starke Innenstadt" (ISI), die sich 2006 gegründet hat und selbst als BID definiert. Gebildet wird sie aus der „Wirtschaftsinitiative Münster" (WIN), „Münster-Marketing" sowie dem „Runden Tisch der Innenstadtkaufleute" (ebd.). Diese Akteure haben bekanntlich auch im oben vorgestellten „Forum City" mitgewirkt und mehr Außengastronomie gefordert.

Die branchenübergreifende „Wirtschaftsinitiative Münster" benutzt für ihr Namenskürzel WIN eine Wortschöpfung des neoliberalen Diskurses,

„weil wir die Vorteile für die Wirtschaft und für die Stadt Münster schon im Namen dokumentieren wollen. Eine Win-Win-Situation nennen es Ökonomen, wenn beide Seiten eines Handels etwas gewinnen. Das gilt auch für Stadt und Wirtschaft. [...] Über 200 Unternehmen und Institutionen möchten ihre Potenziale einbringen, um unsere Stadt weiter zu entwickeln. Wir möchten Interessen ins Gespräch bringen und den Dialog beginnen, was wir für die Zukunft unserer Stadt gemeinsam tun können."(WIN 2009)

Hinter der WIN, wie die „Vernetzung der Entscheidungsträger und Meinungsmacher" seit 2003 heißt, verbirgt sich der ehemalige „Handelsverein". Als Ziele nennt die erneuerte Organisation eine durch verbesserte „Rahmenbedingungen" gesteigerte „Attraktivität des Wirtschaftsstandortes Münster" und eine Erhöhung des Gewichts „der Wirtschaft in den Entscheidungsprozessen von Verwaltung und Politik" (WIN Ziele 2009). Das Selbstverständnis der Akteure als „Impulsgeber" (WIN 2009) und ihr Credo, dass „Vorteile für die Wirtschaft" auch „Vorteile für die Stadt" seien (WIN Akteure für Münster 2009), wird von der Stadtverwaltung geteilt. So haben die WIN zusammen mit ihrer „Initiative Starke Innenstadt", dem Amt für Stadtentwicklung und „Münster Marketing" ein Marktforschungsunternehmen für eine Fremdbildanalyse Münsters beauftragt (WIN Fremdbildanalyse 2009).[18]

Die ISI übersetzt *Businnes Improvement District* in „Bündnisse für Investitionen und Dienstleistungen" – so kann das Kürzel weiter verwendet werden und es bleibt klar, worum es geht – und definiert damit „einen räumlich exakt abgegrenzten Bereich, in dem sich sowohl Grundeigentümer als auch Handels- und Gewerbetreibende für einen bestimmten Zeitraum zusammen schließen und Maßnahmen zur Verbesserung

18 Vgl. Kap. 7.2.

des räumlichen Umfeldes durchführen" (WIN: BID 2009). Die Selbstdarstellung als BID, die noch im Januar 2009 nachzulesen war, taucht interessanterweise in der neuen eigenen Internetpräsenz der ISI nicht mehr auf. Die Inhalte haben sich nicht geändert. Es geht um die „Werterhaltung der Immobilien", die „Förderung des Handels" (ISI 2009) und die „Aufwertung der städtischen Infrastruktur" (ISI Wir über uns 2009). Unter dem Stichwort „Projekte" werden ebenso vage wie andeutungsreich „Missstände" angesprochen, denen es zu begegnen gelte.

> „Bestimmte Themen und Themenfelder, die für die Akteure in der Innenstadt von besonderer Bedeutung sind und als Missstände formuliert werden, könnten gebündelt mit den zuständigen Fachämtern und -abteilungen besprochen werden. Gemeinsam sollen dann lösungsorientierte Konzepte erarbeitet und umgesetzt werden. Ein mögliches Themenfeld wäre 'Sauberkeit in der Innenstadt'" (ISI Projekte 2009).

Zwar wird hier der Aufenthalt von Randgruppen wie etwa Wohnungslosen explizit mit keinem Wort erwähnt. Allerdings fragt sich, was mit „Sauberkeit in der Innenstadt" gemeint sein soll. Ein generelles Problem mit Müll oder Dreck ist hier in Münster nicht vorhanden. Punktuell lässt sich derartiges feststellen nach Stadtfesten, die in Kooperation mit der ISI organisiert werden, und regelmäßig als Hinterlassenschaften von KneipenbesucherInnen.

Wehrheim nennt als Beispiel für Kooperationen zwischen Einzelhandel, Wirtschaftsorganisationen und öffentlichen Stellen zur 'Harmonisierung' der Innenstädte die 1994 gegründete Interessengemeinschaft „Zeil aktiv e.V." in Frankfurt/Main, in deren Beirat hochrangige VertreterInnen des Einzelhandels, der Wirtschaftsförderung, von Stadtverwaltung und Polizei saßen. In Kooperation mit einem Dutzend privater Sicherheitsunternehmen wurde unter dem Signum von „Sicherheit und Sauberkeit" ausdrücklich die Verdrängung von Obdachlosen, Punks oder TaschendiebInnen angestrebt. Vergleichbar argumentierte und agierte bereits seit 1976 die von Geschäftsleuten am Kurfürstendamm gegründete „Arbeitsgemeinschaft City e.V." in Berlin (vgl. 2002: 153f.). Diese seien allerdings lediglich erste „Vorstufen" zu BIDs, die es als komplettes Modell damals in Deutschland noch nicht gebe, da es ihnen, anders als in den USA an einer „institutionellen Verankerung" mangele. Denn trotz der Kooperationen mit kommunalen Institutionen „fehlen in Deutschland eine konkrete Einbindung in städtische Politik und eine verbindliche Finanzierung. Deutsche Initiativen haben damit weniger Möglichkeiten bei der Gestaltung der entsprechenden Straßenzüge. Ihr Einfluß ist bisher indirekt auf Lobbyarbeit beschränkt. Nur in Einzelfällen gestalten sie selbst durch Möblierung oder Straßenreinigung die Räume" (ebd.).

Das hat sich – zumindest in Münster – inzwischen verändert. Die ISI ist sehr wohl in der Lage in Kooperation mit der Stadtverwaltung die Möblierung gestalterisch zentral zu managen und gedenkt, dieses Management auszuweiten: „In Kooperation mit Einzelhändlern könnte außerdem über eine Leitlinie für Warenauslagen in den Einkaufsstraßen nachgedacht werden" (ISI Projekte 2009). Dass sich dahinter etwa auch Restriktionen für 'fliegende Händler' verbergen, lässt sich denken. Zudem betont die ISI ihren kurzen „Draht zur Verwaltung" über „Münster Marketing als Vermittler" (ebd.). Zum „operative[n] Führungsgremium", dem „Board" gehören neben den schon genannten Herren Viehoff und Lückertz als Vertretern des Handels je zwei Vertreter der Immobilien-Eigentümer und der Gastronomie-Betreiber, der Oberbürgermeister – schließlich besitzt auch die Stadt Immobilien – und die Geschäftsführung, gebildet aus WIN und „Münster Marketing" (ISI Wir über uns 2009). Gleichzeitig erscheint der *Business Improvement District* im wohlhabenden Münster damit weitaus 'eleganter' und 'liberaler', als die von Wehrheim angeführten Beispiele. VertreterInnen der Polizei sind im „Board" der ISI nicht vertreten, Kooperationen mit Sicherheitsfirmen gibt es (bisher) nicht, und die Rhetorik ist sehr zurückhaltend. Diese Dezenz aber korrespondiert mit dem Einfluss des „Boards".

Das moderate Auftreten hat seine Entsprechung in der Weise der technikgestützten visuellen Kontrolle des Raums. Seit dem Frühjahr 2009 hat die Stadt in einer Public Private Partnership am Prinzipalmarkt eine Webcam auf einem Dach installiert, die im Internet auf www.muenster.de rund um die Uhr Bilder der zentralen Altstadtstraße zeigt. „So ist es möglich, das Geschehen 'live' mitzuerleben – das Kommen und Gehen von Fußgängern und Radlern, Bussen und Lieferverkehr", schreiben die *WN*. „Da die Hausfassaden beleuchtet sind, liefert die Kamera auch bei Dunkelheit stimmungsvolle Bilder." (*WN* vom 27. März 2009) Nun mag das Hauptziel eine lokalpatriotische Lifestyle-Inszenierung sein, zumal es heißt: „Die Auflösung der Fotos ist hoch, so dass viele Details zu sehen sind – allerdings nur so hoch, dass einzelne Personen nicht identifiziert werden können." (ebd.) Dass der Kontrollgedanke hier aber eine gewisse Rolle innerhalb des Lifestyle spielt, erscheint nicht abwegig.[19]

3.8 Neue Entrees und ein ganz neuer Rundlauf

> „Ein Schnitt – und Münster verwandelt sich. Stadtdirektor Schultheiß durchtrennt das Band am Giebel neben der Dominikanerkirche, ein neuer Zugang zur Innenstadt steht offen ..." (*MZ* vom 19. September 2009).

Die Fassadenruine der Dominikanerkirche an der Salzstraße wird damit zu einem neuen 'Stadt-Tor'. Seit dem Zweiten Weltkrieg war das schmiedeeiserne Gittertor verschlossen. Der Zugang zur Salzstraße erfolgte direkt daneben über eine Gasse mit dem Flair der 1960er Jahre. Mit den jüngsten konsumistischen Aufwertungen der Altstadt genügte das nicht mehr. Die Verlegung des Fußwegs durch den barocken

---

19 Eine solche Webcam gibt es inzwischen, installiert von einer Segelschule, auch am innerstädtischen Aasee. Der dient nicht nur als Naherholungsgebiet, hier gibt es auch seit Jahren eine Drogenszene (vgl. *MZ* vom 8. April 2009).

Mauerrest ist ebenso eine Theatralisierung wie eine Vorstrukturierung. Verbunden werden neue architektonische 'Leuchttürme' mit dem 'historischen Erbe': das auffällig gestaltete Parkhaus, wenige Meter zurück am Alten Steinweg gelegen und das Einzelhandels- und Dienstleistungszentrum an der Stubengasse nebst dem „Hanse Carré" im Zentrum der Altstadt mit dem barocken Ruinentor. Durch dieses Tor führt der Weg geradeaus direkt zur Stubengasse.

Die leicht theatralische Inszenierung der Band-Durchtrennung wird umfangreich flankiert. Zwei Wochen zuvor findet hier im Rahmen des jährlichen Events „Schauraum. Fest der Museen und Galerien in Münster" erstmals „La Dolce Vita vor barocker Kulisse" statt. Normalerweise wird diese am Erbdrostenhof am Ende der Salzstraße aufgeführt. 2009 aber wird nichts unversucht gelassen, auf die Einweihung des neuen Parkhauses hinzuweisen, mit einer Anzeige des städtischen Parkhausbetreibers[20] im „Schauraum"-Programmheft direkt neben dem Programmpunkt „Piazza" und vor allem mit der „Piazza" selbst:

> „Ein fast vergessener Schatz der Stadtgeschichte rückt ins Zentrum der Piazza 2009: Die barocke Klosterfassade am Platz vor der Dominikanerkirche wird zur Bühne für klassische Opernmusik und kulinarische Köstlichkeiten – es entsteht das Ambiente einer italienischen Piazza. Zur Einweihung des neuen Parkhauses Mitte im Herbst wird auch der Torbogen der Südfassade des ehemaligen Konventgebäudes als Durchgang geöffnet." (*kunst raum münster*, September 2009: 11)

Nur: Nichts an diesem „Schatz" ist fast vergessen. In den letzten Jahren durfte hier das „Café Extrablatt" seine Außengastronomie anbieten. Davor und danach wurden an dieser Stelle auch Fahrräder geparkt. Vor allem aber finden in der Dominikanerkirche seit vielen Jahren Orgelkonzerte der Universität und andere Aufführungen statt.

Die inszenierte Wiederentdeckung des Tors mittels seiner Öffnung bildet einen Auftakt der „Münstermorphosen". Die Veranstaltung der Stadt, durchgeführt von „Münster Marketing" findet vom 18. bis 26. September 2009 „im Rahmen der City-Offensive 'Ab in die Mitte!'"[21] statt. Kooperationspartner sind die „Initiative starke Innenstadt", der Verein „Münster Modell", die Fachhochschule, die „münster school of architecture", die Kaufleute der Salzstraße und des Kiepenkerlviertels, die Interessengemeinschaft Kuhviertel und der Deutsche Hotel- und Gaststättenverband (vgl. Münster-Morphosen 2009: 23).

„Münster Marketing" kündigte eine nicht unkritische Veranstaltung an, in denen der „Wandel und die vielfach rasanten Entwicklungen" der Münsters thematisiert werde, „ohne dabei aktuelle Konfliktfelder, vermeintliche und tatsächliche Gegensätze" auszusparen (Münster Marketing Münster-Morphosen 2009). Das mochte für die Diskussionen und Vorträge zutreffen; für den „Future Club", der die funktionale

20 Näheres zur Rolle der Parkhäuser in Münster findet sich im Kap. 7.1.

21 Zu dieser „City-Offensive" vgl. Kap. 7.

Kantine im elften Stock des Stadthaus 1 temporär zur weithin sichtbaren Lichtorgel machte (vgl. Münster-Morphosen 2009: 10) und die Illuminationen des Erbdrostenhofes und der Aabrücke im Kiepenkerlviertel wohl nicht. Bei letzteren handelte es sich um Aufwertungen im Sinne der beteiligten Kaufleute:

> „Ins rechte Licht gerückt werden am Wochenende auch der Erbdrostenhof und der Aaseitenweg, wo die Kaufmannschaft der Salzstraße und des Kiepenkerlviertels zur Probe-Illumination „Spot an" einladen. Der Hamburger Lichtkünstler Michael Batz, der den Masterplan Licht für die Altstadt entwickelt und auf dem Prinzipalmarkt bereits umgesetzt hat, bringt die barocke Schönheit des Adelspalais an der Salzstraße zum Strahlen und holt die Aa im Kiepenkerlviertel aus ihrem nächtlichen Schattendasein. Beide Projekte verweisen auf Planungen, mit denen in beiden Altstadtvierteln Akzente gesetzt werden sollen." (*MZ* vom 22. September 2009)

Auch der Programmpunkt „Baustellenbesuche" hat eher den Charakter einer KundInnenbindung für die nächste Zukunft:

> „In Münster wird gebaut. Das ist kaum zu übersehen. Die Stadt, so könnte man sagen, erfindet sich seit einigen Jahren neu. Und dieser Prozess ist längst nicht abgeschlossen. Nach Eröffnung der Münster Arkaden und des Hansecarrées steht nun die Bebauung der Stubengasse kurz vor der Vollendung. Aber auch andere Baustellen, wie das Parkhaus am Alten Steinweg, der Neubau der NRW Bank oder das LWL Landesmuseum für Kunst und Kulturgeschichte, sorgen für Aufsehen. [...] Lernen Sie die Bauten in ihren unterschiedlichen Konzepten kurz nach Spatenstich, im Rohbau oder unmittelbar vor der Eröffnung stehend kennen." (Münster-Morphosen 2009: 18)

Abgesehen vom Landesmuseum, das zu diesem Zeitpunkt gar keine Baustelle im eigentlichen Sinn darstellt, da der Vorgängerbau noch nicht komplett abgerissen ist, handelt es sich bei den Besuchsobjekten just um jene, die als Aufwertungen und Anziehungspunkte den Vermarktungsstrategien der Salzstraßenkaufleute und der Stadtverwaltung dienen sollen. Die Salzstraßenkaufleute haben schon im Vorfeld die neue NRW Bank am nah gelegenen Ausgang der Warendorfer Straße und das Parkhaus als Magneten für KundInnen aus dem Umland begrüßt.[22] So erscheint das Besuchsprogramm als ausgewogenes Marketing für zwei zukünftige Konkurrenten – Salzstraße und Stubengasse – um Kundschaft.

Der Platz an der Stubengasse inmitten der Altstadt, umstellt von „Galeria Kaufhof", „Karstadt", der barocken Clemenskirche und der Raphaelsklinik, diente viele Jahre als Parkplatz. Dieser oberhalb der parkenden Autos durchblickbare Raum ist mit der Fertigstellung der rund 40 Millionen Euro teuren Einkaufs- und Dienstleitungszentrum des Dortmunder Investors „Harpen AG" verschwunden, mit ihm ein Großteil der Bäume. Entstanden sind zwei große, deutlich gegliederte Baukörper mit variierenden Höhen zwischen einer und vier Etage(n), einem großen gepflaster-

22 Vgl. Kap. 7.1 und Zusammenfassung: Promenade.

ten Eingangsplatz an der Straße Stubengasse und einem kleineren begrünten Platz zwischen den Baukörpern. Die halbrunde Fassade mit einem stark auskragenden Obergeschoss gegenüber „Karstadt“ erinnert an einen Flugzeugträger. Die Gesamtfassade ist aus grauem Muschelkalkstein, der mit blassroten Ziegelbändern versehen wurde, was als Reminiszenz an die Backsteinfassaden der Umgebung gedacht ist (vgl. *WN* vom 7. April 2009). Die Architekten sind Matthias Fritzen (Ahlen) und Ernst Kasper (Aachen).

Ende 2003 wurden die „Harpen AG“ und ihre Architekten vom Beirat der Stadtverwaltung mit zwei weiteren Bewerbern zu Siegern eines Wettbewerbs gewählt; allerdings nur das „Harpen“-Konzept einstimmig. Trotzdem bezeichnete die Verwaltung alle drei Entwürfe als „gleichwertig“ (*MZ* vom 8. November 2003). Es hat aber den Anschein, dass Verwaltung und Beirat „Harpen“ von Beginn an favorisierten. So wurde der Presse damals bereits deren Modell präsentiert. Darüber zeigten sich die gescheiterten Mitbewerber, die Münsteraner Büros „Bolles-Wilson“ und „Werkgemeinschaft“, irritiert, da Modelle in dieser ersten Phase noch gar nicht gefordert gewesen seien (*WN* vom 5. Dezember).

„Harpen“ versprach sich und der Stadt einen boomenden Einzelhandelsbereich. Das Firmen-Konzept „Münster aktiv“ sah „Sport und Lifestyle, Fitness und Wellness“, dazu Gastronomie, Dienstleistungen und 14 Wohnungen vor. Beteiligt am Entscheidungsprozess war auch die „Wirtschaftsinitiative Münster“. Deren Sprecher zeigte sich damals zufrieden: „Das Konzept hat eine hohe Abstrahlkraft und ist so gehalten, dass es den münsterischen Markt in einer rezessiven Phase nicht kannibalisiert.“ (*WN* vom 29. Mai 2004). Auch in der zweiten Wettbewerbsrunde wurde „Harpen“ vom Beirat, in dem auch Vertreter von Consulting-Unternehmen saßen, einstimmig zum Sieger erklärt. Der Stadtrat gab laut *WN* vom 16. Juli 2004 mit den Stimmen von CDU, SPD, FDP und UWG ebenfalls sein Placet. Zuvor war es jedoch zu ersten Turbulenzen gekommen. Zuerst wurde öffentlich, dass der Ex-Stadtdirektor Horst Freye (SPD) als Berater für die „Harpen AG“ gearbeitet hatte. Außerdem wollte der RWE-Konzern, der 95 Prozent der „Harpen“-Aktien besaß, den Investor ganz übernehmen, anschließend zerschlagen und dessen Immobiliensparte verkaufen (vgl. *WN* vom 26. Juni 2004).

Baubeginn sollte im Laufe des Jahres 2005 sein. Stattdessen gab es zwischen November 2005 und Mai 2007 eine regelrechte Achterbahn aus sich zum Teil täglich widersprechenden Nachrichten. Mehrfach wurde das Aus der Firma „Harpen“ gemeldet, kurz darauf ihre Bereitschaft, weiter zu machen. In der Zwischenzeit hatten mehrere andere Investoren ihr Interesse angemeldet, das Areal zu bebauen. Die Stadtverwaltung und die Ratsmehrheit aus CDU und FDP hielten aber stets an „Harpen“ fest und verlängerten mehrfach die Frist für den Investor. Um die Jahreswende 2006/07 wurde „Harpen“ an den Investment-Fonds Cerberus verkauft, der bekannt gab, die Pläne weiter zu verfolgen (vgl. *WN* vom 6. Januar 2007). Einige Monate

Abb. 4: Doppelwertiger Raum unter dem Regime der Hausordnung, dessen Exklusivität die neoklassizistischen Fassaden dokumentieren sollen, und in dem Innen und Außen ineinander übergehen, wie die Rückfront des Picasso-Museums im Bildhintergrund verdeutlicht: die Einkaufspassage „Münster Arkaden"

Abb. 5: Ein Höhepunkt der gastronomischen Privatisierung des öffentlichen Raums: das Café „Pinkus im Stadthaus 1"

später votierte dann eine Mehrheit aus CDU, FDP und UWG für den Verkauf des Grundstücks an „Harpen". Während in der CDU offenbar ein Fraktionszwang gegen AbweichlerInnen ausgeübt wurde, enthielt sich die SPD. Sie hatte zuvor erfolglos ein Gutachten zum ausschließlich auf „Harpen" fixierten Verhalten der Stadtverwaltung im Vergabeverfahren gefordert (vgl. *MZ* vom 11. Mai 2007). Mit diesem Baustart waren Veränderungen des Projekts verbunden: Es wurde deutlich teurer (70 Millionen Euro), statt der Wohnungen wurde ein „Treff-Hotel" des „Ramada"-Konzerns gebaut (vgl. *WN* vom 1. Dezember 2007). Neben 140 Zimmern gibt es acht große Suiten jeweils mit Dachterrasse. Als „Ankermieter" unterschrieben „Karstadt-Sport", das vom Alten Steinweg hierher zog, die „Deutsche Bank", die ihre Hauptstelle am Alten Fischmarkt aufgab und eine Textilkette. Schon Anfang 2008 soll die gesamte Gebäudefläche vermietet gewesen sein (vgl. *WN* vom 29. Februar 2008).

Mit den „Münster Arkaden", dem Zentrum „Stubengasse" und dem „Hanse Carré" vis-à-vis entstehe in der Innenstadt"ein völlig neuer Rundlauf", so der Leiter der „Wirtschaftsförderung" Thomas Robbers (zit. n. *MZ* vom 6. August 2009). Mit diesen Aufwertungen des Handels- und Dienstleistungssektors, die noch mehr zahlungskräftige KundInnen anziehen sollen, geht, wie gesehen, die Schaffung exklusiven

Abb. 6 (S. 120 u.): Stadtstrand mit Palme am „Zaubersee" zwischen alter Industriearchitektur und Neubauten: das Gentrifizierungs-Areal „Germania Campus" (Grafik: Deilmann)
Abb. 7: Postfordistische Heterotopie aus 'Industriecharme' und architektonischen 'Leuchttürmen' mit der für die Strategie des property-led developement *so wesentlichen Wasseranbindung: der Stadthafen als „Kreativkai"*

Wohnraums einher; an der Stubengasse und in anderen Altstadtgebieten. So plant das Bistum Münster als Eigentümer hinter der Aegidiistraße direkt an der Aa ein neues Wohnquartier, von dem sich die Verwaltung die „qualitativ hochwertig[e]" Bebauung einer „wertvolle[n] Fläche" erhofft (*MZ* vom 19. Februar 2009).

Eine solche innerstädtische Renaissance verlangt nach neuen bzw. aufgewerteten Entrees. Das bisherige Hauptgebäude der „Deutschen Bank" am Alten Fischmarkt, ein großer funktionaler Bau Harald Deilmanns von 1965, soll einer Art *Urban Entertainment Center* weichen, um einen ganz neuen Zugang zum Prinzipalmarkt zu schaffen. Bezeichnend ist, dass die Beratungsfirma „SQM Property Consulting" im Auftrag der Stadt hier die Hackeschen Höfe in Berlin als Vorbild für etwas 'Szeniges' nennt (vgl. *MZ* vom 6. August 2009). Die Hackeschen Höfe, ein Ensemble aus neun Höfen aus der Gründerzeit, sind nach Uwe Rada (1998: 106ff.) das „Laboratorium" und in der Folge der oft kopierte „urbane Prototyp" einer neoliberalen „kulturellen Umbewertung". Grundsätzlich, so Rada, gilt: „Der Ort ist völlig neu besetzt, der Mythos überlagert Gegenwart und selbst Vergangenheit." (ebd.: 109).

Diese 'mythische' Überlagerung stellt sich nach den Ende 2009 vorgestellten Bauplänen an der Ecke Alter Fischmarkt/Voßgasse etwas anders da. Der Bau der „Deutschen Bank" wird ebenso abgerissen, wie eine Reihe traufständiger Nachkriegshäuser am Alten Fischmarkt. Die 40 Millionen Euro teuren „spektakulären Neubaupläne" (*WN* vom 3. November 2009) des Büros Pfeiffer/Ellermann/Preckel für den Investor „Alter Fischmarkt Assets GmbH & Co. KG", eng abgestimmt mit der Bauverwaltung, sehen fünf postmoderne Giebelhäuser am Alten Fischmarkt und einen „Paukenschlag" an der Voßgasse, ein Haus mit steiler Dachlinie, „gewölbter Außenhaut und Fenstern, die unterschiedlich tief ins Gebäude eingelassen sind" (*MZ* vom 3. November 2009) vor, dazu einen ovalen Innenhof. Das Ensemble soll „Platz für hochwertigen und möglichst inhabergeführten Einzelhandel", ebensolche Wohnungen, Büros und Restaurants bieten (ebd.). Die Giebelhäuser – die *MZ* bezeichnet sie schon als „Patrizierhäuser[]" (ebd.) – sollen laut Architekt Jörg Preckel an die Vorkriegsbebauung anknüpfen und werden von ihm als „ein Stück Wiederaufbau in einem Maßstab, der der Altstadt gerecht wird und Münster so zurück in die Zukunft führt" vorgestellt (zit. n. ebd.). Die neoliberale Neubesetzung des Raums durch eine 'mythische Überlagerung' von Gegenwart und Vergangenheit erfolgt hier also nicht als kulturelle Umbewertung vorhandener Bebauung, sondern als Neubau einer vorgeblichen Vergangenheit, gepaart mit aktueller Architektur.

Auch etwas großräumiger (und langfristiger) plant die Stadt zwei weitere neu aufgewertete Entrees in die Altstadt. So hatte die Verwaltung Anfang 2009 einen städtebaulichen Ideenwettbewerb ausgeschrieben, um „das verkehrsinselähnliche Quartier zwischen Eisenbahn- und Friedrichstraße" gegenüber der NRW Bank und kurz vorm Mauritztor an der Promenade gelegen zu überplanen. Für diesen Wettbewerb wurde das Areal eigens zum „Osttor zur Innenstadt Münster" getauft

(*WN* vom 14. Februar 2009). Auch für das Aegidiitor – hier fahren die meisten Autos, von der Autobahnausfahrt Münster Süd über die Weseler Straße kommend, in die Altstadt herein – wurde ein solcher Wettbewerb geplant. Hier gibt es einen „Parkplatz, ein Haus mit unansehnlicher Brandmauer zur rechten, eine Tankstelle zur linken", schreibt die *MZ* am 25. Januar 2009 und zitiert den Stadtdirektor: „Der Zustand ist im Moment desolat". Das Ziel sei eine „repräsentative Bebauung [...], die das Aegidiitor wieder zu einem echten Stadteingang aufwerte, zu einem Tor in die Innenstadt". Diese „Tore" korrespondieren mit weiteren Großbauprojekten außerhalb der Altstadt, mit denen eine kaufkräftige Klientel gelockt werden soll und bislang erfolgreich gelockt wird.

4 Gentrifizierungen in einer reichen Stadt

> „Die Strategien des Immobilienkapitals verlaufen immer nach demselben Muster: Luxusmodernisierung von Altbauten, Schließung von Baulücken mit auffälligen Neubauten und Herstellung von Konsumtionsräumen in Form von Kneipen-, Galerien-, Boutiquen- und Delikatessenlandschaften. Welche Bedeutung dabei den kommunalen Stadterneuerungsprogrammen zukommt, ist offensichtlich. Denn die Instandsetzung der Infrastruktur und die Aufwertung des Wohnumfeldes durch behördliche Sanierungsmaßnahmen bewirken eine Steigerung der Profitabilität der Immobilien." (Ronneberger/Lanz/Jahn 1999: 75)

Wie schon einmal mit Susanne Heeg dargestellt, werden für diese Immobilienstrategien bevorzugt wassernahe Innenstadtareale 'in Wert gesetzt'. In Münster ist hier seit einigen Jahren der Stadthafen 1 mit seiner Umwidmung zum „Kreativkai" das Hauptobjekt. Sollte, wie im Hafenbecken, die Wasserfläche nicht von vornherein vorhanden sein, wird etwa ein „Zaubersee" realisiert, wie beim „Germania Campus", dem Projekt des in Münster seit Jahren omnipräsenten Architekten Andreas Deilmann. Von Deilmann und Rainer Maria Kresing stammt auch die „Vision" vom „Wohnen am Wasser", bei der im Hafen ca. 400 Luxuswohnungen entstehen sollen. Der „Germania Campus" ist als „innovative[s] Lifestyle-Viertel" (*WN*, Sonderveröffentlichung vom 25. Juni 2009) entstanden auf dem Areal der ehemaligen Germania-Brauerei an der Grevener Straße am nordwestlichen Innenstadtrand direkt am Kreuzviertel und in (relativer) Nähe zum Schloss und anderen Universitätsgebäuden, worauf der Name hinweisen soll. Dieser „Campus" richtet sich zugleich explizit an Studierende und HochschulmitarbeiterInnen als BewohnerInnen.

Auch in Münster wird also weitgehend „nach dem selben Muster" verfahren, allerdings nach dem Muster, das für Industriebranchen u.ä. vorgesehen ist. Hier werden also keine Wohnaltbauten aufgewertet, sondern funktionale Bauten, während die Wohnbauten neu in den – zum Teil eigens produzierten – Baulücken neu entstehen. In den nächsten Kapiteln werde ich für die beiden münsterschen Areale die von Ronneberger, Lanz und Jahn genannten Muster nachzeichnen. Zuerst aber soll es um wesentliche Ausstattungselemente der aufgewerteten Räume gehen: Wasser, Strand und die 'romantische Aura' alter Industriearchitektur, mit deren Hilfe postfordistische Heterotopien geschaffen werden.

4.1 Postfordistische Heterotopien: Stadtstrände und der 'Charme industriegeschichtlich interessanter' Gebäude

> „Die Sonne brennt vom Himmel und taucht die sanften Wellen in ein gleißendes Licht. Palmen säumen das Ufer, in Sichtweite lockt ein weißer Sandstrand. Ein paar Enten gleiten träge übers Wasser. Enten? In der Karibik? Nein, das ist ja gar nicht Barbados, sondern Münsters Hafenmeile!",

geben sich die *WN* vom 10. August 2004 Mühe, eine Attraktion zu transportieren, den „wohl angesagteste[n] Platz, um die schönen Tage zu genießen". Seit Sommer 2004 gibt es mit der „Coconut Beach" am „Kreativkai", dem ehemaligen Stadthafen 1 einen 'Stadtstrand' in Münster. Zwischen Sonnenschirmen und „als Strandhütten verkleidete[n] Getränkestände[n]", die eine „Urlaubsstimmung" erzeugen, „aalen sich" tagsüber „Bikini-Schönheiten [...] im warmen Sand", während „die Männer zeigen, was sie im Winter im Fitness-Studio getan haben". So bleiben – schließlich geht es um ein 'stilechtes' Nachempfinden echter Strandurlaube – die Geschlechter-Stereotype gewahrt. Zugleich schmückt sich diese Bühne herrschender Normalität mit einem Hauch Alternativkultur: abends, wenn „hier ein großes Sehen-und-Gesehen-Werden" stattfindet und die „Hafenmeile erst wirklich" erwacht. Dann spielen, unabhängig vom Strandbarsimulakrum, in direkter Nähe TrommlerInnen und andere MusikerInnen. „Die Schaulustigen beginnen zu tanzen, für die Light-Show sorgen Michi und Thomas mit ihren Fackeln. Hier ist der wahre Kreativkai" (ebd.). Die MusikerInnen mögen sich als VertreterInnen einer Gegenkultur verstehen (oder auch nicht), sie werden quasi automatisch subsumiert, inkorporiert in den Raum der Gentrifizierung, Teil der Verwertungskette, wie auch der von der Stadt betriebene „Kunstspeicher" direkt nebenan.

> „Die attraktive Inszenierung der Orte und der Personen, die sich an ihnen aufhalten, ist Teil einer ökonomischen Strategie, Aufenthaltsqualität und Immobilienwert zu steigern. Und die Verbraucher und die Dienstleister, die Bewohner und die Gäste sind durch ihr Verhalten und ihre Performanzen aktiv an dieser Wertschöpfung beteiligt." (Holert/Terkessidis 2006: 205f.)

Die Münsteraner Stadtverwaltung freut sich in diesem Kontext bereits 2001 über eine weitere Top-Platzierung in einem Städte-Ranking. Platz drei unter 40 bewerteten Städten in einer „Marktanalyse" der Zeitschrift *Cash*, dem „Top-Magazin für Kapitalanleger" beweise: „Attraktive Lagen, hohe Renditen und die überdurchschnittlich hohe Wirtschaftskraft der Münsteraner Bevölkerung sind schlagkräftige

Argumente für den Erwerb einer Immobilie in der Westfalenmetropole." Wenn *Cash* „das Münsteraner Lebensgefühl" charakterisiere als geprägt durch über 50.000 Studierende, Weltoffenheit, Dynamik und Modernität, dann sei das nicht zuletzt „das Resultat einer ausgefeilten Standortstrategie". Die Prognose steigender Mieten für Büroflächen versteht die Stadt „als wichtigen Indikator für die steigende Attraktivität Münsters als Gewerbestandort" – eine Entwicklung, die sich mit den „Möglichkeiten für Investoren" etwa am „Kreativkai [...] noch weiter steigern" werde (*PresseInfo* vom 3. Januar 2001). Auch die stadteigene „Wirtschaftsförderung" wirbt 2006 in einem Flyer für die jährlich in München stattfindende Immobilienmesse „Expo Real" unter anderem damit, dass „die Stadthäfen I und II unter dem Motto 'Leben und arbeiten am Wasser' ein enormes Entwicklungspotenzial" böten, und zwar „langfristig" (Wirtschaftsförderung Münster 2006).

Erfunden wurde der 'Stadtstrand' 2002 in Paris am rechten Seine-Ufer, die touristischen Highlights wie den Louvre im Blick. In den folgenden Jahren entwickelte sich das Phänomen erwartbar zu einem europaweiten. Strände gibt es seither in Zürich, Brüssel, allein in Berlin gab es schon vor vier Jahren zehn solcher Areale (vgl. Holert/Terkessidis 2006: 202f.). Inzwischen sind auch kleinere deutsche Großstädte wie Mainz oder Mannheim nachgezogen. Tom Holert und Mark Terkessidis bezeichnen eine solche Inszenierung als „deplatzierte[n] Strand" und „unmöglichen Ort", als Heterotopie (ebd.: 201f.). Inhalt dieser Heterotopie ist eine touristische Aneignung der Stadt durch alle, die diesen Ort besuchen – also inklusive der EinwohnerInnen dieser Stadt –, eine Aneignung, die die Stadt mit einer neuen Bedeutung versieht, die über die bisherigen Zuschreibungen hinausgeht. Zumal dann, wenn diese Orte via Massenmedien zu Bestandteilen einer (inter-) nationalen Amüsieröffentlichkeit werden. Inzwischen hat der Münsteraner „Strand" auch eine eigene Internetpräsenz (www.coconutbeach.de). Fester Bestandteil dieses produzierten 'Bedeutungs-Überschusses' ist eine bestimmte Form der ironischen Brechung.

> „Der deplatzierte Strand fordert dazu auf, ein touristisches oder besser: post-touristisches Verhältnis zur Stadt zu entwickeln. Das ironische Abhängen in artifiziellen Dünen, bei dem die irreal-theatrale Situation um ihrer selbst willen genossen wird, stellt überkommene Vorstellungen von Urbanität auf die Probe und transformiert sie zugleich. Das Theater der touristischen Individuen findet auf einer vielfach verspiegelten Bühne statt, so als wäre man für die anderen mindestens ebenso sehr ein Schauspiel, wie die Position des Zuschauers für einen selbst ein narzisstisches Spektakel ist." (Holert/Terkessidis 2006: 203)

Die vielfache Verspiegelung der Bühne vergrößert sich, wenn der 'Strand' im Zentrum des eigenen Wohngebietes liegt, wie beim „Germania Campus". Auch am „Zaubersee" gibt es einen kleinen 'Sandstrand', ein hölzernes 'Pier', Liegestühle und Palmen in Kübeln. In der Sonderveröffentlichung der *WN* vom 25. Juni 2009 heißt es: „Laue Sommernächte in entspannter Atmosphäre genießen, diese Möglichkeit bietet sich in den kommenden Wochen auf dem Germania Campus rund um den Zaubersee." Geschildert werden dann in einer Art imaginärem Rundgang die gastronomischen Angebote: Ein italienisches Café, ein 'mongolisches' und ein italienisches Grillrestaurant, eine Pizzeria, eine „Tabacchino-Raucherbar", eine Eisdiele und zusätzlich die Filiale einer amerikanischen Sandwich-Kette, ein Currywurst-Imbiss und die „Waschbar": Cocktailbar und Waschsalon in einem. Diese Kombination dient als „Service für Studenten, die auf das 'Hotel Mama' in Zukunft verzichten müssen", erklärt die *MZ* vom 30. Januar 2009. Denn in dem Haus mit den drei zuletzt genannten Etablissements am linken Längs-'Ufer' des Sees liegen im Obergeschoss auch 160 „Studentenwohnungen" mit Balkonen selbstverständlich zum „Zaubersee". Die Balkone werden so zu Logen mit Blick auf das Schauspiel des Sees mit seinen Terrassen und seinem Strand. Der rechteckige künstliche See wird gespeist aus der Brauwasserquelle der ehemaligen „Germania-Brauerei", in seinem Zentrum entspringt eine meterhohe Fontäne. Im Winter wird der See zu Eislauffläche (vgl. *WN* Sonderveröffentlichung vom 25. Juni 2009).

Am „Kreativkai" wie beim „Germania Campus" sind postfordistische Heterotopien entstanden, Räume, die einer kapitalistischen Verwertungslogik unterliegen und die, wie etwa die *Shopping Mall*, als 'Bühne' zentral gemanagt werden und gleichermaßen das Alltägliche wie die Attraktionen des Touristischen einschließen. Die Zentralität des Managements wird besonders deutlich beim „Germania Campus". Der Investor und Architekt Andreas Deilmann ist seit 2004 Besitzer des Grundstücks, in das er insgesamt 75 Millionen Euro investiert hat. Die *WN* zitieren ihn so: „Der Germania Campus ist ein neues Stadtquartier, was als Wohn- und Bürostandort innovativ und ohne Vorbild ist". Und zu so einem vorbildlosen Quartier gehört demnach ein See mit Fontäne und eigenem Strand.

„Stadtstrände", schreiben Holert und Terkessidis (2006: 206), sind „avancierte Ausstattungsstücke einer 'nutzerorientierten' Stadt. In ihr ist der Wert der Immobilie an den Schauwert der Inszenierung des Urbanen geknüpft". Zum Schauwert gehört hier aber ebenso eine spezifische Inszenierung des Romantischen, das Spiel mit der Ruine, genauer: der Industrie-Ruine. Ruinen, so Hartmut Böhme (1989: 287) über deren Ästhetik, seien gekennzeichnet durch „eine prekäre Balance von erhaltener Form und Zerstörung, von Natur und Geschichte, Gewalt und Frieden, Erinnerung und Gegenwart, Trauer und Erlösungssehnsucht, wie sie von keinem intakten Bauwerk oder Kunstobjekt erreicht wird". Sie seien „immer das Nutzlose; die in sie eingenistete Zerstörung dementiert den ursprünglichen Zweck". Im Fall der Münsteraner Aufwertungs-Landschaften geht es beim dementierten ursprünglichen Zweck allerdings um die Lohnarbeit in einer Brauerei, in Hafen-Lagerhäusern und -Speichern. 'Ruine' ist zwar begrifflich nicht ganz sauber, weil hiermit nicht nur noch fragmentarisch erhaltene Gemäuer gemeint sind, inhaltlich aber gerechtfertigt, um das Moment der Romantisierung kenntlich zu machen, das in einer 'Aura' des Verfalls brachliegender funktionaler Gebäude wahrgenommen wird. Diese funktionalen Gebäude stammen meist aus der Gründerzeit und sind somit ornamental überformt. Das führt zu einer Verdoppelung des Dementis. Denn, wie Michael Müller schreibt, dienen historisierende, meist neogotische Fassaden von Fabriken etc. um 1900 einerseits zur Maske der kapitalistischen Produktion, „die nichts von dem, was drinnen geschieht, ahnen läßt" (1977: 282), zugleich aber auch zur „Repräsentationssymbolik", in der die „Illusion" einer „Macht über den Gegenstand" aufrecht erhalten werden solle. Dabei seien „ornamentale Formen" an den Fabrikgebäuden eine „Art des 'Sich-in-Szene-Setzens'", der sinnbildlichen Repräsentation des Fabrikherrn und seiner Familie, „um durch die derart zur Schau gestellte Aneignung des an diese Formen und Bilder geknüpften gesellschaftlichen Reichtums seinerseits kreditwürdig zu erscheinen" (ebd.: 43).

Das Investoren-Spiel mit dieser Aura zum Zweck des Verwertungsdrucks erscheint als ein mehrschichtiges. Zum einen handelt es sich um Absorptionen subkultureller Strategien, sich brachliegende Industriegebäude als billige Atelier-, Konzert- und sonstige Veranstaltungsräume, als Kulturzentren und Räume für Bürgerinitiativen, teils aber auch Wohnräume anzueignen. Zum anderen ist es offenbar der Versuch, an die ursprüngliche Art der sinnbildlichen Repräsentation anzuknüpfen. In jedem Fall braucht es aber eine 'malerische Patina'. Deilmann: „Ich fand die vorhandene, teilweise denkmalgeschützte Bausubstanz so reizvoll, dass die Idee entstand, ausgehend von dieser Substanz, ein multifunktionales Quartier zu entwickeln, welches Arbeiten, Wohnen, Einkaufen und Freizeit miteinander verbindet" (zit. n. *WN* Sonderveröffentlichung vom 25. Juni 2009). Zum Freizeitangebot gehören auch eine Tanzschule und ein Fitnessstudio. Das Ganze wird als „autarkes Quartier" vorgestellt (ebd.). Es gibt eine ganze Reihe von Arztpraxen, Steuerberater, Versicherungs-, Event- und Werbeagenturen, eine Bank und einen Supermarkt.

Der dann nicht verwirklichte Plan Deilmanns, zudem einen Discounter anzusiedeln, hatte laut *WN* vom 18. März 2006 übrigens „bei Verwaltung und Politik für einige Unruhe gesorgt", da dort um die versprochene Exklusivität des Quartiers gebangt wurde:

> „Für einen Discounter wird es keine Genehmigung geben, stellt Stadtdirektor Hartwig Schultheiß gegenüber unserer Zeitung klar. Ein für Deilmann nicht nachvollziehbares Statement: Der Discounter ist doch der Tante-Emma-Laden von heute. Das Konzept bleibt nach wie vor hochwertig. Genau das bezweifeln unter anderem die Mitglieder des Planungsausschusses unabhängig von ihrer Parteizugehörigkeit. Nach der jüngsten Sitzung, in der der so genannte Germania-Campus Thema im nichtöffentlichen Teil war, äußerten gleich mehrere Politiker ihre Sorge, dass Deilmanns Ankündigung, einen Discounter anzusiedeln, einen Wandel des Gesamtkonzeptes einläuten könnte von hochwertig zu billig." (ebd.)

Bei der genannten denkmalgeschützten Substanz handelt es sich um das 1898/99 neogotisch in Backstein realisierte Ensemble des Verwaltungs- und des Kesselgebäudes der Brauerei. Der Erweiterungsbau mit zwei auffälligen Erkern und der ehemals als Wahrzeichen dienende hohe Turm stammen aus den 1920er Jahren (vgl. Hänsel/ Rethfeld 2008: 158). Im neuen „Lifestyle-Campus" ist in Turm und Kesselhaus nun das exklusive „Factory Hotel", dessen architektonisches Prinzip, so die *MZ* vom 28. Juni 2009, das der „Bricolage" sein soll:

> „Das Außergewöhnliche gehört dort zum architektonischen Signet des Hauses, in dem die historische Bausubstanz der Brauerei in das Hotel und die übrigen Anlagen des Campus eingeflossen ist. Stahlträger, nackte Ziegelmauern oder Fensterbänder bleiben bestehen, gehen ins neue Konzept über. Schon an der Rezeption schauen die Führungs-Teilnehmer auf eine Wand, in der sich roter Ziegel, alter Mörtel und neuer, weißer Putz asymmetrisch mischen. „Hier geht es um Akzente des Industriebaus, die dem Hotel eine einzigartige Identität geben", sagt Marketingmanager Markus Völler und zeigt ein Zimmer, in dem sich Sichtbetonwände mit Seidentapete abwechseln. [...] Einmal dominiert die dynamische Rundung einer Außenmauer der alten Brauerei aus den 20er Jahren, die Tendenzen des „Neuen Bauen" aufnimmt und dem Raum das industrielle Gepräge lässt. Ein neues Restaurant dagegen strahlt im mediterranen Stil einer Finca mit Natur-Bodenplatten und dunklen Holzmöbeln. Auch der gezielte Einsatz von Licht gibt dem Hotel seinen Charakter: Von pink bis grün changiert der Schein der Leuchtstoffröhren, der die Gruppe durch das Treppenhaus nach draußen begleitet." (ebd.)

Außen gibt es dann bewusst konservierte oder vielleicht erst produzierte 'ruinöse' Details wie kleinteilige Mauerabbrüche. Und es gibt rohe Betontreppen, offenbar um den „Factory"-Begriff zu betonen. Das „spektakuläre[] Design-Hotel" mit 160 Zimmern, darunter Suiten und eine 160 Quadratmeter große „exklusive Penthouse Suite" will seinen Namen als Anlehnung an Andy Warhols „Factory" vermarkten, vor allem an „ein jüngeres und auch internationales Publikum". Es soll, bei völlig anderer Ausstattung, „das Niveau des Adlon" haben, preislich aber „zunächst 'unter dem Mövenpick' liegen" (*WN* vom 22. Dezember 2007).

Die „Germania-Brauerei" stellte Anfang der 1980er Jahre den Betrieb ein. Zuletzt, bevor Deilmann das Gelände erworben hatte, war für einige Jahre in einem Teil der Altbauten die Diskothek „Jovel Music Hall" untergekommen. Im Kesselhaus wurde Anfang der 1990er Jahre das Spaßbad „Germania-Therme" betrieben, nach dessen Scheitern kurz die Diskothek „Ex-Bad". Der Innenhof diente lange als Parkplatz. Dazu gab es einen Supermarktkomplex. In einem pavillonartigen Anbau aus den frühen 1970er Jahren hatte sich aber auch viele Jahre lang die 1979 gegründete lokale Flüchtlingshilfeorganisation GGUA eingemietet.

Außer dem Brauereikomplex wurde alles abgerissen. In die Baulücken wurden auf engstem Raum rund zehn mehr oder weniger auffällige Neubauten gesetzt. Auf der Brache hinter dem Ex-Brauereigebäude entstanden 42 Miet- und 70 Eigentumswohnungen. Letztere befinden sich in Gebäuden, die pompös „Stadtvillen" genannt werden, aber eigentlich nichts anderes als Mehrparteien-Reihenhäuser mit kurzen Vorgärten darstellen (vgl. *WN* Sonderveröffentlichung vom 25. Juni 2009). Die Diskrepanz zwischen Exklusivitätsrhetorik und zumindest äußerlicher standardisierter Ausführung wird hier sehr deutlich. Für das Interieur der bis zu 79 Quadratmeter großen und bis zu 187.000 Euro teuren Eigentumswohnungen werden jedoch „exklusive[] Ausstattungsmerkmale" versprochen. „Echtes Eichenparkett, Designbäder [...] sowie elektrische Jalousien und bodentiefe Holzfenster" (ebd.).

4.2 Akteure und Strukturen des städtebaulichen Verwertungsdrucks am Hafen

> „Den Charme des ersten Industriegebietes am Binnenhafen haben einige Pioniere schon in den siebziger Jahren entdeckt, lange bevor am nördlichen Ufer der sogenannte Kreativkai entstand. Der Hafen war damals Synonym für urbanes Feeling [...]. Wenn sich das Hafenbecken auch sehr bescheiden ausnimmt angesichts der stolzen Binnenhäfen anderer Städte, ist die Gegend doch von ganz besonderem Flair geprägt. Im Stadthafen findet man eine gelungene Mischung aus Arbeit und Freizeit, Kunst und Kultur – ein inspirierendes Stück Münster. Mit Blick auf Kräne und Lagerplätze der ehemaligen Handelsfirmen wurden Kontorhäuser und ehemalige Kornspeicher liebevoll restauriert, neue Architektur entstand neben alten Backsteinhäusern. Obwohl es noch immer ein leises Murren der früheren alternativen Hafen-Szene angesichts der Designer-Dienstleistungszentren gibt, gehört der Hafen am Dortmund-Ems-Kanal zu den Juwelen im Stadtbild und ist beliebtestes Ausflugsziel."

So wird die Entwicklung des Hafens im Stadtführer „Das Münsterbuch" in der aus der Perspektive des touristischen Blicks offenbar notwendigen Ausgewogenheit präsentiert (Farwick/Riese 2007: 87). Die für postfordistische Heterotopien so wesentliche Aura des Verfalls ist am Hafen von vornherein gegeben. Das am ehesten 'ruinöse' Bild liefert hier die ehemalige Holzlager-Halle der Firma „Ostermann und Scheiwe" (Osmo), vor denen sich im Sommer die „Coconut Beach" abspielt. Die hohe und weite Halle mit ihren löchrigen Dächern, unter denen sich Tauben tummeln, diente in den letzten Jahren als Ort für einen kleinen lokalen Wochenmarkt, für Konzerte beim Hafenfest oder „als coole Location für verschiedene Events" (ebd.: 94) wie Theater, Modenschauen, das „Public Viewing" bei der Fußballweltmeisterschaft 2006 und das „Oktoberfest" 2009.

In einer kleineren Halle auf dem Osmo-Gelände befindet sich ein „XXL-Clubrestaurant. Dieses und weitere Restaurants, Cafés, Kneipen und Läden nutzen die „industriegeschichtlich interessante[n] Innenelemente", wie etwa ehemalige Getreideschütten in den Decken und die rohen Wände der alten Speicher und Lagergebäude als attraktives Ambiente. Von der ursprünglichen Bebauung des 1899 eröffneten Kanalhafens sind noch einige Gebäude vorhanden. So der ehemalige RCG-Getreidespeicher. Er wurde bis 2004 in einer Public Private Partnership zwischen der Stadt, dem Land und dem „Coppenrath-Verlag" (unter anderem „Prinzessin Lilifee") erworben und renoviert, wobei der Verleger Wolfgang Hölker als Bauherr fungierte (vgl. *PresseInfo* vom 23. Juli 2001). Der eine Gebäudeteil wird komplett von „Coppenrath“ genutzt, der andere dient der Stadt als „Kunstspeicher“. In den vier unteren Etagen werden preisgünstige Ateliers für bildende KünstlerInnen angeboten, im Dachgeschoss befindet sich die städtische Ausstellungshalle für zeitgenössische Kunst. Die eigentlich lobenswerte Einrichtung des „Kunstspeichers“ ist jedoch von der Stadt von Beginn an zum „Meilenstein in der Entwicklung des Kreativkais als Standort für die Kulturwirtschaft“ (ebd.) ernannt worden – mit der Betonung auf Wirtschaft.

Der „Kreativkai“ wirkt wie ein Stück Gentrifizierung aus dem Lehrbuch. Bis zu seiner Einstellung Mitte der 1990er Jahre residierte hier das alternative *Stadtblatt*, das Stadtmagazin *Ultimo* zog damals infolge Kostendrucks weg. Das linke Kollektiv der „Druckwerkstatt“ gab einige Jahre später auf. Heute gibt es hier am Hafenweg das „Wolfgang-Borchert-Theater“ im ehemaligen Genossenschaftshaus der westfälischen Molkerei, schräg gegenüber eine weitere Residenz des „Coppenrath-Verlages“ im expressionistischen Backsteingemäuer der alten Feuerwache, es gibt den Keller des „Hot Jazz Clubs“, eine große Zahl von gastronomischen Angeboten und Dienstleistern aller Art, aber auch den Verlag „Westfälisches Dampfboot“. Einige der viel beschäftigten Architekturbüros der Stadt residieren inzwischen wenig überraschend am Hafen. Sie zeichnen hier dann auch für die geforderten neuen „Leuchttürme“ verantwortlich, Gebäude, wie sie für solche wassernahen Areale erwartbar sind (wie die Bauinszenierungen in anderen Städten, etwa bei der Hafencity in Hamburg zeigen). So haben Julia Bolles-Wilson und Peter L. Wilson ein Doppelhausbürogebäude mit einer Fassade entworfen, die aus „einiger Entfernung betrachtet [...] eine photoshopartige grafische Qualität“ haben und ein „gestaltetes Ausblenden von Tiefe“ bewirken soll (zit. n. Meyer/Skarabis 2007: 142f.). Andreas Heupel hat mit dem im Grundriss H-förmigen „Hafentor“ nach eigenen Angaben eine „dramatische Überspitzung der städtebaulichen Situation“ mit einer Fassade aus Glas und Holzaluminium geschaffen (zit. n. ebd.: 146f.). Und das Büro „GOP“ versteht sein fünfgeschossiges Büro- und Gewerbehaus „CUBE“ mit „seiner streng kubisch gegliederten Fassade“ aus vorspringenden Glasboxen als einen „Kontrast zur vorhandenen Industrielandschaft“ (zit. n. ebd.: 150ff.). Das erste Bürohaus wurde 2000 nach Entwürfen von Josef Paul Kleihues und Norbert Hensel fertig gestellt (vgl. Stadt Münster 2007: 55).

Diese Landschaft dient offiziell dem Tourismus (auch) in der eigenen Stadt: „Der besondere Reiz liegt darin“, meint die Stadt schon vor gut zehn Jahren (*PresseInfo* vom 13. Juli 1999), „daß hier Warenumschlag und Hafenbetrieb beobachtet werden können. Auch die zahlreichen Hobbyfischer [...] tragen zum Ambiente bei.“ Inzwischen haben Heupel, Wilson u.a. einen neuen, behindertengerechten Weg aus Natursteinpflaster an diesem Kai verlegt und dazu kantige beleuchtete Bänke aus Sichtbeton an die Hafenkante gesetzt. Beides soll „den ruppigen und industriellen Charakter des Gebietes“ erhalten und „geradezu beispielhaft die Konversion eines

Industriestandortes in eine Gewerbe- und Freizeitnutzung fortführ[en], ohne dessen Geschichte zu negieren. Die Akzeptanz dieses Wandlungsprozesses zeigt sich in der allabendlichen Belebung der Promenade" (zit. n. Meyer/Skarabis 2007: 158f.).

Während die Umwandlung des Geländes der „Germania-Brauerei" zum „Lifestyle-Campus" zwischen 2004 und 2009 kurzfristig von einem Privatinvestor geplant und realisiert wurde, ist die Aufwertung des Hafenareals – die Londoner Docklands dürften hier Pate gestanden haben – ein langfristig geplantes Vorhaben der Stadt. „Das Quartier um den Hafen", heißt es 1999 aus der Verwaltung, „war immer schon interessant. Jetzt soll es noch attraktiver werden. Die Stadt Münster hat das Sanierungsgebiet ganz oben auf die Prioritätenliste gesetzt. Seit Mitte der 80er Jahre laufen die Planungen für den 1995 vom Rat beschlossenen 'Erneuerungsschwerpunkt Südost'" (*PresseInfo* vom 13. Juli 1999). Die Planungen liefen also immer unabhängig von politischen Mehrheiten im Rathaus: bis 1994 CDU-dominiert, bis Herbst 1999 mit einer Mehrheit aus SPD und Grünen, seitdem und bis zur Kommunalwahl 2009 wieder CDU- bzw. CDU/FDP-dominiert. Während beim „Germania-Campus" Auswirkungen des Verwertungsdrucks auf die Umgebung – auf der einen Seite an der Grevener Straße ein Wohnviertel, das früher eher kleinbürgerlich geprägt genannt worden wäre, auf der anderen Seite an der Gasselstiege ein schmaler Streifen bäuerliche Kulturlandschaft – noch nicht absehbar sind, sind sie am und um den Hafen langfristig vorgesehen: „Aus dem ehemaligen 'Hinterhof' wird ein attraktives Viertel. 'Kunst, Kultur, Wohnen, Arbeiten und Freizeit – alle wichtigen Bereiche des Lebens sollen im zukünftigen Hafengebiet Platz haben'", lautete das Konzept der Verwaltung (ebd.). Für die „Wirtschaftsförderung Münster" ist der „Kreativkai" derzeit das Hauptvermarktungsobjekt. Sie bietet es ihrer potentiellen Kundschaft als „das wohl spektakulärste und zugleich begehrteste Entwicklungsgebiet" an, das „durch seinen lebendigen Mix aus Büronutzung, Szenegastronomie und Kultur ein eigenes unverwechselbares Flair bietet". Zugleich verwendet die WFM – die selbst an anderer Stelle residiert – ein Bild der 'Hafenmeile' als Signet ihrer Internetpräsenz (WFM Standort 2009).

In direkter nördlicher Nachbarschaft befindet sich das Viertel um den Hansaring, die Schiller- und die Wolbecker Straße, das an das Bahnhofsviertel grenzt. Die von Gründerzeit- und Nachkriegsbebauung dominierte Gegend bietet bisher häufig noch vergleichsweise bezahlbare Mieten. Hier gibt es alternative und ex-alternative Betriebe und Strukturen, Post-Punk-Kneipen, 'schräge' Clubs, mediterrane Restaurants, orientalische Läden usw. Nordöstlich vom Hafen liegt am Kanal ein (ehemals) kleinbürgerliches Wohnviertel, landläufig „Klein Muffi" genannt. Dass in diesem Umfeld massive Wertsteigerungen bei Immobilien erzielt werden können und sollen, lässt sich längst zeigen.

Der Aufwertungs-Boom des Hafen-Areals führt in seinem Umfeld zu immer neuen Aufwertungsprojekten. Eines der jüngsten läuft unter dem Logo „Habitat – Das

Wohn!Haus".[23] Hierzu hat die Münsteraner Firma „CM Immobilien-Entwicklung" das Gebäude des 1953 errichteten Arbeitsamtes (!) an der Wolbecker Straße umgebaut. Für knapp 50 „Apartments und Stadtwohnungen" in Größen von 35 bis 135 Quadratmetern nebst Tiefgaragenplätzen als „interessante[m] Bequemlichkeitsbonus" hat das Unternehmen nach eigenen Angaben rund zehn Millionen Euro investiert (*WN* vom 16. April 2009; CM Objekte 2009). „Der Größenmix der Wohnungen bietet die passende Größe für eine breite Zielgruppe", heißt es bei „CM", was aber nicht als Hinweis auf potentielle MieterInnen unterschiedlicher Einkommenshöhen verstanden werden soll, da es sich um eine „werthaltige Immobilie" handelt, die mit dem Ziel, an Investoren veräußert zu werden, errichtet worden ist (CM Objekte 2009), denn: „Gemeinsam erzielen wir Wertschöpfung" (CM Aufgaben 2009). Die „CM" zählt „innerstädtische hochwertige Wohnimmobilien [...] mit einem Investitionsvolumen ab 5 Millionen Euro" zu ihren „bevorzugten Entwicklungs- und Investitionszielen" (CM Referenzen 2009). Die Gegend ist für solche Vorhaben offenbar bestens geeignet, wie „CM" versichert. „Die Lage zeichnet sich durch ein lebendiges Umfeld mit Handel, Gastronomie und eine sehr gute Verkehrsanbindung aus. Der Hauptbahnhof ist, wie auch das beliebte Szeneviertel am Hafen, zu Fuß in wenigen Minuten erreichbar". (CM Objekte 2009) Vor allem die Nähe zum Hafen dient hier als Attraktivitätsargument.

Im letzten Kommunalwahlkampf präsentierte die CDU die Idee, auf einem 13 Hektar großen Teil des dem Hafen benachbarten Güterbahnhofs eine „Gartenstadt" zu errichten. „Mit dieser Vision will Münsters CDU in den nächsten Jahrzehnten ein innerstädtisches Areal für die Menschen zurückgewinnen und mit neuem Leben füllen", stellen die *WN* am 14. Februar 2009 diese „Generationenaufgabe", die „Ökonomie und Ökologie mitten in der Stadt" verbinden soll, vor. An welche Menschen dabei gedacht ist, wird aus Folgendem deutlich: „Im Zusammenhang mit diesem ambitionierten Vorhaben sei auch der jüngste Yachthafen-Vorschlag zu sehen, zeigte CDU-Oberbürgermeisterkandidat Markus Lewe [...] die Dimension des gesamten Projekts auf." (ebd.) Das auf ein Investitionsvolumen von „mindestens 100 Millionen Euro" (*WN* vom 17. Februar) geschätzte Vorhaben scheint keine völlig neue Idee zu sein. Der Architekt und ehemalige CDU-Kreisvorsitzende Hanno Höyng hatte laut *WN* (23. Mai 2009) schon Mitte der 1990er Jahre eine Machbarkeitsstudie und ein Modell einer solchen „Gartenstadt" angefertigt. Und 2003 hatte die SPD erfolglos einen Rahmenplan für das Grundstück beantragt (*WN* vom 14. Februar 2009).

---

23 Der Name soll eine Verbindung zu einem anderen Projekt der Firma herstellen: „Denk!mal – Das Bürohaus". Unter dieser Titulierung hat „CM" zwischen 2005 und 2007 das ehemalige Gebäude der Landwirtschaftskammer in der Schorlemerstraße in Bahnhofsnähe „kernsaniert und als Premium-Standort vermarktet", das heißt, in Büroflachen für Unternehmensberater, eine Privatbank, AnwältInnen und ÄrztInnen umgewandelt (CM Referenzen 2009).

Das Stichwort Yachthafen verweist auf das nach wie vor als Hauptziel angepeilte luxuriöse Wohnen am Wasser. Im Oktober 2008 stellten Andreas Deilmann und Rainer Maria Kresing, die das Osmo-Gelände ein Jahr zuvor gekauft hatten, im Planungsausschuss der Stadt ihr „futuristisches Wohnquartier“ mit rund 25 vier- bis neunstöckigen Blöcken für rund 430 Wohnungen in der Größe von 80 bis 200 Quadratmetern in direkter Nähe zu „Klein Muffi“ vor. Unter dem Titel „Neuhafen“ hätten sie sich, so die Architekten, „mit dem ‘Mythos Hafen’ auseinander[gesetzt]“, und sie wollten „dem früheren Industriegebiet ‘einen Hauch von westfälischem Venedig’ verleihen“. Das Viertel sollte von brückenüberspannten Grachten durchzogen werden und eingefasst von einem Veranstaltungszentrum im zu erhaltenden OSMO-Spänebunker im Norden und einem neuen Hochhaus mit zwölf Geschossen im Süden. „Besonderer Clou: Die oberen Stockwerke der zum Hafenbecken hin gelegenen Blöcke ragen über die Wasseroberfläche hinaus“ (*MZ* vom 30. Oktober 2008). Die von Deilmann und Kresing beigefügten Animationsbilder verdeutlichten, dass sie als Zielgruppe Menschen im Blick hatten, die über Motor- und Segelyachten verfügen (vgl. ebd.). Bei der Politik seien die Pläne, schreibt die *MZ* einen Tag darauf, „auf durchweg positive Resonanz“ gestoßen; die SPD habe aber noch Diskussionsbedarf bezüglich der Häuserhöhe und einer Einbindung von Sozialwohnungen gehabt.

Sehr schnell kam es aber zu Querelen. Zur besseren Vermarktung sollte zu den 45.000 Quadratmetern des Osmo-Geländes noch ein gut 15.000 Quadratmeter großes Nachbarareal im Besitz der Stadtwerke dazu gekauft werden. Als das Geschäft vom Hauptausschuss des Rates abgesegnet werden sollte, wurden zwei weitere Interessenten bekannt, über die die Kommunalpolitik nicht rechtzeitig informiert worden war. Zudem war es fraglich geworden, ob eine „solche freihändige Vergabe“ des Bauauftrages ganz „ohne [öffentliche] Ausschreibung rechtens“ sei. „Vor diesem Hintergrund sahen sich die Kommunalpolitiker wohl nicht mehr in der Lage, den Grundstücksverkauf ‘durchzuwinken’“ (*WN* vom 9. Dezember 2008). In der Folge kam es zu Schuldzuweisungen an den Stadtwerkevorstand wegen seiner Informationspolitik, zu Irritationen darüber, dass die Verwaltung den Verkauf des Stadtwerkegrundstücks nicht europaweit ausgeschrieben hatte, zur Verärgerung des Insolvenzverwalters der Firma Osmo, der eine solche Ausschreibung für unnötig hielt – zumal die *WN* vom 10. Januar 2009 darüber informierten, dass Deilmann und Kresing absurderweise das fragliche Stadtwerke-Areal bereits bis 2016 gepachtet hatten, was im Rathaus bekannt gewesen sei und was anderen Käufern bis zu diesem Jahr automatisch Deilmann und Kresing als Mieter beschert hätte. Es kam zu mehrfachen Drohungen der Architekten, ihr Projekt zu beerdigen, zu nicht ernst genommenen neuen Entwürfen anderer Architekten…

Schon Ende Januar 2009 wurde dann aber die vorläufige Weiterführung beschlossen. Deilmann und Kresing hatten sich mit dem Insolvenzverwalter auf eine Verlängerung des Rücktrittsrechts vom Kaufvertrag bis Jahresende geeinigt, damit sich die Architekten das Nachbargrundstück der Stadtwerke in der europaweiten Ausschreibung sichern konnten (*WN* vom 24. Januar 2009). Im Februar 2010 kündigte dann das neue „Sechserbündnis" um SPD und Grüne im Stadtrat den Stopp dieser Ausschreibung und die Installation eines „Hafenforums" zur BürgerInnenbeteiligung an (vgl. *WN* vom 25. Februar 2010).

Westlich wird das Becken des Stadthafens 1 begrenzt vom Hafenplatz und dahinter vom Albersloher Weg mit der Halle Münsterland und einem lang gezogenen Gewerbegebiet. Hier wurden in den letzten Jahren das Cineplex-Kino mit Diskotheken und Fitness-Studios, das Stadthaus III und der Neubau der Stadtwerke-Zentrale errichtet. Zuletzt kam das Gebäude der PSD-Bank am Hafenplatz dazu. Im September 2009 war Grundsteinlegung des siebenstöckigen Bürohauses „PortAl 10" – der Name soll „Port" für Hafen und „Al 10" für die Adresse Albersloher Weg 10 zusammenführen (vgl. *MZ* vom 10. September 2009) und zugleich als Tor zur Innenstadt fungieren. Die „repräsentative Adresse vor allem für Dienstleister" (*MZ* vom 7. Oktober 2008) neben dem „Cineplex" ist ein 15 Millionen Euro-Projekt des Essener Hochtief-Konzerns. Der „gewaltige Bürokomplex" wird als „ein münstersches Kuriosum" vorgestellt: „Denn es windet sich um die kleine Gaststätte [Zum Landsmann] herum, die dessen Inhaber partout nicht verkaufen will" (ebd.).

Hinter der Halle Münsterland, auf dem Areal der ehemaligen Betonwerke „Peter Büscher" liegt das seit dem 1. Januar 2006 selbstverwaltete soziokulturelle Areal „Hawerkamp". Im Vorjahr hatte sich der Verein „Erhaltet den Hawerkamp" mit der Stadt auf dieses Modell geeinigt. Vorangegangen war ein Jahrzehnt des Kampfes um den Erhalt des Geländes, auf dem sich das Kulturzentrum für Lesben und Schwule KCM, Konzerthallen und Diskotheken, Ateliers von KünstlerInnen und Kleingewerbe angesiedelt hatten; in „fragwürdiger Ruinenromantik", wie die konservativen *WN* vom 1. April 2009 retrospektiv beschieden. Bis 2003 war hier auch die städtische Ausstellungshalle für zeitgenössische Kunst. Immer wieder waren die von den BetreiberInnen selbst angeeigneten Räume, für die sie allerdings Miete an die Stadt zahlten, von Verwaltung und Politik mit dem Abriss bedroht worden. So gab es etwa Pläne im Zuge des Musikhallenbaus auf dem Hindenburgplatz den dortigen Jahrmarkt „Send" zum Hawerkamp umzusiedeln. 2005 kam es zu einer Einigung. Der Verein würde selbstverantwortlich für zunächst zehn Jahre die Trägerschaft übernehmen. Die Stadt zahlte einmalig 50.000 Euro als „Anschubfinanzierung", seitdem muss der Verein den Unterhalt aus den Mieteinnahmen selbst tragen (vgl. *WN* vom 12. Oktober 2005). Die Zukunft nach 2015 ist offen, der Verein plant aber schon weitere 20 Jahre. Der „Hawerkamp" ist durchaus Zeit seines Bestehens als Umfeld des „Kreativkais" wahrgenommen worden und gehört als 'Location' längst zum Bestandteil des Stadtmarketings.

'Subkultur' und Stadtmarketing. „Die 'kreative Klasse' sei vom 'neoliberalen Projekt' längst zu unfreiwilligen Helfern auserkoren worden, lautete der Tenor" bei der Abschlussdiskussion der Veranstaltungsreihe „ErsatzStadt" Ende Mai 2005 in der Berliner „Volksbühne". „Das funktioniere, so [der Stadtforscher Brian] Holmes, nach dem Prinzip der Impfung: Die kontrollierte Dosis künstlerischer 'Unruhe' soll den Ausbruch allgemeiner Unruhen verhindern helfen." (Kammerer 2005) Abgesehen davon, dass „allgemeine Unruhen" in einer Stadt wie Münster wenig wahrscheinlich sind, geht diese Argumentation anscheinend in Richtung bloßer Manipulation. Das würde verkennen, dass Gesellschaft, Individuen, Macht, Herrschaft stets nur in wechselseitigen Verknüpfungen existieren. Aber: Was Henri Lefèbvre noch als nicht entfremdeten „dritte[n] Raum" beschreibt, wird im postfordistischen Raum – bis zu einem gewissen Punkt zumindest – subsumiert, zum Bestandteil einer Verwertungskette gemacht und damit auch zur Stabilisierung bestehender Machtverhältnisse eingesetzt. 'Alternativen' Wohn- und Arbeitsquartieren kommt innerhalb der „Ökonomie der Symbole" im Städtewettbewerb insofern eine eigene Rolle zu, als dass sie von ihren AkteurInnen – zunächst (meist) unfreiwillig – in dann auch für Kapitalkreisläufe interessante Orte transformiert werden. Zu den weiteren Entwicklungen schreibt Sharon Zukin:

> „Die Akkumulation sowohl des Finanzkapitals als auch der visuellen Images findet buchstäblich in 'Kreisläufen kulturellen Kapitals' statt [...]. In den Kreisläufen, die die Gentrification ausmachen, sind für die Konjunktur einer lokalen Dienstleistungsökonomie besonders Konsum und sozialer Aufstieg einer gebildeten, aber nicht notwendigerweise wohlhabenden Mittelschicht von Bedeutung [...]. Deren Nachfrage nach renovierten Häusern schafft Möglichkeiten für Unternehmer und Arbeitsplätze im Bau- und Immobilienbereich; ihr Interesse an Kunst und gutem Essen fördert den Umsatz von Galerien und Restaurants. Die Arbeitnehmer in diesen Bereichen werden zur 'kritischen Infrastruktur' der Gentrification: sie demonstrieren und kritisieren die materiellen Grundlagen kulturellen Konsums in gleichem Maße [...]. Sie sind bewußte (und selbstbewußte) Agenten beim Aufbau von Kreisläufen kulturellen Kapitals und vermitteln den Wandel städtischer 'Szenen'." (Zukin 1998: 32)

Die postfordistische Subsumtion des „dritten Raums" hat allerdings Grenzen. Es könnten, so Kirchberg, nur

> „die Aspekte von Stadtkultur [...] langfristig überleben, die sich *mit* der Wachstumskoalition, nicht gegen sie entwickeln. 'Alternative' oder Avantgarde-Kultur, die ihr Image aus der Gegnerschaft zur Wachstumskoalition schöpfen, bleiben unwichtig und verschwinden wieder, oder sie steigen in die Ränge einer etablierten Kultur auf, weil sie sich in die Koalition integrieren lassen, sich also für die Zwecke der Wertsteigerung von Grund und Boden vereinnahmen lassen" (1998b: 44; Hervorhebung im Original).

Allerdings lassen sich solche Vereinnahmungen oft schon deshalb kaum verhindern, weil Verhandlungen über einen Weiterbestand alternativer Kultureinrichtungen schon zwangsläufig in diese Richtung gehen.

5 Selbstwidersprüche der Wachstumskoalition

> „Ohne einen Abzug der Firma Lehnkering mit ihrem Gefahrgutlager von der Südseite des Hafenbeckens ist die Nordseite mehr oder weniger zum Stillstand verdammt. Aber kann die Stadt auf den Arbeitgeber verzichten? Zumal in Krisenzeiten? Darüber ist man zumindest bei dem Duisburger Logistiker erstaunt." (*Hallo Münster* vom 7. Juni 2009)

Bis 2016 hat die Firma noch einen Pachtvertrag mit den Stadtwerken. Schon bei der Vorstellung des Luxusprojekts „Neuhafen" war klar, dass dieses mit dem Gefahrgutlager stehen und fallen würde, in dessen Umkreis von 500 Metern keine Wohnbebauung entstehen darf. Auch die „Coconut Beach" und andere Gastronomiebetriebe sind wegen „Lehnkering" nur befristet genehmigt. (vgl. *WN* vom 6. März 2009). Besonders der direkt benachbarte Flechtheim-Rhenus-Speicher ist von dieser Lage betroffen. Geplant ist hier die Umnutzung zu einem Luxus-Hotel mit 'industriellem Charme', möglicherweise aber auch zu einem Bürogebäude oder einem Archiv. Im Aufsichtrat der Stadtwerke, Eigentümerin des Speichers, konnte dazu bisher keine Einigkeit erzielt werden (vgl. *WN* vom 11. Februar 2009).

Laut *MZ* vom 25. Februar 2009 wären bei einem Störfall „im Umkreis von 800 Metern rund um das Lager – und somit in großen Teilen des Hafen- und Hansaviertels – [...] Menschen akut gefährdet". Gelagert würden dort nach Angaben der Firma „Haushaltsreiniger, Farben und Lacke sowie Pflanzenbehandlungsmittel. Diese können gesundheitsschädlich, reizend, ätzend, giftig, sehr giftig, leicht- bzw. hochentzündlich, umweltgefährlich oder brandfördernd sein". Zugleich befinde sich der Betrieb bezüglich des geforderten Schutzabstands in einer rechtlichen Grauzone. Er unterliegt eigentlich den strikten Abstandsforderungen der Störfallverordnung, hat aber andere Stoffe gelagert, als sie die Verordnung auflistet. Und die als Fachbehörde zuständige Bezirksregierung „belässt es dabei". Zumal mit der Verwaltungsstrukturreform die staatlichen Umweltämter aufgelöst wurden und als Gutachter wegfallen (ebd.). Die Stadt, schreibt das Blatt weiter, beteuere, sich an die notwendigen Abstände zu halten, was aber offenbar nicht überzeugend wirkt, denn, so die *MZ*, „wenn es keine Vorschriften gibt, weiß man nicht, woran man sich halten muss. Jedes neue Objekt muss einzeln angefragt werden. Planungssicherheit? Pustekuchen". Für die Stadt habe die Grauzone aber etwas Positives, folgert die Zeitung:

> „Was nicht explizit verboten ist, könnte erlaubt sein, und sei es per Einzelfallentscheidung und nach langen Diskussionen. Eine Lehnkering-Genehmigung mit klar ausgewiesenen Abstandsflächen hätte die gesamte Entwicklung am Kreativkai blockiert, und das seit Jahren. Die psd-Bank, das Restaurant 'Cube' und die vielen anderen neuen Kneipen entlang des Kais wären schlicht unmöglich gewesen. Der Hafen läge heute noch brach – und das wegen einer einzigen Firma." (ebd.)

Mit anderen Worten: Für die Aufwertung des gesamten Quartiers und steigende Prosperität müssen trotz eines Gefahrgutlagers schon mal Prioritäten gesetzt werden.

Die Firma „Lehnkering“ hatte mehrfach signalisiert, 2011 vorzeitig abzuziehen. Dabei sollte zunächst auf eine von der Stadt gebotene Ausgleichszahlung von mutmaßlich einer Millionen Euro verzichtet werden (*MZ* vom 12. März 2009). Später standen sie als „Knackpunkt“ wieder im Raum (vgl. *Hallo Münster* vom 7. Juni 2009). Zwar berichtet das Anzeigenblatt, dass die Wirtschaftsförderung Münster das Industriegebiet im peripheren Stadtteil Amelsbüren als Ausweichstandort diskutiere. Ein Unternehmenssprecher bekundete aber ebenso „seine Verwunderung über das münsterische Anliegen [...]. ‘Anderswo werden wir – gerade in Zeiten der Wirtschaftskrise – mit offenen Armen empfangen in der Hoffnung, dass Lehnkering sich niederlässt. Nur in Münster will man, dass wir gehen’“ (ebd.). Das verweist auf ein zwischenzeitlich von der Firma bekannt gemachtes Angebot aus dem Kreis Steinfurt, verbunden mit der impliziten Drohung, dass Münster zusätzlich zur Ausgleichszahlung noch auf Gewerbesteuer verzichten müsste.

Die Diskussion um das Hotel am Hafen ist ein weiterer Bereich, in dem deutlich wird, dass die Münsteraner Wachstumskoalition mit ihrer Politik auf Selbstwidersprüche stößt. Die Ausrichtung als Tourismus- und Kongressstadt verlangt nach immer neuen Hotel-Bauten, so zumindest vertritt es vehement die Leitung der kommunalen Halle Münsterland. Die *WN* 11. Februar 2009 sehen eine „verschärft[e]“ Debatte. Den Gegenpart bilden „[e]tliche Hotelbesitzer“, die die Ratsfraktionen vor dem Hintergrund eines schon bestehenden „Verdrängungswettbewerb[s]“ vor einer Zerstörung der „mittelständische[n] Hotellandschaft“ warnen. Tags darauf meldet das Blatt, in einer Krisensitzung sei der Austritt der Hotelfachgruppe des „Deutschen Hotel- und Gaststättenverbandes“ (Dehoga) aus der lokalen „Kongress-Initiative“, zu der die Halle Münsterland und „Münster Marketing“ gehören, nur knapp verhindert worden. Die Forderungen der Hallen-Verwaltung inklusive des städtischen Aufsichtrats schadeten „dem Standort Münster“, da sie „nach außen Engpässe suggerierten, lautete die Kritik“. Aus Hotelierssicht sei das Bettenangebot ausreichend, „zumal die durchschnittliche Auslastung bereits jetzt bei nur noch 42 bis 46 Prozent liege. Gehe sie noch mehr zurück, [...] sei nicht auszuschließen, dass Häuser aufgeben müssen“. Die Spitze von „Münster Marketing“ hoffte auf klärende Gespräche und „räumte Sympathien für beide Seiten ein“ (ebd.).

Die fortschreitende „Touristisierung“ (Holert/Terkessidis) sorgt auch in Münster dafür, dass bei nahezu jedem innerstädtischen Großprojekt ein „spektakuläres Design-Hotel“ (*WN* vom 22. Dezember 2007) eröffnet, zumindest aber geplant wird. Das „Ramada-Hotel“ als größter Mieter des Stubengassen-Komplexes versetzte schon zwei Jahre vor seiner geplanten Eröffnung „Traditionsbetriebe in Angst“, melden die *WN* am 13. Oktober 2007. Die „Wirtschaftsförderung Münster“ (WFM) konterte mit einer von ihr selbst, „Münster Marketing“, der Dehoga und der Industrie- und Handelskammer (IHK) in Auftrag gegebenen Hotelmarktstudie von 2005, die neue Kapazitäten befürwortete. Zudem, so die WFM, seien die meisten bisherigen

Münsteraner Herbergen zu klein, um Buchungen für größere Tagungen annehmen zu können. Nur fünf lokale Hotels böten damals mehr als 100 Zimmer an (ebd.). Just diese fünf großen „Vier-Sterne-Hotels der Stadt" aber befürchteten wenige Monate später selbst „Turbulenzen" und schlossen sich zur Gruppe „Münsters Top Hotels" zusammen, um sich für einen erwarteten „ruinösen Preiskampf" zu wappnen (*WN* vom 29. Februar 2008).

Die anhaltenden Auseinandersetzungen im Gastgewerbe verdeutlichen: Innerhalb des harmonischen Bildes der „starken Innenstadt" herrscht ein „gnadenlose[r] Verdrängungswettbewerb". Diese Diagnose der Dienstleistungsgewerkschaft ver.di (zit. n. *WN* vom 8. August 2008) bezieht sich auf die innerstädtische Geschäftslage allgemein und auf das Ende mehrerer größerer Bekleidungsgeschäfte im Besonderen. Im selben Herbst kündigten zwei inhabergeführte „Traditionshäuser" in der Ludgeristraße und am Prinzipalmarkt sowie ein Filialkaufhaus an der Ludgeristraße aus Kosten- und Konkurrenzgründen ihre Schließung an. Die dem „Verein der Kaufmannschaft" nahe stehenden *WN* sprechen am 6. August 2008 von steten „Hiobsbotschaften", von schrillenden „Alarmglocken in der City", davon, dass „die Geschäftswelt in der Innenstadt sogar vor einem der größten Umbrüche nach dem Krieg" stehen könnte. Nur vier Tage darauf heißt es im selben Blatt: „Die jüngsten Trauernachrichten aus dem Textileinzelhandel scheinen an diesem Donnerstag wie weggeblasen. Die Sonne lacht bei der Eröffnung des Hanse-Carrés, und gegen Mittag bilden sich an den Kassen der vier neuen Geschäfte lange Schlangen." Münster sei „um eine kleine Einkaufswelt reicher".

Solche ans Manisch-Depressive gemahnende Stimmungsbilder verweisen auf einen Grundwiderspruch der lokalen Wachstumspolitik. Einerseits geraten die stetig steigenden Mieten für Gewerbeflächen der Stadt diskursiv auch zum kulturellen Kapital und ist auch ökonomisch eine weitere Steigerung das Ziel. Die „Wirtschaftsförderung" wirbt mit den „seit Jahren starke[n] Flächenumsätze[n]", die den hiesigen Immobilienmarkt als dynamisch und wettbewerbsstark auszeichneten, denn: „Die Mieten sind in guten Lagen sowohl für Büro- als auch für Einzelhandelsflächen in den letzten Jahren kontinuierlich gestiegen." Zugleich gebe es eine relativ niedrige Leerstandsquote (WFM Immobilien 2009). Andererseits sollen gerade inhabergeführte Geschäfte statt Filialisten die Innenstadt vor Austauschbarkeit retten und so auch für Käuferströme aus dem Umland attraktiv bleiben. Das streicht die Verwaltung immer wieder heraus. Auch ein Stadt-Entwicklungsexperte als Berater der Stadt für ein Einzelhandelskonzept rät dringend, sich nicht durch anonyme Ketten den „eigenen Standort [zu] versauen". Dem stimmt Stadtdirektor Hartwig Schultheiß ausdrücklich zu. „Wenn Hauseigentümer Gewinnmaximierung zum wichtigsten Kriterium ihrer Entscheidungen machten, laufe das allen Bemühungen der Stadtentwicklung zuwider. Auch deshalb habe die Stadt bei der Stubengasse" auf einen Maximalerlös verzichtet (*WN* vom 11. September 2008). Die IHK betont, Münster liege bei den

Mietpreisen in „Städten unter 300.000 Einwohnern […] ganz vorne". In den vergleichbaren Städten Aachen und Bonn „ist es erheblich günstiger". Die hohen Münsteraner Preise, besonders in „1a-Lagen" könnten „erfolgreiche Filialisten eher refinanzieren als kleine selbstständige Textileinzelhändler. Das führt zum schrittweisen Austausch". Als Gegenstrategie empfiehlt die IHK ImmobilienbesitzerInnen „ein Stück Selbstverzicht". Zudem helfe Wachstum, denn zusätzliche Flächen würden zu sinkenden Mieten führen (zit. n. *WN* vom 7. Oktober 2008) – obwohl die Entwicklungen mit der Stubengasse und den „Münster Arkaden" offenbar das Gegenteil nahe legen. Die Kaufleute der Ludgeristraße, die im bundesweiten Ranking der stark besuchten Fußgängerzonen Platz vier belegt, hätten sich auf der Stubengasse statt Konkurrenz lieber eine Musikhalle oder – wie auch die Grünen – einen Stadtpark gewünscht, sagt deren Sprecher (vgl. *WN* vom 8. August 2008). Die IHK hofft, dass die geplanten 10.000 Quadratmeter Einzelhandelsfläche eines Bahnhofsneubaus „Druck aus dem Mietkessel nehmen" (zit. n. *WN* vom 7. Oktober 2008). Wahrscheinlicher ist es aber, dass diese Einzelhandelsflächen erneut den Konkurrenzdruck erhöhen.

> „Wenn der Hauptbahnhof einer Großstadt zum Geschäftszentrum umgebaut wird, ist es nicht der Bahnhof, der den Rahmen bildet, sondern das Geschäftszentrum. Was vorher Bahnhofsgebäude war, ist jetzt Container. Der Bahnhof ist ummantelt in einem Maße, daß er als Gebäudetypus nicht mehr existiert. Der Verkehr findet unter der Einkaufsebene statt, oder auf spannende Weise mit ihr verzahnt." (Hoffmann-Axthelm 1995: 70)

Der Bahnhof ist dann also keine Reise- und Durchgangsstation mehr, sondern eine weitere „Stadt im Container" mit „maximaler Erlebnis- und Anreizdichte", schreibt Dieter Hoffmann-Axthelm (ebd.: 63), eine Art weitere *Mall*, die die BesucherInnen motivieren soll, „bis in den letzten Winkel vorzudringen und erst dann, ausgemolken, den Container wieder zu verlassen" (ebd.: 70). Das 'Shoppen' würde zum hauptsächlichen Aufenthaltspunkt.

Seit Jahren wird in Politik und Verwaltung parteienübergreifend der marode Zustand des Hauptbahnhofs beklagt und von der Deutschen Bahn Abhilfe verlangt. Das wurde von der Bahn nach langem Warten Ende 2008 zugesagt. Die Münsteraner Verwaltung bindet die Sanierung jedoch strikt an den Neubau von zwei Empfangshallen mit bis zu 12.000 Quadratmetern Einzelhandel und sich selber in dieser Sache an das Ettlinger Bauunternehmen „Timon". Dessen Geldgeber, die Landesbank Baden-Württemberg, war im Herbst 2008 wegen der Bankenkrise abgesprungen. Es folgten Monate der Investorensuche durch „Timon" (vgl. *MZ* vom 1. Dezember 2008). Anfang 2009 werden Diskussionen laut, dass die von „Timon" für den Gewerbebereich geplante Investition von 80 Millionen Euro nicht rentabel sei. „Die Experten sehen nur zwei Alternativen, um doch noch einen Geldgeber für das krisengeschüttelte Projekt an Land zu ziehen: 'Entweder die Baukosten drastisch senken – oder deutlich mehr Gewerbefläche.' Rechnen werde sich das Timon-Vorhaben vermutlich „erst ab etwa 30000 Quadratmetern", heißt es in den

WN vom 20. Januar 2009. „Eine Horrorvorstellung für Münsters Kaufleute: 'Dann würde der Bahnhof den Einzelhandel in der Innenstadt aufsaugen', befürchtet Karin Eksen, Geschäftsführerin des Einzelhandelsverbandes".

Etwas später ist dann nur noch von 40 Millionen Euro Baukosten die Rede. Anfang April trennt sich die Bahn vom erfolglosen Geldsucher „Timon" und kündigt die alleinige Sanierung der Verkehrsinfrastruktur an (vgl. *MZ* vom 9. April). Die Stadt bleibt aber beim Vorhaben, den Hauptbahnhof als Einzelhandelszentrum neu zu bauen. Dafür hatte sie im Vorjahr einen Sanierungszuschuss von fünf Millionen Euro zugesagt. Es folgen Vorwürfe von „Timon" an die Bahn, Überlegungen, die Sparkasse als Geldgeberin – aber nicht Projektentwicklerin wie bei den „Arkaden" – einzubinden, und ein Neubauplan der Bahn für die Bahnhofshalle, den die Stadt als stadtplanerisch völlig unpassend ablehnt (vgl. *MZ* vom 15. u. 26. April u. 26. Juni 2009). Zuletzt lässt die Bahn durchblicken, dass die Empfangsgebäude nicht vor 2011 erneuert werden. Bahnsteige, Gleise und beide Zugangstunnel sollten aber früher saniert werden (*MZ* vom 5. September 2009). Seit November 2009 hat die Deutsche Bahn AG damit beim Nordtunnel begonnen, im letzten Viertel des Jahres 2010 soll der Haupttunnel folgen (vgl. *MZ* vom 19. November 2009).

Die lange Fixierung der Stadtverwaltung auf schwankende Investoren, wie im Fall „Harpen" bei der Stubengasse oder im Fall „Timon" beim Hauptbahnhof, verdeutlicht auch das Dilemma, das in Strategien des *property-led development* steckt. Die strikt angebotsorientierte Politik kollidiert mit der kommunalen Verpflichtung, steigende Sozialleistungen bei steigenden Schulden zu finanzieren. Der Wettbewerb um potente NeubürgerInnen und Unternehmen soll steigende Steuereinnahmen garantieren. Das ist gepaart mit einem Wettlauf nach unten, was den Sozialetat und die 'freiwilligen Leistungen' angeht. Die Angebotsorientierung erhöht zugleich den Spardruck weiter. Diesen Druck haben die Kommunen aber nicht allein zu verantworten. Ihre Einnahmebasis wird zunehmend von gesetzlichen Maßnahmen der Bundespolitik eingeengt. So sorgen 2007 „gesellschaftsrechtliche Veränderungen bei großen Steuerzahlern, die zum Beispiel konzernintern Steuer mindernd Gewinn- und Verlustsparten zusammengefasst hätten", zu einem Einbruch der Gewerbesteuereinnahmen Münsters auf rund 180 Millionen statt der geplanten 260 Millionen Euro. Die Stadt müsse sogar teils „erhebliche" Steuergelder an Unternehmen zurückzahlen (vgl. *PresseInfo* vom 21. August 2007). Zugleich sind die Städte zu ausgeglichenen Etats verpflichtet, sonst droht bei anhaltender Überschuldung Haushaltssicherungskonzept durch die Bezirksregierung (*PresseInfo* vom 10. Januar 2006), deren Kommunalaufsicht dann die Kommunalpolitik steuert und der lokalen Politik den „Handlungsspielraum" nimmt (*PresseInfo* vom 10. Dezember 2001).

Bislang konnte das relativ reiche Münster so etwas verhindern. 2009 aber hat die Stadt nicht die kalkulierten 270, sondern nur 225 Millionen Euro Gewerbesteuern eingenommen. Zudem hat sie sechs Millionen Euro weniger an Zuweisungen aus dem Gemeindeanteil der Einkommenssteuer erhalten. Das Etatdefizit steigt damit auf rund 80 Millionen Euro (vgl. *PresseInfo* vom 21. September u. 17. Juni 2009). Wie geht das 'Unternehmen Stadt' mit wachsendem Spardruck um? Es legitimiert sich mit Hilfe der Unternehmensberatung.

6 Die „lebenswerteste Stadt der Welt" im Berater- und Ranking-Kapitalismus

> „er ruft den mckinsey-king. So hat man früher jedenfalls gesagt. [...] ja, darauf ziehe sich dann alles zurück: auf die ahnung von harter bwl." (Kathrin Röggla: Wir schlafen nicht)

Im August 2006 präsentieren Oberbürgermeister Berthold Tillmann und Kämmerin Helga Bickeböller (CDU) das von der Stadt bei der Berater-Firma „Rödl & Partner" in Auftrag gegebene Gutachten „zur weiteren Konsolidierung" des Etats. Darin werden „rund 250 Einzelvorschläge für Konsolidierungsmaßnahmen mit einem Gesamtvolumen von rund 52 Millionen Euro" gemacht, so das städtische Presse- und Informationsamt. „Ziel der Stadt ist es, daraus 30 Millionen Euro im städtischen Etat dauerhaft einzusparen, um das noch vorhandene strukturelle Haushaltsdefizit weiter abzubauen." (*PresseInfo* vom 3. August 2006). Laut Rödl & Partner (2006, I: 1)[24] geht es hierbei um den „Finanzplanungszeitraum 2007-2010. Schon Anfang 2006 hatte der Rat der Stadt „in einer ersten Sparrunde [...] Maßnahmen im Umfang von 20 Millionen Euro beschlossen. Eine dieser Maßnahmen war die Rückführung der Erstattung von Schülerfahrtkosten auf den gesetzlich vorgeschriebenen Standard" (*PresseInfo* vom 3. August 2006).

Das „Rödl"-Gutachten ist nicht die erste externe Spar-Expertise Münsters. Im Juni 2005 hatte der Rat der Stadt die Hamburger „Wenzel Consulting AG" beauftragt, „ein Konzept zur Entwicklung der städtischen Bäderlandschaft" mit mehreren Varianten zu erstellen; Kosten des Gutachtens: 100.000 Euro (vgl. Beschlussvorlage OB 2005: 3). „Wenzel" firmiert als „Full Service Consultant" für „Investoren, Projektentwickler, Kommunen und kommunale Eigenbetriebe, Banken, Betreiber und Unternehmen bei der strategischen Planung, Entwicklung und Optimierung" von Freizeitkonzepten und -immobilien und bezeichnet sich selbst unter dem Motto „leisure – tourism – real estate" als „eines der führenden Beratungsunternehmen für

24 Die fertig gestellte und von der Stadtverwaltung verbreitete Rödl-Expertise besteht aus vier Teilen: dem eigentlichen Abschlussbericht und zwei Anlagen von Rödl & Partner sowie einer Beschlussvorlage der Stadtverwaltung für den Rat. Abschlussbericht und Beschlussvorlage besitzen Seitenzahlen, die Anlagen 1 und 2 zum Abschlussbericht nicht. Zitiert werden daher wie folgt: Der Gesamtbericht als Rödl & Partner 2006, der eigentliche Abschlussbericht als Rödl & Partner 2006, I, die Anlagen als Rödl & Partner 2006, II und Rödl & Partner 2006, III, die Beschlussvorlage als Rödl & Partner 2006, IV.

die Freizeit-, Tourismus- und Immobilienwirtschaft in Europa" mit einer Beratungserfahrung „von über 2.000 nationalen und internationalen" Projekten, darunter die „VW Autostadt" Wolfsburg, die Münchener „BMW Welt", das „Erlebnisbad Ishara" und die Hamburger „Elbphilharmonie"[25] (Wenzel Consulting 2009).

Im Folgenden soll eingehend dargestellt werden, warum die Verwaltungsspitze einer Stadt die Dienste von Beratern in Anspruch nimmt. Flankiert und belegt werden diese Überlegungen vor allem mit den Analysen von Christine Resch zum „Berater-Kapitalismus" (2005), einer Bezeichnung, mit der „die gegenwärtige Wirtschaftsweise treffender [...] als mit der populären Diagnose 'Wissensgesellschaft' beschrieben ist" (Resch 2008). Zunächst werde ich das „Wenzel"-Gutachten bezüglich seiner Prämissen, seiner Erstellung, seiner Ergebnisse und deren Umsetzung nachzeichnen. Anschließend soll im Einzelnen – überwiegend anhand des „Rödl"-Gutachtens und seiner Behandlung – entfaltet werden, welchen Sinn Unternehmensberatung in diesem Fall hat. Im zweiten Teil des Kapitels werde ich schließlich die Frage bearbeiten, wie Unternehmensberatung bzw. die Dominanz der BWL und Wohlfühl-Rankings am Beispiel des relativ reichen Münster miteinander korrespondieren, anders gesagt: wie Lebensqualität und Wettbewerb unter den gegenwärtigen Bedingungen wechselseitig voneinander abhängen, um auch aus dieser Perspektive noch einmal zu thematisieren, um wessen Lebensqualität es dabei letztlich geht, was zugleich auch Fragen nach den Widersprüchen dieser wechselseitigen Abhängigkeiten beinhaltet.

6.1 Das Verschieben der Verantwortung

Nach eigener Darstellung erstellt die Firma „Wenzel" eine „Entwicklungsanalyse für ein zukunftsgerichtetes Bäderkonzept" für die Stadt Münster „[v]or dem Hintergrund der defizitären Situation der Münsteraner Bäderlandschaft", die sechs Frei- und neun Hallenbäder umfasse, deren „Sanierungsbedarf [...] auf knapp 40 Mio. Euro veranschlagt" werde. Als Ziele nennen die Berater die „Berücksichtigung der Bedürfnisse der Bevölkerung mit der Folge der Erhöhung der Besuche sowie der Erreichung eines besseren wirtschaftlichen Gesamtergebnisses". Außerdem müsse der kommunale Versorgungsauftrag als „wesentliche Aufgabe der öffentlichen Hand" sichergestellt werden. Hierzu „wurde ein bewährtes und komplexes [...] Analyseverfahren zur Ermittlung des quantitativen Bedarfs der Schul- und Vereinsschwimmer eingesetzt,

25 Bei der „Konzeptprüfung 'Elbphilharmonie' Hafencity Hamburg" hat „Wenzel Consulting" 2003 u.a. auch die Baukosten geprüft (vgl. Wenzel Consulting Kultur 2009). Inzwischen drohe das Projekt „zum Fiasko zu werden" schreibt die *Frankfurter Rundschau* am 27. November 2008: „Die öffentlichen Ausgaben für das Gebäude der Schweizer Architekten Herzog & de Meuron steigen um 209 Millionen Euro auf insgesamt 323 Millionen Euro. In einer ersten Machbarkeitsstudie war von 77 Millionen Euro Steuergeldern die Rede."

das in Form von Simulationen die Auswirkungen von Bäderverlagerungen bzw. -schließungen auf die Versorgungssituation dieser Besuchergruppen darstellt". Als erbrachte „Leistungen" zählt „Wenzel Consulting" auf: Man habe die genannten Schwimmbäder – „davon zwei Freibäder in freier Trägerschaft" – einer „Angebotsanalyse" unterzogen, gewichtet nach den jeweiligen 'Stärken' und 'Schwächen' der Bäder sowie der Konkurrenzsituation. Desgleichen sei eine „Bedarfsanalyse" (sowohl aus Sicht „der Auftraggeber", als auch der „der Nachfrager") erstellt worden. Und schließlich seien ein „Handlungsprofil" und „Strategische Entwicklungsvarianten" entwickelt worden (vgl. Wenzel Consulting Bäderkonzept 2005).

Dazu veranstaltet „Wenzel" laut einer Beschlussvorlage der Stadtverwaltung am 11. und 12. Juli 2005 eine „Bäderbesichtigung", um alle Bereiche und Räumlichkeiten der jeweiligen Schwimmbäder zu begutachten. Ende August 2005 tagt erstmals eine „vom Rat der Stadt Münster eingesetzte politisch und verwaltungsseitig besetzte Arbeitsgruppe [...] gemeinsam mit dem Gutachter", um „über die gegenwärtige und mögliche zukünftige Zielgruppenorientierung, die Wirtschaftlichkeit, die Attraktivitätssteigerung, die Alternativen zu den städtischen Bädern u.ä." zu diskutieren. Mitte September findet eine Anhörung statt, bei der VertreterInnen von Schulen und Sportvereinen „gegenüber dem Gutachter ihre Anregungen und Hinweise formulieren" können. Ende September stellt „Wenzel Consulting" der Arbeitsgruppe in einem Zwischenbericht ihre Angebots- und Bedarfsanalysen vor, am 18. Oktober 2005 schließlich das vollständige Gutachten. Einen Tag später besteht „für die gesamte interessierte Öffentlichkeit, für alle Vertreterinnen und Vertreter des Rates, der Bezirksvertretungen, der Schulen und Sportvereine sowie der Medien die Möglichkeit, sich im Rahmen der Gutachtenpräsentation der Fa. 'Wenzel Consulting' über die Inhalte des Gutachtens zu informieren". Weitere fünf Tage später informiert die Firma noch einmal die Ratsfraktionen und steht ihnen „für Fragen zur Verfügung" (vgl. Beschlussvorlage Bäder 2005: 3f.).

Der geschilderte Ablauf des Verfahrens macht etwas deutlich, das Christine Resch (2005: 217) als charakteristischen Paradigmenwechsel im „Berater-Kapitalismus" beschreibt. Berater agieren nicht mehr unsichtbar im Hintergrund und liefern so den politischen EntscheidungsträgerInnen Argumente, mit denen diese an die Öffentlichkeit gehen. Vielmehr agieren die Berater nun im Vordergrund, während die politischen EntscheidungsträgerInnen als ihre öffentlichen UnterstützerInnen, wenn nicht gar HandlangerInnen erscheinen. Ich werde später im Zusammenhang noch einmal darauf eingehen.

Inhaltlich verspricht das Bäder-Gutachten bei der Umsetzung des „Szenarios III, Variante 2 ('Dezentrale Versorgung')", für das sich die Münsteraner Verwaltung entscheidet, über mehrere Jahre insgesamt „geschätzte Investitionskosten in Höhe von voraussichtlich rund 21 Mio. Euro" bei einem gleichzeitigen jährlichen „Einsparungseffekt" von „rund 50 %" (Beschlussvorlage Bäder 2005: 2). Dazu sollen die Hallenbäder in Münster-Mitte und -Ost, sowie in den Vororten Wolbeck (im Südosten), Roxel (im Westen), Kinderhaus (im Norden) und Hiltrup (im Süden) „langfristig erhalten" bleiben und saniert werden, ebenso die Freibäder Hiltrup und Stapelskotten (in einem östlichen Außenbezirk), bzw. alternativ dazu das private Freibad DJK Coburg (am nördlichen Rand der Innenstadt). Bis spätestens 2008 sollen dagegen „geschlossen oder aus der städtischen Trägerschaft entlassen werden": Das innerstädtische Hallenbad Süd, das Hallenbad im südlichen Vorort Amelsbüren, das Hallen- und das Freibad im östlichen Vorort Handorf und das Freibad im nordwestlichen Vorort Nienberge (vgl. ebd.: 4). „Die Vorteile, die der Gutachter" für dieses Szenario benenne, „haben die Verwaltung dazu bewogen, dem Rat der Stadt Münster diese Variante vorzuschlagen". Denn prognostiziert würden sinkende Betriebskosten und eine dauerhaft sichere Finanzierung der Bäder, eine „quantitativ optimale Versorgung von Schulen und Vereinen unter Berücksichtigung demografischer Entwicklungen", die Bereitstellung einer „adäquate[n] Bäderlandschaft für Individualgäste", orientiert „an den Bedürfnissen verschiedener Zielgruppen", „z.B. hinsichtlich Sport und Fitness oder Erholung und Entspannung (Wellness), anhand derer sich die einzelnen Bäder profilieren könnten" (ebd.: 4f.).

Hinter dieser „Profilierung" verbirgt sich nicht allzu sehr, dass die Befriedigung der genannten verschiedenen Bedürfnisse in naher Zukunft durchaus zu deutlich längeren Anfahrtswegen führen kann. „Für Individualgäste", räumt dann auch die Verwaltung ein, könne die Bäderschließung „unter Umständen eine Nutzungseinschränkung" bedeuten. Weil jedoch „gleichzeitig die verbliebenen Bäder saniert, modernisiert, neu positioniert und stärker an den Wünschen der Bürgerinnen und Bürger ausgerichtet werden sollen, stehen zukünftig attraktivere Wasserfreizeitanlagen als bisher zur Verfügung", wird dann noch einmal betont. Und auch für die anderen NutzerInnen heißt es erneut: Laut der „Berechnungen des Gutachters" werde beim Schulsport „der bisherige Versorgungsgrad gehalten", dürfe sich infolge erwartbar sinkender Schülerzahlen in Zukunft sogar (von selbst) verbessern. Auch die Versorgung der Sportvereine sei „nach Aussagen des Gutachters [...] über die beiden dezentralen Bäder Roxel und Wolbeck langfristig gesichert" (ebd.: 4).

Zur „Sanierung und Attraktivierung der städtischen Bäderlandschaft" (Beschlussvorlage Bäder 2007: 1) schlägt „Wenzel Consulting" weiter eine Verringerung der Wasserfläche in den Freibädern vor, habe sich doch das „Badeverhalten" der BesucherInnen geändert. Nicht mehr die sportliche Nutzung der Freibäder habe Vorrang, sondern Freizeit und Erholung (vgl. ebd.: 7). Im weiteren Verfahren wird dies allerdings von Politik und Verwaltung mit der Begründung, eine derartige Flächenreduzierung müsse „differenziert" betrachtet werden, modifiziert. In Stapelskotten sollte laut „Wenzel"-Gutachten das Sportbecken um 459 und das Nichtschwimmerbecken um 410 Quadratmeter verkleinert und stattdessen ein 125 Quadratmeter großes „Entspannungsbecken" angelegt werden. Hier sei nun nach Möglichkeiten einer

„Reduktion der Verringerung der Wasserfläche“ (wie sich die Verwaltung ausdrückt) zu suchen. Solche ‘Verringerungs-Reduktionen’ werden dann für das Freibad Hiltrup gleich konkret vorgeschlagen. Anders als vom „Gutachter“ vorgesehen, soll das Sportbecken nicht um 300 sondern nur um 150 Quadratmeter verkleinert werden; das Nichtschwimmerbecken hingegen soll nicht um 725 Quadratmeter verkleinert, sondern um 100 Quadratmeter vergrößert und durch „Attraktivitätselemente“ – vor allem durch eine Rutsche – „insbesondere für die Zielgruppe Kinder und Jugendliche attraktiver gestaltet werden“ (vgl. ebd.: 7f.).

Diese Modifizierungen sind nicht die einzigen, die die Empfehlungen der Beraterfirma in der Umsetzung erhalten (und solche Modifizierungen durch die AuftraggeberInnen gehören zum Normalfall im „Berater-Kapitalismus“, wie sich später noch zeigen wird). Am Ende wird es keine Alternative zwischen den Freibädern Stapelskotten und Coburg geben; beide werden fortgeführt (vgl. ebd.: 5f.). Die anderen genannten Bäder werden dagegen 2007 und 2008 geschlossen – das Hallenbad Amelsbüren, die Freibäder Handorf und Nienberge – oder es wird eine private „Weiterführung“ durch Bürgerinitiativen geprüft – bei den Hallenbädern Handorf und Süd (vgl. ebd.: 4f.). Das Handorfer Hallenbad wird dann seit Mitte August 2008 ehrenamtlich und finanziert aus Eintrittsgeldern, Mitgliedsbeiträgen, Spenden und Vermietungen von Schwimmzeiten als „Bürgerbad“ betrieben (vgl. Bürgerbad Handorf 2009). Das Südbad hingegen wird im Herbst 2007 abgerissen (vgl. *MZ* vom 17. September 2007). Zuvor hatte der Förderverein „Bürgerbad Münster Süd“ in Verhandlungen und Protesten eine Weiterführung verlangt (vgl. Bürgerbad Münster Süd 2008b), ein diesbezügliches Bürgerbegehren wird von der Stadt wegen „rechtserhebliche[r] Mängel [...] im Kostendeckungsvorschlag“ als unzulässig abgelehnt (vgl. *PresseInfo* vom 24. März 2006). Im November 2008 präsentiert der Verein den Entwurf für ein „Solarbad-Süd XXL“ (Bürgerbad Münster Süd 2008a). Fraglich bleibt die Finanzierung; SPD und Grüne haben in ihrem Programm für die Kommunalwahl im Herbst 2009 einen Bau aus städtischen Mitteln versprochen (vgl. *MZ* vom 6. Februar 2009).

Laut „Wenzel“-Gutachten von 2005, auf das sich die Stadt beruft, sollte es nach der Reduzierung und Sanierung der Bäder trotz „eventueller Einschränkungen“ für „Individualgäste“ ein Plus an attraktiven Anlagen geben und zumindest gleich bleibende Versorgungslagen für Schulen und Vereine. Im Kontrast dazu steht ein Bericht der *MZ* vom 6. Februar 2009. Als „Dilemma für die [...] Stadt“ wird dort berichtet, dass es nach dem Ende der Bäder-Sanierung 2010 in den Hallenbädern „22 Prozent weniger“ Wasserfläche gebe, „als vor der Schließungswelle. Dennoch ist der Bedarf nach Schwimmzeiten gestiegen“. Das Angebot in Münster liege über dem vergleichbarer Städte, wird dazu Dietmar Wiese, Geschäftsführer des Stadtsportbundes zitiert (ebd.). (Derartige „interkommunale Vergleiche“ gehören übrigens zum Repertoire der Unternehmensberatung für Städte bei der Begründung für Einsparungen – auch dazu später mehr). Die „Deutsche Lebensrettungsgesellschaft“ meldet durch sanierungsbedingte Bäder-Schließungen den Verlust von Einnahmen, KursteilnehmerInnen und AusbilderInnen, von denen viele von öffentlichen Verkehrsmitteln abhängig seien und „nicht eben vom Südviertel nach Roxel“ fahren könnten. „Um Schulen und Vereinen gerecht zu werden“, berichtet die *MZ*, nutze die Stadt inzwischen das Bürgerbad Handorf, also ein Hallenbad, das nach der „Wenzel“-Expertise als unrentabel geschlossen werden sollte. Trotzdem hätten vor allem Schulen, die bisher das Südbad genutzt hätten und danach ebenfalls nach Roxel verwiesen wurden, wegen des zu großen Aufwandes ihren Schwimmunterricht reduziert. Und IndividualschwimmerInnen, so die Zeitung, würden sich in den Hallenbädern Mitte und Ost drängen, wo es für richtiges Schwimmen nur morgens früh Platz gebe; mittags sei es überfüllt, abends dominierten die Sportschwimmer und ansonsten „nehmen die übrigen Badegäste oft wenig Rücksicht“ (ebd.).

Während das „Wenzel“-Gutachten also ein eng begrenztes Gebiet umfasst, geht es beim „Rödl“-Gutachten ‘ums Ganze’, den Etat der Stadt Münster 2007-2010. Zur Erinnerung: „Rödl & Partner“ betrachtet den öffentlichen Sektor als eines seiner wichtigsten Betätigungsfelder, sie bieten umfangreich Beratung zu „Public Private Partnerships“ und zum „Neuen Kommunalen Finanzmanagement“; und nicht zuletzt das, was die Stadt Münster in Anspruch genommen hat: „Beratungsleistungen“ zur „Haushaltskonsolidierung“. Und auf diesem Gebiet, das stellt die Firma auf ihrer Internetseite heraus, drängt die Zeit allemal:

> „Die deutschen Gemeinden, Städte und Landkreise befinden sich in einer schwierigen, teilweise dramatischen Haushaltslage. Eine dauerhafte Unterfinanzierung der Haushalte gefährdet die kommunale Handlungsfähigkeit. Anstehende gesellschaftliche Aufgaben wie beispielsweise die Verbesserung der Betreuungs- und Bildungsangebote für Kinder oder die Gestaltung des demografischen Wandels, können nicht in dem Maße erfüllt werden, wie es notwendig wäre. Unabhängig von der gesetzlichen Verpflichtung zum Haushaltsausgleich rücken immer mehr Kommunen die finanzielle Gesundung in den Fokus ihres Handelns.“ (Rödl Haushaltskonsolidierung 2009)

Kinder: Hier werden ‘Nachhaltigkeit’ und ‘Generationengerechtigkeit’ impliziert, Schlagworte, die im neoliberalen Diskurs um öffentliche Finanzen in den letzten Jahren strategisch eingesetzt werden. Der Verweis auf Kinder und den demografischen Wandel beinhaltet damit auch die Drohung, Märkte von morgen zu verspielen.

In ihrem Abschlussbericht für die Stadt Münster empfehlen „Rödl & Partner“ dieser übrigens, bei den Betreuungs- und Bildungsangeboten Etatmittel drastisch zu kürzen. So wird vorgeschlagen, in den niederschwelligen Angeboten für Mädchen/Frauen und Jungen in Krisensituationen pro Jahr 207.000 Euro einzusparen. Dies durch eine Zusammenlegung und Kürzung der Schlaf- und Notfallplätze (bei Beibehaltung der Geschlechtertrennung), eine Halbierung des Personals, eine Konzentration auf in Münster gemeldete Jugendliche und eine Senkung des Höchstzugangsalters von 27 auf 21 Jahre. Der Schuletat soll pauschal um 15 Prozent, der Schulbuchetat um 5 Prozent gekürzt werden. Und bei der Taxibeförderung von FörderschülerInnen und dem „Spezialverkehr" für GrundschülerInnen sollen durch „Rückführung [...] auf den gesetzlichen Standard" jährlich 204.000 Euro gespart werden (vgl. Rödl & Partner III: Nr. 192, 93ff. u. 83). Aus der Perspektive des Konstruktes 'Generationengerechtigkeit' ist das allerdings kein (Selbst-) Widerspruch.[26] 'Generationengerechtigkeit', kommentiert Christoph Butterwegge (2008: 163), vernebele als „neoliberale[r] Kampfbegriff [...], dass sich die soziale Ungleichheit seit geraumer Zeit *innerhalb jeder* Generation verschärft und die zentrale soziale Trennlinie nicht zwischen Alt und Jung, sondern immer noch, ja mehr denn je zwischen Arm und Reich verläuft". Mit einem „Schlagwort wie 'Nachhaltigkeit im finanzpolitischen Bereich' wird eine Politik der Haushaltskonsolidierung verklärt, die gerade für Kinder und Jugendliche nur negative Folgen zeitigt, weil gerade sie betreffenden Bereichen [...] nicht mehr die nötigen Mittel zufließen" (ebd.: 167).

Unter dem Stichwort „Haushaltskonsolidierung" verbreiten „Rödl & Partner" aber nicht nur die Drohung, Zukunftsmärkte zu verpassen, sondern ebenso schon aktuell in einem Wettbewerb um die niedrigsten Ausgaben ins Hintertreffen zu geraten: „immer mehr Kommunen" wollen finanziell 'gesunden'. Dieser Wettbewerb wird von „Rödl" u.a. selbst veranstaltet: mit dem Instrumentarium des „Interkommunalen Vergleichs". Es werden 'gleichartige Gebietskörperschaften' herangezogen, im Münster-Gutachten also Städte in NRW mit rund 250.000 bis 300.000 EinwohnerInnen. Verglichen mit Aachen, Bielefeld, Bonn und Mönchengladbach, so die Beratungsfirma, ergebe sich für Münster dezernatsübergreifend bei „zahlreiche[n] freiwilligen Zuschüsse[n] an verschiedene Empfänger" – etwa an soziale und kulturelle Einrichtungen – ein rechnerisches „Einsparungspotential" von acht Millionen Euro jährlich. Empfohlen wird dann eine Einsparung von 6,2 Millionen Euro pro Jahr (vgl. Rödl & Partner III: Nr. 45).

Neben diesen „interkommunalen Vergleichen zur Ermittlung von Handlungsschwerpunkten" hat die Firma im Wesentlichen Analysen des „Konsolidierungspotentials" und der Erarbeitung diesbezüglicher Maßnahmen, eine „Organisations- und Prozessoptimierung in der Kernverwaltung bzw. in den betrieblichen Aufgabenbereichen", eine „Veränderung des Ausgabenportfolios mittels produktbezogener Aufgabenkritik" sowie „Beratung bei der Ausgliederung von kommunalen Aufgaben" und „bei der Umsetzung von interkommunalen Kooperationen" im Angebot. Und schließlich bietet sie noch „Begleitung und Moderation von politischen Entscheidungsprozessen bei der Haushaltskonsolidierung".

---

26 So bieten „Rödl & Partner" kommunalen Verwaltungen unter dem Stichwort „Haushaltskonsolidierung" neben der „Fachberatung für den Bereich Kultur" dann auch eine „Fachberatung für den Bereich Jugend und Soziales" an (vgl. Rödl Haushaltskonsolidierung 2009).

„Neues Kommunales Finanzmanagement", „Kommunales Treasury", „Strategisches Management", „Haushaltskonsolidierung": Die haarkleine Auflistung all dieser Dienstleistungen spricht von ebenso vielen Problemen öffentlicher Verwaltungen, die diese anscheinend häufig selbst noch gar nicht kennen, zumindest aber allein nicht bewältigen können, kurz: Was wäre der öffentliche Sektor ohne Unternehmensberatung?

„Rödl" tritt gemäß der „Berater-Ideologie" als „trouble-maker" auf, eine der Haupt-Rollen der Branche bei der Kunden-Akquise. Analog zur Werbung müssen Probleme ge- bzw. erfunden und damit ein Bedarf produziert werden, in diesem Fall „Beratungsbedarf". Das gelingt über die Erlangung einer Deutungsmacht, durch Artikel in den Medien, Veranstaltungen von Kongressen und 'Kamingesprächen' usw. „Als Angst- und Problemmacher aufzutreten und dazugehörige Lösungen zu versprechen, bedeutet zugleich, dass es die Berater sind, die die Wirtschaftssituation und ihre Probleme definieren." (Resch 2005: 162f.)

Eine der offenbar als effektiv erkannten und daher gern verwendeten Problem-Visualisierungen ist der „interkommunale Vergleich" (IKV), der, wie gesehen, Kommunen ihre notwendigen „Handlungsschwerpunkte" klar machen soll – und von Kommunen, die einen „Beratungsbedarf" für sich sehen, auch gerne angenommen werden. So verbreitet die Münsteraner Verwaltungsspitze im August 2007 eine Ranking-Tabelle der „Bertelsmann-Stiftung" (2007) zur „Verschuldung der [23] kreisfreien Städte" Nordrhein-Westfalens „nach Organisationseinheiten am 31.12.2005". Als Quelle gibt die „Bertelsmann-Stiftung" „[e]igene Berechnungen nach Angaben" des Landesamtes für Datenverarbeitung und Statistik NRW an (ebd.), also öffentlich-rechtlich ermittelte Zahlen. Die Schulden pro EinwohnerInnen werden von der Unternehmensberatung einzeln gruppiert nach „Kernverwaltung" (unterteilt nach „fundierte[n] Schulden" und „Kassenkredite[n]"), „rechtlich unselbständige[n] Eigenbetriebe[n]", „öffentl. Fonds, Einrichtungen und Unternehmen" und „Gesamtschulden" (wiederum unterteilt in „nur lokal" und „zzgl. der Umlageverbände"). Die Städte erhalten für jeden einzelnen dieser Punkte eigene Rangplätze zugewiesen (vgl. ebd.). Präsentiert wird den Kommunen somit 'auf einen Blick', dass sie – verglichen mit anderen – 'auf dem richtigen Weg' sind oder 'noch einiges tun müssen'. Zur Unterstützung stehen dann Berater bereit. Die Münsteraner Verwaltungsspitze sieht sich in ihren auf das „Rödl"-Gutachten gestützten „Sparbemühungen" durch die Bertelsmann-Stiftung bestätigt, Münster liege in deren Ranking bezüglich der Gesamtschulden auf Platz 17, damit „im unteren Drittel" und das noch vor der Umsetzung „des vielfach kritisierten Sparpakets" (*PresseInfo* vom 21. August 2007).

Liest man die Selbstdarstellung von Beratern wie etwa „Rödl & Partner", hat es zwar den Anschein, „interkommunale Vergleiche" seien eine ihrer aktuelleren Ansätze zur Problembewältigung. Tatsächlich aber wurde das Verfahren von Kommunalverwaltungen schon vor rund einem Jahrzehnt eingesetzt; im Zeichen der 'unternehmerischen Stadt' und der Haushaltskrise übernommen aus der Privatwirtschaft:

> „Die anhaltende Haushaltskrise macht es für Kommunen immer schwieriger, die angebotsorientierte Wirtschaftsförderung und die steigenden Sozialleistungen gleichzeitig zu finanzieren. Da das 'Unternehmen Stadt' vor allem auf zukunftsweisende Investitionen setzt, geraten zunehmend die 'Verlustabteilungen' in den Blick des städtischen Managements. Mit der Durchsetzung von 'lean administration'-Konzepten unterzieht man auch die Sozialämter einer ökonomischen Betrachtungsweise. Zum Einsatz kommt dabei das aus der Privatwirtschaft entlehnte 'Benchmarking', ein Verfahren, in dem über den Vergleich versucht wird, die Erfolgsrezepte der Konkurrenten zu übernehmen. In der Verwaltungsrealität führt die Suche nach der 'best practice' zu einer Erhöhung des Spardrucks und eröffnet so eine Abwärtsspirale." (Ronneberger u.a. 1999: 190)

Seitdem ist das „Benchmarking" als Erfolg versprechende Strategie des „New Public Management" bzw. des NKF immer stärker ausgeweitet worden. Der am niedrigsten Standard ausgerichtete Wettbewerb mit dem Ziel der „Kostenoptimierungen" – ob mit oder ohne 'Begleitung' durch Unternehmensberatung – gehört also längst zum Wissensfundus 'unternehmerischer' Städte.[27]

Damit ist die für die Interaktion von Beratern und ihren KundInnen zentrale Kategorie *Wissen* angesprochen, die Kategorie also, über die sich Berater-Firmen lukrative Märkte erschließen und die dafür sorgt, dass eine Stadtverwaltung wie die Münstersche eine Unternehmensberatung in Anspruch nimmt. Zu „den zentralen Ideologien der beratenden Klasse" gehören die Formeln von der immer kürzeren 'Halbwertzeit von Wissen', schnelleren Veränderung der (globalen) Wirtschaft und größeren Komplexität von Technologien, Märkten, der gesamten 'Umwelt', was „zugleich eine Gebrauchszeitverkürzung der Lösungen, die angeboten werden", bedeutet und neuen Beratungsbedarf 'generiert' (Resch 2005: 163).

Wissen sei keine bloße Abbildung von Wirklichkeit, fasst Hermann Kocyba jüngere Positionen entgegen der klassisch erkenntnistheoretischen Unterstellung

---

27 So wird etwa 2005 in Rheinland-Pfalz eine „Projektgruppe", bestehend aus dem Landesinnenminister, VertreterInnen von Stadt- und Kreisverwaltungen und des örtlichen Gender Mainstreaming, betreut von der Mittelrheinischen Treuhand, gebildet, um einen Leitfaden zur Ermittlung von einheitlichen „Kennzahlen" zu erstellen. Diese mit den kommunalen „Produkten" unmittelbar zusammenhängenden „Kennzahlen" bilden die Basis interkommunaler Vergleiche (vgl. Rlp-doppik 2005: 1f.). Dabei scheint auch eine Klarstellung nötig zu sein: „Der interkommunale Vergleich unterliegt keiner gesetzlichen Verpflichtung". Vielmehr könne es „zu einer freiwilligen Verpflichtung" der Kommunen kommen (ebd.: 3). Von 2003 bis 2005 nehmen 15 Städte in NRW, darunter Aachen, Bonn, Lüdenscheid, Solingen und Wuppertal, „an einem interkommunalen Vergleich durch die Firma con_sens, Hamburg teil". Als „Ziele des Benchmarking" auf Basis von „Kennzahlen" werden eine „Kostenoptimierung", gesteigerte Effektivität und Effizienz, ein größerer Erfolg bei der „soziale[n] Dienstleistung Hilfe zur Erziehung" in den beteiligten Städten angestrebt (Stadt Solingen 2005: 1f.).

zusammen: „Wissen erzeugt weitgehend die Wirklichkeit, die es bloß zu repräsentieren meint. [...] Es ist performativ [...], eröffnet Handlungsfelder, definiert Vorgaben guter Praxis und richtiger Lebensführung" (2004: 304), deren Inhalte zwangsläufig abhängig sind von den gesellschaftlichen Bedingungen. Die allfällige Diagnose einer gegenwärtigen „Wissensgesellschaft" verschleiert, dass 'Wissen' eine Ware ist, die einer spezifisch kapitalistischen Rationalität weitere Handlungsfelder und neue Legitimationen verschafft (vgl. Buss/Wittke 2001). In den Beziehungen zwischen Beratern und ihrer Kundschaft – das hat sich schon mehrfach angedeutet – erhält die Ware 'Wissen' darüber hinaus noch ein besonderes Profil. Heinz Steinert (2007: 388) bringt das auf den Punkt: „Nur Berater haben Techniken entwickelt, den Akteuren ihr eigenes Wissen, das sie zuerst von ihnen 'abgezogen' haben, um teures Geld zurückzuverkaufen."

Dass es sich bei der „Heranziehung externen Sachverstandes", wie es die Münsteraner Verwaltung ausdrückt (Beschlussvorlage Bäder 2005: 5), um ein Zurückkaufen eigenen Wissens handelt, dokumentieren die Szenarien von „Wenzel" und „Rödl" allemal. Die Stadt Münster bezahlt 100.000 Euro an „Wenzel Consulting" für ein Bädergutachten. Dessen Prämisse ist, dass die Bedürfnisse der Bevölkerung und der kommunale Versorgungsauftrag berücksichtigt, sowie ein besseres ökonomisches Ergebnis angestrebt werden soll (s.o.). Auf eine solche Aneinanderreihung von Selbstverständlichkeiten wäre die ('unternehmerische') Stadtverwaltung sicher auch ohne externe Hilfe gekommen, ebenso auf das Ergebnis, mehrere Frei- und Hallenbäder zu schließen. Auch die Ermittlung von Besucherzahlen und Einnahmen im Verhältnis zu den Ausgaben und die Durchführung von Anhörungen hätte die Verwaltung selbst geschafft.

180.000 Euro zahlt die Stadt an „Rödl & Partner" für ihre „Beratung und Begleitung [...] bei der Konsolidierung des städtischen Haushalts 2007ff." (Rödl & Partner 2006). Liest man den unter diesem Titel veröffentlichten „Abschlussbericht", stellt man fest: auch hier wird praktisch nichts vorgeschlagen, auf das Verwaltung (die ja zwangsläufig in allen relevanten Bereichen über Fachleute verfügen muss) und Politik im Zeichen „[ö]ffentliche[r] Magersucht" (Ronneberger u.a. 1999: 188) nicht allein gekommen wären. Das betrifft das Gesamtpaket wie die Sparvorschläge im Einzelnen. Während die Gutachter „mögliche Einnahmeerhöhungen" nur in Höhe von 6,3 Millionen Euro vorschlagen, haben sie auf der Ausgabenseite ein Vielfaches zusammengetragen: „möglich" sei es, „durch die Reduzierung von Standards der städtischen Leistungen und den Verzicht auf verschiedene Aufgaben 32 Millionen Euro", mittels einer „noch effizientere[n] Wahrnehmung der Kernaufgaben der Stadtverwaltung" 12,4 Millionen Euro sowie 700.000 Euro durch eine „Optimierung" der Flächennutzung in Gebäuden der Stadt einzusparen (*PresseInfo* vom 3. August 2006); konkret geht es also weit überwiegend um enorme Kürzungen des Sozial-, Kultur- und Personaletats.

Weitere Beispiele: Im Sozialetat sieht die Beraterfirma in Münster im Vergleich mit anderen Kommunen besonders hohe Aufwendungen für Unterkunfts- und Heizkosten für EmpfängerInnen von Arbeitslosengeld II, Sozialhilfe und Leistungen nach dem Asylbewerberleistungsgesetz, auch wenn sie einräumt, dass diese wegen „überdurchschnittlich hoher Mieten und einer unterdurchschnittlichen Verfügbarkeit preisgünstigen Wohnraums [...] teilweise plausibel" sei. Rein rechnerisch seien im Sozialetat nichtsdestotrotz 4,2 Millionen Euro einzusparen durch eine „Optimierung" der Hilfe zum Lebensunterhalt, eine „künftig dezidiert kritisch[e] Würdigung der Zumutbarkeit von Wohnungswechseln und schärferen Kontrollen bei den Mietkosten" (Rödl & Partner 2006, III: Nr. 169ff.). Auf dem Gebiet der Kultur wird z.B. vorgeschlagen, die städtischen Zuschüsse zum Wolfgang Borchert Theater zu streichen, wenn hier die Landesmittel weiter gekürzt werden sollten; bei der Stadtbücherei sollen in der Hauptstelle durch die Einführung einer automatischen Verbuchung mit RFID-Chips Stellen eingespart und Zweigstellen geschlossen werden (ebd.: Nr. 129ff.). Das Stadtmuseum soll im Sommer sechs Wochen schließen (ebd.: Nr. 145).[28] Beim Personal sehen „Rödl & Partner" weitere „Effizienzsteigerungen" in Millionenhöhe. Zudem schlagen sie die Schließung des Betriebskindergartens vor (ebd.: Nr. 21ff.), regen beim Ordnungsamt eine „Reduzierung der Präsenzzeiten- und Räume" des „Service- und Ordnungsdienstes" und eine Zusammenlegung des „Ermittlungs- und Vollzugsdienstes" an (ebd.: Nr. 28f.); die Bürgerbüros in mehreren Vororten sollen geschlossen werden, ihre Aufgaben von den Bezirksverwaltungen, die ihrerseits zwei Tage pro Woche geschlossen werden sollen, übernommen werden (ebd.: Nr. 38f.).

Derartige Kürzungen bei gleichzeitiger Versicherung, Steuern und Gebühren zumindest nicht zu erhöhen (um 'die Bürger', 'die Unternehmen' nicht weiter zu 'belasten'), sind Standard unter dem neoliberalen Paradigma. Ähnlich sind auch in Münster vor dem „Rödl"-Gutachten im Grundsatz regelmäßig Sparprogramme bei bestenfalls leichten Einnahmeerhöhungen von den Ratsmehrheiten und von der Verwaltung vertreten worden.

1997 stellt Berthold Tillmann, damals noch selbst Kämmerer, und zwar unter der SPD-Oberbürgermeisterin Marion Tüns, die von Herbst 1994 bis Herbst 1999 mit einer Rats-Mehrheit aus SPD und Bündnis 90/Die Grünen amtiert, für 1998 „trotz struktureller Defizite" einen ausgeglichenen Etat für 1998 vor, flankiert von einem „Konsolidierungsprogramm" über 110 Millionen DM für die Jahre 1997-2000, das beruht auf „strikte[r] Spardisziplin und eine[r] Steueranhebung" (*PresseInfo* vom 14. Oktober 1997). Im folgenden Juni kündigt er an, dass angesichts eines „rasante[n] Verschuldungsanstieg[s] der letzen Jahre" ab 2001 womöglich ein weiteres Sparprogramm folgen müsse. Die Einnahmen dagegen seien „sehr erfreulich".

28 Weitere Beispiele für Einsparungsvorschläge im Kulturetat folgen weiter unten.

Münster stehe, wie schon in den Jahren zuvor, „bundesweit auf Platz 1" beim „Pro-Kopf-Gewerbesteueraufkommen" der Städte mit 200.000-500.000 EinwohnerInnen (*PresseInfo* vom 4. Juni 1998). Später legt er einen Nachtragshaushalt vor, in den „dank der örtlichen Wirtschaft" wenn auch nur einmalig, „unerwartete, ungewöhnlich hohe Gewerbesteuer-Nachzahlungen von voraussichtlich 120 Mio DM" einflössen (*PresseInfo* vom 16. Oktober 1998).

Der Zusammenhang zwischen niedrigen Steuern und Abgaben und hohen städtischen Einnahmen infolge einer dadurch gewonnenen Gewerbedichte wird parteiübergreifend herausgestellt. So „freut sich" die damalige Oberbürgermeisterin Tüns über eine Umfrage der Industrie- und Handelskammer, die zeige, dass Münster „Unternehmen ausgezeichnete Standorte zu moderaten Preisen" biete. Münster weise im Regierungsbezirk unter den drei kreisfreien Städten deutlich vor Gelsenkirchen und Bottrop die geringsten Hebesätze bei der Gewerbesteuer und der Grundsteuer B (für bebaute Grundstücke) auf; im interkommunalen Vergleich mit den sechs ähnlichsten Städten in NRW liege man nur knapp hinter Bielefeld. Neben diesem „nicht zu unterschätzende[n] Standortvorteil" für die Wirtschaft werden auch günstige Gebühren für die BürgerInnen hervorgehoben. Laut Erhebung des Steuerzahlerbundes NRW habe Münster die geringsten Abfall- und Abwassergebühren unter den 23 kreisfreien Städten des Landes (vgl. *PresseInfo* vom 20. Juli 1999). Kämmerer Tillmann verweist auf den „Gemeindefinanzbericht" des Deutschen Städtetages, der Münster für 1998 (wie schon in den Vorjahren) die höchste Gewerbesteuereinnahmen pro Kopf aller Städte zwischen 200.000 und 500.000 EinwohnerInnen bescheinige und betont, es müsse auch weiter „mit einer unternehmensfreundlichen Standortpolitik alles daran" gesetzt werden, „diese höchst erfreuliche Steuerpotential zu halten und weiter auszubauen". Dauerhafte Gewinne der Unternehmen brächten Geld für kommunale Aufgaben und sicherten rentable Arbeitsplätze (vgl. *PresseInfo* vom 4. Mai 1999). Ende 2001 kündigt Tillmann, inzwischen selbst Verwaltungschef – von 1999 bis 2004 regiert die CDU mit absoluter Mehrheit, seitdem mit der FDP – zusammen mit Kämmerin Bickeböller „schmerzhafte Entscheidungen" für ein neues Konsolidierungsprogramm (2001-2005) an. Schon wegen der infolge neuer Bundesgesetze weg brechenden Gewerbesteuereinnahmen müssten 60 Millionen Euro aufgebracht werden, davon 45 Millionen durch Einsparungen (20 Millionen beim Personal und 10 Millionen bei Zuschüssen an Dritte wie „Vereinen, Verbänden und Organisationen") und 15 Millionen durch höhere Einnahmen: steigende Beiträge der städtischen Gesellschaften und eine neue Gewässergebühr (vgl. *PresseInfo* vom 10. Dezember 2001). Im Dezember 2005 schließlich legen Tillmann und Bickeböller den Etat 2006 vor, der „[e]rstmals in Münsters Nachkriegsgeschichte" nicht ausgeglichen sei. Die „Lücke von 22 Mio Euro" könne bis zur Verabschiedung des Etats durch den Rat im April 2006 noch geschlossen werden. Hierbei, betont Tillmann, solle auf eine Erhöhung von Einnahmen aus Gewerbe- und Grundsteuern unbedingt verzichtet werden, um BürgerInnen und Unternehmen, „die sich für den lebenswerten Wohn- oder Standort Münster entschieden haben, nicht über Gebühr" zu belasten und die „im NRW-Vergleich niedrigen Steuersätze" als „Standortvorteil [...] zu erhalten". Vielmehr müssten zusätzlich „in einem systematischen, aufgabenkritischen Prozess" mittelfristige Ausgabenkürzungen von 50 Millionen Euro geprüft werden (vgl. *PresseInfo* vom 7. Dezember 2005). Wenige Wochen später präsentiert die Verwaltungsspitze erste Antworten auf die Frage „was wir uns in Zukunft noch leisten können und leisten wollen" und „ob bestimmte Ausgaben [...] entbehrlich sein können" (ebd.): Für 2006 sollen gut 18 Millionen, bis 2009 jährlich 20 Millionen Euro erzielt werden. Dazu werden 155 unterschiedliche Einzelposten vorgeschlagen. Vom Tisch sind nach Protesten die drohenden Schließungen des Tanztheaters und des Geschichtsortes Villa Ten Hompel. Gespart werden soll erneut vor allem beim Personal in „fast allen Dezernaten und Ämtern", bei Unterhalt und Pflege von Straßen und Grünanlagen, bei der Straßenbeleuchtung. Bei Schülerfahrtkosten soll nur noch das gesetzliche Minimum übernommen werden. Gekürzt wird in den Bereichen Kultur, Bildung, Schule und Sport sowie bei freien Trägern. Steigen sollen „Benutzungsentgelte[ ]". Zudem kündigt die Verwaltung die Prüfung weiterer „Rationalisierungs- und Optimierungsansätze" an – „gegebenenfalls unter Einbeziehung externen Sachverstandes" (*PresseInfo* vom 10. Januar 2006). Wenige Monate später präsentiert die Verwaltungsspitze dann das „Rödl"-Gutachten. Der Tenor ist der gleiche wie beim vorhergehenden Konsolidierungsprogramm der Verwaltung, allerdings ist der Maßnahmenkatalog ungleich länger. Grundsätzlich beschließt die 'Rathauskoalition' aus CDU und FDP im Etat 2007 dann auch erneut enorme Einsparungen im Sozial-, Kultur- und Personaletat bei nur geringen Einnahmeerhöhungen. Dabei werden die „Rödl"-Vorschläge nach einigen Diskussionen allerdings nur in Teilen umgesetzt und zusätzlich häufig verändert. Derartige Teilimplementierungen und Modifikationen sind, wie später noch näher ausgeführt werden soll, feste Bestandteile des Berater-Kapitalismus.

Rund 150 'Maßnahmen', zu 90 Prozent Ausgabeneinsparungen, die den Etat bis 2010 um rund 27 Millionen Euro entlasten sollen (vgl. *MZ* vom 7. Februar 2007), werden beschlossen. Vor allem sind das: Kürzung der Unterkunftskosten für EmpfängerInnen von Hartz-IV (4 Millionen), Einsparung von 67 Stellen und weitere Personalmaßnahmen in der Verwaltung (ca. 4 Millionen), Reduzierung städtischer Immobilien (2 Millionen), Kürzungen bei Erziehungs- und Jugendhilfe sowie Kindergärten (rund 3 Millionen), Kürzung des Etats der Stadtbücherei (rund 1 Millionen), dazu spürbare Kürzungen beim Schulamt, bei der schulpsychologischen Beratung und bei der Lernwerkstatt zur Förderung von Lesen, Rechtschreibung und Mathematik, bei der Musikschule und der Volkshochschule (vgl. *WN* vom 7. Februar 2007; *MZ* vom 14. und 20. März und 21. Juni 2007).

6.2 Rat und Verwaltung als *good cops*, Berater als *bad cops*?

Dass, mit den Worten Heinz Steinerts, Berater „den Akteuren ihr eigenes Wissen" zurückverkaufen ist durchaus kein Nepp im eigentlichen Sinn, sondern vielmehr wesentlicher Bestandteil der tatsächlichen beraterkapitalistischen Dienstleistung, die allerdings nicht verwechselt werden sollte mit den vertraglich fixierten Inhalten. Die Funktion des Wissens in dieser Dienstleistung lässt sich Christine Resch zufolge in zwei Schritten nachvollziehen. Erster Schritt: „Die Interaktion zwischen Managern [oder Verwaltungsspitzen; M.T.] und Beratern" beruht auf der „komplizierte[n] Balance, exklusives Wissen zu suggerieren, das den Auftraggebern gleichzeitig nachvollziehbar, also für sie banal sein muss" (Resch 2008). Das Banale wird somit auch als etwas verständlich, das die Position der Beratenen bestätigt. Die Suggestion eines exklusiven Wissens der Berater verlangt aber – zweiter Schritt – etwas Weitergehendes: „Beratung hat eine zentrale Voraussetzung: Es muss ein spezifisches Nicht-Wissen konstruiert werden, das Beratung überhaupt erst erforderlich macht." (Resch 2005: 164) Dabei besteht die „Problemmacher"-Strategie der Berater nicht in der Behauptung eines einfachen Unwissens; dieses wäre unter dem Diktum der 'Wissensgesellschaft' mit ihrer „Spezialisten- und Expertenkultur" nicht ausreichend. „Das setzt mehr an Entmündigung voraus: Dass jemand seine eigenen Probleme nicht kennt, diese Unterstellung infantilisiert die zu Beratenden." (ebd.) Hier geht es also um Zuschreibungen, die die zu Beratenden quasi zu Objekten von Pädagogik erklärt, bzw. einem Verhältnis unterzieht, das in Psychoanalyse und Supervision seine Berechtigung hätte.

> „Bei Wirtschaftsberatungen wird damit freilich implizit gesagt, dass Manager nicht imstande sind, ihre Aufgabe zu erfüllen. Dass sie sich das sagen und gefallen lassen, ist nur zu erklären, wenn man fragt, wofür diese 'Entmündigung' den Managern nützlich ist. Sie lassen es sich nämlich nicht gefallen. Vielmehr funktioniert diese Haltung nur, weil Manager sich ihrerseits als 'Macher' darstellen, die die Berater für ihre eigenen Belange instrumentalisieren. Das wiederum ist nur möglich, wenn offiziell externes als neutrales Wissen eingekauft wird." (ebd.: 164f.)

Dass sich eine solche „Entmündigung" für die AuftraggeberInnen lohnt, hängt nicht zuletzt mit einem weiteren zentralen Punkt von Unternehmensberatung zusammen: einer spezifischen Konstruktion von *Verantwortung*. Berater erscheinen als externe Experten, die angeblich notwendige Entscheidungen objektiv und unabhängig treffen, Lösungsvorschläge machen können, ohne Angst vor Bürgerentscheiden oder Wahlen haben zu müssen, wie Politik und Verwaltung(sspitze).

In Nordrhein-Westfalen ist seit 1998 die so genannte kommunale Doppelspitze abgeschafft. OberbürgermeisterInnen, bis dahin nur die obersten RepräsentantInnen einer Stadt, sind seitdem zugleich auch ChefInnen der Verwaltung (diese Ämter wurden bis dahin von OberstadtdirektorInnen ausgeübt). Zudem werden sie seit 1999 direkt gewählt. Aus der Perspektive einer Stadt-Spitze, die eine Unternehmens-

Beratung in Anspruch nimmt, könnte das also so aussehen: PolitikerInnen, Parteien, Fraktionen und Verwaltung agieren innerhalb der Stadt und unterliegen einem Zwang zur andauernden politischen Legitimierung durch die Bürgerschaft, was zu Zugeständnissen, Kompromissen usw. zwingt. Berater erschienen so nicht einfach nur als 'Experten' für Wirtschaft und Finanzen, sondern gerade aufgrund ihrer fehlenden demokratischen Legitimation als geeignet, neutral und 'rein sachorientiert', ohne Zugeständnisse und von außerhalb Lösungen zu erarbeiten.

Eine erste Antwort auf die Frage nach dem Sinn von Unternehmensberatung für die AuftraggeberInnen lautet daher: Politik und Verwaltung können die Verantwortung für 'notwendige Maßnahmen' auf die derart qualifizierten Berater abschieben. Der „McKinsey-Effekt", wie er – für Unternehmen – geschildert wird in Kathrin Rögglas „Roman", der eigentlich eine bearbeitete Dokumentation ist:

> „natürlich würde man immer den schwarzen peter davontragen, das sei ja teil seines jobs, den schwarzen peter davonzutragen, d.h. ihn möglichst weit weg vom vorstand zu tragen und den verantwortlichen zu mimen, den, der die maßnahmen legitimiere. den, der nicht nur die argumentationen liefere, sondern diese auch legitimiere durch die bloße anwesenheit." (Röggla 2004: 54)

Die Berater haben „die ahnung von harter bwl" (ebd.: 49), legitimieren Diagnosen und Maßnahmen, mimen Verantwortung und tragen diese „möglichst weit weg" von der Leitungsebene.

Was aus der Sicht eines Beraters die allgemeine Situation der Branche illustriert, lässt sich auch in Münster beobachten. Bis zur Präsentation des „Rödl"-Gutachtens musste die Verwaltungsspitze selbst Jahr für Jahr Einsparungen vor der Öffentlichkeit beschließen, anmahnen und verantworten. Sie ist dabei konfrontiert mit dem Widerspruch der Oppositionsparteien (was aber zur Routine gehört), mit Protesten der betroffenen BürgerInnen gegen Schließungen sozialer und kultureller Einrichtungen, mit dem Widerstand freier Träger und Gruppen, deren Angebote von Kürzungen oder Abschaffung bedroht sind. Sie ist ebenso konfrontiert mit dem Unmut der eigenen Beschäftigten: „Seit 2002 hat die Verwaltung netto fast 270 Stellen abgebaut", was bei den verbliebenen MitarbeiterInnen zu „Arbeitsverdichtung und Aufgabenkonzentration" geführt habe. Es werde „mit jeder weiteren einzusparenden Million schwieriger" (*PresseInfo* vom 10. Januar 2006). Mit der Vorstellung einer externen Berater-Expertise, die einen mehrjährigen Zeitraum umfasst, wird nun diese Expertise zur Legitimationsbasis, die Beratungsfirma zur Berufungsinstanz.

Es kommen zwei weitere Strategie-Momente hinzu. Mit der Beauftragung von Beratern versuchen die AuftraggeberInnen Problembewusstsein, Tatkraft und Kompetenz zu dokumentieren, sie stellen sich dar als diejenigen, die alles versuchen, schwerwiegende Probleme zu lösen und deswegen 'externen Sachverstand' einholen. Und mittels der behaupteten Neutralität dieses 'externen Sachverstands' soll dann offenbar auch der Eindruck verhindert werden, dass 'schmerzhafte Einschnitte' in kommunale Leistungen ausschließlich nach den politischen (im vorliegenden Fall konservativ-liberalen) Präferenzen der regierenden Verwaltungsspitze und der Rats-Mehrheit erfolgen. Aus dem „Rödl"-Gutachten lässt sich dann auch eine gewisse 'Ausgewogenheit' herauslesen. Darin ist nicht nur eine je 30prozentige Kürzung der Zuschüsse für den Westfälischen Kunstverein und die Lesben- und Schwulenberatung am Hawerkamp (vgl. Rödl & Partner 2006, III: Nr. 123f.) oder eine Streichung des Jazzfestes oder des Lyrikertreffens (vgl. ebd.: Nr. 128), sondern ebenso eine Streichung der Zuschüsse für das Reit-„Turnier der Sieger" und den „Rolinck-Cup" (vgl. ebd.: Nr. 79f.), den Rosenmontagszug (vgl. ebd.: Nr. 125) oder Projekte für „Vertriebene" (vgl. ebd.: Nr. 7f.); vorgesehen ist nicht nur die Schließung des Zwingers als Mahnmal für die Opfer des Nationalsozialismus, sondern auch die Schließung des barocken Rüschhauses (vgl. ebd.: 143f.). Dass am Ende die politische Mehrheit dann doch selbst auswählt, welche Vorschläge umgesetzt werden und welche nicht, steht auf einem anderen Papier (vgl. *WN* vom 7. Februar 2007).

Das Verhältnis von Beratern und Beratenen unterliegt – so scheint es zunächst – einer klaren Rollenverteilung. Die Berater fungieren also als „bad cops" (Resch 2008), die 'harte Wahrheiten' aussprechen und 'notwendige Schritte' gegenüber den 'untergeordneten Ebenen' rechtfertigen. Währenddessen gibt die 'Leitungsebene' den 'good cop', besetzt die 'weichen Themen', sorgt für Vertrauen und Geborgenheit. Während „Wenzel Consulting" und „Rödl & Partner" 'schmerzhafte Einschnitte' als unabwendbar 'bezeugen', konzentriert sich die Münsteraner Verwaltung zunehmend auf Wohlfühlwettbewerbe, die anknüpfen sollen an die Ernennung zur „Lebenswertesten Stadt der Welt" 2004: 2006 und 2007 ist die Stadt zuerst Bundes-, dann Europa-Siegerin bei der „Entente Florale" (vgl. *PresseInfo* vom 8. August 2006 u. 22. September 2007), dem „Wettbewerb um Nachhaltigkeit, Umweltschutz, Blumenschmuck und mehr", wie es im offiziellen Flyer „Münster bekennt Farbe" (2007) heißt. Im September 2006 wird der Prinzipalmarkt in der ZDF-Ranking-Show „Unsere Besten – Die Lieblingsorte der Deutschen" auf den vierten Platz gewählt. Das sei, zitiert das Presseamt den OB, „angesichts der vielen prominenten und weltweit bekannten Plätze und Orte, die ebenfalls im Rennen waren, ein großer Erfolg. Immerhin liege der Prinzipalmarkt vor Orten wie Dresdener Zwinger, Bremer Rathaus, Loreley, Olympia- und Westfalenstadion" (*PresseInfo* vom 23. September 2006). Und im August 2008 gewinnt Münster den seit 2002 ausgetragenen Wettbewerb der Firma Briggs & Stratton, einem Hersteller von Rasenmäher-Motoren und Hochdruckreinigern: Der Aasee-Park wird zum „schönsten Park Deutschlands" gekürt (vgl. *PresseInfo* vom 25. August 2008), im Februar 2009 dann durch denselben Auslober zu „Europas schönste[m] Park". Beide Male hätten die „leichte Erreichbarkeit", die „facettenreiche Gestaltung" mit „intensiv gepflegte[n]" und „naturnahe[n]" Flächen und ein „Vielzahl an Nutzungsmöglichkeiten" – von der Bewegung zu Wasser und zu Land über „Kunst genießen" bis hin zu Picknicken oder „Chillen" – die Jury überzeugt (*PresseInfo* vom 9. Februar 2009).

Die Arbeitsteilung in harte BWL und Wohlfühlwettbewerbe scheint Tillmann nur wenige Tage nach der Präsentation des „Rödl"-Gutachtens zu bestätigen. Anlass ist der Sieg im Bundeswettbewerb „Entente Florale" 2006:

> „Die Auszeichnung zeigt, dass Münster trotz aller Haushaltsprobleme nicht verwelkt, sondern ganz im Gegenteil aufblüht – auch wenn die eine oder andere Äußerung im Zusammenhang mit der aktuellen Spar- und Konsolidierungsdiskussion einen anderen Eindruck vermitteln könnte" (*PresseInfo* vom 8. August 2006).

Die Beteiligungen an der „Entente Florale" 2006 und 2007 dienen nicht nur der Identifikationsversicherung (bzw. -erhöhung) der BürgerInnen zu 'ihrer' Stadt, sie kosten auch relativ wenig städtisches Geld. Es handelt sich um eine Art 'Unser Dorf soll schöner werden' im Großmaßstab unter dem Motto „Unsere Stadt blüht auf" (2006) bzw. „Münster bekennt Farbe" (2007). Die Kampagnen zur massenhaften Bürgerbeteiligung („Machen Sie mit!") werden gemeinsam geführt vom Amt für Grünflächen und Umweltschutz und der Werbe-Agentur „msm-kommunikation". 2006 sei die Zahl der beteiligten Menschen „in die Tausende" gegangen und „die Zahl der Blüten in die Millionen [...]. Ideen und Aktionen waren so bunt wie die Blumen, die überall in der Stadt gepflanzt wurden", schreiben sie und rufen für 2007 erneut auf „Münster noch ein Stück lebenswerter zu machen" und damit zugleich „zu kämpfen [...] um europäisches Gold". Denn „der Erfolg braucht viele Hände. Ob Blumenfreund, Kleingärtnerin oder Unternehmer, Kita, Frauengruppe oder Seniorenkreis, Verein, Stadtteil-Initiative oder Verband – wer Ideen hat, wie und wo sich unsere Stadt noch grüner, noch bunter präsentieren kann, ist aufgerufen mitzumachen", lautet der Appell (Münster bekennt Farbe 2007). Bekräftigt wird das in zahlreichen städtischen Pressemitteilungen, auf Pressekonferenzen, im Internet (www.muenster-bekennt-farbe.de) oder durch Werbepartner: die *WN* und den Kommerzradiosender *Antenne Münster*.

Teilnahmen und Erfolge in Rankings zur Lebensqualität wie zur Kultur – etwa Münsters gescheiterte Bewerbung zur Kulturhauptstadt 2010 – stellen auch immer Marketing-Instrumente dar. Die ständige Vergewisserung und Selbstvergewisserung des hohen lokalen Wohlfühlfaktors ist somit auch nicht einfach das 'andere Gesicht' einer Stadt, die kräftig im Etat kürzt und Leistungen zurückfährt. Der Appell an eine aktive 'Bürgergesellschaft' korrespondiert vielmehr mit dem 'schlanken Staat', der 'schlanken Verwaltung'. Im Januar 2006 wird in Münster der Zusammenhang mit Einsparungen bei der Pflege von Grünanlagen offiziell ausgesprochen: „Hier setzt die Stadt auf verstärktes bürgerschaftliches Engagement." (*PresseInfo* vom 10. Januar 2006). Die Ausrufung der „Bürgergesellschaft", so Christoph Butterwegge (2008: 168f.), gehört zum „gesellschaftliche[n] Credo aller Neoliberalen". Und: „Während die Eigenverantwortlichkeit ins Zentrum der öffentlichen Aufmerksamkeit rückte, wurde die Gleichheit als integraler Bestandteil sozialer Gerechtigkeit aus dem Wohlfahrtsdiskurs verbannt." Zwar wird partiell – wenn es dem Wettbewerbserfolg bei der „Entente Florale“ dient – sogar eine Politik der Gleichheit verfolgt, wenn auch auf bloß symbolischer Ebene. 2007 (wie auch schon 2006) verteilt die städtische „Wohn- und Stadtbau“ kostenlose Gutscheine für je fünf Blumen nach Wahl an seine 6.300 MieterInnen, damit diese an der Kampagne „Münster bekennt Farbe“ teilnehmen können (vgl. *MZ* vom 27. April 2007). Ein großer Teil dieser MieterInnen bezieht Leistungen nach Hartz IV und ist von den Kürzungen der Mietzuschüsse betroffen. Es stellt sich die Frage, was ihnen in dieser Situation eine solche Form der Inklusion durch Blumenschmuck nützt.

Ein weiteres Beispiel in diesem Kontext sind die 'Bürgerbäume', die in der Promenade und vor allem auf dem Hindenburgplatz vor dem Schloss gepflanzt worden sind. Sie ersetzen die vom Orkan „Kyrill“ im Januar 2007 zerstörten Bäume. So hatten laut Presseamt „[i]nnerhalb weniger Wochen [...] engagierte Münsteranerinnen und Münsteraner über 200.000 Euro für neue Bäume vor dem Schloss gespendet“, ebenso zahlreich für Neupflanzungen in der restlichen Promenade (*PresseInfo* vom 6. Januar 2009). Schon im März 2007 meldet das Grünflächenamt zahlreiche Spenden-Anfragen, ruft zu weiteren Spenden auf und verspricht allen, die genug Geld für einen ganzen Baum spenden, ein Namensschildchen am Pflanzstab des Baumes (*PresseInfo* vom 30. März 2007). Eigentlich, sollte man meinen, spricht nun gar nichts gegen solches Engagement. Allerdings geht es bei den gespendeten Bäumen symbolisch um Inklusion und Exklusion. Zwar heißt das Grünflächenamt auch kleine Spenden willkommen (vgl. *PresseInfo* vom 30. März 2007). Sein Namenschildchen und den damit verbundenen Distinktionsgewinn erhält aber nur, wer rund 1.000 Euro für einen ganzen Baum spendet. Diejenigen, deren ökonomische Situation erst gar keinen Gedanken an eine solche Spende zulässt, sind damit ausgeschlossen von der sichtbaren Gemeinschaft der BaumpatInnen. Zudem sind diese „Baumpatenschaften“ von der CDU von Beginn an als Sparmaßnahmen gedacht gewesen. Sie will, unter Verweis auf den interkommunalen Vergleich, die Kosten privatisieren. Das sei „in anderen Städten längst üblich“, melden die *WN* am 13. März 2007. Quasi als Ausgleich erscheint in dem Artikel, dass die Partei „die schlimmsten Rödl-Streichungen“ im Umweltetat „abgewehrt“ habe, lege man doch „Wert auf ein umweltpolitisches Profil in einer Stadt, die gerade mit [den] Umweltpreisen Klimahauptstadt, lebenswerteste Stadt, Entente Florale von sich reden macht“ (ebd.).

Damit zurück zur Darstellung von Verantwortung bei der Unternehmensberatung. Wenn sich unter dem neoliberalen Paradigma 'schlanke Verwaltung' und 'bürgerschaftliches Engagement' wechselseitig bedingen, und wenn die erfolgreiche Teilnahme an Lebensqualitäts-Wettbewerben zur Marketingstrategie gehört – wobei es letztlich zwangsläufig um kaufkräftige Schichten geht –, hat das eine Konsequenz: Lediglich eine Rollenverteilung in 'bad cops' (Berater) und 'good cops' (Verwaltung) zu konstatieren, würde zu kurz greifen. Denn ebenso wenig, wie die städtische Inszenierung bürgerbeteiligter Wohlfühlwettbewerbe als einfache Kompensation zu verstehen ist, ist es die Rolle der Berater als einfache Verantwortungs-Darsteller.

Auch Christine Resch (2008) betont, dass Berater ihren AuftraggeberInnen Dienstleistungen erbringen „als 'neutrale' Gewährsleute in Konkurrenz- und Hierarchiekämpfen", desgleichen „als 'bad cops', wenn Rationalisierungen 'nach unten' legitimiert werden sollen", und schließlich „als Aushängeschild". Resch zeigt aber auch, dass der Sinn von Unternehmensberatung nicht einfach in einem Verschieben, sondern in einem *Verschwinden* von Verantwortung besteht. Die zweite Antwort auf die Frage nach der Funktion von Beratung lautet daher:

> „Der Clou an Beratung ist, dass Verantwortung verschwindet. Wenn Berater 'Visionen' ausarbeiten, werden diese in aller Regel nicht umgesetzt, zumindest nicht vollständig. [...] Dass Teile implementiert werden, geschieht dagegen häufig und diese Strategie bietet Vorteile für alle Beteiligten. Es ist eine Technik, mit der Verantwortung so lange verschoben wird, bis sie niemand mehr übernehmen muss." (Resch 2005: 209)

Diese bloße „Teil-Implementierung" der Beratungs-Ergebnisse, also die „Diskrepanz zwischen den 'Visionen'" der Berater „und dem, was davon politisch oder unternehmerisch realisiert wird", entspringt weder 'faulen Kompromissen' noch 'fehlerhaften Umsetzungen', sondern sie ist

> „ein Strukturmerkmal von Beratung, das darauf hinweist, dass das Zusammenspiel verschiedener Fraktionen der herrschenden Klasse es allen ermöglicht, sich elegant aus der Affäre zu ziehen und mögliche Vorwürfe abzuwehren" (ebd.: 208f.).

6.3 Das Verschwinden der Verantwortung

Betrachtet man das „Rödl"-Gutachten und seine bisherige Geschichte, ist das geschilderte Verschwinden der Verantwortung in allen Facetten feststellbar. Auf ihrer Homepage versprechen „Rödl & Partner" der potentiellen Kundschaft „[e]ine klare Linie für Ihren Erfolg". Hier führt ein unternehmerisches Credo zu stets klaren und maßgeschneiderten Ergebnissen:

> „Wir sind überzeugt: Eine Organisation kann auf Dauer nur dann erfolgreich sein, wenn es eine klare Vorstellung über Ziele gibt und Aufgaben und Prozesse so gestaltet werden, dass die Finanzkraft gewahrt bleibt. [...] Dieser Auffassung folgend werden unsere Beratungsleistungen ausgerichtet an der Quantifizierbarkeit des Erfolgs, Interprofessionalität aus einer Hand, Unabhängigkeit und deutschlandweiter Präsenz. Unsere Dienstleistungen sind verankert in klar strukturierten Kompetenz-Centern, die durch das Zusammenspiel der unterschiedlichen Professionen effizient und zielgenau handfeste Lösungen erarbeiten."

Die Anlage 2 des Abschlussberichtes für die Stadt Münster, in der die von „Rödl" vorgesehenen „Konsolidierungsmaßnahmen" im Einzelnen aufgelistet werden, enthält eine „Vorbemerkung". Darin betonen „Rödl & Partner" (2006, III: o.S.):

> „Die Konsolidierungsmaßnahmen sind Konditionalaussagen. Es wird aufgezeigt, welche Haushaltsentlastungen möglich sind, *sofern* die notwendigen politischen Beschlüsse zur

Umsetzung gefasst werden. Die vorgeschlagenen Konsolidierungsmaßnahmen sind mit den Ämtern rückgekoppelt." (Hervorhebung v. mir; M.T.)

Aus den zuvor beworbenen „effizient[en] und zielgenau[en] handfeste[n] Lösungen sind nun bloße „vorgeschlagene Konditionalaussagen" geworden; was nicht etwa zeigen sollte, dass „Rödl & Partner" in ihrer Werbung falsche Produktversprechungen machen. An anderer Stelle des „Abschlussberichtes" ist vom „Masterplan der Stadt Münster" die Rede, davon dass „ausdrücklich nicht nach dem 'Prinzip Rasenmäher'" vorgegangen worden sei, sondern nach einer „Methode der sehr differenzierten Ableitung der Konsolidierungsziele". Die einzelnen „Maßnahmen" seien so „nach 6 Typen von Strategieelementen" geordnet: „Effizienzsteuerung", „Flächenoptimierung", „Outsourcing", „interkommunale Zusammenarbeit", „Bürgerschaftliches Engagement" und „Standardanpassung" (Rödl & Partner 2006, I: 9). Die Realisierung der Lösungen, deren 'Schicksal' aber liegt nicht (mehr) in ihren Händen, sondern in denen der politischen Akteure. „Rödl & Partner" mimt also nicht den Verantwortlichen, übernimmt nicht den 'schwarzen Peter' sondern gibt diesen an die Auftraggeberin, die Verwaltung der Stadt Münster, weiter (bzw. zurück). Zumal ja der Maßnahmenkatalog in 'Rückkoppelung' mit deren Ämtern entstanden sei. Das wird ebenfalls in der „Vorbemerkung" näher ausgeführt: „Die Konsolidierungsmaßnahmen sind in einem iterativen aufgabenkritischen Prozess zwischen den Ämtern der Stadt Münster und Rödl & Partner entstanden." (ebd.) Hier sollen also beim Finden genauer Lösungen in ständigen Wiederholungsschritten die Ämter während des gesamten Prozesses beteiligt und mitverantwortlich gewesen sein.

Der Hinweis auf die Mitverantwortung ist ein Teil der Strategie. Ein anderer besteht darin, dass das Beratungsunternehmen „[a]uf Basis eines interkommunalen Vergleichs" zusätzlich „weitere Konsolidierungsmaßnahmen" vorschlägt, die „noch nicht mit den Ämtern rückgekoppelt" und daher „mit der Abkürzung IKV kenntlich gemacht" seien (ebd.). Dieser IKV, der sich, wie schon einmal dargestellt, als Ausgaben-Kürzungs-Wettbewerb verstehen lassen kann, erscheint in dieser Hinsicht als 'besonders objektiv': es werden von 'unabhängiger Warte' aus 'reine Zahlen' abgeglichen und die Münsteraner Ämter mit der ihnen implizit unterstellten Besitzstandswahrungs-Mentalität sind eben nicht beteiligt gewesen. „Rödl" macht auf dieser Basis weiterführende Vorschläge; was Verwaltung und Politik in Münster daraus machen, liegt nicht (mehr) in der Verantwortung der Berater.

Die Verwaltungsspitze nutzt den Rödlschen IKV ihrerseits in doppelter Weise. Zum Einen als Marketinginstrument: Seiner Verwaltung, wird der Oberbürgermeister anlässlich der Vorstellung des Gutachtens zitiert, hätten die „Experten bescheinigt [...], bundesweit und international als besonders leistungsfähig, innovativ und professionell anerkannt zu sein". Zum Anderen als Mahnung: „Allerdings hätten die Gutachter aber auch festgestellt, dass die Kosten für die besonderen Qualitätsstandards Münsters etwa im Jugend-, Schul- und Sozialbereich zum Teil merklich über dem Durchschnitt vergleichbarer NRW-Städte lägen." (*PresseInfo* vom 3. August 2006) Hohe Qualitätsstandards und Ausgaben in diesen Bereichen sind demnach keine Anzeichen von 'Leistungsfähigkeit' und 'Professionalität' und taugen nicht für einen interkommunalen Wettbewerb (der wird, „Rödl" bezeugt es, um eine Senkung solcher Kosten ausgetragen). Der Verwaltungs-Chef selbst enthält sich einer Bewertung (vgl. ebd.).

Die Stadtverwaltung ist also ihrerseits bemüht, die Verantwortung weiter zu reichen; sowohl an die Beratungsfirma, als auch an den Rat der Stadt. In der Öffentlichen Beschlussvorlage der Verwaltung für den Rat vom 28. Juli 2006 ist von „im Gutachten dargestellten Vorschlägen, Optionen und Handlungsmöglichkeiten", die Rede, die „eine wesentliche Grundlage zur Vorbereitung und Durchführung der Beratung" bilde. Der Rat werde, heißt es weiter

> „grundlegende Hinweise, Anregungen und Aufträge zu den konkreten Konsolidierungsvorschlägen, die zeitnah beurteilt und entschieden werden können, geben, auf deren Grundlage für die Verwaltung eine Identifikation weiter zu führender, zu relativierender oder nicht weiter zu verfolgender Maßnahmen sach- und zeitgerecht möglich ist und entsprechende Umsetzungsschritte von der Verwaltung vorbereitet und vorgenommen werden können".

Nachdem der Rat diese Textsorten-typisch formulierte Vorlage mit Mehrheit beschlossen hat, soll wiederum die Verwaltung die „Vorschläge und Optionen nach Maßgaben ihrer jeweiligen sachlichen und zeitlichen Umsetzbarkeit sowie ihrer fachlichen Vertretbarkeit dann weiter konkretisieren und den Gremien zur Entscheidung vorlegen". (Rödl & Partner 2006 IV: 1) Auch bei der Vorstellung des „Rödl"-Gutachtens vor der Presse hebt OB Tillmann hervor, dass es sich hierbei um einen „Katalog von Optionen" handele, erarbeitet von externen Experten. Was davon umgesetzt werde, sei Sache des Rates. Dessen „Finanzhoheit" (*PresseInfo* vom 10. Januar 2007) ergibt sich schließlich auch aus der Verfassung.

Die von Christine Resch als charakteristisch für den Berater-Kapitalismus geschilderte bloße Teilimplementierung der 'Visionen' oder gutachterlichen Ergebnisse von Beratern ist im Münsteraner Verfahren um die Expertise von „Rödl & Partner" von Beginn an vorgesehen. So sollen laut Pressemitteilung der Stadt aus „dem Gesamtvolumen von rund 52 Millionen Euro", das sich aus den von „Rödl & Partner" summierten „Konsolidierungsmaßnahmen" ergibt, eben 'nur' 30 Millionen Euro real eingespart werden. Und weiter heißt es:

> „Nach Tillmanns Einschätzung ist es bis auf weiteres noch offen, welche der Vorschläge von Rödl & Partner in Münster im Ergebnis tatsächlich realisiert werden. 'Die Prioritäten setzt letztlich die Politik [...]', sagte der Oberbürgermeister. Der vorgeschlagene Maßnahmenkatalog und die Ergebnisse des Gutachtens seien dazu jedenfalls eine außerordentlich wertvolle Grundlage." (*PresseInfo* vom 3. August 2006)

Hier wird eigens hervorgehoben, dass „die Politik" das letzte Wort habe. Zugleich werden die von „Rödl" vorgelegten Ergebnisse als „außerordentlich wertvolle Grundlagen" bezeichnet, aber eben nur als Grundlagen, die der Bearbeitung durch den Rat harren. Die Modifikation der „von Beratern erstellte[n] Konzepte bei der Umsetzung" gehört, so Resch, wie die Teilimplementierung zur Normalität. „Das ist auch in der Wirtschaft so, wird in der Politik- und Verwaltungsberatung nur deutlicher" (2005: 208), weil sich hier die Abänderungen der ursprünglichen Berater-Szenarien zwangsläufig (eher) öffentlich abspielen.

Vor der Modifikation, vor der Teilimplementierung steht aber die möglichst klare Herausstellung, *wessen* Konzept hier vorgestellt wird. Beim „Wenzel"-Gutachten zur 'Optimierung', also: Verringerung der städtischen Bäderlandschaft, entscheidet sich die Verwaltung noch für eine Variante, die sie den Ratsfraktionen zur Abstimmung stellt. Dabei betont sie aber wiederholt, dass es „der Gutachter" sei, der „Vorteile" benenne, der „Berechnungen" und „Aussagen" treffe und damit verantwortet (vgl. Beschlussvorlage Bäder 2005: 4). „Wenzel Consulting" darf sich dann im Laufe des Verfahrens, infolge der Modifikationen des Konzeptes durch Verwaltung und Politik ebenfalls von einer Verantwortung entlastet sehen. Beim „Rödl"-Gutachten dann verzichtet die Verwaltung von vornherein auf jede Positionierung, um zweifelsfrei klar zu machen: dies ist vollständig das Konzept der Berater:

> „Der Oberbürgermeister legte Wert darauf, dass die Verwaltung es zum jetzigen Zeitpunkt bewusst unterlassen habe, die Vorschläge zu gewichten und zu kommentieren. 'Aus der Politik ist vielfach und parteiübergreifend der Wunsch geäußert worden, eine transparente und offene Entscheidungsgrundlage und verschiedene Optionen für eigene Prioritäten haben zu wollen. Beides ist mit diesem Gutachten jetzt gegeben', erklärte Tillmann. Auch gegenüber der Bürgerschaft will die Verwaltung Offenheit gewährleisten: In der Münster-Information im Stadthaus I und in den Bezirksverwaltungen liegen ab Freitag (4. August [2006]) Ansichtsexemplare des Gutachtens aus. Außerdem werden die Konsolidierungsüberlegungen unter www.muenster.de/stadt in das städtische Internetangebot eingestellt." (*PresseInfo* vom 3. August 2006)

Als offizielle Begründung der Nicht-Positionierung dient also die Offenheit und Transparenz des Verfahrens gegenüber den Ratsfraktionen und den BürgerInnen. Die „Bürgerschaft" erhält einen vollständigen Einblick in die Unterlagen zur Haushaltskonsolidierung. Das ist in der Tat ungewöhnlich. Im 'normalen' Verlauf der Haushaltsberatungen sind die Etatvorschläge (und -Verhandlungen) der Verwaltung und der Mehrheitsfraktionen zwar nicht geheim, werden vor der Verabschiedung aber nicht im Internet oder gedruckt der Öffentlichkeit zur Ansicht präsentiert. Das ist nun bei der Ausarbeitung einer externen Experten-Firma anders. Hier, so wird der Eindruck erweckt, stellen sich Verwaltung und Politik sogar bewusst der unangenehmen Diskussion: „Tillmann ist sich sicher, dass die anstehenden Entscheidungen im Rat und in der Bürgerschaft sehr intensiv und kontrovers diskutiert werden."

(ebd.) Den interessierten BürgerInnen dürfte die Lektüre der aufgelisteten „Konsolidierungsmaßnahmen" allerdings nur eingeschränkt weiter geholfen haben, wenn zugleich offen blieb, welche der „Maßnahmen" am Ende umgesetzt würden und wie das geschehen sollte. Immerhin hat aber die Präsentation des Gesamtkatalogs für die Verwaltung und den Rat den Vorteil, dass die später tatsächlich beschlossenen Einsparungen vor dem Hintergrund solcher Maximalforderungen verhältnismäßig moderat erscheinen könnten. Oder, aus anderer Perspektive: Wenn die „Rödl"-Vorschläge, etwa das Jazz-Festival abzuschaffen, das Mahnmal Zwinger zu schließen oder das Rüschhaus zu verkaufen, für öffentliche Empörung sorgen, diese Vorschläge dann aber gar nicht umgesetzt werden, dürfte das partiell für Erleichterung sorgen und Kürzungen auf anderen Gebieten verblassen lassen.

Der eigentliche Sinn dieser Art von „Transparenz" besteht aber im Hinweis auf die Urheberschaft. Und zwar in doppelter Weise. Erstens stellen Verwaltung und Politik mit der Veröffentlichung der Unterlagen aus: Nicht wir sind die Verantwortlichen. Hierbei distanziert sich die Verwaltung(sspitze) zunächst gar zumindest teilweise von den Vorschlägen, um sich aber schließlich ins 'Unvermeidliche' zu fügen: Der Oberbürgermeister, so die städtische *PresseInfo*, räume ein,

> „dass auch ihm selbst und der von ihm geführten Stadtverwaltung die Mitarbeit an dem Spar-Gutachten nicht leicht gefallen sei. 'Aus der rein fachbereichsbezogenen Sicht der Ämter und Dezernate sind einige der nun auf dem Tisch liegenden Vorschläge sicherlich hart an der Kante, punktuell auch schon jenseits des Rubikons', sagte Tillmann. Darauf würden die Ämter und Dezernate im Einzelfall während der Beratungen des Rates auch erklärend hinweisen. Wenn der Rat entsprechende Vorschläge jedoch im Ergebnis beschließe, werde die Verwaltung sie natürlich umsetzen, auch wenn dabei Maßnahmen oder Projekte auf der Strecke blieben, in die man selbst oder auch freie Träger viel Arbeit und auch Herzblut gesteckt haben. 'Es ist wie im Privatleben auch: Wenn man sparen muss, dann muss man auch auf so einiges verzichten, was man bislang eigentlich für nötig gehalten hat', meinte Tillmann." (ebd.)

Die Verwaltung erklärt sich so selbst, wie die Bürgerschaft, zur 'Betroffenen' von Sparmaßnahmen, die aber – anders als zuvor – nicht sie selbst, sondern eine unabhängige Unternehmensberatung zu verantworten habe. „'Im Vergleich zu vorherigen Sparrunden werden die nun vorzunehmenden Einschnitte noch tiefer, noch schmerzhafter und für noch mehr Bürger konkret spürbar sein', so der Oberbürgermeister. Das sei aber unvermeidlich. 'Verzicht tut immer weh'." (ebd.) Die Parallelisierung zum 'gesunden Menschenverstand' und zum 'Alltagswissen' – „wie im Privatleben auch" – dient dann dem Hinweis auf die 'Alternativlosigkeit' der Sparmaßnahmen, der sich – wenn denn der Rat es für nötig erklärt – dann schweren Herzens auch die Verwaltung beugen werde. Für die 'Alternativlosigkeit' bürgt hier aber keine demokratisch legitimierte Instanz, im Gegenteil. Gerade dass eine privatwirtschaftliche Firma hierfür einsteht, gerät in dieser Darstellung zum Vorteil, weil hier ein 'Wissen' über 'Sachzwänge' bestehe, das unberührt von politischen Verstrickungen 'objektiv' bleiben könne; zumindest als Grundlage. Und damit Zweitens: Die „Transparenz" soll zeigen, dass ein dringend benötigtes, vorgeblich neutrales Fach-Wissen von außen erworben werden musste. Dass dafür ein namhafter Geldbetrag aufgewendet worden ist, stützt aus dieser Perspektive sogar noch die 'Notwendigkeit'.

Derartiges externes 'Wissen' setzt bekanntlich 'Nicht-Wissen' voraus. Zum Vorschein kommt damit wieder die für die Herstellung von 'Beratungsbedarf' zentrale „Entmündigung" der zu Beratenden (vgl. Resch 2005: 164).

Wie wirkungsvoll solche Konstruktionen von 'Nicht-Wissen' auf Seiten der Stadtverwaltung und von 'Wissen' auf Seiten der Berater ist, mag ein Kommentar der *MZ* (22. Januar 2009) belegen. Er kritisiert die Verwaltung scharf, weil sie einen zwei Jahre alten Antrag der CDU-Fraktion umsetzen wolle. Es geht um das ehemalige Lotharinger Kloster. Der barocke Bau am Rand der Altstadt wird seit Jahren vom Standesamt für 'stimmungsvolle' Hochzeiten genutzt. Das soll nun für drei Millionen Euro ausgebaut und aufgewertet werden. Und das „für eine äußerst kleine Zielgruppe [...]: Hochzeitspaare und deren Gästeschar". Vielmehr müsse „dieses Filetgrundstück[]" geschickt vermarktet werden, anstatt auf eigene Kosten eigene Immobilien zu errichten. Berufungsinstanz sind hier (hauptsächlich) „Rödl & Partner". „Die Mahnung der Rödl-Finanzexperten und der Gemeindeprüfungsanstalt, Münster habe zu viele und zu teure eigene Gebäude – zum rechten Ohr rein, zum linken Ohr raus. Alles vergessen." (ebd.) Die Zuordnung ist klar. Hier das Wissen der „Rödl-Finanzexperten", da das Nicht-Wissen der Verwaltung (was suggeriert die Verwaltung selbst verfüge über keine Finanzexperten), das sich als überaus hartnäckig erweist, gar als infantil („zum rechten Ohr rein, zum linken Ohr raus"). Und eine solche Infantilisierung der Beratenen, ihre Entmündigung, ist (wie gesehen) ein fester Bestandteil der „trouble-maker"-Strategie der Berater selbst. Sie wird in der Folge zum Bestandteil des öffentlichen 'Wissensfundus'.

Die 'Dummheit' der Beratenen wird aber keineswegs nur dann beklagt, wenn sie vom reinen Pfad, den die Beratung gelegt hat, abzukommen scheinen. „Liest man (populäre) Literatur über Beratung [...], dominiert der Eindruck, Manager seien Idioten." Das „ist selbst dann der Fall, wenn Beratung skandalisiert wird. Dann wird gezeigt, dass Beraterwissen aus Banalitäten und üblen Tricks besteht, die sich Manager für teueres Geld aufschwätzen lassen" (Resch 2005: 186f.). Dieser Eindruck besteht auch für die Diskussion in Münster. Zwei Beispiele: Die SPD-Fraktion wettert gegen „teuer eingekaufte[n] Murks". Bei den Personalkosten habe „Rödl" im interkommunalen Vergleich „schlicht falsch" gelegen, wie eine Gegenrechnung der Stadtverwaltung belege. So lägen die Personalkosten umgerechnet je EinwohnerIn nicht (wie bei „Rödl") 14 Euro über, sondern 10 Euro unter dem Durchschnittswert (*Münsterpress* vom 31. Oktober 2006). Und die *WN* vom 17. März 2007 präsentieren einen „Spitzenvertreter der Wirtschaft", der „ungenannt bleiben" möchte, als Gewährsmann für eine „Unruhe in Münsters Eliten" angesichts des massiven Wegsparens im Kulturetat: „Unseren Kommunalpolitikern fehlt zunehmend ein Gespür für die Seele der Stadt", wird der Anonymus zitiert. Dass „Rödl" mit falschen Zahlen operiert, wird hier bezüglich der Stadtbücherei, angeführt. Im Vergleich zu Aachen, Bielefeld und Bonn gebe Münster je EinwohnerIn mehr Geld für die Stadtbücherei aus, was ein zusätzliches Einsparpotenzial von 180.000 Euro pro Jahr ergebe, errechnet „Rödl" (und die Münsteraner Ratsmehrheit folgt dieser Rechnung). „Kritiker", so der Artikel, hätten aber nachgewiesen, dass in Münster mehr Geld aufgewandt werde, weil die hiesige Stadtbücherei doppelt so viele KundInnen habe, wie die Büchereien der Vergleichsstädte.

So richtig beide Kritiken an der Zahlenarbeit der Beraterfirma sein dürften: es fällt auf, dass der interkommunale Vergleich nicht grundsätzlich in Frage gestellt wird; vielmehr werden solche interkommunalen Vergleiche dagegengehalten, die allerdings auf genaueren 'Kennzahlen' beruhen. Das führt zu der Frage, ob es hier – jenseits richtigen Rechnens – so etwas wie 'richtiges' und 'falsches Benchmarking' geben kann. 'Benchmarking' zur Ermittlung der 'best practice' zur 'Steigerung der Wettbewerbsfähigkeit' durch Kostensenkung, Kapitalisierung und Privatisierung ist eine der wesentlichen neoliberalen Strategien (vgl. Urban 2006: 38f.) nach dem Vorbild der Börsenanalysten und hat nichts anderes als „Standardisierungen" zum Ziel. Die von Beratern (und längst auch von öffentlichen Verwaltungen selbst) per 'Benchmarking' betriebene Konkurrenz zwischen Stadtverwaltungen mündet in eine „'Vereinheitlichung' von Verwaltung" (Resch 2005: 222f.), in „'Innovation' durch Standardisierung" (ebd.: 252). Eine Kritik an falschen oder unterschlagenen Kennzahlen prallt an der Konstruktion des Berater-'Wissens' ab. Beratung basiert nicht nur auf konstruiertem 'Nicht-Wissen' der zu Beratenden, sie entsteht auch

> „aus einem antizipierten Ziel, einem vorweggenommenen Ergebnis, das der Berater schon kennt und zu dem durch die Beratung hingeführt werden soll. Auch wenn das Problem vom Berater analysiert wird, geschieht das auf die Lösung zugeschnitten. Beratung ist organisiertes Vermeiden von Erfahrungen und Verhindern von Neuerungen. In neoliberaler Ideologie ausgedrückt, würde man sagen, es sei die geeignete Methode, die 'Flexibilität', die propagiert wird, als Standardisierung durchzusetzen." (ebd.: 251f.)

Eine Ausrichtung der 'Analyse' an unterschiedlichen lokalen Situationen und realen Erfahrungen ist demnach überhaupt nicht vorgesehen.

Dass die CDU-nahen *WN* ein anonymes Mitglied der lokalen „Elite" gegen die Politik der CDU in Stellung bringt, liegt sicher auch an seit Jahren schwelenden innerparteilichen Auseinandersetzungen (vgl. *taz münster* vom 6. und 13. Juli 2000) und „alte[n] Rechnungen" (*WN* vom 27. Januar 2009). Es könnte aber auch ein anscheinend verbreitetes Unbehagen am Engagement von Unternehmensberatung für den gesamten Etat der Stadt zeigen. Dafür spräche auch, dass sich der OB im Herbst 2008 genötigt sieht, für eine Routineprüfung der öffentlich rechtlichen Gemeindeprüfungsanstalt NRW klar zu stellen: „Es handelt sich hier um kein neues Spargutachten." (*PresseInfo* vom 9. September 2008). Was in der Bundespolitik schon längst gängige Praxis ist, könnte auf kommunaler Ebene – in größerem Ausmaß – bislang noch ungewohnt sein. Anders sieht das im überschaubaren Rahmen aus. Vergleichbar medienwirksame Auseinandersetzungen hat das „Wenzel"-Bädergutachten nicht hervorgerufen. Und dass die Stadtverwaltung in Einzelfragen immer wieder Unternehmensberater engagiert, wie etwa die Firma „culturplan",[29] wird gar nicht (oder kaum) öffentlich thematisiert.

Dennoch lässt sich nicht erst am Beispiel der „Rödl"-Expertise, sondern auch schon anhand des Auftritts von „Wenzel Consulting" ein grundlegender Wandel ablesen, den Resch insgesamt beschreibt:

> „Die traditionelle (wissenschaftliche) Politikberatung bestand darin, dass Wissenschaftler Politikern Argumente an die Hand gegeben haben. Die Berater haben dabei selbstverständlich auf der Hinterbühne agiert. Beratung diente hier der Politikvorbereitung. Es war Aufgabe der Politiker, diese Ideen in den politischen Prozess einzubringen und zu verantworten – und zwar als die ihren. Im Berater-Kapitalismus ändert sich das: Berater sind keine Wissenschaftler mehr, vielmehr PR-Fachleute und Ökonomen, und sie werden zu Akteuren auf der Vorderbühne. Beratung ist jetzt selbst Politik. Jetzt werden die Konzepte explizit als die der Berater diskutiert, die Politiker verstehen sich als Handlanger, die über die Reform-Vorschläge nur abstimmen. Eine Identifikation mit den Inhalten setzt das nur soweit voraus, dass einem Gesetz(esvorschlag) zugestimmt wird und dafür spielen bekanntlich auch andere Erwägungen eine Rolle. Auch eine Identifizierung von Politikern oder Parteien mit den Inhalten ist nur bedingt notwendig und angebracht." (2005: 217)

Beratung als Politik, Berater als Protagonisten, deren Konzepte diskutiert und in das weitere Verfahren eingebracht werden: Bei der „erste[n] Stufe" der „Neustrukturierung der städtischen Bäderlandschaft" (Beschlussvorlage Bäderkonzept 2005: 2ff.) ist es die Beraterfirma „Wenzel Consulting", die einer öffentlichen Anhörung vorsitzt, die hierbei „Hinweise" und „Anregungen" von Schulen und Sportvereinen entgegen nimmt, die ein Konzept der „Neustrukturierung" der Öffentlichkeit, den Medien, den Ratsfraktionen vorstellt; jeweils bloß sekundiert von VertreterInnen aus Verwaltung und Politik (s.o.). Dass PolitikerInnen sich als 'HandlangerInnen' betätigen, die über Konzepte nur abstimmen, ohne sich inhaltlich allzu sehr mit ihnen zu identifizieren, wird auch in Münster sichtbar. Im Verfahren um das „Rödl"-Gutachten dokumentiert die Verwaltung in Gestalt ihres Chefs ihre Distanz zum

29 Die „ICG Culturplan Unternehmensberatung" mit Hauptsitz in Berlin wird im Herbst 2007 als „externe[] Unterstützung" bei einer „Organisationsuntersuchung" des Kulturdezernats bei der Umsetzung der „Rödl"-Sparvorschläge hinzugezogen (vgl. Kulturausschuss 2007: 4). Nach eigenen Angaben hat die Firma auch an einer „Strategieentwicklung zur Zuschusskürzung der Städtischen Bühnen Münster" gearbeitet (ICG 2009).

Berater-Konzept. Ähnlich sieht es bei seiner Mehrheitspartei CDU aus. Ihr wird in den *WN* vom 21. Februar 2007 im Vorfeld des Etatbeschlusses im Rat eine „deutliche Distanz [...] zu den Rödl-Vorschlägen, die ohnehin nur ein Angebot und keine Verpflichtung gewesen seien", bescheinigt. Zugleich lässt die CDU-Fraktion zwei Wochen vorher in einer Klausursitzung über jeden einzelnen „Rödl"-Vorschlag abstimmen. Dabei, wird betont, seien alle 150 Maßnahmen vorher „mit der Stadtverwaltung auf ihre Machbarkeit abgeklopft worden", um sicher zu gehen, „keine Luftnummern [zu] beschließen" (*WN* vom 7. Februar 2007).

Aus der „außerordentlich wertvollen Grundlage", als die die „Rödl"-Vorschläge noch sechs Monate zuvor vom OB vorgestellt worden waren, ist bei seiner Partei nun eine Ansammlung potentieller „Luftnummern" geworden (abgestimmt wird aber trotzdem haarklein darüber), deren Tauglichkeit noch einmal überprüft werden muss, von der selben Verwaltung, die das Gutachten zuvor bestellt hatte. Ein Jahr später, beim Etat 2008 will dann die CDU die Kürzungen bei der Stadtbücherei laut *MZ* vom 28. Januar 2008 mit der Begründung, der „Beschluss basiere auf einer falschen Datenbasis im Rödl-Gutachten", wieder zurücknehmen. Im Vorjahr wird das von CDU und FDP noch bestritten (vgl. *MZ* vom 14. März 2007).

„Berater-Kapitalismus", sagt Christine Resch (2005: 217), bedeute eine „Entpolitisierung von Politik. Politiker sind Schausteller", die, mit unterschiedlichen Erfolgen, „'dem Volk', das sie wählen soll, eine Politik verkaufen, die andere machen", eine Politik, die nicht mehr über (widerstreitende) Inhalte bestritten werde.[30] „Beratung wird zum Instrument für populistische Politik", indem PolitikerInnen diese mit einer „volkswirtschaftliche[n] Legitimation" versehen und heranziehen „zum Wohl des 'Großen & Ganzen'", dem nach neoliberalem Credo vor allem wirtschaftliche Effizienz dient, die allein wettbewerbstauglich macht, weshalb 'egoistische' Interessen von Einzelnen oder Gruppen zurück stehen müssen (vgl. ebd.: 186f.).

Die Sparziele „zum Wohl des 'Großen & Ganzen" in Münster sind im Januar 2008 nicht erreicht, wie Kämmerin Bickeböller auf Anfrage der Grünen einräumen muss. Von 178 Einzelpunkten sind zu diesem Zeitpunkt erst 39 umgesetzt. Die Verwaltung konnte „trotz konzentrierter Sparbemühungen" in fünf Punkten ihre Ziele nicht erreichen, so bei den Kürzungen der Zuschüsse für Miet- und Heizkosten von Hartz-IV-EmpfängerInnen und beim städtischen Personal, begründet das aber mit Verzögerungseffekten innerhalb eines langfristigen Programms (vgl. *MZ* vom 9. Januar 2008).

Berater-Firmen müssen solche Zielverfehlungen nicht kümmern. Populismus betreiben auch sie. Wenn „Rödl & Partner" darauf bestehen, mit einem „Masterplan der Stadt Münster" passgenaue und effiziente Lösungen zu bieten, sich die verspro-

---

30 Ein Beispiel für diesen Populismus ist die gleichzeitige und inhaltsgleiche Beratung von Gerhard Schröder und Edmund Stoiber durch Roland Berger (ebd.).

chen Konsolidierungserfolge aber nicht einstellen, liegt das aus ihrer Sicht nicht an ihnen, sondern daran, dass ihre Konzepte in den bürokratischen und parlamentarischen 'Mühlen' auf der Strecke geblieben seien. Überhaupt scheint Beratern aus nicht erreichten Einsparungszielen und kritischen Diskussionen kein Nachteil zu entstehen. Sie werden vielmehr aufgrund der Referenz, etwa eine Verwaltung bei der „Haushaltskonsolidierung" beraten zu haben, von weiteren Stadtverwaltungen beauftragt.[31]

Das gehört zum Bild: „Für die Folgen der Beratung ist der Berater nicht zuständig." (Resch 2005: 252) Bei der Herstellung von „Nicht-Wissen" wird der „Ratsuchende zunächst entmündigt", nach der Dienstleistung aber als autonom angesehen und ist für die Realisierung des erworbenen 'Wissens' wie für ein Scheitern selbst verantwortlich. Das Berater-Modell „ist die Gebrauchsanweisung: Die einzelnen Schritte müssen stur befolgt werden [...] und im Zweifelsfall haben sich die 'Umweltbedingungen' geändert", also dann, wenn trotz Einhaltung das versprochene Ziel nicht erreicht wird. „Der Berater geht kein Risiko ein." Und die Beratenen können die Verantwortung symbolisch auf ihn abschieben (ebd.: 252).

6.4 Die „falsche Identität von Allgemeinem und Besonderem": Wettbewerbe und Rankings und die Lebensqualität als städtische Bonität

> „Live-Ticker: Münster auf dem Weg zum Titel 'European Green Capital [...]
> MZ-Redakteur Oliver Koch berichtet live aus der belgischen Bibliothèque Solvay [...]
> 15.50 Uhr: In wenigen Minuten beginnt in Brüssel die Zeremonie. Die münstersche Delegation mit Oberbürgermeister Dr. Berthold Tillmann an der Spitze ist eingetroffen. In der Lobby der altehrwürdigen Bibliothek diskutiert man Münsters Chancen.
> 16.15 Uhr: Mit 15 Minuten Verspätung geht es los. Jetzt wird die Zeremonie offiziell eröffnet. Durch den Nachmittag führt Rick Thompson, früherer Chefredakteur der BBC. [...]
> 16.36 Uhr: Rick Thompson erklärt jetzt, dass es zwei Titel geben wird. Außerdem läuft jetzt ein Imagefilm für die Idee der Umwelthauptstadt. [...]

31 Beispiele aus Nordrhein-Westfalen: Im Oktober 2007 legen „Rödl & Partner" für Mönchengladbach (mit einer CDU/FDP-Ratsmehrheit und einem SPD-Oberbürgermeister) ein Spargutachten vor (vgl. *Bürgerzeitung für Mönchengladbach und Umland* 2007), im selben Oktober einigen sich in Remscheid CDU, SPD, Grüne und FDP auf einen „Zukunftspakt" auf Basis eines „Rödl"-Gutachtens (vgl. *Rheinische Post* vom 12. Oktober). In beiden Städten kommt es zu Teilimplementierungen und Modifikationen. In Schwerte wird im Januar 2008 ein Vertrag mit der Firma abgeschlossen (vgl. *Ruhr Nachrichten* vom 23. Januar 2008). Hier aber einigt sich der Rat mit der Stimmenmehrheit von CDU, SCD, Grünen und FDP zunächst darauf, „dem Gesamtpaket der Einsparungen zu[zu]stimmen", um dann doch Modifikationen zu diskutieren (*Ruhr Nachrichten* vom 19. Juni 2008).

> 16.58 Uhr: Soeben endet die Rede von Eleni Mavrou. Sie ist Bürgermeisterin von Nikosia. Es ging um grüne Städte, Nachhaltigkeit und soziale Aspekte.
> 17.05 Uhr: Bevor die Spannung unerträglich wird. Es dauert noch mit der Bekanntgabe [...].
> 17.18 Uhr: Falls es jemanden in Münster interessiert: Der Preis für die europäische Mobilitätswoche geht an: Budapest. [...]
> 17.28 Uhr: Jetzt wird es ernst ...
> Der Titel 2010 geht an: Stockholm.
> Der Titel 2011 geht an: Hamburg.
> 17.40 Uhr: Es hat nicht ganz gereicht für Münster.
> 17.45 Uhr: OB Tillmann hat gerade die Urkunde für den Trostpreis erhalten." (*MZ* Topnews 2009a)

Diesen „Live-Ticker" schaltet die Redaktion der *Münsterschen Zeitung* in ihrer Internetausgabe am 23. Februar 2009. Das erinnert nicht an die Sport-Berichterstattung (vor allem bei Fußballspielen) im Internet oder Videotext – es ist Sport-Berichterstattung. Das hat seinen Sinn, denn: „Wettbewerbe, Ausscheidungsspiele und Rankings sind natürlich auch eine wichtige Form von Unterhaltung ..." Was Heinz Steinert (2007: 385) bezüglich der „aktuellen Erfahrungen der Universitäten" sagt, trifft ebenso auf Städte zu. So werden dann auch Wettbewerbe und Rankings als 'spannende' Events inszeniert, oder gleich Sportveranstaltungen aufgearbeitet und kommentiert; medial wie von der Politik. Der Fußball-Vergleich ist hier einer der gängigsten. „In die Championsleague der Parks auf Europa-Ebene kann der Aasee-Park im kommenden Jahr aufsteigen", schreiben die *WN* vom 23. August 2008 anlässlich der Ernennung zu Deutschlands schönstem Park (s.o.). „Ich bin nicht enttäuscht, schließlich waren wir in der Champions League der Umweltsstädte [sic]", äußert sich Tillmann knapp 90 Minuten nach der Zeremonie zur „Green Capital" im Interview live aus Brüssel. Kurz zuvor hatte die *MZ* den Ausgang der Veranstaltung so angekündigt: „Wie soeben aus der Jury zu erfahren war, hat Münster den Titel der Umwelthauptstadt ganz knapp verpasst. Zwei von etwa 150 Punkten fehlten – es reichte nur zu Platz drei." (*MZ* Topnews 2009b) Verhandelt wird das Ergebnis, als sei der kleine, aber innovative Club erst am letzten Spieltag an der Übermacht zweier millionenschwerer Großvereine gescheitert. „Nur Metropolen schlagen Münster" (*MZ* vom 25. Februar 2009), und: „Im Windschatten der beiden maritimen Großstädte bleibt Münster nur der undankbare dritte Platz." (*WN* vom 24. Februar 2009)

Inhalte werden auch angesprochen. So die Gründe, warum es unter acht Finalisten für Münster nicht ganz reichte. „Spitzenwerte" habe es dafür gegeben, dass die Stadt „besonders nachhaltig" arbeite und „die Idee der 'Grünen Hauptstadt" hervorragend" verbreite. Schwächere Beurteilungen habe es für den zu hohen Pro-Kopf-Ausstoß von Klimagasen oder einen zu hohen Flächenverbrauch gegeben (*MZ* vom 26. Februar 2006). Der Duktus bleibt beim kommerzialisiert Sportlichen. Präsentiert werden Stärken und Schwächen in Hinsicht auf den Erfolg und damit auch einen zukünftigen Erfolg, da die Städte sich wieder bewerben können (vgl. *WN* vom 24. Februar 2006). Andererseits wird das Ergebnis auch taktischen Erwägungen der Jury zugeschrieben. Bei der Premiere des Wettbewerbs sei die EU wohl „auf Nummer sicher" gegangen, wird Tillmann zitiert. „Ausgesucht worden seien deshalb Weltstädte 'mit einer hohen Ausstrahlung'" (ebd.). Inhaltlich diskutiert wird ebenfalls der Sinn der Veranstaltung. „Mit dem Konzept der 'European Green Capital' verfolgt die EU-Umweltkommission das Ziel, Anschauungsmaterial für eine klima- und umweltschonende Stadtplanung zu liefern. [...] Den Siegerstädten winkt kein Geld, aber ein hoher Grad an internationaler Aufmerksamkeit." (*WN* vom 25. Februar 2009)

„Gold, Gold, Gold, Gold, Gold, jubelt Dr. Berthold Tillmann um 7.45 Uhr Ortszeit in Kanada in sein Mobiltelefon. Gut acht Stunden ist es her, dass Münster zur weltweit lebenswertesten Stadt gekürt worden ist. Der helle Wahnsinn, schwärmt Tillmann und erinnert sich mit Wonne an jenen Augenblick, als der Briefumschlag mit dem Gewinner feierlich geöffnet wurde: Da konnte ich plötzlich nachfühlen, sagt der OB, wie sich die Stars bei der Oscar-Verleihung fühlen." (*WN* vom 20. Oktober 2004) Die Oscar-Analogisierung tritt etwas weniger häufig auf als die zum Sport. Ähnlich wird in der Lokalpresse der Titel „Europas schönster Park 2009" verhandelt. „Langsam aber sicher dürfte es eng werden in der münsterischen Trophäensammlung", heißt es. Auch hier gebe es kein Geld. Das den Preis auslobende „weltweit tätige Unternehmen" für Rasenmähermotoren „versicherte jedoch [...], dass es nun für den Sieger aus Münster kräftig die Werbetrommel rühren werde" (*WN* vom 9. Februar 2009).

Die zentralen Stichworte sind genannt: Aufmerksamkeit und weltweite Werbung. Der Sportbezug ist in diesem Kontext keine Metapher (zumindest im eigentlichen Sinn). Es geht um Wettbewerb. Das ist 'spannend' und 'aufregend'. So inszenieren es und sich die ProtagonistInnen und so soll es für das eigene Publikum sein. Das ist also Amüsement und zugleich harte Arbeit. Der Sportbezug – die erreichte Position muss ständig neu behauptet werden und 'nach dem Spiel ist vor dem Spiel' – bezeichnet die Rollen und Zwänge der 'unternehmerischen' Städte im Ranking-Kapitalismus immanent logisch durchaus zutreffend. „Die Teilnahme an Städtevergleichen [...] sei kein Spiel, sondern eine ernsthafte und notwendige Form des Wettbewerbs", betonte Oberbürgermeister Tillmann im Vorfeld des Siegs bei den „LivCom Awards" (*WN* vom 22. September 2004). Aber auch Profifußball ist ja kein Spiel, sondern ein ernsthafter Wettbewerb um sehr viel Geld. Hinzu kommt die Rolle der unparteiischen EntscheiderInnen, der Jury, der SchiedsrichterInnen:

> „Frage: Dies ist die wievielte Auszeichnung, die Münster während Ihrer Amtszeit erhalten hat?
> Tillmann: Das weiß ich nicht. Ich habe nicht mitgezählt. Aber ich vermute, wir sind im zweistelligen Bereich.

> Frage: Warum nehmen Sie immer wieder an derartigen Wettbewerben teil?
> Tillmann: Wer nicht wagt, der nicht gewinnt. Ich bin kein Wettbewerbsfetischist. Aber wir brauchen den – objektiven – Blick von außen auf Münster. Dass *wir* unsere Stadt lieben, ist doch völlig klar. Aber wir müssen uns mit anderen Städten vergleichen. Wenn, wie dieser Preis eindrucksvoll belegt, Münster in der europäischen Liga mitspielt, dann haben wir offensichtlich viel richtig gemacht.“ (*Hallo Münster* vom 11. Februar 2009)

Die Teilnahme an Wettbewerben dient also dazu, einen ‘neutralen’ und ‘objektiven’, weil externen Blick zu erhalten. Das ist eine Argumentation, wie bei der Einschaltung von Unternehmensberatungen für Spargutachten, die dabei sowohl die Rolle der objektiven Schiedsrichter als auch die Rolle der Trainer (auf Zeit) besetzen.

Es geht bei Wettbewerben zur Lebensqualität, wie bei der Unternehmensberatung auch, um Benchmarking, hier allerdings im Wettbewerb nach ‘oben’. Die münstersche Verwaltung versteht sich auf diesem Gebiet gar als beispielgebend für andere: Trotz „finanziell sich verschlechternder Rahmenbedingungen“ lohne sich wegen der „positiven Effekte“ die Teilnahme an Wettbewerben wie den „LivCom Awards“ oder der „Entente Florale“ „nachhaltig für Kommunen“, appelliert der Münsteraner Grünflächenamtsleiter an 40 KollegInnen beim ersten NRW-Kongress der Gartenamtsleiter (*PresseInfo* vom 11. Mai 2006).

Die sozialen, kulturellen und ökologischen Qualitäten einer Stadt, also eigentlich sehr ernste Themen, werden zum Amüsement, das dann wieder zum sehr ernsten Wettbewerb und harter Arbeit erklärt wird, was dann wieder dem Amüsement keinen Abbruch tut. Es wird via Inszenierung von Wettbewerbsspannung ein „Arbeitsbündnis“ mit dem Publikum, dem Münsteraner „Wir“ gebildet, in dessen komplettem Interesse und zu dessen kompletter Befriedigung solche Wettbewerbe gewonnen werden. Mit Heinz Steinert (2002) lässt sich hier von Strukturen einer kulturindustriellen Politik sprechen. Bevor das näher ausgeführt werden kann, sind noch zwei weitere Mechanismen zu betrachten: Städte-Rankings und die von Städten praktizierte ‘Bürgerbeteiligung’ an Wettbewerben.

Neben der Teilnahme an Wettbewerben stehen Rankings, ich habe sie schon mehrfach angesprochen, im Mittelpunkt der inszenierten öffentlichen Wahrnehmung. Martina Löw verweist auf den von Richard Boyer und David Savageau 1981 erstmals veröffentlichten *Places Rated Almanac*. Dieses Buch, dessen Untertitel *Your Guide to Finding the Best Places to live in America* lautet, soll den Ursprung des Interesses an Ranglisten für Städte darstellen. Seine hohen Verkaufs- und Auflagezahlen seien ein Hinweis darauf, so Löw, dass es von Unternehmen wie von Privathaushalten „bei der Entscheidung über Investitionen oder der Planung von Umzügen und Reisen zur Rate gezogen“ wurde. Zudem „begann sich die Stadtpolitik an der Publikation auszurichten“ (ebd.: 231).

Vor allem in den letzten Jahren scheinen immer mehr und immer neue Städte-Rankings, häufig auch zu speziellen Einzelfragen, veranstaltet zu werden. Da ist es interessant, dass stadtsoziologische Beschäftigungen mit diesem Thema bislang kaum zu finden sind. Löw behandelt es zwar in ihrer *Soziologie der Städte*, wenn auch nur auf wenigen Seiten. Löws übergeordnete Fragestellung lautet „Image" versus „Eigenlogik" der Städte, weshalb sie auch Rankings in dieser Hinsicht diskutiert. Eine Analyse des Instruments Ranking liefert sie nicht. Allerdings gibt sie bezüglich der Ranglisten zur Lebensqualität von Städten einen Hinweis in die richtige Richtung:

> „Verschiedene Untersuchungen weisen nach, dass die Qualität des Ortes ein wesentlicher Faktor für die Ansiedlung bzw. den Verbleib von Unternehmen ist. [...] [D]ementsprechend spielt die 'Qualität des Lebens am Standort' heute eine gewichtige Rolle in jedem Städteranking, wobei die dafür als ausschlaggebend betrachteten Parameter je nach Studie andere sein können. [...] Klar ist, dass die schwer zu fassende Einheit 'Lebensqualität' für die Stadtentwicklungsprozesse und die Außendarstellungen der Stadt um so wichtiger wird, je stärker sich Städte um den Ausbau des Dienstleistungssektors bemühen." (ebd.: 225)

Städterankings sind offensichtlich Instrumente der postfordistischen Ökonomie, die eben die genannten Merkmale aufweist. Dass der *Places Rated Almanac* erstmals 1981 erschien, ist da wenig zufällig. Weiterhin interessant ist, dass Städte-Rankings inzwischen derart selbstverständlich erscheinen, dass die Ursprünge solcher Messverfahren nicht erwähnenswert sind. Löw diskutiert dies bestenfalls assoziativ, wenn sie unter Berufung auf den Ökonomen Iain Begg schreibt: „Manche Städte [...] *performen* einfach besser als andere" und es als bemerkenswert bezeichnet, dass „in Ratings und Rankings nicht nur die ökonomische Performanz einer Stadt gemessen" werde, sondern ebenso die Lebensqualität. Anders Stephan Krüger (der sich allerdings zu Rankings zwischen den deutschen Bundesländern äußert). In seinem kurzen Artikel im *ABC zum Neoliberalismus* schildert er die inzwischen „weite Verbreitung" von Rankings „im Alltagsleben" vor dem gesellschaftlichen Hintergrund der

> „'Vermarktlichung' [...] der gesellschaftlichen Beziehungen und [der] Übertragung von Kosten-Nutzen-Kalkülen [...], auch auf Gesellschaftssphären, die keine (Markt-) Preise besitzen und nicht nach marktwirtschaftlichen Kalkülen gesteuert werden. Hat man erst einmal die qualitativen Eigenschaften und Merkmale der in eine Rangfolge zu bringenden Objekte in Geldgrößen transformiert und damit quantitativ vergleichbar gemacht, gewinnen derartige Rankings große Bedeutung und Einfluss im öffentlichen Bewusstsein [...]. Ein ökonomisches Ranking, das auf Preisen oder Quasi-Preisen beruht, gewinnt als solcherart objektivierte Aussage fast normative Macht" (Urban 2006: 183).

Lebensqualität als Quasipreis. Der von Martina Löw verwandte Begriff der *Performance* bezeichnet in der Sprache der Wirtschafts-'AnalystInnen' den 'Auftritt' von Unternehmen 'am Markt' oder – anhand der Aktienkurse – an der Börse. Eingeführt wurden Ratings in der Finanzwirtschaft um 1900 „und bezogen sich" damals „zunächst auf Lebensversicherungen und Schuldverschreibungen" (Wimmer 2004: 127). Inzwischen sind weltweit agierende und private Ratingagenturen wie „Moody's" oder „Standard & Poor's" (S & P) zu marktbeherrschenden „Supermächte[n]" geworden, wie die *Frankfurter Rundschau* am 25. Mai 2009 schreibt. Sie bewerten nicht mehr nur die Bonität von Kreditunternehmen, sondern desgleichen von Staaten. „Von der Einschätzung der Ratingagenturen hängt die Position von Schuldnern am Kapitalmarkt ab. Je niedriger die Note, desto höhere Zinsen werden auf Anleihen fällig". Die werden in Buchstaben vergeben. Die Höchstnote für Bonität lautet „AAA". Spanien und Japan hätten sich kürzlich von S & P herabstufen lassen müssen, selbst die USA sei davon bedroht. Dieselben „Analysten", beklagt die Zeitung, die „aus Schrotthypotheken scheinbar 'erstklassige' Wertpapiere" gezaubert „und so zur schwersten Finanzkrise seit Jahrzehnten" beigetragen hätten, könnten mit ihren Urteilen öffentliche Etats zusätzlich belasten. Denn, das sei „der eigentliche Skandal: Privat erstellte dubiose Urteile über die wirtschaftlichen Aussichten von Staaten und Unternehmen wurden von Aufsichtsbehörden zur verbindlichen Grundlage zahlreicher Finanztransaktionen gemacht. Großinvestoren wie Pensionsfonds müssen sich bei der Kapitalanlage nach Ratings richten, Banken bei der Kreditvergabe" (ebd.).

Ich habe bereits im Zusammenhang damit, dass im „Berater-Kapitalismus" Unternehmen zu Projekten und zur Ware werden – was ansatzweise auch auf die unternehmerische Stadt ausgedehnt wird –, skizziert, dass Städte-Rankings strukturell ähnliche Mechanismen sind, in denen kurzfristig die 'Bonität' der Städte konstruiert wird, wobei das kulturelle Kapital zum ökonomischen und das ökonomische zum kulturellen Kapital wird. Auch hier agieren private 'Analysten', wie etwa die Unternehmensberatung „Roland Berger", die im Auftrag der *Frankfurter Allgemeinen Sonntagszeitung* im März 2008 mit dem Titel „Städte im Wettbewerb" die „Kreativitätspotenziale" bewertet hat (Löw 2008: 226), oder das von den Metallarbeitgeberverbänden bezahlte neoliberale Netzwerk „Initiative Neue Soziale Marktwirtschaft" (INSM), das zusammen mit der *WirtschaftsWoche* regelmäßige Städterankings betreibt. Der Unterschied zu den oben gezeigten Ratingagenturen ist klar, den VeranstalterInnen von Städte-Tests wurde keine offizielle Verbindlichkeit zugesichert. Ihr Einfluss ist nichtsdestotrotz hoch. „Rankings sind ein Informationsangebot vom Typ der vertrauten Fußballtabellen. Verantwortliche Stadtpolitiker, die im Wettbewerb stehen, müssen auf gute Platzierungen bedacht sein", denn es seien „letztlich die Wahlmöglichkeiten von Unternehmen und Bürgern in einer freiheitlichen Wirtschafts- und Gesellschaftsordnung, die die Aufmerksamkeit der Stadtpolitik für Rankings erzwingen", schreibt Heinrich Mäding (2001: 2), Leiter des „Deutschen Instituts für Urbanistik" in kritischer Absicht.

Münster wird in den Rankings von INSM und *WirtschaftsWoche*, die laut Selbstdarstellung „zahlreiche ökonomische und strukturelle Indikatoren wie Arbeitseinkommen, Bruttoinlandsprodukt und Investitionsquote" berücksichtigen, 2007 auf Platz vier von 50 Großstädten geführt (INSM Städteranking 2007) und 2008 auf Platz zwei hochgestuft, was das Abbild einer „exzellente[n] Entwicklung" darstellen soll:

„Die beschauliche Universitätsstadt kann eine gesunde Sozialstruktur, eine hohe kommunale Investitionsquote und einen erstaunlich stabilen Arbeitsmarkt vorweisen. Die Zahl der Beschäftigten kletterte zwischen 2002 und 2007 um 2,6 Prozent – im Bundesdurchschnitt gab es ein Minus von 2,3 Prozent. Wer hier seinen Job verliert, findet schnell einen neuen – die durchschnittliche Bezugsdauer von Arbeitslosengeld liegt mit 146 Tagen so niedrig wie in kaum einer anderen Großstadt. Münster profitiert von seiner Funktion als regionales Oberzentrum inmitten von plattem Land, aber auch von seiner guten Wirtschaftsstruktur. Hier gibt es nicht nur acht Hochschulen, 50.000 Studenten und noch mehr Fahrräder, sondern mittlerweile auch mehr Industrie als im nahen Gelsenkirchen – etwa in den Bereichen Chemie, Pharma und Maschinenbau. Gerade erst hat die Stadt ein neues Industriegebiet im Stadtteil Hiltrup erschlossen. 'In vielen Bereichen entwickelt sich Münster besser als andere Großstädte. Die Stadt hat offenbar keine wirklichen Schwächen', sagt Karl Lichtblau, Geschäftsführer der IW Consult GmbH in Köln." (*WirtschaftsWoche* vom 5. September 2008)

Nur „Dauersieger München" sei „noch besser" (ebd.). Unter Lichtblaus wissenschaftlicher Leitung werden Münster als Stärken eine geringe Arbeitslosenquote und eine Realsteuerkraft von 1.456,00 Euro je EinwohnerIn bei einem Bundesdurchschnitt von 1.053,10 Euro (Stand 2006) und eine Kaufkraft von 20.263,00 Euro pro Kopf bei bundesdurchschnittlich 18.576,00 Euro (Stand 2008) bescheinigt. Als Schwächen erscheinen, dass die Stadt nur „1,0 Unternehmenshauptsitze" beheimate, während der Durchschnitt bei 10,5 liege, und eine stark sinkende Investitionsquote. Außerdem, so etwas gibt bei der INSM zwangsläufig Abzüge, seien die Arbeitskosten zu hoch (ebd.). 2009 bestätigen INSM und *WirtschaftsWoche* (vom 9. Oktober 2009) die Einstufung Münsters hinter München.

Wie schon bei Löw nachzulesen, gehören Wertungen der Lebensqualität grundsätzlich zu derartigen Gesamtrankings, die Städte nach ihrer Attraktivität zur Ansiedlung von Unternehmen auflisten. „Wohlstand, Wachstum, Jobs, Zukunftsperspektiven: Der große Städtetest der WirtschaftsWoche sagt, wo es sich am besten arbeiten und leben lässt. Wo Politik und Verwaltung tüchtig arbeiten. Und wo sich Bürger und Unternehmen am wohlsten fühlen", heißt es dann auch zum INSM-Ranking (*WirtschaftsWoche* vom 5. September 2008).

Einerseits sollen die Konstruktionen attraktiver Städte eindeutige Differenzen markieren, andererseits zeichnen sie sich durch eine hohe Gleichförmigkeit aus. Die Attraktivität einer Stadt werde grundlegend anhand dreier miteinander verbundener Faktoren gemessen, schreibt Heinrich Blotevogel, wobei er sich auf Richard Florida bezieht:

„Erstens: 'Place matters', das meint die Vorzüge größerer Städte mit attraktiver Stadtlandschaft und hohem Freizeitwert. Zweitens: 'Community matters', das meint die Offenheit und Toleranz einer sozial und kulturell vielfältigen Stadtgesellschaft. Drittens: 'Economy matters', das bezieht sich auf die günstige ökonomische Struktur mit Anteilen wissensintensiver Branchen im Industrie- und Dienstleistungssektor." (zit. n. Löw 2008: 226)

Das liest sich wie eine Regieanweisung für die Strategie Münsters in den letzten Jahren, und zwar unabhängig davon, welche politischen Mehrheiten im Stadtrat herrschen. Exakt nach den drei genannten Kategorien wirbt Münster für sich und so fragt die Stadt auch nach ihrem Image, sowohl unter den eigenen BürgerInnen (zuletzt für das Jahr 2007) als nun auch erstmals bundesweit im Jahr 2008. Das wird im nächsten Kapitel noch näher zu beleuchten sein. Auch im Stadtmarketing wird nie versäumt, eine untrennbare Verbindung zwischen Toleranz sowie sozialer und kultureller Vielfalt mit einer 'Standortpolitik' zugunsten florierender Unternehmen und wohlhabender Privathaushalte zu betonen. So wird in den *WN* vom 10. Oktober 2007 anlässlich des Titels „Familienfreundlichste Stadt in NRW" und in Anbetracht der „beeindruckende[n] Liste" der laufenden oder geplanten Großbauprojekte in Münster herausgestrichen: „Das eigentlich Sensationelle ist, [...] wie viel hier von privater Seite investiert wird" (OB Tillmann), bzw.: „Die Stadt prosperiert – das ist die Botschaft" (Planungsamtschef Christian Schowe).

Innerhalb der Strukturen dieser Rankings und des auf sie gestützten Stadt-Marketings werden auch Bewertungen, die von ihren AusloberInnen möglicherweise gar nicht derart intendiert sind, wie die des „Allgemeinen Deutschen Fahrrad Club" (ADFC), zum Bonitäts-Anzeiger. „In Städtevergleichen findet sich Münster nicht selten in der Rolle des Vorreiters", heißt es in einem Marketingtext des Presseamtes. Verwiesen wird auf den Sieg beim „LivCom Award", den zweimaligen Titel „Bundeshauptstadt im Klimaschutz" und den Ruf als „Fahrradmetropole der Republik" (*PresseInfo* vom 13. Juni 2007). Normalerweise bezeichnet sich die Stadt als mehrfache „Fahrrad-Hauptstadt" von 2003, 2004 und 2005. Beim ADFC selbst, der sich als Verbraucherschutzorganisation versteht, gibt es diesen Titel gar nicht. Hier ist vielmehr vom „Fahrradklimatest" die Rede, in dem Münster zuletzt 2005 als „fahrradfreundlichste Großstadt" ermittelt wurde (ADFC 2005). Der Wettbewerb der Deutschen Umwelthilfe heißt allerdings wirklich „Bundeshauptstadt im Klimaschutz" (vgl. DUH 2009).

Allerdings ist auch ein solches Werben nichts Ungewöhnliches. Dem Unternehmen Stadt geht es, wie auch herkömmlichen Unternehmen (die für ihre Produkte etwa mit Testnoten der „Stiftung Warentest" werben; manchmal auch mit erfundenen), um Reputation. Die wird nach Stephan Voswinkel immer wichtiger. Ratingagenturen, schreibt Voswinkel (2008: 9), seien ebenso wie die Schufa oder die „Stiftung Warentest" als „komplexe Vertrauensinstitutionen" bzw. „Vertrauensintermediäre" zu verstehen. Mit einem stetig wachsenden „potentielle[n] Markt der Unternehmen" werde Reputation

> „zu einem Gut, das wesentlich durch strategische Selbstdarstellung produziert, von Medien vermittelt und von anderen Akteuren in Frage gestellt wird. Dabei ist die Reputation einzelner Akteure Teil einer Konstellation von Akteuren mit ihren jeweiligen Images, in der der einzelne Akteur eine bestimmte Rolle spielt, die er nur begrenzt frei

wählen kann. Die Paradoxie spätmoderner Reputation besteht also darin, dass Akteure ihre Reputation immer mehr beeinflussen *müssen*, weil sie zu einer zentralen Ressource und Gefährdung des Wirtschaftsakteurs geworden ist, dass sie diese aber zugleich nur wenig beeinflussen *können*, weil sie sich von ihrer Identität zunehmend entkoppelt. Das strategische Reputationsmanagement bestimmt Politik und Marktstrategien zunehmend mit" (ebd.: 9f.; Hervorhebung im Orig.).

Ein solches Reputationsmanagement als wesentliches Instrument von Marktstrategien ist für Städte schon länger von Bedeutung.

Stadtforschung, so ist es der Positionierung des Amtes für Stadtentwicklung, Stadtplanung und Verkehrsplanung zu entnehmen, ist schlicht Marktforschung:

„Bürgerumfragen sind ein zentrales Instrument der kommunalen Marktforschung und damit auch der Stadtforschung. Mit den Bürgerumfragen werden die Informations-, Planungs- und Entscheidungsgrundlagen für Verwaltung und Politik, aber auch die Bürgerorientierung der Stadt Münster verbessert und angereichert. Die Bürger nutzen das Instrument der Umfrage zur Meinungsäußerung gerne, wie die stets hohe Beteiligung zeigt." (Stadt Münster Kommunale Umfragen 2009)

Ähnlich wie bei „der Werbe-Technik der Medien-Verkäufer" (Steinert 2002: 147) geht es auch in der Marktforschung darum, „die Kunden möglichst an das Produkt und die 'Marke' binden zu wollen, jeden einzelnen als Person zu engagieren, sozusagen zum Mitarbeiter zu machen" (ebd.). Die Mitarbeit der Befragten ist bei der Marktforschung gar Bedingung. Und wenn die Marktforschung zugleich Stadtforschung ist, dann erhöht sie umso mehr die KundInnenbindung, die dann wiederum als „Bürgerorientierung der Stadt" erscheint.

Damit nun zu den Strukturen kulturindustrieller Politik. Im Interview mit dem Anzeigenblatt *Hallo Münster* vom 11. Februar 2009 sagt der damalige Münsteraner Verwaltungschef, es sei völlig klar, „dass *wir* unsere Stadt lieben". Von den nur mit einer Duldung ausgestatteten Flüchtlingen, die schon seit Jahren in der Stadt leben, über SozialhilfeempfängerInnen und *working poor* über Studierende, PolitikerInnen und Kaufleute bis hin zu Vorstandsmitgliedern der ansässigen Banken und Versicherungen: Alle lieben diese Stadt gleichermaßen und alle profitieren desgleichen von Wettbewerbssiegen und guten Rankings. Zu Beginn des Kulturindustrie-Kapitels der *Dialektik der Aufklärung* ist von der „falsche[n] Identität von Allgemeinem und Besonderem" (Horkheimer/Adorno 1998: 130) die Rede. Heinz Steinert beschäftigt sich in seinen Überlegungen zur kulturindustriellen Politik eingangs mit einem Aufsatz Max Horkheimers von 1936, der frage, warum die „bürgerliche[] Politik der Befreiung" stets „so penetrant moralistisch" aufgetreten sei, anstatt sich analog zur kapitalistischen Ökonomie auf die „Eigeninteressen der Wirtschaftssubjekte zu verlassen" (2002: 164). Horkheimers Antwort sei gewesen, dass

„bürgerliche Politik der Befreiung immer die unteren Klassen als Mitkämpfer braucht, ihnen dann aber nur die bürgerliche Freiheit des Eigentums, das sie nicht haben, und

> des Marktes, auf dem sie sich nur selbst verkaufen können, bieten kann. Ihre egoistischen Interessen würden den Angehörigen der unteren Klassen nahe legen, sich gegen diese bürgerliche Freiheit zu wenden, die für sie Herrschaft bedeutet. Daher müssen sie stattdessen auf das Große und Ganze verpflichtet werden. Es muß gerade verhindert werden, daß die gesellschaftlichen Kräfte sich nach Interessen organisieren. Das gelingt nur demagogisch und moralistisch in der bürgerlichen Politikform, die wir heute als 'Populismus' bezeichnen würden." (ebd.: 165)

Nun ist die städtische Marketing-Strategie, die Interessen von prosperierenden Bevölkerungsgruppen und Unternehmen als die Interessen aller zu inszenieren, keineswegs als populistisch im herkömmlichen Sinn zu verstehen. Wohl aber geht es um einen strukturellen Populismus. Denn „Politik muß sich [...] sichtbar und darstellbar machen, was in der Militärdiktatur leichter ist als in der Demokratie, deren Zweck und Aufgabe es ist, uns 'große Zeiten' zu ersparen, also langweilig zu sein" (ebd.: 169). So sind es in der offiziellen Stadtpolitik stets dieselben Gremien, der Rat, dessen Ausschuss, die Bezirksvertretungen, die Dezernate der Stadtverwaltung, die kommunalpolitische Fragen behandeln und Entscheidungen fällen, die sich dann womöglich in Wettbewerbe einbringen lassen können. Die Prozeduren und Auseinandersetzungen dieser Gremien sind aus Sicht des Publikums meist vergleichsweise langweilig. Die alltäglichen bürokratischen Entscheidungen und gärtnerischen Umsetzungen der Gestalt des Stadtparks rund um den Aasee sind es auch. Wenn dieser Stadtpark nun zum schönsten Europas gewählt wird – und sei es auch nur im Auftrag einer Rasenmäherfirma – wird es dann 'spannend'. Dass in Münster sehr viele Menschen Fahrrad fahren, gehört zum selbstverständlichen Alltag. Das lässt sich zwar überformen – als ökologisch oder traditionsverbunden oder beides –, ändert aber nichts an der Alltäglichkeit. Gewinnt die Stadt aber weltweite Wettbewerbe mit dieser Alltäglichkeit und kann sie im Nachgang Delegationen aus den USA oder Japan begrüßen, um diesen das Netz der Fahrradwege und weitere Infrastruktur zur Nachahmung zu erläutern, soll das den BürgerInnenstolz erhöhen. Und wenn ein neoliberales Städteranking wie von der INSM und der *WirtschaftsWoche* unter anderem wegen einer relativ hohen Kaufkraft aufs 'Treppchen' (wie es im Sport heißt) bittet, dann soll das auch diejenigen, die zu dieser Kaufkraft kaum etwas beitragen können, in „das Große und Ganze" einbinden.

Dabei bringt sich nicht nur die „Initiative Neue Soziale Marktwirtschaft" (im Wettbewerb etwa mit Roland Berger) in die Position einer Ratingagentur, deren Urteil für die Städte, die damit Marketing betreiben, bedeutsam werden soll, was wiederum den Einfluss der INSM weiter steigern soll. „Auflagenstarke (Wirtschafts-) Magazine beauftragen kommerzielle Büros mit der Durchführung und konkurrieren mit den Ergebnissen um die Aufmerksamkeit der Leser." (Mäding 2001: 2) Der Wettbewerb der Städte wird wesentlich bestimmt von den Medien. Entweder durch Rankings, oder, wie eingangs gesehen, durch Liveticker und andere Sportberichte.

Eine solche kulturindustrielle Politik, schreibt Steinert, werde „von den Medien gemacht". Diese gehörten „inzwischen zu den großen Wirtschaftsmächten" und seien „daher Teil des Spiels der globalen Kapitale [...] – nicht wegen ihrer Inhalte, sondern wegen der möglichen Gewinne und Verluste." (2002: 171f.)

Nicht wegen der Inhalte: 2008 wird Münster im Ranking der Zeitschrift *Runner's World* unter 25 deutschen Großstädten zur „Läufer-City Nummer eins" gekürt, weil es „die bundesweit besten Bedingungen für Sport-Läufer aller Leistungsstufen" biete, was Laufstreckenanzahl, Grünflächenanteil, Umweltbelastungen, Klimadaten, die Zahl der Kraftfahrzeuge und Hunde sowie der offiziellen Wettkämpfe pro Jahr angeht. Der OB zeigt sich erfreut aber wenig überrascht, die Stadt nimmt offiziell „als Zeichen der Ehrung ein neues Ortseingangsschild mit dem Text „Münster – Deutschlands Läufercity Nr. 1'" entgegen (*Runner's World* 3/2008). 2009 wird Münster von der Zeitschrift *Men's Health* unter den 50 größten Städten „zur drittlebenswertesten Stadt Deutschlands für Männer" gewählt, weil hier eine große „Frauendichte" für ein äußerst positives „Männer-Frauen-Verhältnis" sorge, weil die besonders hohe Dichte an religiösen EinwohnerInnen „als Zeichen für Zufriedenheit" stehe oder weil eine geringe „Fast-Food-Dichte" für eine gesunde Ernährung spräche (*MZ* vom 17. August 2009). Darauf reagiert die Stadt nicht. Die örtliche Presse in Gestalt der *MZ* referiert das Ganze amüsiert bis süffisant und illustriert die „Frauendichte" mit zwei sonnenbadenden jungen Frauen im Bikini (vgl. ebd.).

„Die Aussagekraft vorliegender Rankings ist uneinheitlich: von solide bis dubios", meint der Urbanist Heinrich Mäding (2002: 3). Nur: Auf die Inhalte kommt es gar nicht an. Das ist ähnlich wie bei der schon behandelten Unternehmensberatung. „Bei Beratung haben wir es mit einer Interaktions*form* zu tun, nicht mit bestimmten Inhalten", schreibt Christine Resch (2005: 251). Das Wesentliche ist das Interaktionsverhältnis: „Wenn Beratung weniger durch die Inhalte als vielmehr durch die Form charakterisiert ist, dann ist das Interaktionsverhältnis das Kernstück der Berater-Ideologie." (ebd.: 252) Das ist bei Rankings auch nicht anders, denn auch sie werden, wie gesehen, von Städten als Hinweise genommen, die 'richtige Politik' zu machen (oder noch an derselben arbeiten zu müssen). Auch Martina Löws grundsätzliche Kritik, „dass die Messung der Wettbewerbspotenziale einer Stadt weder erklärt noch erklären will, warum eine Stadt konkurrenzfähiger ist als eine andere" (2008: 233), trifft die Sache nicht. Als wie dubios, lächerlich oder ernsthaft ein Ranking rezipiert wird, ist also letztlich nicht entscheidend. Entscheidend in einem „Arbeitsbündnis" von Ranking- und Wettbewerbsveranstaltern, Medien, Geehrten und Publikum ist die erzeugte Aufmerksamkeit (die zugleich selbst als 'knappe Ressource' zur ideologischen Größe geworden ist). Mit dem Begriff „Arbeitsbündnis" behandelt Steinert (2002: 59) unter Rückgriff auf Freud die Frage, wie Phänomene durch die Rekonstruktion der „organisatorischen, institutionellen und sonst gesellschaftlichen Rahmen der Interaktion" verstanden werden können.

Das Stichwort Arbeitsbündnis verweist auf einen letzten Punkt, das Einspannen der BewohnerInnen in die *Performance* einer möglichst erfolgreichen Wettbewerbsteilnahme der Stadt. Diese Form der 'BürgerInnenbeteiligung' habe ich schon einmal am Beispiel der „Entente Florale“ angesprochen. Ein weiteres Beispiel ist die Jury-Entscheidung zur deutschen Vorauswahl der „Europäischen Kulturhauptstadt 2010“. Dazu sollten nach einem Aufruf der Stadt und der beteiligten Kultureinrichtungen am 20. Mai 2004 „trotz des Feiertages Christi Himmelfahrt“ möglichst tausende MünsteranerInnen „mit rotem T-Shirt, Schal oder Mütze für Münsters Kulturhauptstadt-Bewerbung Farbe [...] bekennen“ (*MZ* vom 13. Mai 2004) und jubelnd auf dem Prinzipalmarkt stehen. Dazu galt es, ein „Infoblatt auf der Kulturhauptstadt-Homepage www.muenster2010.de“ etwa „per E-Mail mit einem Gruß an Freunde und Bekannte zu schicken“, um auch diese zu animieren (ebd.).

„Amusement ist die Verlängerung der Arbeit unterm Spätkapitalismus. Es wird von dem gesucht, der dem mechanisierten Arbeitsprozeß ausweichen will, um ihm von neuem gewachsen zu sein. Zugleich aber hat die Mechanisierung solche Macht über den Freizeitler und sein Glück, sie bestimmt so gründlich die Fabrikation der Amüsierwaren, daß er nichts anderes mehr erfahren kann als die Nachbilder des Arbeitsvorgangs selbst.“ (Horkheimer/Adorno 1991: 145). War dieser Zusammenhang unter fordistischen Verhältnissen noch verschleiert, so ist das Amüsement postfordistisch selbst ganz offen Arbeit und Wettbewerb geworden und nicht mehr länger bloße Reproduktion der Arbeitskraft.[32] Amüsement ist damit zugleich eine Bürgerpflicht, wie die Wahl zu Deutschlands „Lieblingsorten“, in der der Prinzipalmarkt vierter wurde, verdeutlicht.

Das Prozedere bei der ZDF-Ranking-Show „Unsere Besten – Die Lieblingsorte der Deutschen“ erinnert an den „European Song Contest“ oder ähnliches. Das hat die Stadtverwaltung zunächst nicht zu verantworten, aber sie nimmt selbstverständlich vehement ihre BürgerInnen in die Pflicht: „Sie alle sind jetzt aufgerufen Ihre Überzeugung“ – dass der Prinzipalmarkt „ein Lieblingsort in Deutschland“ sei – „durch einen Mausklick auf der Internetseite www.unserebesten.zdf.de oder durch die Abgabe eine Stimmkarte zu bekräftigen.“ Damit auch klar ist, wie eine solche Wahl vonstatten geht, ist der Pressemitteilung ein Foto vom OB beigefügt, der „demonstrativ eine Stimmkarte für Münster in die Urne“ wirft (*PresseInfo* vom 17. Juli 2006); vor Kommunalwahlen werden solche Demonstrationen nicht veranstaltet. „Einrichtungen mit viel Publikumsverkehr“ und Internet-Cafés haben Plakate von der Stadt erhalten und die Prinzipalmarkt-Kaufleute wollen die Kundschaft an die Wahl gemahnen (ebd.).

32 Im Frühjahr 2009 warben Plakate rund um die münstersche Universitätsbibliothek für kommerzielle Partys unter dem Titel „Carpe noctem“. Das sollte wohl als ironischer Verweis auf die protestantische Ethik daherkommen, war aber nichts als ein Anzeichen für einen Hedonismus, der dem Leistungsprinzip unterliegt.

Etwas später heißt es, die Karten gingen „weg wie warme Semmeln", die 1.000 Stück seien versenkt, daher weitere 1.000 nachgelegt worden (*PresseInfo* vom 28. Juli 2006). Am 11. August meldet das Presseamt „3.000 Stimmkarten sind unterwegs" zum ZDF und „'Natürlich kommen wir ins Fernsehen'. Münsteraner geben sich selbstbewusst, wenn es um den 'Lieblingsort Prinzipalmarkt' geht". Fünf Tage später heißt es „Endspurt für 'Lieblingsort Prinzipalmarkt" und zur Motivation wird ein Bild von der Uraufführung des Films „Toller Bomberg" von 1957 mit Hans Albers angehängt, wo „trotz des strömenden Regens Tausende auf den Prinzipalmarkt" geeilt seien, um Albers zu empfangen (*PresseInfo* vom 16. August 2006). Das soll wohl heißen, für ein prominentes Ins-Licht-Rücken ihrer 'guten Stube' Prinzipalmarkt ist den MünsteranerInnen keine Unbill zu groß. Vier Tage vor der „Heimatshow der besonderen Art" mit Johannes B. Kerner wird dann Zuversicht dokumentiert. „Ein Hinweis" darauf, dass man unter die „Top 50" komme, seien Aufnahmen des ZDF auf dem Prinzipalmarkt, Prominentenbefragungen und Bitten um historisches Filmmaterial gewesen (*PresseInfo* vom 18. September 2006). So soll dann in kurzen Abständen die Spannung aufrechterhalten werden, und damit die Bindung ans 'Wir'.

„Rankings bieten meist Zeitpunktinformationen statt Auskunft über Entwicklungen, die viel eher auch prognostisch belastbar wären", kritisiert Mäding (2002: 3). Städte-Ranglisten sind, im Kontext von Unternehmensberatung und Strategien des *property-led developement*, Kurzfrist-Instrumente. Sie bilden Kurzfristiges ab und verlangen nach kurzfristigen Reaktionen. Die ständigen „Trophäen"-Gewinne Münsters verweisen hier nur scheinbar auf ein Paradox. Titel wie „Fahrradhauptstadt" und „lebenswerteste Stadt der Welt" klingen nach Entschleunigung, In-Sich-Ruhen, Geborgenheit usw., und so wird es in den Marketing-Strategien der Stadt auch inszeniert, zumindest als eine wesentliche Facette. Die immer neuen Rankings aller Art, in denen sich eine Stadt wie Münster platziert sieht, gehorchen den neoliberalen Standards und Schlüsselbegriffen der 'Flexibilität', 'Beschleunigung' usw. und verlangen nach ständiger Positionierung und Reaktion. Das ist eine Grundbedingung innerhalb der postfordistischen Städtekonkurrenz:

> „In dem Moment, in dem einzelne Städte beginnen, aggressiv für die eigenen Vorzüge zu werben, wachsen die Zwänge für andere Städte, es ihnen gleichzutun. Städte, die darauf nicht reagieren, laufen Gefahr, angesichts der Präsenz anderer Städte in der öffentlichen Wahrnehmung in Vergessenheit zu geraten." (Löw 2008: 119)

> „Münster ist geschichtsbewusst, modern, innovativ, konservativ, bürgerlich, subkulturell [...]. Das Beste an Münster ist, dass es vollbringt, was eine moderne Stadt in Europa schaffen muss: die Eigenschaften der und des Vielen zu bewahren und dabei einen zukunftsfähigen gemeinsamen Nenner zu finden. Das gelingt, weil Münster eine ausgeprägt dynamische Kultur der Identität besitzt." (Stadt Münster Kulturhauptstadt 2004)

Was hier auf die Bewerbung Münsters zur Europäischen Kulturhauptstadt zugeschnitten ist, wird von der „Wirtschaftsförderung" unter dem Titel „Schöne Aussichten für Wachstum und Erfolg" so ausgedrückt:

> „Münster ist das lebendige Oberzentrum einer Region mit mehr als 1,5 Millionen Menschen – zugleich Arbeits-Platz und Freizeit-Park, Wissenschafts-Standort und Einkaufs-Paradies, Spitzentechnologie-Standort und Kunst-Hochburg." (WFM 2006)

Das institutionalisierte Stadtmarketing in Münster und seine grundsätzliche Ausrichtung scheinen zwischen CDU, FDP, Grünen und SPD nicht umstritten gewesen zu sein. Die Basis wurde Ende der 1990er Jahre gelegt, also in der Zeit der rot-grünen Mehrheit. 1997 beauftragten die Stadt, die IHK und der Handelsverein (heute WIN) das Institut für Marketing der Münsteraner Universität mit einer Studie als „erste Standortbestimmung". Der „förmliche Auftakt" der Aktivitäten wurde im Sommer 1999 begangen (*PresseInfo* vom 9. Juni 1999).

> „In Münster starten Wirtschaft, Wissenschaft, Kultur, Politik und Verwaltung eine gemeinsame Marketing-Initiative. Ziel ist es, die unverwechselbaren Qualitäten des westfälischen Oberzentrums in der Konkurrenz mit anderen Großstädten zu positionieren. Besondere Stärken Münsters, die es herauszustellen und weiter zu stärken gilt, sehen die Initiatoren in den drei Bereichen 'Kunst, Kultur und Sport', 'City' sowie 'Wissenschaft, Technologie und Wirtschaft'. [...]Die münstersche Initiative bündelt die gemeinsamen Interessen der gesellschaftlichen Kräfte in der Stadt. Selbst wenn es in einzelnen Teilbereichen abweichende Einzelinteressen geben sollte, gibt es doch in jedem Fall das übereinstimmende Ziel, den Standort zu stärken und bei den Marketing-Aktivitäten den Schwerpunkt auf vereinbarte Handlungsfelder zu legen." (ebd.)

In den drei genannten Marketingschwerpunkten lassen sich die vier Foren des wenige Jahre darauf initiierten „Integrierten Stadtententwicklungs- und Stadtmarketingkonzepts" erkennen, zu denen nachträglich noch das Forum „Wohnen und Soziales" hinzugenommen wurde.

Von Beginn an geht es um eine Bündelung der „Kräfte" zugunsten der City. „Worin bestehen konkret die einzigartigen Perspektiven der Innenstadt-Entwicklung etwa im Vergleich zu Ruhrgebietsstädten?". Organisiert von „Münster Marketing" und vom Amt für Stadt- und Regionalentwicklung sollten die „vorhandenen und zukunftssichernden Stärken" ausgelotet und in Public Private Partnerships mit den hiesigen Unternehmen weiterentwickelt werden um Wettbewerbsfähigkeit und Lebensqualität zu sichern. Denn: „Der Wettbewerb der Städte und Regionen wächst.

Zugleich engen Steuereinbrüche den Handlungsspielraum der Kommunen ein. Münster stellt sich der Herausforderung." (*PresseInfo* vom 25. März 2002)

1999 hatte sich Münster mit dem Programm „StadtLife" erstmals für die „City-Offensive NRW" qualifiziert, die unter dem Motto-Titel „Ab in die Mitte!" firmiert. Finanziert wird das Unternehmen aus Mitteln des Landes NRW (damals von SPD und Grünen regiert) und von Hauptsponsoren, deren Interesse an der Stärkung der Innenstädte augenfällig ist: den Kaufhauskonzernen Karstadt und Galeria Kaufhof. Später kommt die Douglas-Holding dazu, die eine Kette von Parfümerien betreibt, aber auch die Buchhandelskette Thalia. Dotiert war der Wettbewerb anfangs mit vier Millionen DM (rund zwei Millionen Euro) (vgl. *PresseInfo* vom 5. August 1999 und vom 2. Januar 2001). Im ersten Jahr wählte die Initiative zehn Städte in NRW aus,[33] ab 2000 wurde „Ab in die Mitte!" als Wettbewerb ausgeschrieben, an dem anfangs 53, später bis zu 80 Kommunen teilnahmen; ausgewählt wurden jeweils zwischen 20 und 30 Bewerber (vgl. Ab in die Mitte 2009).

Am Beispiel dieser „City-Offensive" lässt sich noch einmal verdeutlichen, was Anfangs mit Boris Michel (2005) als Phänomen eines *New Urbanism* beschrieben worden ist: das Einfließen und die Transformationen von ehedem alternativen Konzepten in neoliberale Umgestaltungen des städtischen Raums. Verantwortet wird „Ab in die Mitte!" von der „Imorde Projekt- und Kulturberatung GmbH" in Münster. Der Geschäftsführer Jens Imorde war bis 2006 sachkundiger Bürger der Grünen/GAL im Kulturausschuss des Stadtrates. An der Gründung der „Stadtmarketinginitiative" waren das damals von Michael Versper (Grüne) geleitete Ministerium für Kultur und Städtebau, der Städtetag und die Landesarbeitsgemeinschaft NRW, sowie Karstadt und Kaufhof beteiligt (vgl. Ab in die Mitte 2009).

Mittels „beispielhafte[r] Kultur- und Freizeit-Aktionen" soll „Attraktivität der Innenstädte" gesteigert werden (ebd.). Das wendet sich gegen eine Verödung der Innenstädte und weitere Zersiedelung der Landschaft etwa durch *Malls* an der Peripherie, wie es das Beispiel „CentrO" in Oberhausen zeigt. Zugleich bedient das Programm jedoch die postfordistische Renaissance der Innenstädte zugunsten kaufkräftiger Mittelschichten und der Umsätze des innerstädtischen Einzelhandels, zu dem ja auch die die genannten Hauptsponsoren gehören.

Münster hat sich seit 1999 mehrfach für eine Förderung von Marketingprojekten qualifiziert, zuletzt 2009 mit den „Münster-Morphosen". Zur Premiere von „Ab in die Mitte!" betonte die Münsteraner Stadtverwaltung, dass „Vitalität, die Vielfalt und Lebendigkeit von Städten wieder in den Mittelpunkt rücken" soll, um „das klare Profil der Städte zu schärfen und zu vermitteln". Es gehe also nicht um von oben verordnete und standardisierte Erlebnisprogramme, sondern um „die Identität

---

33 Die Initiative „Ab in die Mitte" arbeitet inzwischen auch in Niedersachsen, Hessen, Sachsen und Berlin.

Münsters", darum „die Farben dieser Stadt auf eine ganz spezielle Weise sichtbar" zu machen, mit kulturellen Darbietungen von „internationale[r] Qualität auf hohem Niveau" (*PresseInfo* vom 5. August 1999).

> „Für das Programm stehen in Münster Kaufmannschaft/Einzelhandel, Kulturschaffende, Gastronomie und die Stadtverwaltung. [...] Möglich wurde dies durch die enge Einbindung der Träger der Kulturarbeit in der Stadt: Neben Kulturamt und Westfälischer Schule für Musik beteiligen sich auch die Städtische Ausstellungshalle Am Hawerkamp, das Theater im Pumpenhaus und die Kunstakademie Münster. Sie platzieren die Veranstaltungen nicht willkürlich, sondern haben für StadtLife Kulturerlebnisse entwickelt, die Wahrnehmung und das Erleben von innerstädtischem Raum aufnehmen, aufbrechen, widerspiegeln." (ebd.)

Am hohen Niveau des damaligen Kulturprogramms ist gar nicht zu zweifeln. Die Avantgardekunst, für die das „Pumpenhaus" und die Ausstellungshalle stehen, gerät allerdings unweigerlich in ein Dilemma. Ihre *Performances* auf dem Domplatz und dem Prinzipalmarkt dienen letztlich der Umsatzsteigerung des Einzelhandels. „Beim Stadtmarketing vertraue Münster auf die Bündelung aller gesellschaftlichen Kräfte in der Stadt", heißt es weiter in der Pressemitteilung der Stadt. „Auch StadtLife mit seinem hochkarätigen Programm lebt durch die Kooperation, das Zusammenwirken der Gemeinschaft", wird Oberbürgermeisterin Marion Tüns (SPD) zitiert (ebd.). Welche Gemeinsamkeiten können kritische Kunst und die Umsatzzahlen von Kaufhäusern haben? Einerseits könnte man hier von Gegenpolen sprechen. Andererseits ist die Frage eingedenk Adornos Kulturindustrie-Textes beantwortet. „Die Tatsache allein, daß Kunst mit Kommerz verbunden ist, beweist noch gar nichts. Ihr Nachweis eignet sich nicht zur Kritik an der Kunst" – deren ProduzentInnen schließlich ihre Subsistenz sichern müssen – „und ihren Einrichtungen. Es verschieben sich nur die Formen dieser Verbindung. Sie zu analysieren und zu beschreiben, welche Auswirkungen sie auf Produktion und Rezeption haben, ist Aufgabe einer Kritischen Theorie der Kultur" (Steinert 2002: 128). Kunst als Bestandteil von Marketingoffensiven dient ebenso der Erlebnisvielfalt aufgeklärter städtischer Mittelklassen, wie ein breites kulinarisches Angebot. Dagegen spricht gar nichts, solange der Zusammenhang klar ist. Je kritischer diese Kunst ist – zumindest bis zu einem gewissen Punkt –, desto weltoffener, toleranter und liberaler erscheint die urbane „Gemeinschaft" inklusive des Einzelhandels und des Gastgewerbes.

Kultur ist ein wesentlicher Faktor im Stadtraum als gemanagter Bühne. Die Ziele von „Ab in die Mitte!" dokumentieren das. In enger Kooperation der „unterschiedlichen Initiativgruppen in Verantwortung der beteiligten Kommunen" sollen „Attraktivität, Nutzungsvielfalt, Urbanität und Lebendigkeit" der Innenstädte gesteigert werden. Dabei geht es um die „Stärkung der kulturellen Identität der Städte", „die Erhaltung der Multifunktionalität" und die „Öffnung der Zentren für ein breites Besucherspektrum" (Ab in die Mitte 2009). Deutlich werden die Transformation (auch) linksliberaler Ansinnen – kulturelle Identität, Multifunktionalität, breites Spektrum der BesucherInnen – in Bahnen einer neoliberalen Urbanität (wobei Kaufhäuser traditionell gegen ein breites BesucherInnenspektrum nichts einzuwenden haben) und die Ideologie einer „kulturellen Identität", die negiert, dass diese Produkt sozialer Machtverhältnisse ist. Der Kulminationspunkt ist dann auch die folgende Aussage: „Im Mittelpunkt steht dabei die Verbindung von Freizeitgestaltung, Entertainment, Kommunikation, Kultur und Erlebniskauf in den Innenstädten und Einkaufsstrassen." (ebd.). Die Ähnlichkeit zu den Zielen und Strukturen von *Malls* ist unverkennbar.

Die Stadt als Marketinglandschaft entsteht in wechselseitiger Verbindung mit einer expandierenden Kreativ- und Kulturwirtschaft. Allen J. Scott (2005: 22) bezeichnet „die wachsende Bedeutung der Kulturwirtschaft" als eines „der bemerkenswertesten Merkmale des postfordistischen Produktionssystems". Zu den beteiligten Branchen dieser urbanen Symbol-Ökonomie gehören Medien und Kreativberufe wie Graphik, Web-Design, Architektur, der „design-intensive Konsumgüterbereich (Kleidung, Möbel, Schmuck usw.)", allerlei Dienstleister aus Werbung, Unterhaltung, Tourismus und ebenso private wie öffentliche „Einrichtungen für den kollektiven kulturellen Konsum wie Museen, Galerien oder Bibliotheken" (ebd.). Den enormen „Fortschritt der postfordistischen kulturellen Ökonomie" zeigten einerseits die „Expansion vieler alter und neuer Produktionsagglomerationen", desgleichen aber die „bemerkenswerten Transformationen der Landschaft von Teilen von ausgewählten Städten und der Revitalisierung ihres symbolischen Inhalts". Landschaftstransformationen, die auch den Erfolgen „der kulturellen Ökonomie selbst" entstammen, da sie in Form von Boutiquen, Cafés, Clubs, Einkaufszentren, Restaurants, Theatern und anderen Veranstaltungsorten „über die Stadt verteilt sind". Besonders wichtig sind in diesem kulturell-ökonomischen Geflecht Design- und Architektur, „weil die städtische Landschaft selbst eines ihrer wichtigsten Produkte ist". Meistens bedingen „dieselben Transformationen auch ambitionierte öffentliche Anstrengungen" städtebaulicher „Modernisierung" innerhalb von Bestrebungen zur Mehrung des lokalen Prestiges und des Anreizes von Investitionen. Eine solche öffentlich und/oder privat initiierte „Landschaft[s]"-Entwicklung führe dazu, dass „bedeutende Teile der Stadt [...] als Ökologie kommodifizierter symbolischer Produktion zu wirken" begännen und in der – im Gegensatz „zur klassischen Industriemetropole" – Arbeit und Freizeit in ihren Funktionen konvergierten „zu einer Art von (historisch spezifischem) sozialen Gleichgewicht". Zudem komme es tendenziell zu „machtvolle[n] und rekursiv ineinander verschlungene[n] Beziehungen zwischen Bedeutungen" von Stadtlandschaften und in ihnen produzierten Dienstleistungen und Waren, besonders in touristischen Zentren mit ihren öffentlich normierten und reglementierten „flexiblen Netzwerken spezialisierter Dienstleistungsanbieter" für Unterkünfte, Transport, Unterhaltung und Kulturpräsentationen etc. (vgl. ebd.: 25f.).

Zur Produktion und Reproduktion eines solchen Stadt-Bildes gehören auch Rückkopplung mit regelmäßigen Fernseh-Bildern: Für Münster sind das der „Tatort" in der ARD und länger schon die ZDF-Adaptionen der „Wilsberg"-Krimis des Münsteraner Autors Jürgen Kehrer. Derartiges ist längst fester Bestandteil des Stadt-Marketings. So lädt das Stadtpresseamt regelmäßig die VertreterInnen der Presse zu den Dreharbeiten ein. Regelmäßig gibt es Vorpremieren der neuen Folgen im Cineplex. Und, als wäre es die Presseabteilung der jeweiligen Produktionsfirma oder des ausstrahlenden Senders, versäumt das Presseamt nie, vor einer neuen Folge spannende Inhaltsangaben zu veröffentlichen. Die Lokalpresse liefert nach jeder Ausstrahlung die Einschaltquoten, die als jeweils höchste auf Zufriedenheit treffen. Dass allerdings die wenigsten Außenszenen – abgesehen von markanten Orten mit Wiedererkennungswert wie Prinzipalmarkt und Domplatz oder dem Antiquariat Solder, dass als „Antiquariat Wilsberg" fungiert – in Münster gedreht werden, sondern vielmehr „aus Kostengründen" in Köln, tut dieser Stadt-Image-Bildung offenbar keinen Abbruch und unterliegt wohl einer ähnlichen Logik wie der von Call-Centern, die sich nur virtuell als angerufenes örtliches Unternehmen melden; eine Camouflage des Lokalen. „Tatort Kölnsterdorf. Münster ist eigentlich Köln – zumindest im ARD-'Tatort'" titelte dann auch die *taz nrw* vom 14. September 2006. Nichtsdestotrotz gibt es in Münster längst Stadtrundgänge auf den Spuren der beiden Krimiserien.

Wie wichtig „Tatort" und „Wilsberg" – Filmproduktionen überhaupt – aus Sicht der Verwaltung für das Stadtmarketing sind, zeigt ein Blick in die städtischen Haushaltsplanungen. So werden im Etat 2008 für die „Produktgruppe 0107 Public Relations" Kennzahlen für „Drehtage von Filmproduktionen" festgelegt. Für 2007 stehen 30 zu Buche, für die Jahre 2008 bis 2011 soll das auf je 45 Drehtage gesteigert werden (Etat 2008: 63). Zugleich wurde der Schauspieler Leonard Lansink als „Wilsberg"-Darsteller 2008 von der Stadt zum „Silbernen Wilsberg-Jubiläum", also der 25. Folge, mit der Silbernen Rathaus-Gedenkmünze ausgezeichnet. Bei einem Empfang im Friedenssaal des Rathauses konnte sich das gesamte Filmteam ins Goldene Buch der Stadt eintragen (*PresseInfo* vom 30. April 2008). Und selbstverständlich durfte Oberbürgermeister Tillmann schon einmal als er selbst in „Wilsberg" auftreten. Die Marketing-Beziehung zeigt sich ebenso aus der anderen Richtung. Im Gespräch mit der *Frankfurter Rundschau* vom 21. Juli 2006 „preist" Schauspieler Axel Prahl, Darsteller des „Kommissar Thiel" im „Tatort" das „westfälische[] Fahrrad-Mekka" als „Modell für viele andere deutsche Städte", denn: „In Münster bin ich als Kommissar auf dem Rad schneller am Tatort als die Kollegen, die in den Streifenwagen sitzen." Und so wird der Mime als eine Art Missionar vorgestellt: „Tatort Straße. Axel Prahl ist nicht nur TV-Kommissar und Mackie Messer, sondern auch Streiter für einen Sanfteren Verkehr", titelt die *FR*.

'Nachhaltigkeit' ist längst eine wesentliche Größe im Städte-Marketing. Das Label „Grüne Stadt", zuforderst aufgrund des Radfahrens, ist für Münster im Wettbewerb äußerst Erfolg versprechend, da es hier offenbar gelingt 'Tradition' und 'ökologischen Fortschritt' zugleich abzudecken. Gleichzeitig gehört das Fahrrad ja auch jenseits seiner Marketinginszenierung als alltägliches Massentransportmittel zum Stadtbild. Am Beispiel der „Fahrradstadt" lässt sich verdeutlichen, was Martina Löw zum Verhältnis von Image und Eigenlogik schreibt:

> „Trotz aller Aufmerksamkeit für die Besonderheit einer Stadt zeigt sich in der konkreten Analyse, dass die Inszenierung des Eigenen nicht mit der eigenlogischen Struktur einer Stadt verwechselt werden darf. Es handelt sich vielmehr um ein Abhängigkeitsphänomen: Es gibt für Städte typische Weisen, das Eigene zu inszenieren. Diese Weisen sind mal repräsentativer für die Bevölkerung, mal treffen sie nur die Interessen einzelner Gruppen." (Löw 2008: 241)

Das „Eigene" Münsters als „Fahrradstadt", so wird sich zeigen, ist sowohl auf der Ebene des Images als auch auf der Ebene der Eigenlogik recht widersprüchlich.

7.1 Die „Fahrrad-Hauptstadt" als Autostadt als Fahradstadt

> „Einzigartig in Europa ist der autofreie Ring um die Innenstadt. Hier, auf der Promenade, haben Radlerinnen und Radler freie Fahrt." (Münster Marketing Fahrradhauptstadt 2009)

Potenziellen TouristInnen werden die hohe Anzahl an Fahrrädern – laut „Münster Marketing" gibt es 2009 schon 500.000 davon in der Stadt (ebd.), 2006 werden noch 300.000 geschätzt (s.u.) – und die diesbezügliche Infrastruktur als Attraktion und 'Alleinstellungsmerkmal' der „Fahrradhauptstadt Deutschlands" unterbreitet. „Kaum eine andere Stadt verfügt über ein derart gut ausgebautes Radwegenetz und so viele spezielle Angebote rund ums Rad", heißt es weiter, die Radstation am Hauptbahnhof sei „mit 3.500 Stellplätzen die größte in Deutschland" und biete dazu einen Fahrradverleih, eine Werkstatt „und sogar eine Fahrrad-Waschanlage! Kein Wunder, dass Münster schon häufiger als fahrradfreundlichste Stadt Deutschlands ausgezeichnet wurde." Daher wird in einer Art touristischer Phänomenologie geraten:

> „Wer also das richtige Münster-Gefühl erleben will, sollte sich hier einmal aufs Fahrrad schwingen." (ebd.)

Das ist aber keineswegs allein „das richtige Münster-Gefühl", wie sich der folgenden Darstellung entnehmen lässt:

> „In Münster können Sie Ihr Auto mit zum Stadtbummel nehmen!"

Mit diesem Satz wirbt die „Westfälische Bauindustrie GmbH" der Stadt Münster in einer Anzeige im Programmheft zum „Schauraum", dem „Fest der Museen und Galerien in Münster" (*kunst raum münster*, September 2009: 10). Offensichtlich soll das Parken von Autos mitten in der Innenstadt zu den besonderen Attraktionen der Stadt gehören. Zumindest werden die Parkhäuser im direkten Zusammenhang mit Sehenswürdigkeiten genannt:

„Rund um Münsters Innenstadt warten 6 Parkhäuser mit 3.250 Parkplätzen auf Sie. Ob Picasso-Museum, Dom, Prinzipalmarkt, Bahnhof oder Arkaden: alles nur wenige Minuten von Ihrem Auto. Viel Spaß in Münster!" (ebd.)

Zwei dieser sechs Parkhäuser – an der Engelenschanze und unter den „Münster Arkaden" – wurden in den letzten Jahren gebaut. Inzwischen sind zwei weitere dazugekommen. Das „Parkhaus Stubengasse" ist im September 2009 eröffnet worden, das „Parkhaus Alter Steinweg" in der Altstadt im November 2009, so dass insgesamt knapp 4.000 Parkhaus-Stellplätze angeboten werden. „Gönnen Sie Ihrem Auto ein paar schöne Stunden ...", wirbt die WBI (2009) auf ihrer Internet-Startseite. Die Häuser Engelenschanze am Bahnhof und Alter Steinweg mit ihren hoch aufragenden Glas- bzw. Lamellenfassaden fungieren als architektonische Highlights. Ersteres schmückt sich mit dem „Deutschen Fassadenpreis" (WBI Engelenschanze 2009). Laut Auslober des Preises, des Münsteraner Farben- und Lacke-Produzenten „Brillux", ist es übrigens nur Platz 2 im Jahr 2003 gewesen. Die Begründung der Jury:

„Im übrigen schwierigen Bahnhofsumfeld wirkt das Parkhaus Engelen Schanze in Münster wie ein Lichtblick. Vollständig gläsern und transparent gibt es den Blick auf die Akteure im Inneren, die Autos und auf die einzige Farbe, ein Schwefelgelb, frei. Viel Helligkeit, Großflächigkeit der weitgespannten Decken und der schrägen Parkdecks, ein Leitsystem aus riesigen Lettern und immer wieder die leuchtende Präsenz des Schwefelgelbs bieten außerordentlich gute Übersichtlichkeit und Orientierbarkeit und machen das Parken zum Vergnügen." (Fassadenpreis 2003)

Das Parkhaus also als architektonisches Kunstwerk, als Ort der – buchstäblichen – Transparenz, die auch für gesellschaftliche Offenheit stehen, die zugleich die Autos im Innern von außen sichtbar ausstellen und so 'nobilitieren' soll. Gesellschaftliche Offenheit und Ästhetisierung des Autoverkehrs erscheinen semantisch untrennbar miteinander verbunden.

Das „Parkhaus Mitte" am Alten Steinweg mitten in der Altstadt neben Lamberti- und Dominikanerkirche hingegen lockt mit einer Fassade aus weißen, horizontalen Lamellen. In einer Kritik des Periodikums *architektur stadt ms* (März 2008) heißt es dazu: „Meist können sich diese chicen Streifen nicht ganz entscheiden, ob sie Gebäude sein wollen oder nicht. Sie sind wie ein Zwischenaggregatzustand zwischen fest und gasförmig." Dieses „Weder-Noch" habe aber den städtischen Gestaltungsbeirat überzeugt.

„Es ist eine Knautschzone zwischen der nicht unumstrittenen harten Realität der Parkhausnutzung [...] und einer Nachbarschaft, die mit Stadtbücherei, Kiffe-Pavillon, Türmen und Kuppel der nahen Dominikanerkirche zu den sensibelsten in Münster gehört. Wenn man den Visualisierungen der Architekten Glauben schenken darf, dann könnten die Lamellen nicht bloß Kiemen sein, durch die das Parkhaus Abgase aus- und Licht einatmet, sondern einen bewegenden Moiré-Effekt zeichnen. Neben dem opaken Bücherei-Bug und der gläsernen Transparenz der 50er Jahre [des Kiffe-Pavillons; M.T] könnte die Fassade im Dreiklang der Rundungen einen ganz eigenen Ton setzen. Viel hängt dabei vom Detail ab. Sparen am falschen Ende wäre fatal für diesen besonderen Ort." (ebd.)

Eine solche auf städtebaulich-ästhetische Fragen konzentrierte Kritik ist sicher berechtigt. Was allerdings fehlt, ist der Blick auf die gesellschaftliche Funktion dieser Architektur und ihrer Ästhetisierung der „harte[n] Realität der Parkhausnutzung". Diese Ästhetisierung geschieht hier nicht durch gläserne Transparenz, sondern durch einen „Moiré-Effekt", die Erzeugung eines flimmernden, verwischten Bildes. Die Autos hinter den Lamellen werden zu Schemen. Der beschriebene „Zwischenaggregatzustand" dient einer 'Verflüssigung' des Bildes, nicht unähnlich den Bildern in Reklamefilmen für Autos, wo diese im vom Asphalt aufsteigenden flirrenden Hitzeschleier präsentiert werden, um stärker als Objekte des Begehrens zu wirken. Die Lamellenfassade wirkt dann auch durchaus als eine Art Bildschirm. Karl Sierek hat im Kontext von „Foto, Kino und Computer", argumentativ anknüpfend an Aby Warburg, von der „instrumentelle[n] Energie im Bild" gesprochen. Das Bild werde „flüssig und opak", verliere tendenziell seine „repräsentative Funktion der Transparenz", sei so „weniger denn je ein Fenster zur Welt", fungiere vielmehr „als Schaltstelle und Armatur" (Sierek 2007: 131). Mit Gilles Deleuze beschreibt Sierek ein „Amalgam von Aktuellem und Virtuellem", kristallin aufgrund seiner „modulierenden Erscheinungsweise". Das „aktualisierte Virtuelle" zeige sich hier „als strahlend und scharf, präzise und rein, das virtualisierte Aktuelle versinke im undurchsichtigen Dunkel" (ebd.: 135f.).

Die virtuell-aktuelle Wahrnehmung der parkenden und fahrenden Autos von außen durch die Fassade dürfte so in der Tat andere Bildschirme mit ihrer Autowerbung als Referenz haben. Wobei sich eine historische Referenz zwischenschalten könnte: der „Kiffe-Pavillon" nebenan. Der 1953-1955 gebaute Glaspavillon mit einer „ringsum laufenden Schaufensterfront" in der „goldeloxierte Leichtmetallleisten die neunzig großformatigen Glasscheiben" einrahmen, wurde als „stützenlose Halle" mit einer Schalenbetondecke ausgeführt. Der Bau, der „bis heute durch seine leichte Konstruktion" besteche, diente bis in die 1980er Jahre dem Opelhändler Fritz Kiffe als „'verlängertes Schaufenster' für die Innenstadt" (Hänsel/Rethfeld 2008: 113) und präsentierte sich damals abends bzw. nachts – komplett ausgeleuchtet von innen und überstrahlt vom „Firmenname[n] als Neon-Leuchtschrift auf dem Dach" (ebd.) – als Lichtspielhaus für die ausgestellten Autos, als Sehnsuchtsort für PassantInnen. Dies zu Zeiten, in denen Roland Barthes (1964: 76) davon spricht, dass das Auto in den „Mythen des Alltags" als „das genaue Äquivalent der großen gotischen Kathedrale" erscheine:

„Ich meine damit: eine große Schöpfung der Epoche, die mit Leidenschaft von unbekannten Künstlern erdacht wurde, und die in ihrem Bild, wenn nicht überhaupt in ihrem Gebrauch von einem ganzen Volk benutzt wird, das sich in ihr ein magisches Objekt zurüstet und aneignet." (ebd.)

Interessanterweise sprechen dann auch Silvain Hänsel und Stefan Rethfeld von einer „triviale[n] Umnutzung ab 1982“ (2008: 113). Zuletzt wurde der Pavillon bis Herbst 2009 von der Firma Karstadt als Kaufhaus für Sportartikel genutzt.

Der Autopavillon als magisches Theater. Eine Referenz, an der auch das neue Parkhaus nebenan partizipieren soll. Wohl nicht von ungefähr taucht auf den Darstellungen des Münsteraner Architekturbüros „behet bondzio lin“, von dem die Parkhaus-Fassade stammt, immer wieder der Kiffe-Pavillon“ auf (vgl. etwa die Abb. in *architektur stadt ms* vom März 2008).

Gleichzeitig verweist diese Parkhaus-Fassade auf etwas Weiteres. Bei dem Gebäude handelt es sich um kein reines Parkhaus, im Parterre befinden sich hinter einer langen Schaufensterfront Ladenlokale. Zudem können die Außenflächen für Gastronomie genutzt werden. Gesamtarchitektonisch entsteht somit auch das Bild eines Kaufhauses, zu dem solche oberhalb des Erdgeschosses fensterlosen Lamellenfassaden passen würden.

Die Kaufmannschaft der Salzstraße erwartete in den *WN* vom 21. Februar 2009 durch das neue Parkhaus am parallel gelegenen Alten Steinweg nicht nur eine Verbesserung der „Erreichbarkeit der Salzstraße, sondern [...] auch eine städtebauliche Aufwertung“. Das Parkhaus bezeichnet Matthias Lückertz, nicht nur Sprecher der „Initiative starke Innenstadt“, sondern auch der Salzstraßenkaufleute, als „Lokomotive“ für die Entwicklung dieses Altstadtbereichs mit dem nun auch offenen Ruinen-Tor der barocken Dominikaner Kirche. „Der ganze Bereich bekommt mehr Verweilcharakter [...]. Und wenn dann auch noch Manufactum in den Kiffe-Pavillon ziehe...“, wird Lückertz zitiert (ebd.). Der Wunsch nach einer Ansiedlung der Handelskette „Manufactum“, die für 'Nachhaltigkeit' als Distinktionsgewinn prosperierender Mittelschichten steht, und nach immer mehr Autoverkehr bis direkt vor die Ladentüren dürfte ein treffendes Abbild für den breiten Münsteraner Mainstream sein (s.u.).

Funktionale Gebäude werden als 'Motoren' des Städtebaus und der Aufenthaltsqualität konzipiert und wahrgenommen. Das belegt, was Jürgen Hasse in seiner „Kulturgeschichte und Heterotopologie“ der Parkhäuser als aktuelle Entwicklung beschreibt. Im „Zuge einer ästhetisierenden Stadtpolitik, die sich selbst der Nobilitierung von Parkhäusern angenommen hat“, tauche dieser Raumtyp als städtebauliches und ästhetisches „Diskurs-Thema“, wie schon einmal zwischen 1920 und 1930, wieder auf (Hasse 2007: 14f.). Dass diese Entwicklung noch sehr in den Anfängen steckt, zeigt der Titel von Hasses Studie: „Übersehene Räume“. Er schreibt: „Parkhäuser nehmen in einer sehr breiten Typologie von Bauwerken hierarchisch den letzten Platz ein.“ Auch in der verkehrswissenschaftlichen Literatur würden „Belange der Architektur und Ästhetik [...] nicht diskutiert“. Das sei zu Beginn des 20. Jahrhunderts und in den 1950er Jahren anders gewesen. Damals „waren Parkhäuser repräsentative Bauwerke und Thema öffentlicher wie fachlich weit gestreuter Debatten“ (ebd.: 13f.). Heute aber seien diese „städtischen Raumgebilde“ funktional derart

„profan, daß sie einer Erklärung kaum zu bedürfen scheinen. Die Gebrauchsroutinen, die sie in die Rhythmen der alltäglichen Wiederholung des Selbstverständlichsten einspannen, imprägnieren gegen das Nach-Denken ihres ästhetischen Erscheinens, ihrer hintergründigen Bedeutungen und ihrer verdeckten Erzählungen über das großstädtische Leben. Wahrnehmungsroutinen lagern Parkhäuser in das fahle Bild einer Alltagsarchitektur ein, deren sinnliches Erleben und semantisches Verstehen unsere Aufmerksamkeit nicht wert zu sein scheint" (ebd.: 14).

In Münster aber entstehen bereits Parkhäuser als städtebauliche 'Highlights' und „Lokomotive[n]" der Altstadt-Entwicklung. So sinnvoll es städtebaulich sein mag, dass auch Parkhäuser an „sensiblen" Orten keine störenden, bloß funktionalen Klötze sein sollten: Es bleibt die Frage, wozu überhaupt eine große Anzahl Parkhäuser in der Innenstadt sein muss. Die Antwort ist bereits eingangs genannt worden. Münster, die „Fahrradhauptstadt", ist eine Autostadt, denn hier ist es ausdrücklich erwünscht, dass zum Stadtbummel mit dem Auto angereist wird.

Anders ausgedrückt: So richtig die Feststellung ist, dass in Münster ungleich mehr Menschen Fahrrad fahren als in anderen Städten, dass Münster als „Modellstadt" inzwischen über mehrere Fahrrad-Vorrangstraßen verfügt und RadfahrerInnen häufig gegen die Einbahnstraßen fahren dürfen, dass sie auch auf den Fahrbahnen eigene Spuren haben und an vielen Ampeln bevorzugt werden, so richtig ist es trotzdem, wenn Ruth Kampherm 1993 von der „autogerechte[n] Stadt Münster" spricht, die „Zucker" für die RadfahrerInnen, aber ebenso „Pralinen" für die AutofahrerInnen bereithält. Denn:

„Die Stadt Münster pflegt zwar ihr Image als die Fahrradstadt Deutschlands, jedoch bedeutet dies in der Regel nicht, daß den AutofahrerInnen dadurch Nachteile entstehen würden. Im Gegenteil: die große Zahl der Rad fahrenden MünsteranerInnen verhindert den endgültigen Verkehrsinfarkt Münsters – zumindest an den Tagen, an denen es nicht regnet." (Kampherm 1993: 301f.)

Die Stadtverwaltung verweist 13 Jahre später in einer Broschüre zur „Fahrradhauptstadt Münster" darauf, dass es hier mehr Fahrräder als EinwohnerInnen gebe, nämlich mehr als 300.000 (Stadt Münster 2006: 12). Nach den präsentierten Statistiken hat die Nutzung des Rades von 29 Prozent im Jahr 1982 auf 35 Prozent im Jahr 2001 zugenommen, allerdings ist die Zahl der FußgängerInnen im gleichen Zeitraum deutlich zurückgegangen, von 25 auf 13 Prozent. Leicht gestiegen ist die Anzahl der ÖPNV-Nutzung von 6,6 auf 10,8 Prozent. Fast konstant blieb nach dieser Statistik die Anzahl der Kfz-Nutzungen. Sie stieg von 39,2 auf 40,6 Prozent (vgl. ebd.). Eine weitere Statistik vergleicht die Verkehrsmittelwahl mit der in ausgewählten anderen Städten. Sie soll zeigen, dass Münster, gemessen im Jahr 2001, „zu den Städten in Deutschland, die den niedrigsten Kfz-Anteil" gehöre und so „eine gute Umweltbilanz" vorweise (ebd.: 13). Danach ist in Freiburg, Bonn und Bremen (die Zahlen stammen allerdings von 1997-1999) mit durchschnittlich 39 bzw. 42 der Kfz-Anteil dem Münsteraner ähnlich. Halle, Leipzig und Nürnberg liegen 2001 knapp unter 50 Prozent, Wiesbaden weist 54, Oberhausen gar 59 Prozent auf. Die Zahl letzte stammt aber von 1995. Die Fahrradnutzung liegt in Bremen, Freiburg und Bonn bei 21 bis 17, in den andren Städten bei nur neun bis vier Prozent. Auffällig ist allerdings, dass in den Vergleichsstädten fast überall die Menschen doppelt so häufig zu Fuß gehen wie in Münster. Ebenso auffällig ist, dass hier (außer in Oberhausen) deutlich mehr öffentliche Verkehrsmittel genutzt werden, zwischen 16 und 21 Prozent (vgl. ebd.). Der Unterschied liegt sicher auch darin begründet, dass für den ÖPNV in Münster seit Jahrzehnten innerstädtisch nur Busse zur Verfügung stehen, Stadtbahnen wie andernorts, gibt es hier nicht.

Das war früher anders. Der seit 1888 in Münster einsetzende Linienverkehr wurde zunächst mit Pferde-Omnibussen, seit 1901 mit Straßenbahnen im Sechs-Minuten-Takt bestritten. Seit 1925 fuhren zusätzlich Autobusse (vgl. Kampherm 1993: 299).

> „Nach dem 2. Weltkrieg entschied der Stadtrat die schwer zerstörte Straßenbahn nicht wieder instand zu setzen, sondern favorisierte Oberleitungsbusse, die ähnlich Straßenbahnen über Oberleitungen mit Strom versorgt werden mußten. Die Oberleitungen [...] stellten für die Verkehrsplaner ein optisches bzw. ästhetisches Problem dar. Diese O-Busse wurden aufgrund der höheren Betriebskosten zugunsten der Dieselbusse abgeschafft. Seit 1968 bewältigen daher die Stadtwerke den aufgrund des stark anwachsenden Individualverkehrs rückläufigen innerstädtischen öffentlichen Verkehr ausschließlich mit Dieselbussen." (ebd.)

Ab Anfang der 1990er Jahre wird diese Dieselflotte in umweltfreundlichere Bahnen gelenkt. Seit dem gibt es Busspuren auf einigen Hauptverkehrsstraßen, um zu verhindern, dass die Busse im Stau stecken bleiben (vgl. ebd.: 299f.). Und seit 2006 sind 24 Dieselbusse mit „Blue Tec"-Abgasfiltern ausgerüstet, die neben einer „radikale[n] Vermeidung von Feinstaub [...] vor allem Stickoxide um bis zu 85%" reduzieren sollen. Die anderen Fahrzeuge sind mit Rußfiltern bestückt, heißt es auf der Internetseite der Stadtwerke. „Damit haben die Stadtwerke als wahrscheinlich einziges Nahverkehrsunternehmen bundesweit ausschließlich Busse mit Rußfiltern bzw. BlueTec im Fuhrpark", schreibt das Unternehmen. Und: „Dass sich Münster 'Bundeshauptstadt im Klimaschutz' nennen darf, ist auch dem außergewöhnlich hohen Standard des Öffentlichen Nahverkehrs in der Westfalenmetropole zu verdanken." Allerdings werden als „[e]benfalls erfreulich für die Fahrgäste" auch neue Busse mit „Klimaanlagen" vorgestellt. Seit „Sommer 2009 gehören nun bereits 46 AirBusse zur Flotte. Der Komfortgewinn ist sowohl bei sommerlichen Temperaturen als auch bei nasskaltem Wetter deutlich spürbar" (Stadtwerke Münster Umwelt-Busse 2009). Dass solche Klimaanlagen weniger umweltfreundlich sind, wird nicht erwähnt.

Anlass der Broschüre „Fahrradhauptstadt Münster" war die erneute Erstplatzierung unter den deutschen Großstädten im Fahrradklimatest von ADFC und BUND sowie bei einem ähnlichen Test des ADAC (Stadt Münster 2006: 1). Dazu schreiben Oberbürgermeister Berthold Tillmann und Stadtdirektor Hartwig Schultheiß (beide CDU) im Vorwort:

> „Natürlich macht uns so viel Lob stolz. Doch setzen wir in Münster ja nicht nur auf die Leeze – wie das Fahrrad hier liebevoll genannt wird –, um in Wettbewerben zu siegen. Unsere ganze Stadt profitiert vom Radverkehr, gewinnt an Mobilität und Lebensqualität." (ebd.)

Das ändert aber nichts am stetig wachsenden Autoverkehr, der von der Stadtverwaltung und der örtlichen Wirtschaft sehr wohl gewollt ist. Habe es 1900 in ganz Deutschland rund 8.500 Autos gegeben, so Kampherm (1993: 301), seien es 1950 allein in Münster schon 6.000 gewesen, zehn Jahre später nahezu 23.000. 1990 waren dann bereits 137.000 Kraftfahrzeuge in Münster gemeldet, womit dann „auf zwei EinwohnerInnen gleich welchen Alters" ein Auto entfallen sei. Für 2006 – jüngere Zahlen liegen noch nicht vor – zählte das Stadtplanungsamt insgesamt 185.721 Kraftfahrzeuge, davon 156.732 PKW, 15.251 LKW und 10.141 Krafträder (Stadt Münster 2007: 186) bei einer „Bevölkerung am Ort der Hauptwohnung" von 272.106 Personen (ebd.: 38). Demnach besitzen bereits 57,6 Prozent aller MünsteranerInnen mit einem Hauptwohnsitz jeden Alters allein einen PKW. Hinzu kommen noch rund 8.000 Menschen mit einem Zweitwohnsitz, die sicher noch einige Kraftfahrzeuge besitzen. Die Rechnung lässt sich aber auch anders aufmachen. Laut Statistik für 2006 sind 228.021 mindestens 18jährige MünsteranerInnen mit einem Hauptwohnsitz gemeldet. Die PKW-Quote für diejenigen, die altersmäßig überhaupt fahrberechtigt sind, beträgt dann 68,7 Prozent (ebd.: 40f.).

Hinzu kommen die PendlerInnen aus dem Umland. „Die Attraktivität Münsters für Menschen aus dem Umland hat in den vergangenen Jahrzehnten dramatisch zugenommen", kommentieren die *WN* am 3. Februar 2009 den Verkehrsbericht der Stadt. Danach sei die Anzahl der TagespendlerInnen werktags von 100.000 im Jahr 1982 auf 186.000 im Jahr 2007 gestiegen. Die Benutzung der verschiedenen Verkehrsmittel hat sich konträr entwickelt. Sind 1982 noch 75 Prozent mit dem PKW und 25 Prozent mit Bussen und Bahnen nach Münster gekommen, waren es 2007 schon 81 Prozent mit dem PKW. Das Fahrrad spiele bei Wegen von über zehn Kilometern kaum noch eine Rolle. So seien 2007 zusätzlich zum einheimischen Autoverkehr im Schnitt 78.000 PKW mit Umlandkennzeichen gezählt worden.

> „Die Entwicklung des Autoverkehrs ist in ihrem Tempo und ihren Auswirkungen auf die Stadt ohne Vergleich. Sicher fällt Münster durch die besonders starke Präsenz von Fahrrädern auf. Auch ist sie eine der wenigen Städte, in der es sich weitgehend ohne Automobil leben lassen würde. Nichtsdestotrotz ist das Auto allgegenwärtig. Der heutige Kraftfahrzeugverkehr belastet die Luft in Münster stärker als die Industrie oder andere, auch außerhalb der Stadt liegende, Ursachen, wie z.B. die privat verursachten Schadstoffimmissionen. Das hohe Verkehrsaufkommen ist aber nicht nur für die Schad-

> stoffbelastung der Luft verantwortlich, sondern auch für den Lärm und auch zum Teil für die Ungastlichkeit der Stadt." (Kampherm 1993: 299)

Zugleich ist dieses Verkehrsaufkommen sehr unfallträchtig. Ein von den münsterschen Grünen in Auftrag gegebenes Gutachten des Gesamtverbands der Deutschen Versicherungswirtschaft kommt 2009 zu dem Schluss, dass die Verkehrssituation in Münster keineswegs „auf den dichten Radverkehr abgestimmt" sei. In den Jahren 2004 bis 2006 sei es zu 27.741 Verkehrsunfällen mit 23 Toten – davon 23 Prozent RadfahrerInnen – und 797 Schwerverletzten – mit 43 Prozent RadfahrerInnen – gekommen. Dabei habe die Unfallschuld zu 51 Prozent bei den beteiligten Auto- und LastwagenfahrerInnen gelegen. Zugleich würden aber umgerechnet 10.000 RadlerInnen täglich über rote Ampeln fahren. Was auch daran liege, dass die Verkehrsanlagen konzeptionell nicht zu einem hohen Fahrradaufkommen passten. Das größte Problem sei aber die hohe innerorts erlaubte Geschwindigkeit, die zudem noch häufig überschritten werde. Auf den Hauptverkehrsstraßen dürfen bis zu 70 Kilometer pro Stunde gefahren werden, in Wohnstraßen oft bis zu 50. „Langsameres Fahren", so die Grünen, „sei in Münster immer noch ein Tabuthema, aber sehr wichtig" (*WN* vom 26. April 2009).

Das Label „Grüne Stadt", zuvorderst aufgrund des Radfahrens, ist für Münster im Wettbewerb äußerst Erfolg versprechend, da es hier offenbar gelingt 'Tradition' und 'Fortschritt' zugleich abzudecken. Das Rad als Massenverkehrsmittel steht sowohl für die Konservativen, die CDU-WählerInnen, als auch für die ökologisch Gesinnten, die Grünen-WählerInnen. Eine solche Ernennung des Fahrrads zum Konsens-Objekt ist ja nicht falsch – sonst würde sie auch auf der Marketingebene nicht funktionieren –, aber zugleich auch geeignet, Widersprüche einzuebnen. Dass der im Sommer 1999 fertig gestellte Bau der Radstation vorm Hauptbahnhof damals bei der zwischenzeitlich oppositionellen CDU auf Ablehnung stieß, sich dieselbe Partei, zurück in der Regierungsverantwortung seit Herbst 1999, seitdem aber damit schmückt, ist in diesem Kontext weniger interessant. Interessanter ist schon, dass dieselbe Stadtverwaltung, die schreibt, „Autos vermiesen die Lebensqualität", und betont, dass „clevere Geschäftsleute zur Kundenbindung" unbedingt „Radler" berücksichtigen sollten, denn diese „bringen dem Einzelhandel Geld in die Kasse" (Stadt Münster 2006: 16ff.), gleichzeitig kontinuierlich den Ausbau des Autoverkehrs bis in die Altstadt forciert. Auch gegen die breite Ablehnung der Bevölkerung, wie bei der seit Ende 1999 geplanten Tiefgarage unter dem Ludgeriplatz. Nachdem im Südviertel eine Bürgerinitiative unter anderem gegen die Pläne beim Oberverwaltungsgericht klagen wollte, hatte die CDU das Vorhaben nach schweren Stimmeneinbußen bei der Kommunalwahl im September 2004 aufgegeben, was die „Wirtschaftsinitiative Münster" als katastrophal fürs Wachstum bezeichnete (vgl. *WN* vom 29. September 2004). Als Ersatz wurde allerdings umgehend das Parkhaus am Alten Steinweg geplant (vgl. *MZ* vom 18. März 2005).

Bei der Frage, wie das Konsens-Objekt Fahrrad Widersprüche einebnet, geht es nicht zuletzt um die Konstruktion einer positiven Traditionslinie der konsequenten administrativen Fahrradfreundlichkeit seit der Mitte der 1930er Jahre, die historische Kontinuitäten betont, in denen dann aber Kontinuitäten auch verschwinden. Münster sei nicht nur „schon seit Jahren Mitglied der Arbeitsgemeinschaft 'Fahrradfreundliche Städte, Gemeinden und Kreise in Nordrhein-Westfalen e.V.'", betont das Stadtplanungsamt. Vielmehr gehöre die „Förderung des Radverkehrs [...] seit Jahrzehnten fest zur Agenda von Politik und Verwaltung." (Stadtplanung Münster Radverkehr 2009) Schon im Gesamtverkehrsplan von 1946 habe Münster einen ersten Radwegenetzplan aufgestellt, weist die „Fahrradhauptstadt"-Broschüre nach (Stadt Münster 2006: 10). Als grundlegender Beitrag zur Radverkehrs-Förderung wird aber schon die Weise des Wiederaufbaus der zerstörten Stadt nach 1945 dargestellt:

> „Während andere Städte durch ehemals gewachsene Altstadtviertel neue Verkehrstrassen schlugen und großflächige, moderne Bauten aus Glas und Stahl hochzogen, blieb Münster seinen Traditionen treu. Es organisierte den Wiederaufbau seiner Altstadt weitgehend auf dem althergebrachten Grundriss [...]. Ein Wiederaufbau im fahrradgerechten Maßstab ist sicher ein Grund, der Münster zur Fahrradstadt Deutschlands werden ließ. Hinzu kommt, dass das Wohnen innerhalb der Stadt attraktiv geblieben ist und zentrale Einrichtungen wie Geschäfte, Behörden und die Universität in der Innenstadt bleiben, was kurze Wege möglich macht. Und noch ein wichtiger Faktor: Münster ist die Metropole des Münsterlands, in dem traditionell fast jeder gerne Fahrrad fährt." (ebd.: 8)

Das liest sich wie eine populäre Bestätigung und zugleich praktische Widerlegung der Thesen, die Alexander Mitscherlich erstmals 1965 in der Streitschrift „Die Unwirtlichkeit unserer Städte" entwickelt hat. „Die Unwirtlichkeit unserer wiedererbauten, unentwegt in die Breite verfließenden statt kühn in die Höhe konstruierten, monoton statt melodisch komponierten Städte drückt sich in deren Zentrum ebenso aus wie an der Peripherie", schreibt Mitscherlich (1969: 11). Bewirkt werde das durch eine hochgradige funktionelle Entmischung wie auch durch Substituierung einheitlicher Bauordnungen und die Konzeptlosigkeit des Wiederaufbaus, was eine Formenwillkür hervorbringe, die keinerlei Identität bilden könne (vgl. ebd.: 11f.). „Heimat" aber, so Mitscherlich, „verlangt Markierung der Identität eines Ortes" (ebd.: 15), verlange nach Orientierung, die es, im Gegensatz zur modernen Massengesellschaft, in der Vergangenheit noch gegeben habe.

Mitscherlichs Konstruktion einer vormodernen Stadt als gemeinschaftlichem Lebensraum, in dem gerade der verbindliche Gruppenkanon und Bürgersinn für bürgerliche Freiheiten sorgen, ist schon deshalb problematisch, weil hier die historischen sozialen Antagonismen anscheinend negiert werden. Auf der Oberfläche können die Thesen auch missverständlich, nämlich anschlussfähig an Positionen des kulturkritischen Konservativismus wirken – obwohl Mitscherlich, psychoanalytisch fundiert und in Anlehnung an Karl Mannheim, das Gegenteil im Sinn hatte (vgl. Rodenstein 2009: 146).

Mitscherlichs über Jahrzehnte breit rezipierte Argumentation ist offenbar in die Diskurse zur Lebenswertheit von Städten eingeflossen, dies aber eben recht oberflächlich. In dieser Weise lässt sie sich dann auch in Formen des Stadtmarketings, deren Aussagen durchaus breit als authentisch wahrgenommen werden, wieder finden. So etwa im Folgenden: „Münster ist erfahrbar, vor allem mit dem Rad. Ergehbar, zu Fuß. Die Stadt hat ein menschliches Maß." (Stadt Münster Kulturhauptstadt 2004). Darin steckt auch, dass der Wiederaufbau Münsters, anders als Mitscherlich das für deutsche Städte allgemein feststellt, nach einem 'bewahrenden' Konzept, nach den strikten Bauvorschriften der „Altstadtsatzung" durchgeführt worden sei und Markierungen der Identität geschaffen habe.

Das verdeckt aber buchstäblich etwas anderes, das Mitscherlich dargestellt hat: die Mechanismen der Derealisierung des eben noch vorhandenen Faschismus. Sie lassen sich nicht zuletzt im Wiederaufbau der Städte analysieren. Die spezifische Weise des Münsteraner Altstadt-Wiederaufbaus als Erfindung einer architektonischen Tradition zur Deckerinnerung mit ihren personellen und planerischen Kontinuitäten aus der Zeit vor 1945 wird Thema des zweiten Teils sein. Personelle und planerische Kontinuitäten lassen sich aber auch für die Tradition der Fahrradstadt nachverfolgen.

Die Förderung des Radfahrens auch im bzw. ins Münsterland, die touristische Variante des traditionellen Radfahrens – die so genannten „Pättkesfahrten" – sind eine Erfindung von Theo Breider (1903-1993). Er gehört zu den Figuren, die als 'westfälisches Original' bezeichnet werden. Von ihm stammt auch das Freilichtmuseum „Mühlenhof" am Aasee, das er seit den 1960er Jahren zusammengetragen hat. Breider wurde 1935/36 Geschäftsführer des Verkehrsvereins im NS-Münster, stieg zum Verkehrsdirektor auf und war zwischen 1937 und 1939 für die gesamte städtische Fremdenverkehrs- und Kulturwerbung zuständig (vgl. Eickhoff 1978: 11ff.). Breiders „auch in Fachkreisen vielbeachteten Ansätze einer modernen Verkehrs- und Fremdenwerbung", schreibt sein Biograf Antonius Eickhoff, hätten „die Betreuung und Förderung von Kultur- und Wirtschaftsfragen" eingeschlossen (ebd.: 21). Die von ihm schon damals „entwickelte dezente Illumination" der Stadt zur Adventszeit „wurde von zahlreichen anderen Städten kopiert und verbreitet seine besondere Wirkung jedoch vor allem auf dem münsterischen Prinzipalmarkt", heißt es in einem Ausstellungstext des Stadtmuseums (2002). Mit Beginn des Zweiten Weltkrieges wird Breider von der Stadtverwaltung „reklamiert [...] für notwendig gewordene Organisationsaufgaben im Städt. Verkehrswesen, sowie für durch den Krieg bedingte Kultur- und Volkstumsaufgaben" in Kooperation mit der Universität sowie zur „Wehrmachtsbetreuung", wie sich Eickhoff (1978: 11f.) ausdrückt. Die Arbeit Breiders, direkt unterstellt dem Stadtbaurat Peter Poelzig und dem besoldeten

Stadtrat Hans Aschhoff, NSDAP-Mitglied seit 1923 (vgl. Mecking 2003: 126), lässt sich seit diesem Zeitpunkt wohl als Propaganda bezeichnen; wobei die Grenzen zwischen Fremdenverkehrswerbung und Propaganda schon in den Jahren zuvor fließend gewesen sein dürften. Ab 1946 – unterbrochen von 1949 bis 1951, da ist Breider bei den *WN* beschäftigt – wurde er erneut Geschäftsführer des Verkehrsvereins Münster (Eickhoff 1978: 12).

Bis heute wird Theo Breider als Begründer des Radwanderns gerühmt. Er ist Verfasser des „Pättkesführers 'Radwandern im Münsterland'" von 1958, der seitdem in unzähligen Neuauflagen erschienen ist. Die Basis für den Erfolg legt er 20 Jahre früher. Um 1937 beginnt er systematisch „mit der Suche von Radwanderwegen (Pättkes)" in Münster und Umgebung (ebd.: 11), um im Sommer 1939 „zusammen mit Franz Ferdinand Schwarzenstein, dem Chefredakteur der damaligen Reichsbahnzentrale für den Fremdenverkehr [...], 15 Reisejournalisten" dazu zu bewegen, „mal ganz was neues zu wagen, nämlich mit dem Fahrrad zu reisen. [...] Die journalistische und werbliche Ausbeute war über Erwarten groß. Der Krieg unterbrach dann die schon für weitere Jahre geplante Aktion" (ebd.: 19f.). 1951 hat Breider laut Eichkhoff dann zur Reetablierung dieser Werbetouren den „Presse-Pättkes-Klub-Münster" (PPKM) gegründet. Bis 1973 hätten über hundert Reisejournalisten aus elf Ländern daran teilgenommen und mit Erlebnisberichten in „vielen Millionen Auflagen [...] das Radwandern über den münsterländischen Bereich hinaus populär gemacht". Schon 1964 hätte der PPKM einen Fahrradverleih im Westfalen-Parkhaus in Münster betrieben (ebd.: 20).

Bei der oben für 1939 genannten „Reichsbahnzentrale" ist wahrscheinlich die „für den Deutschen Reiseverkehr" gemeint. Mit Bezug auf diese und den „Reichsausschuss für Fremdenverkehr" zeigt Waltraud Sennebogen (2005: 137) die „Beanspruchung der Fremdenverkehrswerbung" im NS-Staat „durch Ideologie und Propaganda". Es geht um eine „großzügige und nationalpolitisch wirkungsvolle Werbung", um ein „brauchbares Werkzeug des Führers zu Vermittlung von Freude, Erholung und Kraft an die deutschen Volksgenossen, auf dass sie stark werden zum Kampf um die Erhaltung eines Reiches der Ehre und Freiheit", heißt es 1936 in einer Positionierung des „Reichsausschusses für Fremdenverkehr" (zit. n. ebd.).

Ganz in diesem Kontext positioniert sich auch Breiders Münsteraner Verkehrsverein 1939:

> „Nach dem Willen des Führers: 'Deutschland soll das gastlichste Reiseland der Welt werden', hat die Gauhauptstadt sich bemüht, in ihrem Raume die Voraussetzungen für einen gesteigerten Fremdenverkehr zu schaffen. [...] Nachdem die Verkehrsverwaltung in Münster im Geiste der Neuorganisation des deutschen Fremdenverkehrswesens aus der Fessel einer örtlich gebundenen Interessen- und Interessentenpolitik befreit und als staatspolitisch wichtige Angelegenheit um- und ausgebaut worden war, erfuhr der Fremdenverkehr eine Aufwärtsentwicklung wie nie zuvor. Münster hat es verstanden, sich in den starken Reisestrom, der durch die Maßnahmen des Nationalsozialismus seit

> 1933 in Fluß gekommen ist, zielbewußt und mit Erfolg einzuschalten. [...] Die Fremdenverkehrspolitik der Hauptstadt des Gaues Westfalen Nord hat sich für die nächsten Jahre große Ziele gesteckt. Sie wird immer bestrebt bleiben, das Höchste zu erreichen für Führer und Volk, für das gastlichste Reiseland der Welt: Großdeutschland."

Diese Selbstdarstellung erscheint zwei Monate vor Beginn des Zweiten Weltkriegs in der Juni-Ausgabe der Zeitschrift *Das schöne Münster*. Thema des Heftes ist „Münster – die nationalsozialistische Stadt". *Das schöne Münster* wird gemeinsam herausgegeben vom städtischen Verkehrsamt und vom Verkehrsverein. Sie erscheint seit 1929. Auch nach 1945 wird sie bis in die 1960er Jahre weiter betrieben, ab 1954 als „Neue Folge".

Ganz so harmlos, wie das der plattdeutsche Begriff „Pättkes" und die Wiederaufnahme der Touren seit den 1950er Jahren unter anderen Bedingungen nahe legen, sind die Radwanderwerbetouren im Ursprung also nicht. Vielmehr gehören sie anscheinend zum Typus „Propaganda als Popularkultur", wie Waltraud Sennebogen (2005) ihre Untersuchung betitelt hat. Nun kontaminieren Theo Breiders Beiträge zur alltäglichen Normalität im NS-Staat das heutige touristische Radfahren in keiner Weise. Zur (verdrängten) Regionalgeschichte gehören sie nichtsdestotrotz.

7.2 Wem gefällt die Stadt?

> „Münsteranerinnen und Münsteraner lieben ihre Stadt." (*PresseInfo* vom 9. September 2008)
>
> „Touristen lieben Münster." (*PresseInfo* vom 18. Februar 2009)

Stadtforschung, ich habe es schon einmal erwähnt, ist laut Amt für Stadtentwicklung, Stadtplanung und Verkehrsplanung der Stadt Münster kommunale Marktforschung. Da aber nicht nur die MünsteranerInnen, sondern auch TouristInnen die Stadt lieben, muss diese Marktforschung ausgeweitet werden. Das genannte Amt hat das, zusammen mit der „Wirtschaftsinitiative Münster" und der „Initiative starke Innenstadt", die auch als Geldgeber auftraten, 2008 in Form einer bundesweiten Imageumfrage getan. Als Ergebnis wurde der Presse vorgestellt und von dieser wiedergegeben:

> „Bundesweit hat Münster einen Bekanntheitsgrad von 84,9 Prozent. In NRW kennen sogar 93,2 Prozent aller Befragten Münster. Als spontane Assoziationen wurden vor allem die Fahrräder, der Dom bzw. der Domplatz, die Universität und die Studierenden sowie die historische Altstadt genannt. Auch der Allwetterzoo und die Münster-Krimis sorgen für Bekanntheit. Zahlreiche Stärken werden Münster deutschlandweit zugeschrieben, hat die Umfrage ergeben: Neben der anerkannten Fahrradfreundlichkeit attestieren die Deutschen Münster einen Bonus als Studenten-, Bildungs-, Wissenschafts- und Kulturstadt. [...] Umweltbewusst, tolerant und weltoffen sollte Münster sich zukünftig ruhig noch stärker profilieren, wünschen sich die Befragten. Auf das Qualitätsmerkmal 'traditionsverbunden' legen sie dagegen weniger Wert." (*MZ* vom 16. September 2009)

Das auswärtige Image deckt sich weitgehend mit dem internen, erläutern die Auftraggeber das Ergebnis, zeigen sich zugleich aber verwundert, „dass Münster trotz der zahlreichen umweltrelevanten Auszeichnungen und Titelgewinne nicht noch stärker als umweltbewusste Stadt wahrgenommen wird" (ebd.). Für die Lebensbedingungen habe es überall gute Noten gegeben, allerdings werde das Bild außerhalb Nordrhein-Westfalens zunehmend unklar. Daher seien im Wettbewerb um EinwohnerInnen, Studierende und TouristInnen die bisherigen Bemühungen weiter auszubauen. Denn: „Unsere Besucher sollen zu Imagebotschaftern werden." (ebd.) Deutlich wird hier ein Kreislauf von Imageproduktion und Wahrnehmung, der durchaus intendiert ist, aber auch dies: Herausgehoben werden stets „die unverwechselbare[n] Qualitäten und Potentiale", mit denen sich die Stadt profilieren müsse (*PresseInfo* vom 28. Juli 1999). Zugleich wird dieses Profil gebildet anhand der drei Kategorien, die Richard Florida aufgestellt hat: „Place matters", „Community matters", „Economy matters" (vgl. Löw 2008: 225f.) und ist damit im Grundsatz austauschbar.

„Viele Städte prosperieren dann", so Martina Löw (ebd.: 121), „wenn es ihnen entweder durch Branding gelingt, dem Ort ein Markenzeichen zu geben, das für eine definierbare Qualität steht, oder aber wenn sie etwas Einzigartiges anzubieten haben". Dieses liege „in der Regel heute im Feld der Kultur". Am Beispiel Münsters wird sichtbar, dass beide Strategien gleichzeitig gefahren werden (können): Mittels der Inszenierungen einer weltweit anerkannten Lebensqualität und zugleich mittels eines Herausstreichens von Alleinstellungsmerkmalen. Von letzteren ist im hiesigen Stadtmarketing sehr viel die Rede: von der „Einzigartigkeit unserer Stadt" (Münster Marketing 2009a), die gleichzeitig ein „in Deutschland einzigartiges akademisches Wissenschafts- und Kulturzentrum" sei, und selbst verständlich vom „einzigartige[n] Straßenraum" des Prinzipalmarkts (Münster Marketing A-Z 2009). Im zweiten Teil, das sei hier vorweg genommen, wird sich zeigen, dass schon beim Wiederaufbau der zerstörten Innenstadt nach dem Zweiten Weltkrieg bürgerliche Prosperität und Gediegenheit, wie sie der Prinzipalmarkt ausdrücken soll, als Wettbewerbsvorteil gesehen wurden – wenn auch unter völlig anderen gesellschaftlichen Bedingungen.

Aber auch die Bereiche der 'Subkultur' (bzw. Ex-'Subkultur'), die der Avantgarde und der 'Nischenkultur' werden als renditeversprechende 'weiche Standortfaktoren' begriffen. So die Veranstaltungsorte und Ateliers auf dem Gelände „Am Hawerkamp" hinter der Halle Münsterland. Die NutzerInnen derartiger 'subkultureller' Einrichtungen – vor allem Studierende – gelten inzwischen als 'Standortfaktor': „Die Studierenden sind ein entscheidender Faktor für Münsters Wirtschaft", lautet das Ergebnis einer vom Institut für Siedlungs- und Wohnungswesen der Uni Münster vorgelegten Studie unter dem Titel „Student Relations". Im Auftrag des Uni-Rektorats, von „Münster Marketing", der „Wirtschaftsförderung Münster" und dem städtischen Amt für Stadtentwicklung, Stadtplanung, Verkehrsplanung wurden knapp 2.000 Studierende an Universität, Fachhochschule und der Abteilung Münster der Katholischen Fachhochschule NRW online befragt. Ergebnis: „Durch die Studierenden fließen der Stadt Münster jährlich rund 700 Mio. Euro an zusätzlicher Kaufkraft zu, die gut 3.700 Arbeitsplätze in der Stadt sichern." Studierende gäben während ihrer Anwesenheit monatlich im Schnitt knapp 700 Euro aus, vor allem für Miete und Nahrungsmittel, an dritter Stelle schon für Kultur (Pressemeldung der Uni Münster vom 8. März 2006).

Peter Noller/Walter Prigge/Klaus Ronneberger (1994a: 15) verweisen mit Anthony King auf das „Regime der Differenz", das der gegenwärtige Kapitalismus mit „der Inszenierung kultureller, der Formierung politischer und der Dezentrierung lokaler Differenzen errichtet", und das eine ökonomisch und technologisch homogenisierte Welt „sozialräumlich und kulturell heterogenisiert". Aus dieser globalisierungstheoretischen Perspektive löschen die weltweiten kapitalistischen Prozesse der Differenzierung nicht etwa „das Besondere" aus. Vielmehr bringe „der flexible Kapitalismus wieder kulturelle Differenzen durch die Reaktivierung von Traditionen und Regionalbewusstsein" hervor: Eine Produktion von Ungleichheit als Grundlage der weiteren Kapitalismus-Entwicklung (ebd.: 16).

> „Damit wird der Doppelcharakter von Kultur – Herrschaftsformen und kritische Oppositionen gleichermaßen begründen zu können – zu einem zentralen Bestimmungsmoment der sozialökonomischen Bestimmungsprozesse." (ebd.)

Opposition und Tradition. Ein wiederkehrendes Spezifikum in der Politik bzw. Kulturpolitik im bisher meist CDU-dominierten Münster stellten die Wahrnehmung von und der Umgang mit sub- oder gegenkulturellen, mit kritischen Einrichtungen dar. Dazu zählen etwa das „Theater im Pumpenhaus", das zunächst vom Uni-AStA veranstaltete Jazz-Festival, der schon erwähnte „Hawerkamp" oder auch der „Lern- und Geschichtsort Villa Ten Hompel". Diese wurden anfangs abgelehnt oder ignoriert, um dann später doch zum festen Bestandteil des Stadtmarketings zu werden – so zuletzt besonders bei der Bewerbung zur „europäischen Kulturhauptstadt" – und bleiben doch meist finanziell bedroht in den Beratungen des Etats durch die Ratsmehrheit.

Zu den anfangs (1977) vehement in der öffentlichen und veröffentlichten Meinung abgelehnten Einrichtungen zählen auch die ('hochkulturellen') Skulptur-Pojekte. Inzwischen gelten sie der Stadt, so Oberbürgermeister Tillmann (CDU) im Mai 2005 bei der Auftaktpressekonferenz für die „skulptur projekte münster 07", als „Erfolgsfaktor", der auch mit zum Gewinn bei den „LivCom Awards" beigetragen habe. Die VeranstalterInnen hingegen wollen sich „aus der Umarmung eines gewissen populistischen Erfolgs auch befreien", wie Co-Kurator Kasper König betonte. So wohl auch von einer glättenden Folklorisierung, vom Marketingfaktor. Die „skulptur projekte Münster 07" sollte eine „Langzeitstudie" Münsters als „exemplarische wie untypische" mittlere Großstadt umsetzen und Prozesse der Urbanität, „Spannungsfelder" zwischen öffentlich und privat thematisieren (vgl. *taz nrw* vom 23. Mai 2005). Selbst zwangsläufig Bestandteil der „Erlebnisstadt", Repräsentation der „Lebensstile der urban orientierten Mittelklassen", in der „sich zwar neue urbane Identitäten formieren", allerdings bei einer Beschränkung des Publikums auf KundInnen (Ronneberger/Lanz/Jahn 1999: 72f.), aber können die „skulptur projekte" selbst zu „symbolischen Schwellen" werden. Sie haben Eventcharakter, sind ebenso Bestandteil von 'City-Marketing' wie die gastronomische Privatisierung der Öffentlichkeit und sollen doch zugleich eine kritische Reflexion all dessen sein.

Für die „Skulptur.Projekte in Münster 1997" (wie sie damals geschrieben wurden) hat Nicole Grothe (2005: 68) allerdings festgestellt, dass diese dem eigenen Konzept, „Fragen des Verhältnisses von Öffentlichkeit, öffentlichem Stadtraum und Kunst neu zu überdenken", überwiegend nicht gerecht worden sei. Die „Zurichtungen des städtischen Raumes nach standortpolitischen Interessen und deren Folgen für marginalisierte Teilöffentlichkeiten" hätten „in den Beiträgen beinahe keine Rolle gespielt", was als Gesamtbild zwangsläufig impliziere, dass „politische und ökonomische Verfügungsgewalt über [den städtischen Raum] und marginalisierte Personengruppen [...] nicht existieren oder aber keine nennenswerte Rolle spielen. Dadurch werden Hierarchien in der Verfügungsgewalt über den städtischen Raum festgeschrieben" (ebd.: 82). Was Grothe allerdings nicht erwähnt, sind Arbeiten, die sich immer wieder kritisch mit der Geschichte der Stadt auseinandersetzen, wie Rebecca Horns Umwandlung des Zwingers in ein antifaschistisches Mahnmal.[34]

Nach den „skulptur projekten 07" hat der Umgang der damaligen Ratsmehrheit aus CDU und FDP mit den beiden einzigen explizit politischen Werken für einen Skandal gesorgt, der selbst für die konservativen *WN* ein solcher war. Silke Wagners Denkmal für Paul Wulf und Martha Roslers Reichsadler sollten als Steine des Anstoßes entfernt werden (vgl. *WN* vom 8. November 2007). Wagner hatte eine überlebensgroße Figur des Antifaschisten Paul Wulf, der auch Jahrzehnte nach 1945 in Münster als Linker verschrieen war,[35] aus Beton gegossen und als Litfasssäule konzipiert. Beklebt war die Figur mit Flugschriften von Initiativen wie dem anarchistischen Umweltzentrum, in denen Wulf mitgearbeitet hatte.

Martha Roslers Arbeit „Unsettling the Fragments" bestand aus mehreren Teilen in der Altstadt. Der Reichsadler ist eine Kopie der Figur, die noch heute über dem Eingang des 1936/39 von Ernst Sagebiel an der Manfred von Richthofen Straße erbauten Luftkreiskommandos prangt. Nach 1945 war dem Adler lediglich das Hakenkreuz weggemeißelt worden. Rosler hatte eine Kopie des Adlers vor einen Eingang der „Münster Arkaden" platziert. „Seine kritische Ortsbezogenheit drückt sich nicht allein darin aus, dass er an einem unerwarteten Ort stünde, [...] sondern dass es der falsche Ort ist. Dadurch wird seine ideologische Funktion, die am richtigen Ort unbemerkt bleibt, erst sichtbar", schreibt Saskia Draxler in *Artnet* vom 24. Juli 2007.

34 Vgl. hierzu Zusammenfassung: Promenade.

35 Vgl. Kap. 9.1.

Der Standort ist zugleich bewusst gewählt. „Der Adler soll wohl andeuten, dass das monumentale Portal der 2005 eröffneten Arkaden und die Pfeiler-Kolonnaden an dieser Straßenecke entfernt an die Architektur der 1930er Jahre erinnern", bemerkt auch die *MZ* vom 8. September 2007. In der Tat hat Rosler den Adler auf den gleichen Werkstein montiert, aus dem auch die Fassade der „Arkaden" gefertigt ist.

Das missfiel nach dem Ende der „skulptur projekte" nicht nur CDU und FDP. Auch den seit 2006 amtierenden Vorsitzende des „Beirats für Stadtgestaltung" Friedrich Wolters „wurmt" der Reichsadler laut *MZ* vom 25. November 2008, denn: „Der Architekt, Josef Paul Kleihues, hat viel für die deutsche Architektur getan." (zit. n. ebd.) Das „Arkaden"-Management hingegen sieht kein Problem: „Die Insignien des Nationalsozialismus wurden ja entfernt, das Kunstwerk befasst sich eher mit der Gegenwart als mit der Vergangenheit", zumal die Skulptur ohnehin außerhalb des Arkaden-Geländes stehe (*MZ* 8. September 2007). Wie schon erwähnt, werben die „Arkaden" im Internet mit einem Foto des Reichsadlers vor ihrer Fassade für sich. Ein Beleg dafür, wie einfach kritische Kunst absorbiert werden kann.

„Kunstwerke sind am Ende reine Tauschwerte", schreibt Isabelle Graw (2003: 26) mit Bezug auf Adorno, „und wer Kunst produziert, hat sich unweigerlich in diesen Tauschwertcharakter seiner Arbeit, mithin in den Kunstmarkt verstrickt". Die „Heteronomie der Kunst ist heute zweifellos viel ausgeprägter als noch zu Adornos Zeiten", fährt sie fort. Allerdings täte „diese weitgehende Fremdbestimmtheit kultureller Produkte ihrer relativen Eigengesetzlichkeit keinen Abbruch". Aber gerade dass die Kunst einen semantischen Überschuss besitze, etwas, so Graw, „das in keiner ökonomischen Logik aufgeht", mache ihren Marktwert aus, denn „[o]hne die Verheißung eines Symbolwerts [...] kann es keinen Marktwert geben" (zit. n. *taz* vom 6. Mai 2008).

In gewisser Weise trifft diese Marktwertlogik des semantischen Überschusses auch auf kunsthistorisch bedeutsame Bauten, die als Konsum-Kulissen dienen, zu. Das Bild der Stadt Münster im Wettbewerb ist nach wie vor geprägt vom Prinzipalmarkt mit seinen Arkadenhäusern, dessen enorme Wichtigkeit für die Identitätsbildung der MünsteranerInnen offiziell immer wieder betont wird. So gehört Münster zum Marketingverbund „Historic Highlights of Germany", einem Zusammenschluss von 14 deutschen Kommunen, „die sich besonders durch ihre Geschichte, Kultur und eine sehenswerte Altstadt auszeichnen" (*PresseInfo* vom 2. März 2006).[36] Ziel dieser Werbekooperation ist es, vor allem den (touristischen) „ausländischen Markt zu erobern", denn: „Das Erbe der Geschichte bringt gute Zinsen" (*PresseInfo* vom 10. April 2004). Auch zwischen den Kooperationspartnern besteht Wettbewerb, werden

36 Weitere Mitglieder von „Historic Highlights of Germany" sind Augsburg, Bremen, Erfurt, Freiburg/Br., Heidelberg, Koblenz, Lübeck, Potsdam, Regensburg, Rostock, Trier, Wiesbaden, Würzburg (vgl. *PresseInfo* vom 25. April 2005).

regelmäßig Rankings über jeweilige Übernachtungszahlen veröffentlicht. Hierbei wird ein anhaltender „Trend zu hochwertigen Städtereisen" insgesamt betont (ebd.).

Nach der Überzeugung der Tourismuslobby wächst die Bedeutung des „Shopping Tourismus" stetig. Das Kölner „Institut für Sozialforschung und Gesellschaftspolitik" prognostizierte 2006 für die hieraus „generierten Einzelhandelsumsätze" ein Wachstum von rund 20 Prozent auf ca. 15 Milliarden Euro pro Jahr bis 2010. „Bei ausländischen Reisenden" gar „ein Plus von 40 Prozent auf jährlich 3,5 Milliarden Euro." Die sei nicht zuletzt ein Effekt stetig expandierender „Günstigflüge[]" (*NRW-Tournews* vom 2. Februar 2006). Angeboten wird dann zuvorderst die „historische[] Altstadt von Münster". Hier „können Gäste Shopping, Kunst- und Kulturgenuss bestens miteinander kombinieren. Rund um den Prinzipalmarkt mit seinen mittelalterlichen Bogengängen finden sich elegante Designerläden und Juweliere, Buchhandlungen und Antiquitätenläden sowie anspruchsvolle Kaufhäuser" (ebd.).

Die Altstadt als Themenpark, das Bild der Stadt vorstrukturiert von den Bildern der Tourismusindustrie. Hierbei stellt sich der Wahrnehmung – trotz oder gerade wegen der Herausstellungen der architektonischen und städtebaulichen Eigen- und Besonderheiten – zunehmend ein großer, weitgehend homogener Gesamtraum dar:

> „Das wattige Gefühl, durch die europäischen Kernstädte zu laufen, als bewege man sich durch ein einziges, endlos vernetztes urban entertainment centre, also durch kontrollierte, mediatisierte und kommerzialisierte Räume, die wiederum als Städte-in-der-Stadt installiert werden, ist der Effekt einer Rückkopplung. Die totale Programmierbarkeit von Erfahrungen im Themenpark wird zum Modell urbaner Wirklichkeiten, deren Programmierbarkeit als Schlüssel zu ökonomischen Wertzuwächsen betrachtet wird. Das oberste Gebot dieser Stadtentwicklung ist Ähnlichkeit in der Verschiedenheit. Die Orte selbst werden gewissermaßen transportabel, sie bewegen sich auf den globalen Vektoren des touristischen Blicks." (Holert/Terkessidis 2006: 221)

Zugleich mit der touristischen Vermarktung soll dieses gebaute Bild der Altstadt dazu beitragen, die „Identifikation und imaginierte Einheit der Stadt zu organisieren" (Löw 2008: 164). Seit 2005 hat der Hamburger Lichtdesigner Michael Batz im Auftrag von „Münster Marketing" und der städtischen Denkmalbehörde eine Illumination des Prinzipalmarkts geschaffen (vgl. *PresseInfo* vom 28. Februar 2005). Um wessen Altstadt geht es hier? Der Prinzipalmarkt wird seit dem 20. Jahrhundert, insbesondere seit seinem Wiederaufbau ab 1948, als eine Art symbolisches Kapital für alle MünsteranerInnen gehandelt. Es dürfte sehr zweifelhaft sein, ob jenseits der dominierenden Mittelschichten diese Wahrnehmung ebenso existiert, ob dieser Straßenzug etwa auch BewohnerInnen von Kinderhaus als 'heimatliche gute Stube' gilt. Gerade unter Berufung auf die Arbeiten von Bourdieu, aber auch Stuart Hall und Anthony King schreibt Löw (2007: 105):

> „Es ist vielfach belegt worden, dass Bilder und Objekte schichtspezifisch unterschiedlich als *schön* wahrgenommen werden, daher gibt es allen Grund zu der Annahme, dass

Raumwahrnehmung sich mit regionalem Kontextwissen und milieu-, geschlechts- sowie klassenspezifischen Relevanzstrukturen mischt. Wahrnehmung ist dann nicht generalisierbar. Vielmehr kann die Idee vom einheitlichen Blick als Perspektive der dominanten Gruppe dechiffriert werden."

Wie gesehen, erscheint der Prinzipalmarkt dem touristischen Blick bis heute als 'mittelalterlich', obwohl er nach dem Zweiten Weltkrieg mit Mitteln des architektonischen Konservativismus des frühen 20. Jahrhunderts neu gebaut wurde. Eine grundsätzliche Erklärung dafür liefert Gerhard Vinken. Altstädte, schreibt er, sind per se in mehrfacher Weise Konstruktionen. Das trifft also stets auf solche Stadtkerne zu, also auch auf diejenigen, die nicht im Krieg zerstört oder beschädigt wurden, wie Vinken das für Basel zeigt. Rekurrierend auf die Romantik entsteht die Altstadt als

„dialektisches Gegenbild zur modernen Stadt. Den Beschleunigungen, Verwüstungen und Entfremdungen der Moderne setzt Altstadt Dauer, Ordnung und Heimat entgegen. Zugespitzt gesagt gehen die moderne Stadt und die moderne Stadterfahrung der Altstadt voraus. Altstadt ist kein Rest, sondern ein Produkt der Modernisierung der Städte. Konstruktion von Altstadt gründet in einer Differenzierung des Stadtraums, die als 'Zonierung' im Kern des modernen Städtebaus steht. Und schließlich: Altstadt ist nicht ein Ergebnis von Schutz oder Konservierung, sondern von Gestaltung. Die Sanierung ist eine spezifische Form der Modernisierung, die hygienische, soziale und ästhetische Homogenisierung betreibt. So entstehen als synthetische Sonderzonen Traditionsinseln, die der entgrenzten und dynamisierten Stadt eingeräumt werden" (Vinken 2008: 190).

Altstädte sind also gerade Zonen, denen im Laufe des 20. Jahrhunderts mit den architektonischen Mitteln etwa des „Heimatschutzes" Ambivalenzen, Heterogenitäten usw. zugunsten eines hierarchisch strukturierten einheitlichen Bildes, das Historisches repräsentieren soll, ausgetrieben wurde. Die Altstadt ist ein Produkt der Modernisierung und zugleich ihres Dementis. Dass der Prinzipalmarkt meist als 'historisch' oder zumindest als genau rekonstruiert wahrgenommen wird, kann in diesem Kontext wenig verwundern. Beim Prinzipalmarkt jedoch handelt es sich um eine komplette Neuerfindung von Geschichte als Reaktion auf die Geschichte.

Zweiter Teil: Die Identitätsikone Prinzipalmarkt und die Inszenierung einer bruchlos bürgerlichen Dauerhaftigkeit

> „Als Münsteraner Gesamtwarenhaus hat der Prinzipalmarkt zu seiner modernen Bestimmung gefunden."

Hanns Wienold und Hans-Günter Thien (1984: 175) beschreiben gestützt auch auf Roswitha Rosinskis Untersuchung den Prinzipalmarkt als das reale „und symbolische Zentrum einer starken städtischen Bürgerklasse, repräsentiert vom „Verein der Kaufmannschaft von 1835". Diese Kaufmannschaft habe mittels des pseudohistorischen Neuaufbaus ein „gediegenes und modernisiertes Futteral und städtisches Interieur für den ebenfalls gediegenen Warenreichtum" geschaffen (ebd.: 172).

Normalerweise klingen Darstellungen des Prinzipalmarkt-Wiederaufbaus anders. Ein recht aktuelles Beispiel: „Trotz verheerender Zerstörungen im 2. Weltkrieg" erscheine die Altstadt „wie ein historisches Modell" (WDR-Text vom 16. April 2008: 309), heißt es in der Videotext-Information zum 2006 vom WDR-Fernsehen produzierten und am 16. April 2008 als Wiederholung gesendeten Beitrag „Bilderbuch Deutschland: Münster". Die Architektur des Prinzipalmarktes, heißt es im Off der Sendung, sei „ein entschlacktes Mittelalter, erfunden in den 50er Jahren". Und Julia Bolles-Wilson, prominente Münsteraner Architektin, sagt in einem kurzen Statement: „Die Illusion des Mittelalters ist unglaublich gut gelungen." Das sei „unglaublich wichtig für die Identität der Stadt". Wie und warum diese „Illusion" so gut gelungen sei, sagt Bolles-Wilson nicht. Das scheint schon durch die Äußerung zuvor klar zu sein. Was aber ist architektonisch ein „entschlacktes Mittelalter"? Grundformen ohne Ausschmückungen, die dann als 'Schlacken' zu begreifen wären? Die Architektur wird immerhin als Erfindung bezeichnet, allerdings der 50er Jahre, was ihre Vorgeschichte in den letzten Jahren des „Dritten Reichs" unerwähnt lässt.

Was Bolles-Wilson sagt, deckt sich mit der Unzahl kaum variierender Äußerungen, die seit Jahrzehnten innerhalb der Stadt verbreitet werden – insbesondere in Erinnerungsbüchern. Der Tenor scheint klar: Die MünsteranerInnen sind stolz auf 'ihren' Prinzipalmarkt, stolz darauf, dass es keinen autogerechten Kahlschlagwiederaufbau gegeben hat. Oder, wie es im Erinnerungsbuch H.C.C. Hüffners (1983: 74) heißt: „Neue Giebel in den alten Proportionen haben den Wiederaufbau des Prinzipalmarktes zu einem Paradebeispiel bewahrender Städtebaupolitik gemacht".

Abb. 8: Architektonische Suggestion einer bruchlos-bürgerlichen Dauerhaftigkeit: der nach 1945 neu gebaute Prinzipalmarkt in einer typisch-touristischen Darstellung (Foto: Presseamt Münster/Tilman Roßmöller)

Nun stellt der Prinzipalmarkt tatsächlich eine ungewöhnliche Aufbaulösung in Westdeutschland dar. Der Münsteraner Erinnerungsdiskurs reklamiert aber einen Mehrwert über diese Exklusivität hinaus: So heißt es 2005/2006 zur Ausstellung „Die bitteren Jahre" im Stadtmuseum, die für die „Identität der Stadt" so enorm wichtige „Orientierung [...] am historischen Vorbild" sei „damals keineswegs unumstritten[]" gewesen (Schäbitz/Schollmeier 2005: 159). Im Begleitbuch zur nachfolgenden Ausstellung „Die Wunderjahre" heißt es gar, es habe „erstaunlicherweise bei vielen Städteplanern [...] heftigen Widerspruch" gegeben, „da ihrer Ansicht nach der Wiederaufbau die jüngste deutsche Geschichte ausblende und an traditionelle Vorstellungen anknüpfe" (Becker/Haunfelder/Schollmeier 2006: 15). Solche in Darstellungen der Stadt Münster seit Jahrzehnten behaupteten erheblichen Widerstände in der Fachwelt sind, wie schon Rosinski nachweist, zumindest stark übertrieben. Trotz des offensiven und selbstbewussten Werbens der Münsteraner Verantwortlichen für ihre Konzeption sei die Reaktion dieser Fachwelt damals vielmehr „äußerst gering" ausgefallen und wirke „eher wie ein Desinteresse oder höchstens wie ein mitleidiges Belächeln". Nur ausnahmsweise gibt' es „zerschmetternde[] Urteile". So schreibt C.A. Jatho 1952 von „vorbildliche[r] Heimattümelei" und Otto Schmidt 1951 von „speerliche[m] Städtebau" (Rosinski 1987: 20). Dass gleichwohl immer wieder von einem breiten stadtplanerischen Gegenwind von außerhalb, dem es zu trotzen galt, gesprochen wird, ließe sich auch lesen als fernes Echo auf andere Erzählungen eines 'westfälisch-trotzigen Beharrens' angesichts der 1945 weitgehend zerstörten Stadt, das als Voraussetzung des Wiederaufbaus fungiert.

Die Kommentierungen der wenigen harten Kritik stehen eigenartig quer zu dieser. „Heimattümelei" und „speerlicher Städtebau" besagen: Die Autoren fühlen sich beim neuen Prinzipalmarkt an NS-Architekturpraktiken erinnert. Wibke Becker, Bernd Haunfelder und Axel Schollmeier schreiben aber, ein Ausblenden des Jüngstvergangenen sei scharf kritisiert worden. Auch sie gehen offenbar von einem Ausblenden aus und begründen das so: Der neu entstandene Straßenzug knüpfe gewollt und bewusst an

> „an einen Zustand vor dem Nationalsozialismus, an die eigene Geschichte und Tradition. Möglicherweise war diese Haltung für die Münsteraner unproblematischer als für andere, da sie meinten, aufgrund der starken Bindung an die katholische Kirche und der offenen Gegnerschaft ihres Bischofs Clemens August Graf von Galen während des 'Dritten Reiches' zum überwiegenden Teil auf der richtigen Seite gestanden zu haben." (Becker/Haunfelder/Schollmeier 2006: 15f.)

Was ist ein Bau-„Zustand vor dem Nationalsozialismus", wenn während dieser Zeit architektonisch nichts verändert wurde? Angesprochen ist damit aber eine Funktion dieser Wiederaufbau-Architektur als Suggestion eines durchweg katholisch-resistenten Münster.

Roswitha Rosinski bemerkt in den Bewertungen des Prinzipalmarktwiederaufbaus sowohl ein häufiges „Unbehagen" in der Nachkriegszeit (1987: 21), als auch interessante Ungenauigkeiten in den Darstellungen etwa von Niels Gutschow und Regine Stiemer (vgl. ebd.: 25) bzw. ein Desinteresse an der Frage, wie sich gesellschaftliche und ökonomische Bedingungen in dieser Architektur materialisieren (vgl. ebd.: 22). Dieses Desinteresse scheint fortzubestehen. Denn die Rezeption der Studie Rosinskis bleibt in jüngeren Beschäftigungen mit dem Thema praktisch aus. Bei Becker et al. taucht sie gar nicht auf. Im kürzlich erschienenen „Architekturführer Münster" von Sylvaine Hänsel und Stefan Rethfeld (2008) wird sie zwar in der Bibliographie aufgeführt, in den Darstellungen zum Wiederaufbau allgemein sowie zum Prinzipalmarkt aber fehlt auch hier jeder Hinweis (vgl. ebd.: 278, 31ff, 98ff.). Und in der „Denkmalbereichssatzung Prinzipalmarkt Münster" (1998: 86ff.) wird sie zwar, wie auch Max Geisberg und Gutschow/Stiemer, bei den knappen Einzelbesprechungen der Häuser stets als Referenz aufgelistet. Aber obwohl der „Denkmalswert" der „heutigen [...] Gesamtanlage" damit begründet wird, es handele sich um „eine der bedeutendsten Wiederaufbauleistungen der 50er Jahre" (ebd.: o.S.), werden Rosinskis Analysen dieser Architektur mit keinem Wort erwähnt. Es scheint, als würde sich das „Unbehagen" schließlich auch auf allzu genaue Beschäftigung mit den verwendeten Formsprachen ausdehnen.

Das Ausblenden von Geschichte setzt sich offenbar fort. Das lässt sich erneut bei Becker/Haunfelder/Schollmeier (2006: 15) zeigen. Der neue Prinzipalmarkt, heißt es da,

> „war vor allem den ansässigen Kaufleuten zu verdanken, die in zumeist spontaner Planung mit dem Aufbau ihrer Häuser ohne ausdrückliche Erlaubnis der Stadt begannen, sich der ungefragten Zustimmung indes sicher sein konnten. Die Stadt verabschiedete 1949 den

> Neuordnungsplan, der die weitgehende Erhaltung des alten Stadtgrundrisses festlegte und auch die Gestaltung der wiederaufgebauten Gebäude nachträglich guthieß".

Tatsächlich hat das für den Altstadtwiederaufbau zuständige Baupflegeamt in Person seines Chefs Edmund Scharf seit 1947 strikte Vorgaben für die Gestaltung des Straßenzugs gemacht, zwar nicht schriftlich fixiert, aber durch Fassadenabwicklungen (Rosinski 1987: 24f.; Gutschow/Stiemer 1982: 164f.). Ebenso hat besagtes Baupflegeamt im Frühjahr 1946 den Plan eines gesamten Altstadtwiederaufbaus in Anlehnung an den alten Grundriss veröffentlicht (vgl. Gutschow/Stiemer 1982: 44, Abb. 12; vgl. Pick 2000: 2f.); und schließlich stammt der Wiederaufbauplan im Grundsatz bereits von 1944 (vgl. Durth/Gutschow 1988: II, 947). Das bleibt komplett unerwähnt zugunsten einer 'Stunde-0'-Erzählung über tatkräftige Kaufleute, deren Engagement die MünsteranerInnen das Wiederentstehen ihres überragenden Identifikationsortes verdanken. Der Einfluss der traditionell mit der Lokalpolitik verflochtenen Kaufmannschaft[1] ist in der Tat sehr hoch, aber es besteht fast durchweg Konsens über die Ziele des Wiederaufbaus und ihre Umsetzung unter allen Akteuren.

Die Architektur des neuen Prinzipalmarktes entsteht unter akkurater Berücksichtigung der historischen geschwungenen Straßen-Linie und – zumindest nach außen – der Parzellengrenzen. Gleichzeitig verbindet das

> „den Prinzipalmarkt auszeichnende Prädikat der Dauerhaftigkeit [...] den architektonischen Konservativismus des frühen 20. Jahrhunderts sowie die Architektur des deutschen Faschismus mit dem zukunftsorientierten Nachkriegswiederaufbau" (Rosinski 1987: 96).

Hierbei sind insbesondere bei den früh (bis 1948) entstandenen Fassaden der Wille zur Monumentalität, bewirkt durch die Verwendung von Werkstein, die „leere oder nur sparsam[e] Gliederung, die „kantig und exakt ausgeführten" Elemente zu beobachten. „Sie erinnern auch an entsprechende Elemente der Monumentalbauten des Nationalsozialismus" (ebd.), so, wie sie Joachim Petsch (1976: 206ff.) beschrieben hat.

Rosinski (1987: 63-86) teilt die von ihr ermittelten Fassadenlösungen in vier Gruppen: „Die 'monumentalen' Varianten", bei denen eine „Suggestion von Dauerhaftigkeit als ein Verbindungsglied zwischen Vergangenheit und Zukunft" fungiert, die „expressionistischen Varianten", bei denen „Designformen in der Architektur" übernommen werden, die „eklektizistischen Varianten" mit ihrer „Verwendung historischer Bauformen zur Belebung der Straßenfront" und schließlich die „zeitgenössischen Varianten" als Anzeichen der Nachkriegsmoderne", die aber nur „wenige Fassaden" zeigen.

> „Die Scharfschen Gestaltungsvorschläge halten sich in der Auswahl der Einzelformen weniger an die ehemals am Prinzipalmarkt vorhandenen Architekturelemente, als viel-

1 So ist schon der erste Vorsitzende des Vereins von 1850-1855 zugleich Oberbürgermeister Münsters, weitere Vorsitzende sind Mitglieder von Magistrat, Stadtrat usw. (vgl. Haunfelder 1985: 166ff.).

> mehr an allgemein bekannte Schmuckformen, die bei den Betrachtern Assoziationen von Würde, Tradition und gediegener Vornehmheit auslösen." (ebd.: 26)

Es kommt zu einer Homogenisierung der Fassaden in all ihren Elementen. Davon sind auch die wenigen nicht im Krieg zerstörten Häuser betroffen. Hier werden etwa die Fensterhöhen strikt angeglichen. Und gerade diese Art der Konstruktion jenseits von Rekonstruktion und der damals üblichen schlichten „Anpassungsarchitektur" ist in Münster erfolgreich:

> „Der neue Prinzipalmarkt und auch die Vorstellungen zu seiner Errichtung machen deutlich, daß es sich hierbei um eine Wiedergewinnung früherer Stimmungswerte handelte: eine harmonische, historisch anmutende Gestaltung sollte den Eindruck einer 'bürgerlichen Stadt im besten Sinne' vermitteln, wobei andere Lösungsvorschläge bei den Beteiligten und Verantwortlichen zu keiner Zeit eine reale Durchsetzungschance gehabt hatten." (Rosinski 1987: 94)

Diese „Stimmungswerte" beinhalten mehrere miteinander verknüpfte Elemente. Das Bild der neu gestalteten Giebel ist „ein wichtiger Teil der Außenwerbung" (ebd.: 97) für die Stadt Münster insgesamt, wie ebenso für die an dieser Straße ansässige Kaufmannschaft, deren Möglichkeiten zur normalen Fassadenreklame per Ortssatzung stark eingeschränkt bzw. ausgeschlossen sind (vgl. ebd.). Daher kommt den Giebelfassaden selbst, in ihrer additiven Gesamtheit, wie für die jeweils einzelnen Geschäfte, größte Werbewirksamkeit zu. Zugleich ist dieser neue Prinzipalmarkt die Suggestion „eine[r] 'heile[n] Geschichte'", die historische Brüche bzw. Kontinuitäten zum Verschwinden bringt und eine bürgerlich-konservative Selbstidentifikation, „eine mittelständische Stadt- und Gesellschaftsstruktur visualisiert" (ebd.). Es dürften diese Suggestionen von Dauerhaftigkeit und Bruchlosigkeit sein, die auch die heutige Wahrnehmung des Straßenzuges als echt mittelalterlich, als originalgetreu rekonstruiert oder zumindest als treffliche Illusion von etwas Mittelalterlichem bestimmt.

Gegenüber den 'Unwirtlichkeiten' vieler anderer, 'autogerechter' Nachkriegsstädte wird der Wiederaufbau der Altstadt Münsters längst allgemein als gelungenes Beispiel eines 'bewahrenden' und vergleichsweise 'humanen' Städtebaus erachtet. Das soll aber nicht veranlassen, hierbei die damaligen gesellschaftlichen und ideologischen Bedingungen und Motive dieser Materialisierung unberücksichtigt zu lassen.

Die Wirkung des Prinzipalmarktes selbst erscheint – zumindest dem nicht detaillierten Blick – durchaus gelungen. Das aber führt zu der Frage: Warum eigentlich? Und für die Jahre der Restauration heißt das auch: Wie passen ein partielles Beharren auf (auch) im Faschismus verwendete Formensprachen – wie sie damals Schmidt und Jatho kritisieren und wie sie Rosinski nachweist – und ein Ausblenden der NS-Zeit zusammen?

Der Prinzipalmarkt in seiner historisch 'gewachsenen' Form ist schon vor seiner Zerstörung im Zweiten Weltkrieg der herausragende symbolische Ort Münsters gewesen. Ab 1948 entsteht er jedoch neu als *geplanter* symbolischer Ort. Dieser Ort aber ist kein Denkmal, mit seinen spezifischen Besuchszwecken und -ordnungen oder begrenzten Öffnungszeiten, sondern ein Straßenzug. Als solcher ist er vor allem immer auch genutzter Alltagsraum, besetzt mit vermeintlich oder real kollektiv geteilten historischen oder aktuellen Erfahrungen. Dass der Erinnerungsort vor allem Alltagsraum ist, entzieht ihn weitgehend der Reflexion, erhöht das Unbewusste der Wahrnehmung. Das macht ihn in gewisser Weise wirksamer.

Auch dies reflektierend soll der Wiederaufbau-Prinzipalmarkt im Folgenden als architektonische Negierung von Geschichte, insbesondere als „Derealisierung" der NS-Zeit analysiert werden, als inszenierte „Deckerinnerung", die auch Opfer des NS-Systems 'verschwinden' lässt, Opfer der 'Arisierungen' wie von Zwangsarbeit. Desgleichen entsteht der Prinzipalmarkt neu als „repräsentative[s], vornehme[s] Zentrum" (Rosinski 1987: 84), als „Gesamtkunstwerk" (Wienold/Thien 1984: 172) zur Repräsentation der Kaufmannschaft. Die herausgehobene Position der Kaufmannschaft, der dann auch bei allen innerstädtischen Bauentscheidungen ein Mitspracherecht zugestanden wird, erhält ihren Ausdruck in der Vormachtstellung dieser Straße im Stadtgefüge. Aber auch der Ausdruck von Dauerhaftigkeit, der eine 'bessere' Vergangenheit' mit einer 'besseren' Zukunft verbinden soll, trägt hier zum Abbild der Restauration städtischer Sozial-Hierarchie bei. Der „vornehme Schein" (ebd.) des Prinzipalmarktes steht gegen die 'Rustikalität' der anderen Altstadtstraßen rund herum, die überwiegend als Anpassungsarchitektur aufgebaut werden. Zugleich ist der Prinzipalmarkt eingebunden in eine „erfundene Tradition" (Eric Hobsbawm 1983) 'urwestfälischer Gemütlichkeit', die sich materialisiert vor allem in den ebenfalls pseudohistorisch neu errichteten Traditionsgaststätten, die die Altstadt-Inszenierung komplettieren.

Diese Konstruktion „einer bürgerlichen Stadt im besten Sinne", wie sie auch dem einflussreichen Architekten Hans Ostermann im Juli 1945 vorschwebt (zit. n. Stadt Münster 1980: 29), wird in den Verhältnissen ihrer Teile zueinander ebenso zu untersuchen sein, wie im Zusammenhang mit dem gleichzeitig entstehenden 'neuen Münster' und dessen Akteuren. Zunächst aber soll die Vorgeschichte des Altstadt-Wiederaufbaus erzählt werden.

„Das Gebäude sieht von außen wie ein Schloß aus, aber in Wirklichkeit ist es ein Bunker. Es wurde 1941 gebaut, um die Augen der Piloten zu täuschen. [...] Ein kompaktes Gebäude mit zwei Türmen, einer Zugbrücke (aus Beton), einem Wassergraben (ohne Wasser), der dreiviertel des Gebäudes umgibt – dies sind alles Charakteristika, an denen man ein Schloß erkennt, nicht nur von nahem, sondern auch aus der Vogelperspektive. Es ist beeindruckend, wie fest die Stadtplaner auf die Lesbarkeit von Stadtformen vertrauten. [...] So würde heute niemand mehr an Form glauben."

Marjetica Potrč (1997: 323ff.) beschreibt den Lazarett-Bunker, der sich nordwestlich der Promenade in direkter Nähe zum „1. Korps" am Hindenburgplatz befindet, und den sie für die *Skulptur. Projekte* 1997 in die „imaginäre Stadt Magadan" verwandelt für das Publikum geöffnet hat. Potrč sieht einen Zusammenhang zur Altstadt. Denn hier wie da handelt es sich um Fassaden, die alt erscheinen sollen:

„Auf der anderen Seite wurde die klare Sicht auf die Stadt zu Münsters Verhängnis. Die leichte Erkennbarkeit des Zentrums aus der Luft erleichterte die Gründlichkeit des Bombardements: 1945 gab es nichts, was den Blick vom einen Ende der Promenade zum anderen versperrte. Diese Leere in der Stadt hat eine neue Stadt herbeigeführt, die sich, wie der Bunker, von Anfang an verkleidet hat. Die Fassaden, die auf den ersten Blick alt erscheinen, sind es in Wirklichkeit nicht, sondern verdecken moderne Architektur. Münster gibt vor, alt zu sein, aber es täuscht nur die Augen, nicht das Gefühl. Es fühlt sich wie ein verdrängter Körper ohne eigenen Ort an. Daran ist nichts Schlechtes, ich zum Beispiel mag es, denn es gibt mir das Gefühl, zu Hause zu sein." (ebd.: 330)

Augentrug, Verkleidung. Ein verdrängter Körper ohne eigenen Ort. Potrč sagt nicht, ob sie die direkten persönlichen und programmatischen Zusammenhänge kennt. Für diese steht der Name Edmund Scharf. Scharf, geboren 1896, wird 1936 Entwurfsarchitekt des Luftfahrtkommandos IV in Münster, „nach wenigen Wochen Leiter der Entwurfsabteilung". Aufgrund von „Meinungsverschiedenheiten" wechselt er zur Stadt Münster. Unter dem im Oktober 1938 bestallten und Anfang Juli 1945 entlassenen Stadtbaurat Peter Poelzig plant er federführend Luftschutzbunker und später den Wiederaufbau der Münsteraner Innenstadt. Planungen, die auch nach 1945 – bis auf das am Aasee vorgesehene „Gauforum" – kaum verändert umgesetzt werden. Anders als Poelzig bleibt Scharf im Amt. Von 1939 bis August 1961 leitet er das in der Baubehörde selbstständige Baupflegeamt, „das außer stadtplanerischer Aufgaben jedes Bauprojekt innerhalb der gesamten Altstadt gestalterisch zu prüfen hatte". Von 1949 bis 1956 ist er zugleich Leiter des Stadtplanungsamtes. Somit besitzt er „einen starken Einfluß auf die späteren Entwurfsprozesse der einzelnen Prinzipalmarkt-Häuser" (Rosinski 1987: 23).

Der Bunker an der Lazarettstraße wird im Sommer 1941 fertig gestellt (vgl. Beer 1990: 115f.). Er ist von Scharf „[ä]ußerlich besonders interessant gestaltet worden", wie Wilfried Beer sich ausdrückt. Er ähnelte, habe Poelzig schon im Oktober 1940 betont,

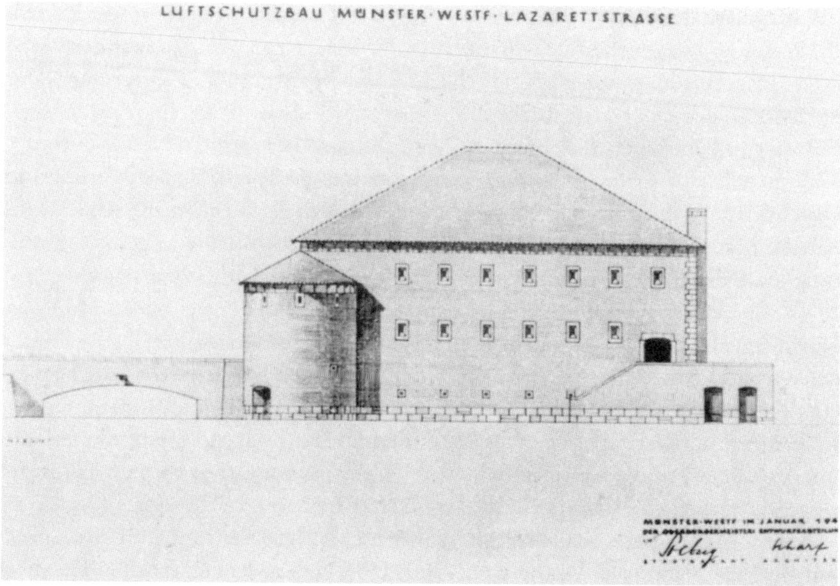

Abb. 9: Camouflage als Architekturprinzip: Edmund Scharfs Entwurf des Lazarett-Bunkers als pseudo-mittelalterlicher Befestigungsbau in der Seitenansicht (aus: Beer 1990: 116)

„den Befestigungsanlagen des Promenadenringes" (ebd.: 116f.). Hier geht es also um eine bewusste architektonische Angleichung an die Reste der ehemaligen Stadtmauer wie den Zwinger, den Buddenturm und den Wasserbären. Das ist offenbar mehr, als ein bloßes Täuschungsmanöver für die gegnerische Luftwaffe, um per 'Luftschutz' der 'Volksgemeinschaft' den „Kraftstrom von der Heimat zur Front zu erhalten", wie es Ende 1942 in der „Luftwaffendienstvorschrift 751" heißt (zit. n. ebd.: 111). Der Lazarett-Bunker entsteht in einem fiktiven historischen Baustil, bezieht sich aber nicht nur auf die erwähnten Reste der Stadt-Befestigung. Die Verwendung von Backstein und Sandsteineinfassungen – auch deshalb mag er Potrč wie ein „Schloß" vorkommen – verweist ebenso auf münstersche Renaissance- und Barockgebäude, auf die Materialverwendung Johann Conrad Schlauns bei Schloss und Adelshöfen; zugleich auf die geplanten Monumentalgebäude des NS-Gauforums, die ihrerseits die geschilderten Aspekte der Herrschafts- und Repräsentationsarchitektur der Renaissance und des Barock aufnehmen sollen. Auch die von Scharf überwachte und geleitete Realisierung des Prinzipalmarkts erfolgt in einem fiktiven historischen Baustil, verwendet flächig-monumental Werkstein (Sandstein) als pseudo-handwerklich produzierte pure Oberfläche, um 'Dauerhaftigkeit' zu simulieren.[2]

2 Näheres hierzu in Kap. 9.4

Grundlage des Bunker-Bauprogramms ist das „Luftschutzgesetz" von 1935, dem 1939/40 eine Triage gefährdeter Städte folgt. Sie werden eingeteilt „je nach dem Grad ihrer Luftgefährdung und -empfindlichkeit". Laut „Mobilmachungsanweisung" zählt Münster zu den „94 Luftschutzorte[n] I. Ordnung" (Beer 1990: 93). Zuständig in Münster ist Peter Poelzig, denn in den vom „Führer" bestimmten Neugestaltungsstädten „sollten die vom Gauleiter beauftragten Bauräte [...] die Koordinierung und Durchführung des Luftschutzbauprogrammes zusätzlich übernehmen." (ebd.: 111f.) Am 31. März 1939 hatte Hitler für Münster „die Durchführung" der „Neugestaltung" nach dem Gesetz vom 4. Oktober 1937 verfügt (zit. n. *Das schöne Münster*, Juni 1939: 38). Umfassend neu gestaltet werden sollen die „Führerstädte" Berlin, München Nürnberg, Hamburg und Linz sowie alle „Gauhauptstädte", darunter Münster unter den ersten 23 von insgesamt 41. Diese „Gauhauptstädte" sollen jeweils „ein 'Forum' erhalten, das nach dem Vorbild einer dominierenden Akro-Polis mit der obligatorischen Aufmarschstraße von etwa 100 m Breite, einer riesigen Versammlungshalle mit Appellplatz und gewaltigen Bauten der Partei" auszustatten sei, „um damit zur einschüchternden Selbstdarstellung der NSDAP beizutragen" (Durth 1986: 157).

Schon 1933 initiiert Gauleiter Alfred Meyer eine Neugestaltung Münsters „nach zeitgemäßen Prinzipien" (zit. n. Beer 1990: 185). Neben dem zu erhaltenden alten Zentrum soll am Aasee mit dem „Gauforum" ein neues entstehen. Das Stadtplanungsamt, 1935 gegründet, erklärt das Stadtgebiet zum „Wohnsiedlungsgebiet", entwirft in Anlehnung an die 1934 im Süden Münsters errichtete SA-Siedlung „Gartenstädte" im Norden und beginnt „in eigener Initiative" mit konkreten Planungen für „den Ausbau der Gauhauptstadt". Direkt mit der gesetzlichen Absegnung aus Berlin 1939 beauftragt Meyer den „Gaukulturwart" Hermann Bartels mit dem Bau des Gauforums am Aasee. Hier sollte

> „wie üblich ein 60 Meter hoher, 'unmittelbar am Wasser stehende[r] Glockenturm als Wahrzeichen des Forums' sichtbar sein [...]. Charakteristisch für Münster mag sein, daß die Neugestaltung Abstand zum historischen Stadtkern wahrte und sofort zur konkreten Gestalt der Bauten Stellung genommen wurde. Roter Ziegelstein in Verbindung mit Werkstein für die Gesimse, Pilaster und Fensterumrahmungen sollten an die Adelshöfe anknüpfen und damit in Bedeutung und Gestalt Kontinuität wahren. Adolf Hitler hat die ihm vom Gauleiter etwa 1942 in Bayreuth vorgeführte Planung ausdrücklich gelobt. Die Distanz des Gauzentrums zum Stadtkern schien ihm angemessen." (Durth/Gutschow 1988: II, 943ff.)[3]

---

3 Vgl. die Pläne zu einer „Neustadt" am Aasee westlich des Schlosses von Franz Winter für das Stadtplanungsamt, März 1938 und zu Bartels' „Gauforum", ca. 1940 (ebd.: II, 945, Abb. 3 u. 2); vgl. Oberstadtdirektor der Stadt Münster (Hg.) (1988: 16ff.). Das Binnenzitat im Zitat von Durth/Gutschow stammt aus: Düllfer, Jost/Thies, Jochen/Henke, Josef (1978: 72).

Auch hier also zeigt sich bei der Fassadengestaltung der Anspruch einer architektonisch-historischen Kontinuität im plump zitierenden Rückgriff. Bartels selbst spricht 1941 in seinen „Gedanken zur Neugestaltung" davon, dass sich die Forumsbauten „der in Münster typischen Bauweise des 17. und 18. Jahrhunderts anpassen" sollen, „so wie sie heute noch bei den zahllosen alten Adelshöfen zu sehen ist" (zit. n. Gutschow/Stiemer 1982: 40). Die 'angemessene Distanz' des Gauforums zum alten Stadtkern bedeutet einen „Unterschied zu den meisten anderen Neugestaltungsstädten" (Beer 1990: 185), wobei sich hier – so Roswitha Rosinski (1987: 24) – bezüglich der Altstadt „leicht die Idee einer 'Insel' mit musealem Charakter vermuten" lässt. Dazu passt auch, dass im katholischen Münster keine konkreten Überlegungen der Machthaber bekannt sind, bei „Kulturbauten – vor allem Kirchen – deren Beschädigung zum Abriss auszunutzen, wie andernorts" (Beer 1990: 185).

Gleichzeitig plant Stadtbaurat Poelzig mit seinem Entwurfsarchitekten Scharf konkurrierend ein großes Gau- und Universitätsforum. Pläne und Modell dazu präsentiert er dem Gauleiter im Januar 1941. Das zeigt ein Foto, aufgenommen anlässlich der Ausstellung „Bauten der Partei" (vgl. Durth/Gutschow 1988: II, 945; Schäbitz/Schollmeier 2005: 116). Zur Präsentation der Bartels-Pläne vor Hitler in Bayreuth habe sich Poelzig „krank gemeldet", schreiben Durth/Gutschow (1988: II, 945). Als Quelle geben sie ein Gespräch mit Poelzig vom Sommer 1978 an (ebd.: 966, Anm. 6). Dient die erzählte 'Krankmeldung' als Hinweis auf Rivalitäten von Poelzig/Scharf zu Meyer/Bartels oder soll sie gar implizieren, Poelzig habe Hitler grundsätzlich nicht treffen wollen?

Interessant in diesem Zusammenhang ist eine weitere biographische Notiz, weil sie zeigt, wie einfach es offenbar ist, Lebensläufe zu begradigen, zumal dann, wenn Karrieren nach 1945 praktisch bruchlos weiter laufen. Durth/Gutschow (1988: II, 966, Anm. 6) berufen sich hier ebenfalls auf das Gespräch mit Poelzig. Und so heißt es über diesen: „Eintritt in die NSDAP mit dem Eintritt in den Dienst der Stadt Münster". Daraus ließe sich leicht lesen, Poelzig sei mit der Übernahme eines öffentlichen Amtes zwangsweise und womöglich pro forma PG geworden. Davon aber kann so keine Rede sein. Zum einen betont Sabine Mecking (2005: 96f.), dass „die nach 1945 immer wieder von Beamten formulierte Entlastungsschablone hinsichtlich einer allgemeinen Pflichtmitgliedschaft im Staatsdienst nicht den Tatsachen" entspricht. Zum anderen zeigt Mecking (2003: 137) anhand seines Personalblatts von 1943 im Stadtarchiv Münster: Peter Poelzig (1906-1981), Sohn des Architekten Hans Poelzig, seit 1927 freier Architekt, seit 1934 Bauleiter des Münsteraner Flugplatzes Loddenheide sowie „Leiter der Entwurfsabteilung Luftwaffe beim Luftgaukommando Münster", wird Stadtbaurat im Oktober 1938. In die NSDAP aber tritt er schon am 1. Mai 1937 ein und wird „Gauamtsleiter". Er zählt somit zu den „späten Parteigenossen", was aber nichts über den Grad an Affinität zum Faschismus (bzw. einen Mangel) aussagt. Im Parteijargon gibt es die „Alten Kämpfer" (PGs vor 1933) und die distanzierend titulierten „Märzgefallenen", die nach der „Machtergreifung" am 30. Januar 1933 eintreten. Bedingt durch den „große[n] Ansturm" von Bewerbern verhängt die NSDAP noch im selben Jahr „einen allgemeinen Aufnahmestopp, um sich vor den vielen 'Konjunkturrittern' zu schützen". Die Wiederöffnung der Partei für alle erfolgt am 31. Mai 1937. Zuvor gibt es aber Möglichkeiten, durch deutlich gezeigte Affinität, die Mitgliedschaft bzw. Anwartschaft darauf zu erlangen (ebd.: 177f.).

Interessant ist auch, wie Poelzig in sein Amt gelangt, nämlich „auf Vorschlag des NSDAP-Kreisleiters Ernst Mierig" (Mecking 2005: 81). Auch in Münster drängt die Partei nach der „Machtergreifung", anders, als bei normalen städtischen Beschäftigten, „bei der Besetzung exponierter Positionen" in der Verwaltung „auf die Verwendung 'bewährter' Nationalsozialisten" (ebd.: 83f.). Dabei koordiniert Oberbürgermeister Albert Hillebrand, an der eigentlichen Verwaltungsebene vorbei, derartige Entscheidungen in enger Zusammenarbeit mit der Partei, also meist mit Kreisleiter Mierig (vgl. Mecking 2003: 193). Poelzig selbst ist 1941/42 zumindest in einen solchen Fall von Ämterpatronage involviert. Ebenso wie die NSDAP-Kreisleitung befürwortet er die Beförderung des überzeugten Nationalsozialisten und technischen Stadtinspektors Arthur Behr, obwohl ihm sein direkter Vorgesetzter Friedrich Schmeißer beruflich völliges Unvermögen vorwirft (vgl. Mecking 2005: 86). Schmeißer, seit 1913 technischer Angestellter und seit 1928 Beamter in Münster, ist jeder oppositionellen Haltung unverdächtig. Selbst „Alter Kämpfer" wird er anlässlich seiner Beförderung im Juli 1933 von der NSDAP-Gauleitung Westfalen-Nord als der „älteste Pg. bei der Stadtverwaltung Münster" – Parteieintritt August 1931 – gerühmt (Mecking 2003: 90).

Nach seiner Entlassung als Stadtbaurat 1945 durch die britischen Besatzungsbehörden ist Poelzig wieder freiberuflich tätig, 1954 wird er Professor an der Technischen Hochschule Berlin (vgl. Mecking 2003: 137). Er gehört zu den Mitgliedern der hauptamtlichen Stadtleitung im NS-Münster, die von der Nachkriegsstadtverwaltung mehrfach vergeblich zur Rückkehr gedrängt werden, weil sich „die Besetzung technischer Verwaltungsstellen mit „inhaltlich qualifizierten Kräften [...] als erhebliches Problem" darstellt (ebd.: 250f.). Im 'Entnazifizierungsverfahren' wird Poelzig am 31. Januar 1950 als „unbelastet" bzw. „entlastet" eingestuft (ebd.: 292). Auch das ist wenig aussagekräftig. Selbst der von 1933 bis 1945 amtierende NSDAP-Oberbürgermeister Albert Hillebrand wird als „Mitläufer" kategorisiert. Sein städtischer Rechtsrat Wilhelm Sasse, der wie Hillebrand am 19. November 1941 „an der geheimen Planungssitzung" zur Ausplünderung und „Deportation der westfälischen Juden nach Riga" teilnimmt, gilt zunächst als „Mitläufer", dann gar als „entlastet". Der für die „Erziehung der 'Bürgerschaft zu echtem nationalsozialistischen Denken und Handeln'" eingesetzte Presseamtsleiter Ludwig Klug wird 1949 als „unbelastet" eingestuft (vgl. ebd.: 285f.). Auch in Münster und Umgebung bedeutet 'Entnazifizierung' überwiegend ein „Reinwaschverfahren" (Herbert 1995:

164), „[m]ehr Rehabilitierung denn Entnazifizierung" (Fasse 2000b: 355). Mecking verweist dann auch darauf, dass nach dem Übergang der Verfahren in deutsche Regie – ab Oktober 1947 sind die Landesregierungen zuständig, ab April 1949 „die beiden beim Regierungspräsidenten ansässigen Haupt- und Berufungsausschüsse" – eine „allgemeine Entnazifizierungsmüdigkeit" in Politik, Verwaltung und Bevölkerung verbreitet ist, schon gar mit dem beginnenden 'Kalten Krieg'. Am 5. Februar 1952 wird die 'Entnazifizierung' per Gesetz für beendet erklärt (vgl. Mecking 2003: 268f.).

Peter Poelzig gehört zu den 183 von 2000 städtischen Bediensteten, die von den Briten als politisch belastet entlassen werden (ebd.: 269), allerdings nicht zu den verhafteten und bis 1947 internierten Parteifunktionären wie etwa Oberbürgermeister Hillenbrand oder der fürs Verkehrsamt zuständige Stadtrat und „Alte Kämpfer" Hans Aschhoff (vgl. ebd.: 272f. u. 126f.). Wäre Poelzig den Rückwerbeversuchen der Münsteraner Stadtverwaltung nachgekommen, wäre er zweifelsfrei die federführende Person beim Wiederaufbau gewesen. Ein für die deutschen Städte nach dem zweiten Weltkrieg im Übrigen ganz gewöhnlicher Vorgang. Ebenso gewöhnlich sind behördlich-personelle Kontinuitäten, dass nach Amtsenthebungen der belasteten Stadtbauräte durch die Alliierten ihre Abteilungsleiter im Amt bleiben – wie Edmund Scharf in Münster – oder in deren Posten aufrücken. Was eine Richtungsbeibehaltung in den Wiederaufbauplanungen der Städte ebenso garantiert wie die rahmengebenden Gesetze und Programme für Städte- und Wohnungsbau, Verkehrsplanung und Arbeitsbeschaffung, die oft aus der NS-Zeit übernommen, dabei manchmal minimal an die 'neue Zeit' angepasst werden (vgl. Petsch 1981: 223).

1943 wird das programmatische Ziel der 'Neugestaltung' angesichts der Kriegsentwicklung gewandelt in das des 'Wiederaufbaus'. Bau- und Rüstungsminister Albert Speer, der 1942 nach dem Tod von Fritz Todt die „Organisation Todt" übernimmt (vgl. Durth 1986: 195f.), bildet als „Generalbauinspektor" (GBI) Ende 1943 den „Arbeitsstab für Wiederaufbau", dessen Leiter der Coesfelder Rudolf Wolters wird. Wolters ist seit dem gemeinsamen Studium ab 1923 in München und Berlin (bei Heinrich Tessenow) eng mit Speer befreundet und wird dessen wichtigster Mitarbeiter von 1933 bis 1945, offiziell seit 1937 bei der „Neugestaltung" Berlins. Daneben ist Wolters zuständig für Publikationen über Speer sowie für die „Baukunst im Dritten Reich", er ist Ausstellungskommissar für „deutsche[] Planung im Ausland" und Organisator der „Kriegsberichterstaffel der Organisation Todt". Nach 1945 leitet er den Wiederaufbau Coesfelds und wird auch in anderen Kleinstädten des westlichen Münsterlandes – Ahaus, Anholt, Borken, Rheine – mit Planungen Erfolg haben. Wolters bleibt Speers ständiger Helfer auch während dessen 20jähriger Gefängnisstrafe und spielt eine gewichtige Rolle bei Speers mit Joachim C. Fest geschriebener Bestseller-Biographie von 1969 (vgl. Durth/Gutschow 1988: I, 43f. u. 272; Durth 1986: 65 u. 259; Schmidt 1982: 16).

Mit dem „Führer-Erlaßentwurf" vom 19. September 1944 wird eine Liste mit 42 „Wiederaufbaustädten" in den 42 „Gauen" (vgl. Durth/Gutschow 1988: I, 79f.) veröffentlicht. Merkwürdigerweise widersprechen sich Durth/Gutschow zur Rolle Münsters selbst. Einmal schreiben sie, die Stadt werde „1944 im Rahmen des Hitler-Erlasses [...] nicht zur Wiederaufbaustadt erklärt". Gleichwohl werde im „GBI"-Büro „intern [...] erwogen", den Speer-Mitarbeiter Hans-H. Klaje als Planer nach Münster zu schicken. Konstanty Gutschow und Wilhelm Wortmann aus dem engen Kreis um Speer und Wolters hätten aber „Heinrich Bartmann ins Gespräch" gebracht (ebd.: II, 947). Bartmann wird später tatsächlich Stadtbaurat in Münster – von Oktober 1945 bis April 1948 (vgl. Rosinski 1987: 26). Zugleich geht aus dem von Durth/Gutschow wiedergegebenen „Zwischenbericht über den Stand der Planung vom 6. November 1944" hervor, dass Münster sehr wohl „Wiederaufbaustadt laut Führer-Erlaßentwurf" ist. Hier werden Klaje und Poelzig als „Planer" genannt. Allerdings wird der wiederholt von „Gauleiter" Meyer gewünschte Poelzig „abgelehnt, da Beauftragung von Stadtbauräten im Zuge der Kriegsmaßnahmen nicht mehr möglich" sei (ebd.: I, 113ff.).

Nichtsdestotrotz werden Poelzig und Scharf dem Wunsch ihres „Gauleiters" entsprechen. Ende 1944 wird das Stadtplanungsamt infolge der alliierten Luftangriffe nach einer Gauleiteranweisung auf die Burg Sternberg (Lippe) verlegt. Hier arbeiten Poelzig, Scharf und der Münsteraner Maler Vincenz Pieper an der Wiederaufbauplanung. Hier entsteht die Grundlage dessen, was nach 1945 praktisch umgesetzt wird: Ein Wiederaufbau der Altstadt auf dem alten Grundriss, „weitgehend fußläufig gestaltet, mit 'platzigen Straßen' im Sinne Heinrich Tessenows", vom Durchgangsverkehr weitgehend durch einen Tangentenring parallel zur Promenade entlastet. Statt der Straßenbahnen sollen Oberleitungs-Busse fahren, was der „Westfälische Heimatbund" besonders aus „ökologischen Gründen" unterstützt habe (Durth/Gutschow 1988: II, 947; vgl. Gutschow/Stiemer 1982: 40f.). Diese Busse werden im Wirtschaftswunder-Münster dann auch tatsächlich fahren.

Die personelle Kontinuität beim Wiederaufbau nach 1945 ist in Deutschland der Normalfall. Es sind überwiegend die schon vom „Baustab Speer" eingesetzten und untereinander vernetzten Akteure, die dann in der Nachkriegszeit zum Zuge kommen. Schon Speer selbst, so Werner Durth, habe im Februar 1945 Wolters angewiesen, zusammen mit dem späteren Bundespräsidenten Heinrich Lübke in Höxter, Oberursel und Rendsburg Planungsbüros zur Vorbereitung des Wiederaufbaus „unter der Herrschaft der Alliierten" einzurichten. „Zwar werde er selbst in den ersten Monaten (!) nach dem Kriege nicht zur Verfügung stehen, doch sei damit zu rechnen, daß man 'ihn von alliierter Seite her höchstwahrscheinlich verwenden, ihn unter Umständen für den Wiederaufbau einsetzen' werde" (Durth 1986: 202f.).[4] Und

---

4 Binnenzitat: Rudolf Wolters: Lebensabschnitte II, S. 345. Vgl. Durth/Gutschow (1988: 43).

> „insgesamt bildete der Arbeitszusammenhang des Wiederaufbaustabs ein enges Geflecht persönlicher und sachlicher Beziehungen, die weit über 1945 hinausweisen. Viele der in den Stabslisten Genannten werden als Fachpreisrichter in Wettbewerben wesentlich die Richtlinien des Wiederaufbaus in Nachkriegsdeutschland bestimmen". (ebd.: 237)

Dafür sorgt schon Rudolf Wolters, der direkt nach 1945 die „verstreut arbeitenden Kollegen des aufgelösten Arbeitsstabes unter Speer" wieder kontaktiert. So trifft sich der „Arbeitsstab" seit 1947 auf Schloss Anholt bei Coesfeld fast vollständig wieder. 1949 sind z.B. Friedrich Tamms, Hanns Dustmann und Konstanty Gutschow dabei (vgl. Durth/Gutschow 1988: I, 43, 7, 60f.).

Beim bundesdeutschen Wideraufbau wird dann auch grundsätzlich auf die 1943-45 entwickelten Konzepte gesetzt. Und umgesetzt wird er von den „alten 'Praktiker[n]'" (Petsch 1990: 9f.). Zwei prägnante Beispiele: Friedrich Tamms „setzte Maßstäbe" für den Wiederaufbau einiger deutscher Städte. Sein Einfluss auf Architektur und Städtebau in der BRD als „Planer, Preisrichter, Gutachter" und Fachautor reicht bis in die 1970er Jahre (Durth/Gutschow 1988: II, 417). Er ist 1964-68 Präsident der „Deutschen Akademie für Städtebau und Landesplanung", 1970 erhält er das „Große Verdienstkreuz des Verdienstordens der Bundesrepublik Deutschland" (ebd.: 455). Tamms (geboren 1904) beteiligt sich mit Speer 1934 am Umbau der Berliner Reichskanzlei, wird ein Jahr später zusammen mit Paul Bonatz von Fritz Todt zum „Berater für sämtliche Brückenbauten der Reichsautobahn ernannt". Seit 1938 entwirft er Großbauten für Speers 'neues Berlin' und wird 1941 von Hitler zum Professor ernannt. Im Wiederaufbaustab ist er seit 1944 für Lübeck zuständig, eine Arbeit, die er 1946/47 fortsetzt, nachdem die Wiederaufnahme seiner Berliner Professur „an politischen Widerständen" scheitert. 1948 wird er Leiter des Düsseldorfer Stadtplanungsamtes und setzt per Wiederaufbau, zusammen mit „altbekannte[n] Kollegen ein weitreichendes Konzept für die Zukunft der Stadt" durch. Er wird 1954 Beigeordneter der Stadt, 1958 Kulturdezernent und 1960 Dezernent für das gesamte Bauwesen (vgl. ebd.: 417, 454f., 834). Gerade in Düsseldorf, resümieren Durth/Gutschow, sei die Kontinuität besonders deutlich gewesen: Im „Weiterwirken" der „Wirtschaftsführer" und als „neue Heimstatt" von „Größen nationalsozialistischer 'Kulturpolitik'", die hier „im Bündnis mit Geld und Macht" noch weit in die Nachkriegszeit hinein wirken: z.B. Arno Breker und Architekten wie Tamms (ebd.: 417) oder Julius Schulte-Frohlinde (geboren 1894). Mit Speer plante Schulte-Frohlinde am „Reichsparteitagsgelände" in Nürnberg, 1934 wurde er zum Vize-Leiter des Amtes „Schönheit der Arbeit" und Leiter der „Zentralen Bauabteilung" der „Deutschen Arbeitsfront" berufen. Der 1938 von Hitler zum Professor Ernannte entwarf auch „Kraft-durch-Freude"-Städte. Seine Schriften sind geprägt durch „rassistische Hetztiraden" gegen Juden. 1944 ist er zuständig für den Wiederaufbau Bonns. 1952 wird Schulte-Frohlinde Hochbauamtsleiter in Düsseldorf (vgl. ebd.: I, 226f u. 61).

Kontinuität als Normalfall. Auch in Münster wird eine Reihe von Architekten aus dem engsten Umfeld Speers den Wiederaufbau in unterschiedlichen Funktionen mitbestimmen (s.u.). Allerdings geht Münster über diesen Normalfall insofern hinaus, als dass Edmund Scharf, die prägende Figur des Altstadt-Wiederaufbaus, von 1939 bis Ende 1961 Leiter des Baupflegeamtes ist, was „eine aus anderen Städten nicht bekannte personelle Kontinuität" darstellt (Durth/Gutschow 1988: I, 10). Kontinuität herrscht aber auch in den diskursiven Bezügen. So schreibt Edmund Scharf im Januar 1946 in einem Brief an den Regierungspräsidenten:

> „Die Altstadt muß als Ganzes, als einheitliches Kunst- und Kulturwerk aufgefasst und als solches nicht nur gegen grobe Verunstaltungen, sondern gegen alles geschützt werden, was den Altstadtcharakter auch nur beeinträchtigt. Die Zerstörung Münsters bietet eine einmalige, niemals wiederkehrende Gelegenheit, hier für spätere Generationen etwas wirklich Gutes zu schaffen. Die Leute redeten früher immer vom schönen Münster. Ich spreche aber vom 'schöneren Münster'." (zit. n. Rosinski 1987: 25)

Diese Ankündigung eines 'noch schöneren Wiederaufbaus' von 1946 korrespondiert mit einer Meldung aus dem „Reichssicherheitshauptamt" vom 22. Juli 1943, in der vor dem Hintergrund der rapiden Zerstörung deutscher Städte zu einer propagandistisch-ordnungspolitischen Offensive an der 'Heimatfront' gedrängt wird:

> „Es wäre für die Bevölkerung der zerstörten Gebiete ein gewisser Trost, wenn sie einmal erfahren würde, wie schnell es unter dem Einsatz der heute zur Verfügung stehenden Mittel (Organisation Todt, Arbeitsbataillone und dergl.) möglich sein wird, die Städte wieder schöner als sie waren herzustellen." (zit. n. Durth 1986: 205)

Dass das Konzept des Münsteraner Wiederaufbaus insgesamt weitgehend noch aus der NS-Zeit stammte, ist offenbar auf keine Vorbehalte gestoßen:

> „Die Planungen aus der NS-Zeit schienen nicht weiter diskussions- oder überprüfungsbedürftig zu sein. Lediglich durch den Verzicht auf das Gauforum hatte man das 'Faschistische' der Planung eliminiert." (Rosinski 1987: 23f.)

Verzichtet wird auch auf den Neubau einer Stadthalle am Aegidiimarkt nach den „damals vorherrschenden neoklassizistischen Leitvorstellungen" der frühen 1940er Jahre, wie sich der Katalog „Ungebautes in Münster" vorsichtig und umständlich ausdrückt (Oberstadtdirektor der Stadt Münster 1988: 19).

Dass die ursprünglichen NS-Pläne nach 1945 nicht zur Diskussion stehen, mag auch damit zusammenhängen, dass sie vor 1945 in der Presse nicht behandelt worden sind (vgl. Beer 1990: 281). Allerdings erscheint gerade der aus der längst vorhandenen Planung resultierende „hohe[] Konkretisierungsgrad", der „auf eine unkomplizierte Durchführung schließen" ließ, gepaart mit der Personalkontinuität Scharfs als ein wesentlicher Punkt innerhalb des raschen öffentlichen Konsenses für diesen Wiederaufbau (Rosinski 1987: 24).

Auch Scharfs 1946 vorgelegter Plan zur „zukünftige[n] Bebauung des Altstadtkerns", der unter Beibehaltung des Grundrisses grundsätzlich zwei- und dreigeschossige Traufenbauten mit unbebauten Blockinnenflächen und nur an „bedeutenden Straßen und Plätzen“ Giebelhäuser vorsieht, ähnelt nach Rosinski den Vorstellungen des „Gaukulturwarts“ Bartels (ebd.). Allerdings argumentiert Scharf (1949: 9) nun, besonders bezüglich des Prinzipalmarktes, mit der ‘stolzen’ Tradition christlich-bürgerlicher Baukunst des Mittelalters und der frühen Neuzeit. Zwar ist auch das nicht unbedingt eine neue Einordnung, da Derartiges in der gängigen Kunstgeschichte der NS-Zeit etwa unter dem Stichwort ‘deutsche Sondergotik’ verbreitet ist,[5] passt sich aber in die gepflegten Mythen und Verdrängungen eines durchweg katholisch-widerständigen Münster ein.

8.1 Eine Stadt des katholisch-konservativen Widerstands?

> „Meine Christen! Wenn wir mit Wehmut an unser altes Münster denken, das wir noch gekannt und geliebt haben – eure Kinder werden es niemals schauen [...]. Eine andere, eine längst vergangene Zeit, das christlich-deutsche Mittelalter hat diesen Dom erbaut, die Überwasser-, Lamberti-, Ludgeri-, Martini- und Servatiikirche, das herrliche Rathaus, den Prinzipalmarkt und die Bogenstraße. Das deutsche Mittelalter – das christliche Mittelalter! Wohin wir schauten: überall traten uns entgegen die Beweise, die Bekenntnisse einer wahrhaft christlichen Zeit. Nicht nur der Dom hat seinen Salvatorgiebel, auch das Rathaus, der Sitz der weltlichen Obrigkeit, war ausgezeichnet und gekennzeichnet durch das Bild des Heilandes, der lieben Gottesmutter, der Engel und der Heiligen. Nicht nur die ragenden Dächer und Türme unserer Kirchen kennzeichneten unsere Stadt als eine christliche Stadt, sondern auch fast alle alten Bürgerhäuser zeigten christliche Zeichen, Heiligenbildnisse, Bekenntnisse zum wahren Gott, zu Christus und seiner Kirche!“

Bischof Galen hält seine Predigt vom 8. Juli 1945 (zit. n. Löffler 1996: 1184) zwei Monate nach der Kapitulation des faschistischen Deutschland angesichts einer zu 90 Prozent zerstörten Altstadt. Rund ein Jahrzehnt später ist der Prinzipalmarkt (und sind die genannten Kirchen) wieder ‘da’. Jetzt aber nicht mehr in seiner alten Gestalt, sondern als „schönere[s] Münster“ Edmund Scharfs.

Wie eingangs gezeigt, gehört zum dominanten Münsteraner Wiederaufbaudiskurs – den auch Becker/Haunfelder/Schollmeier (2006: 16) transportieren – die Überzeugung, die ‘bewahrende’ Neuerrichtung des Prinzipalmarktes (und anderer Altstadtbereiche) materialisiere etwas ‘Widerständiges’. Dies im Zeichen von Clemens August Graf von Galen (1878 – 1946), seit 1933 zunehmend populärer Bischof und seit 1946 Kardinal, monumentalisiert zum „Löwen von Münster“. In dieser Figur soll sich nach 1945 eine ganze NS-resistente Stadt-und Umland-Gesellschaft zeigen.

5 Ein Beispiel von vielen ist die Argumentation Alfred Stanges von 1935 zum „Dom zu Bamberg“, die Ursula Clemens-Schierbaum (1995: 164) zitiert. Stange behauptet, dass sich im gotischen Hallenraum seit 1350 ein „Umbruch im deutschen Volkstum“, nämlich ein „Aufsteigen der bürgerlichen Schichten“ zeige.

Weshalb dann auch seit seinem überraschenden Tod reihenweise münsterländische Straßen, Schulen usw. nach ihm benannt wurden.

Münster ist vor und nach 1933 bekanntlich keine Hochburg der NSDAP gewesen, wohl aber eine der Klerikal- und National-Konservativen, die gegenüber Republik und Demokratie skeptisch bis feindlich eingestellt sind. Parteipolitisch dominiert das katholische Zentrum. In den nächsten Kapiteln soll daher das katholisch-konservative Milieu beleuchtet werden, das sich vor und nach 1933 in weiten Teilen durch einen heimatbewegten und ressentimentgeladenen Antimodernismus auszeichnet und dessen Stellung zum NS-Staat ambivalent erscheint, schwankend zwischen Zustimmung zu einem 'Bollwerk gegen den Bolschewismus', 'nationaler Pflichterfüllung', und Ablehnung. Galens offener Protest gegen die systematischen „Euthanasie"-Morde ist unbestreitbar ein mutiger und zeitweise erfolgreicher Widerstandsakt gewesen (vgl. Süß 2003; Wolf 2006). Galen war zugleich ebenso unbestreitbar ein Repräsentant des geschilderten Milieus (vgl. Fasse 2000a u. 2000b).[6]

Ich werde die genannten politisch-gesellschaftlichen Mentalitäten zunächst am Beispiel dieses Repräsentanten verdeutlichen, danach die parteipolitische Ebene bis 1933 skizzieren und abschließend die kulturpolitisch dominante Strömung des „Westfälischen Heimatschutzes" inklusive ihrer architektonischen und städtebaulichen Doktrinen behandeln. Der „Heimatschutz" in Westfalen ist weitgehend katholisch fundiert und steht dem Zentrum nah, als völkische Bewegung übt er zugleich eine Brückenfunktion in den Faschismus aus. Am Ende dürfte sich ein Hintergrund zusammensetzen, vor dem es durchaus ins Bild passt, dass Architekten, deren Karriere im Nationalsozialismus begann oder erfolgreich fortgesetzt wurde, eine Wiederaufbauarchitektur schaffen, die auch eine katholisch-konservative Ablehnung des NS-Regimes suggerieren soll.

Hubert Wolfs (2006) differenzierende Biographie zeigt einen Galen, der anfangs von der Legitimität der NS-Regierung ausgeht, dann aber „unter Lebensgefahr" Protest wagt, der aber auch „persönlichen Grenzen unterworfen ist", wie es auf dem Buchrücken heißt. Biographien haben dann einen Sinn, wenn sie gesellschaftliche Strukturen sichtbar machen können. Daher soll es hier auch nicht um persönliche Grenzen, sondern um Wirkung und Funktion einer öffentlichen Figur gehen.

Der Kirchenfürst selbst hat dem Mythos von einem katholischen Münsterland, das den Nazis nichts als Widerstand entgegenbrachte, Vorschub geleistet. Ende Juli 1945 erklärt Galen einem hochrangigen Vertreter der britischen Besatzung, er lehne eine Kollektivschuld ab. Zwar gibt er zu, „daß viele als verantwortlich zu bezeichnen

6 Norbert Fasse beschäftigt sich zwar hauptsächlich mit dem katholischen Milieu des Westmünsterlandes während des Nationalsozialismus und in der Nachkriegszeit. Seine Einschätzungen treffen aber auch auf die Stadt Münster zu, zumal er sich ausführlich mit der Figur Galen befasst.

sind, aber nicht das ganze deutsche Volk, erst recht nicht in der Diözese Münster" (zit. n. Löffler 1996: 1190).

Zwar trifft offensichtlich auf das katholische Milieu insgesamt zu, was Wolfgang Baldauf (1984: 54) im Hinblick auf die katholischen Jugendverbände feststellt. Die „große ideologische Geschlossenheit der katholischen Kirche mit ihrer übernationalen hierarchischen Ordnung [...] stellte einen bedeutenden gesellschaftlichen Machtfaktor dar". Und gerade in Münster mit seinem „traditionell hohe[n] katholische[n] Bevölkerungsanteil" fällt „es den Nationalsozialisten besonders schwer [...], ihren Machtanspruch auf allen gesellschaftlichen Ebenen durchzusetzen". Zu einer grundsätzlichen politischen Auseinandersetzung mit dem Faschismus kommt es aber nicht, wie auch das folgende Beispiel verdeutlicht.

Spätestens seit 1935, als sich die organisierten KatholikInnen zunehmend vom Regime drangsaliert sahen, entwickelten sie hiergegen durchaus einen energischen Selbstbehauptungswillen. So haben etwa die katholischen Jugendverbände noch 1935 trotz Verbotes kirchliche Feste oder Prozessionen als Demonstrationen in eigener Sache genutzt (vgl. ebd.: 48 u. 44). Im Juni 1935 be- und verhindern Tausende junger Katholiken trotz eines Großaufgebots von Polizei eine Kundgebung der pseudo-religiösen NS-orientierten „Deutschen Glaubensbewegung". Sie erwarten den Hauptredner am Bahnhof und behindern dessen Auto auf dem Weg zur Halle Münsterland durch einen Bummelmarsch. Vor der Halle warten ebenfalls Tausende Katholiken und erschweren den Einlass. Und in der ausverkauften Halle befinden sich rund zwei Drittel Katholiken, aber auch Protestanten. Durch ihr permanentes Singen von Kirchenliedern kann die Kundgebung nicht stattfinden (vgl. ebd. 49).

Das ist ein ebenso mutiges wie eindrucksvolles Beispiel für passiven Widerstand, der, geschützt vom Reichskonkordat, bis 1937 zum Teil noch stattfinden kann. Allerdings hat es derartige Aktionen etwa gegen die NSDAP-Wahlkundgebung im April 1932 mit Hitler, Goebbels und anderen in der Halle Münsterland (vgl. Mecking 2003: 102) oder gegen den Boykott jüdischer Geschäfte im April 1933 nicht gegeben. Protestiert, hält Wolfgang Baldauf (1984: 34) fest, wurde nur dann, „wenn die Interessen der katholischen Jugendorganisationen unmittelbar betroffen waren". Sie wehren sich gegen ihre Auflösung und „gegen den Totalitätsanspruch" der Hitlerjugend. Das gehört zwar im weiteren Sinn zum Widerstand. Von einer grundsätzlichen ideologischen Abgrenzung der katholischen Kirche und ihrer Verbände gegen den Nationalsozialismus kann aber nicht gesprochen werden; weder vor noch nach 1933. Ebenso hat es nach 1945 keine „grundlegende Aufarbeitung des Faschismus und der eigenen Haltung gegenüber dem Unrechtssystem" gegeben (ebd.: 54f.). Denn das katholische Milieu bringt während der NS-Zeit immer wieder die Bereitschaft zu Konsens und Loyalität auf. So haben die deutschen Bischöfe – inklusive Clemens August von Galen – die Legitimität des Regimes nie bezweifelt. Auch Doris Kaufmann schreibt:

„Der Bezugsrahmen des katholischen Widerstands – und das gilt [auch] für die national bedeutsame Kritik des münsterischen Bischofs Clemens August Graf von Galen an den nationalsozialistischen Euthanasiemaßnahmen – bildete ausschließlich die Verteidigung der katholischen kirchlichen und kulturpolitischen Belange." (1984: 24)

Das ist einerseits richtig, sollte aber auch differenziert werden.

Gegen die Unterdrückung des katholischen Kirchen- und Vereinslebens durch die Machthaber, gegen die Verschleppung von Priestern und Nonnen, protestierte Galen immer wieder in Briefen an Hermann Göring oder an die Reichskanzlei, in Hirtenbriefen und insbesondere in mehreren Predigten im Juli 1941 (vgl. Wolf 2006: 106ff.). Wenn er am 13. Juli sagt: „Der physischen Übermacht der Geheimen Staatspolizei steht jeder deutsche Staatsbürger völlig schutzlos und wehrlos gegenüber" und betont: „Das Recht auf Leben, auf Unverletzlichkeit, auf Freiheit ist ein unentbehrlicher Teil jeder sittlichen Gemeinschaftsordnung" (zit. n. Löffler 1996: 847f.), geht das zwangsläufig über bloße Kircheninteressen hinaus. Dass Galen gegen die Ermordung „Geisteskranker" protestiert, hängt offensichtlich auch mit einer katholischen Doktrin zusammen – „Selig sind die geistigen Armen" –, denn zu den Verbrechen an anderen NS-Opfergruppen wird er sich nie, zumindest nicht explizit, äußern. Trotzdem wird seine Argumentation gegen die „Euthanasie" die Einhaltung der Menschenrechte insgesamt verlangen. Und sie rettet Menschenleben.

Am 28. Juli 1941 erstattet der Bischof per Einschreibung Strafanzeige wegen Mordes beim Münsteraner Polizeipräsidenten. Er habe erfahren, schreibt Galen, dass in den nächsten Tagen „eine große Anzahl Pfleglinge der Provinzialheilanstalt Marienthal bei Münster", der heutigen Westfälischen Klinik für Psychiatrie,

„als sog. 'unproduktive Volksgenossen' nach der Heilanstalt Eichberg überführt werden, um dann alsbald, wie es nach solchen Transporten aus anderen Heilanstalten nach allgemeiner Überzeugung geschehen ist, vorsätzlich getötet zu werden. Da ein derartiges Vorgehen nicht nur dem göttlichen und natürlichen Sittengesetz widerstreitet, sondern auch als Mord nach § 211 des Reichsstrafgesetzbuches mit dem Tode zu bestrafen ist, erstatte ich gemäß § 139 des Reichsstrafgesetzbuches pflichtgemäß Anzeige und bitte, die bedrohten Volksgenossen unverzüglich [...] zu schützen" (zit. n. Löffler 1996: 896).

Zwei Tage zuvor protestiert der Bischof beim westfälischen Landeshauptmann Karl-Friedrich Kolbow gegen den Euthanasie genannten „organisierten Mord" (ebd.: 867f.). In der berühmten vom 3. August 1941 Predigt sagt er dann:

„[H]ier handelt es sich um Menschen, unsere Mitmenschen, unsere Brüder und Schwestern! Arme Menschen, kranke Menschen, unproduktive Menschen meinetwegen! Aber haben sie damit das Recht auf das Leben verwirkt? [...] Wenn man den Grundsatz aufstellt und anwendet, daß man den 'unproduktiven' Mitmenschen töten darf, dann wehe uns allen, wenn wir alt und altersschwach werden! [...] Wenn man die unproduktiven Mitmenschen gewaltsam beseitigen darf, dann wehe unseren braven Soldaten, die als Schwerkriegsverletzte, als Krüppel, als Invaliden in die Heimat zurückkehren! Wenn einmal zugegeben wird, daß Menschen das Recht haben, 'unproduktive' Mitmenschen zu töten – und wenn es jetzt zunächst auch nur arme wehrlose Geisteskranke trifft –, dann ist grundsätzlich der Mord [...] an uns allen, wenn wir alt und altersschwach sind und damit unproduktiv werden, freigegeben." (zit. n. ebd.: 878)

Galen klagt hier, auf Basis des christlichen Naturrechts und der christlichen Soziallehre, die Einhaltung der Menschenrechte ein. Damit findet er einen breiten Rückhalt in der katholischen Bevölkerung. Dieser Rückhalt wird dann besonders nach 1945 betont. Dass im Nachkriegsmünster zugleich Verantwortliche für derartige und andere NS-Verbrechen angesehene Professoren sein können, wird offenbar nicht als Widerspruch gesehen.[7]

Unter dem „Tarnungskürzel T4" wurden bis zum Sommer 1941 70.273 Menschen ermordet (Klee 2001: 84). Galen, der sein Leben aufs Spiel setzt, ist, wie Winfried Süß nachweist, erfolgreich. Hitler stoppt am 24. August 1941 die Vergasung von Psychiatriepatienten. Das Regime will in der festgefahrenen Kriegssituation an der Ostfront keine Unruhe an der „Heimatfront". Zudem hat der systematische Mord an „Geisteskranken" für das Regime keine Priorität (vgl. Süß 2003: 151). Eine Abrechnung mit Galen sollte erst nach dem „Endsieg" erfolgen, um keinen Märtyrer zu schaffen. Allerdings werden stellvertretend für den Bischof Dutzende Geistliche aus seinem Bistum ins KZ eingewiesen und zwölf von ihnen umgebracht (vgl. Wolf 2006: 113). Der Stopp der „Euthanasie"-Morde ist allerdings nur ein vordergründiger. Gemordet wird nun „mit Nahrungsmittelunterversorgung und Medikamentenüberdosierung", zum Teil „weiter zentral von T4 gesteuert". Zudem gehen die Morde in fast allen Kliniken „ungesteuert, ohne Befehl, aus Überzeugung" weiter; „bis zum Untergang des Dritten Reichs und darüber hinaus" (Klee 2001: 87f.).[8]

Zum Judenmord hat Galen, wie der Rest des Klerus, geschwiegen.

> „Es steht fest, dass Galen weder 1933 noch 1938 noch in den Jahren 1941 und danach öffentlich gegen die Judenverfolgung Stellung bezogen hat. Über die Gründe dieses Verhaltens kann angesichts der problematischen Quellenlage derzeit nur spekuliert werden",

schreibt Hubert Wolf (2006: 125). Fest steht, dass Galen sich direkt nach dem Novemberpogrom nach dem Schicksal des Rabbiners Fritz Leopold Steinthal und seiner Familie erkundigt und Hilfe angeboten hat (ebd.: 122). Steinthal hat sich dann auch in seinen Erinnerungen (1989) sehr positiv über den Bischof geäußert.

Als indirekte Verurteilung des Holocaust lässt sich der von Galen mitverfasste „Dekalog-Hirtenbrief" der deutschen Bischöfe vom 15. März 1942 lesen, der „die grauenhaften Folgerungen einer widerchristlichen Lehre" anprangert, „die mit der Leugnung [...] Gottes und seiner Herrscherrechte zugleich [...] die damit jedem Menschen, auch den Blutsfremden und den Angehörigen der Feindvölker, von Gott

7 Vgl. Kap. 9.1

8 Vgl. ebenfalls Kap. 9.1.

verliehenen Persönlichkeitsrechte vergißt und mißachtet" (zit n. Löffler 1996: 944). Diese Passage wird von den anderen Bischöfen gestrichen, Galen behält sie bei (vgl. Wolf 2006: 125).

Explizit nennt er aber jüdische BürgerInnen nie als Opfer von NS-Verbrechen. Seit 1946 kursiert als Begründung, nach dem Novemberpogrom hätte eine Delegation um Rabbiner Steinthal Galen gebeten, „nichts zu unternehmen, denn sonst werde ja alles noch schlimmer". Auch Galen sei dieser Meinung gewesen (zit. n. ebd.: 123). Nichts daran ist stichhaltig. Nicht nur, weil die Begebenheit in Steinthals Erinnerungen nicht auftaucht (vgl. ebd.: 24), nicht nur, weil es ab Ende 1941 gar nicht mehr schlimmer werden konnte, sondern auch, weil Galen etwa gegen Verbrechen an Priestern und Nonnen protestierte, ohne zu bedenken, es könne dadurch noch schlimmer werden. Heinz Mussinghoff (1989: 89) vermutet zugunsten Galens ergänzend, dieser hätte zwar die große „Mehrheit der katholischen Christen, nicht aber die geschlossene Gesamtheit" hinter sich gehabt, „wenn er öffentlich gegen die Diskriminierung und Ausrottung von Juden, Zigeunern oder Polen protestiert hätte". Abgesehen davon, wie groß die Mehrheit real gewesen wäre, ist dies auch ein unlogisches Argument bei einem Kirchenfürsten, dessen Credo lautet, man müsse Gott mehr gehorchen, als den Menschen.

Dem Schweigen auf der einen steht ein Reden auf der anderen Seite gegenüber. Denn Galen argumentiert auch in seinen Protesten gegen das NS-Regime mehrfach antijudaistisch bzw. antisemitisch. Das wird auch von Wolf, bis auf eine Ausnahme, nicht angeführt. So vergleicht der Bischof in seinem Hirtenbrief vom 7. April 1940 die bedrängte Lage der KatholikInnen im NS-Staat nach dem Verbot des konfessionellen Unterrichts mit der Situation christlicher Märtyrer in vergangenen Jahrhunderten und mit der Lage der „Apostel und Jünger". Letztere hätten gegenüber „einer feindlichen Welt, inmitten des entarteten Judentums" und eines die Christen „alsbald blutig verfolgenden Heidentums" trotzdem „ihr Zeugnis abgelegt". Und da „[u]nser deutsches Volk [...] Gottes Eigentum" sei, müsse es auch weiterhin Zeugnis ablegen gegen „Nacht und Finsternis der Gottesferne", damit es ihm nicht ergehe, wie „dem seinen Erlöser zurückweisenden Judenvolk" (zit. n. Löffler 1996: 764).

Seit der „Entjudung der deutschen Wirtschaft" Ende 1938 sind jüdische BürgerInnen auch in Münster und Umgebung völlig entrechtet. Männer müssen schwerste Zwangsarbeit leisten, Frauen erst ab Ende 1941. In der „Reichskristallnacht" hat es Tote und Verletzte gegeben. Seit Frühjahr 1939 sind die Betroffenen in „Judenwohnungen" separiert. Seit September 1941 wird das öffentliche Tragen des Judensterns Pflicht. Drei Monate später beginnen die Deportationen in Münster.[9]

---

9 Vgl. Kap. 9.6.

Galen, der bekanntlich die Kriegspolitik des faschistischen Deutschland gutheißt, wendet sich gleichwohl in einer Predigt im Juli 1943 öffentlich gegen „die Haß- und Vergeltungsrufe, von denen die deutsche Presse widerhallt". Deutschland dürfe keine „Rache nehmen wollen für das Leid", das englische „Spreng- und Brandbomben [...] über friedliche Städte säen" und gleichermaßen unschuldige ZivilistInnen umbringen. Denn bei einer derartigen „Rache" würde es sich um Taten nach dem „für uns Christen [...] von Christus ausdrücklich abgelehnte[n] Satz des alten jüdischen Gesetzes: 'Auge um Auge, Zahn um Zahn'" handeln. Im Namen von fast zwei Millionen Katholiken des Bistums verwahre er sich gegen Behauptungen, das ganze deutsche Volk" wolle Rache „entsprechend dem jüdischen Satz". So etwas widerspreche ebenso „ritterliche[m] Soldatentum, ja, edle[m] Mannestum, dessen Stolz es ist, nicht primitiven Rachegefühlen zu unterliegen" (zit. n. ebd.: 983f.).

Auch vier Jahre nach dem 'Ausbruch' des Krieges mit dem Überfall auf Polen, den er 1939 als Kampf um „Freiheit und Gerechtigkeit für unser Volk" begrüßte (zit. n. ebd.: 747), behauptet Galen, dass sich das „Dritte Reich" nur verteidige. Der „'totale Krieg' greift mit seinen bluttriefenden Tigerpranken weit hinaus über die Kriegsfronten", sagt er im Juli 1943, „wo unsere Männer, unerschüttert durch alles, was sie erleben, heldenmütig für das Vaterland kämpfen und den Einbruch der Feinde von der Heimat fernzuhalten suchen". Und doch greife der Krieg „tief hinein in das friedliche Land" (zit. n. ebd.: 982). Das faschistische Deutschland ist also abseits der Fronten eigentlich friedlich. Kriegsverbrechen wurden bisher nur von den Alliierten verübt. Und Unschuldige aus Rache zu töten, ist nicht nur unchristlich, primitiv, unmännlich und undeutsch, sondern es gehorcht auch einem jüdischen Gesetz.

Nach Hubert Wolf (2006: 132) war Galen „über die nationalsozialistische Kriegsführung sehr gut" informiert. Vor allem sein „Hass auf den Bolschewismus" habe ihn daran gehindert, den „menschenverachtende[n] totale[n] Vernichtungskrieg" zu erkennen (ebd.). Merkwürdigerweise übergeht Wolf hier Galens Verurteilung 'jüdischen' Handelns. Einen anderen Fall aber nennt er, der „durch unsensible Formulierungen deutlich" mache, dass der Bischof „das Thema Verfolgung und Ermordung der Juden damals nicht in seiner ganzen Dimension erkannt hatte" (ebd.: 124). Gemeint ist der Hirtenbrief vom 14. September 1941. Darin unterstützt Galen den Überfall auf die Sowjetunion als Abwehrschlacht tapferer deutscher Soldaten gegen die „Pest des Bolschewismus", von der nun auch das russische Volk befreit werde, wie er glaubt. Offenbar zustimmend zitiert er „den Führer". Nun werde die „jüdisch-bolschewistische Machthaberschaft von Moskau" militärisch daran gehindert, „ihre Irrlehre und Gewaltherrschaft nach Deutschland und Westeuropa vorzutragen" (zit. n. Löffler 1996: 901f.). Ist das nur unsensibel, wenn man bedenkt, dass Galen hier im Einklang mit dem Episkopat den im „innersten Kern schlecht[en]" Kommunismus (ebd.: 901) eindeutig als den schlimmsten Feind darstellt und zugleich den Machthabern die Zusammenarbeit im Kampf dagegen anbietet? Während der Bolschewismus militärisch von „unseren Brüdern im Waffendienst" bekämpft werde, „muß es unsere Aufgabe sein, die Ideen und Grundsätze" wie „Naturalismus" und „sozialistischen Materialismus", die „schamlosen Lügen des Kommunismus" im Innern „zu unterdrücken" (903ff.). Dann beklagt Galen den Kampf gegen das Christentum im NS-Staat auch als Schwächung gegen den Bolschewismus und fordert, der Staat solle der Kirche wenigstens „die Freiheit geben, das Ihrige allein zu tun. (908).

Noch im Dezember 1943 beschwert sich Galen beim Befehlshaber im Wehrkreis VI in Münster, dass „Beauftragte der NSDAP" erneut zu Weihnachten Schriften an Soldaten verteilen, die den Klerus und auch ihn selbst „in gemeinster Weise [...] beleidigen". Es handele sich um Neuauflagen antiklerikaler Schriften aus dem 19. Jahrhundert, eines Werkes von Oskar Panizza, einem „dunklen Skribenten mit nicht unbedingt deutsch klingende[m] Namen", wie der Bischof betont, und eines Werkes des „Halbjuden Corvinus" (zit. n. ebd.: 1029f.).

1942, so Wolf, sei „der Episkopat [...] über das Ausmaß der systematischen Ermordung der Juden im Osten informiert worden". Was Galen „wann genau" gewusst habe, sei angesichts der „problematischen Quellenlage" unklar (2006: 125f.). Es gibt aber – auch wenn Erinnerungen von ZeitzeugInnen immer der Gefahr unterliegen, von später Erfahrenem überlagert zu werden – ein Indiz. So erzählt die „kirchlichen Kreisen nahestehende Zeitzeugin" Franziska Gah, sie sei 1941/42 „nach Hause gekommen: 'Mutter, die Juden ... werden alle vergast.' [...] Die Nichte vom Bischof [Ruth Galen] ... hat uns das gesagt. Und die sagte natürlich: 'Halt bloß die Klappe.'" (zit. n. Möllenhoff/Schlautmann-Overmeyer 2001: 844)

„Die Existenz der christlichen Judenfeindschaft ist unbestritten", schreibt Wolf (2006: 116) und verweist damit auf den Antijudaismus und den weltanschaulich antimodernistischen Antisemitismus des organisierten Katholizismus, der den biologistischen Antisemitismus zwar ablehnt, aber für die Genese des Nationalsozialismus von Bedeutung ist. Wolf verweist auch darauf, dass Galen „durch seine Erziehung" und durch die Adelskreise, in denen er sich bewegte, „eine eher negative Sicht auf das Judentum vermittelt wurde". Seit seiner Zeit als Pfarrer in Münster habe er aber keine Berührungsängste gehabt (vgl. ebd.: 117ff.).

Wolf verweist ebenso auf die obligatorische Karfreitagsfürbitte, in der in den katholischen Kirchen noch bis in die 1960er Jahre – und so auch während des „Dritten Reichs" – von den „perfiden Juden" gesprochen wird (ebd.: 126). Aber die Beispiele aus Galens Positionierungen gehen darüber hinaus, weil sei keiner liturgischen Vorschrift gehorchen. Angesichts der oben geschilderten Situation, in der sich jüdische BürgerInnen spätestens seit 1938 befinden, sind die antijüdischen Äußerungen des Bischofs, gerade in der Art ihrer Verwendung, nicht nur beredt, sondern auch geeignet, das Nicht-Wissen-Wollen, das Wegsehen, das Mitläufertum auch der katholischen „Volksgenossen" (wie Galen häufig sagt) zu legitimieren. Ähnliches gilt auch für rassistische Stereotype, deren sich Galen noch nach dem Ende des NS-Regimes bedient. Am 13. April 1945 schreibt er in einer Vortragsnotiz: „amerikanische Soldaten: sie plündern aus Übermut“ und begründet das damit, dass es sich um „Neger“ handele (zit. n. Löffler 1996: 1106). ZwangsarbeiterInnen, zu deren Not er sich während der NS-Zeit nie geäußert hat, die noch als *Displaced Persons* in Deutschland sind, bezeichnet er nun mehrfach als Bedrohung für Deutsche (vgl. ebd.: 1103), betont zwar auch, dass sie „aus Not“ plündern würden (ebd.: 1106), aber mehr noch, es handele sich um „vertierte[] Wüstlinge“, die Mädchen und Frauen vergewaltigten und wehrlose Männer ermordeten (vgl. ebd.: 1176). So verlangt er „Kontrolle und Abtransport der Fremdländer“ (ebd.: 1119).

Vor 1933 lassen sich einige „Anknüpfungspunkte“ zwischen dem organisierten konservativen Katholizismus und völkischer Ideologie ausmachen: „Antiliberalismus und Antimarxismus“, Autoritätsfixierung und Auffassungen eines „organisch-ständische[n] Prinzip[s] in Gesellschaft und Wirtschaft“, sowie eine „Reichsideologie und die daraus resultierende Vorstellung eines ‘sacrum imperium’“ (Baldauf 1984: 30). Eine Auseinandersetzung damit findet nach 1945 nicht statt, im Gegenteil. In der Figur Galens zeigt sich auch eine gewisse Brückenfunktion in den Faschismus hinein und wieder heraus, ohne dass eine eigene Mitverantwortung reflektiert wird. Dass Galens öffentliche Anklage gegen „T4“ Wirkung zeigt, hängt sicher damit zusammen, dass sie gerade von einem stramm deutschnationalen Antikommunisten und Gegner der Weimarer Republik kommt. Das macht ihn für das Regime gefährlich. Es zeigt aber selbst in diesem Punkt die Ambivalenz der Galenschen Position.

Die Weimarer Republik lehnt der Landadelige ab. Er bezeichnet sie im Mai 1935 im Entwurf einer Denkschrift an Hitler als eine „Zeit der extremen Demokratie“ (zit. n. Löffler 1996: 216). 1919 hofft er auf eine schnelle Rückkehr zu einer „organischen“, also ständisch-monarchistischen Ordnung. Eine Ordnung, die sich durchaus als Gottesstaat bezeichnen lässt, wie er ihn auch im Juli 1945 noch propagiert. Die Maxime der Weimarer Verfassung „Alle Gewalt geht vom Volke aus“, sagt er da, sei unwahr. Alle obrigkeitliche Gewalt stamme von Gott. Daher sei auch die „Ablehnung des ‘Gottesgnadentums’ christlicher Herrscher“ schauerlich und verhängnisvoll gewesen (zit. n. ebd.: 1185). Im Juni 1945 notiert er, die Demokratie „hat uns ins Unglück gebracht vor 1933“, sie habe „Hitler zur Herrschaft gebracht“ und werde nun „Kommunismus bringen“. Dagegen müsse eine „positive christliche Politik“ betrieben werden (zit. n. ebd.: 1171). 1932 geißelt er – selbst Mitglied der Zentrumspartei – in einem Buch die „Pest des Laizismus“, die unter der „Vorherrschaft liberaler und sozialistischer Ideen“ gewütet habe. Die SPD und andere Sozialisten seien zwischen 1918 und 1931 von den „katholischen Kirchenfürsten [...] unablässig und unerschrocken“ als „christentumsfeindliche Parteien“ verurteilt und bekämpft worden, heißt es in einer Stellungnahme im Dezember 1934 (ebd.: 150). 1922 erhofft er sich „den Bankrott des parlamentarischen Systems“ und am gescheiterten Hitler-

Putsch vom 9. November 1923 bedauert er, dass es sich nur um einen „dumme[n] Spuk" gehandelt habe (zit. n. Wolf 2006: 58).

Die häufig geäußerte Ansicht, Galen sei als Bischof „eine Art 'Wunschkandidat' der Nationalsozialisten gewesen", sei unzutreffend, schreibt Wolf (ebd.: 78). Nichtsdestotrotz stehen bei seiner Weihe im Oktober 1933 starke Formationen von SA und Stahlhelm mit 'deutschem Gruß' Spalier. Bei der anschließenden Feier ist der Saal mit Bildern des Papstes, Hindenburgs und Hitlers geschmückt. Galen begrüßt besonders „die Vertreter der Reichswehr, unserer guten, zuverlässigen und kleinen Wehrmacht" und endet schließlich mit einem „dreifache[n] Hoch" auf Hindenburg und Hitler (vgl. Löffler 1996: 38ff.).

Zweifelsfrei wendet sich Galen seit Anfang 1934 gegen den Nationalsozialismus, allerdings nicht als Ganzes, sondern gegen das „Neuheidentum", wie es der NS-Cheftheoretiker Alfred Rosenberg propagiert. Das enthalte „eine offene Auflehnung gegen den Willen der Reichsregierung, deren Führer in feierlicher Stunde erklärt hat, daß die Lehren des Christentums die Grundlage für den Neubau des Deutschen Reiches sein sollen". Das Neuheidentum sei eine „Täuschung der Hölle [...], die auch die Guten irreführen könnte". Denn die „Neuheiden leugnen die Gemeinschaft der für alle Völker bestimmten Kirche Christi und streben eine Nationalkirche an, die nicht auf der Grundlage des gemeinsamen Glaubens an die Offenbarung ruht, sondern auf den Lehren von Blut und Rasse" (zit. n. ebd.: 70f.). Zu dieser Zeit hofft Galen noch auf eine Verständigung mit den Machthabern, schon wegen der anfangs beruhigenden Signale Hitlers an die Kirche. Er hofft, dass die „Zurückweisung der neuheidnischen Irrlehren" nicht als „Angriffe gegen den Nationalsozialismus oder gar gegen den Staat" missverstanden werden (zit. n. ebd.: 129). Noch im Mai 1935 beschwört er in seinem Denkschrift-Entwurf an „Seine Exzellenz" Hitler den gemeinsamen Kampf gegen Kommunismus und Liberalismus. Im „Ringen um Deutschlands Freiheit, Ehre und Gleichberechtigung" stehe man „restlos hinter" Hitler und hoffe auf ein Ende „der Anfeindungen des christlichen Glaubens(zit. n. ebd.: 219).

Es lässt sich nicht übersehen, dass Galen in den frühen Jahren des NS-Regimes immer wieder argumentative Brücken schlägt, in dem er auf gemeinsame nationale Interessen und gemeinsame Feinde verweist. „Treudeutsch und Treukatholisch" lautet sein Motto im September 1934 (ebd.: 127). Und selbst nachdem er das Reichskonkordat als bloßes Lippenbekenntnis der Machthaber erkennen muss und Ende 1935 feststellt, dass der „autoritäre Staat" ungleich „umfassender und schärfer die seelische Beeinflussung seiner Bürger" betreibe, „als es der liberale und der demokratische Staat je gekonnt hätten" (ebd.: 304), bricht er nicht alle Brücken ab. Im Namen nationaler 'Pflichterfüllung' und 'Opferbereitschaft' und des Kampfes gegen den Bolschewismus trägt er, so wie seine Kirche insgesamt, bis zum Ende zur zusätzlichen Legitimation des Vernichtungskriegs bei. Als Anhänger der Dolchstoßlegende seit 1918 (vgl. Wolf 2006: 58) begrüßt er schon zuvor die illegale Wiedereinführung der Wehrpflicht

1935 und den ebenso illegalen Einmarsch Nazideutschlands ins Rheinland 1936 (vgl. Löffler 1996: 357). Gegen faschistische Diktaturen grundsätzlich hatte er auch nichts einzuwenden. Zumindest, soweit sie dem Katholizismus huldigten. So preist er 1939 den Sieg der Franco-Truppen im spanischen Bürgerkrieg. „Darum stimmen wir mit dem heldenhaften und befreiten spanischen Volk in den Jubel ein und in den Dank gegen Gott, der den tapferen Kämpfern gegen die Scharen des Antichrists den Sieg geschenkt hat" (zit. n. ebd.: 713).

Nach dem Ende des NS-Regimes tritt Galen sofort gegen jede Kollektivschuld auf. Vielmehr hätten die Katholiken und ihre Kirche selbst jahrelang unter „Willkür, Ungerechtigkeit und Grausamkeit [...] geseufzt und gelitten". Die „große Menge hier im Lande" sei „wahrhaft schuldlos" (zit. n. Löffler 1996: 1176). Zugleich rechtfertigt er die Passivität seiner „Volksgenossen", die dann sogar so etwas wie ein Beweis ihrer NS-Gegnerschaft wird. „Aktive und offene Gegenwehr endete stets mit Tod oder KZ. Das wußte jeder." Dass Galen selbst nichts geschehen sei, zeige die „Überlegung" der Machthaber, dass „ein derartiger Schlag gegen den Bischof für die 'Volksstimmung' untragbar sei. Das beweist aber eindeutig, wie groß nach Ansicht der Partei und Regierung die Zahl derer in Deutschland war, die mit dem Bischof konform gingen" (zit. n. ebd.: 1190).

Norbert Fasse spricht von milieuspezifischen Umdeutungen und bischöflicher Schuldabwehr. Zwar habe das Verhalten des katholischen Milieus nach 1933 weitgehend bestanden

> „aus bereitwilliger bis widerwilliger Teilanpassung, aus vorsichtiger bis ängstlicher Zurückhaltung, aus überwiegender Indifferenz gegenüber dem Schicksal derjenigen Verfolgten, die nicht dem eigenen Milieu angehörten, sowie aus Hinnahme bzw. Akzeptanz zentraler Ziele der NS-Innen- und Außenpolitik, soweit sie kirchlich-katholische Interessen nicht einschränkten." (2000b: 351)

Der moralische „Fixpunkt" Galen sorgt dann aber nach 1945 lange für ein mildes katholisches Selbstbild. Galens überraschender Tod 1946 habe zu seiner Verklärung „zum 'tragischen Helden', zur 'gefällten Eiche', zum 'Löwen von Münster'" geführt. Und dieser entlastende Löwen-Mythos „trug dazu bei, daß die 1946 auf breiter Ebene in Gang gebrachte Entnazifizierung sich [...] bald zur verharmlosenden 'Mitläuferfabrik' entwickelte, und kontrastierte mit dem Fortwirken so mancher Versatzstücke der NS-Ideologie" (ebd.: 355).

8.2 Katholischer Konservativismus: Die politische Dominanz der Zentrumspartei bis 1933

Münster besitzt als wenig industrialisierte „Behörden-, Universitäts- und Garnisonsstadt sowie als Bischofssitz von jeher eine ausgeprägte spezifische Infra- und Sozialstruktur" (Mecking 2003: 16). Seit 1815 ist es Hauptstadt der neuen preußischen Provinz Westfalen, hundert Jahre später mittlere Großstadt. Zwischen 1871 und 1914 wächst die Bevölkerung von rund 25.000 auf rund 100.000, bedingt durch zwei Eingemeindungen (1875 und 1903), vor allem aber durch die Entwicklung der Stadt zum westfälischen Oberzentrum, womit sie „einen Strom von Zuwanderern anlockte". Dies durch den Anschluss an die wichtige Eisenbahnfernstrecke Köln/Hamburg in den 70er Jahren, die von der Kaufmannschaft forcierte Eröffnung des Hafens und die Anbindung an den Dortmund-Ems-Kanal 1899 und einen steten Anstieg von „zivilen und militärischen Einrichtungen, die sich personell verstärkten" (Teuteberg 1994: 331ff.). Zwischen 1880 und 1907 sind mehr als 40 Prozent „aller Erwerbspersonen" Angehörige des öffentlichen Dienstes (inklusive freier Berufe) oder „ohne Beruf" (Studenten, Schüler, Pensionäre) (ebd.: 370).

Bei den Reichstagswahlen von 1881 erzielt die katholische Zentrums-Partei in Münster knapp 90 Prozent, in den drei folgenden Wahlen des Kaiserreichs 1890, 1903 und 1912 zwischen 68,1 und 63,5 Prozent. In der Weimarer Republik erzielt das Zentrum bei sieben Wahlen jeweils rund 50 Prozent (1920 gut 55), nur 1928 und 1932 liegt es knapp darunter. Bei der Wahl unter NS-Regie 1933 entfallen noch immer gut 41 Prozent der Stimmen auf die Katholisch-Konservativen. Die radikalere bürgerliche Rechtspartei DVP und die völkisch-nationale DNVP kommen zwischen 1920 und 1928 zusammen auf gut 20 bis 27 Prozent, brechen aber ab 1930 stark ein (besonders die DVP). Die NSDAP erzielt erst 1930 knapp 10 Prozent (bis dahin ist sie bei Wahlen unbedeutend), 1932 gut 24 und 1933 knapp 36 Prozent. Die liberale DDP liegt maximal bei zwei bis drei Prozent, die SPD hat 1928 mit 15,5 Prozent ihr bestes Ergebnis, die KPD 1930 mit 6,7 Prozent (vgl. Schmidt 2006: 238ff.).

Bei den vier Kommunalwahlen unter republikanischer Verfassung ist das Bild ähnlich, weist aber auch Differenzen auf. Die Stimmenanteile für KPD bzw. USPD sind hier, ebenso wie die der SPD und der DDP noch etwas geringer, als bei den Reichstagswahlen. Das trifft auch auf das Abschneiden von DVP und DNVP zu, die 1924 7,6 und 8,6 Prozent erhalten. Fünf Jahre später treten sie mit einer gemeinsamen Liste an und erreichen gut 15 Prozent, um anschließend stark abzunehmen. Die NSDAP ist infolge des Hitlerputsches seit November 1922 (und bis 1925) zwar verboten, tritt aber 1924 mit der Ersatzorganisation „Völkisch-Sozialer Block" an, gebildet mit der „Deutschvölkischen Freiheitspartei", dem „Stahlhelm", dem „Jungdeutschen Orden", dem „Westfalen-Treubund" und der ostwestfälischen „Christlich-Sozialen Gesinnungsgemeinschaft". Allerdings erzielt der VSB nur 2,8 Prozent. Auch 1929 und 1930 schafft die NSDAP nur unwesentlich mehr. Erst am 12. März 1933 sind es, wenig überraschend, 40 Prozent (vgl. ebd.; vgl. Krüger 1993: 200).

Dass die völkischen und rechtsradikalen Gruppierungen bei Wahlen nur mäßig bis schlecht abschneiden, bedeutet nicht, dass sie auch sonst kaum in Erscheinung getreten wären. Die Einschätzung des damaligen preußischen Innenministers Carl Severing (SPD), Münster sei nach 1918 „zu einem Sammelpunkt reaktionärer Organisationen geworden“ (zit. n. Krüger 1993: 186), entbehre durchaus „nicht der Grundlage“, resümiert Gerd Krüger (ebd.: 204). „Vaterländische Verbände“ wie der „Westfalen-Treubund“ und ähnliche haben bis Mitte der 1920er Jahre Hunderte von Mitgliedern (vgl. ebd.: 194f.) und entwickeln einige Aktivitäten bis hin zu Sabotageakten. So verüben Mitglieder der rechtsradikalen „Zentrale Nord“ – einer von der Reichswehrführung beauftragten Sabotageorganisation im „Ruhrkampf“ – in der Nacht zum 24. Juni 1923 einen vernichtenden Bombenanschlag auf die Druckerei der sozialdemokratischen Zeitung *Volkswille* (vgl. ebd.: 197ff.).

Die Münsteraner NSDAP bzw. ihre Vorläufer suchen „aufgrund der lokalen Besonderheiten ihre Anhänger im unteren Angestellten- und Beamtenmilieu“. Mittlere und 'kleine' Beamte dominieren und prägen dann auch, neben Studenten, zwischen 1923 und 1929 die NSDAP-Ortsgruppe Münster. Ihre Mitgliedszahl von 114 im Herbst 1929 kann sie laut eigener Angaben bis Herbst 1932 gut verelffachen. Bis 1935 steigt diese Zahl auf rund 4.100. Damit weist Münster „mit 3,4% den höchsten Organistionsgrad unter den Städten des Gaus Westfalen-Nord“ auf (Mecking 2003: 116).

Die Einstellung des Münsteraner Zentrums zu den politischen Umbrüchen seit 1918/19 darf gelinde gesagt als distanziert bezeichnet werden. Sabine Mecking spricht von zwei „unversöhnlichen Lager[n]“ innerhalb der Partei. Auf „staatlicher Ebene in Preußen“ sei sie „neben der Sozialdemokratie an der Regierung beteiligt“ und gegenüber „republikanischen Neuerungen aufgeschlossen“ gewesen. Die lokale Münsteraner Zentrumspartei hingegen sei „stark vom konservativeren, rechten Parteiflügel geprägt“ gewesen (ebd.: 106).

> „Die Ablehnung des standesbewußten, bürgerlich-konservativen, katholischen Establishments der Stadt gegenüber Reformbestrebungen, wie Republikanisierungs- und Demokratisierungsbemühungen brachte die Leitung der Stadtverwaltung mit Oberbürgermeister Sperlich als Mitglied des rechten Zentrumsflügels immer wieder in Konflikt mit den staatlichen Aufsichtsbehörden“. (ebd.)

So müssen Georg Sperlich, sein Magistrat und die Stadtverwaltung 1920 vom preußischen Innenministerium via Regierungspräsidenten erst angewiesen werden, monarchistische Hoheitszeichen zu entfernen. Dem kommen sie nur zögerlich nach (vgl. ebd.: 94ff.). 1926 empfängt die Stadt Münster mit Prinz Eitel Friedrich von Preußen einen hohen Repräsentanten der Hohenzollern mit großem Pomp und monarchistischer Beflaggung. Zwei Jahre zuvor versuchen sich hochrangige Vertreter der Stadt – so auch Sperlich – mit fadenscheinigen Begründungen vor einer Teilnahme am Verfassungstag inklusive eines Besuchs des Reichspräsidenten Friedrich Ebert zu drücken (vgl. ebd.: 98f.). In der zweiten Hälfte der 1920er Jahre be- bzw. verhindert die Stadtverwaltung mehrfach Kundgebungen der sozialdemokratischen „Reichsbanner“-Organisation. 1931 hingegen beharrt sie gegen gültiges preußisches Recht und gegen den Willen der übergeordneten Behörden darauf, die kommunale

Halle Münsterland an die zu dieser Zeit als staatsfeindliche Organisation geltende NSDAP zu vermieten (vgl. ebd.: 100f.). Zwar habe sich Georg Sperlich „als Verwaltungsfachmann, wie die meisten seiner Kollegen, [...] weitgehend in den Dienst der ersten deutschen Republik gestellt", dabei aber seine Ressentiments gegen diese Republik deutlich werden lassen. In seinem Verhalten, schreibt Mecking, äußerten sich die gleichen „Gesinnungsvorbehalte" wie bei „viele[n] höhere[n], akademisch gebildete[n] Reichs- und Staatsbeamte[n]", deren Laufbahn im Wilhelminismus begonnen hatte (ebd.: 106f.). Sperlich dürfte in dieser Weise das Münsteraner Establishment weitgehend repräsentiert haben. Er amtiert von 1909 bis 1932, zunächst als Stadtkämmerer, ab 1920 als Oberbürgermeister.

Seine Partei, die bei der Kommunalwahl 1919 59,9 Prozent erreicht, erhält 1924 allerdings nur knapp 38 Prozent. Hier gehen fast 30 Prozent an Konkurrenz aus dem eigenen Umfeld. Diese ist aber nicht strömungspolitisch begründet. Vielmehr handelt es sich bei der „Wirtschaftspartei" als Vertreterin von Angestellten, Arbeitern und Beamten und bei der „Bürgerlichen Mittelstandsvereinigung" als Vertreterin von Handel, Handwerk und Hausbesitzern um „Interessensparteien", die kurzfristig gegründet, programmatisch auf die Wirtschaftskrise von 1923 reagieren (Schmidt 2006: 239f.). Ein wirklicher politischer Bruch im Gefüge des Zentrums zeigt sich erst 1929 bei der „Oberbürgermeisterkrise" und einer Aufspaltung des Zentrums in zwei Listen bei der Kommunalwahl. Dabei entfallen auf die 'linke' 26,5 und auf die 'rechte' Liste 24,4 Prozent (vgl. Mecking 2003: 56f.). Hintergrund ist eine „innerparteiliche Polarisierung" infolge eines „zunehmende[n] Einflu[sses] des linken Zentrumsflügels" um Fritz Stricker, den Herausgeber der *Münsterischen Morgenpost*, gefördert durch den westfälischen Oberpräsidenten Johannes Gronowski und den Regierungspräsidenten Rudolf Amelunxen als Vertretern der Staatsverwaltung. Kritisiert werden die mangelnde Loyalität zum Staat und „die Ignoranz des Magistrats gegenüber den Rechten der Stadtverordneten", aber auch eine Reihe von Skandalen. Sperlich wird nach der Kommunalwahl von 1930,[10] bei der das Zentrum wieder mit einer Liste antritt und knapp 57 Prozent erreicht, im Amt des Oberbürgermeisters nicht wieder gewählt und scheidet 1932 aus. Die Mehrheit sowohl seiner Fraktion als auch der Stadtverordnetenversammlung verweigert ihm die Stimme. In der vorherrschenden öffentlichen Meinung wird dieser Vorgang kritisch gesehen: Weite „Kreise der münsterischen Bevölkerung" glaubten, Sperlich sei Opfer „einer politischen Intrige". So stellt es mit Ausnahme der *Morgenpost* auch die Presse dar (ebd.: 56ff.; vgl. Schmidt 2006: 240). Zu Sperlichs Nachfolger wird – nach einigen Diskussionen um verschiedene Kandidaten – mit großer Mehrheit (45 von 49 Stimmen) im Rat der Zentrumspolitiker Karl Zuhorn, bisher (seit 1922) Landesrat bei der Provinzialverwaltung in Münster, gewählt (2005 : 60).

---

10 Die Wahl von 1929 muss wegen eines Formfehlers wiederholt werden.

Nach seiner Abwahl tritt Sperlich 1932 „tief enttäuscht" aus dem Zentrum aus. Er wird Gauführer des rechtsradikalen Kampfbundes „Stahlhelm" und spricht auf Veranstaltungen von DNVP und NSDAP, wo er gegen das Zentrum agitiert, dem er Verrat an der Monarchie vorwirft. Sperlich nähert sich der NSDAP immer stärker an, macht sich aber nicht völlig gemein mit ihr (vgl. ebd.: 103f.).

Bei seiner ehemaligen Partei ist sicher eine Distanz zur NSDAP schon aufgrund sozialer Positionen vorhanden. Der ab Herbst 1933 komplette NS-Magistrat unterscheidet sich „im Hinblick auf soziale Herkunft, Qualifikation und stadtgesellschaftlichen Rückhalt deutlich von den bisherigen Stadtregierungen. [...] Die neuen Verwaltungsspitzen stammten nämlich überwiegend nicht aus Münster, waren nicht katholisch, verfügten nur über eine mittlere Ausbildung und hatten zudem fast gar keine Verwaltungserfahrung in verantwortlicher Position" (Schmidt 2006: 257). Ebenso hatte sich die NSDAP auch gegenüber der bürgerlich-katholischen Rechten mehr als rüde verhalten (vgl. ebd.). So inszeniert sie nach der „Machtergreifung" 1933 einen kommunalen Untersuchungsausschuss als Propagandainstrument zur angeblichen Verschwendung von Steuergeldern. Als Hintergründe dienten ein enormes Haushaltsdefizit von fünf Millionen Reichsmark und einige Finanz- und Korruptionsskandale in der Verwaltung (vgl. Mecking 2003: 117). „Mit der [...] Aufdeckung von vermeintlich korrupten Machenschaften innerhalb der Verwaltung bemühte sich der am Ende ausschließlich mit Nationalsozialisten besetzte Ausschuß um die Rechtfertigung der Ablösung des alten Magistrats". Die erfolgte Mitte Mai 1933 (ebd.: 124). Ein weiteres Beispiel ist der reichsweit beachtete „Flaggenkrieg". Nach ihrem Sieg bei der Reichstagswahl im März 1933, der jedoch keine absolute Mehrheit brachte, inszenierte die NSDAP trotzdem „mit dem Hissen der Hakenkreuzfahne auf öffentlichen Gebäuden ein politisches Spektakel". In Münster, wo die Partei mit 36 Prozent rund acht Prozent hinter ihrem Reichsergebnis zurück geblieben war und das Zentrum mit knapp 42 Prozent stärkste Partei blieb, verweigerten sich OB Zuhorn und sein Magistrat dieser Beflaggung, weil „das Rathaus allen Bürgern der Stadt zur Verfügung stehe". Erst mit einer Verhaftungsdrohung durch die NSDAP beugte sich der Magistrat unter Protest (ebd.: 120). Auch diese Auseinandersetzung zeigt einen beachtlichen Mut der Zentrumspolitiker um Zuhorn. Andererseits hat Zuhorn zuvor als Spitzenfunktionär des westfälischen Provinzialverbandes seit den frühen 1920er Jahren bei der Etablierung völkischer Positionen eng mit dem „Westfälischen Heimatbund" zusammengearbeitet.

8.3 Westfälischer Heimatschutz als Brücke zwischen Konservativismus und Faschismus

Die westfälische Heimatschutzbewegung übt eine wesentliche Brückenfunktion vom Konservativismus zum Faschismus aus. Die zentrale reichsweite Organisation, der „Deutsche Bund Heimatschutz“ wird 1904 von dem Architekten Paul Schultze-Naumburg (1869-1949) gegründet. Hier bündeln sich konservative und völkische bzw. tribalistische, aggressiv antimoderne und zivilisationskritische Positionen zu Landschaftsschutz und Städtebau, die sich seit dem (ausgehenden) 19. Jahrhundert ausbilden. In diesen Positionen zeigen sich autoritäre Naturauffassungen, in denen etwa der Wald als strikte Ständegesellschaft imaginiert wird, so bei Wilhelm Heinrich Riehl Mitte des 19. Jahrhunderts, häufiger noch als Armee. So erscheinen Fichten als preußische Soldaten und Eichen als Freikorpsler gegen das napoleonische Frankreich. Heimatschützer wie Walter Schoenichen sehen bis in die 1950er Jahre Bäume als kriegerische, gepanzerte Recken, den deutschen Wald als ‘kämpferische Volksgemeinschaft’ (vgl. Termeer 2005). Gepaart ist das mit einer grundlegenden Großstadtfeindschaft. Die industrialisierte Großstadt ist in dieser Wahrnehmung ein Ort der Proletarisierung, Entwurzelung, Entartung und moralischen und politischen Zersetzung, Krankheit, der fremden, ausländischen Moral. Diese Konstruktionen bestimmen dann auch einen spezifischen ‘Antikapitalismus’. Demnach sind Kapitalisten stets „heimatlich ungebundene Operateure“, Juden oder Ausländer, die ‘den Bauern’ von ‘seiner Scholle loshacken’, ihn „schmarotzend unter ihre Ordnung zwingen“, proletarisieren und damit selbst zum Fremden machen wollen (ebd.: 436).

Seit dem ausgehenden 19. Jahrhundert wollen Heimatschützer „angesichts der raschen Veränderungen in den Landschafts- und Stadtbildern charakteristische kulturelle und naturhafte Zeugnisse ihrer Umgebung erhalten und erforschen“, schreibt Karl Ditt (2001: 2). Sie wollen aber auch selbst gestalten. Bekämpft wird die Formensprache des Historismus seit der zweiten Hälfte des 19. Jahrhunderts, besonders aber der Architekturmoderne. Dem entgegen gesetzt werden soll in der konservativen deutschen Architektur etwas ‘Organisches’, etwas ‘Einfaches’, das sich orientiert am „Bauen um 1800“, wie es der Architekt Heinrich Tessenow formuliert oder an ‘Landschaft’ und ‘Volkstum’, wie es die Heimatschützer konstruieren. Der gefragte Architekt Schultze-Naumburg errichtet während des Ersten Weltkriegs Schlossneubauten für die Hohenzollern, die vor allem mit extrem steilen Dächern, Innenhöfen, Türmen und ‘rustikalen’ Details ein romantisiertes vorgebliches Mittelalter assoziieren sollen. Seit Mitte der 1920er Jahre ist er eng mit der NSDAP verbunden. Er polemisiert gegen ‘Baubolschewismus’ und publiziert zwischen 1928 und 1934 Bücher wie „Kunst und Rasse“, „Das Gesicht des deutschen Hauses“ und „Kunst aus Blut und Boden“. 1928 gehört er zu den Gründern der NS-nahen Architektengruppe „Der Block“, einer Gegenorganisation zur allgemeinen Architektenvereinigung „Der Ring“, in der auch die Avantgarde vertreten war. Gründungsmitglieder des „Block“ sind auch Paul Bonatz und Paul Schmitthenner, die Hauptvertreter der überaus einflussreichen „Stuttgarter Schule“ (vgl. Durth 1986: 54ff.; vgl. Klee 2003: 568). Gerade Schmitthenners Häuser im Heimatschutz-Stil werden hier propagiert als Beispiele für ‘gutes’ Bauen einer „volksgebundene[n] Weltanschauung“ in Frontstellung besonders gegen die 1927 in Stuttgart entstandenen „Weissenhofsiedlung“ und deren von Le Corbusiers und Hans Scharouns entworfenen ‘schlechten’, weil „volksfremden“ Häuser (vgl. Voigt 1985: 246f.).

Für den „Heimatschutz“ als wichtigstem Stil des konservativen Bauens im frühen 20. Jahrhundert steht die Beziehung zu (vorgeblich) „regionalen Bauformen der Vergangenheit“ und zur „vorgefundenen Landschaft“ (Voigt 1985: 246) architektonisch im Mittelpunkt. Städtebaulich ist der ‘einheitliche Wille’ sein zentrales Motiv. Sein Fehlen führe vor allem zu den Problemen der Großstadt. Gustav Wolf – von ihm wird, auch in Beziehung zum Münsteraner Wiederaufbau noch die Rede sein – beschreibt dieses Credo 1913 so: Eine vollkommene Architekturstufe bilde diejenige Bebauung, „die auf einmal, unter Befehl und Leitung eines herrschenden Einzelwillens“ entstehe. Vorbilder sind absolutistische Idealstädte wie Potsdam. Für noch akzeptabel hält Wolf die ungefähre, „zwanglose“ Einheitlichkeit „volkstümlicher“, tradierter Bauweisen, als Ausdruck eines „natürlichen Empfindens“, das in der Moderne verletzt werde. Nur einheitliche Städte seien Kunstwerke, weil Kunstwerke stets vollkommen fertig, unwandelbar sein müssten (zit. n. Posener 1979: 636f.). Dieses unwandelbare Kunstwerk Stadt korrespondiert mit der Unwandelbarkeit der sozialen Positionen. Ein ständisches Verständnis, das wiederum auch architektonisch nach Überschaubarkeit und hierarchischer Gliederung verlangt.

Zu einem realisierten Prototyp wird hier Schmitthenners „Reichsgartenstadt Staaken“ (bei der Wolf Mitarbeiter ist). Im Auftrag des Reichsinnenministeriums entstehen 1914-17 knapp 800 Wohneinheiten für ca. 5000 schlecht bezahlte Arbeiter der staatlichen Munitionswerke Spandau und ihre Familien. Deren Loyalität im ersten Weltkrieg soll mit billigen, aber gesunden Kleinwohnungen erhalten werden. Staaken lässt sich wahrnehmen als eine Art Festung gegen Proletarisierung, die gegen das nahe Berlin isoliert, das als Brutstätte von Krankheit, Laster, Verbrechen, Unzucht und politischem Umsturz gilt. Zweiflügelige Torarkadenhäuser schließen die Anlage nach außen ab, Reihenhäuser bilden so etwas wie bewohnte Stadtmauern. Dahinter lebt es sich gesünder als in Berliner Hinterhofmietskasernen, es gibt Licht, Luft, Bäume, Grünflächen. Das aber ist untrennbar verbunden mit autoritär Ständischem. Die Haustypen zitieren historisierend den herrschenden Einzelwillen und suggerieren ständische Unterschiede. „Staaken“ macht Schmitthenner zum stilbildenden Helden konservativen Bauens und zum Professor in Stuttgart (vgl. Termeer 2009).

Bauen auf Befehl eines einheitlichen Willens bezieht sich ab 1933 auf Hitler. Schultze-Naumburg, der 1930 in Thüringen kulturpolitischer Berater des ersten NS-Ministers Wilhelm Frick wird und von 1930 bis 1940 in Weimar als Direktor der Staatlichen Hochschule für Baukunst ist, fällt allerdings 1934 mit seiner pseudohistorischen provinziellen „Marktplatzarchitektur“ bei Hitler in Ungnade (gleichwohl sitzt er bis 1945 für die NSDAP im Reichstag) (Oberkrome 2004: 8). Auch Schmitthenner gerät „ab 1934 spürbar ins Abseits“. Seine zahlreichen Schüler aber sind mit Arbeiten ganz in seinem Duktus äußerst erfolgreich (Voigt 1985: 249). Der „Heimatschutz" stellt dann auch die inoffizielle Baukunst des Faschismus (vgl. Petsch 1979: 232) dar, die Alltagsarchitektur und damit die „Masse des tatsächlich Gebauten aus dieser Zeit", im Wohnungs- und Siedlungsbau ebenso wie bei HJ-Heimen oder in „vielen Amts- oder Parteibauten der unteren Ebene" (Voigt 1985: 246).

Auch in der Restauration der Nachkriegs-BRD bleiben die architektonischen Prinzipien der (national-) konservativen Architektur des frühen 20. Jahrhunderts, das Primat der Fassade und das städtebauliche Leitbild der „entballten und aufgelockerten Stadt" dominant (Petsch 1976: 228ff.).Theoretisch wie praktisch spielen diese Prinzipien dann auch beim Wiederaufbau Münsters ihre Rolle, wie später noch ersichtlich wird.

Nicht alles Völkische führt zur NSDAP oder kann sich bruchlos im NS-Staat behaupten. Die Ideologie eines 'Völkisch-Organischen' bildet allerdings einen gemeinsamen Bezug. Dieses 'Organische' behauptet essentielle Verbindungen von 'Volkstum' bzw. 'Stammescharakter' und Landschaft, von 'Blut und Boden' und damit 'natürliche' Verkettungen der Formungen des Raums und des Volkes (vgl. Termeer 2009). Positionen, die auch geteilt werden vom „Westfälischen Heimatbund" (WHB). Er entstammt dem katholisch-konservativen Spektrum. Die Repräsentanten des 1915 gegründeten WHB stehen mehrheitlich der Zentrums-Partei nahe. Zudem wird der WHB von Anfang an stark von der öffentlichen Verwaltung und ihren Amtsträgern getragen (vgl. Ditt 2001: 4). Seit 1923 kommt es zu einer engen organisatorischen Verzahnung mit der Provinzialverwaltung, wobei der spätere Münsteraner Oberbürgermeister und damalige Landesrat für Finanz-, Kultur- und Kommunalangelegenheiten Karl Zuhorn eine zentrale Rolle spielt. Willi Oberkrome (2004: 98) spricht von einer „nahtlose[n] Verschränkung" aufgrund ideologischer Übereinstimmung.

> „Die westfälischen Landeshauptleute und die Landesräte der provinziellen Kulturpflegeabteilung teilten die normativ festgeschriebenen völkischen und zivilisationskritischen Vorstellungen der WHB-Repräsentanten ohne Vorbehalt." (ebd.)

Obligatorisch wird eine Personalunion aus dem Leiter der Provinzialverwaltung und dem Vorsitzenden des WHB erst im Faschismus. Aber schon zuvor ist „die offizielle Kulturpolitik" in Westfalen komplett festgelegt auf eine Richtung, die von der WHB-Spitze abgesprochen wird mit dem Landes-Dezernenten Zuhorn (Zentrum) und ab 1932 mit dessen Nachfolger Ernst Kühl (DVP, ab Mai 1933 NSDAP).

> „Sie alle waren Verfechter eines stammesbewußten, auf 'Volkstum', 'Heimat', 'Natur' und 'Landschaft' abstellenden Regionalismus. Unter ihrer Federführung vollzog sich die informelle Einbindung des WHB in den landschaftlichen Verwaltungsapparat nahezu automatisch. Sie begünstigte die wirtschaftliche Situation des Heimatbundes ungemein, da die jährliche 'Beihilfe des Herrn Landeshauptmanns' die Einnahmen aus Mitgliederbeiträgen bei weitem übertraf." (ebd.)

Unter Karl-Friedrich Kolbow (NSDAP-Mitglied seit 1921), ab April 1933 neuer Chef der Provinzialverwaltung, „wurde das Konzept Kühls bzw. Zuhorns [...] weiter ausgebaut und gefördert“ (Schmidt 2006: 81; vgl. ebd.: 53).

Initiiert wird der WHB 1913 von Karl Wagenfeld (1869-1939) (vgl. Schepper 1990: 107), einem ehemaligen Volksschullehrer, der bis heute als plattdeutscher Heimatdichter verehrt wird. Ab 1919 ist er dessen Co-, ab 1922 dessen alleiniger Geschäftsführer, seit 1930 Vize und 1933/34 dann Vorsitzender (vgl. Ditt 2001: 6ff.). Die programmatischen Äußerungen Wagenfelds verdeutlichen, wie die ideologische Basis des WHB aussieht. Bereits 1913 in seiner „Anregung zur Gründung“ stellt er klar, dass

> „die Heimatfrage letzten Endes nicht eine Frage des Hausbaues, nicht eine Frage der Landschaft, der Sitte, der Sprache an sich ist, sondern eine *Rassenfrage, eine Stammesfrage*. Das Slawentum und die Fremdlinge des Industriebezirks [im Ruhrgebiet, M.T.] bedeuten den Anfang einer neuen Völkerwanderung, die uns überrennen, unsere ganze völkische Art zugrunde richten wird, wenn nicht in jedem Volksgenossen das Heimat- und Stammesgefühl hineingehämmert und lebendig gehalten wird“.

Seitdem, so Rainer Schepper (1990: 107), „hat Wagenfeld unausgesetzt gehämmert“.

Wagenfeld beklagt seit dem Ende des Ersten Weltkriegs, dass vor allem kinderreiche Arbeiterfamilien in den Städten – insbesondere des Ruhrgebiets – unter elenden Bedingungen leben müssen. Dies mit der für den „Heimatschutz“ typischen Stoßrichtung. Proletarisierung und Urbanisierung – mit ihren realen sozialen Missständen – bedeuten in dieser Auffassung die massenhafte ‘Entwurzelung’ vom „heimatlichen Boden“ und vom „genuin westfälisch-bäuerliche[n] Moral- und Geisteserbe“, wie Oberkrome (2004: 23ff.) das zusammenfasst – kurz: eine ‘Zersetzung des Völkischen’. Das werde, so Wagenfeld et al., weiter gefördert von Sozialisten und Kommunisten (die zugleich als Profiteure ‘drohen’), ebenso von einer ‘Amerikanisierung’, einer ‘schmutzigen’ und ‘frivolen’ Massenkultur. 1926 beklagt er in seiner programmatischen Schrift „Heimatschutz Volkssache“ das Werk von „Fremdrassige[n]“, die „unserem Volkskörper“ mittels der „Schmutzkanäle einer gewissen Presse, Literatur und Kunst [...] schleichendes Gift zuleiten“. Diesen „Schädlingen“, die „deutsches Gastrecht mißbrauchen“, gelte ein „rücksichtsloser Kampf“ (zit. n. ebd.: 83).

Der „Ruhrkampf“ 1923 gegen die französische Besetzung rechtsrheinischen Territoriums bedeutet für den „Deutschen Bund Heimatschutz“ und seine regionalen Untergliederungen „eine einzigartige Chance zur nationalen Profilierung“, schreibt Willi Oberkrome (2004: 24). Einer der reichsweit wichtigsten Wortführer ist Wagenfeld (vgl. ebd.). Der westfälische Heimatdichter wettert 1923 in „Westfalen in Not“ gegen ‘den gierigen Franzosen’, der die „Saat deutschen Geistes, die Früchte deutschen Fleißes“ raube. Und: „Schmachvoll gibt er die Ehre deutscher Frauen und Mädchen den geilen Gelüsten seiner Söldner preis“ (zit. n. ebd.: 24f.). Ebenfalls 1923 spricht er in dem Text „Feste und Ruhrbesetzung“ von „Juchzen und Schreien“, von „Blechmusik und dicker Trommel“, die sich „in Beinen und Gelenken austobt mit widerlich sinnlichen Sprüngen und Verrenkungen nach dem Vorbilde von Affen, Füchsen, Negern, Kaffern und anderen Ganz- und Halbtieren" (zit. n. Schepper 1990: 105).

Zwar rekurriert diese Tirade (auch) auf die aus den USA importierten Modetänze, und nimmt insofern das NS-Motiv der „entarteten Musik", das einen Saxophon spielenden Schwarzen mit Judenstern zeigt, vorweg. Mehr noch aber gehört sie zum von Iris Wigger (2007) untersuchten rassistischen und sexistischen Diskurs der „schwarze[n] Schmach am Rhein" nach dem Ersten Weltkrieg.

Schon vor und während dieses Krieges gibt es gegen den Einsatz von Soldaten aus afrikanischen und asiatischen Kolonien gegen Deutschland vergleichbare Einwände bis hin zu Max Weber, der „ein Heer von Negern, Ghurkas und allem barbarischen Lumpengesindel dieser Welt" Deutschland verwüsten sieht (zit. n. ebd.: 11). Seit dem Versailler Vertrags im Januar 1920 steigert sich das zu einer breiten rassistischen Kampagne. Anders als die anderen Siegermächte stationiert Frankreich bei der Besetzung linksrheinischer Gebiete und der Städte Köln, Koblenz und Mainz Kolonialtruppen aus Algerien, Madagaskar, Marokko, dem Senegal, Tunesien. Die Empörungs-Inszenierung hiergegen wird getragen von Meinungs-MultiplikatorInnen in der Politik von Paul von Hindenburg bis zum Reichspräsidenten Friedrich Ebert (SPD) – bei den Parteien beteiligen sich nur USPD und KPD nicht daran –, von weiten Teilen der deutschen Presse bis hin zu Satireblättern wie *Kladderadatsch* und *Simplicissimus*. Die Kampagne ist in der 'großen' Politik auch dazu gedacht, Frankreich zu diskreditieren, um Druck gegen die Friedensbedingungen zu erzeugen; sie erhält aber eine Eigendynamik. Es gibt Unmengen von Propagandapostkarten und -plakate, ebenso Propagandafilme usw. Mit Romanen und Theaterstücken wollen sich deutsch-nationale und völkische Kreise profilieren und propagieren die 'rein weiße Volksgemeinschaft' als 'Ausweg' aus der „schwarzen Schande" (vgl. ebd.: 9ff., 66ff. u. 186ff.).[11]

Wigger spricht vom „Phantasma einer rassisch bedrohten Zivilisation" (ebd.: 11), in dem „primitive Wilde" und „Kannibalen" Herrschaft ausüben sollen in der 'hoch stehenden Kulturnation' Deutschland, über Deutsche; wobei besonders Frauen und Kinder in Gefahr gewähnt werden, würden sich Schwarze als 'Feiglinge' nur an ihnen vergreifen. Zentral ist dann auch die Konstruktion der Kolonialsoldaten als 'Schänder', 'Vergewaltiger' und 'Verführer', als 'triebhafte' und 'gierige Bestien'. Eng damit verknüpft ist die 'eugenische Argumentationen' gegen eine 'Verseuchung' und 'Bastardisierung' der 'weißen Rasse', des 'deutschen Blutes' (vgl. ebd.: 11ff. u. 22f.).

Für den WHB erfüllt die Anwesenheit von schwarzen Soldaten ebenso den Tatbestand feindlich gewollter Umweltzerstörung. Denn so wie der französische

11 Auch international werden derartige rassistische Kampagnen gegen die „monströse Politik" Frankreichs, die „Verbrechen" an „den Frauen, der weißen Rasse und der Zivilisation" entfacht. Auch hier ist die politische Bandbreite vergleichbar. Beteiligt daran sind britische Sozialisten, italienische Liberale und Reaktionäre aus den USA (vgl. ebd.: 34ff.).

Feind durch massenhafte Abholzung der westfälischen Wälder die „deutsche Volkskraft" zerstören wolle – sei der Westfale doch in seiner „Eigenart" und in seinem „Lebenswillen" auch auf seine angestammte Landschaft angewiesen –, entehre das „Kraushaar des Negers" die Physiognomie dieser Landschaft, „die pastorale Innigkeit unseres busch- und heckendurchgürteten Tieflandes". Das sagt Engelbert Freiherr von Kerckerinck zur Borg auf dem gut besuchten Westfalentag 1923 in Soest (zit. n. Oberkrome 2004: 27). Der Christlich-Konservative ist Vorsitzender des WHB von 1915 bis 1933 (vgl. Ditt 2001: 4).

Mitte der 1920er Jahre sieht sich Karl Wagenfeld noch durch seine „katholische Bindung, ein sozial-konservatives Weltbild und das typisch romantische Selbstverständnis, unpolitisch zu sein" an einem NSDAP-Beitritt gehindert (Ditt 1988: 68). Den holt er 1933 nach und wird ebenso Mitglied in Alfred Rosenbergs „Kampfbund für deutsche Kultur" (vgl. ebd.: 78). Wagenfeld ist 1934 auch federführend bei den Bemühungen, die „Hitlerjugend" und den „Bund Deutscher Mädel" zu „Multiplikatoren [der] genuinen Anliegen" des Heimatschutzes zu machen (Oberkrome 2004: 161f.). Im April 1933 resümiert Wagenfeld in einer Rundfunkrede: „Wir vom Westfälischen Heimatbund, wir schalten nicht um, wir brauchen nicht umzuschalten, weil wir stets im Sinne des neuen Reiches gearbeitet haben" (zit. n. Schepper 1990: 114). Gleiches betont ein Rundschreiben des WHB zum 1. Mai 1933 (vgl. Ditt 2001: 8). Diese Selbsteinschätzungen der WHB-Spitze lassen sich nicht bezweifeln.

Im „rücksichtslose[n] Kampf" gegen die „Schädlinge" des „Volkskörpers" stimmt Wagenfeld mit Paul Schultze-Naumburg überein. Anders als dieser aber glauben Wagenfeld und seine Mitstreiter, dass die 'vaterlandslosen Massen' noch „ethisch und 'völkisch' zu läutern", für die 'Heimat' zurück zu gewinnen seien. Daher will er mit einer pädagogisch wirksamen, heimatbewegten und volkstümlichen Kulturpolitik auf sie einwirken. So sollen alltäglich lehrreich-unterhaltsame Heimatkalender und -geschichten gelesen, Volkslieder und -tänze wie das Plattdeutsche gepflegt werden, sollen Heimatmuseen und Naturschutz eine Rückbindung an 'Stammesgeschichte' und 'heimatlichen Boden' bewirken (Oberkrome 2004: u. 83ff.).

Als materielle Basis aber erscheinen den Protagonisten auch 'heimatlich' angemessene Wohnbedingungen. Wagenfeld initiiert daher Mitte der 20er Jahre die „Fachstelle für Baufragen" im WHB. Als Leiter der „Westfälischen Bauberatungsstelle" gehört der schon erwähnte Gustav Wolf zur „Führungskohorte" dieser „Fachstelle". Wagenfeld und seine Mitstreiter wenden sich gegen einen „Heimatschutz", der eine bloße professionelle Denkmalpflege zugunsten historischer Baudenkmäler und exklusiver ästhetischer Fragen betreibt (vgl. ebd.: 85). Ihnen geht es um eine „Neuordnung unserer Wohn- und Siedlungsverhältnisse", um eine praktikable und schnelle „Schaffung menschenwürdiger und städtebaulich einwandfreier Wohnungen" (zit. n. ebd.). In diesen Plänen zeigt sich bereits etwas, das Ute Peltz-Dreckmann (1978: 425) im Hinblick auf die NS-Siedlungspolitik als „Umformung des Menschen [...]

über das Wohnen" bezeichnet hat. Ich habe im Kontext des 'sozialen Wohnungsbaus' der 1960er und 70er Jahre schon einmal thematisiert, dass rund 50 Jahre zuvor auch auf Seiten der Architektur-Avantgarde (Walter Gropius, Ernst May u.a.) eine „Erziehung durch den Raum" (Saldern 1999: 114), eine Erziehung durch Wohnen propagiert wurde. Traditionalismus und Antimodernismus, ideologisch wie architektonisch, zeigen sich dann auch als genuine Erscheinungen der Moderne. Während aber Avantgarde-Konzepte rationalistisch-funktionalistisch im „Sinne des Taylorismus" argumentieren, geht es der Gegenseite um die konservative Utopie einer „heilen Moderne" (ebd.: 111), mithin um Formen von Rationalisierung und Disziplinierung im 'organisch-ständischen' Sinn.

Im Faschismus sind beide Momente enthalten. So müssen die Protagonisten des „Heimatschutzes" erkennen, dass der Übergang nicht immer reibungs- und bruchlos erfolgt, da ihr völkischer Traditionalismus und Regionalismus häufig von den neuen Machthabern so nicht geteilt wird. Letztere betonen etwa ein „Volksganzes" statt einer „landschaftliche[n] Prägung", den „Führerstaat" statt Regionalismus. Allerdings: „Als Variante völkischer Ideologie wurde [das landschaftliche völkische] Konzept" im Nationalsozialismus „nie wesentlich in Frage gestellt" (Schmidt 2006: 81). Andererseits müssen die Heimatschützer erkennen, dass im NS-Staat Industrialisierung und „'fordistische' Produktionsmethoden" ebenso forciert werden, wie die Betonierung der Landschaft, dass die Kultur- und Sozialpolitik der „Deutschen Arbeitsfront" (DAF) und der „Kraft durch Freude"-Gemeinschaften vorgeblich unwandelbare regionale Lebensstile und Traditionen verachten, dass in „einer 'rassisch' brutal egalisierten Konsumgesellschaft" eine großstädtische „Tingeltangel"-Kultur dominiert. Als Pragmatiker geben sich hier aber vor allem die heimatbewegten Bauexperten. Sie arbeiten ab 1936 eng mit dem Baubüro der DAF zusammen (Oberkrome 2004: 164f u. 169f.). Und gerade die Bauabteilung der DAF übt dann in der Tradition der „Stuttgarter Schule" ab „Mitte der dreißiger Jahre großen Einfluß auf das Baugeschehen im Dritten Reich aus". Ihre städtebaulichen Leitlinien, an denen Werner Lindner vom „Deutschen Heimatbund" beteiligt ist, werden „in Behörden und Büros als 'Linie der Partei' befolgt" (Durth/Gutschow 1988: I, 187).

Auch hierfür steht Gustav Wolf (1887-1963), einer der „einflußreichsten Architekturspezialisten der deutschen Heimatschutzbewegung" (ebd.: 85), ab 1913 in Schlesien, seit den 20er Jahren dann – beruflich unterbrochen 1928 bis 1938 (Wolf ist Professor in Breslau und Berlin) – in Westfalen für den WHB (vgl. Posener 1979: 636). Zwar, so Oberkrome, ist Wolf „ein Leben lang fasziniert" von „Schultze-Naumburgs Werkästhetik", setzt aber, schon angesichts „der montanregionalen Wohnungsmisere", auf bauliche Normierungen, auf vom Heimatschutz eigentlich verpönte Reihenhäuser und Stadtrandsiedlungen im Sinne des „Heimstättenideal[s]". Mit der „Errichtung großflächiger, bedingt typisierter und dennoch heimatstilistisch akzeptabler Arbeitnehmerkolonien" und „gesunder Wohnverhältnisse" sollen so

'Heimatgefühl' und Verbundenheit mit 'Boden' und Natur gestärkt, ein sittlich und körperlich 'gesunder Volksnachwuchs' gefördert werden (2004: 79ff.).

Wolf verzahnt dann auch seine Tätigkeitsbereiche im WHB mit öffentlichen Ämtern. Von 1922 bis 1927 ist er in Münster Leiter und technischer Direktor der „Westfälischen Heimstätte", einer Gesellschaft „zur Behebung der großen Wohnungsnot". Für sie entwirft er 1922 die „Gartenstadt Habichtshöhe/Grüner Grund", die zwischen 1924 und 1931 gebaut wird (vgl. Gutschow/Pick 1983: 48f.). *Das schöne Münster* von Juli 1935 (134f.) lobt diesen Siedlungsbau als „gartengrüne[] Vorstadt" mit „[v]orbildliche[r] Grünanlage". Hänsel/Rehtfeld (2008: 202) sprechen in ihrem insgesamt nicht unkritischen neuen Architekturführer zu Münster von einem „städtebaulich markante[n] Ensemble, das die Prinzipien der englischen Gartenstadtbewegung auf münstersche Verhältnisse anzuwenden suchte". Die starken Bezüge zu Schmitthenners „Staaken", zur „Stuttgarter Schule",[12] das Heimatschutzprogramm einer 'Umformung durch Wohnen' erwähnen sie nicht (vgl. Termeer 2009).

Wolf ist westfälischer Landesbaupfleger von 1939 bis 1952 (vgl. Posener 1979: 636). Was er unter diesem Amt versteht, verdeutlicht der Träger des Bundesverdienstkreuzes von 1953 (vgl. Oberkrome 2004: 483) bereits 1938 in einer programmatischen Schrift. Nur durch das Wirken der Baupflege „in Stadt und Land" könne die „grundlegende Bedeutung der Werkstoffe für alle sichtbare Gestaltung", könne das notwendige Entstehen von Bauten „aus der lebendigen Sicht der ganzen heimatlichen Umwelt heraus" gewährleistet werden. Ein „nicht heimatlich[es] [B]auen" bedeute, „sich dem ganzen Heimatbilde" zu „entfremden" (Wolf 1938: 4). Was Wolf zu nichts Geringerem, als einem 'Kapitalverbrechen' erklärt:

> „Ich will einen scharfen Vergleich wagen. Wir haben jetzt in unsere Anschauung und Gesetzgebung den Begriff der Rassenschande aufgenommen. Es gibt aber 'Rassenschande' nicht nur am Leib und Blut des wachsenden Volkstums, sondern auch am Leib und Blut unserer sichtbaren Heimat! Der Begriff ist nichts Neues, er hat uns schon so lange vor dem Weltkrieg beunruhigt und bedroht. Er ist in seinem Umriß in dem etwas zaghaften und löchrigen Gesetzesgedanken der 'groben Verunstaltung' schon dämmernd vorgezeichnet. Wir sprechen das längst empfundene nur härter aus, wenn wir sagen: auch Heimatschändung ist strafbar! Und dem alten Begriff der guten Bausitte stellen wir den der baulichen Sittenverwilderung, ja des baulichen Sittlichkeitsverbrechens anklagend zur Seite." (ebd.: 5)

„Rassenschande". Gegen ein solches 'Blutsverbrechen' an der „Heimat" fordert er „gute[s] und heimatliche[s] Bauen". Dies sei „nichts modisches, sondern etwas sittliches", unterliege also auch zeitgenössischen Interpretationen. Zudem offeriert der

12 Wolf studiert Architektur in München bei Theodor Fischer (vgl. Posener 1979: 636). Hier beginnen auch Speer, Wolters und Friedrich Tamms ihr Studium, bevor sie zu Tessenow nach Berlin wechseln. Fischer, der bis 1908 – assistiert von Bonatz – in Stuttgart lehrt, gilt „als 'Ahnherr' der Stuttgarter Schule" (Durth 1986: 43).

westfälische Heimatbündler einen 'großdeutschen' Pragmatismus. „Im Guten" gebe es eine Art „reichsdeutschen" Wohnungsbau, „der sich zweifellos vom französischen, vom holländischen, vom englischen unterscheidet. Insofern" – es folgt ein mehrfacher Zirkelschluss – „ist diese Art eben gerade deutsch, darum uns nicht fremd, und darum für uns Deutsche alle nicht nur gut, sondern auch heimatlich"; und so, nach Wolf, auch Resultat der 'Vernunft'. Derartige Häuser sprächen, was schon erfreulich sei, „ein gutes Hochdeutsch". Aber: „Hier in Westfalen" beispielsweise „müssen wir uns am allermeisten über ein Haus freuen, wenn es so plattdütsch kürt, als wenn es zu Karl Wagenfelds Bauernhochzeit gehörte." (ebd.: 1). 1941 beteiligt sich der gefragte Theoretiker Wolf an *Der Osten*, einem Aufsatzband zur 'wissenschaftlichen' Begleitung einer 'arischen Neubesiedlung' im besetzten Polen. Herausgeber ist Julius Schulte-Frohlinde, der Chefarchitekt der „Deutschen Arbeitsfront".

Plattdütsch kürn gegen Rassenschande an Blut und Leib der sichtbaren Heimat. Es ist diese Melange aus 'Pittoreskem' und Biologismus/Rassismus, die den „Heimatschutz" bestimmt. Und hiermit ist etwas auf den Punkt gebracht: die Brückenfunktion völkisch-konservativer Kreise in den Nationalsozialismus hinein, aber auch wieder heraus. Denn anschließend bleiben die alten Ideen, nur wenig anders verpackt en vogue. Das liegt sicher auch daran, dass National-Konservativismus im Allgemeinen und „Heimatschutz" im Besonderen in Theorie und (architektonischer) Praxis lange vor 1933 etabliert sind, und ebenso daran, dass ihre VertreterInnen meist darauf bestehen, unpolitisch gewesen zu sein.

Robert Suckale (1986: 14) konstatiert für die westdeutsche Kunstwissenschaft nach 1945 allgemein: „Auffällig ist, wieviel Altes in leichter Kaschierung weiter lief." So „wurde nun der Volkscharakter weniger als rassische Anlage gesehen, aber als Anlage eben doch". Ein nie ernsthaft diskutierter „Biologismus hat so, den meisten unbewußt, weitergelebt". Das trifft so konkret auch auf das Fach Architektur zu, auch im Nachkriegs-Münster. Noch immer ist im, nun ins Adenauer-Demokratische gewendeten, dominanten konservativen Diskurs vom „Stammescharakter" die Rede (vgl. Oberkrome 2004: 459ff.). So betont der oberste Denkmalschützer Westfalens Wilhelm Rave (1953: 5) ganz selbstverständlich „die Abhängigkeit der heimischen Kunst" und Architektur „vom Wesen der westfälischen Menschen und der Eigenart seines Landes" und präsentiert eine übereinstimmende essenzielle Physiognomik von Menschen und Bauten. Etwa bei der „Erdgebundenheit". So stehe „der fälische Mann" nicht „leicht und gefällig, mit einem Stand- und einem Spielbein [...] auf dem Boden, sondern breitbeinig, schwer und ungelenk. Gleich ihm wachsen auch seine Kirchbauten breit und mit gehaltener Kraft." (10f.). Zugleich hofft er, dass die Auswirkungen des Krieges zu einer Korrektur der beklagten Vorkriegsmoderne führen. Es scheine zumindest,

> „dass sich bei dem Wiederaufbau unserer zerstörten Städte vielerorts wieder die Überlieferungstreue des Westfalen Ausdruck verschafft und dass daraus eine Baukunst erblüht,

> die durch ihr Bekenntnis zum dauerhaft Einfachen, klar Geordneten und architektonisch Regelhaften ihren festen Platz innerhalb des deutschen Kulturschaffens einnehmen wird". (ebd.: 64)

Expliziter noch formuliert Gustav Wolf (1950: 62) diese Erwartung in seiner „Baufibel für das nördliche Westfalen". Das „Übel der Zerstörung" deutscher Städte im Zweiten Weltkrieg erscheint ihm (wie vielen anderen Architekten seiner Provenienz schon während des Krieges) als Möglichkeit, den „Segen einer Besserung zu gewinnen": weg von den Entwicklungen städtischer Vorkriegsmoderne hin zu den konservativen Maximen der entballten und aufgelockerten Stadt (vgl. Petsch 1976: 231), zum „Segen reifer Planung" (Wolf 1950: 62), wie er den 'einheitlichen Willen' nun auch nennt. Sein bevorzugtes Beispiel ist der Prinzipalmarkt, bei dem das Baupflegeamt unter Edmund Scharf so etwas wie einen einheitlichen Willen ausübt. Gerade eine strikte Homogenisierung von Architekturensembles betont er als vorbildlich, da sich „jedes Haus einem Gedanken einordnet" und damit in „die ganze Gemeinschaft der Straße" (ebd.: 56f.).

Wolf schreibt, seine Fibel als „ABC des guten Bauens für Westfalen" entstamme grundsätzlich noch der Arbeit seiner „Westfälischen Bauberatungsstelle" von 1927, sei seit 1940 neu konzipiert worden und sei bei seiner Veröffentlichung 1950 eigentlich noch auf dem Stand von 1944 (ebd.: 3). So etwas erscheint selbstverständlich in einem ideologischen Kontext, in dem auch weiterhin ein 'heimatliches Volkstum' untrennbar verbunden mit einer 'heimatlichen Landschaft' und ihrer Natur einen 'unvergänglichen Raum' bildet.

„Der Raum Westfalen" heißt dann auch ein Werk der „Kulturraumforschung" in dem Sinn, den die Spitzen des WHB und des Westfälischen Provinzialverbandes in den 1920er und 30er Jahren festlegen. Es erscheint in aller Kontinuität 1931 und 1934 sowie von 1955 bis 1996 in sechs Bänden mit jeweils zwei bis drei Teilen im Auftrag des Provinzialverbandes und seines Nachfolgers, des Landschaftsverbandes Westfalen-Lippe. Federführender Herausgeber von 1931 bis zu seinem Tod ist der Historiker Hermann Aubin (1885-1969). Als „Ostforscher" flankiert er die NS-Eroberungspolitik. Aubin erklärt Polen zur historisch „rein deutschen Kulturlandschaft" und tritt so fundiert 1939 für eine „sofortige 'Umsiedlung' von zunächst 2,9 Millionen Polen und Juden" sowie eine „Eindeutschung Posens und Westpreußens" ein (Klee 2003: 20f.). Mitherausgeber ab 1951 ist der Volkskundler Franz Petri (1903-1993), der ab 1935 versuchte, mittels Rassenkunde, Archäologie und Namensforschung das 'Deutschtum' Walloniens und Nordfrankreichs zu beweisen. 1941 ist er Professor der NS-Kampfuniversität Straßburg, zehn Jahre später Direktor des Provinzialinstituts für westfälische Landes- und Volkskunde in Münster. 1969 wird er Honorarprofessor an der hiesigen Universität (vgl. ebd.: 456). Petri ist nach Aubins Tod bis 1993 Hauptherausgeber (vgl. Hartlieb von Wallthor 1996: 379).

Noch in seinem Resümee von 1996 lässt der letzte Herausgeber Alfred Hartlieb von Wallthor, wissenschaftlicher Direktor des Provinzialinstituts für westfälische Landes- und Volkskunde im Ruhestand und Honorarprofessor der Universität Münster, keinerlei Distanz zu Programm und Personal des „Raumwerks" erkennen. Die Frage „nach der politischen Haltung [...] der Herausgeber [...] zum Nationalsozialismus" (352) beschäftigt ihn auf gut einer von über 50 Seiten. Aubin sei „in seiner Verbindung von Weltläufigkeit und nationalem Denken" in der heutigen Zeit, „die auf manche Reizworte heftig" reagiere, „nicht leicht [...] verständlich zu machen". Seine Mitgliedschaft im „Deutschen Schutz- und Trutzbund" – einem 1918 gegründeten völkischen, antisemitischen und antibolschewistischen Wegbereiter des Nationalsozialismus (vgl. Klee 2003: 723) – habe nichts mit einer „Nähe zu nationalsozialistischem Gedankengut" zu tun. „So hat Aubin etwa in seinen jüngeren Jahren 1931 rassistische Ideen [...] vom Standpunkt seines Faches aus als gefährlichen Unsinn abgelehnt." (Hartlieb von Wallthor 1996: 352). Zudem schreibt der Autor, die NSDAP habe vor 1933 in der Provinzialverwaltung „nicht Boden gewonnen" (ebd.: 351), was richtig ist, aber nichts an der völkischen Ausrichtung der Verwaltung und ihrer Forscher ändert.

Im „Raum Westfalen" werden tribalistische Auffassungen (vom offenen Rassismus bereinigt) von einem „Kulturraum", 'geformt' von „Landschaft" und „Stammescharakter", auch noch in den folgenden Jahrzehnten verbreitet. So soll Westfalen nach wie vor „kulturelles Auffangland" sein (Schepers 1965: 218), also seine „Wesenszüge" in der Geschichte seit den 'Germanen' kaum durch äußere Einflüsse verändert haben. Dabei allerdings geraten die Protagonisten immer wieder in argumentative Schwierigkeiten und müssen solche Einflüsse doch feststellen. Gerade die durchgehenden Arkadengänge des Prinzipalmarkts seien für die Gegend untypisch, schreibt dann auch Josef Schepers, damals Direktor des Freilichtmuseums Detmold. Sie hätten vielmehr „Vorbilder in einem südwesteuropäischen Städteraum" und seien zumindest noch im Mittelalter nur vereinzelt bis „in nordfranzösisch-flandrische und rheinische Städte" verbreitet. (ebd.: 166). Schon 1955 erklärt Joseph Prinz, Direktor des Stadtarchivs, in der Zeitschrift *Das schöne Münster* den hohen Einfluss der niederländischen auf die Münsteraner Architektur, besonders auf die Giebel des Prinzipalmarkts und auf das Krameramtshaus. Mit der neuen Dominanz Johann Conrad Schlauns kämen dann ab ca. 1730 italienische und süddeutsche Einflüsse nach Westfalen (Prinz 1954: 13f.).

Ähnliches gilt für den auch im Zusammenhang mit dem Wiederaufbau der Altstadt regelmäßig aufgestellten Leitsatz, Fassaden aus Backstein mit Sandsteineinfassungen seien traditionell 'echt münsterisch'. Dieses Stilmittel ist seit der Renaissance in (West-) Europa weit verbreitet. Innerhalb der Konstruktionen eines essenziellen regionalen 'Kulturraums' wird daraus eine ebensolche stilistische Exklusivität.

8.4 „Nicht 'Großstadt', sondern Heimat": Altstadt-Wiederaufbaupläne im Geist von Überschaubarkeit und fest gefügter Hierarchie

Der dargestellte völkische Kontext ist konzeptionell und personell von einiger Bedeutung für den Neuaufbau der Münsteraner Altstadt. Gustav Wolf ist direkt nach Kriegsende nicht unmaßgeblich an der Wiederbesetzung der Münsteraner Bauverwaltung beteiligt. Zur Berufung von Heinrich Bartmann (geboren 1898) zum Stadtbaurat referieren Durth/Gutschow (1988: II,966) eine Anekdote, die von Bartmann selbst stammt: „Von Bremen kommend, durchquerte [Bartmann 1945] auf dem Fahrrad den Teutoburger Wald, als ihm Westfalens Landesbaupfleger Gustav Wolf entgegenkommt, und zwar mit dem Ruf: 'Bartmann, wir suchen Sie.'" Die schnelle Reaktivierung der alten Kontakte „in Münster, seiner zweiten Heimat" ist nach Durth/Gutschow schon daher problemlos, da Bartmann „als streitbare[r] Katholik[]" stets „in deutlicher Gegnerschaft zu den Machthabern des Dritten Reiches gestanden hatte" (ebd.: 948). Das impliziert, dass in Münster nach 1945 nur katholische NS-Gegner gefragt sind, zumindest in der Stadtplanung, was, wie Durth/Gutschow wissen müssten, nicht der Fall ist.

Und Bartmann selbst? Streitbar katholischer Nazigegner? Das mag sein. Zu den Prestigebauprojekten dieser Machthaber ist die Distanz allerdings nicht so groß. So ist Bartmann von 1941 bis 1944 in Hamburg unter Konstanty Gutschow Mitarbeiter bei der monumentalen Neugestaltung der Hansestadt – nach einer Idee Hitlers – bzw. beim Wiederaufbau. 1944/45 arbeitet er in Bremen an Wiederaufbauplanungen unter Wilhelm Wortmann und damit unter Speer (vgl. ebd.: 967 u. 599ff.). In Münster hatte Bartmann in den späten 30er Jahren Wohnhäuser im Heimatschutzstil gebaut (vgl. Gutschow/Pick 1983: 56). Auch daher mag die kolportierte Affinität des Landesbaupflegers und 'Heimatschützers' Wolf stammen.

Bartmann, Edmund Scharf oder Hans Ostermann – er ist neben Scharf die zweite „bestimmende" Kraft beim Prinzipalmarkt-Wiederaufbau (Rosinski 1987: 28) – werden in den späten 1940er Jahren immer wieder eine 'neue Einfachheit' und 'Bescheidenheit' als Ziel des Wiederaufbaus einer 'schöneren Stadt' betonen. Das liegt argumentativ im allgemeinen restaurativen Nachkriegstrend, in dem ein solches Bauen gern als Reaktion auf die jüngste Geschichte dargestellt wird. Selbst Albert Speer und Rudolf Wolters (so stellt es Wolters 1951/52 dar) wenden sich seit 1943 ab von der „nationalsozialistische[n] 'Baukunst', wenn wir sie so nennen wollen", von jeder „Prachtplanung". Nun sei es um „einen systematischen Wiederaufbau" gegangen, um die Vorbereitung von „etwas völlig Neue[m]", das „leider zu Ende des Krieges nicht zur Auswirkung kommen konnte" (zit. n. Durth 1986: 335).

Hier zeigt sich auch eine erfolgreiche Entlastungsfunktion. Joachim Petsch charakterisiert die „restaurative Wiederaufbauphase" so: „Indem man die offizielle Baukunst des Dritten Reiches weitgehend aufgab, glaubte man, den Nationalsozialismus bewältigt zu haben, setzte jedoch den Siedlungsbau und die Wohnungsbaupolitik fort und hielt an den architektonischen und städtebaulichen Leitbildern des Faschismus fest", die wiederum an die Leitbilder des architektonischen Konservativismus der 1920er Jahre anknüpften. Städtebaulich heißt das auch nach 1945, Ziel ist die „'aufgelockerte' bzw. 'entballte' Stadt". Architektonisch dominiert der „Heimatschutzstil", zudem wird ein „geschlossenes, anschauliches Frontbild" der Gebäude angestrebt. Primär ist also die Fassadengestaltung, sekundär dagegen sind Raumgefüge und Funktionalität. Es „überwiegt die glatte Wand" des Flächenbauwerks. Auch weiterhin verlangen die „ideologischen Implikationen" nach „bodenständig[en]", mithin „deutsch[en]" Hauptgestaltungselementen: mit Putz oder Ziegeln verkleideten Wänden und Steildächern; Flachdächer gelten als „materialistisch" (Petsch 1976: 231). Für die 50er Jahre spricht Petsch vom „modifizierten Heimatschutzstil[]", der sich anpassen soll an die „von der 'materiellen Armut' diktierten 'zeitgemäßen Bedingungen'". Aufgenommen werden die „schlichtere[n] Formen des puristischen Funktionalismus der 20er Jahre". Vom „'Wohlklang der Maßverhältnisse', der 'einfachen und klaren Gliederung der Baumassen' und der Verbundenheit mit dem Boden' versprach man sich eine Verklärung des 'Zweckhaften' und die Schaffung des bodenständigen Baukörpers" (Petsch 1981: 280).

Eine solche Verklärung des Zweckhaften durch Bodenständigkeit wird in Münster als städtebauliches Ziel ganz konkret vorgestellt. Heinrich Bartmann schreibt im November 1945:

> „Heute soll eine alte Stadt ganz neu entstehen. Nicht, daß wir sie nach dem alten Münster kopieren sollten. Nein, neue Formen sollen aus dem unsterblichen Geist der Landschaft geprägt werden. Mit Ehrfurcht und gesundem Gefühl ist der alte Stadtgrundriß entsprechend unserer heutigen Lebensweise abzuwandeln." (zit. n. Stadt Münster 1980: 35)

Und Hans Ostermann betont im Juli des selben Jahres:

> „Wenn [...] die Stadt in einem einheitlichen Geist in Anlehnung an die überkommenen Werte der Vergangenheit in bescheidenen und harmonischen Formen wiedererrichtet wird, so dürfte die neue Stadt später den schönsten Eindruck einer bürgerlichen Stadt im besten Sinne machen. Aus dieser Stadt wäre jeder prahlerische Großstadtgeist verbannt. Die altehrwürdigen Kirchen würden wieder die städtebaulichen Zentralpunkte der Gestaltung werden. Die enggebauten Innenhöfe, welche keine Sonne mehr hereinlassen, würden verschwunden sein und schönen Gärten und Anlagen Platz machen. Einheitliches Material und das Verbot von jeglichem Scheinmaterial würden dem Aufbau einen handwerksechten Charakter und einen harmonischen Zusammenklang geben" (zit. n. ebd.: 29).

Die Maximen der 'entballten' Stadt werden hier für Münster nicht zum ersten Mal aufgestellt. Schon 1941 betont Gaukulturwart Bartels, in seinen Plänen zur Neugestaltung sollte die Altstadt „unter Berücksichtigung der unter Denkmal- und Heimatschutz stehenden Bauten für den künftigen Verkehr aufgelockert" werden,

„und in manchen vermoderten Hinterhof wird dann Licht, Luft und Sonne treten können“ (zit. n. Gutschow/Stiemer 1982: 40).

Ostermann wiederum präzisiert im Mai 1946, was mit Einfachheit nicht gemeint sein dürfe:

> „Bescheidung zur Einfachheit, und zwar keiner proletarisch materialistischen seelenlosen Kulturlosigkeit, sondern feinst empfundener, aus alten städtebaulichen Erkenntnissen gewonnener Einfügung aller Einzelheiten zu einem harmonischen Ganzen.“ (zit. n. Rosinski 1987: 27)

Unter Ostermanns Leitung werden am Prinzipalmarkt „die mit Abstand meisten“ dortigen Häuser wiedererstehen (Rosinski 1987: 28). Er hat auch dort die „künstlerische Oberleitung“, wo andere Architekten arbeiten, die laut Bauordnungsamt von 1949 nicht berechtigt sind, „Bauten von baukünstlerischer Bedeutung zu planen“ (Gutschow/Stiemer 1982: 147f.). Ostermann (Jahrgang 1898), damals für die CDU Mitglied des Stadtrats und des Bau- und Planungsausschusses, ist seit 1924 in Münster selbständiger Architekt (vgl. Rosinski 1987: 26). Ab 1937 sind er und Heinrich Benteler (die dritte wesentliche Figur beim Wiederaufbau)[13] die „führenden Architekten“ der Stadt. Von Ostermann stammen zahlreiche Wohnhäuser aus dieser Zeit (vgl. Gutschow/Pick 1983: 52), das Heim der Münsteraner „Hitler-Jugend“, einige Kirchen (vgl. Durth/Gutschow 1988: II, 967) und der Mittelrisalit des Standortlazaretts (1937/38). Dieser wird 1938/39 „zum Angelpunkt“ (Gutschow/Pick 1893: 54) der Planungen des faschistischen „Gau- und Universitätsforums“ am Aasee.

Bartmanns und Ostermanns programmatische Äußerungen erscheinen als direkte Verlängerungen des architektonischen Vorkriegskonservativismus. Ostermanns vehemente Absage an eine „proletarisch materialistische[], seelenlose[] Kulturlosigkeit“ und an jeden „prahlerische[n] Großstadtgeist“ zugunsten einer „bürgerlichen Stadt im besten Sinne“, worüber in Münster ein breiter Konsens besteht, strebt unübersehbar die Restauration ständischer Verhältnisse an, die sich auch städtebaulich ausdrücken sollen. Das lässt sich weiter stützen. Joachim Petsch hat für die konservative Architektur in der Weimarer Republik eine „Hierarchie der Bauaufgaben“ als bestimmendes Moment dargestellt. Danach sollen sich höhere und weniger hohe Bauaufgaben durch die Wahl unterschiedlicher Materialien ausdrücken (1976: 40). Diese auch im deutschen Faschismus angewandte „Hierarchie der Materialien“ – Werkstein für höhere Bauaufgaben, gefolgt von Backstein (vgl. ebd.: 204) – zeigt sich auch beim Altstadt-Wiederaufbau Münsters. Beim Prinzipalmarkt sollen die vorgeschriebenen Sandsteinfassaden dessen Vormachtstellung im Stadtgefüge dokumentieren und so auch die dortige Kaufmannschaft als quasi ständische Elite repräsentieren, kontrastiert von den Backsteinfassaden der übrigen Altstadtstraßen.

---

13 Näheres zu Benteler, der den Dom und das Rathaus neu errichtet und von dem eine große Zahl der neu gebauten Traditionskneipen stammt, findet sich in Kap. 9.5.

Bei diesen Backsteinfassaden werden die Selbstwidersprüche des „Heimatschutzes" dann auch praktisch deutlich. Sie sollen, wie Bartmann den Konsens verbalisiert, aus dem „Geist" der westfälischen „Landschaft" entstehen. Vergleicht man diese Anpassungsarchitektur mit solcher in anderen westdeutschen Städten, gibt es oft weitgehende Überseinstimmungen, so etwa bei den Backstein-Neubauten der 1950er Jahre in Lübeck (vgl. Petsch 1976: Abb. 148), die nichtsdestotrotz „in heimischer Mundart" gebaut sein sollen (zit. n. Durth/Gutschow 1988: II, 843). Eine gleichförmige Bauweise als Ausdruck einer Ideologie, die von strikten regionalen Kulturräumen ausgeht, hat aber nicht zuletzt personelle Gründe. Es sind die Schüler der „Stuttgarter Schule", die ab 1933 in großer Zahl die Baubüros der DAF, der Siedlungsprojekte, der Hitlerjugend und die städtischen Bauverwaltungen im ganzen 'Reich' besetzen und dort die erlernten Formsprachen reproduzieren.

Auf ein hierarchisches Stadtgefüge läuft, aus einer übergeordneten Perspektive, auch der schon angesprochene Altstadtplan Edmund Scharfs von 1946 hinaus. Er wirkt auf den ersten Blick wie ein frühneuzeitlicher Plan mit Stadtmauern (die hier offenbar imaginär vorhanden sind). Zugleich geht es nicht um Rekonstruktion, sondern um eine neue Stadt: „Alte Gebäude kommen in diesem Plan nicht vor." (Pick 2000: 3). Gunnar Pick bezeichnet den Plan als „eine mittelalterlich anmutende, kleinstädtische Idylle (ebd.: 2f.). Es handelt sich aber vielmehr um eine mittelstädtische 'Idylle', deren architektonische Inszenierung auch nicht 'mittelalterlich' ist, sondern ganz im Sinn des architektonischen Konservativismus eine bestimmte Auffassung von etwas 'ewig Gültigem' vertritt und somit auch 'zeitgenössisch' gemeint ist. Denn mit dieser 'Idylle' soll zugleich der regionale Metropolenstatus Münsters, der in den Nachkriegsjahren sehr in Frage steht, erhalten bleiben. Dabei geht es um eine hierarchisch fest gefügte Überschaubarkeit, die die 'Zumutungen' des Großstädtischen aus der faktischen Großstadt Münster heraushalten sollen (und den Rest der Stadt außerhalb der Promenade ausblendet). Somit soll zwischen der 'Idylle' und dem regionalen Metropolenanspruch kein Widerspruch bestehen. Trotz der damals 180.000 EinwohnerInnen heißt die Leitlinie: „Nicht 'Großstadt', sondern Heimat". So formuliert es Gerd Schroeder (1960: 14) in der offiziellen Zeitschrift *Das schöne Münster*. Großstädte seien definiert durch „turbulenten Verkehr, Reihen schmutziger Mietskasernen, Geschäfts- und Vergnügungsviertel und schreiender Reklame an vielstöckigen Betonpalästen" (ebd.: 14f.). Diese Sicht teilen die Protagonisten in Politik, Verwaltung, Architektur und nicht zuletzt in der Kaufmannschaft.

Zwar hat die Politik der Kaufmannschaft etwa mit der Anbindung an die Eisenbahn und der Forcierung des Kanalhafenbaus zwischen 1850 und 1900 (vgl. Haunfelder 1985: 27ff.) Münsters Wachsen zur Großstadt entscheidend mit beeinflusst. Eine 'Proletarisierung' des Stadtbilds aber soll daraus nicht folgen, auch nicht nach 1945. So wollen es auch Politik und Verwaltung, besonders beim Prinzipalmarkt. „Die politische Führung der Stadt konnte sich nur mit einer solchen Gestalt des

Prinzipalmarktes identifizieren, die die Prosperität des höheren Bürgertums repräsentierte, und die vor allem den richtigen Rahmen für die alte und gültig gebliebene städtische Hierarchie darstellte.“ (Rosinski 1987: 28)

Trotz aller Kontinuitäten wird diese Architektur auch immer wieder als 'Nachweis' eines Neuanfangs nach dem 'Zusammenbruch' des NS-Regimes gesehen; in der Nachkriegszeit (vgl. Rosinski 1987: 23), wie auch heute noch. So etwa in Karl-Heinz Kirchhoffs (2001: 36) Schilderung des Prinzipalmarkt-Wiederaufbaus von 2001. Kirchhoff schreibt, im August 1945 habe Hans Ostermann einen „ersten Bauantrag“ für das „Café Schucan“ (Prinzipalmarkt 24-26) gestellt. Das Stadtplanungsamt habe zu dieser Zeit noch nicht wieder gearbeitet und erst 1947 habe das Baupflegeamt unter Edmund Scharf Rahmenentwürfe geliefert.

> „Immerhin. Es gab schon Pläne!“

lautet Kirchhoffs Resümee. Ganz so, als sei das Wissen um die Planungskontinuität aus dem „Dritten Reich“, verkörpert durch Scharf, nicht spätestens aus den Arbeiten von Gutschow/Stiemer, Durth/Gutschow und Rosinski allgemein verfügbar.

Vergleichbares impliziert auch ein Bildtext in der Ausstellung „Die bitteren Jahre“ im Stadtmuseum 2005/2006, der sich gleich lautend auch im Begleitbuch findet:

> „Auferstanden aus Ruinen: Treffender lässt sich der Gegensatz zum vorhergehenden [es zeigt den zerstörten Prinzipalmarkt nach den Bombenangriffen vom 10.10.1943; M.T.] schwerlich beschreiben. Im September 1949 sind die Spuren der Zerstörung zwar noch immer deutlich sichtbar, doch ist in den ersten Jahren nach dem Kriegsende bereits unglaubliches geleistet worden. Für die heutige Identität der Stadt ist die damals keineswegs unumstrittene Entscheidung für eine Orientierung des Wiederaufbaus am historischen Vorbild von kaum zu überschätzender Bedeutung.“ (Schäbitz/Schollmeier 2005: 159)

Jeder Hinweis auf die Planungsgrundlagen in der Endphase des „3. Reiches“ durch Poelzig (das Bild seiner Präsentation des Gauforummodells von 1941 hängt in der Ausstellung nur wenige Meter daneben) und Scharf fehlt auch hier.

9 Inszenierte Entwirklichung: Kontinuität und 'Verschwinden'

> „Hier gab es noch unbeschädigten Bürgersinn. [...] Münster hat gezeigt, wie man's machen muss. Die münstersche Ablehnung modernistischer Tabula-rasa-Architektur zu Gunsten eines historisierenden Aufbaus zeigt aber keine Rückwärtsgewandtheit und Zukunftsscheu. In Münster spiegelte sich die Erfahrung von Kontinuität. Und Bedeutung sowie Interesse an diesen dauerhaft wirkenden Herkunftsbeständen nimmt in einer Zeit sich rasant veränderter Lebenswelten zu, so dass die auch dem Erstbesucher dieser Stadt auffällige Herkunftstreue Münsters die Verheißung hat, ein Indiz von besonderer Zukunftsfähigkeit zu sein.“

So äußert sich am 3. Mai 2000 in den *WN* der konservative Philosoph Hermann Lübbe (vgl. Haunfelder 2000: 43), der im Nachkriegs-Münster bei Joachim Ritter studierte (vgl. Lübbe 2007: 123ff.). Ritter, der im November 1933 zu den Unterzeichnern des „Bekenntnis[ses] der Professoren an den deutschen Universitäten und Hochschulen zu Adolf Hitler und dem nationalsozialistischen Staat" gehört und seit 1937 Mitglied der NSDAP und des NS-Lehrebundes ist, wird 1941 außerordentlicher und 1943 ordentlicher Professor in Kiel, 1953-1956 in Istanbul, seit 1956 dann in Münster (vgl. Klee 2003: 499).

Herkunftstreue als Verheißung besonderer Zukunftsfähigkeit. Lübbes Worte werden interessant, wenn man sie korrespondierend mit seinen Äußerungen zum „Nationalsozialismus im Bewußtsein der deutschen Gegenwart" liest. Der gleichnamige Vortrag zum 50. Jahrestag der 'Machtergreifung' Hitlers erscheint 1989 als Wiederabdruck in einem Aufsatzband mit dem beredten Titel „Die Aufdringlichkeit der Geschichte".[14] Ausgehend von diesem Zusammenhang sollen nun die Mechanismen einer Derealisierung der Geschichte untersucht werden, deren Manifestation der Prinzipalmarkt als architektonische Deckerinnerung ist.

Lübbes zentrale These ist,

> „daß die gewisse Zurückhaltung in der öffentlichen Thematisierung individueller oder auch institutioneller Nazi-Vergangenheiten, die die Frühgeschichte der Bundesrepublik kennzeichnet, eine Funktion der Bemühung war, zwar nicht diese Vergangenheiten, aber doch ihre Subjekte in den neuen demokratischen Staat zu integrieren" (Lübbe 1989: 341).

Eine „gewisse Stille" sei das „sozialpsychologisch und politisch nötige Medium der Verwandlung unserer Nachkriegsbevölkerung in die Bürgerschaft der Bundesrepublik Deutschland" gewesen (ebd.: 339). Die „bekannte Verdrängungsthese", das ergebe sich daraus, sei „falsch". Damit werde dem „Common sense" zugemutet, ein millionenfaches Verschwinden von Erinnerung glaubhaft zu finden, trotz des Fakts, dass Millionen Nachkriegs-Deutsche von den „Besatzungsmächte[n]" in Filmdokumentationen über KZ und brennende Synagogen „kommandiert" worden seien. Ebenso werde die „historisch-politische Aufgabe" einer „zukunftsfähige[n]" moralisch-politischen Positionierung gegenüber dem Nationalsozialismus „verwandelt [...] in die Merkwürdigkeit der nationaltherapeutischen Unternehmung", werde schließlich die „dauerhaft gegenwärtig[e]" Präsenz der NS-Zeit in dokumentarischen, historiographischen und literarischen Werken seit Eugen Kogons „SS-Staat" negiert (ebd.: 341).

Lübbe markiert als seine Gegenseite die '68er', die Auffassungen über die Entstehung des Faschismus „erfolgreich unter Correctnesskontrolle gebracht und damit im politisch-moralischen Sinne selbstdisqualifikationsfähig gemacht" hätten (Lübbe 2007: 95). Mit der „Verdrängungsthese" dürfte er vor allem Margarete und Alexander Mitscherlich (die er aber namentlich nicht nennt) ansprechen und deren

---

14 Zuerst publiziert als Aufsatz in der *Historischen Zeitschrift,* Bd. 236, Heft 3 (Juni 1983), S. 579-599.

Analyse der im Nachkriegsdeutschland augenblicklich einsetzenden Mechanismen einer „Derealisierung des soeben noch wirklich gewesenen Dritten Reiches" und des „scheinbar mühelos" gelingenden

> „Rückzug[s] alles libidinösen Interesses von dem, was die Wirklichkeit des Dritten Reiches ausgemacht hat, sei es in Taten, sei es in Worten und Phantasien. Die Schnelligkeit des Vorgangs verdeckt leicht, dass es sich trotzdem um ein gewaltsames Losreißen von der eigenen Identität, von den gepflegten und gehegten Größenideen handelt, das hier stattfindet" (Mitscherlich/Mitscherlich 1998: 40f.).

Nun gehört zum historischen Selbstbild Münsters die Beschwörung der katholischen Resistenz gegen den Nationalsozialismus. Um so mehr lässt sich aus dieser Position vertreten, was Mitscherlich/Mitscherlich als kollektive Schuldabwehr pointieren: „Der 'Führer' war an allem schuld" (ebd.). 'Schuld' hatte wahlweise auch eine „Furie des Krieges", wie es im Nachkriegs-Münster oft auch offiziell heißt. Eine „Furie", deren Beschwörung zugleich die Reklamation der Deutschen als 'Opfer' bedeutet, wie es bereits im Nachkriegsdiskurs selbstverständlich ist – auch in Münster.

Diese in der Wiederaufbau- und Wirtschaftswunder-BRD alles andere als schweigend gepflegte Selbstthematisierung als 'Opfergemeinschaft' – 'Deutsche' als Opfer der Bombardierungen, Kriegsgefangenschaft oder Vertreibung – steht Lübbes (2007: 39) Diktum einer „[b]eschwiegene[n] Vergangenheit" als „Rückkehr zur politische[n] Normalität", die als 'Integrationserleichterung' von NS-Belasteten eine 'Erfolgsgeschichte' der westdeutschen Gesellschaft begründet habe, entgegen. Auch Lübbes Argumente bezüglich der Täter-Thematisierung etwa durch die Alliierten ab 1945 sind von Mitscherlich/Mitscherlich lange vorher widerlegt worden. Mit Bezug auf Freuds Definition von „Bewältigen" fürs Individuum („erinnern, wiederholen, durcharbeiten") betonen sie: „Der Inhalt einmaligen Erinnerns, auch wenn es von heftigen Gefühlen begleitet ist, verblasst rasch wieder" bzw. wird durch die „instinktiv und unbewusst arbeitenden Kräfte des Selbstschutzes im Vergessen, Verleugnen, Projizieren und ähnlichen Abwehrmechanismen" zum Verblassen gebracht. Was als „Bewältigen" beim Individuum – zumindest, wenn das „Leiden am Symptom größer ist als der Gewinn aus der Verdrängung" – in der „klinischen Praxis" mittels Lockerung der „Bewußtseinszensur" erfolgreich sein könne, führe aber in der „politischen Praxis" nicht weiter. Zumal dann, wenn eine solche „Therapie [...] in einem Kollektiv verwirklicht werden" müsste, „dem es, wenigstens materiell, insgesamt besser geht als je zuvor", und dessen Anreiz, sich einer „Wiederkehr des Verleugneten und Vergessenen" zu stellen, nicht (oder kaum) vorhanden ist – schon, „weil die manische Abwehr durch Ungeschehenmachen im Wirtschaftswunder sehr erfolgreich war" (Mitscherlich/Mitscherlich 1998: 24f.).

Zu diesem manischen „Ungeschehenmachen" zähle insbesondere der rasche Wiederaufbau der deutschen Städte. Dessen Basis ist die ebenfalls mit Stolz konnotierte rasche Beseitigung der Trümmer. Was in Münster gern als 'westfälisch-trotziges

Beharren' gegen das 'Schicksal' der Kriegszerstörungen präsentiert wird und wurde, stellt aber (zumindest in Münster anders als Mitscherlich/Mitscherlich das allgemein auffassen) eine weitere Derealisierung dar: die Entwirklichung der Trümmerräumung durch ZwangsarbeiterInnen bis 1945 und ihre erneute Heranziehung (nun als „Displaced Persons") durch die Stadtverwaltung von Ende 1946 bis Ende 1948, um eine offenbar räumunwillige 'heimische' Bevölkerung zu entlasten.[15]

Das Funktionieren dieser Entwirklichungen zeigt exemplarisch der „Bericht im Rat: 10 Jahre Wieder-Aufbau in Münster", den der Oberstadtdirektor Heinrich Austermann im Oktober 1956 vorträgt. Sehr ähnlich wie Lübbe („Herkunftstreue" als Hinweis auf „Zukunftsfähigkeit") sagt Austermann damals: „Die Stadt, in Ehrfurcht vor ihrer Geschichte wiedererstanden, kann ihren Bürgern eine wahre Heimat für die Gegenwart sein. Die Stadt ist mit unserem Lande in glücklicher wirtschaftlicher Entwicklung gewachsen." (zit. n. Stadt Münster 1980: 217) Und das, nach einem „der schwersten Rückschläge", die Münster in seiner Geschichte „sicherlich in diesem Kriege erlitten" habe,

> „da die Stadt 1945 in der Zerstörung und der Flucht eines großen Teils der Bevölkerung gestorben zu sein schien. In diesem schrecklichen Zustand [...] haben sich die Bürger und besonders die verantwortlichen Männer die Frage vorgelegt, [...] ob es gelingen könnte, etwas von dem wunderbaren, geliebten Bild der Stadt herzustellen, ihr den alten Geist wieder zu verleihen. Und selbst als nach dem Aufbau der ersten Jahre Zuversicht und Selbstvertrauen wuchsen, war es die Frage, ob Münster auch seinen Rang als Hauptstadt Westfalens und als große Handelsstadt im Wettbewerb mit anderen werde wiedererlangen und behaupten können" (zit. n. ebd.: 208).

Etwas vom „geliebten Bild der Stadt" zu produzieren und im Städte-Wettbewerb erfolgreich gewesen zu sein, attestiert Austermann dann auch:

> „Münster ist ein gesundes, im besten Sinne modernes Gemeinwesen voll blühenden Lebens, würdig in seinem äußeren Aufbau, seinen Rang als Hauptstadt Westfalens unbestritten behauptend." (zit. n. ebd.: 214)

Von einer scheinbar „gestorben[en]" zu einer Stadt des „blühenden Lebens". Vom „Kriege" ist die Rede, von größtmöglicher Zerstörung. Der Grund für all das – der deutsche Faschismus – aber wird nicht ausgesprochen. Nicht einmal dann, wenn es um den „hochseligen Kardinal Clemens August Graf von Galen" geht. „[G]anz Deutschland und die Welt" habe in den „Schrecken der Kriegsjahre und in der niederdrückenden Zeit des Zusammenbruchs [...] auf den Bischof von Münster gesehen" als bewundertes „Symbol der Stärke und der christlichen Freiheit" (ebd.: 212). Warum Galen weltweit für christliche Freiheit gestanden haben soll – hier hätte Austermann dessen Predigten gegen die „Euthanasie"-Morde des NS-Regimes

15 Vgl. Kap. 9.7.

nennen können – bleibt ungesagt.[16] Der Faschismus ist aus der Wirklichkeit gleichsam verschwunden.

Die „kollektive[] Verleugnung der Vergangenheit", die sich auch darin zeige, dass Melancholie oder Trauer „in der großen Masse der Bevölkerung" kaum feststellbar gewesen sei, so Mitscherlich/Mitscherlich (1998: 40), das Fernhalten einer „Einsicht in die überwältigende Schuldlast", erscheine in drei Phasen: Eine signifikante emotionale Starre angesichts der millionenfachen (Mord-) Opfer kennzeichnet den Abzug jeder „lust- oder unlustvollen" Beteiligung am „Dritten Reich", das so „traumartig" versinke. Albert Speers engster Weggefährte Rudolf Wolters äußert sich genau in dieser Weise, wenn er Ende 1951 schildert, dass Hitlers Nürnberger „Kulturrede" von 1935 eine „Verheißung" für ihn gewesen sei. „Das klingt heute natürlich sehr eigenartig. Alles liegt schon traumhaft weit zurück: man möchte meinen, es wäre gar nicht gewesen" (zit. n. Durth 1986: 334).

Das „traumartig[e]" Versinken ermöglicht nach Mitscherlich/Mitscherlich (1998: 40) Phase zwei, die leichte und scheinbar kränkungsfreie Identifikation mit den Siegern, und darauf aufbauend Phase drei, das „Ungeschehenmachen" per Wiederaufbau. Die Identifikation mit den Siegern ist dann auch eine weiterer Grund dafür, dass in Austermanns Bericht, wie in all den anderen Betrachtung, einem ausdrücklich anonymen Krieg (und nicht den amerikanischen und britischen Bomberstaffeln) die Zerstörung einer bis dahin „wunderbare[n]" Stadt, einer 'Heimat' vorgeblich ohne jedes Negative vorgeworfen wird.

Der CDU-Politiker Heinrich Austermann (geboren 1909), 1952 vom Rat der Stadt einstimmig zum Oberstadtdirektor gewählt, zählt zur 'jungen Generation' in der damaligen Kommunalpolitik, die die „älteren 'Männer der ersten Stunde'" ablösen. Was aber nicht heißt, dass diese Jüngeren für einen Bruch mit dem NS-Staat stehen (müssen). So auch im Fall Austermann. Der Volljurist ist schon seit 1935 „im städtischen Dienst", zunächst als Rechtsrat, dann seit 1948 Stadtrat und anschließend Kämmerer. Und: Im Gegensatz zu seinem Amtsvorgänger als Oberstadtdirektor Karl Zuhorn (amtiert seit 1946) ist Austermann Mitglied der NSDAP (seit Mai 1933) und der SA gewesen, was allerdings bei seiner Wahl im Rat „nicht weiter problematisiert" worden ist. Austermann selbst hatte in seinem Entnazifizierungsverfahren 1946 geltend gemacht, sein mangelndes politisches Engagement in der NS-Verwaltung habe ihn in seiner Karriere gehemmt (vgl. Mecking 2003: 249ff.).

16 Dass Austermanns Äußerungen auch ohne Explikation verstanden würden, wäre als Einwand nicht stichhaltig. Die „Kriegsjahre" und der „Zusammenbruch" werden von ihm ja, trotz allgemeiner Bekanntheit auch ausdrücklich genannt.

9.1 Exkurs: Die Logik des „Beschweigens": Integrierte TäterInnen und weiter diskriminierte Opfer

Das „kommunikative Beschweigen" (Lübbe) der alltäglichen Täter und ihrer Taten führt zwangsläufig zum Beschweigen der Opfer oder zur Rechtfertigung des von ihnen Erlittenen. Julia Volmer (2001: 347f.), die die Geschichte der „Wiedergutmachung" in Münster erforscht, stellt fest: In der Nachkriegsgesellschaft verläuft die Integration der Täter früher und reibungsloser als die Integration der Opfer. „Deren 'Bevorzugung' stieß im Gegenteil schon bald auf Widerstand und Neid und führte in der prekären Versorgungssituation der Nachkriegszeit zu Spannungen." (ebd.: 348).

Die Begegnung von integrierten TäterInnen oder ProfiteurInnen und auch weiterhin diskriminierten Opfern lässt sich für Münster konkret am Beispiel Paul Wulfs (1921-1999) zeigen. Wulf wird 1938 als 16jähriger in der Anstalt Marsberg zwangssterilisiert. Kurz zuvor hatte das „Erbgesundheitsgericht" Arnsberg geurteilt, er sei „wegen angeborenen Schwachsinns unfruchtbar zu machen" (zit. n. Krieg 2007a: 18). Grundlage ist das „Gesetz zur Verhütung erbkranken Nachwuchses" von 1934. In den 1950er Jahren arbeitet Wulf als Hilfsgärtner bei den Uni-Kliniken in Münster. Und hier trifft er auf einen der wissenschaftlichen Hauptverantwortlichen im NS-Staat, den Eugeniker, „Rassehygieniker" und Doktorvater Alfred Mengeles Otmar von Verschuer (vgl. ebd.: 27). Verschuer ist ab 1951 Direktor des Instituts für Humangenetik – in der Stadt, die sich – in Gestalt des „Löwen" Galen – offiziell des Widerstands gegen die „Euthanasie"-Morde lobt. Hinter der Figur Galens verschwinden allerdings auch die 'dunklen Flecken' auf Einrichtungen der katholischen Kirche. Die „Idiotenanstalt" St. Johannes-Stift in Marsberg (Sauerland) wird geführt von den „Barmherzigen Schwestern vom heiligen Vincenz von Paul". Sie nehmen offenbar an lokalen NS-Aufmärschen teil, wie ein Foto von ca. 1941 zeigt. In der Anstalt herrscht nicht nur das Vokabular der NS-Ideologie (vgl. Brune 2007: 59f.). Auch, nachdem in Marsberg KatholikInnen Flugblätter mit dem Text der Galen-Predigten verteilen, geht in „den Anstalten [...] das Morden dennoch weiter: durch Medikamente, Hunger und Gewalt. [...] Daran ändert sich auch nach 1945 nichts. [...] Von 1943 bis Anfang der 50er Jahre sind rund 400 Kinder in der Anstalt St. Johannes-Stift gestorben" (Krieg/Nolte 2007: 71; vgl. Kersting 2007: 42f.).

„[A]ngeborene[r] Schwachsinn", so Robert Krieg (2007a: 18), sei „die am häufigsten gestellte Diagnose bei den ca. 350.000 Menschen", die im Faschismus zwangssterilisiert worden seien. Der damalige Leiter der Marsberger Anstalt Walther Kaldewey (1896-1954) – Spitzname „Menschenmetzger" –, „alter Kämpfer" und überzeugter Nationalsozialist, wird ab 1939 Gutachter der „T4" genannten „Euthanasie"-Aktionen und ist somit „aktiv am Massenmord von Kranken und Anstaltsinsassen" beteiligt (ebd.). Nach drei Jahren Internierung durch die US-Armee wird er 1948 im Verfahren vor einer Spruchkammer entlastet, lässt „sich in Bremen als Nervenarzt nieder und fungierte in dieser Funktion [...] auch als Fachgutachter in Renten- und Entschädigungsfragen" (Kersting 2007: 45), wobei er AntragstellerInnen „seelische Bereicherungen durch KZ-Haft" oder „Rentenneurosen" und Versuche der persönlichen Bereicherung bescheinigt (zit. n. ebd.: 45f.).

Paul Wulf wird nach 1945 Jahrzehnte lang vergeblich versuchen, gerichtlich gegen das erlittene Unrecht vorzugehen. Zwar wird das Urteil des Arnsberger „Erbgesundheitsgerichts" 1950 auf sein Betreiben vom Amtsgericht Hagen aufgehoben, da eine Intelligenzprüfung ergeben habe, dass Wulf „nicht an angeborenem Schwachsinn" leide. Allerdings handele es sich hierbei um eine „nicht vorhersehbare günstige Spätentwicklung", weshalb Diagnose und Urteil von 1938 doch aus damaliger Sicht gerechtfertigt und rechtmäßig zustande gekommen sei. Die von Wulf geltend gemachten körperlichen Folgeschäden erkennt das Hagener Gericht nicht an. Derartige Schäden würden erfahrungsgemäß „durchweg simuliert" (zit. n. Krieg 2007a: 19ff.). Fünf Jahre später lehnt das Dezernat für Wiedergutmachung des Münsteraner Regierungspräsidenten Wulfs Antrag auf Entschädigung ab. Begründung: Die Zwangskastration sei „aufgrund einer Diagnose und nicht aufgrund einer Verfolgung angeordnet und durchgeführt worden" (ebd.: 22). Vergleichbar argumentiert 1957 die Oberfinanzdirektion Münster. Sie verweist auf ein Urteil des Oberlandesgerichts Hamm von 1954, wonach das „Gesetz zur Verhütung erbkranken Nachwuchses" 1934 „in gesetzmäßiger Form zustande gekommen war und gültiges Recht darstellte". Es verstoße nicht gegen „Menschenrechte oder rechtstaatliche Grundsätze", schon, weil ähnliche Gesetze in anderen Rechtsstaaten existierten (zit. n. ebd.), oder weil sie lange vor 1933 nicht zuletzt von deutschen Sozialdemokraten gefordert wurden. 1962 wird diese Sicht vom Bundesgerichtshof abgesegnet. Es urteilt, der Bestand des Gesetzes diene dem Gemeininteresse. Justiz, Politik und Verwaltungen ziehen sich gegenüber den Opfern der NS-Psychiatrie auf diese Positionen zurück und ignorieren, dass das Gesetz von 1934 „den Auftakt zur systematischen Verfolgung und Ausrottung von 'rassisch minderwertigem und lebensunwertem Leben' bildete" (ebd.: 24).

Erst 1979 kann sich Paul Wulf durch ein Urteil des Sozialgerichts Münster gegen die Landesversicherungsanstalt eine Erwerbsunfähigkeitsrente erstreiten (vgl. ebd.: 36). In den Jahrzehnten zuvor wird er in Münster „in behördeninternen Aktennotizen" als „Querulant" geführt. Er ist als „Roter" verschrien, da er sich bei der „Vereinigung der Verfolgten des Naziregimes" engagiert und in der Nachkriegszeit der KPD beitritt, von der er sich später abwendet (Krieg 2007: 116ff.). Seit den 1970er Jahren organisiert er Ausstellungen in Münster und Umgebung, in Osnabrück und Hamburg, im Ruhrgebiet, im Sauer- und Lipperland. Themen sind „Euthanasie", Medizin, Frauenbild und Jugendpolitik im Nationalsozialismus, Widerstand und die bundesdeutsche Nachgeschichte. Sein Material hat er seit den 1950er Jahren als Autodidakt in Archiven gesammelt (vgl. Diel 2007: 147ff.).

Verschuers akademischer Spitzenposten ist für die Nachkriegs-BRD bekanntlich nicht ungewöhnlich. Dass er, wie viele andere NS-Akademiker, von denen im Folgenden einige Biographien exemplarisch vorgestellt werden, seine Karriere in Münster fortsetzen kann, ist aber auch lokalspezifisch durchaus kein Zufall:

> „Die akademische Szene Münsters war bis in die 1960er Jahre hinein von einem 'Autoritätsdenken' und in diesem Sinne von 'Restauration' geprägt, und auch die Entnazifizierung war hier weit weniger folgenreich als an anderen Universitäten." (Plöger 2007: 360)

Konkret heißt das: Ab 1945 werden 39 Münsteraner Hochschullehrer von den britischen Militärbehörden wegen Verstrickungen ins NS-System entlassen. Im Frühjahr 1949 sind 27 von ihnen wieder auf ihren Posten. Infolge eines Bundesgesetzes (Mai 1951) zur Unterbringungspflicht von Angehörigen des öffentlichen Dienstes, die von den Alliierten entlassen worden waren, werden von den 12 noch nicht wieder eingestellten Münsteraner Dozenten bis 1958 drei in Münster reaktiviert und drei an andere Hochschulen berufen; drei weitere waren bereits 1949 emeritiert worden (vgl. Kurz/Witte 1980: 124f.). Kurz: „Ganze drei Professoren blieben [...] übrig, die im Ergebnis der Entnazifizierung an der Universität Münster nie mehr ein akademisches Lehramt bekleiden sollten" (ebd.: 125).

Zu diesen drei gehört Erich Schütz (1902-1988) nicht. Er ist Ordinarius in Münster seit 1937. Schütz gehört nach Einschätzung des ranghöchsten NS-Mediziners Karl Brandt zu den führenden Physiologen im Faschismus (vgl. Klee 2003: 564). Ab 1933 forscht er für die Wehrmacht über die Wirkung von Giftgas auf Atmung und Kreislauf. Seit Beginn des Krieges kombiniert er seinen Münsteraner Lehrstuhl mit dem Posten eines Sonderführers für luftmedizinische Forschung beim Reichsluftfahrtministerium in Berlin. Im Oktober 1942 nimmt er in Nürnberg an der Tagung „Seenot" zu den Menschenversuchen im KZ Dachau teil (vgl. Klee 2001: 188). Dabei „werden die Bedingungen abgeschossener und im Meerwasser treibender Piloten simuliert. Die Häftlinge kommen in Bottiche mit eiskaltem Wasser. Geklärt werden soll die Ursache des Kältetods. Der Tod der Versuchspersonen ist das Ziel der Versuche" (ebd.: 185f.). 1944, inzwischen ist er Oberstabsarzt und Leiter der Chefabteilung des Luftfahrtmedizinischen Forschungsinstituts (vgl. Klee 2003: 564), führt Schütz mit PatientInnen der Münsteraner Universitätsnervenklinik in Unterdruckkammern Menschenversuche zur Herztätigkeit bei mangelndem Sauerstoff durch (vgl. Klee 2001: 188). Schütz behält seinen Lehrstuhl in Münster nach 1945 (ebd.).

Auch der Hygieniker Karl Wilhelm Jötten behält seinen Lehrstuhl problemlos. Nach 1945 ist er Direktor des Hygiene-Instituts. Das NSDAP-Mitglied (Mai 1933) fordert 1935, „daß Hilfsschüler 'aus dem Fortpflanzungsprozeß ausgeschaltet werden'" (Klee 2003: 288). In Münster hält er regelmäßig (wie auch eine Reihe seiner Kollegen) Vorlesungen zu „Rassenhygiene und Eugenik" und zum „Sterilisationsgesetz" (Vieten 1980: 105). Jöttens Münsteraner Kollege Johann Paul Kremer (1883-1965), PG seit

1932 und SS-Obersturmführer, wird durch sein Auschwitz-Tagebuch bekannt. Im Herbst 1942 nimmt er im Vernichtungslager an „Selektionen", „Vergasungen" und „Sonderaktionen" teil, beaufsichtigt Prügelstrafen und Erschießungen, entnimmt „lebendfrisches Material von menschlicher Leber". All das verzeichnet er ebenso akribisch, wie seine kulinarischen Erlebnisse (ebd.:108f.). Das polnische Todesurteil von 1947 gegen ihn wird nicht vollstreckt. Er kommt 1958 frei und wird 1960 in Münster zu zehn Jahren verurteilt, die als in Polen verbüßt gelten (Klee 2003: 338).

1950, zum 25. Jubiläum der medizinischen Fakultät, wird das von Hermann Lübbe nobilitierte „kommunikative Beschweigen" offensiv vertreten. Peter Esch, damals Professor an der Universitäts-Frauenklinik, selbst Dekan der Fakultät 1933/34 und NSDAP-Mitglied seit Mai 1933 braucht nur einen Satz dazu: „Indessen wollen wir es uns ersparen, an unserem Festtage auf die Irrungen und Wirrungen der unglückseligen Zeit des Nationalsozialismus einzugehen." (zit. n. Vieten 1980: 104) Dieses Beschweigen wird noch Jahrzehnte anhalten, auch wenn sich das eigentliche politische Klima seit den 1970er Jahren deutlich wandelt. Allerdings bekennt sich die Universität Münster offiziell erst im Juli 2000 zu ihrer Verantwortung für Unrecht im Nationalsozialismus. Die Nachkriegskontinuitäten werden in dieser Erklärung allerdings weiter vernachlässigt (vgl. *nrw taz münster* vom 20. Juli 2000).

Das reaktionäre Klima der Nachkriegs-Universität zieht auch auswärtige Akademiker an, die ihre Karrieren als „konservative Revolutionäre" vor 1933 oder im „Dritten Reich" begonnen hatten, so im Fach Soziologie. Hier bilden sich regelrechte Seilschaften, etwa um Hans Freyer (1887-1969). Seit 1925 ist er Ordinarius in Leipzig. 1931 publiziert er „Revolution von Rechts", 1934 wird er zum „Führer der Deutschen Soziologie" ernannt und Mitglied der „Akademie für Deutsches Recht", gegründet von Reichsjustizkommissar Hans Frank zur Etablierung eines „germanischen Herrenrechts". In Leipzig ist Freyer nach 1945 wegen seiner Vergangenheit unerwünscht, 1948 wird er offiziell entlassen (Klee 2003: 165 u. 721). Das „Münsteraner Klima jener Tage" ist „aufgeschlossen, ja überaus freundlich" für Akademiker wie Freyer oder seinen Schüler Helmut Schelsky (Plöger 359f.). Schelsky (1912-1984), „seit 1933 aktiv im Nationalsozialistischen Studentenbund", Mitglied der SA und seit 1937 der NSDAP (van Dyk/Schauer 2008: 109), assistiert Freyer 1940/41 am „Deutschen Wissenschaftlichen Institut" für Kulturpropaganda in Budapest und wird 1943 außerordentlicher Professor an der NS-Kampfuniversität Straßburg. Sechs Jahre später ist er Professor in Hamburg, seit 1960 in Münster (vgl. Klee 2003: 530). Auch der „Vertreter einer 'antisemitischen Soziologie'" Karl Heinz Pfeffer (1906-1971) erhält zu Beginn der 1960er Jahre im Rang eines Abteilungsleiters einen Lehrstuhl der Sozialforschungsstelle Dortmund und an der Universität Münster (vgl. ebd.: 458). Er wird von Schelsky geholt (Plöger 2007: 246).

Noch immer sind die Sozialwissenschaften für 'Rassengenetik' offen. Für das Sammelwerk „Der Raum Westfalen" findet 1956-1959 eine Untersuchung „an über 20.000

westfälischen Schulkindern" statt, angebunden an Verschuers Institut für Humangenetik (Haar/Fahlbusch 2008: 637). Leiterin der Studie ist die Anthropologin Ilse Schwidetzky (1907-1997), die „zu den wichtigsten Vertreterinnen der Rassenkunde" gehört. 1939-1942 veröffentlicht Schwidetzky zusammen mit Egon von Eickstedt 14 Hefte zu „Rasse, Volk, Erbgut in Schlesien". Hierzu wurden „tausende von Dorfbewohnern vermessen und mittels einer eigens entwickelten 'Rassendiagnoseformel' [...] klassifiziert" (ebd.: 635). Schwidetzkys Münsteraner Studie in den 1950er Jahren – sie hat, wie Eickstedt seit 1946 einen Lehrstuhl für Anthropologie in Mainz – ist ein „Nachfolgeprojekt" ihrer Schlesien-Studie (ebd.: 637). Dass sie nun Kinder untersucht, erklärt sie 1967 in der Veröffentlichung im „Raum Westfalen" unverhohlen mit dem Fehlen „einer autoritären Führung", die nötig sei, um „die örtlichen Organe" anzuweisen, eine genügende Anzahl Erwachsener „zur Untersuchung zu laden" (zit. n. ebd. 638). Auch Verschuer publiziert 1958 als Sonderdruck im Verlag Aschendorff eine „genetische Erforschung der Bevölkerung im Raum Westfalen".

Otmar Freiherr von Verschuer (1896-1969), der führende Erbbiologe und Rassehygieniker der NS-Zeit, beginnt seine Karriere 1928 am Kaiser-Wilhelm-Institut für Anthropologie in Berlin. 1935 wird er in Frankfurt/M. Direktor des Instituts für „Erbbiologie und Rassenhygiene" und Richter am „Erbgesundheitsobergericht". Er propagiert die Sterilisation von 'Schwachsinnigen'. 1940/41 publiziert er rassistische und antisemitische Werke wie das Lehrbuch für „Erbpathologie" und den „Leitfaden für Rassenhygiene". 1942 begrüßt er die „Lösung" der „Judenfrage" als „Rassenfrage". Ab 1943 leitet und überwacht Verschuer als Honorarprofessor in Berlin die Menschenversuche seines Assistenten Alfred Mengele in Auschwitz (Klee 2001: 130ff.; vgl. ders. 2003: 639). 1951 baut Verschuer quasi die Universität Münster mit neu auf. Er erhält hier „den ersten bundesdeutschen Lehrstuhl für Humangenetik", wird zugleich Direktor des Instituts und bleibt das bis 1965 (Klee 2001: 265). In dieser Zeit wird auch der Hilfsgärtner Paul Wulf auf ihn aufmerksam.

> „Hilflos und wütend musste Paul Wulf erleben, wie einer der bedeutendsten Vertreter der Erbgesundheitslehre und damit einer seiner ärgsten Widersacher völlig unbehelligt von seiner faschistischen Vergangenheit in hohen Ehren gehalten wurde und der Stadt Münster als einer ihrer bedeutenden Bürger galt." (Krieg 2007a: 28)

Hermann Lübbes Paradebeispiel für derartige Begegnungen (und die 'Pragmatik des Schweigens') sieht völlig anders aus. Hier trifft der Holocaust-Überlebende Helmuth Plessner als Universitätsrektor im Nachkriegsdeutschland „gerade nicht auf Subjekte ideologisch motivierter politischer Schwerkriminalität". Derartiges sei „alltagspraktisch" die Regel. Der große Philosoph hat es demnach nur mit kleinen Geistern zu tun: Hausmeister, die ehedem subalterne SA-Mitglieder gewesen seien, „studentische Kriegsheimkehrer", „Sekretärinnen", die kleine NS-Frauenschaftlerinnen gewesen, Professoren, die als Beamte 1937 zum Masseneintritt in die NSDAP genötigt worden seien (Lübbe 2007: 83f.). Der jüdische Remigrant Plessner, meint Lübbe, habe

„selbstverständlich" gewusst, dass er mit diesen Leuten „zweckmäßigerweise schweigend umzugehen hatte" (ebd.: 105). Lübbe beschweigt allerdings, dass Plessner (und andere) tatsächlich Anstoß genommen haben an den ungebrochenen Karrieren von Hochschullehrern, ebenso, dass Helmut Schelsky Plessner später in einer polemischen Replik wahlweise als „Deutschenhasser" und bloß „verhinderte[n] Faschist[en]" angegriffen hat (vgl. Plöger 2007: 360 u. 34f.).

9.2 Der neue Prinzipalmarkt als architektonische Deckerinnerung

Mit Lübbe würde man den von ihm gelobten Wiederaufbau-Prinzipalmarkt vielleicht als Architektur des integrativ notwendigen Stillschweigens bezeichnen können, als historisierende 'Schließung' der 'dunklen Jahre'. Aber auch dies wäre falsch. Diese Architektur ist weniger Historisierung, vielmehr Derealisierung der (jüngsten) Geschichte mittels Inszenierung einer bruchlos-'heilen' Vergangenheit (und Gegenwart). Im Austermann-Bericht ist ein zweiter wesentlicher Punkt angesprochen: die Stadt als wieder prosperierendes bürgerliches Gemeinwesen. Der Nachkriegs-Prinzipalmarkt verbindet also die Neuerfindung einer von Schuld unbelasteten Vergangenheit mit einer 'besseren' nahen Zukunft, repräsentiert auch den wirtschaftlichen Aufschwung der Handelsstadt und die bürgerliche Regional-Metropole mittels einer als angemessen würdig empfundenen Architektur. Der komplette, 'historisch' anmutende Neubau (ohne Spuren der realen Geschichte) wirkt so in beide Richtungen, Vergangenheit und Zukunft. Zu Recht stellen auch Gutschow/Stiemer (1982: 193) fest:

> „Gestaltungsprozesse der Geschichte sollen rückgängig gemacht, Gegensätzlichkeiten aufgehoben werden, um zu einer Harmonie zu kommen, die weiter zurückliegenden Zeiten zugeschrieben wurde."

Sie beziehen das zwar konkret auf die „emotionale" Argumentation des SPD-Ratsherrn Theodor Geringhoff im Juli 1950 bezüglich des Wiederaufbaus des Hauses Prinzipalmarkt 5, der Wunsch nach der „Erzielung einer maximalen Einheitlichkeit" (ebd.), die der Vergangenheit zugeschrieben wird, trifft gleichwohl auf den gesamten Straßenzug zu. Diese eigentliche Neuerfindung der Vergangenheit – die komplettiert werden soll durch die (Neu-) Erfindung einer 'urwestfälischen Gemütlichkeit' mittels Traditionsgaststätten – ist deutlich mehr die von Mitscherlich/Mitscherlich beschriebene „Abwehr durch Ungeschehenmachen", als die normalen Wiederaufbaulösungen in anderen deutschen Städten. Der Prinzipalmarkt als blockartige Bebauung (Rosinski), als abwehrender Block gegen die „Aufdringlichkeit der Geschichte" (Lübbe) – als Ort, der aber zugleich durch die Beibehaltung der 'mittelalterlichen' Anmutung (s.u.) dieser historischen „Aufdringlichkeit" 'entrückt' wird – und somit als Ausdruck eines „unbeschädigten Bürgersinn[s]" (Lübbe): Dieses „Ungeschehenmachen" durch Wiederaufbau als Neuerfindung der Geschichte lässt sich auch als architektonische „Deckerinnerung" bezeichnen.

Den Begriff der „Deckerinnerung" verwendet Sigmund Freud für die „tendenziöse Natur unseres Erinnerns" erstmals 1899 und erneut 1904. Freud geht es hierbei um „die frühesten Kindheitserinnerungen" von Individuen, in denen oft scheinbare Nebensächlichkeiten bewahrt würden, während wichtige, affektbesetzte Eindrücke „im Gedächtnis der Erwachsenen" verschwunden seien:

> „Die indifferenten Kindheitserinnerungen verdanken ihre Existenz einem Verschiebungsvorgang; sie sind der Ersatz in der Reproduktion für andere, wirklich bedeutsame Eindrücke, deren Erinnerung sich durch psychische Analyse aus ihnen entwickeln läßt, deren direkte Reproduktion aber durch einen Widerstand gehindert ist." (Freud 1998: 43)

„Deckerinnerung" nennt er sie, weil „sie ihre Erhaltung nicht dem eigenen Inhalt, sondern einer assoziativen Beziehung ihres Inhalts zu einem anderen, verdrängten verdanken" (ebd.).

Freuds Begriff der „Deckerinnerung" bezieht sich also auf Kindheit und Individuum. Hier aber soll es um ein kollektives Phänomen unter Erwachsenen gehen. Nun spricht Freud selbst beim analogen Phänomen des „Namenvergessens" bei Erwachsenen von einer 'Ansteckung' hin zum „'kollektive[n]' Vergessen", das also „streng genommen ein Phänomen der Massenpsychologie" sei (ebd.: 42). Zugleich ist „Deckerinnerung" durchaus verwandt mit dem Begriff der „Derealisierung" bei Mitscherlich/Mitscherlich (1998: 24f.) – und Freud verwendet „Deckerinnerung" auch in seinem Aufsatz „Erinnern, Wiederholen und Durcharbeiten" von 1914, auf den die Mitscherlichs sich beziehen (vgl. Freud 1960: 128f.). Insofern lässt sich „Deckerinnerung" (wenigstens leihweise) anwenden auf kollektive Erfahrungen, ebenso auf das Verhältnis von Orten und Erinnerung.

Petra Muckel (1996: 101) beschäftigt sich in einer kurzen Abhandlung mit „Erinnerungsdynamiken an Orten unter psychologischer Perspektive" und hier auch mit kollektiv bedeutsamen öffentlichen Orten. In ihren Überlegungen verweist sie ebenfalls auf Freuds „Deckerinnerungen" sowie auf Jean Laplanche/Jean-Paul Pontalis und deren Analogisierung von „Deckerinnerung" und „Symptom" als jeweilige „Kompromissbildung zwischen verdrängten Elementen und der Abwehr" (1973: 113). In der Verknüpfung mit Walter Benjamins Konzept von Gedächtnis und Traum und Heinz Kimmerles Theorie des Symptoms als „Erinnerungssymbol" stellt Muckel fest: Orte, an denen „Gedenken und Erinnern inszeniert werden", sprächen eine „eigene Sprache", die Analogien aufwiesen zur „Sprache der Symptome [...] oder auch der Träume [...]. Denn diese beiden Sprachsysteme berücksichtigen u.a. in besonderer Weise unbewusste Anteile und implizieren ein anderes, nicht an Fakten orientiertes Wahrheitskriterium". So wie „Symptome, die zu 'Zeugen ihrer eigenen Entstehungsgeschichte' [...] werden, sollten Orte und deren Hinweise auf vergangene Ereignisse, seien diese nun Spuren der Vergangenheit oder deren (aktuellere) Inszenierung, als Symptome, als 'Erinnerungssymbol[e]' [...] gedeutet werden" (Muckel 1996: 103).

Auch für die an Orte gebundene „Dialektik von Erinnern und Vergessen“ gilt, dass das „bewußt Erinnerte [oft] nur eine Fassade“ ist. Und: Die

> „Geschichte eines Ortes zu bewahren oder auszuradieren impliziert notwendig eine Bewertung von Vergangenheit und Gegenwart. Diese Bewertung vollzieht sich nur z.T. bewußt“ (ebd.: 102).

Der wieder errichtete Prinzipalmarkt inszeniert das Ausradieren von Geschichte als ihre Bewahrung. Der von Freud geliehene Begriff der Deckerinnerung kennzeichnet hier also eine Architektur, die Produkt und zugleich Produzentin eines Bewusstseins ist, das Erinnerungsfassaden – in beiderlei Bedeutung – errichtet, das historische Prozesse still stellen will, Widersprüche vermeintlich auflöst in einer 'Harmonie' der 'westfälischen Ruhe'. Es seien die „maßvolle[n]“ und „wohlgeordneten Wechsel der Bogen“ und Fenster, so der Architekt Bernhard Geisberg in den *WN* vom 24. Dezember1946, die diese 'westfälische Ruhe' repräsentieren. Nichts soll diese Ruhe stören. Ziel ist es in diesem Sinn einen Identifikationsraum mit (s)einer bestimmten Atmosphäre neu zu schaffen.

> „Ein daraus konserviertes positives Heimatgefühl erleichterte es, über die totale Zerstörung und ihre Ursachen nicht reflektieren zu müssen. Die als dauerhaft gesehene Tradition des münsterschen Stadtmittelpunktes konnte scheinbar bruchlos weitergeführt werden.“ (Rosinski 1987: 63)

Die 'Harmonie' des „Ganzen“ soll entstehen aus einer „Bescheidung zur Einfachheit“, schreibt im selben Jahr Hans Ostermann (zit. n. ebd.). Die von Ostermann, Scharf und den anderen Protagonisten immer wieder „deklarierten Leitvorstellungen der Bescheidenheit und Sparsamkeit“ beim Prinzipalmarkt ist im Ergebnis allerdings keineswegs festzustellen. Das ist folgerichtig, dient dieser Mittelpunkt der (Alt-) Stadt doch „der gesellschaftlichen und ökonomischen Restauration der münsterschen Verhältnisse“ (Rosinski 1987: 106). Die Architektur des neuen Prinzipalmarktes macht nicht wie Anpassungsarchitektur mit einfachen Mitteln – und damit letztlich sichtbar – ungeschehen, sondern greift konstruierend weit in die 'Geschichte' ein, ins vorgebliche 'Mittelalter'. Simuliert wird so die möglichst komplette 'lange Dauer' einer 'heilen' christlich-bürgerlichen Geschichte, die zugleich der Bevölkerung plausibel erscheinen soll: Die neu entstandenen Gebäude werden zu 'Gefäßen' und Darstellern von „Tradition“ bzw. „geistige[r] Substanz“ und des „Altwehrwürdigen“. Edmund Scharf (1956: 733): „Von der geistigen Substanz aus mußte der Aufbau der Stadt erfolgen“, sei doch „Tradition [...], jene geistige Haltung, die im Altwehrwürdigen wurzel[t]“.

Die architekturgestützte kollektive Deckerinnerung ist dabei aber immer wieder durchlässig für die Erinnerung an die Kriegszerstörung. Scharf:

> „[D]ie ausgebrannten Ruinen unserer einstmals stolzen Stadt reckten fordernd und mahnend Stümpfe gegen den Himmel. In diesen Ruinen brannte noch das Leben, das

> uns, die wir daran gingen zu planen und wieder aufzubauen, auf Schritt und Tritt ansprach. Es war das Unzerstörbare, das Geistige, die Tradition, die den Willen zur Tat anfachte." (ebd.)

Etwas 'Ewiges', 'Essenzielles' 'lebt' in den Ruinen und 'fährt ein' in den Wiederaufbau, der dadurch ebenso 'erfüllt' wird vom Unzerstörbaren, Geistigen. Was die neue Architektur ihrerseits zum 'Ewigwährenden' erklären soll. Zuvor aber braucht es, 'gefordert', 'entfacht' vom 'Essenziellen': den Willen zur Tat. Das ist immer noch der Sound des „Dritten Reichs". Zugleich geht es um die Zerstörung einer 'unschuldigen' Stadt und den Stolz auf ein Wiedererstehen in 'Geist' und 'Atmosphäre' des 'schönen alten Münster', eine Erzählung, in der die Nazis nur am Rande oder als Aliens, mit denen kein 'ordentlicher Münsteraner' etwas zu tun haben wollte, vorkommen, die Opfer der NS-Herrschaft gar nicht (s.u.).

Diese Seite der Deckerinnerung äußert sich offenbar auch in den Darstellungen eines völligen Neubeginns nach 1945, nach der weitgehenden Zerstörung der Stadt, in denen die eigentlich offen sichtbaren Kontinuitäten der Planungen von vor 1945 einfach 'verschwinden'. So entstehen inzwischen tradierte Darstellungslinien: Von Heinrich Austermanns Rückschau auf „10 Jahre Wiederaufbau in Münster" 1956, in der er sich erinnert, „dass uns vielfach vorgehalten ist, bis 1948 hätte sich in unserer Stadt nichts gerührt; erst sehr viel später und etwas langsam sei die Stadt erwacht", was Austermann rechtfertigt mit einem älteren plattdeutschen Spruch („Alle Saken müettet üören Üöwergank un üöhre Allmäöhlikeit hebben") und damit, dass man andererseits gar nicht immer „nach reiflich überlegtem Plan" habe vorgehen können (zit. n. Stadt Münster 1980: 215), bis hin zu Karl-Heinz Kirchhoffs (schon erwähnter) Aussage, seit 1947 habe es immerhin schon Pläne gegeben.

Vergleichbar sind Erinnerungen an ernsthafte Überlegungen, Münster aufgrund der enormen Zerstörung westlich vom Aasee ganz neu zu bauen. Interessanterweise also ungefähr dort, wo das NS-Gauforum entstehen sollte.[17] Auch das berichtet Austermann, diesmal 1955 in den *WN* (vgl. Haunfelder 2000: 22). Eine Geschichte, die seither in Münster in populären Abhandlungen immer wieder erzählt wird; inklusive der Begründung des Verzichts auf einen solchen Neubau: Die notwendige Nutzung der unterirdischen Infrastruktur und Versorgungsleitungen, der „Millionenwerte der 'unterirdischen Stadt'", wie sie etwa der Stadtbaurat Karl Dübbers 1961 nennt (zit. n. Stadt Münster 1980: 394). Diese 'materialistische' Begründung als solche ist sicher nicht zu bezweifeln. Aber auch sie erhält ihre Funktion im 'Stunde 0'-Diskurs, denn sie suggeriert eine Offenheit der Situation, die es aufgrund der frühen einmütigen Festlegung und des hohen Grades an Konkretisierung des Wiederaufbaus real nicht gegeben hat.

---

17 Nach Sabine Heise (1997: 132), die sich auf Gisela Schwarze beruft, sollen allerdings die britischen Alliierten diese Neubaupläne gehabt haben.

„Ausschlaggebend für diese Einmütigkeit waren nicht nur die geistig-emotionalen Bindungen der Einwohner an das zerstörte Stadtgefüge, sondern auch die Tatsache, daß bei dieser Planung die alten Besitzverhältnisse hauptsächlich der Einzelhandelskaufleute im Kerngebiet unangetastet bleiben sollten. [...] Das Konzept, weitgehend alles beim Alten zu belassen, und die personelle Kontinuität durch Edmund Scharf waren die wichtigsten Komponenten des späteren Wiederaufbaus. Der schnell erreichte Konsens beruhte hauptsächlich auf dieser Konstellation". (Rosinski 1987: 24)

In den Quellen seit der Nachkriegszeit ist immer wieder von einer 'geretteten' bzw. rekonstruierten 'Atmosphäre' die Rede. Dies sowohl in den Aufbau-Plänen, als auch in den Wahrnehmungen des Resultats. Dass im besonderen Fall des neuen Prinzipalmarktes die inszenierte Deckerinnerung qua Architektur also 'funktioniert', dass sie auch zur Deckerinnerungen der Bevölkerung wird, lässt sich anhand eines Parallelbeispiels verdeutlichen.

Beim Wiederaufbau des 1769 bis 1779 nach Plänen von Johann Conrad Schlaun gebauten barocken Schlosses geht es bekanntlich um eine Rekonstruktion. Das NRW-Ministerium für Wiederaufbau und Hans Malwitz, als Leiter des Staatsneubauamtes für Universitätsbauten ausführender Architekt, planen aber, das nun als Universitätshauptgebäude gedachte Gemäuer ohne das zentrale Uhr-Türmchen wieder zu errichten. Das führt 1949/50 zu breiten Protesten. Nicht nur der Rektor der Universität, der Regierungspräsident und der Landeskonservator wenden sich wiederholt und vehement gegen den Plan (vgl. Gutschow/Stiemer 1982: 105f.). Auch die *WN*, deren Verleger Friedrich Leopold Hüffer damals als Vorsitzender der Kaufmannschaft amtiert, und die als offiziöses Sprachrohr die Entwicklungen beim Prinzipalmarkt begleiten, laufen Sturm gegen eine Turmlosigkeit des Schlosses. In einer Serie von sechs Artikeln bzw. abgedruckten Zuschriften zwischen Anfang Dezember 1949 und Ende Januar 1956 drohen sie gar mit einem Volksentscheid.

Ohne den Turm sei das Bild des Schlosses „vernichtet", was „eine Beleidigung des Schöpfers dieses wundervollen Baus" wäre, heißt es am 10. Dezember in einer „Zuschrift" eines „alten Münsteraner[s]". Er regt die Befragung der Bürgerschaft an, denn: „eine überwältigende Mehrheit dürfte für die Erhaltung der alten, liebgewordenen Schloßsilhouette sein". Eine Woche später wird festgestellt: „Das Schloß ist Eigentum des Staates. Der Staat ist nach demokratischem Begriff das Volk. Ist es da richtig, wenn [...] schließlich etwas ganz anderes herauskomm[t], als es der steuerzahlende Bürger erwartet? [...] Darum als letztes Wort: Hände weg von Aenderungen an Schlauns Kunstwerken!". Am 24. Januar fragen die *WN*: „Ist das noch Demokratie oder ist das die Diktatur Düsseldorfer Stellen?" Am 31. Januar publiziert das Blatt zwei weitere Zuschriften und positioniert sich selbst, indem es von einer „Offenlegung von Protest-Listen [...] einstweilen absehen" möchte, da man noch auf eine Überprüfung der Baupläne hoffe (alle zit. n. Stadt Münster 1980: 127-132). Ab 1953 wird der Schlossturm dann gegen den Willen des Kultusministeriums gebaut.

Während die herrschende öffentliche Meinung beim Schloss gegen den Willen der Landesregierung den Bau des Türmchens bewirkt, ist es beim Prinzipalmarkt umgekehrt. Hier kann die herrschende öffentliche Meinung gegen die Auflagen und Mahnungen der Bezirksregierung veränderte Versionen von Rathaus und Stadtweinhaus sowie völlige Neuerfindungen der restlichen zerstörten Häuser durchsetzen. Beides erscheint als Wille der gesamten Bürgerschaft oder wenigstens ihres größten Teils. Erneut lassen sich Auffassungen eines homogenen Blicks „als Perspektive der dominanten Gruppe" dechiffrieren (Löw 2007: 105).

9.3 Ein Stillstellen historischer Prozesse

Zeichnete sich der Vorkriegs-Prinzipalmarkt nach 600jähriger Geschichte durch die Geschlossenheit des Straßenbildes bei gleichzeitiger Vielfalt von Gebäuden und Baustilen (von Gotik bis Historismus) aus, geht es nun – vor allem durch die strikte Angleichung von Gebäude- und Geschosshöhen, Fensterformen und Giebelmaßen sowie durch die Reduktion der Fassadenformen und -dekorationen – um die Realisierung eines geschlossen-einheitlichen Architekturensembles (vgl. Rosinski 1987: 32). Die so mittels einer architektonischen geschichtsabweisenden 'Dauerhaftigkeit' praktizierte 'Wiedergewinnung' der tradierten 'Atmosphäre' und 'Stimmungen' läuft auf ein Stillstellen historischer Prozesse hinaus.

Dieses Stillstellen zeigt sich auch in der breiten Ablehnung von Rekonstruktionen der zerstörten Gebäude. Bloße „Mumien" würden entstehen, betont Baudirektor Heinrich Bartmann im November 1945, würde man versuchen, die „alten Bauten [...], wenn sie rettungslos dahingegangen sind" wieder „auferstehen" zulassen (zit. n. Stadt Münster 1980: 35). Der tiefe Eingriff in die Geschichte negiert diese zugleich soweit, dass bewusst auf die Verwendung noch vorhandener historischer Bausubstanz verzichtet wird. Das trifft auch auf die einzigen 'Rekonstruktionen' auf dem Prinzipalmarkt zu – Rathaus und Stadtweinhaus, die allerdings nur als „freie Kopie" (Rathaus) und „Teilkopie" (Stadtweinhaus) entstehen (ebd.: 38 u. 48).

Mumien. Auch Wilhelm Rave, oberster Denkmalschützer Westfalens, argumentiert acht Jahre später – der Prinzipalmarkt (mit Ausnahme von Rathaus und Stadtweinhaus) steht inzwischen wieder – in dieser Weise: Das Resultat sei „die schlichte neue Haltung, die in der Überlieferung wurzelt" mit dem Ziel, „den allgemeinen Eindruck des verehrten Straßenraumes wiedererstehen zu lassen." (1953: 135) Die Häuser „in dieser 'guten Stube Münsters'" (ebd.: 134) seien „im einzelnen" keine „Kopien der mit der heiteren Fabulierkunst erfundenen, daher unnachahmlichen Werke der Gotik, der Renaissance, des Barock" (ebd.: 29).

Unnachahmliche Fabulierkunst. Eine Argumentation, die für die Kirchen der Stadt nicht gelten soll, ebenso wenig für das Schloss und einige Adelhöfe. Hier erscheint die „Fabulierkunst" von Gotik, Renaissance und Barock als durchaus nachahmlich. Hier soll rekonstruiert werden. So veröffentlicht das Münsteraner Baupflegeamt von April 1947 bis November 1948 drei Denkschriften mit diesem Inhalt (vgl. Stadt Münster 1980: 81-90).

Als „sehr gering" bezeichnet Joachim Petsch (1990: 9) den denkmalpflegerischen Einfluss beim Wiederaufbau in der BRD. Als Grund nennt er den allgegenwärtigen Rückgriff auf die 1943 bis 1945 entwickelten 'speerschen' Wiederaufbaukonzepte, ausgerichtet am Autoverkehr, was Straßendurchbrüche und -verbreiterungen verlangt, zugleich am „Gartenstadtkonzept" und der „entballten" und „aufgelockerte[n] Stadt". Zudem verlange eine weiter gültige Verordnung von vor 1945, „bei 'Unbenutzbarkeit' [...] die historische Architektur abzureißen, ungeachtet dessen, ob Umfassungsmauern und Decken noch vorhanden seien". Auch eine Verordnung des alliierten Kontrollrats von 1946 sieht den Abbruch von „stärker zerstörte[n] Bauten" vor. Und: Die westdeutsche Ablehnung von Rekonstruktionen hat auch „unmittelbare politische Gründe" im beginnenden 'Kalten Krieg', da derartiges in der DDR oder Polen praktiziert wird (ebd.: 9ff.), so etwa beim Wiederaufbau Warschaus. Kurz:

> „Die überwältigende Mehrheit der Planer und Architekten sprach sich gegen einen 'rekonstruierenden' = 'identischen Wiederaufbau' aus; die Parole lautete Neuaufbau statt Wiederaufbau. 'Neues von größerer Schönheit' sollte gebaut werden. 'Weite statt Enge' sollte die Städte auszeichnen. [...] Der breite Konsens den Neuaufbau der Städte betreffend ist sowohl als Ausdruck eines demonstrativen Neubeginns als auch als Geschichtsbewältigung durch Verdrängung zu interpretieren." (ebd.: 10f.)

Die Denkmalpflege selbst spricht sich in ihren Wiederaufbaurichtlinien von 1943/44 „gegen die 'getreue Rekonstruktion' historischer Architektur aus". Die „Bedeutung von historischen Platz- und Straßenräumen sowie von architektonischen Ensembles" wird nicht wahrgenommen. Gefordert werden Pragmatismus und Einzelfallentscheidungen, dominiert von ästhetischen Kriterien: Bevorzugt werden einzelne „architektonische Meisterwerke", vor allem Sakralbauten. Kriterium für eine Restaurierung ist, dass „genügend Originalsubstanz" erhalten ist – nur sie gilt als historisch authentisch.

> „Die Rekonstruktion historischer Bauwerke ohne 'Originalsubstanz' wurde als 'gebaute Kopie', 'Kulissenarchitektur' oder als 'architektonische Lüge' abqualifiziert – von diesen Bauten könne keine 'Ehrfurcht' ausstrahlen. [...] Struktur und Kunstbegriff der Denkmalpflege blieben nach 1945 unverändert. Die Dominanz ästhetischer Kriterien und das Festhalten an der 'Originalsubstanz' führten dazu, daß Brandruinen aber auch nur teilweise beschädigte Gebäude, deren Rekonstruktion leicht möglich gewesen wäre, abgerissen wurden." (ebd.: 12)

Auch in Münster sind „sich die Planer und Architekten der Stadt in den Jahren, als es um die Formulierung von Wiederaufbauzielen ging, einig" in „der Ablehnung von Kopien bzw. Rekonstruktionen", bis auf wenige 'besondere Einzelfälle', wenn auch zum Teil „erst nach langer Überlegung" (Gutschow/Stiemer 1982: 137). Neben Kirchen handelt es sich hierbei um barocke Herrschaftsarchitektur mit den für

Münster als so typischen erachteten, mit Sandstein eingefassten Backsteinfassaden, zu denen auch das Bischofspalais und die Galensche Kurie am Dom zählen (vgl. ebd.: 119ff.). Allerdings werden in Münster abweichend von der herrschenden Doktrin auch weitgehend zerstörte Gebäude wieder hergestellt.

„Das elende Häuflein Steine, was nach der Zerstörung dalag, wird tatsächlich wieder zu einem Kirchlein." Ein „Wunder", schreibt Scharf (1947: 82) über die von Heinrich Benteler letztlich in ihren Vorkriegszustand rekonstruierte Servatiikirche (vgl. Gutschow/Stiemer 1982: 138ff.). Die barocke Klemenskirche wird historisch wie künstlerisch als „besonders wertvoll" eingestuft, die „Substanz" aber sei „bis auf Reste der geschwungenen Vorderfront vernichtet". Daher: „Aufbaumöglichkeit ausserordentlich schwer". Die Rekonstruktion des Innenraums sei „unmöglich" (Scharf 1947: 83). Gleichwohl baut sie Scharf selbst von 1955 bis 1961 wieder auf, mit dem Ziel „einer exakten Rekonstruktion" (Gutschow/Stiemer 1982: 114). Auch die Renaissance-Fassade der Petri-Kirche, obwohl „nahezu ganz zerstört" (zit. n. Stadt Münster 1980: 90), wird rekonstruiert, und das sogar „bezogen auf den ursprünglichen Zustand", nicht den Vorkriegszustand (Gutschow/Stiemer 1982: 138).

An Profanbauten wird unter anderem neben dem völlig ausgebrannten Schloss (vgl. ebd.: 104f.) der ebenfalls von Schlaun stammende Erbdrostenhof rekonstruiert, dessen „Substanz bis auf 20-30 % zerstört" sei, der aber „[h]istorisch besonders wertvoll" sei (Scharf 1947: 83). Ähnliches gilt für die Renaissance-Fassade des Heeremann'schen Hofs, von dem nur die Umfassungsmauern stehen geblieben sind (vgl. Gutschow/Stiemer 1982: 137). Aber auch der Landsberger Hof, dessen „Substanz bis auf 30 % zerstört sei, wird rekonstruiert, obwohl er als „künstlerisch zweitrangig" eingeschätzt wird (Scharf 1947: 83). Bei den Bürgerhäusern lassen sich nach Gutschow/Stiemer (1982: 141f.) „allein die Wiederaufbauten Roggenmarkt 1 und Bogenstraße 5", beides Giebelhäuser aus dem 16. Jahrhundert, als Rekonstruktionen unter Verwendung historischer Substanz ausmachen.

Die Ausführungen der Münsteraner Verantwortlichen fügen sich einerseits in den allgemeinen Nachkriegs-Kontext. Die schon angesprochenen Äußerungen Bartmanns gegen „Mumien" zeigen das. Und auch in Münster soll „Neues von größerer Schönheit" gebaut werden. Andererseits wird in Münster, im Gegensatz zur denkmalpflegerischen Normalität, die Bedeutung eines historischen Straßenraumes, eines Architekturensembles betont; aber eben *eines*: des Prinzipalmarktes. Zugleich werden auch Gebäude, bei denen nur wenig von der „Originalsubstanz" erhalten ist, rekonstruiert; aber eben *nicht* am Prinzipalmarkt.

Hier aber werden dann auch Konflikte zwischen Baudirektor Bartmann und den anderen Protagonisten deutlich, die sich mit Bartmanns Ausscheiden 1948 erledigen. In Bartmanns Referat vom November 1945 heißt es:

> „Das, was an Erhabenem und kräftig Bürgerlichem noch steht, muß mit Liebe ergänzt, gepflegt und umhegt werden." (zit. n. Stadt Münster 1980: 35)

Das deutet bereits eine Abweichung vom Münsteraner Konsens an, die Bartmann etwas später, anlässlich einer Ratssitzung vom Januar 1947 expliziert. Danach sollen „die erhaltenen Gebäude“ den „Grundakkord für den Aufbau geben“. Deren „Maßstab“ und „Rhythmus“ soll von den Neubauten aufgenommen werden.

> „Der Wert jedes Gebäudes beruht weitgehend auf Klarheit und Wahrheit im ganzen Gefüge. Ziel ist das schlichte, jedoch nicht innerlich ärmliche Gewand unserer Zeit. Stilistische Maskeraden und modische Formen sind in gleicher Weise abzulehnen.“ (zit. n. ebd.: 7)

Während die für Bartmann erhaltenen Häuser im Mittelpunkt der Planung stehen, macht der Altstadt-Wiederaufbauplan des Baupflegeamtes von 1946 deutlich, dass es (abgesehen von herausragenden Baudenkmalen) weder um Rekonstruktionen, noch um eine Priorität erhaltener Häuser geht. „Alte Gebäude kommen in diesem Plan nicht vor“, schreibt Gunnar Pick (2000: 3). Bartmanns Ablehnung „[s]tilistische[n] Maskeraden“, wie sie am Prinzipalmarkt dann tatsächlich entstehen, läuft aber noch auf etwas Weiteres hinaus. Er will Geschichte, und hierbei auch die jüngste, sichtbar machen.

> „Wie er [...] die Reste zerstörter Häuser unbedingt miteinbeziehen wollte, schloß er auch das Faktum der Zerstörung in sein Verständnis von Tradition und deren Fortführung mit ein. Die Zerstörung selbst wurde für ihn zu einem Teil der Geschichte; diese Auffassung hatte er schon beim Wiederaufbau des Kölner Gürzenich verwirklicht, wo er einen zerstörten Gebäudeteil in modernen Architekturformen aufbaute und an den historischen Baukörper anfügte. (Rosinski 1987: 27)

Ein solches Sichtbarmachen wird in Münster einhellig abgelehnt (vgl. ebd.). Der Umgang mit Bartmanns Konzept-Idee verdeutlicht, dass es beim Prinzipalmarkt um eine ‘Neuerfindung der Geschichte’ geht. Das erklärt auch die völlige Missachtung der noch vorhandenen Bausubstanz bei allen Gebäuden inklusive Rathaus und Stadtweinhaus. „Originale Fragmente wie einfache Werksteinquader, skulpierte Steine, Ornamente und Figuren wurden nicht mehr verwendet, obwohl entsprechende Auflagen von Seiten des Regierungspräsidenten bestanden“ (Rosinski 1987: 94). Diese Zustände werden im März 1947 in einem *Zeit*-Artikel beklagt, den ein Münsteraner Kunsthistoriker verfasst (vgl. Stadt Münster 1980: 74), was ihm lokal nach eigenen Angaben den Ruf eines „Nestbeschmutzer[s]“ einbringt (Rosinski 1987: 35).

Der Umgang mit dem zum Teil kunsthistorisch bedeutsamen Steinmaterial hat durchaus keine finanziellen Gründe, wie vor allem beim Rathaus und beim Stadtweinhaus ersichtlich wird.[18] Die „mangelnde Wertschätzung der historischen Substanz kam in der Auswahl und Darstellung neuer Formen und Motive zum Ausdruck“ (ebd.: 94). Ziel ist eine forcierte Einheitlichkeit, eine additive, blockhafte Bebauung, die ‘Dauerhaftigkeit’ ausdrücken soll.

---

18 Vgl. Kap. 9.5.

9.4 Ein produzierter Eindruck von Dauerhaftigkeit

Der produzierte Eindruck von 'Dauerhaftigkeit' entsteht in einer wechselseitigen Durchdringung zweier Momente. Das erste besteht in dem genannten architektonischen 'Abwehr-Block' gegen die (jüngste) Geschichte, wobei sich eine weitere Funktion der architektonischen Deckerinnerung zeigt, weil diese 'Abwehr' zugleich ein in den Formsprachen sichtbares Beharren auf der jüngsten Geschichte enthält, und damit auf der Position der Architekten in ihr. Das zweite Moment besteht in einem 'Entrücken' des Ortes aus der jüngsten Geschichte und der Gegenwart.

Das 'Entrücken' beruht auf der Beibehaltung der atmosphärisch effektvollen Arkadengänge und, wichtiger noch, auf der Beibehaltung des überkommenen Grundrisses. „Die räumlichen Dimensionen entsprechen – sieht man einmal von der Silhouette ab – exakt der historischen Überlieferung", so Durth/Gutschow (1988: II, 962). Quer- und Längsschnitt seien ebenso unverändert, wie die „mittelalterliche Parzellenteilung". Deren „Feinstruktur", der „Wechsel von schmalen zu breiten Grundstücken", bestimme den „Rhythmus der Giebel" und „die Spannung der Platzwände". Die „Erhaltung der Baufluchten" habe auch zur Erhaltung der „feinen Faltungen der Giebelfronten, die ein bewegtes Bild erzeugen", geführt. Die Einhaltung der Parzellengrenzen wird allerdings oft nur durch die Fassaden vorgetäuscht und im Innern der Häuser übergangen.

Dieses Bewahren des Raumgefüges inklusive der Bodenwelle sei der Grund, so Durth/Gutschow, dass dem neuen Prinzipalmarkt – obwohl dessen „Giebel so wenig mit den historischen gemein haben" und obwohl selbst die Anzahl und Höhe der Bögen „entgegen dem Ortsstatut verändert" worden seien – allenthalben „historische Authentizität zugesprochen" werde. Sie selbst sehen in dieser Beibehaltung des Grundrisses „die wichtigste Vorbedingung für die Wiedergewinnung der historischen Qualität". Die ihrer Meinung nach zu Recht umstrittenen Giebel-Lösungen seien „demgegenüber" von nachrangiger Bedeutung (ebd.).

Das übersieht: Fassaden und Giebel sind als Produkte strikter Planungen und klarer Zielvorstellungen von hoher Bedeutung. Indem sie nur die 'Qualität' der Giebel im Blick haben, lassen Durth/Gutschow die ideologischen Voraussetzungen der Architektur außer acht, obwohl sie selbst Hinweise hierzu geben. Sie schreiben, Scharf et al. „wollten die Spuren einer vielhundertjährigen Geschichte auslöschen" (961) und zitieren Scharf:

> „Auch unsere Zeit muß sich im Neuaufbau des Prinzipalmarktes erweisen. Es darf uns nicht einfallen, ihn wiederaufzubauen, d.h. ihn zu rekonstruieren. Wir können und wollen dem Prinzipalmarkt nicht das Antlitz vergangener Zeiten geben. Damit würden wir uns selbst verleugnen". (zit. n. ebd.: 963)

Wie sich „unsere Zeit" im Einzelnen in den neuen Fassadenlösungen ausdrückt oder – nicht immer im Einklang mit Scharf – ausdrücken wollte, hat Roswitha Rosinski anhand von vier architektonischen Gruppen ermittelt.

Anleihen an die Formsprachen der Nachkriegsmoderne finden sich bei zwischen 1951 und 1961 realisierten Fassaden. Diese „zeitgenössischen Varianten" sind aber nur bei vier (von insgesamt 38)[19] Häusern auszumachen. (1987: 86) Herausragendes Beispiel für diese Variante ist der Gebäudekomplex Nr. 1-3. Die Vorkriegsbebauung besteht aus einem traufenständigen Eckhaus mit hohem Mansardendach, zwei Zwerchgiebeln und Erkern, daneben ein Dreistaffelgiebelhaus von 1625, gefolgt von einem sehr schmalen Gebäude mit Staffelgiebel aus dem 19. Jahrhundert (vgl. ebd.: 140f.). Der 1955 nach Plänen von Franz Wethmar realisierte Neubau täuscht mit drei einfachen Staffelgiebeln die Einhaltung der Parzellengrenzen vor. Dieser Eindruck wird „durch den ungewöhnlich hohen Fensterflächenanteil und das Fehlen der obligatorischen Gesimsgliederung" wieder aufgehoben, die die Gesamtfassade als die eines Kaufhauses sichtbar machen. Die Wirkung zeitgenössischer Modernität beruht vor allem auf einer Vorhangfassade aus dünnen, großen quadratischen Tuffsteinplatten (ebd.: 89f.). Die „tief liegenden Fensterrahmen" sorgen aber auch für „eine monumentale Tendenz" (ebd.: 150).

Achtmal vertreten sind die „eklektizistischen Varianten". Sie sind der Versuch, innerhalb des strengen Korsetts des Baupflegeamtes an die ehemalige architektonische Vielfalt der Straße zu erinnern. Verwendet werden, allerdings willkürlich und aus der Perspektive des Konservativismus um 1900, „Schmuckformen verschiedenster Stilepochen", die zum Teil auch am alten Prinzipalmarkt vorkamen, jetzt aber in einen „veränderten Kontext" gestellt werden. Sie sollen elitär wirken, um sich von der übrigen Altstadtbebauung abzugrenzen (ebd.: 81ff.). Beim 1952/53 von Hans Ostermann errichteten Haus Nr. 46 wird exemplarisch die Widersprüchlichkeit des Konzeptes deutlich. Der Vorgängerbau von 1796 hatte über einem „stark profilierten Hauptgesims" ein „niedriges, mezzaninartiges Dachgeschoß mit flachem attikaartigem Dreiecksgiebel" (ebd.: 274). Ostermann möchte beim Neubau mit einem „allgemein als gehoben eingeschätzten Formenrepertoire unbestimmte Assoziationen bei den Passanten und Kunden erzeugen, die Vornehmheit und gediegene Geschäftsführung versprechen sollen" (ebd.: 83). Seine hell verputzte Fassade orientiert sich an barocken Formensprachen und damit an etwas, das in Münster mit den Adelshöfen des 18. Jahrhunderts assoziiert wird. Ostermanns Auffassung von Barock ist dabei allerdings die eines wilhelminischen Neobarock, wie an seinem Karniesbogengiebel, der in einen gesprengten Segmentgiebel mündet, ebenso ersichtlich wird, wie an seinen plastischen Reliefs von Obst und Getreide zwischen den Fenstern. Diese gehören obendrein weder zum „geläufigen Formenrepertoire der Kaufmannsschicht" an diesem Ort, noch haben sie etwas mit dem Bauherrn des Hauses zu tun. Die Firma „Kösters" firmiert als „Haus für Wohnkultur" (ebd.; vgl. ebd.: 276f.).

---

19 Die Hausnummern 1-48 erklären sich dadurch, dass einige Gebäude parzellenübergreifend realisiert sind.

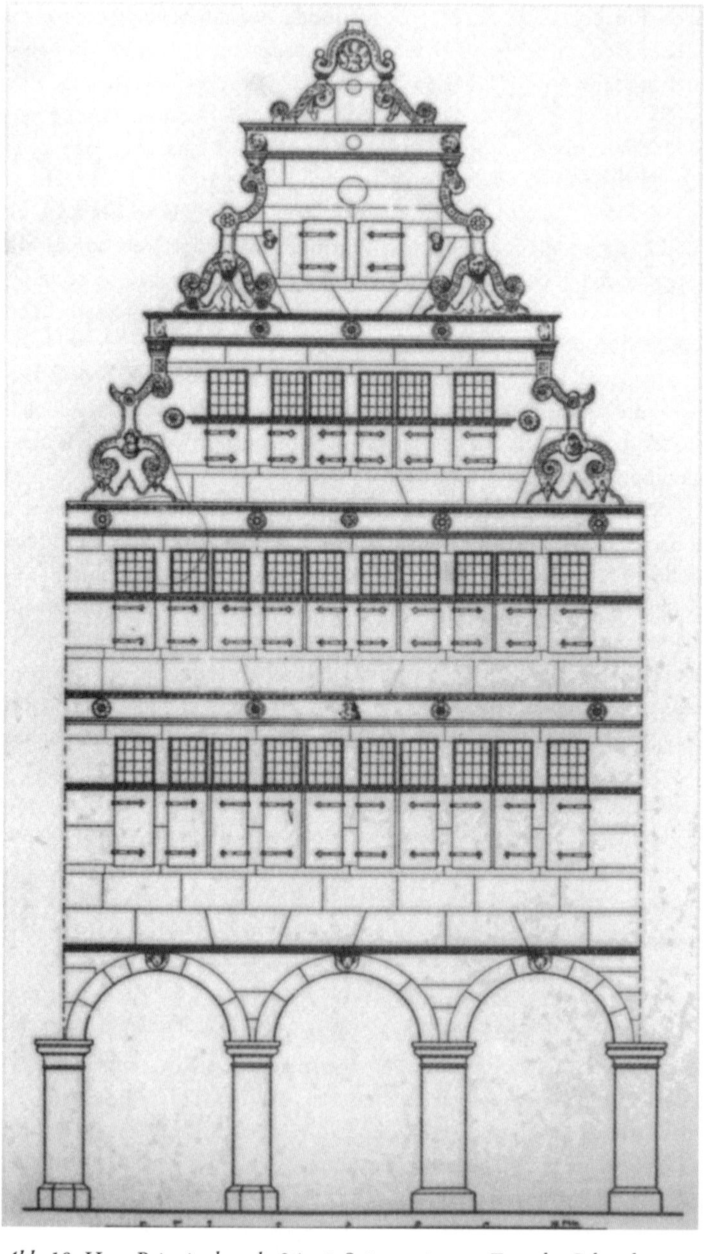

Abb. 10: Haus Prinzipalmarkt 34 mit Spätrenaissance-Fassade, Gebäudezustand um 1605 (aus: Rosinski 1987: 230)

Abb. 11: Edmund Scharf entwirft hier 1947 eine Fassade der „monumentalen Variante" inklusive einer Art „Führerbalkon". Realisiert wird die Fassade 1948 von Hans Ostermann weitgehend nach Scharfs Plänen, aber ohne „Führerbalkon" (aus: Rosinski 1987: 231)

Als „expressionistische Varianten" bezeichnet Rosinski beispielsweise eine Reihe von Häusern (Nr. 35, 36 und 38/39), bei denen „reich mit Werkstein gegliederte Putzfassaden" anknüpfen sollen an die um 1920 „in Norddeutschland verbreiteten Backsteinarchitekturen [...], bei denen in geometrisch-sachlicher oder historisierender Art Sandsteinelemente verwandt wurden. Ein anderer Typus dieser Variante besteht in Adaption spätexpressionistischer Formen der Gebrauchsgrafik. So dient etwa beim Haus Nr. 43, das 1958 nach Plänen von Kurt Diening und Hans Rohling realisiert wurde, ein Zick-Zack-Band, wie es nach 1918 oft im repräsentativen Gebrauchsgüterdesign für Innenräume benutzt wird, als Krönung eines hohen Stufengiebels (vgl. ebd.: 78 u. 262). Der Rückgriff auf spätexpressionistische Formen stellt den Versuch einer Distanzierung dar, sowohl vom Konzept Scharfs, als auch von der „noch unverarbeiteten Architekturdoktrin" des Nationalsozialismus, in dem der Expressionismus weitgehend als 'entartet' gilt. 'Expressionistische' Formen als Alternativen am Prinzipalmarkt werden aber vom Baupflegeamt überwiegend abgelehnt, da sie Abweichungen vom konservativen Gesamtbild darstellen (ebd.: 79f.). Frühe Versuche (bis Ende 1947) Alternativlösungen zu finden, greifen auf Elemente des „Heimatschutzes", auf einfache, „ruhige, wohlgeordnete Fassadenmuster" zurück, was, wie bereits geschildert, den allgemeinen Nachkriegskontinuitäten entspricht. Es entspricht ebenso den Zielen eines neuen 'schlichten Gewandes' auch am Prinzipalmarkt, das die Verantwortlichen um Scharf in dieser Zeit stets ausrufen, obwohl sie hier von Beginn an auf Distinktion setzen, weshalb „Heimatschutz"-Formen in Baugesuchen dann auch regelmäßig als zu bescheiden abgelehnt werden (vgl. ebd.).

Im Mittelpunkt stehen dann auch die Dauerhaftigkeit suggerierenden „'monumentalen' Varianten", die Vergangenheit und Zukunft in spezifischer Weise verbinden sollen (ebd.: 64). Ein solcher Wille zur Monumentalität wird besonders deutlich bei den früh gebauten Fassaden. Ihre glatten, leeren oder kaum gegliederten Werksteinwände, ihre „maschinenhaft" produzierte Oberflächenstruktur, ihre „kantig und exakt ausgeführten" Elemente werden dann auch beispielgebend sein. Diese Fassaden erinnern Rosinski an die Architektur Peter Behrens', aber auch an den „Preußischen Stil" mit seinem Anspruch des 'Männlichen', 'Heldischen', 'Hierarchischen', 'Ewigen' (ebd.: 70), ebenso an vergleichbare Elemente der Monumentalbauten des deutschen Faschismus (ebd.: 96), so, wie sie Joachim Petsch (1976: 206ff.) beschrieben hat, inklusive einer vorgetäuschten „Werkgerechtigkeit" und Massivität, bei der real industriell gefertigte Häuser durch dünne, vorgeblendete Werksteinplatten einen handwerklichen Charakter und vor allem eine geschichtliche Dimension erhalten sollen. „Weshalb versucht man am Prinzipalmarkt den Eindruck zu erwecken, daß die Fassaden massiv in Sandstein gemauert seien, wenn es sich in Wirklichkeit um Eisenbeton oder Ziegelsteinbauten handelt, die mit Sandstein plattiert sind", kritisiert 1949 Hochbauamtsleiter Carl Cromme (zit. n. Gutschow/Stiemer 1982:

135) – allerdings nur in einer privaten Notiz. Eine öffentliche Diskussion mit den einflussreichen Machern will er offenbar vermeiden (vgl. ebd.).

Edmund Scharf selbst entwirft für das Haus Nr. 34 – ersetzt werden soll eine Spätrenaissance-Fassade von 1605 mit Volutengiebel – gar so etwas wie einen „Führerbalkon", der die „zwingende" Hauptachse zusätzlich betonen soll. Der Materialcharakter – die Wand ist mit Werksteinplatten verkleidet – als „wesentliches Merkmal" und eine kräftige Gesimsgliederung betonen die sonst leere und schmucklose Wandfläche. Lediglich im überproportionierten Abschluss des Dreistaffelgiebels befindet sich ein nicht erkennbares Relief. Dieses Detail wirkt „fast wie eine Entschuldigung oder Ablenkung von dieser monumentalen Gestalt". Realisiert wird das Haus dann 1948 von Ostermann weitgehend nach Scharfs Vorstellungen, aber ohne Balkon. Das Relief zeigt nun eine Madonnenfigur (Rosinski 1987: 65 u.230f.). Beim Haus Nr. 29 wird der kriegszerstörte Bau von 1595 mit Volutengiebel ersetzt durch einen Entwurf von Bernd Kösters (einem Schüler von Schmitthenner und Schultze-Naumburg) und Herbert Balke. Ihre Werksteinfassade mit einem Treppengiebel wird vertikal durch breite „lisenenartige Wandvorlagen" und horizontal durch Gesimsbänder gegliedert. Die plastische und massive Wirkung wird nach einem Eingriff Scharfs, der tiefer liegende Fensterblendrahmen vorsieht (vgl. ebd.: 219ff.), derart gesteigert, dass Paul Pieper, damals Kustos am Westfälischen Landesmuseum, bei der Fertigstellung 1951 jubelt: „Ein kraftvoller, herrenmäßiger Ausdruck gibt diesem Giebel Charakter und feste Haltung." (zit. n. ebd.: 69).

Das Moment des Monumentalen findet sich zwar am deutlichsten bei Fassaden, die Scharf selbst entworfen oder in die er eingegriffen hat. Zugleich bestimmt es aber auch sichtbar die „übrigen Prinzipalmarkt-Architekturen" mit dem Ziel der Einheit der Materialästhetik und der Ensemble-Geschlossenheit (ebd.: 71). Schon das Urteil Piepers verdeutlicht nach Rosinski, dass „in dieser Architektur auch Ordnungsvorstellungen enthalten" seien, „die den ästhetischen [...] Idealen des Nationalsozialismus nahe kommen" (ebd.: 69). Vergleiche mit den Analysen von Joachim Petsch und Hans-Joachim Kunst bestätigen das.

„Werkstein" sei „für den Charakter" faschistischer Gebäude „bestimmend geworden", zitiert Petsch den NS-Architektur-Theoretikers Hubert Schrade. „Er erscheint dauernder" als moderne Betonkonstruktionen. „Wer so baut wie der Nationalsozialismus, muß sich der Dauer versichern" um „wahrhaft" zu bauen. Zugleich sei die Nutzung von Werkstein eine aktuelle „sozialistische Tat", da er als handwerkliches Produkt „in viel größerem Umfang Arbeit" schaffe als „die reine Betonkonstruktion" (zit. n. Petsch 1976: 203f.). Petsch zeigt diese Behauptung von „handwerklich-ständische[m] Denken" als Verschleierung des „Charakter[s] und [der] Spezifika der kapitalistischen Massenproduktion". Automation, Mechanisierung und Arbeitsteilung aber spiegeln auch im Faschismus „den Stand der Produktivkräfte" wider. „Da einige handwerkliche Formen sogar industriell hergestellt wurden, diente die industrielle Produktion dazu, die Fiktion des Handwerks weiter aufrecht zu erhalten." Reale Handwerksprodukte seien „primär nur für die Oberfläche ('Versteinerung' der Wandflächen)" verwendet worden, und zwar dort, wo industrielle Konstruktionen und Baustoffe keine große Rolle spielten (ebd.: 205f.).

Mauerwerk aus Naturstein, analysiert Hans-Joachim Kunst (1971: 51f.) setze die NS-Architektur

> „gewissermaßen als Gewachsenes und damit Naturbedingtes voraus und stützt die Aura von Unzerstörbarkeit. Ferner wird durch die Projektion archaischer, germanischer, mythischer und klassizistischer Würdeformen auf eine zweckgebundene Architektur diese in eine historische Dimension gerückt, so daß sie zu einer gefälschten Urkunde wird, die usurpierte Privilegien für die Nachgeborenen sichern soll".

Eine „gefälschte Urkunde", nun allerdings ausgestellt auf eine 'gute' christlich-bürgerliche Vergangenheit und projektiert auf eine ebensolche Gegenwart und Zukunft, stellt auch der Prinzipalmarkt dar. Die eingangs schon erwähnte auswärtige Wahrnehmung von 1951, hier handele es sich um „speerlichen Städtebau", findet keine lokale Entsprechung. Eine derartige Kritik gibt es ebenso wenig in anderen, 'modernen' Fällen. In Münster sind viele öffentliche und repräsentative Gebäude im (zumindest annähernden) NS-Duktus nicht während des Faschismus entstanden, sondern zwischen 1945 und 1960. Hauptsächlich stammen sie von Hans Malwitz (1891-1987). Der seit 1946 amtierende Leiter des Staatsneubauamtes für Universitätsbauten ist zuständig „für die gesamte bauliche Erscheinung der Universität" in Münster (Hänsel/Rethfeld 2008: 78), für Neu- und Umbauten ebenso wie für den Wiederaufbau des Schlosses, der Landsberger Kurie und der Petri-Kirche.

Malwitz ist „[g]eschult in Großprojekten", nicht nur als Regierungsbaumeister in München seit 1924. 1937 arbeitet er für den „General-Bau-Inspektor" Albert Speer im Rahmen der Umgestaltung Berlins zur monumentalen NS-Hauptstadt „Germania". Auch hier plant Malwitz einen Hochschulbau, die Wehrtechnische Fakultät als Teil der neuen Hochschulstadt. Den Grundstein des nie fertig gestellten riesenhaften Gebäudekomplexes vom Typus der NS-„Kriegsschulen" legt Hitler persönlich (vgl. Durth 1986: 148; vgl. Petsch 1976: 131; vgl. ebd.: Abb. 83). Malwitz' „wehrhafte[s]" Münsteraner Juridicum mit einem „triumphbogenartige[n] Durchlass" zum Innenhof von 1952-1955, das „als zentrales Gelenk zwischen den beiden Hochschularealen Schloss und Domplatz" fungiert (Hänsel/Rethfeld 2008: 78), ist zwar deutlich geringer dimensioniert, erinnert aber – wie die meisten seiner Münsteraner Neubauten – stark an seine faschistische Vergangenheit. Malwitz führt sie durchgehend in Backstein mit Sandsteinlaibungen aus. Diese Orientierung am 'lokalen Baustil' lässt diese Architektur wirken, als sei sie für das Münsteraner Gauforum gedacht gewesen.

Wie ist die offiziell verbreitete zeitgenössische Wahrnehmung? Einige der Neubauten von Malwitz hätten „wegen ihrer neuzeitlichen und großzügigen Gestaltung im In- und Auslande Aufmerksamkeit erregt" (ebd.: 14), schreibt Franz Klemens Gieseking (1956) in der Zeitschrift des Münsteraner Werbe- und Verkehrsamtes *Das schöne Münster*. Das beschriebene Juridicum erscheint hier als beispielhafte „Neuschöpfung nach modernen Gesichtspunkten" (ebd.: 13). Das Anatomische Institut, westlich des Aasees, wird „als modernstes und am fortschrittlichsten eingerichtetes Institut dieser Art in der Bundesrepublik", gar als international „vorbildlich" vorgestellt (ebd.: 16). Auch dieser Malwitz-Bau würde im – in dieser Gegend geplanten – Gauforum nicht unbedingt auffallen.

Die Argumentation, was Architekturmoderne sein soll, ist grundiert von den Positionen des architektonischen Konservativismus des frühen 20. Jahrhunderts. Die Bauten des Historismus sind durchweg „unschön", weshalb den alliierten Bomben sogar Positives abgewonnen wird. So sei am Domplatz anstelle „des alten, architektonisch häßlichen Universitäts-Hauptgebäudes [...] ein durch zweckmäßige Schlichtheit ansprechender Neubau für das Philosophicum" entstanden (ebd.: 15). Gemeint ist damit das später Fürstenberg-Haus genannte Gebäude, in dem sich unter anderen das Historische Seminar befindet. Hier hat Malwitz allerdings seinen Stil ausnahmsweise in Richtung Nachkriegsmoderne entwickelt. Gieseking stellt auch „weitgehende Umgestaltungen und Ergänzungen" nach Malwitz-Plänen vor (ebd.: 13). So etwa beim „architektonisch wenig schönen", weil neo-barocken „Offiziers-Kasino am Hindenburgplatz", dessen mittlere Front zum Teil durch Bomben zerstört wurde. Dies sei „in Quadrum-Form" [...] in einen gelungenen und geschmackvollen Bau für die Chemie verwandelt" worden. „Imponierend tritt die klare Fenster-Aufgliederung der neuen Fassade mit dem harmonisch eingeordneten, schnittigen Eingang in Erscheinung" (ebd.: 12f.). Es zeigt sich eine monumentale, bis auf ein plastisches Figurenrelief über dem Eingang, schmucklose und axiale Fassade, die nur durch sehr hohe rechteckige Fenster gegliedert ist (vgl. ebd.: 13).

Zur Abteilung „Umgestaltungen und Ergänzungen" zählt auch die damalige Universitätsbibliothek (heute ein Teil der juristischen Fakultät). Der Bau von 1904/06 „wurde 1936 bis 1939 bedeutsam erweitert" und 1943/45 „durch Bombenabwürfe vernichtet", heißt es 1954 im *Schönen Münster*. 1947/51 habe dann Malwitz, zum Teil „nach dem alten Plan", dem Gebäude, das allerdings eine helle Putzfassade hat, „seine jetzige imposante und repräsentative Form" gegeben (Steinborn 1954: 7f.). Gieseking spricht von einem „weitere[n] überzeugende[n] Beispiel wohlproportionierter Neugestaltung überalterter, weitgehend zerstörter und architektonisch unschöner Bau-Restbestände" (1956: 10). Überhaupt wird hier auch diese Formensprache als modern wahrgenommen und vorgestellt. Auf Malwitz' Bibliotheks-Neubau trifft allerdings eher das zu, was die Zeitschrift *Neue Bauwelt* 1952 zur – kontinuierlichen – Formensprache Julius Schulte-Frohlindes schreibt: Es handele sich um einen „mit Neoklassizismus gemischten Heimatstil[]" (zit. n. Durth 1986: 301).

Ein anderes in Backstein und Sandstein ausgeführtes Gebäude, das den Malwitzschen sehr nah kommt, ist das Landeshaus des Westfälischen Provinzialverbandes, später Landschaftsverbandes. Der Neubau (1949-1952) stammt von Werner March (1894-1976) (vgl. Gutschow/Pick 1983: 90), dem Erbauer der Berliner Olympia-Bauten (Stadion, „Ehrenfelds" und Olympisches Dorf) von 1936.

Auch der gebürtige Münsteraner Theodor Dierksmeier (1908-1979) wird 1941 von Albert Speer zu seiner „Nationalmannschaft", zu seinen „mit wichtigen Arbeiten für die Berliner Neugestaltung beauftragten Architekten" gezählt (Durth 1986: 160). Schon 1936 hatte Dierksmeier den Wettbewerb für ein „Haus des Fremdenverkehrs" gewonnen, das am „Runden Platz" in Speers „Germania" an der Nord-Süd-Achse gebaut werden sollte (Petsch 1976: 111). Später plant er hier „monumentale Bahnhofsbauten, darunter den so genannten Mussolini-Bahnhof und den Nordbahnhof" (Hänsel/Rethfeld 2008: 269). Das kommt ihm nach 1945 zugute. Von 1953 bis 1973 ist er Chefarchitekt der Deutschen Bundesbahn. In Münster realisiert er von 1952 bis 1960 den Komplex des Hauptbahnhofs (vgl. ebd.: 169). Dierksmeier ist wendig. Er baut nun im Stil der Nachkriegsmoderne.[20] Dierksmeier ist auch als künstlerischer Berater beim Bau des neuen Stadthauses (1957/59) in der Altstadt beteiligt. Dieses Gebäude ist massiver öffentlicher Kritik ausgesetzt; nicht wegen der Vergangenheit Dierksmeiers, sondern weil der elfstöckige Hochhausturm des Baus als Verschandelung der Altstadt-Silhouette gilt (vgl. ebd.: 118; vgl. Gutschow/Stiemer 1982: 238ff.).

Zu Speers „Nationalmannschaft" gehört auch Caesar Pinnau (1906-1988). Für die „Neue Reichskanzlei" Hitlers entwirft er ab 1937 die Inneneineinrichtung. In Münster baut er 1962 als „Hausarchitekt der [Bielefelder] Familie Oetker" das in deren Besitz befindliche Bankhaus Lampe am Domplatz in einer Art Neoklassizismus (vgl. Hänsel/Rethfeld 2008: 273 u. 65). Und noch 1981/82 realisiert er in Münster-Kinderhaus für die Rheinisch-Westfälische Bauindustrie ein Verwaltungsgebäude im Stile Paul Ludwig Troosts (vgl. Richard-Wiegandt 1996: 113).

Dass nach 1945 Gebäude noch im erkennbaren NS-Duktus entstehen können, zeigt die Normalität der Kontinuitäten in der Bundesrepublik und ebenso in Münster. Hierzu zählen auch die selbstverständlichen Tätigkeiten der 'alten Praktiker' als Berater und Gutachter. Paul Bonatz wirkt als Berater beim Hauptpostneubau am Domplatz um 1950. Konstanty Gutschow ist 1964 Gutachter bei der Neugestaltung des Münsteraner Domplatzes auf Basis eines Plans des Stadtplanungsamtes von 1938 (vgl. Gutschow/Pick 1983: 130). Werner March ist Gutachter für den Innenausbau

---

20 In der Eingangshalle der damaligen Bundesbahndirektion findet sich dann aber doch eine Reminiszenz an 'große Zeiten', die sich ausdrücken sollen in einem massiven Werksteinrelief mit einem komplett in Versalien gesetzten Text. „Zur Ehrung der im Weltkriege gefallenen Berufskameraden des Bezirks der Reichsbahndirektion Münster Westf." wird ein Krieger präsentiert, der einen Schild mit den Jahreszahlen „1914-1918/1939-1945" vor sich hält. Umlaufend heißt es: „Herd und Vaterland schützend seid Ihr als Helden gestorben in Ehre gebühr Euch Dank bis an das Ende der Zeit."

des alten Rathauses (s.u.). Und ebenso nehmen herausragende NS-Architekten prominent an städtebaulichen Wettbewerben teil. Hanns Dustmann etwa, der ehedem als „Reichsarchitekt der Hitlerjugend" die „breit gelagerten, aufgeschwollenen Fachwerkbauten" dieser Organisation verantwortet (Durth 1986: 114; vgl. 109, Abb. 29), gewinnt 1948 in Münster mit dem Entwurf einer „Folge repräsentativer Plätze" den Wettbewerb zur Neugestaltung des Bahnhofsviertels (Gutschow/Stiemer 1982: 61). Wilhelm Wortmann wird 1956 von der Stadt Münster mit einem neuen Bauleitplan beauftragt. Wortmann stellt ihn unter das Motto: „Qualitative Erneuerung durch umfassende Gesundung der Städte" (zit. n. ebd.: 54). Damit kennt er sich aus. 1943, als Bremer Oberbaurat, nimmt er regelmäßig an der vom „Gauleiter Weser-Ems" initiierten „Architektentagung in Ahlhorn" teil, bei der es um die Planung von Wohngebieten als Rassenpolitik geht. Hier referiert Wortmann, garniert mit Zitaten aus Alfred Rosenbergs „Mythus des 20. Jahrhunderts" über die „Grundlagen für die Gesundung und Neugestaltung des Raumes Bremen" (vgl. Durth 1986: 227f.).

Diese Kontinuitäten werden sicher auch dadurch erleichtert, dass es den NS-Architekten gelingt, sich als bloße Technokraten zu inszenieren, die zudem bereits zur „Stunde 0" unter Alliierter Verantwortung wieder ihre Posten einnehmen. Schon ihr Chef Speer begründet 1945 seinen „Ruf als apolitischer 'Macher' im NS-Staat, der dann einsichtig wurde und aufrichtig bereute"; einen Ruf, den er unter tätiger Mithilfe des konservativen Publizisten Joachim C. Fest 1969 „mit seinen *Erinnerungen* publikumswirksam konsolidiert" (Schmidt 1982: 23). Dieser Ruf, dessen Kern darin besteht, dass selbst ein allgegenwärtiger Spitzenvertreter des NS-Regimes nichts Näheres von der „Endlösung der Judenfrage" gewusst haben will (an der er tatsächlich beteiligt war), erfüllt eine wesentliche Funktion innerhalb der Mechanismen der Derealisierung.

„Die ideologische und ästhetische Nähe zur nationalsozialistischen Architektur", schreibt Roswitha Rosinski (1987: 71), scheine von den für den Prinzipalmarkt-Neubau „verantwortlichen Architekten, Bauherren etc. nicht wahrgenommen worden zu sein". Das gilt auch für Außenstehende, wie sich den damaligen positiven Reaktionen etwa hochrangiger Vertreter des NRW-Kultusministeriums oder einer Reihe von Zeitungsartikeln entnehmen lasse. Dies verdeutliche, dass

> „der architektonische Konservativismus des frühen 20. Jahrhunderts nach der auf ihn fußenden Gigantomanie und der darauf folgenden Niederlage des Dritten Reiches in aller Selbstverständlichkeit ungehindert wieder Fuß fassen konnte, weil er ganz offensichtlich noch 'zeitgemäß' war – jedenfalls in Münster. Zwischen der 'guten' Vergangenheit und der 'guten' Gegenwart, in der man in Erwartung einer noch besseren Zukunft agierte, klaffte ein Loch von 12 Jahren, an das zu denken man sich offenbar weigerte. Wie sonst wäre zu erklären, daß nach den Exzessen, die zur Zeit des Nationalsozialismus mit und in monumentaler Architektur von 'kraftvollem und herrenmäßigem Ausdruck' stattgefunden hatten, ganz ohne Bedenken die Stilmittel des alten Monumentalismus eingesetzt wurden." (ebd.: 72)

Im geschilderten Kontext des 'apolitischen' und 'unwissenden' Speer und seiner sich ebenso gebenden untergeordneten Architekten kann dann auch ein Festhalten gerade an Elementen des „speerlichen Städtebaus" als Derealisierungsmoment gesehen werden.

Edmund Scharf setzt beim Prinzipalmarkt gestalterisch das fort, „was er eigentlich schon immer praktizierte" (ebd.: 71). Er kann vor und nach 1945 mit Plänen für monumentale Repräsentationsbauten reüssieren; gebaut werden sie allerdings nicht. Beim von der „Deutschen Arbeitsfront" im Januar 1934 ausgeschriebenen Architektur-Wettbewerb für ein „Haus der Arbeit" präferiert die Jury (Paul Bonatz, Kurt Frick, Carl Lörcher, Fritz Schupp, Albert Speer, Heinrich Tessenow) zwar spartanisch einfache Projekte, Scharfs Entwurf wird aber als einziger monumentaler angekauft (vgl. Nerdinger 1985: 75ff.).[21] Wie der „relativ größte Teil" der knapp 700 eingereichten Entwürfe bedient sich auch der Scharfsche

> „der spezifischen Formen eines Neo-Klassizismus, der seit den ersten beispielgebenden Bauten Troosts zum offiziellen Stil für monumentale Bauten geworden war, um den Symbolgehalt von Größe, Macht, Ewigkeitswert der Vorbilder [etwa antike Tempel; M.T.] auf die Nachbildungen zu übertragen"(Mattausch 1981: 103).

In Münster plant Scharf 1941 einen Neubau des Stadttheaters in einem derartigen Stil am Servatiiplatz (vgl. Resing 1999: 34). Der klassizistische Romberger Hof an der Neubrückenstraße, in dem sich das Theater befand, war gerade zerstört worden. Kriegsbedingt zerschlugen sich Scharfs Neubaupläne allerdings. 1950 macht er den nächsten Anlauf. Auch dieser Plan eines Mehrzweckbaus, der als Theater sowie als Konzert-, Kongress- und Festhalle dienen soll (vgl. ebd.: 40), nun wieder an der Neubrückenstraße angesiedelt, ist seinem „Haus der Arbeit" von 1934 durchaus ähnlich (vgl. Mattausch 1981: Abb. 51). Roswitha Mattausch schildert die „stets gleichen" und sich „formelhaft wiederhol[enden]" Elemente bei den Typen eines „Hauses der Arbeit", wie sie auch Scharf entwirft. Im Mittelpunkt steht eine „Rechteckhalle meist mit Säulenportikus und steilem Dach" als „Kultstätte". Ihr vorgelagert ist ein mit „niedrigeren Gebäuden oder mit Arkadengängen" umschlossener Platz, dessen Mittelachse in die Halle führt und dessen Eingang „durch Säulenreihen oder propyläenartig eingezogene Gebäude gleichzeitig verstellt und betont" wird. Der Platz steigert als Vorraum die Wirkung des Kulthauses und trennt „durch seine Ummauerung den inneren Bezirk deutlich von der 'profanen' Außenwelt. Er wirkt „durch seine Anlage als Symbol der 'Volksgemeinschaft'. Die architektonische Umrahmung sollte bei Aufmärschen als ordnendes und gestaltendes Element dienen" (ebd.: 103f.).

---

21 Unter den 692 Einsendungen sind auch solche von durch vorgebliche Ideen vom Gesamtkunstwerk und „von klassenloser Gemeinschaft und Arbeitertum [...] verlockte[n] [...] ehemalige[n] linke[n] Avantgardekünstler[n]" – etwa Walter Gropius nimmt teil (ebd.).

Scharfs Münsteraner Theaterplan von 1950 schafft ebenfalls einen 'Tempelbezirk', einen durch Umbauung von der Außenwelt getrennten und so 'erhöhten' Vorplatz. Zu betreten ist er über eine platzbreite Treppe, flankiert von vier 'klassischen' überlebensgroßen Figuren-Paaren. Die Umbauung besteht aus dem wieder aufgebauten Romberger Hof links und der Eingangshalle rechts. Damit wendet Scharf eine axiale Ausrichtung auf die „Kultstätte" allerdings ab. Gleichwohl ist diese Eingangshalle im NS-typischen Neoklassizismus gestaltet, mit Spitzdach und Säulenportikus. Ihre Monumentalität wird durch den sich anschließenden rechteckigen Bühnenturm (mit gleichem Dach) noch gesteigert (vgl. Gutschow/Stiemer 1982: 227, Abb. 272; vgl. Resing 1999: 40, Abb. 12). Verwaltung, Stadtrat und Gutachter sind einmütig für den Plan. Es gibt allerdings Bedenken von der SPD (sie fände Schulen und ein Stadtbad wichtiger) und Proteste des Bundes Deutscher Architekten (der sich übergangen fühlt). An der Architektur stört sich niemand. Der Bau scheitert aber am Geldmangel. 1952 liefert Scharf einen überarbeiteten Plan, der die Vertikale stärker betont, die Eingangshalle zur Straße in Glas auflöst und statt des Romberger Hofs einen Neubau vorsieht. Sonst ändert sich nicht viel (vgl. Gutschow/Stiemer 1982: 227). Diesmal urteilen andere Gutachter negativ. Sie bemängeln eine „Planung, ähnlich wie wir sie in übersteigertem Maße bei der Barockanlage eines Fürsten kennen" (zit. n. Resing 1999: 64). Das Naheliegende wird auch hier nicht assoziiert. Auch ein Entwurf Hans Ostermanns fällt durch. Gewählt und gebaut wird überraschend der „Donnerschlag der Moderne", den eine junge Architektengruppe, Harald Deilmann, Max C. von Hausen, Ortwin Rave und Werner Ruhnau, entworfen hat (vgl. ebd.: 55 u. 60ff.).

Beim Prinzipalmarkt wird gerade das monumentale Moment zum Signum eines „westfälischen Beharrungsvermögens" und einer „Bodenständigkeit", was nicht nur „die geistig-ideologische Grundhaltung" der Planenden verdeutlicht, sondern auch als Überbauphänomen, so Rosinski (1987: 63), für die ökonomischen Interessen des dominierenden „mittelständischen Bürgertums, nach dessen Vorstellung der Wiederaufbau in dieser und keiner anderen Form realisiert wurde", erkennbar wird.

Angesichts der gleich gearteten Interessen der Protagonisten – Oberstadtdirektor Dietrich Austermann spricht bekanntlich schon 1956 vom Städte-„Wettbewerb", in dem sich Münster befände (zit. n. Stadt Münster 1980: 208) – lässt sich auch vom Agieren eine Art Wachstumskoalition avant la lettre sprechen. Gebildet wird sie aus Stadtverwaltung, Heimat- und Verkehrsverein (in heutigen Begriffen Stadtmarketing und Tourismus), federführenden Architekturbüros und nicht zuletzt dem Verein der Kaufmannschaft von 1835 e.V.

> „Der ökonomische Selbsterhaltungstrieb dieser Bevölkerungsschicht bestimmte somit wesentlich auf vielfältige Weise die Gestalt des Stadtkerns. Ohne diesen gewichtigen Faktor der mittelständischen Einzelhändler würde es nicht diese heute so hervorgehobene und gerühmte Münsteraner Altstadt geben. Ihre in unterschiedlichen Ausprägungen unspezifisch-historisierende Architektur entstand auf einer unerschütterlichen

gesellschaftlichen Grundlage, die durch Traditionsbewußtsein, Geschäftsinteresse und unverändert gebliebene private Besitzverhältnisse geprägt war." (Rosinski 1987: 108)

Zugleich wird die 'gute Stube' Prinzipalmarkt auch damals als kollektives kulturelles Kapital verhandelt, wenn auch unter gesellschaftlich völlig anderen Bedingungen. So gelingt es der Kaufmannschaft auch, angesichts der hohen Identifikation in der Bevölkerung mit diesem Straßenraum, ihre eigenen Interessen als die der Bürgerschaft darzustellen. So etwa im Fall der kurz angesprochenen Neuordnung des Bahnhofsviertels, mit der eigentlich eine größere Geschäfts-Verlagerung aus der Altstadt heraus verbunden ist. Das kann die Kaufmannschaft mit ihrem Einfluss auf Politik und Verwaltung nicht nur deutlich abmildern. Sie kann dabei ihre Interessen auch als die der Allgemeinheit darstellen: „Anliegen der Kaufmannschaft – Anliegen der Bürgerschaft" titeln die *WN* am 30. November 1951 (vgl. ebd.: 108 u. 24). Ebenso können die Kaufleute den Wiederaufbau des Rathauses als Krönung des Prinzipalmarktes selbst in die Hand nehmen und den gesamten Vorgang als Engagement der ganzen Bürgerschaft inszenieren.

9.5 Ein Geschenk der Kaufmannschaft an sich selbst

„Dieses Rathaus ist wiedererstanden in alter Schönheit! Seine Zeichen sind: Liebe der Bürger und Freunde unserer Stadt, die opferbereiten und hochgemuten Sinnes die Mittel zusammenbrachten, Zeugnis der Aussagekraft ihrer Erbauer, die es gemäß dem ihnen gewordenen Auftrag in künstlerischer Nachempfindung des einst Gewesenen und in dem Überkommenen würdiger Neuschöpfung wiedererstehen ließen [...]. Und so habe ich denn die Ehre und die Freude, Ihnen, Herr Oberbürgermeister, als dem Vorsitzenden des Rates unserer Stadt, namens des Ausschusses für den Wiederaufbau des Rathauses, ja, ich möchte sagen, im Namen aller derer, die zu seinem Wiedererstehen beitrugen, dieses Haus übergeben zu dürfen."

Friedrich Leopold Hüffer, Verleger des Aschendorff-Verlages und der *WN* (zuvor *Münsterischer Anzeiger* bzw. *Westfälische Tageszeitung*) und Vorsitzender des Vereins der Kaufmannschaft, übergibt mit diesen Worten (zit. n. Haunfelder/Rommé/Schollmeier 2008: 104) am 30. Oktober 1958 das Rathaus an die Stadt. Daran ist einiges bemerkenswert. Die Kaufmannschaft, die seit Mai 1950 über den eigens von ihr gegründeten „Ausschuss" die architektonische Planung und Gestaltung sowie die Finanzierung, Kontrolle und Inszenierung der Bautätigkeiten völlig in ihren Händen hält, kann das Rathaus faktisch „auch zu einem ständischen" Symbol für sich selbst machen (Rosinski 1987: 46). Auch aus dieser Perspektive wäre die von Hüffer angesprochene „Neuschöpfung" des Gebäudes zu erklären. Obwohl die Außenhaut des Erdgeschosses inklusive der kompletten Arkadensäulen sowie im ersten Obergeschoss die äußeren Maßwerkfenster und vier Skulpturen der Giebelfront erhalten blieben – wenn auch von Stützmauern gehalten (vgl. Haunfelder/Rommé/Schollmeier 2008: 42) –, sind diese Überreste des auch damals stets als herausragendes

Architekturdenkmal bezeichneten Gebäudes offenbar durchgehend mit Desinteresse behandelt worden. Schon der Briefkopf des „Ausschusses", wie er etwa auf einem Schreiben vom 4. Juli 1953 prangt, ist hier aufschlussreich. Er präsentiert vier Phasen der Rathausfassade als Zeichnungen. Phase 1 – Bildunterzeile „So fingen wir an" – suggeriert entweder einen völligen Bomben-Kahlschlag oder setzt (selbst-) bewusst den Zustand nach Abriss der erhaltenen Fassadenteile als Startpunkt. Gezeigt wird nichts weiter als vier Podeste und ein Stummel der Arkadensäulen (vgl. Denkmalbereichssatzung Prinzipalmarkt Münster 1998: 8).

Bereits 1946 beklagt sich Landeskonservator Wilhelm Rave bei der Stadt mehrfach über die unsachgemäße Behandlung des skulpierten Steinmaterials und das Fehlen von Fachleuten bei der Räumung. So schreibt er an Stadtbaurat Bartmann, dass trotz ständiger Mahnung seinerseits „mit den Resten wertvollster Fronten wie Rathaus und Stadtweinhaus beispiellos gleichgültig verfahren worden" sei. „Die Steine hat man bei Straßenarbeiten mehrfach wahllos zur Seite geräumt, anstatt sie sogleich sachgemäß sicher zu stellen". (zit. n. Rosinski 1987: 35) Nach dem schon erwähnten *Zeit*-Artikel vom März 1947 zur Missachtung historischer Schmucksteine am gesamten Prinzipalmarkt (s.o.) beeilt sich das Baupflegeamt zwar mit der Herausgabe von Richtlinien zur besonderen Lagerung, Sortierung und Kennzeichnung der Steine. Es sei „unsere vorzügliche Aufgabe, die Reste unserer Baudenkmale und das bei der Räumung anfallende wertvolle Werksteinmaterial zu sichern und zu schützen", heißt es, unterzeichnet von Bartmann und Scharf (zit. n. ebd.). Geschehen ist das offenbar nicht. Beim Abriss der Rathausruine beschwert sich der Regierungspräsident im Sommer 1951 brieflich bei der Stadtverwaltung, man habe gegenüber Baurat Scharf „wiederholt" beklagt, dass

> „die zur Wiederverwendung geeigneten historischen Werksteine nicht mit der nötigen Sorgfalt abgetragen, sondern oft rücksichtslos herabgestürzt [werden], so daß die Steine zu Bruch gehen bzw. beschädigt wurden" (zit. n. ebd.).

Und selbst in den *WN* wird noch am 30. Oktober 1963, exakt fünf Jahre nach der feierlichen Wiedereröffnung,[22] gefragt, warum „die Rathauskostbarkeiten nicht geborgen und gesichert" würden. Teile des ursprünglichen Kapitellschmucks lägen „seit knapp 20 Jahren ungeschützt unter hochwucherndem Unkraut in einer Unratecke" hinter dem Erbdrostenhof.

Die Ausstellung des Stadtmuseums Münster zum 50. Jahrestag des Rathausneubaus mit dem Titel „Ein Geschenk an die Stadt" wie auch das Begleitbuch stellen das völlig anders dar:

> „Im Juni 1951 begannen die Abbrucharbeiten. Die Reste der noch aufrecht stehenden Fassade wurden abgetragen, nicht jedoch ohne zuvor Stück für Stück nummeriert zu

22 Friedrich Leopold Hüffer ist gut drei Jahre zuvor gestorben (vgl. Haunfelder/Rommé/Schollmeier 2008: 90).

werden. Man plante, sie zumindest teilweise für den Wiederaufbau zu verwenden, wovon im Laufe der Bauarbeiten jedoch wieder Abstand genommen wurde." (Haunfelder/Rommé/Schollmeier 2008: 20)

Wann (und warum) hiervon Abstand genommen wurde, wird nicht gesagt. Mit Rosinski muss man feststellen: von Anfang an. Ihr zufolge beschließt der Rat „aufgrund des Drucks" der Kaufmannschaft ausweislich der Ratsprotokolle Ende Juli 1950 den Abbruch (1987: 37), nach Gutschow/Stiemer (1982: 85) beginnt er auch zu dieser Zeit bereits.[23] Und schon am 22. September 1950 schreibt Bartmann an den Ausschuss-Chef Hüffer, er sei „außerordentlich bestürzt zu hören, daß Herr Kollege Benteler den Plan äußerte, alle Teile des Westgiebels zu entfernen und durch Kopien zu ersetzen" (zit. n. Rosinski 1987: 38). Dieses Konzept scheint ganz im Sinn der (selbsternannten) Verantwortlichen gewesen zu sein. Kurz darauf, im Frühjahr 1951 erhält der Architekt Heinrich Benteler die alleinige Oberleitung des Rathaus-Projektes (ebd.). Auch bei Haunfelder/Rommé/Schollmeier selbst lässt sich eigentlich ersehen, dass es mit einer Wiederverwendung nicht ernst gemeint gewesen sein kann. „Anfang September 1951 standen bereits wieder die fünf Säulen der Fassade", schreiben sie, aber nicht die bis zum Abriss gut erhaltenen Originale, sondern völlig neue. Der neue Kapitellschmuck wird aber erst zu Beginn der 60er Jahre fertig gestellt (vgl. 2008: 48f.).

Benteler rechtfertigt seine Handlungsweise mehrfach damit, dass der Fassadenschmuck im 19. Jahrhundert neogotisch-kitschig verändert worden sei, was es rückgängig zu machen gelte. Bei einzelnen besorgten Nachfragen auch von CDU-Ratsherren erweckt er dabei den Eindruck, es würden nur wenige Details geändert. „Auf Grund eingehender Studien an Gebäuden gleichen Alters solle der Kitsch ersetzt werden. Im Übrigen komme das Rathaus wieder, so wie es war, und es komme noch besser dahin." (*MZ* vom 11. März 1952) Mit anderen Worten: Benteler, der „Dombaumeister" – er leitet bis 1952 zugleich den Wiederaufbau des Doms (vgl. Gutschow/Stiemer 1982: 115) – bestimmt, was 'Gotik' ist. Oder, mit den Worten seines Biografen Klaus Gruna (1974: 28): Er habe einen „Hang zu den Meistern der mittelalterlichen Bauhütten, einen Hang, deren Geheimnisse zu lüften", gehabt.

Heinrich Benteler (1892-1975) ist seit 1925 mit seinem Kompagnon Albert Wörmann selbstständiger Architekt in Münster. Laut Durth/Gutschow (1988: II,968) baut er zunächst „modern-sachlich", um „sich 1939 mit dem Bau des HJ-Heimes in Ahaus zu 'bodenständigem' Bauen" zu „bekenn[en]" – bei Gruna wird daraus „ein Jugendheim", das im Weltkrieg „leider vernichtet worden" sei (1974: 18). Wie schon erwähnt sind Benteler und Hans Ostermann seit Mitte der 1930er Jahren die

---

23 Rosinskis Buch, das sich auf in Münster gut zugängliche Quellen stützt, wird übrigens, ebenso wie das von Gutschow/Stiemer, von Haunfelder/Rommé/Schollmeier in den Literaturhinweisen angegeben.

wichtigsten Architekten Münsters. Neben zahlreichen Wohnhäusern baut Benteler etwa die zunächst als Garnisonskirche geplante backsteinerne Dreifaltigkeitskirche (1938). Der breite rechteckige Turm erinnert an NS-Ordensburgen. Er „wirkte [...] wie seitlich in das Schiff hinein geschoben. Den Abschluss bildete eine Arkade, die mit dem Satteldach zu einer Art Ehrenhalle verschmolz (Hänsel/Rethfeld 2008: 157).[24] Nach 1945, er ist auch Ratsherr des Zentrums (vgl. Gutschow/Stiemer 1982: 135), zählt Benteler weiter zu den meistbeschäftigten Architekten der Stadt.[25]

Bentelers 'Entschlüsselung mittelalterlicher Baugeheimnisse' am Rathaus weist einige Merkwürdigkeiten auf. So schreibt er Ende der 50er Jahre, beim Kapitellschmuck der Arkadensäulen handele es sich um „Arbeiten aus gotischer Zeit" und einige „gute" Restaurationen von 1828 (zit. n. Gruna 1974: 32). Obwohl dieses Bildprogramm „früher bei allen Münsteranern großes Interesse" gefunden habe (ebd.) und seiner Meinung nach 'echt gotisch' ist, wird es nicht wieder verwendet. Benteler verweist auf Max Geisbergs (1933) „Maßzeichnung" der Giebelfassade (ebd.: 30). Die dazugehörige Untersuchung, in der beschrieben wird, welche Teile aus welcher Zeit zwischen dem 12. und dem 19. Jahrhundert stammen, erwähnt er nicht. Besonders interessant sind aber Bentelers Pläne für den Wiederaufbau des Rathausfestsaales. Derselbe Architekt, der als Ziel angibt, die Fassade müsse „wieder zünftig gotisch werden" (ebd.), der nach eigener Darstellung neu bauen muss, um alles Neogotische zu verbannen, will im Innern unbedingt neogotisch bleiben.

Bereits im Mai 1948 wird ein erster, städtischer Ausschuss zum Rathauswiederaufbau gegründet.[26] Mitglieder sind Oberbürgermeister Franz Rediger, Oberstadtdirektor Zuhorn (beide vormals Zentrum, seit 1945 CDU), Stadtbaurat Kabel, Edmund Scharf, Provinzialkonservator Rave, sowie für den Rat Theodor Geringhoff (SPD), Hans Ostermann und ein weiterer Vertreter für die CDU und je ein Vertreter von Zentrum und FDP. Das Gremium beauftragt Bartmann, Benteler und Jobst-Hans Muths (dessen Vorschlag sofort durchfällt), Entwürfe für den Festsaal vorzulegen. Während sich Bartmann an der ursprünglichen flachen Balkendecke des 14. Jahrhunderts orientiert, bezieht sich Benteler auf das erst 1861 eingebaute historistische Tonnengewölbe. Über zwei Sandsteinspitzbögen legt er eine polygonal gebrochene Decke. Die beiden Gutachter – einer ist Werner March – und der Landeskonservator favorisieren Bartmanns Idee, die Ausschussmehrheit hingegen bevorzugt offenbar schon die Person Bentelers und ebenso das gewohnte Vorkriegsinterieur. Gefordert wird dann eine Überarbeitung von beiden, nun aber mit der Vorgabe, sich am Ton-

24 Nach schwerer Zerstörung baut Benteler die Kirche wieder auf, wobei die geschilderten Merkmale verschwinden. Der Turm schiebt sich nicht mehr ins Kirchenschiff, wird deutlich schmaler und (wie auch seine Schalllöcher) höher gestreckt (vgl. ebd.).

25 Vgl. Kap. 9.8.

26 Es handelt sich also nicht um den „Ausschuss" der Kaufmannschaft.

nengewölbe zu orientieren, was vom Rat in geheimer Sondersitzung bestätigt wird. Im Frühjahr 1949 präsentiert Bartmann nun ein Tonnengewölbe (was abermals von den Gutachtern bevorzugt wird). Der zweite Entwurf Bentelers unterscheidet sich nur wenig vom ersten. Diesmal legt er eine ungebrochene Spitzdecke über die Bögen (vgl. Gutschow/Stiemer 1982: 81ff.; Rosinski 1987: 36f. u. 174f.). Er schreibt dazu (zit. n. Stadt Münster 1980: 97):

> „Mein Vorschlag geht von dem Gedanken aus, dass Fassaden und Innenraum einander entsprechen sollten. [...] Ich wünsche mir den Festsaal so: Ein Raum, wo höchsten Persönlichkeiten und Abgesandten in feierlicher Stunde ein Schluck schweren Weines aus dem Goldenen Hahn der Stadt Münster geboten wird, wo aber auch in fröhlicher Gesellschaft die Bürger der Stadt feiern können, immer wieder gemahnt, dass sie im Rathaussaal sich befinden. Männlich soll der Raum sein, nicht feminin, nicht nach Kaffee und Kuchen riechen, mit wenigen, aber kräftigen Farben soll er geschmückt sein. Es soll möglich sein, dort Fahnen aufzuhängen, ohne dass der Raum dadurch leidet. Baumaterialien sollen die festliche Stimmung unterstreichen, ohne eine sakrale Wirkung herbeizuführen."

Benteler, der zeitgleich schon Entwürfe für die Außenhaut des Rathauses vorlegt (vgl. Gutschow/Stiemer 1982: 87ff.), positioniert sich später zur Gestaltung der Front:

> „Es mußte gotisch konstruiert werden."

Und zwar freihändig, denn es habe „sich nicht um das Ausflicken eines stark zerstörten gotischen Bauwerkes" gehandelt, „sondern um einen ganzen Neubau" (zit. n. Gruna 1974: 30). Er behauptet also nicht nur ernsthaft, gotisch entworfen und gebaut zu haben – in den 1950er Jahren –, sondern ebenso, dass seine 'echt gotische' Fassade und sein geplanter neogotischer Innenraum „einander entsprechen". Seine Festsaal-Entwürfe beziehen sich allerdings weniger auf den Historismus des 19. Jahrhunderts, als viel mehr auf die Gotik-Interpretation des Spätexpressionismus. Bentelers Vorgehen bei der Giebelfront wird vom Landeskonservator im September 1954 so geschildert: „Im architektonischen Aufbau und der Profilierung der Glieder ist sie eine Kopie der alten Front." In den Details sei jedoch von den Bestandszeichnungen und den Befundresten abgewichen worden. Weil der Architekt aber „keine Vergleichsbeispiele im westfälischen Raum fand", habe er die Formen „teilweise vereinfacht oder aber nach süddeutschen Vorbildern, so vor allem nach Details des Regensburger Domes anfertigen lassen" (zit. n. Rosinski 1987: 39). Das Ergebnis, besonders hinsichtlich der Schmuckformen und des Figurenprogramms, beschreibt Rosinski so: Details wie „Maßwerkformen und Rankenornamente" seien „ganz sicher motivisch teilweise dem gotischen Formenrepertoire entnommen", allerdings keine getreuen Kopien der überlieferten Rathausornamentik" und deren Semantik „im ursprünglichen Fassadenprogramm". Und:

> „An die Stelle der gotischen Vielfalt und Lebendigkeit der pflanzlichen und tierischen Ornamentik treten vereinfachte bauplastische Ornamente, die zwar handwerklich gear-

beitet sind, jedoch nach ihrem Aussehen beliebig reproduzierbare, maschinell hergestellte Dekorationen zu sein scheinen. Die Ausbildung der Maßwerk-, Krabben- und Kreuzblumenformen ist dagegen in enger Anlehnung an die ursprünglich [...] verwendeten, gotischen Formen erfolgt",

wenn auch qualitativ schwankend, denn:

> „Kaum unterschiedliche Maßwerkstärken erwecken z.B. den Eindruck eines schematisierten Steingusses. Auch die Figuren der Krönungsgruppe und die auf den Fialenhauben stehenden Skulpturen lassen deutlich erkennen, daß sie auf Fernwirkung hin konzipiert worden sind [...]. Die Figuren, zuvor als eigenständiger Bestandteil wahrnehmbar, treten mit ihrer spannungslosen Schlichtheit innerhalb der neuen Fassade deutlich zurück, werden als blasse Fassadenelemente in ein Gesamtschaubild eingefaßt. Alle neuen Steinfiguren lehnen sich in ihrer Auffassung an die konservative, gegenständliche Bildhauerei der Vorkriegszeit an, indem sie die puristisch-ruhige Darstellungsweise des menschlichen Körpers, seiner Haltung und Bekleidung übernehmen und damit weit entfernt an die Plastiken von Georg Kolbe erinnern." (ebd.: 40f.)

Von 'echter Gotik' kann also bei den Figuren keine Rede sein. Das wird auch 1958 von Joseph Prinz bemerkt. Hätten die Skulpturen auf den oberen Fialen zuvor „noch den charakteristischen hochgotischen Schwung" aufgewiesen, sei dieses Merkmal bei den neuen Figuren verschwunden (zit. n. ebd.: 41).

Alles in Allem könnte man durchaus an der Kompetenz Bentelers (und seiner Mitarbeiter) zweifeln. Aber das ist nicht der Punkt. Vielmehr geht es auch hier offensichtlich – wie beim Prinzipalmarkt insgesamt – um eine Neuerfindung der Geschichte, wenn auch nun unter Beibehaltung der Rathaus-Silhouette. Allerdings bleibt auch diese Silhouette nicht völlig unverändert. Die Front wird insgesamt „in den Proportionen gestreckt" (Haunfelder/Rommé/Schollmeier 2008: 9), vor allem, weil die Arkadensäulen nun rund 50 Zentimeter länger sind, um ein Jahrhunderte langes Absinken ins sich erhöhende Straßenniveau rückgängig zu machen. Die „neue Fassadenhöhe verstärkte den monumentalen Ausdruck der Steinfassade" mit ihren „leeren und glatten Wandflächen", die entstanden sind, weil man die Skulpturen zwischen den Saalgeschoss-Fenstern wegließ (Rosinski 1987: 40). So entsteht eine konstruierte Vergangenheit, die zur Manifestation der Gegenwart werden soll. Geplant war das auch fürs Innere. 'Männlichkeit' und 'Hierarchie' sollte Bentelers Festsaal ausstrahlen (er wird allerdings so nicht realisiert; s.u.), und fügt sich somit bestens ins Klima der Restauration.

Der (vorgebliche) Purismus bei der Giebelfront, das Tilgen der geschichtlichen Spuren wird offenbar als Wiedergewinnung eines 'echten Mittelalters' verstanden. Etwas Ähnliches realisiert Benteler 1956 (nach Plänen schon von 1949) an der Rückseite. Hier ersetzt er einen im 19. Jahrhundert deutlich veränderten Treppenhaus-Anbau durch einen Rundturm mit Kegeldach, „der an Formen mittelalterlicher Befestigungen erinnert" (Gutschow/Stiemer 1982: 90). Dieser 'Wehrturm' ist in Feldstein (mit Werksteingewänden) gemauert und nimmt damit die Feldsteinmauern der im Erdgeschoss erhaltenen Seitenfassaden auf. Der 'rustikale' Feldstein scheint den Akteuren ebenfalls als 'echtes Mittelalter' zu gelten, weshalb die Seitenwände auch nicht abgerissen, sondern integriert werden.

Der (vorgebliche) Purismus entspricht der allgemeinen Praxis (und Theorie) der 1950er Jahre im Umgang mit Baudenkmälern, die sich wiederum als Fortführung von Praxis und Theorie der Denkmalpflege der 'Zwischenkriegszeit' zeigt. Schon damals entfernt man „die Erneuerungen des 19. Jahrhunderts in der Überzeugung, authentisch vorgegangen zu sein." (Rosinski 1987: 42) Interessant ist dabei aber, dass die Aktivitäten in diesem Fall gar nicht im Einklang mit dem regionalen Denkmalschutz und den übergeordneten Behörden stattfinden, sondern gegen deren erklärten Willen. Dass es um eine Neuerfindung von Geschichte geht, lässt sich daher weiter stützen. Denn mit dem völligen Neubau der Rathausfront wird bewusst gegen Auflagen des Regierungspräsidenten verstoßen. Von diesem

> „wird die in Aussicht genommene Landesbeihilfe 1. nur unter der Bedingung gewährt werden, daß die alten Werksteine, insbesondere die profilierten und figürlichen Teile weitgehenst wieder verwendet werden [...] und 2. mit der Empfehlung bewilligt werden, daß der große Festsaal im 1. Obergeschoss entsprechend seiner ursprünglichen Gestaltung wieder mit einer flachen Decke versehen wird".

So teilt es Stadtbaurat Dübbers dem Rat im Juni 1951 mit (zit. n. ebd.: 38f.). Damit ist auch klar, dass die Verantwortlichen riskieren, auf Landesgelder verzichten zu müssen. Das ist schon deshalb umso bemerkenswerter, als das Fehlen öffentlicher Mittel stets als Grund für das Engagement der Kaufmannschaft angegeben wird. Zwar will deren Vorsitzender Hüffer im Mai 1950 bei einem Treffen „mit den zuständigen Dezernenten der Stadt" das Äußere des Rathauses „unbedingt an der originalgetreuen Formensprache des Mittelalters orientiert wissen." (Haunfelder/Rommé/Schollmeier 2008: 15) Das heißt aber, dass der Architekt Benteler (und vielleicht auch Hüffer selbst)[27] bestimmen, was dieses originalgetreu Mittelalterliche sein soll. Trotz der Frontstellung gegen den Historismus des 19. Jahrhunderts werden diesem sehr ähnliche Herangehensweisen deutlich. Man konstruiert (in beiderlei Sinn) eine mittelalterliche Architektur, die man für repräsentativ (in beiderlei Sinn) hält.

Das gesamte Vorgehen, schreibt Rosinski (1987: 40), „war auf einen repräsentativen Gebrauchswert des Rathauses ausgerichtet, bei dem das Bauwerk seinem künstlerischen und historischen Wert als Dokument oder Urkunde nicht mehr gerecht werden konnte und sollte". Und dieser repräsentative Gebrauchswert nicht zuletzt für die Kaufmannschaft ist offenbar das entscheidende Kriterium. Das ergibt sich

27 Hüffer, so stellen ihn Haunfelder/Rommé/Schollmeier (2008: 15) vor, sei „seit den 1920er Jahren engagiertes Mitglied des seiner Historie verpflichteten Hansischen Geschichtsvereins in Lübeck und von der Idee dieser Länder und Regionen übergreifenden spätmittelalterlichen Städte- und Kaufmannsvereinigung zeitlebens fasziniert gewesen".

schon aus den Inszenierungen des Baus von der Grundsteinlegung bis zur feierlichen Übergabe, wie noch zu sehen sein wird. Zunächst aber soll ein spezieller Aspekt des Gebrauchswertes thematisiert werden, nämlich wie die Neuerfindung eines 'echten Mittelalters' als Restauration einer konservativen Bürgerlichkeit auch hier ganz konkret die jüngste Geschichte derealisieren soll.

Die von ihr konstatierte Nähe der Giebelfiguren zur konservativen Bildhauerei des frühen 20. Jahrhunderts stellt Rosinski auch beim erst um 1963 fertig gestellten Kapitellschmuck der Arkadensäulen fest (ebd.: 41). Wichtigster Bestandteil des ursprünglichen Bildprogramms Christus – Tod – Teufel, das Benteler ja als gotisch oder gut restauriert bezeichnet hatte (s.o.), war der „niesende Mann", dargestellt „in den vier Grimassen einer niesenden Blattmaske", ein Todessymbol, da Niesen in Zeiten der Pest als Lungenpestsymptom galt (Denkmalbereichssatzung Prinzipalmarkt Münster 1998: 176). Anstatt an dieses Bildprogramm auch nur anzuknüpfen, „präsentieren die in der Nachkriegszeit in starrer Isolierung angeordneten Vierer-Zyklen neue Themen und Motive" (Rosinski 1987: 41): die vier Elemente – dargestellt als Salamander, Fisch, Vogel und Schlange – und die vier Jahreszeiten, dargestellt als vier Altersstadien eines menschlichen Gesichts, vor allem aber die vom Bildhauer Paul Waldow geschaffenen 'Wiedertäufer'-Symbole. Zu sehen sind die Köpfe Jan van Leidens, Bernd Krechtings und Bernd Knipperdollings sowie das Wappen der Täufer (vgl. Denkmalbereichssatzung Prinzipalmarkt Münster 1998: 176). Laut Aktenvermerk von Edmund Scharf macht Waldow den Vorschlag, statt einer Neuschöpfung des „niesenden Mannes" die 'Wiedertäuferköpfe' anzubringen im Mai 1962. Das sei dann mit Kaufmannschaftsvertretern „willkürlich" so beschlossen worden (Rosinski 1987: 41).

> „Das Wiedertäuferkapitell kann im Zusammenhang mit dem Wiederaufbau als Symbol für die Existenz von Katastrophen und deren Bewältigung innerhalb der Menschheitsgeschichte interpretiert werden. Andererseits enthält diese Darstellung der Repräsentanten jener 'Schreckensherrschaft' an der Schauseite des Rathauses einen touristischen Aspekt. Man negiert nicht einen 'dunklen' Abschnitt der lokalen Geschichte, sondern verwertet ihn sensationsheischend. Das Programm des gesamten Kapitellschmucks birgt eine allgemein-naturhafte Geschichtsauffassung, in der das politische Moment keine Rolle spielt." (ebd.)

Ganz so willkürlich, wie Rosinski meint, erscheint die Wahl des Kapitellschmucks nicht. Die Idee Waldows zu den 'Wiedertäuferköpfen' und die sofortige Zustimmung durch die Verantwortlichen haben offenbar einen politischen Sinn, den der Entpolitisierung und Derealisierung. Die 'Schreckensherrschaft' der Täufer von 1534/35 wird nämlich in der Rezeption zur Chiffre für den Nationalsozialismus. So verweist der Stadtarchivar Ernst Hövel in einem Artikel in den *WN* vom 28. März 1950 (der am 8. März 1967 erneut abgedruckt wird) darauf, dass die „Nazi-Stadtverwaltung" 1939 den Ehrenbürgerbrief für Alfred Rosenberg u.a. „mit dem Wappen des Täuferkönigs

Jan van Leiden geschmückt" habe, weil, so die Begründung, beide „ein neues Reich gründen wollte[n]" (zit. n. Thier 2000: 17). Eine Parallelisierung von Täufern und Nazis, wie bei Hövel, wird zwar „vermehrt erst nach 1945" aufgestellt, entspricht aber einer (katholisch-) konservativen Perspektive, wie sie etwa schon der Roman *Bockelsohn. Geschichte eines Massenwahns* (1937) von Friedrich Reck-Malleczewen einnimmt. Hierin erscheinen „Täuferreich" und „Drittes Reich" als Systeme, in denen ein „Mäntelchen von Ideologie [...] einen Kern von Geilheit, Habgier, Sadismus und bodenlosem Geltungsbedürfnis" verhülle und in denen „man die Masse mit Volksfesten" narkotisiere (zit. n. Stadtmuseum Münster 2000: 85), damit gleichermaßen als zyklisch wiederkehrende Verfallsphasen einer Geschichte, die aber ebenso sicher immer wieder zur – vom Autor propagierten – ständischen Ordnung zurückkehrt (ebd.).

Stadtarchivar Hövel nimmt zu dieser Zeit übrigens einen zu seiner Nachkriegsposition konträren, NS-kompatiblen Standpunkt ein. Anlässlich der Ausstellung „Die Wiedertäufer" im Westfälischen Landesmuseum 1935 schreibt er im Vorwort zum Katalog, die Schau sei auch als „ernste Mahnung an die lebende Generation" gedacht, zeige sie doch, „welche fürchterlichen Wirkungen und Folgen für eine Gemeinschaft minderwertiges Führertum und politische und moralische Hemmungslosigkeit von Massen, soziale Ungerechtigkeit und religiöser Fanatismus haben können" (zit. n. ebd.: 40), was abzielt auf die im NS-Duktus so genannte „Systemzeit" der Weimarer Republik, oder, wie sich Stadtrat Hans Aschhoff im Vorwort zum *Schönen Münster* vom März 1935 ausdrückt: „Gerade in der heutigen Zeit verbindet sich der kritische Rückblick auf jene fernen Zeitereignisse leicht mit einem Vergleich, den die abgelaufene marxistisch-liberalistische Epoche uns aufdrängt" (zit. n. ebd.).

Die konservative Indienstnahme der Täufer nach 1945 als Deutungsfolie für den Faschismus, mit deren Hilfe man sich nun (ohne die Satzmuster groß zu verändern) auch persönlich von der Vergangenheit distanziert, ist offenbar nicht auf die Nachkriegszeit beschränkt. Derartige Zuschreibungen gibt es in Münster auch noch in den frühen 1980er Jahren.

> „Die geschichtlichen Zusammenhänge zerfallen an der insulären Lage Münsters. Münster erlebte einen bösen Traum. 'Es war ähnlich wie zur Zeit der Wiedertäufer, als sich irrationale Hoffnungen auf den 'Propheten' richteten.' Unkenntliche, verhängnisvolle Mächte 'aus dem Reich' drohen Münster zu verschlingen. Der Bischof muß helfen."

So kommentieren Hanns Wienold und Hans-Günter Thien (1984: 162) die Darstellung von Faschismus und Krieg in der Ausstellung „Bomben auf Münster", die das Stadtmuseum 1983/84 zeigt. Das Binnenzitat stammt aus dem Katalog. Im Zusammenhang heißt es da,

> „daß das Zentrum, traditionell die stärkste Partei in der Stadt, zwar seine Anhänger behielt, daß aber gegen 1933 immer mehr Menschen anderer politischer Herkunft auch in Münster das Heil vom 'Führer' erwarteten. Es war ähnlich wie zur Zeit der Wiedertäufer, als sich irrationale Hoffnungen auf den 'Propheten' richteten. Die Machter-

greifung Hitlers im Reich bedeutete dann den Anfang vom Weg in die Katastrophe" (Stadtmuseum Münster 1983: 9).

Das katholische Zentrum und seine AnhängerInnen bleiben demnach komplett vorm Faschismus und seinem „Führer" fern im Reich gefeit, weshalb dann auch nach 1945 der größte Teil der MünsteranerInnen nichts damit zu tun haben konnte. Das gilt nur für eine Minderheit „anderer politischer Herkunft". Und das Ganze läuft bar jeden historisch-gesellschaftlichen Zusammenhangs ab.

Das Zerfallen historischer Zusammenhänge innerhalb gängiger Betrachtungen des „Dritten Reichs" in Münster manifestiert sich auch im Bildprogramm der 'Wiedertäuferköpfe' an den Rathaussäulen. Die gerade noch vorhandene NS-Zeit wird so zu einem historisch weit zurückfallenden Ereignis, das zugleich insofern eine erwünschte Aktualität erhält, als dass ein Bischof 'hilft'. 1535 rettet der Bischof Franz von Waldeck Münster vor 'Wahn' und 'Unglauben' durch die Rückeroberung der Stadt, in den 1930er und 40er Jahren erscheint Clemens August von Galen als moralischer Retter einer katholischen Bevölkerung, der, so die Konstruktion, abermals durch 'Kräfte' von außerhalb ein ungewolltes wahnhaftes Gewaltregime aufgezwungen wurde. Die Köpfe werden – aus der Tradition des Figurenkapitells seit der Romanik übernommen – zum Abwehr-Ornament gegen vorgeblich unbegreifliche Mächte, sollen aber ebenso zeigen, dass die zähen und trotzigen Westfalen 'das Böse' überwunden haben.

Die Derealisierung des Faschismus ist auch in diesem Fall eine zugleich persönliche. Derselbe Paul Waldow (1998-1972), der die 'Wiedertäuferköpfe' schafft und anstelle des 1953 gestorbenen Aloys Röhr dessen Entwürfe für Giebel-Figuren und -Schmuck realisiert (vgl. Haunfelder/Rommé/Schollmeier 2008: 69), hat zuvor im NS-Staat als Kulturfunktionär Karriere gemacht. Als „Schriftführer" der Münsteraner Künstlervereinigung „Schanze" beeilt er sich, im *Münsterischen Anzeiger* vom 16. April 1933 das „Morgenrot einer neuen und bestimmt besseren Zeit" zu begrüßen. Er weist Behauptungen zurück, die „Schanze" sei „von marxistischen Einflüssen nicht ganz frei" gewesen; vielmehr hätten „[w]ir Künstler [...] gerade genug gelitten unter dem Sichvordrängen undeutschen Geistes in der Kunst". Die Formulierung dürfte sich direkt beziehen auf die „Aktion wider den undeutschen Geist", die, initiiert Anfang April 1933 von der „Deutschen Studentenschaft", in die Bücherverbrennungen (in Münster am 10. Mai) mündet (vgl. Schmidt 2006: 340ff.). Wenige Monate später ist Waldow „Schriftführer" der „Ortsgruppe Münster des Reichskartells der bildenden Künste". „Ortgruppenführer" ist der Bildhauer Albert Mazzotti, „Bezirksgruppenführer" der spätere „Gaukulturwart" Hermann Bartels (vgl. *Münsterischer Anzeiger* vom 26. August 1933). Schon im April 1934 – inzwischen ist das „Reichskartell" in die „Reichskammer der bildenden Künste" (RdbK) überführt worden – vertritt Waldow als „Vertrauensmann der Partei" die „Belange Westfalens" in der RdbK, im folgenden Juni ist er „Landesleiter der RdbK

Westfalen-Nord", direkt unterstellt dem „Landeskulturwalter" sowie „Gaupropagandaleiter" und somit regionalen Vertreter des Goebbels-Ministeriums Fritz Schmidt (vgl. Schmidt 2006: 74f.).

Die „Landesstelle" der RdbK prüft potentielle Neumitglieder auf ihre „fachliche Eignung", ihre „politische und moralische Zuverlässigkeit" und ihre „rassische" Unverdächtigkeit (zit. n. ebd.: 76). Dazu verwendet werden Informationen von Polizei und NSDAP-Gremien sowie lokale künstlerische Gutachten. In Münster arbeitet etwa Bernhard Peppinghege, Mitbegründer der „Schanze" als Gutachter (ebd.: 76f.). Auch bildet die RdbK Kommissionen, die regional 'entarte Kunst' konfisziert. So etwa im August 1937 in Gelsenkirchen, wo Waldow zusammen mit zwei Berliner Beamten in dieser Funktion tätig wird (vgl. ebd.: 197).

Waldow, der 1939/40 auch „Juror und Aussteller auf der Großen Deutschen Kunstausstellung in München" ist, wie Walter Werland (1979: 101) ganz unbefangen berichtet, ist als Funktionär in Münster breit präsent. 1934 betont er gegenüber dem Westfälischen Landesmuseum nachdrücklich, „in allen grundsätzlichen Fragen" habe sich das Haus mit ihm „ins Benehmen zu setzen" (zit. n. Schmidt 2006: 318). 1935 wird er als „Landesleiter" zum direkten Vorgesetzten des gleichgeschalteten Westfälischen Kunstvereins, der in der Folge zur Propagandabühne wird (vgl. ebd.: 326). Im selben Jahr beruft ihn Oberbürgermeister Hillebrand zusätzlich zum „Beirat für die Belange des Kulturdezernats" (ebd.: 263).

Beim Rathausneubau sind weitere Künstler beteiligt, die ab 1933 zumindest regional ihre Karriere begonnen oder bruchlos fortgesetzt haben. Der Maler Carl Busch (1905-1973), der an der Ausgestaltung des Ratskellers beteiligt ist, erhält 1933 den Preis „Jung-Westfalen" (Werland 1979: 101), der von 1933 bis 1939 jährlich vom gleichgeschalteten „Westfälischen Kunstverein" ausgelobt wird (Schmidt 2006: 329). Weitere Auszeichnungen erhält er 1934 durch die Stadt Duisburg sowie 1937 und 1939 durch die Stadt Düsseldorf (vgl. Werland 1979: 101). Für seine Tätigkeit als Kriegsmaler im Zweiten Weltkrieg wird Busch 1942 der „Gaukulturpreis" verliehen (vgl. Stadtmuseum Münster 2008). Der Bildhauer Hermann Kissenkoetter (1897-1957), von ihm stammt „die neue Kaiserfigur im Mittelfeld des Rathausgiebels" (Haunfelder/Rommé/Schollmeier 2008: 23), reüssiert gut zwei Jahrzehnte zuvor mit einem anderen Herrscher. Er nimmt im November/Dezember 1933 im „Westfälischen Kunstverein" an der ersten Ausstellung der Bezirksgruppe Münster des „Reichskartells" teil. Schirmherr ist „Gauleiter" Alfred Meyer (vgl. *Das schöne Münster*, Heft 18, Dezember 1933: 297). Kissenkoetters Beitrag: ein Hitler-Kopf (vgl. ebd.: 305). Im Geleitwort versichert „Gaukulturwart" Hermann Bartels, dass der „bodenständige münsterische Künstler" sich noch nie habe „von den Auswüchsen, dem Bluff, dem Experiment und der Unsauberkeit eines liberalistischen Systems mitreißen" lassen, weshalb „hier schon immer ein gutes Zusammenleben zwischen Künstler und Bürgerschaft bestand" (ebd.: 298).

Waldows 'Wiedertäuferköpfe' markieren den Endpunkt einer architektonischen Derealisierung des Faschismus, die auch im Sinn der Auftraggeber des Bauprojekts sein dürfte. Hüffers Vorgänger im Amt des Vorsitzenden der Kaufmannschaft ist der Brennerei- und Mühlenbesitzer August Hölscher (1882-1957). Er amtiert von 1932 bis 1948 und wird danach Ehrenvorsitzender (Haunfelder 1985: 173). In Bernd Haunfelders Festschrift zum 150. Bestehen des „Vereins der Kaufmannschaft" wird Hölscher als „von der politischen Gesinnung her deutsch-national" vorgestellt, was im Kontext bedeutet, er sei kein Nationalsozialist gewesen (ebd.: 41). Als Gegner des Regimes lässt er sich aber wohl nicht bezeichnen. 1933 eröffnet Hölscher laut *Münsterischem Anzeiger* vom 11. Mai einen betriebswirtschaftlichen Kursus der Kaufmannschaft mit dem Ausruf „Heil Hitler, dem Retter des Vaterlandes, Heil Hitler, dem Retter des Mittelstandes!" Und Hölscher ist als Vorsitzender des „Vereins der Kornbrennereibesitzer Deutschlands" von 1933 bis 1946 Spitzenfunktionär eines Unternehmerverbands (vgl. Haunfelder 1985: 173).[28]

Das NS-Regime hätte für den Münsteraner Verein der Kaufmannschaft „die härteste Bewährungsprobe" mit sich gebracht, heißt es in Haunfelders Festschrift. Man habe „schon 1934" unter starkem „politischen Druck" an Selbstauflösung gedacht (ebd.: 40). 1940 sei „die Lage des Vereins" dann „außerordentlich bedrohlich geworden" (ebd.: 45). Hierbei geht es allerdings nicht um Druck im eigentlich parteipolitischen Sinn, sondern um „die Zwangsauflösung und die Eingliederung in die Deutsche Arbeitsfront (DAF). Wäre es so weit gekommen, hätte der Verein auch große Teile seines Barvermögens eingebüßt. Verloren war gleichwohl aufgrund erheblichen Druckes seitens der Partei das gesamte Büroinventar, welches der Verein 1937 an die Wirtschaftsgruppe Einzelhandel hatte abtreten müssen, wie der damalige Vorsitzende Hölscher nach 1945 berichtete" (ebd.: 40). Die „DAF"-Eingliederung habe Hölscher aber mittels Verzögerungstaktik verhindern können (vgl. ebd.: 44ff.).

Derartige Auseinandersetzungen mit der DAF sind allerdings weder ungewöhnlich noch sagen sie etwas über eine feindliche Einstellung des gesamten NS-Machtapparats gegenüber den von Eingliederung bedrohten Verbänden aus. Vielmehr zeigt sich hier „die Komplexität der gesellschaftspolitischen Gesamtkonstellation sowie die Kräfteverteilung", wie Adelheid von Saldern in ihrer Untersuchung über den „Mittelstand im 'Dritten Reich'" am Beispiel der Handwerksorganisation verdeutlicht (1979: 27). Denn das Ansinnen der DAF trifft auch innerhalb des Regimes auf deutlichen Widerstand, vor allem vom Reichswirtschaftsministerium (vgl. ebd.: 28). Saldern:

> „Der 'berufsständisch' aufgebauten Wirtschaft wurde im 'Dritten Reich' ein gesellschaftlicher Binnenschutzraum gewährt, der den Wirtschaftsorganisationen relativ freie

28 Anschließend bekleidet er weiter derartige Spitzenpositionen: 1946-1950 als Vorsitzender des Zentralverbandes der Kornbrenner und 1950/51 als Präsident des Bundesverbandes (vgl. ebd.).

Betätigungsmöglichkeit gegenüber ihren zwangsorganisierten Mitgliedern erlaubte. Die Existenz dieses 'Schutz'raumes, die den Interessen eines Teils der 'sozialen Basis' des Faschismus entsprach, stand jedoch im Widerspruch zu den radikalen Ideen, die andere Gruppen im Staats- und Parteiapparat vertraten, und die darauf hinausliefen, solche gesellschaftlichen Schutzräume aufzusprengen und sie ideologisch sowie organisationspolitisch einheitlich im radikal nationalsozialistischen Sinne auszurichten." (27)

Es handelt sich demnach um Vorgänge innerhalb eines polykratischen Herrschaftssystems. Die mittelständischen Organisationen hätten „ihre Position nicht so lange halten können [...], wenn sich nicht ein Teil der Nationalsozialisten" gegen die Pläne der DAF gewehrt hätte, und wenn ihnen nicht zugleich die Industrievertreter „unter dem Motto der gemeinsamen Interessen des Gesamtgewerbes [...] Schützenhilfe gegen solche 'neu-radikalen Nationalsozialisten' gegeben hätten". Denn ein Erfolg der DAF beim Mittelstand erschien der Industrie auch als perspektivische Bedrohung für die eigene Position (ebd.: 30).

Nichtsdestotrotz schreibt Haunfelder (1985: 40) über die Münsteraner Kaufmannschaft:

„Daß der Verein 1935 dennoch sein 100jähriges Bestehen begehen konnte, dürfte wohl eher, wie auch aus verschiedenen Nachkriegsäußerungen ersichtlich ist, auf einen Gnadenerweis staatlicher Stellen zurückzuführen gewesen sein. So macht denn auch die der Zensur unterworfene Festschrift passagenweise doch manche allzu überflüssige Verbeugung vor den neuen Machthabern des Reiches."

Die örtlichen Machthaber feiern mit. „Hölscher hieß zahlreiche Gäste, darunter auch den Oberbürgermeister der Stadt, Hillebrand, willkommen. Am folgenden Tag fand dann im Beisein der Spitzen der Partei, der Behörden, der Wehrmacht und der Wirtschaftsverbände der große Jubiläumsfestakt im Stadtweinhaus statt, dem sich ein Festessen im Rathaus anschloß." (ebd.: 41) Einerseits soll es sich also um einen „Gnadenakt" der lokalen NS-Gliederungen gehandelt haben, andererseits schreibt Haunfelder auch, diese hätten anlässlich der Feier „reichlich ungeniert" versucht, „die traditionsreiche Geschichte dieser Korporation für ihr politisches Weltbild zu vereinnahmen" (ebd.). Grundsätzlich scheint eine solch widersprüchliche Linie der lokalen NS-Vertreter sicher denkbar, zumal die Rivalitäten zwischen „neu-radikalen" und 'wirtschaftsfreundlichen' Nationalsozialisten auch hier bestanden haben dürften. Dass mehrtägige Empfänge und Festakte mit Beteiligung des örtlichen Establishments als bloßer „Gnadenerweis" zu werten wären, erscheint allerdings recht fragwürdig. Bezüglich der „ungenierten" Vereinnahmungen der NS-Vertreter wäre umgekehrt zu fragen, ob nicht auch die Kaufmannschaft diese Nähe zur Stützung ihrer Position als nützlich erachtete. Zumal, wie gesehen, noch so zähe Abwehrversuche gegen eine Auflösung in der DAF über eine Opposition zum „Dritten Reich" per se nichts aussagt (wenngleich eine solche oppositionelle Haltung bei einzelnen Mitgliedern natürlich bestehen kann).

Über die Feier zum 100. Jubiläum und die Abwehrstrategien gegen die DAF hinaus, so Haunfelder, sei über „das Schicksal des Vereins nach der Machtergreifung der Nationalsozialisten [...] sehr wenig bekannt", der Verein habe seither „besondere Aktivitäten nicht mehr entwickelt" (40). Das bezieht sich offenbar auf die spärliche Quellenlage, impliziert aber auch, dass die Akteure 1945 schlagartig ihr Gedächtnis verloren haben. Dazu würden auch die Begründungen der Mitglieder passen, warum ihnen eine Neukonstituierung des Vereins 1946 noch nicht möglich erscheint: „wegen der Entnazisierung und anderer Umstände" fühlten „sich die für den Verein verantwortlichen Herren nicht frei genug [...], ihre Meinung mit Nachdruck zu vertreten" (zit. n. ebd.: 47).

Die architektonische Derealisierung beim Rathaus hält sich an die Silhouette des Vorgängerbaus, behauptet dabei aber, 'echter' zu sein. Wie schon angesprochen, ist hier ein in sich widersprüchlicher Purismus am Werk, der die anti historistischen Vorgehensweisen des frühen 20. Jahrhunderts fortführt, zugleich aber etwas Weiteres im Sinn hat.

> „Der Purismus der 50er Jahre ist insofern eine zeittypische Reaktion auf die nationalsozialistische Architektur, als seine Leitvorstellungen es ermöglichten, einer differenzierten Stellungnahme zu den architektonischen Prinzipien des Faschismus aus dem Wege zu gehen",

schreibt Rosinski (1987: 42). Die Kopie des Münsteraner Rathauses beharrt zugleich in gewisser Weise auf bestimmten architektonischen Prinzipien auch des Faschismus, indem auch hier trotz industrieller Fertigung eine Handwerksgerechtigkeit vorgetäuscht wird:

> „Was auf den ersten Blick handwerkliche Einzelarbeit zu sein scheint, erweist sich bei näherer Betrachtung als Steingußproduktion, die aufgrund ihrer simplen Ausführung sogar wie industriell hergestellte Massenware wirkt. Auch die einfachen glatten Wandteile, die aus dünnen, vorgehängten Sandsteinplatten bestehen, hinter denen sich eine mit Betonträgern versteifte, tragende Backsteinwand befindet [...], verstärkten den Widerspruch zwischen handwerklichem Aussehen und industrieller Bauweise. Die moderne Vorstellung von einer mittelalterlichen Werksteinmassivität unterstreicht die geschichtsverfälschende Grundhaltung beim Wiederaufbauprozeß des Denkmals, der mit der nachlässigen Behandlung der Originalteile der Ruine begann und mit der willkürlichen Änderung des Figurenprogramms seinen Höhepunkt fand." (ebd.: 42f.)

Dass diese Vorgehensweise die Gewährung öffentlicher Zuschüsse zumindest gefährdet, braucht die via Wiederaufbauausschuss als Bauherrin auftretende Kaufmannschaft (rein rechtlich ist eigentlich die Stadt Bauherrin) nicht weiter zu kümmern. Für den Großteil des Geldes sorgt sie selbst, vor allem durch eine „Rathaus-Losbrieflotterie". Sie wird von 1950 bis 1958 acht Mal im Advent ausgespielt und bringt insgesamt rund 870.000 DM ein. Zweitgrößter Posten sind Spenden in Höhe von 340.000 DM, die meist von Wirtschaftsunternehmen kommen. Lediglich knapp

200.000 DM fließen aus Zuschüssen von Land, Landschaftsverband und Stadt in die Gesamtsumme von 1,4 Millionen DM (vgl. ebd.: 44).

Zuständig für die Buchung und Verwaltung der Gelder ist Wilhelm Bücker. Er war laut der Jubiläums-Ausgabe „100 Jahre Verein der Kaufmannschaft zu Münster" des *Schönen Münster* vom Oktober 1935 (209f.) seit 1929 Syndicus und Geschäftsführer des Vereins. Schon bei der zweiten Lotterieausspielung 1951 kommt es „zu unlauteren Bereicherungen" (Rosinski 1987: 44). Der Skandal hat es damals bis in die *Bild* geschafft, da sich Bücker, der laut dem Blatt die Münsteraner Rathauslotterie als Start zu einem „kometenhaften" Aufstieg als Wiederaufbau-Lotterie-Unternehmer auch in Dortmund, Kassel und Essen nutzt, im Herbst 1954 in dieser Sache wegen Diebstahls und Betrugs vorm Landgericht Kassel verantworten muss (zit. n. ebd.: 178). Demnach hat Bücker die Lotterien manipuliert, indem er massenhaft 'Nieten' unter die Lose mischte und die Ziehung der Hauptgewinne steuerte. An den Lotteriegewinnen soll er mit vier Prozent beteiligt gewesen sein. Erste Hinweise zum Betrug beim Rathaus in Münster publizierte das KPD-Organ Volksecho im März 1952, woraufhin Kaufmannschafts-Chef Hüffer die Staatsanwaltschaft einschaltete (ebd.: 44).

Rosinski verweist auch auf ein damaliges Münsteraner Flugblatt, in dem angesichts der Manipulationen der Verzicht auf solche Lotterien und stattdessen öffentliche Mittel für den Bau des Rathauses verlangt werden. Beklagt wird auch, daß in Hüffers *WN* zum Skandal nicht Stellung genommen werde (ebd.). Diese Informationspolitik wird in der Ausstellung des Stadtmuseums übernommen. Denn auch hier erfährt man zu den Finanzmanipulationen nichts. Im Begleitbuch findet sich lediglich ein Hinweis, 1952 habe „keine Lotterie stattgefunden. Da das Geld für den Weiterbau knapp wurde, veranstaltete man im Frühjahr 1953 die dritte Rathauslotterie" (Haunfelder/Rommé/Schollmeier 2008: 66). Im Sommer 1953 sei „hinter den Kulissen" zwischen Benteler und Hüffer „ein heftiger Streit" entbrannt. Auch hier sei es um nicht-fließendes Geld gegangen (ebd.: 21). Eine Begründung dafür wird nicht gegeben. Dasselbe gilt für den plötzlichen Wechsel auf dem Posten des Geschäftsführers der Kaufmannschaft und damit des Finanzverwalters des Rathaus-Ausschusses. Die Ablösung Bückers durch Heinz Böcker erscheint als bloßer Ämterwechsel (vgl. ebd.: 17).

Ausstellung wie Begleitbuch (das wie alle Bücher zu den populären Sonderausstellungen des Stadtmuseums bei Aschendorff erscheint) geraten distanzlos bis zur Hagiographie des Friedrich Leopold Hüffer. Die Lotterie wird hier zum Zentrum des Begründungszusammenhangs:

> „In Münster kam es zu dem in der Geschichte der Bundesrepublik wohl einmaligen Fall, dass ein privater Verein – [...] unter Vorsitz des Verlegers Friedrich Leopold Hüffer – die Organisation und Verantwortung für dieses Projekt übernahm. Die Finanzierung erfolgte vor allem durch den Losverkauf einer insgesamt acht Mal durchgeführten Lotterie. So kann man tatsächlich sagen, dass in erster Linie die Bevölkerung gemeinsam mit der

heimischen Wirtschaft den Wiederaufbau des münsterischen Rathauses bezahlt hat: Ein Geschenk an die Stadt." (ebd.: 7)

Die Bevölkerung ist hierbei allerdings nur als passive Größe eingeplant. Motiviert werden zu diesem „Geschenk" soll sie besonders durch Autos als Hauptgewinne. Im ersten Jahr bringen die 500.000 angebotenen Lose zum Stückpreis von 50 Pfennig einen Reingewinn von gut 140.000 DM. Bei den folgenden Ausspielungen wird aber jeweils nur noch rund die Hälfte erlöst, trotz attraktiver Preise (ebd.). Die AutorInnen des Stadtmuseums begründen das nicht, Rosinski (1987: 44) schon. Berichte von LosverkäuferInnen, die sich im Stadtarchiv finden lassen, sprechen von Kaufunwilligkeit infolge Geldmangels und nicht zuletzt infolge des Manipulationsskandals. Die von Haunfelder/Rommé/Schollmeier wiedergegebene Leitlinie „[je]des zehnte Los war ein Treffer" (2008: 16) traf offenbar nicht mehr auf ein breites Vertrauen, nachdem Wilhelm Bücker sie 1951 zur Selbstbereicherung außer Kraft gesetzt hatte.

Bezüglich der Kaufmannschaft und des ihr vorsitzenden Verlegers Hüffer sollte man weniger von einem Geschenk an die Stadt als vielmehr von einem Geschenk an sich selbst sprechen. Deren Selbstinszenierung als Herren des Verfahrens durchzieht den gesamten Bauprozess. Das beginnt beim Treffen „im Mai 1950 mit den zuständigen Dezernenten der Stadt", bei dem Hüffer seine Pläne zur Finanzierung und zur Gestaltung darlegt. Eine Diskussion zur Innenraumgestaltung unterbindet er einstweilen (Haunfelder/Rommé/Schollmeier 2008: 15) – was offenbar selbstverständlich ist. Es geht weiter mit der Grundsteinlegung noch in der Rathausruine im Juli 1950. Es ist Hüffer, nicht Oberbürgermeister Boyer, der vor rund 25.000 Menschen spricht (zit. n. Gutschow/Stiemer 1982: 84f.):

> „Vor 700 Jahren haben unsere Väter dieses Bauwerk errichtet, das jahrhundertelang von dem Können und dem künstlerischen Sinn unserer Vorfahren kündigen konnte als Ausdruck unserer bürgerlichen Gesinnung in echt westfälischer Art [...]. Münsterische und westfälische Bürger und Bauern, Arbeiter und Beamte, Kaufleute und Handwerker, Ihr alle, die Ihr Euch mit Stolz Münsterländer und Westfalen nennt, und auch Ihr, die Ihr bei uns Unterkunft und eine neue Heimat gefunden habt, gebt Euer Scherflein, sei es groß oder klein, beweist Euren Gemeinschaftssinn und Eure Bereitschaft zu edler Tat! [...] Von unserer Liebe zur Heimat, von unserer Opferbereitschaft, von unserem Verpflichtungsgefühl gegenüber unseren Vorfahren und unserem Verantwortungsbewußtsein gegenüber denen, die nach uns kommen werden, hängst es ab, ob wir diese große und schöne Aufgabe trotz allem, was die heutige Zeit aufbürdet, lösen werden. Nur wir können es, weil wir noch die lebendige Beziehung zu dem hohen Geiste haben, der aus diesem Bauwerke zu uns herüberleuchtete. Laßt uns Ehre Zwang genug sein und das Werk frisch und mutig beginnen!"

Mit der abschließenden Paraphrase von „Ehr is dwang gnog", dem Motto des „Vereins der Kaufmannschaft von 1835", macht Hüffer deutlich, wer dabei die führende Position einnimmt und subsumiert gleichzeitig alle Angesprochenen unter seinen Verein.

Beim Richtfest im Juli 1952 vor mehreren Tausend Menschen ist Hüffer mit „Ehrengästen“ auf dem Dachstuhl (Haunfelder/Rommé/Schollmeier 2008: 62) und die jährliche Rathauslotterie eröffnet er höchstpersönlich, eingerahmt von 'Herolden' mit Schärpen und Fanfaren (vgl. ebd.: 78). Im Oktober 1954 steht „die Übergabe des neuen Giebels an die Öffentlichkeit und in die Obhut der Stadt“ (ebd.: 75) an. Die öffentliche Einladung zum Festakt spricht Hüffer per Anzeige in seinen *WN* aus, die Rede beim Festakt hält er auch, wobei er mehrfach unterstreicht, wessen Verdienst das Werk ist: „Und festzuhalten sind wir der Geschichte unserer Stadt gegenüber schuldig, daß es ein Aufruf des Vereins der Kaufmannschaft war, der im Frühjahr 1950 die Begeisterungswelle auslöste und das fast unmöglich Erscheinende verwirklichte [...].“ (zit. n. Rosinski 1987: 45) Die symbolische Übergabe an die Stadt vollzieht nicht „wie traditionell üblich“ der Architekt oder einer der beteiligten Handwerker, sondern Hüffer (ebd.). Das wiederholt sich vier Jahre später beim fertigen Rathaussaal:

> „Nach Festgottesdiensten in der Lamberti- und in der Apostelkirche fand am 30. Oktober 1958 um 10 Uhr die erste öffentliche Ratssitzung im wiedererrichteten Rathaus statt. Bei dieser feierlichen Veranstaltung sprach ausschließlich Friedrich Leopold Hüffer und rief den Anwesenden die einzelnen Phasen der achtjährigen Bauzeit in Erinnerung.“ (Haunfelder/Rommé/Schollmeier 2008: 87)

Hüffer übergibt also auch das Innere des Gebäudes aus seiner Obhut in die der Stadt. Dieses Innere – die Bürgerhalle wie der Ratssaal, der nun doch eine flache Decke aus Stahlbeton mit einer „dichte[n] Reihe profilierter Balkenimitationen“ erhält (Rosinski 1987: 42) – wurde vom inzwischen hiermit beauftragten Stadtbaurat Scharf gestaltet. Anschließend wendet sich Hüffer auch an die Öffentlichkeit und hebt „in einer emphatischen Rede [...] in besonderer Weise die Symbolkraft des Hauses hervor, das nunmehr Münster und seinen Bürgern, aber auch Westfalen wiedergegeben worden sei“ (Haunfelder/Rommé/Schollmeier 2008: 96).

Flankiert von seiner Zeitung, die stets seinen Einsatz in aller Breite dokumentiert, nimmt der Verleger Hüffer und mit ihm die Kaufmannschaft als Repräsentantin der lokalen Elite die Rolle des Bauherrn ein. „Diese Zuerkennung von Verdiensten und Rollen wurde von den städtischen Vertretern akzeptiert. Sie entsprach dem jahrelang in der Öffentlichkeit produzierten Bild.“ (Rosinski 1987: 45) Ein Bild, das vom Stadtmuseum noch heute transportiert wird. So gibt es im Buch zur Ausstellung drei doppelseitige Abbildungen. Die erste zeigt die große Prozession von 1949 vor der Rathausruine (vgl. Haunfelder/Rommé/Schollmeier 2008: 30f.), die beiden anderen zeigen Hüffer (die sowieso schon am häufigsten abgebildete Person) bei seinen Reden 1958 im Rathaussaal (vgl. ebd.: 88f.) und an die Öffentlichkeit auf dem Prinzipalmarkt (ebd.: 94f.). In der Darstellung des Stadtmuseums ist hier gar eine frühe Form von Bürgerinitiative – mit den dazugehörigen Assoziationen – am Werk:

> „Mit der Idee, den Wiederaufbau des Rathauses selbst in die Hand zu nehmen, hatte der federführende 'Verein der Kaufmannschaft', lange bevor sich später Initiativen dieser Art

konstituieren sollten, der Wahrung bürgerschaftlichen Gemeinsinns den Weg gewiesen. Wie nur wenige deutsche Städte hatte Münster dadurch sein historisches Gesicht erhalten können. Dem Aufbauwillen einer der Tradition verpflichteten einflussreichen Kaufmannschaft verdankte die Stadt ohnehin die weitgehende, an historischen Vorstellungen orientierte Wiederherstellung ihres äußeren Erscheinungsbildes. Jedenfalls hatte Münster mit dem Rathaus sein altes Zentrum zurückerhalten. Dieses gelungene Gemeinschaftswerk machte die Münsteraner zu Recht stolz und erweckte die Bewunderung vieler Gäste. Daran hat sich bis heute nichts geändert." (ebd.: 18)

Mit etwas mehr Distanz lässt sich der Vorgang eher als eine Demonstration begreifen. Nicht der gewählte Stadtrat, die Kaufmannschaft ist der Entscheidungsträger. Noch 1948 betont Oberbürgermeister Zuhorn, dass „Trägerschaft und Finanzierung in der Hand der Stadt, des Rates verbleiben müssen. Der Meinung einzelner Kreise [...], die Kaufmannschaft zum Träger des Aufbaus zu machen" könne man „nicht beipflichten" (zit. n. Rosinski 1987: 43). Um zu verhindern, dass der Bau „zu einem direkten Wahrzeichen der Kaufmannschaft würde", gründen Rat und Verwaltung zunächst den schon oben erwähnten internen Aufbau-Ausschuss. Nach einem Planungsstillstand aber nimmt die Kaufmannschaft die Dinge in die Hand und gründet ihren Ausschuss. Ihm schließen sich die lokalen Baugewerbe-, Handels- und Landwirtschaftsorganisationen und der Heimat- und Verkehrsverein an. Die Kaufmannschaft umgeht den anfänglichen Anspruch der Stadt, alleinige Bauträgerin zu sein, indem sie auch die Spitzenvertreter von Rat und Verwaltung aufnimmt, allen voran den Oberbürgermeister und den Oberstadtdirektor, zudem Oberbaurat Scharf und Stadtbaurat Dübbers (vgl. ebd.: 43f.; vgl. Gutschow/Stiemer 1982: 84). Ein „System der Personalunion", das „die Verschleierung des direkten Einflusses der Kaufmannschaft" ermöglicht und „den städtischen Repräsentanten als legitime Absicherung gegenüber der Öffentlichkeit" dient, weil „der Schein der öffentlichen Präsenz und Kontrolle gewahrt blieb" (Rosinski 1987: 44). Real sind die städtischen Vertreter aber Mitglieder wie alle anderen in einem Gremium, „an dessen Spitze Friedrich Leopold Hüffer trat" (Haunfelder/Rommé/Schollmeier 2008: 17).

„Ein wesentliches Betätigungsfeld des Vereins der Kaufmannschaft war von Anfang an und ist auch heute noch der *Bereich der Selbsthilfe*. Man hatte ja, wie es auch in der Satzung zum Ausdruck kam, die Beförderung der Interessen des Handels im Allgemeinen und der Kaufmannschaft der Stadt Münster im Besonderen im Auge zu behalten." Das schreibt Bernd Haunfelder (1985: 32) zum 150. Jubiläum des Vereins. Das lässt sich – wenn auch konträr zur Intention des Autors – desgleichen als Kommentar auf den Rathausneubau verwenden. Gestützt auf eine Lotterie, die, wie schon im 19. Jahrhundert, dem Bau eines „traditionsbewußtseinschaffende[n]" Denkmals dient, um dies als Leistung der Gesamtbevölkerung „darzustellen und damit ein bestimmtes Geschichtsbild zu popularisieren, das an den vermeintlichen Bürger- oder Gemeinsinn des Mittelalters anknüpfen wollte", gestützt somit auch auf dieses Denkmal als Wahrzeichen der Stadt, „stolze Heimat" und nun auch Symbol des 'Aufbauwillens', kann die Kaufmannschaft ihre Interessen befördern (Rosinski 1987: 45f.). Die Herausstellung dieser Aspekte hat dem von ihr eingesetzten

> „Rathaus-Ausschuß letztlich die ungehinderte Durchsetzung seiner eigenen Vorstellungen ermöglicht. Die gemeinschaftliche Finanzierung (durch die regelmäßig stattfindenden Lotterien) suggerierte eine gemeinschaftliche Rettung eines Geschichtsdokuments und eine gemeinsame Beschlußfassung dazu – was für den eigentlichen Bauträger, die Kaufmannschaft, einen ideologischen Gewinn bedeutete. Das wiederaufgebaute Rathaus wurde den Bürgern als ein bedeutendes Stück wiedergewonnener Heimat vorgestellt. Das Gruppeninteresse der Kaufmannschaft […] blieb der breiten Öffentlichkeit im wesentlichen verborgen, faktisch war aber das städtische Symbol und Wahrzeichen auch zu einem ständischen gemacht worden" (ebd.: 46).

Ein folgerichtiger Abschluss des Prinzipalmarkt-Neubaus. Schon die Bauphasen der einzelnen Bürgerhäuser sind zuvor in der Lokalpresse, vor allem in den *WN* en détail dokumentiert worden, was ihnen „den Charakter öffentlicher Projekte" verlieh (Rosinski 1987: 105).

Das Gesamtbild der neuen Prinzipalmarktgiebel ist „ein wichtiger Teil der Außenwerbung" der Stadt, ihr „Markenzeichen" (ebd.: 101). Die repräsentative und rigide vereinheitlichte Architektur der Straße ist weniger der Ortssatzung von 1913 geschuldet – mit der allerdings argumentiert wird – als vielmehr das Resultat eines „Gestaltungsdiktats" des Baupflegeamtes in Absprache mit der Kaufmannschaft. Die Geschäftshäuser sind so nur noch als „Gesamtanlage" wahrnehmbar, was besonders innerhalb der Arkaden-Geschosse deutlich wird. Sie „sind mit Schaufenstern und geschoßhohen Vitrinen derartig umstrukturiert, daß die eigentlichen Hausgrenzen optisch nicht mehr wahrnehmbar sind" (ebd.: 99). Somit tritt auch das „Repräsentationsbedürfnis der gegeneinander konkurrierenden Einzelhändler […] zurück, wohlabgesteckte Konsumbereiche sorgen für ein einheitliches Auftreten" (ebd.: 102). Die Kaufmannschaft will auf diese Weise damals noch den Zuzug von Kaufhausketten und Filialgeschäften (mit Ansprüchen an individuellere Fassaden) verhindern und zugleich ein deutliches Distinktionsmerkmal zu den umliegenden, von solchen Filialgeschäften geprägten Straßen schaffen (vgl. ebd.: 99). Die Fassaden des neuen Prinzipalmarktes zeigen bei nur „wenigen und unbedeutenden Brüchen ein additives Wandgefüge". Lediglich die einzelnen Giebel bieten ein unterschiedliches Bild, womit sie – kulturell aufgeladen – die Exklusivität der einzelnen Geschäfte steigern. Den Unternehmen ist hier per Ortssatzung die sonst übliche Fassadenreklame untersagt. Diese Beschränkung ist aber gerade „ein wichtiger Bestandteil des 'Markenzeichens' Prinzipalmarkt", der die Werbewirksamkeit erhöht. Bis heute wirbt eine Reihe von Geschäften in ihren Anzeigen oder auf ihren Verpackungen mit ihren stilisierten Fassaden, denn: „Für einfache Strichzeichnungen erscheint die reduzierte Gestalt der Fassade wie geschaffen"; die „flächige und vereinfachte Formgebung" der additiven Fassaden bewirkt, dass „sie selbst als Schriftblatt oder -hintergrund den Ladenbesitzer identifizieren und gleichzeitig die plastische Bildhaftigkeit der älteren Architektur anzudeuten und zu ersetzen versuchen. [Das] machen sich die Geschäftsleute zu eigen, indem sie die Fassaden als 'Firmenschilder' benutzen" (ebd.: 100f.). Von der 'Aura' des Ortes wollen oft auch andere Geschäfte und selbst Warenhäuser der Innenstadt profitieren und benutzen die Prinzipalmarkt-Silhouette in ihrer Werbung. Seit den 1970er Jahren wird dann auch die (allerdings deutlich abstrakter) stilisierte Fassade des Rathauses als Signum der Stadtverwaltung verwendet.

In der direkten Nachkriegszeit dient die architektonische „Wiedergewinnung früherer Stimmungswerte" (Rosinski 1987: 94) mit neuen Mitteln nicht zuletzt dazu, die Wettbewerbs-Position Münsters wieder herzustellen. Denn auch nach der Gründung Nordrhein-Westfalens 1946 sind die politischen wie ökonomischen Perspektiven der wenig industrialisierten bisherigen Hauptstadt der Provinz Westfalen vor der endgültigen regionalen Neuordnung 1953 unsicher. Die Garnison ist aufgelöst, die Universität zerstört, Behörden und Verbände, Landesbank, Landwirtschaftskammer usw. evakuiert. Zumal in dieser Situation deckt sich das Interesse der Kaufleute als Bauherren mit dem der politischen Stadtführung. Ziel ist ein Prinzipalmarkt-Bild bürgerlichen Wohlstands, das eine nach wie vor gültige lokale Hierarchie visualisieren und Münster wieder als attraktiven Behördenstandort ausweisen soll. Was auch funktioniert. Zwar verliert Münster 1953 seinen Status als Provinzialhauptstadt, weil die neuen Landschaftsverbände keine politische Funktion mehr haben, bleibt aber Sitz der Bezirksregierung und Verwaltungszentrum (vgl. ebd.: 28 u. 103ff.). Bei Arbeitsplätzen im öffentlichen Dienst nimmt Münster in NRW eine Spitzenstellung ein. Hinzu kommen Handel, Banken und Versicherungen (vgl. Becker/Haunfelder/Schollmeier 2006: 12). Trotz des abhanden gekommenen öffentlichen Status nennt sich Münster aus Prestigegründen bis in die 70er Jahre weiter Provinzialhauptstadt. „Wie dieser Titel, diente auch der neue Prinzipalmarkt der gesellschaftlichen und ökonomischen Restauration der münsterschen Verhältnisse." (Rosinski 1987: 106)

Die Situation in Münster entspricht dem, was Walter Dirks 1950 als „restauratives Symptom" beschrieben hat: Noch 1957 warten hier gut 35.000 Menschen auf eine Wohnung, 1950 ist von 10.000 Obdachlosen und 30.000 Evakuierten die Rede, 1947 leben 2000 Menschen in städtischen Großbunkern. Die Wohnungsnot verstärkt, dass der Vorkriegswohnungsbestand auf 143.000 EinwohnerInnen (1939) ausgelegt war. Bis 1958 leben aber rund 170.000 Menschen (darunter rund 25 Prozent 'Vertriebene') in Münster. In dieser Zeit entsteht vorrangig das repräsentative Altstadtzentrum wieder, mit Luxusgeschäften und Cafés. Während es hier nicht an Geld fehlt, muss 1947 gegen die Aufbau-Stagnation in den Wohnvierteln ein spezielles Finanzierungs-Programm zur Entbunkerung und gegen die Wohnungsnot vom NRW-Wiederaufbauminister Hugo Paul (KPD) aufgelegt werden. Auch wenn die *WN* vom 3. Oktober 1957, die den Wiederaufbau der Altstadtgeschäftsstraßen loben, die Situation in den weitgehend zerstörten Außenbezirken „betrüblich" nennen, scheint es gleichwohl in der breiten Bevölkerung keine Kritik gegeben zu haben; das ist auch der Tenor von ZeitzeugInnen-Befragungen. Demnach überwiegt auch hier die Hoffnung auf eine erneut prosperierende Handels- und Verwaltungsstadt, für die die Prinzipalmarkt-Architektur das Wahrzeichen darstellen soll, vor allem aber der Wunsch, die Marktstraße als Identifikationsort wieder zu erlangen (vgl. ebd.: 29ff. u. 106; vgl. Becker/Haunfelder/Schollmeier 2006: 11f.; vgl. Heise 1997; vgl. Wienold/Thien 1984: 172), der Wunsch nach 'Wiederverzauberung', nach einem fiktivem Zurück in die Atmosphäre 'heiler' Heimat und Geschichte, das zugleich den Aufbruch in Richtung 'Wirtschaftswunder' symbolisiert, ohne die städtische Sozialhierarchie anzutasten. Vielmehr erscheint, ganz nach den Maßgaben der Restauration, diese Hierarchie als notwendig. Das repräsentative Altstadtzentrum wird zur Materialisierung der herrschenden Auffassungen, die die Auffassung der herrschenden Gruppen sind (um Marx zu paraphrasieren).

Einer der seltenen Fälle eines klaren Interessenskonflikts zwischen Stadt und Kaufmannschaft stellt das von Edmund Scharf 1956 als „Teilkopie" wiedererrichtete Stadtweinhaus dar. Der von 1615 stammende reich verzierte Spätrenaissance-Giebelbau bildete ein Ensemble mit dem Rathaus. 1945 ist er bis auf die Umfassungsmauern und Teile der Front zerstört. Nach jahrelangen Diskussionen über die Form des Wiederaufbaus geht Mitte 1954 dann alles ganz schnell. Der Kaufmann Heinrich Petzhold, Betreiber des – seit der 'Arisierung' des Kaufhauses Hertz 1937 – Kaufhauses Petzhold am benachbarten Prinzipalmarkt 5, will eine Hypothek über 500.000 DM übernehmen und im Gegenzug den größten Teil des Erdgeschosses abtrennen und seinem Ladenlokal zuschlagen sowie im Arkadendurchgang zum Rathausinnenhof ein Schaufenster betreiben. Dafür ist die „Teilkopie", besonders eine Umwandlung des Parterre, Bedingung. Auch hier wird Scharf auf jegliche Verwendung noch erhaltener Bausubstanz verzichten. Landeskonservator Rave gutachtet 1956, es handele sich um einen Neubau, weshalb Zuschüsse des Landes abgelehnt werden (vgl. Gutschow/Stiemer 1982: 95ff.). Eine klare Missbilligung kommt auch von der Kaufmannschaft. So argumentiert Hüffer im Mai 1954 gegenüber dem Stadtrat zunächst quasi denkmalschützerisch:

> „Die Frage, die heute besprochen wird, ist von kommerzieller Bedeutung. Man muß sich davor hüten, das Stadtweinhaus als repräsentative Verbindung zum Rathaus für gewerbliche Zwecke freizumachen. Das kann sich eine Stadt wie Münster nur im äußersten Notfall erlauben. [...] Auch die Kaufmannschaft des Prinzipalmarktes vertritt die Ansicht, daß es unverständlich ist, wenn die Stadt für gewerbliche Zwecke und Werbung derartige Schaufenster zur Verfügung stellt". (zit. n. ebd.: 97)

Diesen 'antikommerziellen' Ausführungen folgt dann ein Satz, der verdeutlicht, dass die Kaufmannschaft „einen Image- und Umsatzvorteil aufgrund des repräsentativen Standortes" (Rosinski 1987: 48) für einen einzelnen Anbieter verhindern will, der sich diesen Vorteil durch einen Alleingang verschafft.

„Außerdem ist zu befürchten, daß ein Geschäftsmann diese Lage der Schaufenster ausnutzen wird, um eine kräftige Reklame vor dem Haus an sichtbarer Stelle anzubringen." (zit. n. ebd.)[29]

Scharfs Neubau behält den Umriss der Vorgängerfront bei, die Details aber sind deutlich verändert, vereinfacht und aufgrund der „maschinelle[n] Verarbeitung des Steinmaterials" verflacht. So werden die „reichen Renaissancedekorationen" an Giebel und Sentenzbogen „in flächig reduzierten Formen nachgebildet" und die ehedem „plastisch durchgebildeten Volutenaufsätze" erscheinen nun als „vorgesetzte[s] Blendwerk". Die Fassade erscheine bei genauer Betrachtung, so Rosinski, zwar fehlerfrei, dabei aber glatt, regelmäßig und steril und zeige „nichts mehr von dem historischen Prozeß [ihrer] Benutzung, dem Verwitterungsgrad, den konstruktiven Veränderungen und letztlich von der Zerstörtheit". Auch hier ist die Sandsteinfassade nur dünn vor eine Backsteinwand mit Betonträgern plattiert. Diese „Vorhangfassade" und die Negierung des ehemaligen „Doppelhauscharakters" im Parterre bewirken nicht nur die glatte Sterilität, sie erscheinen auch als „Ausdruck eines Nachkriegsoptimismus, speziell hier des Architekten, der im Selbstbewußtsein seiner eigenen schöpferischen Fähigkeiten ein Baudenkmal aufgrund neuer Nutzungsbedürfnisse veränderte" (ebd.: 48f.).

Die Reaktivierung „früherer Stimmungswerte" beim Prinzipalmarkt zielt auf etwas weiteres Wesentliches ab: auf die Erzeugung eines Gefühls des Heimisch-Seins in einer romantisierten 'alten Stadt', die, wie schon erwähnt, grundsätzlich nicht nur ein Konstrukt der Moderne, sondern ein Resultat der Städte-Modernisierung, -Differenzierung und -Homogenisierung ist (vgl. Vinken 2006). Das Gefühl des Heimisch-Seins am Prinzipalmarkt beinhaltet zugleich ein Heimisch-Sein auf einer Flaniermeile mit ihren Schaufenstern. Der Prinzipalmarkt wird – vom späten 19. Jahrhundert bis heute – als „Gute Stube", oft auch als „Festsaal" (vgl. Stadt Münster 1980: 88) bezeichnet. 1934 heißt es beispielsweise im *Schönen Münster* (138f.), unter den Arkaden gebe es einen „letzten Hauch mittelalterlicher Behäbigkeit und Behaglichkeit", blieben „die geschäftige und nervöse Hast [...] etwas Fremdes". Die hier herrschende „eigene Atmosphäre" ergreife auch „den Fremden immer wieder unbewußt und unerklärt" und mache „den Gang durch die Bogengänge zu einem einzigartigen, gefühlsbetonten Erlebnis", erzeuge immer neue Bilder von „Besonderheit[en]". Dieser so beschworene Ort ist aber auch damals längst ein Ort, an dem sich gehobene Kaufhäuser und exklusive Fachgeschäfte aneinanderreihen. Für den Wiederaufbau-Prinzipalmarkt sprechen Hanns Wienold und Hans-Günter Thien (1984: 172f.) in Anlehnung an Walter Benjamin von einem „architektonische[n] Wachtraum" eines „erneut prosperierende[n] Provinzbürgertum[s]".

29 In der Wiedergabe des Hüffer-Zitats bei Gutschow/Stiemer ist dieser Satz nicht enthalten.

Nach Benjamin (1991: 1053) tritt dem Flaneur seine Stadt „in ihren dialektischen Polen scharf auseinander: sie eröffnet sich ihm als Landschaft, sie umschließt ihn als Stube“. Flaniert wird am Prinzipalmarkt unter durchgängigen, nur an zwei Stellen kurz unterbrochenen Arkadengängen. Als „Zwischenzonen von Innen und Außen, von Hell und Dunkel“, die verwandt seien mit Garten- oder gotischer Sakralarchitektur (Oettinger 1962: 203ff.) und somit ihre BesucherInnen gewissermaßen aus dem Alltag entrücken, sind solche Ensembles in der konservativen Kunstgeschichte bezeichnet worden. Räume, in denen Innen und Außen ineinander übergehen, markieren aber in der Moderne Orte vom Typus der Passagen, die die genannten Übergangszonen-Phänomene adaptieren, „Traumhäuser[] des Kollektivs“, in deren Schaufensterauslagen sich die „Phantasmagorie“ der Waren entfaltet (Benjamin 1991: 513 u. 822). Auf die Arkadengänge des Prinzipalmarktes trifft das unter den Bedingungen der Moderne ebenso zu. Anders, als bei Passagen muss hier nichts adaptiert oder eigens entworfen werden. Der neue Prinzipalmarkt als Konsum-Raum bedient sich einer historischen Aura, zu deren Bestandteilen nicht nur die architektonischen 'Stimmungswerte', sondern auch die Geschichte als Marktstraße und der Existenz von Geschäftshäusern seit dem Mittelalter, gehören.

Susan Buck-Morss (2000) hat eine kapitalistische Wiederverzauberung der Welt als Dreh- und Angelpunkt in Benjamins Passagen-Werk bezeichnet:

> „Auf der Grundlage der Schriften Max Webers ist es in der Gesellschaftstheorie zum Shibboleth geworden, die Befreiung vom Mythos und die Entzauberung der sozialen Welt für das Wesen der Moderne zu erachten. Im Gegensatz dazu und im Einklang mit der surrealistischen Sichtweise läuft Benjamins zentrale Argumentation im Passagen-Werk darauf hinaus, daß die Industrialisierung unter den Verhältnissen des Kapitalismus eine neuerliche Verzauberung der sozialen Welt herbeigeführt hat.“ (308f.)

Webers These argumentiere mit dem seit dem 18./19. Jahrhundert einsetzenden Prozess abstrakter und formaler Vernunft als Organisationsprinzip in Produktion, Markt, Bürokratie und Justiz, wogegen Benjamin, so Buck-Morss, wohl nichts eingewendet hätte.

> „Doch während die sozialen und kulturellen Institutionen in ihrer Form rationalisiert worden sind, gestattet es dieser Prozeß, den Inhalt ganz verschiedenen Kräften auszuhändigen. Unter der Oberfläche zunehmender Systemrationalisierung ist die neue industrielle Welt der Großstädte auf einer unbewußten Ebene der 'Träume' wieder völlig verzaubert worden.“ (ebd.: 309)

Diese „Reaktivierung der mythischen Kräfte“ im „neue[n] Traumschlaf“, die Benjamin (1991: 494) fürs späte 19. und frühe 20. Jahrhundert erkennt, findet eine Weiterführung dort, wo, wie hier am Prinzipalmarkt, das romantische Bild der 'alten Stadt' (gestützt auch durch konservative Kunstgeschichte) gehobenen Konsumbedürfnissen und mittelständischen Profitinteressen dient. Ein Bild, das real unromantisch industriell erzeugt wird. Zugleich aber wird das 'Romantische' noch durch die behauptete Fortführung kaufmännischer Tradition seit dem Spätmittelalter aufrechterhalten. Die mittlere Großstadt, die Münster seit 1914 nicht zuletzt infolge der Politik der Kaufmannschaft ist, soll sich beim Wiederaufbau der Altstadt nicht im Bild niederschlagen. Hans Ostermanns schon einmal erwähntes Diktum vom „schönsten Eindruck einer bürgerlichen Stadt im besten Sinne" verdeutlicht das. Die 'gediegenen' Gehäuse als Träger einer Wiederverzauberung in der direkten Nachkriegszeit und seitdem dienen dabei einem „banalen 'cash-nexus'" (Wienold/Thien 1984: 172). Sie sind Bestandteil der Verwertungskette. Das „Wesen dieser Architektur", so Wienold/Thien, enthülle sich

> „als bestimmt durch die Gesetze der Warenästhetik, die alles Historische gleich verfügbar macht und entwertet, um der industriell massenhaft gefertigten Ware jenes Lächeln anzuheften, das dem Käufer zuflüstert: 'Ich bin eigens für Dich geschaffen'. Diesem Charme der Ware erliegt die abenteuerlich dekorierte Schickeria vom Prinzipalmarkt als erste, für die chic soviel wie teuer ist" (ebd.).

Zugleich besteht jedoch eine Differenz zur heute kritisierten bloßen Symbolpolitik der *Shopping Malls* und Ähnlichem hinter nur vorgehängten Rekonstruktionsfassaden wie beim Braunschweiger Welfenschloss oder bei den geplanten Altstadthäusern in Frankfurt/Main. Der Prinzipalmarkt ist ein tatsächlicher symbolischer Ort, der direkt nach seiner Zerstörung wiederaufgebaut wird. Und hierbei spielt es auch eine Rolle, dass es sich eben um keine Rekonstruktion handelt.

Das heißt aber auch: Gehobene Konsumbedürfnisse und mittelständische Profitinteressen werden so zwangsläufig zu Bestandteilen der architektonischen Deckerinnerung, gehören doch die exklusiven Läden und ihr Warenangebot ebenso, wie die hier inszenierte soziale Hierarchie der Stadt schon zur Realität des Vorkriegs-Prinzipalmarktes. All das kehrt nun als 'Vertrautes' und 'Tradiertes' zurück im 'schönen Schein' der Architektur, vorgeblich unbelastet von NS-Aufmärschen und 'Arisierungen'. Die Kaufmannschaft meldet „im historischen Gewande" erneut „einen städtischen Führungsanspruch" an, „der ihr real nicht mehr zustehen konnte" (Wienold/Thien 1984: 172) als quasi-ständische Organisation. Und die Läden locken wieder. Nicht zuletzt auch diejenigen, die nur zum Flanieren kommen, nichts kaufen, nur schauen und hoffen, in Zukunft selbst hier KundInnen sein zu können.

9.6 Wiederaufbau als Verdrängung der Opfer I: Das 'Verschwinden' der 'Arisierungen' am Prinzipalmarkt

> „Ein Konglomerat von Historismen wurde geschaffen, mit dem man Historisches aufnehmen und dabei den jüngsten Abschnitt der Geschichte aussparen konnte." (Rosinski 1987: 28)

Camouflage: 'Aussöhnung' durch einheitliche Bebauung, die sich als traditionelle Altstadt gibt, und als solche später touristisch auch angenommen wird. Eine Aussöhnung des 'widerständig-katholischen' Münster mit sich selbst. Zwölf Jahre sind 'verschwunden'.

Der Wiederaufbau des Prinzipalmarkts, die blockartige Bebauung mit dem „Hauch von Geschichte" negiert die – vor allem jüngste – Geschichte. Einerseits also werden die Kriegsschäden zum 'Verschwinden' gebracht; und damit das, was diesen Krieg ausgelöst hat. Das zeigt die Ignoranz gegenüber noch vorhandenen Fassadenteilen und der Drang zur Neuschöpfung selbst von Schmuckfiguren (s.o.). Andererseits aber werden Zerstörungen und Trümmer noch eine wichtige Rolle im Erinnerungsdiskurs spielen. Dieser Zusammenhang lässt sich in Darstellungen und Erinnerungen bezüglich des Zweiten Weltkrieges in Münster häufig beobachten. So schreibt beispielsweise H.C.C. Hüffner (1983):

> „Heute, nach 35 Jahren des Vergessens dieser schrecklichen Kriegserlebnisse, schwingt auch Stolz mit, wenn man durch das schöne Münster geht und an die mühevolle Arbeit des Wiederaufbaues denkt. Hier hat eine Generation nicht nur Ruinen und Trümmerberge beseitigt, sondern auch im Anfang Stein für Stein, die erst von Mörtelresten gesäubert werden mußten, in reiner Handarbeit die heutigen Bürgerhäuser wieder aufgebaut". (8)

Abgesehen davon, dass von „reiner Handarbeit" keine Rede sein kann, wird hier ein wichtiges Stichwort genannt, wenn auch anders gemeint, als es in der Realität zutrifft: Jahrzehnte „des Vergessens".

Hüffner präsentiert Fotos der Kriegszerstörungen. Gemacht habe sie sein Schwiegervater Viktor Jack, der „als dienstverpflichteter SHD-Mann (Sicherheitshilfsdienst)" ab 1940 „den Einsatz dieser Heimathilfstruppe der Polizei festzuhalten" gehabt habe. Solche Aufnahmen seien ansonsten „bei Todesstrafe verboten" gewesen, denn „'Zersetzung der Wehrkraft' und 'Feindpropaganda' waren die Schlagworte der damaligen Zeit" (ebd.: 7). Die Distanzierung des damaligen „Kradmelder[s] der Motor-HJ" Hüffner von der „Hitlerära" (ebd.) geht aber offenbar einher mit einer Amnesie. Immer, wenn von den zerstörten Geschäften in der Altstadt die Rede ist, sind die vormaligen jüdischen BesitzerInnen nicht existent. Eine Ausnahme: Erwähnt wird, dass im Haus Roggenmarkt 9 Eli Marcus „zeitweilig ein Schuhgeschäft betrieb". Vorgestellt wird Marcus als berühmter „plattdeutsche[r] Dichter", nicht aber als Jude. Dann müsste auch erzählt werden, dass ab 1933 keines seiner Stücke mehr gespielt wird. Und auch, dass die Münsteraner Zeitungen den vormals gefeierten Dichter weder zu seinem 80. Geburtstag 1934 noch zu seinem Tod 1935 erwähnen (Möllenhoff/Schlautmann-Overmeyer 1995: 286).

Überhaupt, die 'Heimat': Der SHD erscheint als polizeiliche „Heimathilfstruppe". Das klingt nach Aufspaltung der Behörden in einen 'reichsweiten' NS-Apparat und 'volksnahe' Helfer, die doch immerhin dienstverpflichtet sind. Tatsächlich ist der SHD fester Bestandteil der Ordnungspolizei. Diese gliedert sich in „Vollzugspolizei" – staatliche Schutzpolizei, Gendarmerie, Stadt- bzw. Gemeindepolizei – und „Verwaltungs- und Feuerschutzpolizei" – den SHD, der für den Luftschutz zuständig ist, die kriegsbedingte „Stadt- und Landwacht" und die „Technische Nothilfe" (Dierl 2001: 159). Chef der gesamten deutschen Polizei (einschließlich Gestapo) ist seit Mitte 1936 der „Reichsführer SS" Heinrich Himmler (vgl. ebd.: 163). Unter der Bezeichnung Ordnungspolizei, so Florian Dierl, firmiert

> „ein Konglomerat[] verschiedener staatlicher Organisationen, das in vielfältiger Weise zur Umsetzung der innen- wie außenpolitischen Ziele des NS-Regimes eingesetzt wurde und im Zweiten Weltkrieg mit einem Personalbestand von ca. 2,8 Millionen Männern und Frauen quantitativ wie funktionell zu einem der Hauptträger des NS-Herrschaftssystems erwuchs. [...] Die Ordnungspolizei wirkte im Zweiten Weltkrieg in den Heimat- wie in den Besatzungsgebieten und an verschiedenen Fronten; bei der lokalen Preisüberwachung ebenso wie beim Schutz von kriegswichtigen Objekten, im Kampf gegen Partisanen wie bei der Durchführung des Genozids an der jüdischen Bevölkerung" (ebd.: 159).

Anders als Gestapo und SS ist es der Ordnungspolizei – etwa durch „[v]erfälschende Zeugenaussagen" – gelungen, im Nürnberger Prozess 1946 nicht zur verbrecherischen Organisation erklärt zu werden, resümieren Alfons Kenkmann und Christoph Spieker (2001a: 34). In den folgenden Jahrzehnten wird die Legende „von der 'sauberen Ordnungspolizei', die sich [...] nicht an den Verfolgungsmaßnahmen beteiligt habe", fortgeschrieben. Bevorzugt durch 'Erinnerungen' der Beteiligten in Buchform, wie etwa „Polizei im Einsatz während des Krieges 1939/1945 in Nordrhein-Westfalen", veröffentlicht 1957 von Heinrich Bernhard Lankenau (ebd.). In gewisser Weise knüpft diese Legendenbildung an einen schon „von den Nationalsozialisten pronanciert betriebenen Imagewechsel[] der Polizei" an. Bei aller „Militarisierung der Polizeistrukturen" wird nun ab 1936 der „Freund und Helfer" propagiert, um ihn abzusetzen vom „Schergen des Systems" der Weimarer Republik (Dierl 2001: 164).

Lankenau ist „Befehlshaber der Ordnungspolizei" (BdO) des „Wehrkreises VI" in Münster seit April 1939, offiziell seit März 1940. Zu „Befehlshabern" befördert Himmler anlässlich der beginnenden deutschen Westoffensive die „Inspekteure der Ordnungspolizei" in den „besonders luftgefährdeten westlichen Industriegebieten". Dazu zählen neben Hamburg, Stuttgart und Wien auch Münster und der „Wehrkreis VI" inklusive weiterer 20 Städte an Rhein und Ruhr (Spieker 2001a: 192). Von seinem Dienstsitz in der Villa ten Hompel am Kaiser-Wilhelm-Ring aus stellt der BdO „Polizeibataillone für den 'Osteinsatz'" auf – insgesamt werden es 22 sein –, so auch das Kölner Bataillon 309, das im Juni 1941 700 Juden in der Synagoge von Bialystok bei lebendigem Leib verbrennt (vgl. Nachtwei 1993: 208). 1942 befehligt er die „Hinrichtungsserie polnischer Zwangsarbeiter", ausgeführt von der Münsterländer Gendarmerie. Zu der Zeit trifft sich Lankenau „wohl nicht zufällig" mit Himmler im Münsteraner Hotel Kaiserhof (vgl. Spieker 2001b: 183).

Auch an der Verschleppung der jüdischen Bevölkerung ist die Ordnungspolizei neben der Gestapo maßgeblich beteiligt. Zur ersten Deportation aus Münster ins Ghetto Riga werden Mitte Dezember 1941 rund 1000 Menschen aus Münster und dem westlichen Umland zusammen getrieben. Als 'Sammelpunkt' dient das später zerbombte Ausflugslokal „Gertrudenhof". Der Ort liegt 'günstig', in der Nähe der Gestapoleitstelle in der Gutenbergstraße und des Dienstsitzes des BdO. Staatspolizei und Gendarmerie sorgen für das 'Begleitpersonal', ausgestattet mit Gewehren, Pistolen „und genügender Munition", und organisieren die Busse, LKW und PKW, mit denen die Menschen zum Güterbahnhof gebracht werden (vgl. Möllenhoff/Schlautmann-Overmeyer 2001: 845f.). Laut Kriegschronik der Städtischen Polizeiverwaltung Münster erhält die Ordnungspolizei „Meldung" von der NSDAP-Kreisleitung vor jeder „Eröffnung" einer lokalen „Auffangstelle". Und in „jeder Auffangstelle" sind städtische Polizisten ebenso obligatorisch „tätig" wie „Vertreter der Ortsgruppe der NSDAP, der NSV, der NS-Frauenschaft" und „des Städtischen Ernährungs- und Wirtschaftsamtes" (zit. n. ebd.: 872, Anm. 74).

Im Dezember 1942 tauscht Lankenau seinen Posten mit dem BdO in Den Haag, Otto Schumann; beide sind seit 1938 bzw. 1939 karrierefördernd SS-Mitglied (vgl. Spieker 2001b: 182; Spieker 2001a: 193).[30]. Schumann ist in Den Haag seit 1940 „an exponierter Stelle tätig und damit maßgeblich auch für den Einsatz der Ordnungspolizei bei der Deportation der Juden verantwortlich". Dabei werden bis Ende 1942 „ca. 40.000, also 1/3 der in den Niederlanden ansässigen Juden erfaßt" (Spieker 2001a: 194). Lankenau seinerseits, schreibt Gisela Schwarze (1999: 126), wird von Den Haag aus verantwortlich sein „für die Aushebung der großen Zahl von holländischen Zwangsarbeitern", die auch in Münster eingesetzt werden. So sind etwa im Lager der „Deutschen Arbeitsfront" in Mecklenbeck „vor allem Polen, Holländer, Franzosen, aber auch 'Ostarbeiter' nachweisbar" (ebd.: 95).

Anfang 1945 zerstören Bombenangriffe auch Zwangsarbeiterlager, machen die Insassen obdachlos. Stefan Schröder (2005: 50ff.) zeigt, wie in den „Auflösungserscheinungen" der letzten Kriegsmonate „willkürliche[] Erschießungen von Ausländern" an der Tagesordnung sind. Im damaligen Landkreis Münster gibt es aus Angst vor „Ausländerunruhen" seit Februar 1945 konkrete Pläne zur 'Rückführung'. So sollen vom „Einsatzstab Westfalen-Wall" „Ausländer" auf Märschen in Richtung Osten geschickt werden. Die ursprünglichen Pläne, durch „ausländische[] Schanzkräfte" einen Wall gegen die Westalliierten zu errichten, werden fallen gelassen. Ende März gibt es zusätzlich einen „Drei-Stufen-Alarmplan". Bei Unruhen von „Fremdarbeitern" sollen ab „Alarmstufe 2" die Polizisten „'selbständig handeln'", also mit Erschießung drohen. Schon seit Herbst 1944, so Schwarze (1999: 133), reagieren NSDAP und Gestapo auf die „chaotische[n] Verhältnisse" mit „hemmungslosen Vernichtungsaktionen gegenüber Ausländern, insbesondere Polen und Sowjetrussen". In Münster wird vor allem in den Gefängnissen der Gestapo und der Ordnungspolizei gemordet und

30 Als BdOs folgen auf Schumann Kurt Göhrum (September 1943) und Reiner Ließem (September 1944) (vgl. Spieker 2001a: 195ff).

gefoltert (vgl. Schwarze 2005: 270). So auch im Polizeipräsidium am Syndikatsplatz, direkt hinter dem gotischen Rathaus. Hier werden auch MünsteranerInnen, die Staat und Partei kritisiert haben sollen, inhaftiert und misshandelt. Da das Präsidium beim Bombenangriff vom 10. Oktober 1943 zerstört wird, wird der Zwinger „zum Polizeigefängnis für Ostarbeiter/innen, Polen und italienische Militärinternierte" umgebaut, 'geliefert' von der Gestapo, bewacht von der Polizei. Hier werden rund 300 Menschen in „quälende[r] Enge" zusammengepfercht. „Von hier aus gingen die Transporte in die Konzentrationslager, und hier wurden Gefangene im Innenhof gehenkt" (ebd.; vgl. dies. 1999: 134ff.). Bei den Verhören wird systematisch gefoltert (vgl. dies. 2005: 275). Im Frühjahr 1945 wird auch der Zwinger von Bomben zerstört.[31] Die Gestapo verlegt ihr Gefängnis danach in den Block A des Zuchthauses in der Gartenstraße. Hier bleiben die Häftlinge während der fast täglichen Bombenangriffe der Alliierten in ihren Zellen eingesperrt und stehen Todesängste aus, wie sich die Zeitzeugin Nadeshda Tichonowna J. erinnert (vgl. Schwarze 2005: 275ff.).

Hier kommt dann wieder der SHD und sein Zuständigkeitsbereich Luftschutz in den Blick. Er ist fester Bestandteil der „Mobilisierung und Aufrechterhaltung der 'Heimatfront' im Kriegsfall" (Dierl 2001: 164). Anders, als sich die knappe Darstellung bei Hüffner (1983: 86) liest, ist der SHD nicht einfach eine lokale Hilfstruppe, die bei Alarm die Flucht in die Bunker organisiert, Trümmer beseitigt und Verschüttete befreit.[32] Vielmehr werden ZwangsarbeiterInnen, noch während der Bombenabwürfe, zum Trümmerräumen eingesetzt. Ihnen ist es ausdrücklich verboten, in Bunkern oder anderen Unterständen Schutz zu suchen (s.u.). Auch diese 'Maßnahmen' und Anordnungen gilt es für den SHD durchzuführen und zu überwachen.

Später werden sich befragte 'arische' Zeitzeugen in Münster meist an nichts erinnern können. Die Errichtung einer pseudohistorischen Altstadtarchitektur als steinerne Deckerinnerung dürfte hierbei hilfreich gewesen sein. Mit dem wieder errichteten Prinzipalmarkt ist auch die 'angestammte' Hierarchie der Kaufmannschaft wieder eingesetzt. Das heißt aber auch, dass mit den neuen Fassaden der Altstadt die

---

31 Die Zwinger-Zerstörung dokumentiert auch Hüffner (1983: 86f.) mit einem Foto. Im Text dazu ist von der Entstehung des „mächtige[n] Rundbau[s] 1535, von seinem Umbau zum Gefängnis „von keinem geringeren als dem berühmten Barockbaumeister Johann Conrad Schlaun" die Rede, und davon, dass der Bau Jahrhunderte „den Unbilden der Zeit" getrotzt habe, „den Bombenangriffen des Zweiten Weltkrieges indes hatte er nichts mehr entgegenzusetzen". Zu Folter, Mord und Deportationen bis ins Frühjahr 1945 dagegen ist hier nichts zu finden.

32 „Auch die Polizei mußte mitunter bei den Aufräumungsarbeiten mit Hand anlegen – in diesem Falle offenbar, um Münsters 'gute Stube', den Prinzipalmarkt, möglichst schnell von den Spuren des Krieges zu befreien", heißt es hier bei Hüffner zu einem Foto.

alten Fassaden etwa der 'arisierten' Geschäfte verschwinden. Und damit 'verschwinden' auch die 'Arisierungen', die Entrechtungen und Deportationen der jüdischen BürgerInnen. Frank Bajohr (2002: 56) spricht für den gesellschaftlichen Umgang mit dem Holocaust von der „Ausgrenzung der Juden aus dem nationalen Leidensdiskurs nach 1945", in der „ihre vorherige Ausgrenzung aus der nationalsozialistischen 'Volksgemeinschaft'" fortwirkt. Der neue Prinzipalmarkt als fiktiv-historischer Block, der eine bruchlos 'heile' bürgerlich-konservative Geschichte inszeniert, steht so auch architektonisch für eine fortwirkende Ausgrenzung.

Anfang 1933 hat die jüdische Gemeinde Münster 483 Mitglieder – rund 0,4 Prozent der Gesamtbevölkerung –, die überwiegend der „gehobenen Mittelschicht, zu einem kleinen Teil auch Oberschicht", aber kaum der Unterschicht angehören. Sie sind Geschäftsleute, Selbstständige, HochschullehrerInnen (vgl. Freund 1999: 44f.). „Nach 1945 kamen nur wenige Mitglieder der 'alten' Gemeinde nach Münster zurück", resümieren Gisela Möllenhoff und Rita Schlautmann-Overmeyer (1995: 29). „Die anderen waren in alle Welt verstreut, verschollen oder ermordet."

Die Entrechtung und Verschleppung der jüdischen Bevölkerung findet auch in Münster öffentlich statt. Dass jüdische Beamte und Hochschullehrer entlassen werden, kann nicht verborgen bleiben – und soll es auch gar nicht. Die „Rassentrennung" mittels der „Nürnberger Gesetze" von 1935 „war in Münster wie auch in anderen Orten bis zum Novemberpogrom in mittleren und höheren Schulen zwar weitgehend, jedoch nicht bis zur letzten Konsequenz umgesetzt worden" (Möllenhoff/ Schlautmann-Overmeyer 2001: 800). Vergleichbares gilt für die im Mietgesetz vom April 1939 verlangte „räumliche Separierung". Sie „wurde in Münster bis zur ersten Deportation im Dezember 1941 nicht vollständig durchgeführt" (ebd.: 806). Aber auch hier werden sogenannte „Judenhäuser" festgesetzt. Sie „befanden sich sowohl in exponierter Lage im Herzen der Stadt, in Villenrandlage im Süd- und Ostviertel, im klein- bis mittelständischen Bezirk hinter dem Hauptbahnhof sowie in den beiden kleinbürgerlichen Vierteln des mittelalterlichen Stadtkerns". So können die Behörden vermeiden, „daß die Pauperisierung und Diskriminierung ihrer Bewohner zu augenfällig wurde". Zugleich erleichtert diese „Taktik" die Überwachung „durch Blockwart, Nachbarschaft und Parteigliederungen" (ebd.: 807f.). In jedem Fall passiert hier nichts Verstecktes. Mit Beginn der Deportationen werden diese Häuser nach und nach 'geräumt'. Das letzte „Judenhaus" ist Mitte 1942 das Gebäude der jüdischen Marks-Haindorf-Stiftung am Kanonengraben.

Nach der völligen wirtschaftlichen Ausplünderung Ende 1938 mittellos geworden, müssen Männer auch in Münster und Umgebung teils schwere Zwangsarbeit leisten, Frauen offenbar nicht vor Ende 1941 (vgl. ebd.: 808ff.). Seit September 1941 ist das öffentliche Tragen des „Judensterns" Pflicht. Möllenhoff/Schlautmann-Overmeyer verweisen auf die von jüdischen ZeitzeugInnen überwiegend geäußerten Gefühle von Scham und Demütigung. Andererseits zitieren sie die Erinnerung des NS-konformen

Schriftleiters der *Münsterschen Zeitung* Paulheinz Wantzen, der überrascht ist, „wie viele doch noch immer in Münster herumlaufen“ und behauptet, dass „mehrere Jüdinnen und Juden“ „den Stern sehr ungeniert“ trügen, während die „Passanten“ kaum „Notiz von diesem auffallenden Gelben Stern nehmen“. Der aus einer traditionell antisemitisch-nationalistischen Familie stammende stellvertretende Stadtarchivar Franz Wiemers notiert in seiner „Kriegschronik“ die eigene Genugtuung und die Zustimmung von 'Passanten', würden doch nun Menschen gekennzeichnet, die „im Geheimen im Lager unserer Feinde“ stünden, was „man sehr vielen am Gesicht sonst gar nicht anmerken“ könnte (ebd.: 814f.). Die Münsteraner Bevölkerung, so Möllenhoff/Schlautmann-Overmeyer, „war von der Kennzeichnungspflicht der Juden eher peinlich berührt und vermied daher, besondere Notiz davon zu nehmen (ebd.: 815).

Die „Konzentrierung der jüdischen Menschen im 'Gertrudenhof'“ im Vorfeld der ersten Deportation nach Riga am 10./11. Dezember 1941 geschieht „[u]nter den Augen der münsterischen Öffentlichkeit“. Später setzt in dieser Münsteraner Öffentlichkeit die Erinnerung daran aber weitgehend aus:

> „Der 'Gertrudenhof', ein beliebtes Ausflugslokal mit Biergarten an der Warendorfer Straße, lag an einer belebten Kreuzung am zweiten Tangentenring und wurde von einer Hauptlinie der Straßenbahn, die wenige Stationen weiter endete, angefahren. Selbst wenn angesichts der Kriegssituation der Privatverkehr erheblich eingeschränkt war und das Viertel östlich des Kaiser-Wilhelm-Ringes nur eine lockere Bebauung aufwies, erstaunt, daß sich kaum Münsteraner an das Geschehen rings um das bekannte Lokal erinnern.“ (ebd.: 845)

Zumal dieses Lokal nach schweren Luftangriffen im Sommer des Jahres auch als Ausweichquartier für Bombengeschädigte genutzt wird. Zwar beweise die 'vertrauliche' Behandlung der Modalitäten des Rigatransportes, dass die Verwaltung kein großes Aufsehen erregen wollte; schon weil „etliche städtische und staatliche Behörden ihrerseits Profiteure der Deportation waren“. Zudem gebe es unterschiedliche Aussagen darüber, ob der Abtransport zum Güterbahnhof früh morgens oder spät abends statt gefunden habe. Dass hier aber nichts Unsichtbares vor sich gegangen ist, zeige sich schon daran, dass „die jüdischen Menschen des Münsterlandes“ im Lauf eines Vormittages „per Sonderfahrt in einem Omnibus“ und ihr Gepäck in einem LKW zum „Gertrudenhof“ gebracht worden seien (ebd.: 845f.).

Dass die Deportation bereits im Vorfeld wenigstens partiell bekannt ist, geht aus der „Kriegschronik“ des Stadtarchivars Wiemers hervor, der am 1. Dezember 1941 notiert, in einer Kneipe in der Aegidiistraße werde die „Nachricht sehr lebhaft besprochen“. Die Kundschaft aus „mittleren Beamten, Handwerkern und Kaufleuten“ sei „[ü]berwiegend [...] mit der Maßnahme sehr zufrieden“, die Juden „alle nach dem Osten in große Arbeitslager“ zu deportieren, wodurch ja auch „die dringend benötigten Wohnräume in Münster“ freigemacht würden (zit. n. ebd.: 843). Die weitgehende Amnesie aber hält auch im Straßenbild noch gut 50 Jahre an. Erst

1992 wird an der Ecke Warendorfer Straße/Kaiser-Wilhelm-Ring eine Gedenktafel enthüllt (vgl. Nachtwei 1993: 207). Zu diesem Zeitpunkt erinnert architektonisch schon lange nichts mehr an 1941. An der Stelle des „Gertrudenhofs" steht seit den frühen 70er Jahren ein Sichtbeton-Gebäude mit Zahnarztpraxen, einem Supermarkt, einer Drogerie, einer Apotheke.

Die noch folgenden drei Deportationen nach Riga (27. Januar 1942), ins Warschauer Ghetto (31. März 1942) und ins KZ Theresienstadt (31. Juli 1942) finden dann im Dunkeln statt. Aber die 'Konzentration' von Menschen im letzten „Judenhaus" am Kanonengraben und schließlich auch im „Schützenhof" (Hammer Straße), wo Menschen aus dem ganzen Münsterland und dem Raum Osnabrück zusammengepfercht werden, kann kaum verborgen geblieben sein. Zudem gibt es zwangsläufig Zeugen. Nicht nur Bahnbeamte am Güterbahnhof, denn die Transporte hierhin werden mit LKWs und Pferdefuhrwerken der Spedition August Peters durchgeführt (vgl. Möllenhoff/Schlautmann-Overmeyer 2001: 846ff.).

Bis Ende 1938 müssen infolge ausbleibender KundInnen und zunehmender Repressalien „insgesamt 39 jüdische Ladenlokale in Münster den Verkauf aufgeben" (Freund 1999: 49), darunter auch eine Reihe von renommierten und zum Teil alteingesessenen Geschäften in der Altstadt. Drei von ihnen müssen schon infolge Boykotts im März/April 1933, bei dem SA-Männer 'arischen' KundInnen den Eintritt zu den Läden verwehren, in Konkurs gehen; wobei sich nicht mehr genau klären lässt, welchen Anteil jeweils Vorbelastungen durch die Weltwirtschaftskrise haben (vgl. Möllenhoff/Schlautmann-Overmeyer 1998: 156).

Esther Rosenblum, 1931 bis 1933 Inhaberin der „Essener Herren-Bekleidungs-Gesellschaft" mit Hauptsitz Prinzipalmarkt 12 und Filialen in der Salzstraße, in Osnabrück und einem Warenlager in Bochum, setzt nach dem Boykott zunächst pro forma einen 'arischen' Geschäftsführer anstelle ihres Sohnes Bernhard Rosenblum ein. Als dieser für Anfang Juni 1933 vors Amtsgericht geladen wird, flieht die Familie mit ihren Barbeständen und dem Auto nach Palästina. Das kurz darauf eröffnete Konkursverfahren wird „mangels Masse" rasch eingestellt (vgl. dies. 1998: 156f.; vgl. dies. 1995: 368). Neuer Mieter von 1933 bis zur Zerstörung des Hauses ist die Firma Grümer (Kirchhoff 2001: 110). Ein Foto von 1935 zeigt das Haus mit dem Schriftzug „Grümer – das Fachgeschäft für Herrenkleidung" (vgl. ebd.: 107).

1716 steht an dieser Stelle ein zweigeschossiges Haus mit drei Rundbögen im Erdgeschoss und einem Treppengiebel. Ein Neubau um 1750 und zwei weitere Umbauten 1794 und 1901 lassen einen „dreigeschossige[n] Putzbau mit Werksteingewänden" und drei Rundbögen auf schlanken Säulen entstehen. Das Haus hat einen niedrigen Segmentbogen-Giebel mit einem Rundbogenfenster in der Mitte. In der ersten Etage sind die ursprünglichen vier Fenster durch drei „schaufensterähnliche, geschoßhohe Öffnungen" ersetzt (Rosinski 1987: 186f.). Das Haus wird 1944/45 total zerstört (vgl. ebd.: 185).

Die Firma Grümer als Bombenopfer: Was sich im kollektiven Gedächtnis erhält, sind nicht die Rosenblums, die frühen Opfer der „Entjudungs"-Aktionen, sondern diejenigen, die faktisch profitieren und sich – im selben Segment – in bester Geschäftslage etablieren können, deren Geschäft im Krieg zerstört wird, wenige Jahre später wieder entsteht und bis heute dort ist. Bauherr des 1949/50 errichteten Hauses ist Rosinski (1987: 185 u. 66f.) zufolge der Kaufmann Heinz Grümer – der laut Kirchoff (2001: 110) allerdings erst ab 1956 auch Eigentümer des Hauses ist. Architekt ist Bernhard Geisberg. In seine zunächst geplante Fassade aber wird von Edmund Scharf massiv eingegriffen.

Ursprünglich entwirft Geisberg eine verputzte Schauwand mit Anklängen an die klassische Moderne (Mies van der Rohe): Die mittlere Wandfläche soll „durch ein quadratisch gerastertes Fensterfeld", das „minimal vor die verputzte Front treten soll", völlig aufgelöst werden. Scharf macht daraus eine Fassade, die Rosinski zu den Typen zählt, bei denen Tendenzen zur monumentalisierenden Vereinheitlichung erkennbar seien (s.o.): Eine „schwere und massiv wirkende Steinkonstruktion", mit drei Arkadenbögen „auf massiv wirkenden Vierkantpfeilern". Jetzt bestimmen, bei „tief nach innen in die Laibung" versetzten Glasflächen, die kräftig gerasterte und klar aus der Wand heraustretende Werksteinkonstruktion und scharfkantige Sandsteinkassetierungen die Schauwand, was „an neoklassizistische Dekorationsformen erinnert". Der kleinteilige Treppengiebel wird „durch ein eng gesetztes klassizistisches Konsolenband" geschmückt (Rosinski 1987: 86; vgl. ebd.: 187).

Eine suggerierte Dauerhaftigkeit als Verbindung von fabrizierter Vergangenheit und 'Zukunft' (Treppengiebel in Verbindung mit Werkstein und neoklassizistischer Dekoration), die versucht, die Geschichtlichkeit der Zeichen zu negieren und somit reale Geschichte ausblendet, zugleich aber mittels Beharren auf neoklassizistischer Formsprache durchaus einen positiven Bezug behauptet. Diese Art des Ausblendens geschieht auch durch horizontale Angleichungen von Giebel-, Trauf-, Fenster- und Geschosshöhen. Der Vorgängerbau aus dem ausgehenden 18. Jahrhundert wirkt nicht nur filigraner, sondern deutlich niedriger als die Nachbargebäude. Anders der Neubau (vgl. ebd.: 186f., Abb. 4 u. 6). Geisberg selbst vertritt diese Angleichungs-Maxime für „Münsters gute Stube" an anderer Stelle Weihnachten 1946 in den *WN* als ein

> „maßvolles Auf und Ab der Fensterhöhen und den wohlgeordneten Wechsel der Bögen, [der] so die Ruhe des Westfälischen zum Ausdruck bringt" (zit. n. Gutschow/Stiemer 1982: 132).

Eine Ruhe, die offenbar besonders an den Orten wünschenswert erscheint, die 1933 oder 1938 Schauplätze offener antisemitischer Propaganda und Gewalttaten sind.

Moritz und Adele Lesser betreiben nach dem Ersten Weltkrieg ein ursprünglich 1907 in Beckum gegründetes Textilhaus, seit 1926 auch ein Herrenwäschegeschäft in der Ludgeristraße. Das verkaufte Moritz Lesser, um 1932 sein neues Hauptgeschäft „Herren- und Knabenbekleidung" am „Prinzipalmarkt 38/39 zu eröffnen, wo sich ihm eine größere Verkaufsfläche für sein expandierendes Geschäft bot. Der als beste Geschäftslage Münsters bekannte Prinzipalmarkt erwies sich nach dem 30. Januar 1933 für jüdische Geschäfte aber als eher ungünstig, da hier in Rathausnähe Aufmärsche und Propagandaumzüge der NS-Formationen zu besonderen Anlässen stattfanden und jüdische Geschäfte auf Parteigenossen aufreizend wirken konnten". Am Boykott-Tag stehen SS und SA vor dem Geschäft. 1934 muss Lesser Konkurs anmelden. Adele Lesser begeht wegen „zunehmender nazistischer Repressalien" Selbstmord. Noch im Dezember 1934 wird Lesser ironischerweise das „Ehrenkreuz für Frontkämpfer" verliehen. Fünf Jahre später wird er zusammen mit seiner Tochter Lieselotte und seinem Schwiegersohn verhaftet wegen des Versuchs, Geld in die Niederlande zu transferieren. Es folgt die obligatorische Ausplünderung: Zahlung von „Edelmetallabgabe", Requirierung der Erlöse aus Zwangsverkäufen zur „Judenvermögensabgabe", Pfändung des Guthabens per „Sicherungsanordnung". Mitte 1942 wird Moritz Lesser nach Theresienstadt verschleppt, wo er aufgrund der Bedingungen stirbt. Sein Sohn Herbert ist im Jahr zuvor vermutlich im Ghetto Riga ermordet worden (vgl. Möllenhoff/Schlautmann-Overmeyer 1998: 157f.; vgl. dies. 1995: 258ff.).[33]

Das Korsettgeschäft „Helene Davids & Co", gegründet 1902 von Rosa Marcus und Helene Davids (die 1905 ausscheidet) in der Salzstraße, seit Mitte der 20er Jahre am Prinzipalmarkt 37, ist „das führende Fachgeschäft" in Münster und bleibt es auch noch in der NS-Zeit. So lassen sich etwa auch die Frau und die Schwester des Gauleiters Meyer Ware zur Anprobe in die Dienstwohnung im Schloss liefern. In der Pogromnacht wird der Laden verwüstet. 1938 muss verkauft werden, der Erlös fließt per „Sicherungsanordnung" auf ein Sperrkonto. Alfons Davids, der mit 10% am Geschäft beteiligte Neffe von Rosa Marcus, gelangt mit seiner Frau Lieselotte Davids nach einer halbjährigen Flucht nach Haifa. Rosa Marcus stirbt im Juli 1942 im letzten „Judenhaus" Münster (Marks-Haindorf-Stiftung), „einen Tag vor ihrer Deportation [...] (Freitod?)" (Möllenhoff/Schlautmann-Overmeyer 1995: 119 u. 288).

Während Sabine Jarnot (2001) im – von den „Kaufleuten der Salzstraße" finanziell geförderten – „Häuserbuch" für die Salzstraße die 'Arisierung' explizit als jeweiligen Grund für Besitzer- oder Mieterwechsel nennt, fehlen solche Hinweise bei Karl-Heinz Kirchhoff durchgängig. Für den Prinzipalmarkt 37 etwa heißt es bei ihm kommentarlos: Mieter „1924/38: Helene Davids, Korsettgeschäft" und „1939: Brummer und Krählig, Korsett- und Wäschegeschäft" (Kirchhoff 2001: 217). H.C.C. Hüffner (1983: 75) schreibt gar: „Im Haus Nr. 37, das 1657 entstanden war, war vor

33 Die Neuerrichtung des Hauses 38/39 wird weiter unten zusammen mit der des Hauses Nr. 37 behandelt.

dem Krieg eine Drogerie zu Hause." Gemeint ist damit offenbar die laut Kirchhoff (2001: 217) dort 1941/42 ansässige Drogerie Roebrock.

Die Häuser Prinzipalmarkt 37-39 werden 1944/45 völlig zerstört. Ein Foto von 1934 – die Geschäftsnamen Helene Davids & Co sowie Lesser in den ortsüblichen großen Lettern auf den Fassaden sind gut erkennbar – zeigt die Fassade Nr. 37, abgesehen von einer später eingefügten Dachluke, als weitgehend im erbauten Zustand von 1657 erhalten: Zweibogiges Arkadengeschoss mit Spitzbögen auf Achteckpfeilern, ein nach Max Geisberg holländischen Formen folgender Volutengiebel (vgl. Rosinski 1987: 239, Abb. 2). Nr. 38 (erbaut ca. 1510) weist im Arkadengeschoss zwei flache Spitzbögen „unterschiedlicher Spannweite" auf Achteckpfeilern und einen spätgotischen „hoch aufragenden Fialengiebel" auf. Die Fialen werden noch vor 1863 entfernt, später (vor 1934) erneuert. Nr. 39 (erbaut um 1490) wird 1662 umgebaut und zeigt seitdem einen einfachen Treppengiebel und ebenfalls zwei Spitzbögen auf achteckigen Pfeilern im Arkadengeschoss. Die Häuser 38 und 39 erhalten um 1900 in der ersten Etage jeweils drei großflächige Fenster (vgl. ebd.: 243f.).

Der Neubau der drei Häuser 1953/54 erfolgt in den „eklektizistischen Varianten", wobei sie einheitliche Arkaden-Rundbögen erhalten. Bei der Schauseite von Nr. 37 dominieren historisierende Elemente: „profilierte Gesimse mit Zahnschnittfries, Butzenscheiben, erkerartige Vorsprünge und flachbogige Fensterstürze", darüber erhebt sich ein steiler Dreistaffelgiebel, gekrönt von einer Handelskogge in allerdings zeitgenössisch reduziertem Design (ebd.: 242). Anhand des Giebelschmucks lässt sich dann auch zeigen, wie willkürlich Stil- und Schmuckformen geplant bzw. genutzt werden, bei dem Vorhaben, sich „nur 'im Geiste'", nicht aber im Detail auf „die Vergangenheit" zu beziehen (Gutschow/Stiemer 1982: 182). So sieht der Entwurf der Architekten Diening/Rohling 1947 ein „rechteckiges Flachrelief", 1949 „einen flügelschwingenden Schwan" (jeweils auf der Giebel-Wand) vor, seit 1950 soll es dann die stilisierte Kogge auf einer Meerwoge auf dem Giebel sein (vgl. Rosinski 1987 239ff.). Das Haus 38/39 entsteht nach einem Entwurf Scharfs und ausgeführt von Diening/Rohling als „Kulissenarchitektur. Falsche Giebel, blinde Dachfenster und attrappenartige Dachstühle" maskieren die Errichtung des Gebäudes auf zwei Parzellen. Beide Fassaden sind dann auch gleich, bis auf die Giebel (hinter denen sich ein gemeinsames Walmdach verbirgt), die sich durch Abschlusssteine und Dachluken gering voneinander unterscheiden (vgl. ebd.: 81f. u. 245).

„[E]in Haus mit zwei Fassaden, deren Ähnlichkeit" nicht mehr, wie bei der Vorkriegsarchitektur dem „Spannungsverhältnis zwischen Einheit und Vielheit" entstammt, sondern der gewollten „Tendenz zur seriellen Gestaltung" (ebd.: 82). Das Serielle – hier nur ein anderer Ausdruck für die „Ruhe des Westfälischen" (s.o.), die, kaschiert von handwerkliche 'Bodenständigkeit' suggerierenden Sandsteinplatten, industriell produziert wird – bestimmt dann auch den gesamten neuen Prinzipalmarkt. Die serielle westfälische Ruhe, die die Geschichte aussperren soll, zeigt sich in den im Ortsstatut von 1951 vorgeschriebenen einheitlichen Trauf- und Geschosshöhen, den deutlich vereinfachten und „strenger[en]“ Giebeln, den meist vereinheitlichten Bogenhöhen und -formen, wie das der Silhouettenvergleich der Vor- und Nachkriegsbebauung verdeutlicht (vgl. Gutschow/Stiemer 1982: 182f.).

Anders, als bei den Häusern Nr. 12 und 5 (s.u.) gibt es bei den Häusern Nr. 37-39 keine Kontinuitäten nach den ‘Arisierungen’ (abgesehen davon, dass die Firma Reinhold Verspohl Nr. 38/39 von 1933 bis 1959 besitzt). Die Mieter wechseln (auch nach dem Wiederaufbau) häufiger. Die Firma „Harenberg Koffer und Lederwaren“ ist in den drei Häusern als Mieterin bzw. Besitzerin erst seit den späten 50er Jahren verzeichnet (vgl. Kirchhoff 2001: 217ff.).

Bemerkenswert ist, dass Kirchhoff in dem (von den „Kaufleuten vom Prinzipalmarkt“ finanziell geförderten) „Häuserbuch“ für den Prinzipalmarkt für Haus Nr. 12 anführt, die „Essener Herrenbekleidung“ sei dort 1932 ansässig gewesen (statt 1931 bis 1933; s.o.), für Haus Nr. 37 erwähnt er Lesser als Mieter nur für 1934 (vgl. ebd.: 110 u. 220). Für das Haus Nr. 5 schreibt er gar, „Hertz- und Cie“ sei hier nur „1926/29“ Mieter gewesen. Das bis heute dort ansässige Kaufhaus Petzhold wird dann (fast) korrekt als Mieter von 1938 bis 1944 und wieder ab 1950 aufgeführt (vgl. ebd.: 74). Hier verschwindet – warum auch immer – ein Vorgang der ‘Arisierung’. Denn tatsächlich betreiben die Brüder Hermann und Julius Hertz hier von August 1921 an (seit Juni 1922 als Hertz & Co) ein „Manufakturwaren-Etagengeschäft“, das sich „zum führenden Textil- und Stoffhaus in MS entwickelte und Inflation und Weltwirtschaftskrise überstand“ (Möllenhoff/Schlautmann-Overmeyer 1995: 189). Nicht aber den ‘Arisierungs’-Druck. Im August 1937 verkaufen die Brüder Hertz ihr Geschäft an die Firma Petzhold (Berlin). Die rund 30 jüdischen Angestellten können noch bis zum 1. Oktober 1937 arbeiten und werden dann entlassen. Zwar entwickelt sich nach den Einbußen durch den NS-Boykott 1933 „der Geschäftsbetrieb bis um die Jahreswende 1936/37 äußerlich ‘normal’“ (ebd.: 195) – allerdings erhöht die Stadt Münster als Hausbesitzerin[34], die Miete deutlich (bei vermindertem Umsatz) (vgl. dies. 1998: 159). Dann aber setzt die permanente Hetzkampagne des NS-Propagandablattes *Der Stürmer* gegen das Geschäft und seine noch vorhandenen „arischen“ KundInnen ein. Den Brüdern Hertz und ihren Familien gelingt unter enormen Einbußen durch die „Reichsfluchtsteuer“, Konfiskationen und Geldtransferverluste die Emigration in die USA. Hier nimmt sich Hermann Hertz 1946 das Leben (vgl. dies. 1995: 189 u. 195). Schon 1935 versuchen die Gebrüder Leffers das Geschäft in begehrtester Innenstadtlage zu übernehmen. NS-Oberbürgermeister Albert Hillebrand lehnt ab, da das Mietverhältnis noch bis 1944 laufe. Noch Ende Mai 1937 weist er einen weiteren Übernahmeversuch, den ein Düsseldorfer PG für

34 Das Haus gehört der Stadt seit 1929 und bis heute (vgl. Kirchhoff 2001: 74; Rosinski 1987: 85).

einen anonymen Interessenten übermittelt, zurück. Begründung: Das Kaufhaus Hertz habe bislang „mit peinlicher Genauigkeit [seine] vertraglichen Verpflichtungen erfüllt“, was eine außerordentliche Kündigung ausschließe (dies. 1998: 159).

Diese „‘Schonfrist’, die den jüdischen Kaufleuten offiziell eingeräumt war“ (ebd.), ist keine lokale Besonderheit. Vielmehr, so Frank Bajohr (2002: 39f.), vollzieht sich die ‘Arisierung’ im gesamten „sogenannten ‘Altreich’“ als längerer, „zunächst schleichend[er]“ politischer Prozess, der „nach mehreren Radikalisierungsschüben 1938/39 seinen Höhepunkt erreichte“, um erst seitdem „gleichförmige und bürokratisch-systematische Züge“ anzunehmen.

Die Ausplünderung verläuft weitgehend dezentralisiert. Während sich das ‘Reich’ darauf konzentriert, „das Vermögen der Juden durch Steuern und Zwangsabgaben zu konfiszieren“, delegiert es „das konkrete Procedere [...] zumeist an regionale Entscheidungsträger“. In den Großstädten sind das meist die kommunalen Wirtschaftsämter, ab 1935/36 die neu installierten „NSDAP-Gauwirtschaftsberater“, außerhalb der Großstädte oft Bürgermeister, Landräte und lokale Parteibonzen. Nach den Boykottaktionen von 1933 verordnet die Reichsregierung eine vorläufige – letztlich ideologisch begründete, aber innerhalb der NSDAP stark umstrittene – „taktische Zurückhaltung“ bis zur wirtschaftlichen und politischen Konsolidierung des Reichs (vgl. ebd.: 40). So argumentiert auch der für Münster zuständige Leiter der Gestapo-Leitstelle Recklinghausen Günter Graf von Stosch (vgl. Möllenhoff/Schlautmann-Overmeyer 1998: 159f.). Dadurch haben, rein wirtschaftlich betrachtet – die alltägliche Diskriminierung durch den Ausschluss aus Bildungs-, Kultur- und Freizeitinstitutionen usw. wird dadurch ja nicht abgemildert –, jüdische Geschäftsleute anfangs noch gewisse Spielräume, die sich aber zunehmend verengen. Bajohr (2002: 41) nennt hier „fünf Radikalisierungsstufen“: Den Einsatz der „Gauwirtschaftsberater“, verschärfte Devisengesetze und -überwachungen, forcierte „antijüdische Aktivitäten des Reichswirtschaftsministeriums“, verschärfte Verordnungen seit Mai 1938, schließlich den „offene[n] Übergang zur Zwangsarisierung nach dem Novemberpogrom“. Die ‘Arisierung’ sei „nicht nur ein komplexer politischer“, sondern „vor allem auch ein *gesellschaftlicher Prozeß*“ gewesen, der zeige, wie sich – fortschreitend radikalisierend – ideologische „mit unterschiedlichsten Motivationen und Interessen, vor allem auch materiellen Interessen auflud[en]“ – und oft auch vermischten. So etwa beim schon vor 1933 virulenten „mittelständischen Antisemitismus von Handwerkern und Einzelhändlern“, der sich gegen „jüdische Filialunternehmen und Warenhäuser“ richtet (ebd.: 45f.). Drei Gruppen von Profiteuren lassen sich unterscheiden – die Grenzen zwischen den Gruppen können, zumindest je nach ‘Arisierungs’-Verfahren, fließend sein (ebd.: 48): Die „aktiven und skrupellosen Profiteure“, die über die offiziellen Maßnahmen hinaus persönlich agieren und denunzieren, die „stillen Teilhaber“, die „äußerlich korrekt“ aber real unfair, dabei „eher unauffällig“ handeln, die „gutwillige[n] und verständnisvolle[n] Geschäftsleute“, die versuchen, die jüdischen Eigentümer fair zu entschädigen (Bajohr 2000: 25f.). Fließend sind oft auch die Übergänge zum „kriminellen Milieu“ (ebd.: 47), ist doch 'Arisierung' auch ein Hort der Korruption, und sie ist ein Feld für „Hunderttausende von 'Schnäppchenjägern' aus allen Teilen der Bevölkerung“ (ebd.: 45). Mithin:

> „Insgesamt brachte die 'Arisierung' in der deutschen Gesellschaft einen wachsenden Kreis von Nutznießern und Profiteuren hervor, die ein Interesse daran hatten von jüdischen Eigentümern nicht regreßpflichtig gemacht werden zu können und auf diese Weise an das nationalsozialistische Herrschaftssystem gebunden wurden bzw. sich selbst daran banden.“ (ebd.: 49)

Das Haus Prinzipalmarkt 5 ist im Kontext fortwirkender (architektonischer) Ausgrenzung von exemplarischer Bedeutung. 1945 wird es völlig zerstört, zurück bleibt ein Fassadenrest auf vier Säulen, auf dem aber noch gut sichtbar in Goldlettern der Firmenname „Petzhold“ prangt. Ein Fotomotiv, das in der Folge einen ikonischen Charakter erhält. So bei Haunfelder (2000: 40), der dazu aus den *WN* vom 24. Dezember 1946 zitiert: „Ein Bilddokument, das den späteren Generationen einmal viel zu sagen haben wird...“. Was sich so als historische Erinnerung präsentiert, ist die Zerstörung des Kaufhauses Petzhold. Was wieder aufgebaut wird, ist ebenfalls das Kaufhaus Petzhold. Es gehört so scheinbar zur steinernen Tradition der Straße. So klingt es dann auch bei Hüffner (1983: 78). Das Haus

> „beherbergte die Firma Petzhold (wie heute), als es den ersten Bombenschaden mitbekam. Die Totalzerstörung folgte am Palmsonntag des Jahres 1945“.

Hüffner erwähnt die „drei Giebelhäuser“ Prinzipalmarkt 1-3 mit ihrer „interessante[n] Geschichte“. Haus Nr. 2 etwa, in dem sich seit 1893 das Kaufhaus Kluxen befand, habe zuvor „zeitweise das Fürstlich Thurn und Taxissche Reichspostamt“ beherbergt (ebd.: 77f.). Die ungleich kürzer zurückliegende Vorgeschichte des Hauses Nr. 5 bis Ende 1937 kommt ihm nicht in den Sinn. Ein offenbar normales Phänomen, bestätigt auch durch die Ausstellung „Wunderjahre“ 2006/2007 im Stadtmuseum. Gezeigt wird ein Foto – Leihgabe der „Heinrich Petzhold & Co KG, Münster“ – von 1951 mit dem noch im Bau befindlichen Gebäude. An den Gerüsten hängen Schilder zum Sommerschlussverkauf. Im Text heißt es:

> „Der Schlussverkauf war zu Beginn der 1950er Jahre für diejenigen, die noch immer jeden Pfennig umdrehen mussten, eine ersehnte Gelegenheit, endlich Ersatz für die im Zweiten Weltkrieg verlorenen Kleidungsstücke zu schaffen. 'Wir schlagen der Geldknappheit ein Schnippchen', bewarb das Textilkaufhaus Petzhold 1951 seinen Sommerschlussverkauf. Das Kaufhaus, das nach dem Krieg vorübergehend im Billardsaal des Cafés Schucan untergebracht worden war, befand sich seit November 1950 wieder am alten Standort, Prinzipalmarkt 5. Lediglich das Erdgeschoss war 1950 fertiggestellt, die erste und zweite Etage befanden sich noch im Bau.“ (Becker/Haunfelder/Schollmeier 2006: 104)

Hier werden 'einheimische' Opfer benannt: MünsteranerInnen, denen der Krieg die Kleidung geraubt hat und das Kaufhaus Petzhold, das zunächst eine 'Notunterkunft' beziehen muss, dann aber, so wird impliziert, an den traditionell angestammten Platz zurückkehren kann. Auch in dieser Darstellung sind die Familie Hertz und die 'Arisierung' ihres Besitzes inexistent. Zwar ist Julius Hertz nach dem Krieg „stiller Teilhaber der Fa. 'Petzhold KG' und zu 20 % an Gewinn und Verlust beteiligt" (Möllenhoff/Schlautmann-Overmeyer 1998: 195). Sein Name aber ist aus der Öffentlichkeit verschwunden. Heinrich Petzhold hingegen gehört im Januar 1946 auch politisch zu den „Männer[n] der ersten Stunde" (Schäfers 1979: 59). Der neue Rat der Stadt besteht danach aus 20 Vertretern der neu gebildeten Parteien, acht „Persönlichkeiten des öffentlichen Lebens" und acht von der Militärregierung ernannten „Vertreter[n] verschiedener Berufszweige", darunter der Kaufmann Petzhold (ebd.: 64).

Die architektonisch inszenierte Deckerinnerung am Prinzipalmarkt 5 vollzieht sich als Herstellung eines fiktiven 'historischen Urzustands'. Um 1500 werden an dieser Stelle drei Giebelhäuser errichtet. 1841 erfolgt eine Neubebauung über alle drei Parzellen (vgl. Rosinski 1987: 155). Es entsteht ein vierstöckiges, traufenständiges Arkadenhaus mit Walmdach, „das der Außenform italienischer Palazzi glich" (ebd.: 85) und zunächst das Gasthaus „Zum König in England" beherbergt, später „Handelshof" genannt wird (vgl. Gutschow/Stiemer 1982: 192). Schon 1937, anlässlich des „Tag[es] für Denkmalpflege und Heimatschutz", kritisiert der Provinzialkonservator Wilhelm Rave den „unförmigen, 25 m breiten Neubau". Ein „grobe[r] Störenfried des städtebaulichen Rhythmus" sei das Haus, auch wenn „sich der Münsteraner ganz an diesen [...] gewöhnt" habe, „doch sind wir es dem Prinzipalmarkt schuldig, daß wir auch hier auf Abhilfen sinnen" (zit. n. ebd.). Dass er das im Jahr der 'Arisierung' von Hertz & Co sagt, mag Zufall sein. Ins Bild passt es allemal. Rave will schon damals keine „Wiederherstellung [...] des alten Zustandes", sondern schlägt der Stadt die Schaffung eines „künstlerischen Gleichklangs der Fronten" (zit. n. ebd.) vor. Etwas, das unter der Leitung Edmund Scharfs bis zur Mitte der 50er Jahre dann auch umgesetzt wird, wenn auch nicht ganz in der konsequenten Gleichförmigkeit, wie sie Scharf 1947 für die Häuser 1-7 entwirft (vgl. ebd.: 188, Abb. 193).

Um den Wiederaufbau des Hauses Nr. 5 gibt es zunächst einige Auseinandersetzungen. Anfang 1950 legen die Architekten Diening und Rohling einen Plan vor, der sich am Bau von 1841 orientiert. Zustimmung erhalten sie von Heinrich Benteler. Der Stadtrat beschließt jedoch mit 20:9 Stimmen die Errichtung eines dreigiebeligen Hauses (vgl. ebd.: 192ff.).

Gebaut wird schließlich (Fertigstellung September 1951) nach den Plänen Scharfs. Es entsteht ein Haus vom Typus der „eklektizistischen Varianten" (Rosinski 1987: 81), bei dem historische Schmuckformen willkürlich gewählt und 'gediegen' ausgeführt werden, um die Exklusivität des Ortes zu betonen, bei dem zugleich der nun größere Bedarf an Nutzfläche bedient wird. Zugleich entspricht die flächige Fassadengestaltung aus 'Werkstein' den architektonischen Mustern der ersten Hälfte des 20. Jahrhunderts. Heraus kommt ein Gebäude, das durch die durchlaufende Fensterfront im ersten Geschoss zwar als Komplex erkennbar bleibt, gleichzeitig aber mittels dreier Treppengiebel drei Einzelhäuser suggeriert. „Die ansonsten glatte, ungegliederte Sandsteinverkleidung weist nur in den Abstandsflächen zwischen den Fenstern der einzelnen Hauseinheiten verschiedene, flächenartige Muster im versenkten Relief auf", der Weserrenaissance entlehnte Rauten- und Würfelformen. Zudem sind „an den angenommenen Traufpunkten [...] 'wasserspeierartig[e]' Fabeltiere [...] auf Konsolen" angebracht (ebd.: 159f.).

Fabeltiere, Muster der Weserrenaissance. Ein fiktives 'Zurück' also in 'heile bürgerliche Epochen'. Glatte, ungegliederte Werksteinfassade. Zugleich ebenso in gewisser Weise die Behauptung der Kontinuität jüngster Geschichte (so, wie sich auch Baupflegeamtsleiter Scharf nach 1945 in seinem Amt behaupten kann). Varianten von Techniken der „Derealisierung" (Mitscherlich/Mitscherlich) in *einer* Ausführung.

Nach einer Anekdote, die der langjährige *WN*-Redakteur Walter Werland (1970: 18) erzählt, seien 1951 „die Kapitelle der vier nach oben führenden Lisenen mit den Porträtköpfen" der für den Bau des Hauses wesentlichen Figuren, „des Ratsherren Theo Geringhoff, Oberbaurat Edmund Scharf, Bildhauer Hermann Kissenkoetter und Architekt Kurt Diening abgeschlossen" worden. Das habe dann dem Stadtrat aber „plötzlich" nicht mehr gefallen „und die Köpfe mußten rollen" (ebd.: 18). Sie werden durch die oben genannten Fabelwesen ersetzt.

Der besagte Bildhauer Kissenkoetter weiß sich bekanntlich auch schon knapp 20 Jahre zuvor 'hervorragend' zu platzieren: mit einem Hitlerkopf bei der ersten Reichskartell-Ausstellung im „Westfälischen Kunstverein" Ende 1933 (dazu findet sich bei Werland jedoch nichts). Theodor Geringhoff, Bauunternehmer und „SPD-Politiker der ersten Stunde nach 1945", als Ratsherr langjähriger Vorsitzender des Planungs- und Bauausschusses, zeitweise auch Bürgermeister, „hatte die weitgehende Wiederherstellung des überkommenen Stadtbildes nachhaltig beeinflusst" (Becker/Haunfelder/Schollmeier 2006: 33). So plädiert Geringhoff auch in der Rats-Abstimmung über die Fassade des Hauses Nr. 5 vehement für die pseudo-historische Dreigiebellösung, denn entscheidend sei doch, „wie man als Münsteraner diese Baulinie am liebsten wiederhergestellt sehen möchte" (zit. n. Gutschow/Stiemer 1982: 193). Die Realisierung dieses Baus (und vieler anderer) übernimmt seine eigene Firma, wie ein Foto zeigt, auf dem Firmenangehörige mit Schild auf dem Dachstuhl posieren. „Augenfälliger konnte die [...] Baufirma [...] ihren Stolz beim Richtfest des Hauses Petzhold [...] nicht zum Ausdruck bringen", heißt es dazu (Becker/Haunfelder/Schollmeier 2006: 33).

Die herangezogenen Darstellungen der Zerstörung und des Wiederaufbaus der Münsteraner Altstadt aus verschieden Jahrzehnten bieten jeweils eine Fülle von oft gleichen, manchmal unterschiedlichen Details. Die Opfergruppen der NS-Zeit kommen nicht darin vor. Zu beobachten ist hier zumindest ein Vorgang der Entmischung. Selbstverständlich informiert etwa das Stadtmuseum in seiner Schausammlung über „das Schicksal der jüdischen Münsteraner im NS-Regime", wie es in einer Pressemitteilung heißt. Seit März 2007 wird auch an „vergessene Opfer", Sinti und Roma, Homosexuelle, ZwangsarbeiterInnen, gesellschaftliche Randgruppen, Opfer der 'Euthanasie', politisch und religiös Verfolgte erinnert. Dies auf einer großen Informationstafel, die in Zusammenarbeit mit dem Verein „Spuren Finden – Erinnern und Gedenken an die Opfer des Nationalsozialismus" und der Autorin Elisabeth Zöller erstellt wurde (vgl. *PresseInfo* vom 13. März 2007). Nur: In den populären Sonderausstellungen wie „Die Wunderjahre" kommen diese Opfer (fast) nicht vor (als hätten sie nichts damit zu tun), wird nirgendwo deutlich, was jüdische MünsteranerInnen und ZwangsarbeiterInnen mit der Altstadt und deren Wiederaufbau zu tun haben. Diese Ausstellungen „erwiesen sich als Publikumsmagnete" und die dazugehörigen Bücher „zur jüngsten Vergangenheit der Stadt sind in Münster zum Bestseller geworden, schreibt Museumsleiterin Barbara Rommé im Vorwort zum Katalogbuch (Becker/Haunfelder/Schollmeier 2006: 8).

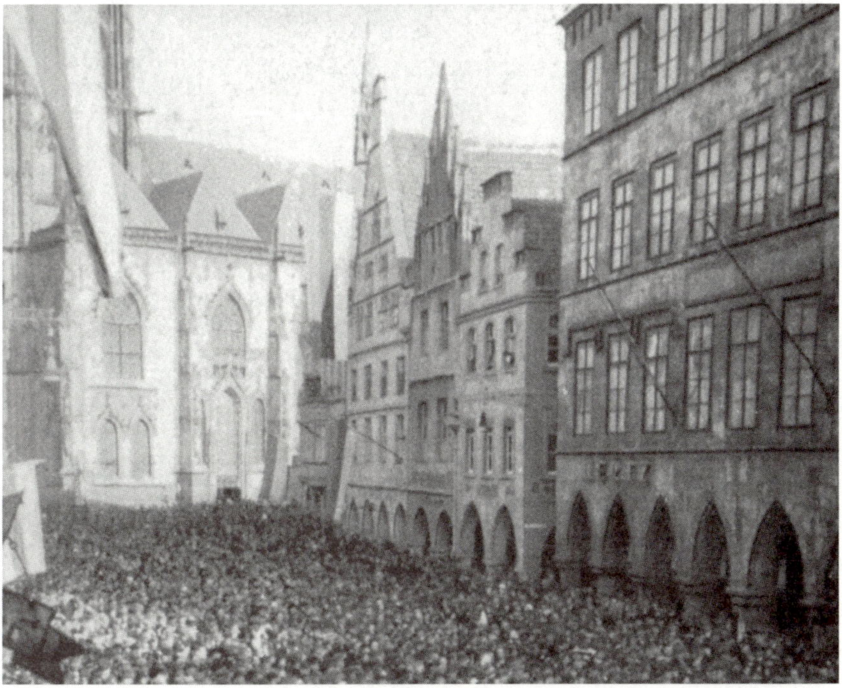

Abb. 12: Das Haus Prinzipalmarkt 5 mit dem im August 1937 'arisierten' Kaufhaus Hertz (am rechten Bildrand), aufgenommen an einem Rosenmontag Mitte der 1930er Jahre (aus: Das schöne Münster, *Heft 1, Januar 1937: 4)*

Abb. 13: Deckerinnerung am Prinzipalmarkt 5: Zerstört wird das Kaufhaus Petzhold, dessen Ruine ikonischen Charakter erhält, wiederaufgebaut wird ebenfalls Petzhold (aus: Rosinski 1987: 156)

'Westfälische Ruhe': Entmischung. Vergessen. Deckerinnerung. Wachtraum eines prosperierenden Bürgertums. Wienold/Thien (1984: 172f.) sprechen in Anlehnung an Adornos Wagner-Essay auch von „architektonische[m] Blendwerk" analog zum „akustische[n] Blendwerk" in Wagners „Meistersingern". Und sie fassen zusammen:

> „Wagner schrieb die 'Meistersinger', bevor der erstarkende Kapitalismus in die erste 'Große Depression' geriet und im Ersten Weltkrieg sich der an ihn geknüpfte Fortschrittsglaube als Lebenslüge erweisen mußte. Die kleinbürgerliche Utopie der klassenlosen Gesellschaft 'ehrbarer Kaufleute und Handwerker', die der Bürger – mit dem Rücken zur Zukunft – in der Vergangenheit zu erblicken vermeint, war einer der Nährböden, aus dem dann der Versuch des deutschen Faschismus seine Kraft bezog, die 'Volksgemeinschaft' gewaltsam herstellen zu wollen. Die Gewalttätigkeit, die im Innern einer solchen Gemeinschaft tätig ist, hat Wagner – 'voller Humor' – in der Prügelszene der Meistersinger modelliert, in der man einen Vorblick auf jene Szene 'unmittelbarer Bürgerwut' erblicken kann, die in der sogenannten Kristallnacht auch in Münster ein Licht auf die Zukunft jener warf, die nicht zum Volk der Aufmärsche und Festwiesen gehören durften. Das neue Kleid der Stadt verhüllt mit der lückenlosen Tilgung der Zerstörung [...] auch die Gewalttätigkeit, die jene herbeigerufen haben." (ebd.: 173f.)

Der Internetauftritt der Prinzipalmarkt-Kaufleute liefert für die Häuser Nr. 5 (Petzhold seit der 'Arisierung' 1938) und Nr. 12 (Grümer seit der 'Arisierung' 1933) diese Selbstdarstellungen der heutigen Betreiber: „Unser Fachgeschäft mit 70 Jahren Prinzipalmarkttreue verbindet Tradition und Modernität..." (Prinzipalmarkt Petzhold 2007), und: „Wer das Geschäft betritt, lernt ein echtes, gediegenes Stück Münster kennen, denn bereits 1933 wurde die Firma Grümer Herrenbekleidung am Prinzipalmarkt 12 gegründet." (Prinzipalmarkt Grümer 2007) Erfundene Traditionen, hinter deren 'Gediegenheit' die Geschichte verschwindet.

9.7 Wiederaufbau als Verdrängung der Opfer II: Das 'Verschwinden' trümmer-räumender ZwangsarbeiterInnen und *Displaced Persons*

Wie schon gesagt, ist der Wiederaufbau eine Inszenierung, bei der auch die Kriegstrümmer eine wesentliche Rolle spielen. Mit der Wahrnehmung der Trümmer verbunden ist die Schaffung von Opferhierarchien bzw. die Reklamierung 'eigener' Opfer und die Verdrängung der 'Anderen'.

> „Der Aufbau unserer Stadt wird schwere Opfer, Arbeit und sehr lange Zeit in Anspruch nehmen",

heißt es etwa in der Begrüßungsrede des Oberbürgermeisters Franz Rediger für den neuen Bischof Michael Keller am 28. Oktober 1947 (zit. n. Haunfelder 2000: 42). Rediger, Jahrgang 1883, gehört als Mitglied des Zentrums von 1930 bis 1933 dem unbesoldeten Magistrat der Stadt an (vgl. Mecking 2003: 47 u. 132). OB ist er von

Oktober 1946 bis November 1948. Hier gibt es 'unsere Stadt' und ein 'Wir', dem „schwere Opfer" abverlangt werden – Inklusion und Exklusion. Ein Diskurs, der keineswegs auf die Nachkriegszeit beschränkt ist, sondern bis heute anhält.

Das Verschwinden der Trümmer beinhaltet einerseits die Erinnerung an sie und damit die Erinnerung an die 'eigenen Opfer' der allerjüngsten Vergangenheit und die noch zu bringenden Opfer. Dabei wird die Beseitigung der Trümmer zu Gunsten eines Neuaufbaus zur Manifestation eines 'Stolzes auf die eigene Leistung'. Und verdrängt eine Opfergruppe des Faschismus. 'Verschwunden' mit den Trümmern sind auch die Hinweise auf die Arbeitssklaven, die in den letzten Kriegsjahren diese Trümmer oft unter Lebensgefahr während der Bombenangriffe beseitigen mussten: ZwangsarbeiterInnen, meist aus Polen oder der Sowjetunion Verschleppte, „Fremdarbeiter" im damals herrschenden deutschen Jargon.

Münster, schreibt Stefan Schröder (1997: 221), „stellt insofern einen Sonderfall dar", als dass hier in den Nachkriegsjahren diese Verschleppten – im Sprachgebrauch der Alliierten 'Displaced Persons' – erneut zur Trümmerräumung eingesetzt werden. Diesmal für „den gleichen Lohn" zwar, wie 'einheimische' TrümmerräumerInnen (vgl. ders. 2005: 247). Aber nichtsdestotrotz zeigt sich hier auf Seiten der Münsteraner Verwaltung das

> „offensichtlich bruchlose Einplanen einer Opfergruppe des Nationalsozialismus, das auf Kontinuitäten über das Kriegsende hinaus verweist" (Schröder 1997: 230),

zumal die eingesetzten, bzw. für Einsatz vorgesehenen Menschen verwaltungsintern auch weiterhin als „Fremdarbeiter" bezeichnet werden (vgl. ebd.: 231).

Obwohl *Displaced Persons* zwischen Oktober 1946 und Ende September 1948 „rund 20%" aller Räumungsarbeiten" leisten, das sind in konkreten Zahlen „58.253 von bis dahin insgesamt 284.648 geleisteten Tagewerken" (Schröder 2005: 245),[35] wird ihre Arbeit in den Akten und Berichten der Münsteraner Stadtverwaltung von Dezember 1949 und 1954 auffällig abqualifiziert. Ein

> „negative[s] Urteil [...], das dem Vergessen und Verdrängen der an der Räumung beteiligten 'Fremdarbeiter' vorausging" (ders. 1997: 231).

Denn während sich die meisten Darstellungen des Wiederaufbaus von Münster bis heute auf Gestalterisches konzentrierten, werde die Trümmerräumung dort, wo sie überhaupt vorkomme, „meist kurz abgehandelt". Dann aber sei nur die Rede von freiwilligen oder zwangsverpflichteten „Bürgerräumer[n]" (ebd.: 221).

Keine „Fremdarbeiter" mehr. Das lässt sich in der Tat zeigen. Exemplarisch in Haunfelders „Wiederaufbau und Wandel" (2000: 32) oder in der „Dokumentation

---

35 Schröder bezieht sich an dieser Stelle auf den „Bericht über die Tätigkeit des Rates und der Stadtverwaltung Münster 1945-1948", S. 17, hier auf einen Tätigkeitsbericht vom 22. September 1948.

Wiederaufbau" von Gutschow/Stiemer (1982: 28). Da ist für 1945 von einem „gewaltigen Trümmerberg von ca. 2,5 Millionen Kubikmetern" die Rede, wird darauf verwiesen, dass die „Schuttmenge in Münster je Einwohner" größer als in Köln und Düsseldorf gewesen wäre (ebd.) – hier wird durchaus auch Stolz transportiert, fast gar auf das Ausmaß der Zerstörung, zumindest aber auf die 'eigene Leistung' des Räumens und Wiederaufbauens. Ein „menschenleere[s] Trümmerfeld" sei Münster gewesen, aber direkt mit dem Ende der Kampfhandlungen „strömten die Bürger wieder in ihre Stadt zurück, und die Räumung konnte beginnen" (ebd.), bzw.: „Anpacken heißt die Devise" (Haunfelder 2000: 41).

Wer packt – laut dieser Darstellungen – hier an? Im Sommer/Herbst 1945 folgen zwischen 4000 und 6000 „Männer, Frauen und Jugendliche" einem Aufruf des geschäftsführenden Oberbürgermeisters Karl Zuhorn, freiwillig „an einer großzügigen Gemeinschaftsarbeit zur Säuberung der Straßen nach Arbeitsschluß" teilzunehmen (zit. n. Heise 1997: 128f.). In den „Schippmonate[n]" Juli bis September wird an „33 Abenden geschippt" in einer in „100 Räumbezirke eingeteilt[en]" Stadt. Die Freiwilligen bringen eigene Eimer und Schubkarren mit. Zusätzlich werden rund 500 ehemalige NSDAP-Funktionäre vom Blockwart an aufwärts, ebenso Jugend-„FührerInnen" und „Frauenschaftlerinnen" zur „Pflichtarbeit herangezogen". So schildern es Gutschow/Stiemer (1982: 28f.) unter Berufung auf die Akten des städtischen Hauptamtes. Nach Haunfelder werden zu dieser nur „notdürftige[n] Freilegung der Straßen sogar „vor allem ehemalige NSDAP-Funktionäre herangezogen" (2000: 32). Die „eigentliche zielgerichtete Großräumung begann 1946, zu der alle Männer zwischen 16 und 60 Jahren verpflichtet waren", heißt es etwas holprig weiter (ebd.). Diese „Großräumung", eine Kombination aus der von den Alliierten verlangten Räumung der Hauptstraßen und der angrenzenden Grundstücke, vom „Großen Rat" der Stadt im Mai bekannt gemacht, wird „ausdrücklich als Notstandsarbeit behandelt" und zieht „jede[n] gesunde[n] Münsteraner zu 6 Tagen Arbeit" heran, „in Ausnahmefällen verringert [...] auf 3 Tage". Zuerst geräumt wird die Altstadt (Gutschow/Stiemer 1982: 29f.). Dabei, beklagt der städtische Räumungsleiter im November, sei die Beteiligung an den sechstägigen Räumarbeiten zu Beginn „sehr bescheiden gewesen". Einzelne Berufsgruppen hätten schließlich ihren Widerstand aufgegeben, so dass rund „400 Bürger" im Durchschnitt, „insgesamt 13.000 Bürger" teilgenommen hätten – meist während der Ferien. 1270 amtsärztlichen Befreiungen von der Räumpflicht stehen demnach 1350 schriftliche Aufforderungen, dieser nachzukommen gegenüber, sowie 1200 zusätzliche Freiwillige (ebd.). Exakte Zahlen, die Gutschow/Stiemer wiedergeben. Sie schließen ihre gut zweiseitige Betrachtung des Vorgangs lapidar: „Die Straßen- und Grundstücksräumung wurde im Jahr 1947 – entsprechend den Regelungen des Vorjahres – weitergeführt." (ebd.)

Das Schutträumen setzt sich danach zusammen aus einer „Selbsthilfeaktion der Münsteraner" (ebd.: 29), Pflichtaufgaben gegenüber der 'Gemeinschaft' und Straf-

'Schippen' für Nazi-Funktionäre. Hinzu kommen „Studenten", deren Immatrikulation und „Vergünstigungen", so bei Essens-Rationen, abhängen vom geleisteten Räum- und Wiederaufbaupensum am Schloss (Haunfelder 2000: 32). Hinzu kommen weiter „Heimkehrer" (ebd.) und „[d]ie in Münster aus der Kriegsgefangenschaft entlassenen Soldaten, deren Heimat jenseits von Oder und Neiße lag", wie Haunfelder das darstellt. Diese, heißt es weiter, „konnten 1946 nicht in ihre Heimat zurück. Viele blieben in Münster und beteiligten sich am Wiederaufbau" (ebd.: 39).

Hier wird die große Gruppe der „Fremdarbeiter" bündig verkürzt auf – scheinbar legitime – Kriegsgefangene, hinter denen ZwangsarbeiterInnen verschwinden. Es ist erkennbar von Polen die Rede. In der Tat bleiben die meisten polnischen DPs noch länger in den Lagern der Alliierten, weil sie wegen der „Lebenssituation in dem gänzlich zerstörten Polen und der Schikanen der Sowjets" an Übersiedlungsprogrammen in westliche Länder teilnehmen wollen, so Gisela Schwarze (1999: 163), während BürgerInnen der SU nach dem Yalta-Abkommen sofort repatriiert werden, und meist als „Verräter des Vaterlandes" geächtet oder verurteilt werden (vgl. Schröder 2005: 190ff.). Festzuhalten ist aber, dass bei PolInnen „ab 1940 nicht mehr zwischen Kriegsgefangenen und zivilen Zwangsarbeitern unterschieden" wird, dass sie in jedem Fall „als 'slawische Untermenschen' [...] Objekt der NS-Hetze" sind (Schwarze 1999: 45), ganz „am Ende der Hierarchie – kurz vor den Juden" (ebd.: 83). Schon Marcus Weidner (1984: 51f.) hat darauf hingewiesen, dass „Ostarbeiter" eigens per Stoffkennzeichen stigmatisiert worden sind, dass die Strafaktionen gegen sie – „Mißhandlungen und Hinrichtungen" – im Vergleich zu westlichen Gefangenen besonders unnachgiebig und grausam gewesen sind. Von all dem bei Haunfelder kein Wort. Wenn von Lagern die Rede ist, dann geht es nicht um DPs, sondern um „fast 22.000 Vertriebene, die Flüchtlinge aus der Ostzone nicht eingerechnet" (2000: 39).

In diesen Wiederaufbau-Dokumentationen werden auch technische Details und Aufzählungen der großen Mengen an Material immer wieder hervorgehoben. Gutschow/Stiemer (1982: 30): „Für die Räumung waren monatlich folgende Betriebsstoffe erforderlich: 450 t Kohle, 2.400 kg Dieselöl, 4.000 l Benzin, 2.000 kg Öl und 500 kg Fett." Nach Haunfelder (2000: 33) wird es „[s]ehr schnell [...] offensichtlich, dass ohne technische Geräte der Trümmerräumung nicht beizukommen war. Bis 1952 setzten die von der Stadt beauftragten Bauunternehmen sechs Diesel- und zwei Dampfbagger, 23 Diesel-, 12 Dampf- und 2 Holzgeneratorenloks sowie 675 Schuttloren unterschiedlicher Spurbreite ein. Lastwagen kamen erst nach der Währungsreform 1948 vermehrt zum Einsatz". Gottfried Schäfers (1979: 50) präzisiert die Angaben zu den Schuttloren noch um Angaben zur Spurbreite: „585 Loren der sechziger Spur, 74 Loren der neunziger Spur, 15.300 Meter Gleis der sechziger Spur und 7600 Meter Gleis der neunziger Spur" seien eingesetzt bzw. verlegt worden. Schließlich geht es darum, „2.500.000 cbm Trümmer zu beseitigen" (Gutschow/Stiemer 1982: 28). Eine Menge, deren Beseitigung bis Ende 1954 „6 Mill. RM und

8,8 Mill. DM gekostet" habe (Schäfers 1979: 52) und zu deren Transport „233.750 Eisenbahnwagen von 15 Tonnen Ladefähigkeit erforderlich gewesen" wäre, berechnet Schäfers, „was einem Eisenbahnzug von 2571 Kilometern Länge oder der Luftlinie von Münster nach Ankara entsprochen hätte" (ebd.: 47).

All das wird akribisch verzeichnet. Eine verlängernde Variante der „Vermessung des Grauens", von der Wienold/Thien angesichts der „Darstellungen der Vernichtungen und Zerstörungen in Münster" – am Beispiel der Ausstellung „Bomben auf Münster" im Stadtmuseum 1983 und Wilfried Beers Aufsatz „Im Inferno der Luftangriffe" – sprechen. Darstellungen, in denen, so Wienold/Thien, auf Statistiken gestützt überwiegend „sehr zurückgenommen und intensitätslos" das Geschehene vorbei zöge, „ohne daß die Menschen sichtbar würden, die [es] erfuhren". Darstellungen, in denen ein so „weitgehend gebannte[r]" Schrecken andererseits sich äußert in der Trauer über verlorene Altstadtgebäude oder kostbare Interieurs. Diese Dinge und ihr Wert werden „zum Gradmesser der Katastrophe", und: „Was den Menschen zustößt, scheint letztlich nur meßbar in den Dingen zu sein" angesichts einer „Veräußerung der Menschen an die Dinge", die „zu den eigentümlichen Grundzügen bürgerlicher Lebensweise" gehöre (1984: 167). Hüffner (1983: 82) etwa spricht von der „Leidensgeschichte" bzw. dem „Leidensweg" der Lambertikirche seit Juli 1941. Wilhelm Rave (1952: 145) zählt das Rathaus mit dem „herrliche[n] Giebel" und das Stadtweinhaus zu den „Opfern", spricht – ungleich deutlicher noch – beim Dom von vielen „grausige[n] Bilder[n]", die dessen „zerschundene[r] Leichnam" mit seinen „schweren und kleinen Wunden" biete; „ungeheuer wuchtig und fest" habe er immer gestanden, erst „die teuflischen Erfindungen unserer fortschrittlichen Zeit vermochten ihm Gewalt anzutun" (ebd.: 172f.).

Darstellungen schließlich, in denen Arten und Anzahl der abgeworfenen Bomben, die Durchschnittsdauer der Angriffe usw. verzeichnet sind, in denen sich zugleich aber – ebenso in Erinnerungen von ZeitzeugInnen – für das Erlittene „nur summarisch[e] und abstrakt[e] Formulierungen einstellen: „Inferno", „Feuerhölle", „Schrecken" und „immer wieder der Begriff des 'Grauens'". Eine Abwehr des „Chocks" (Walter Benjamin) durch seine derealisierende Anhäufung: „Die Anhäufung von Chockelementen" – zu der auch eine gewisse Angstlust gehört – geht mit einem Verlust an Wirklichkeitsgehalt einher. Die Anpassung an den Schrecken gelingt um den Preis der Derealisierung." (Wienold/Thien 1984: 165ff.)

Und so erzeugen auch die Aufzählungen der zum Wiederaufbau notwendigen „Betriebsstoffe" derealisierende Anpassungen an den Schrecken (wobei aus dem schon angedeuteten häufig auftauchenden Stolz auf die gewaltige Menge an Trümmern – Zuglänge von Münster bis Ankara etc. – Angstlust spricht), hier aber schon im Übergang in eine 'aufbauende' Form, wird doch hier die Beseitigung der zerstörten Dinge, der „Gradmesser der Katastrophe" signalisiert, und damit die nächste Stufe der Derealisierung.

Dem akribischen Aufzählen korrespondiert ein Schweigen auf der anderen Seite: Die doch zumindest bemerkenswerte Tatsache, dass Münster anders als andere Städte Ex-ZwangsarbeiterInnen weiter Trümmer beseitigen lässt, spielt in diesen Dokumentationen keine Rolle; und das, obwohl sie in den Verwaltungsakten ebenso gut dokumentiert ist wie die angeführten Aspekte der Räumung. So entsteht – wie auch immer intendiert – wieder das Bild der katholisch-widerständigen Stadt, deren Bürger sich freiwillig oder als Pflicht von den Schäden befreien und die NS-Chargen diesbezüglich zu Strafarbeiten heranziehen.

Das in solchen Dokumentationen entstehende Bild entspricht den Erinnerungen von ZeitzeugInnen, die sich persönlich ans 'Schippen' erinnern – wobei die Beschäftigung mit solchen Dokumentationen die Erinnerungen nicht selten beeinflusst. „Die Interviews zeigen, daß sich viele Personen anhand von Sekundärliteratur mit dem Thema Trümmerbeseitigung und Wiederaufbau beschäftigt haben", schreibt Sabine Heise (1997: 116) einleitend. So sei in den Interviews mehrfach „auch von 'Trümmerfrauen'" die Rede, was für die öffentlichen, städtisch organisierten Trümmer-Räumarbeiten in Münster aber nur für 1945 zutreffe, später nicht mehr. Die Erinnerungs-Unsicherheiten bezüglich „Trümmerfrauen" sind gepaart mit einer Erinnerungslosigkeit bezüglich DPs:[36] So können sich die Interviewten an viele Details der Tätigkeiten von „Bürgerräumern" erinnern, „Fremdarbeiter" hingegen werden nicht erwähnt (vgl. ebd.: 116-131), auch nicht von den Schwestern „G.H." und „H.K.", den Töchtern des damaligen städtischen Räumwarts (vgl. ebd.: 118ff.). Diesem Räumwart Kaiser (vgl. Gutschow/Stiemer 1982: 30) aber sind als Leiter der Trümmerräumungen die Einsätze von DPs selbstverständlich bekannt. Das geht nicht zuletzt aus einem von Oberbürgermeister Rediger und Kaiser unterzeichneten Plakat zur Wiederherstellung der „Gasversorgung der Stadt Münster" vom 10. Juni 1947 hervor (abgedruckt in Schäfers 1979: 66).

Schäfers Buch hat schon als Titelbild ein Foto, das „Bürgerräumer" zeigt. Im Innern gibt es drei weitere solcher Bilder. Da wandern „Trümmersteine" und andere verwertbare Dinge „[v]on Hand zu Hand", stehen „Männer und Frauen gleichberechtigt in der Reihe" (ebd.: 48f.). Schließlich heißt es: „Hacken und Schüppen waren für die meisten Bürgerräumer ungewohntes Handwerkszeug. Aber man sah am Abend, was man getan hatte." (ebd.: 52) Das soll offenbar ein Hinweis darauf sein, dass Menschen aus allen Schichten ganz selbstverständlich am Räumen teilnehmen.

Und auch das gehört zur den Erinnerungsdiskurs speisenden „Sekundärliteratur":

---

36 Heise (1997: 114f.) selbst verweist in ihrer Einleitung darauf, das ein Großteil der Trümmer-Räumung in den letzten Kriegsjahren von ZwangsarbeiterInnen und Kriegsgefangenen geleistet wurde. Sie erwähnt auch die spätere Beteiligung von DPs, allerdings nur für 1946.

„Die Münsteraner haben sich in ihrer grauenhaft zerstörten Stadt den Mörtel mit Tränen gemischt, die Schmiedefeuer mit ihren Stoßseufzern angefacht und den Steinmeißel mit derbem Fluch geschlagen, ehe sie abends in ihren Ruinenkirchen den Herrgott anflehten, er möge ihnen helfen",

dichtet 1963 der Heimatschriftsteller Walter Vollmer (1963: 2) unter dem Titel *Metropolis Westphaliae* in der städtischen Zeitschrift *Das schöne Münster*. 19 Jahre zuvor ist Vollmer Mitglied im NS-Schriftstellerverband. Zur Sonderausgabe des *Schönen Münster* vom Dezember 1934 anlässlich des „Westfälisch-Niederdeutschen Dichtertages" resp. der „Gautagung des Schriftstellerverbandes" – das Motto stammt aus der „Kulturrede auf dem Reichsparteitag 1933" von Adolf Hitler – schreibt Vollmer als einer der Protagonisten die Einleitung. Die Wichtigkeit der Tagung unterstreicht ein Festakt im Rathaus mit Ansprachen des „Reichsverbandsführers" und Intendanten des Deutschlandsenders Goetz Otto Stoffregen und Heinz Wismanns, Vizepräsident der „Reichsschrifttumskammer" und Abteilungsleiter im Propaganda-Ministerium (ebd.: 195f.). In Vollmers Einleitung heißt es, „wir verlangen vom Dichter als Kameraden letzte Opferbereitschaft", zu agieren „als Glied des Ganzen", der „Volksgmeinschaft", die es aber nur gebe, „wo gleiche rassische Herkunft, gleiche Gebundenheit an ein und dasselbe Schicksal und opferbereite Menschenwürde den gemeinsamen Grund des Lebens bilden" (ebd.: 184).[37] Eine lokale 'Schicksalsgemeinschaft' beschwört er, leicht bereinigt, 1963 noch immer:

„Wenn es eine Stadt in Westfalen gibt, die nach dem Feuersturm der apokalyptischen Reiter des letzten Krieges im Wiederaufbau ein Bekenntnis zu Westfalen und sich selbst abgelegt hat, dann ist es seine Hauptstadt Münster gewesen." (Vollmer 1963: 1)

Ein sehr ähnliches Bild liefert, ebenfalls im *Schönen Münster*, 1960 Gerd Schroeder: In „Sie gaben nicht auf", entwirft er ein Beharren der 'Münsteraner', denen sich alsbald auch hilfreich „die Vertriebenen" zur Seite stellen.

„Eines ist ihnen allen gemein, erst den Einheimischen und bald darauf den Vertriebenen: hinter sich hatten sie ein Inferno. Das Chaos hätte ihre Zukunft bestimmt, würden sie die Hände in den Schoß gelegt haben. Jahre hindurch mußten sie ohnmächtig der Zerstörung ihrer Stadt, ihres Eigentums zusehen. Nun können sie sich wenigstens wieder rühren. Sie alle waren hart geschlagen wie nur selten. Sie hungerten und vegetierten, aber sie waren nicht bereit aufzugeben." (2)

Und so keimt im heimatliebenden Münsteraner der Wille zur Tat, der nicht eher ruht, bis das Schicksal bezwungen ist:

---

37 Vollmer paraphrasiert hier auch eine wesentliche NS-Losung („Arbeiter der Faust – Arbeiter des Geistes"), wenn er einen „innere[n] Zusammenschluß aller Schaffenden unseres Volkes, der Werktätigen wie der Geistarbeiter" betont. Eine solche „große Front deutscher Arbeit kann mit Dichtern, die betont asoziale Sonderlinge sind, nichts anfangen".

„Das sich Aufraffen zur Tat, der erste entscheidende Ansatz anzupacken, der Wille, das Schicksal zu zwingen, kommt aus den Münsteranern selbst. Für die Vertriebenen gibt es in den Ruinen überhaupt keine Unterkünfte. Tausende der eigenen Bürger müssen auch 1945 häufig noch zehn Jahre und mehr warten, bis sie in der Stadt wieder eine Wohnung bekommen. Münsters Bürger sind es also, die sich zunächst ans große Aufräumen machen und die ersten Brocken Schutt auf primitive Fahrzeuge wuchten und abtransportieren." (ebd.)

Hinter derartigen 'Heimat'-Konstruktionen verbirgt sich, dass „es für viele Flüchtlinge und Vertriebene schwer" gewesen ist, „sich in Münster und Umgebung heimisch zu fühlen, da sie aus einem ganz anderen kulturellen Umfeld stammten", und dass sie „bei der einheimischen Bevölkerung oft auf Ablehnung und Unverständnis" stoßen (Heise 1997: 331). Allerdings spricht aus Schroeders Worten durchaus auch eine Opfer-Hierarchisierung („erst den Einheimischen..."). Abgesehen von solchen Geschichtsklitterungen – hier ist eine anhaltende Derealisierung wesentlicher. Auch ein Vierteljahrhundert später heißt es bei Hüffner:

„1945 fanden sich im freiwilligen Arbeitseinsatz Frauen und Männer zusammen, um in ihrer zerstörten Straße einen ersten Weg freizuschaufeln und die durch Sprengbomben zerstörten Ver- und Entsorgungsleitungen in der Straße wiederherzustellen. Mögen diese Bilder nicht nur mahnen und warnen, sondern auch und gerade diese Kriegsgeneration stolz machen auf ihre persönliche Leistung und ihren finanziellen Einsatz für den Wiederaufbau." (1983: 8)

Stur ihrem Schicksal trotzende Westfalen, die nimmermüde ihre schöne Heimatstadt vom Schutt befreien und wiedererrichten? Die Untersuchungen Stefan Schröders fördern etwas ganz anderes zutage. Die Hinweise aus den Akten der Stadtverwaltung, schreibt er, sprächen

„eine deutliche Sprache. Die Trümmerräumung in Münster hing von Oktober 1946 bis Mai 1947 wesentlich von der Arbeitsleistung und der hohen Anzahl der eingesetzten DPs ab." (Schröder 2005: 250)

Schröder konstatiert dann auch eine deutliche „Unbeliebtheit der Trümmerräumung bei der deutschen Bevölkerung" (ebd.: 251). Angesichts derer liegt die

„Bedeutung der DPs [...] nicht nur in ihrer Arbeitsleistung [...], sondern auch in der Entlastung der deutschen Bevölkerung von der Räumpflicht. [...] Die deutsche Bevölkerung hatte sich durch den DP-Einsatz bereits daran gewöhnt, Vergünstigungen zu erhalten" (ebd.: 249f.).

Hier ist von der Situation im Februar 1947 die Rede. Die Verwaltung sieht nach vier Monaten DP-Einsatz „dessen enormen Stellenwert" und will die 1946 verpflichte Anzahl von 12.000 „Bürgerräumern" für 1947 auf die Hälfte senken, wozu aber der Einsatz von mindestens 300 DPs vonnöten ist (ebd.: 249). Wenn Gottfried Schäfers also „Hacken und Schüppen" als „ungewohntes Handwerkszeug" für die „meisten Bürgerräumer" bezeichnet (s.o.), tippt er durchaus etwas Wahres an. Viel lieber überlassen die „meisten Bürgerräumer“ offenbar denjenigen diese Art der Arbeit, die sie schon kennen, „denn Trümmerräumung nach Luftangriffen war während des Krieges auch schon von ‘Fremdarbeitern’ durchgeführt worden“. Das sieht auch die Verwaltung so, in der „die DPs offenbar immer noch – wie zu Kriegszeiten – ein Spielball der Planung“ sind (Schröder 2005: 249). Wofür nicht zuletzt die verwaltungsinterne Kontinuität der Titulierung als „Fremdarbeiter“ spricht. Sie legt

> „mentalitätsgeschichtliche Konstanten bei den deutschen Verwaltungsbeamten nahe. Diese erblickten in der Gruppe der DPs als befreite Zwangsarbeiter und Kriegsgefangene eben keine ‘verschleppten Personen’, sondern offenbar erneut die schon bekannte verfügbare Masse von Arbeitern, deren Selbstbestimmungsrecht außer Kraft gesetzt war“ (ebd.: 248).

Was gestützt wird durch die – allerdings so „vermutlich nicht intendierte“ – „Zwangspolitik“ der britischen Militärbehörden (ebd.: 248f.). Anfangs betonen diese noch, dass sich „eine Arbeitspflicht auf deutschem Boden für die DPs, die in ihrer Mehrheit gerade der Zwangsarbeit unter der nationalsozialistischen Herrschaft entronnen waren, nicht mit den Zielen der alliierten Besatzung vertrug“. 1946 aber ändert sich der Umgang. Zunächst „subtil“, etwa durch eine auf Repatriierung angelegte „Stärkung von Kultur-, Wohlfahrts- und Erziehungseinrichtungen“ in den DP-Lagern, durch Kürzungen der bislang aufgrund des Status als NS-Opfer privilegierteren Lebensmittelrationen auf den niedrigeren Standard für Deutsche, durch „die Sammlung aller außerhalb von Lagern lebenden DPs in Lagern oder den Verlust ihres DP-Status“ nach eigens durchgeführten „screenings“. Seit Oktober 1946 gilt dann eine „de-facto-Arbeitspflicht“ für die DPs in Münster und Umgebung, wobei die ab Februar 1947 offiziell in der britischen Zone und von London abgesegnete Arbeitspflicht hier gar nicht erst abgewartet wird (ebd.: 245ff.). Als Ziel des sich verschärfenden Drucks auf die DPs wird stets die Repatriierung – der sich aber die meisten PolInnen, BaltInnen, aber auch SerbInnen aus politischen Gründen verweigern – angegeben, „der Kern dieses Politikwechsels“, so Schröder, sei aber in der Sparpolitik der britischen Regierung zu sehen (ebd.: 245).

Die neue Arbeitspflicht trifft auf dringende Forderungen der Stadtverwaltung Münster nach Arbeitskräften zur Trümmerbeseitigung. Da das DP-Lager V1 in St. Mauritz bei Münster im Juli 1946 geschlossen wird, pendeln ab Oktober diesen Jahres regelmäßig DPs aus den nahe gelegenen Lagern in Greven, Reckenfeld und Rheine zum Räumen nach Münster, wo rund 500 im Einsatz sind (vgl. ebd.). Die Stadtverwaltung will ab November 2000 DPs einsetzen und diese Zahl auch im Etat für 1947 festschreiben. Die realen Einsatz-Zahlen sind nur schwierig zu rekonstruieren, da Quellen zu den Verhandlungen zwischen Briten und Stadtverwaltung fehlen. Dagegen liegt eine Aktennotiz vor, die nahe legt, dass die DPs nach dem tariflichen Lohn für deutsche Tiefbauarbeiter bezahlt werden sollen: 0,67 Reichsmark pro Stunde bei 48 Stunden in einer Sechs-Tage-Woche. Die von den Briten verlangte

Gleichstellung intendiert nach Schröder auch „sehr wahrscheinlich bereits die spätere Übergabe der DPs in deutsche Verantwortung" (ebd.: 247f.).

Im April 1947 ändern die Militärbehörden ihre Politik. Mit der „Operation Westward Ho!" sollen DPs in anderen Ländern, vor allem England angesiedelt werden. Und so lehnen die Briten deren weiteren Räum-Einsatz ab. Die Münsteraner Verwaltung ist völlig überrascht und sieht sich nun vor allem bei der Wiederherstellung der Gasleitungen „in ernste Schwierigkeiten" gebracht. „Viel zu selbstverständlich hatte die Stadtverwaltung in den zurückliegenden Monaten von der Arbeitskraft der DPs Gebrauch gemacht." In der einheimischen Bevölkerung ist das „Erstaunen, [...] wieder selbst zu Arbeiten verpflichtet zu werden, [...] daher groß" (ebd.: 249f.).

Diese „Notsituation" wird in dem schon angeführten Plakat zur „Gasversorgung der Stadt Münster" vom Juni 1947 (zit. n. Schäfers 1979: 66) dann auch offen dargestellt:

> „Das Arbeitsamt ist nicht in der Lage, irgendwelche Arbeitskräfte zur Verfügung zu stellen; die Bemühungen um Heranziehung von ausländischen Arbeitskräften sind gescheitert. Es bleibt nichts anderes übrig, als die Bürger im Rahmen der Räumaktion zu diesen Arbeiten heranzuziehen. Laut Beschluß des Kleinen Rates vom 9. Juni 1947 werden deshalb die Bürger der Stadt Münster gebeten und aufgefordert, ihrer Räumpflicht im Interesse der Energieversorgung zu genügen."

Es bleibt nichts anderes übrig. Deutlicher kann die Verwaltung kaum ausdrücken, wie unangenehm ihr die Rückkehr zur Dienstverpflichtung der Bürger ist. Diesen gegenüber dürfe man nun „auf die Androhung von Zwangsmitteln nicht ganz verzichten", wenn der Aufruf Erfolg versprechen solle, heißt es laut der „Niederschriften des Großen Rates" in der Sitzung vom 12. Mai 1947, denn: „Der Bürgerschaft sei bekannt geworden, daß man mit Rücksicht auf den starken Einsatz von Fremdarbeitern ursprünglich den Einsatz der Bürger nicht in dem Ausmaße des vorigen Jahres vorgesehen hatte" (zit. n. Schröder 2005: 250).

Während intern von „Fremdarbeitern" die Rede ist, wird im öffentlichen Aufruf von „ausländischen Arbeitskräften" gesprochen. Was zeigt, dass der Verwaltung bewusst sein dürfte, wie wenig opportun der „Fremdarbeiter"-Begriff nun ist – allerdings aus Sicht der Alliierten. Unter Deutschen allgemein wird diese Titulierung häufig noch bis weit in die 50er Jahre verwendet, ein Beleg, wie gering das Verständnis für die Verschleppten gewesen ist (vgl. ebd.: 248).

Wenn Mitscherlich/Mitscherlich (1998: 40) als „dritte Phase" der Mechanismen der Derealisierung „das manische Ungeschehenmachen, die gewaltigen kollektiven Anstrengungen des Wiederaufbaus" bezeichnen, ist das hier zumindest ergänzungsbedürftig, ist doch deutlich geworden, dass die Beseitigung der Trümmer am liebsten weitgehend den „Fremdarbeitern" überlassen worden wäre. Genau genommen trifft die Ergänzungsbedürftigkeit hier schon auf die erste Phase der Derealisierung zu.

Als „schlagartig einsetzende[n]" Mechanismus der Entwirklichung eines gerade noch existierenden „Dritten Reichs" bezeichnen Mitscherlich/Mitscherlich die „auffallende Gefühlsstarre" angesichts von „Leichenberge[n], angesichts der Millionen ermordeter Juden, 'slawischer Untermenschen', politischer Gegner" (ebd.). Die ZwangsarbeiterInnen sind aber noch da, lebendig. Hier äußert sich die „Gefühlsstarre" also in den Kontinuitäten der Wahrnehmung dieser Menschen und des Umgangs mit ihnen. Das ist für Münster recht gut dokumentiert. So in der Notiz des Bischofs von Galen, der wegen „des Arbeitskräftemangels in den ersten Nachkriegsmonaten die Meinung vertrat, die befreiten 'Russen' sollten wieder für die Deutschen arbeiten. [...] Seine öffentlichen Äußerungen dürften durch ihre nationalkonservative Argumentation eher rassistisch motivierte Vorurteile verfestigt als Verständnis geweckt haben". Des Bischofs Auffassung, so Stefan Schröder (2005: 248f., Fn. 59), stehe „stellvertretend für eine Mentalität, die sich der Einsicht der Leiden" der Betroffenen verweigere. Was sich auch im Alltag zeigt. DPs beklagen sich wiederholt, sie würden „in Geschäften als letzte bedient", und müssten hier „um alles [...] erst kämpfen". Ebenso ist ihnen bewusst, „nur die niedrigste und schmutzigste Arbeit zu bekommen, die kein Deutscher übernehmen wolle". Wobei sie zudem katastrophal ausgerüstet werden. So ist schon für den regnerischen Dezember 1946 von einer „Schuhkrise" die Rede: Es fehlt weithin angemessenes Schuhwerk, auch Regenmäntel sind kaum vorhanden. Das ändert sich auch bis Mai 1947 nicht. Offenbar sind auch die Essensrationen für die schwerstarbeitenden Menschen nicht angemessen. Dass sie angesichts ihrer Vorgeschichte unter diesen Bedingungen überhaupt arbeiten, spricht für den „enormen psychischen Druck", dem sie die britische „de-facto-Arbeitspflicht" aussetzt (ebd.: 253f.). Wie offenbar in großen Teilen der Bevölkerung, herrscht auch bei der Münsteraner Verwaltung eine totale „Ignoranz gegenüber der Vorgeschichte vieler DPs. Ihre Verfügbarkeit scheint fraglos, ein Eigenwille der Betroffenen wird nicht einkalkuliert" (ebd.: 251).

Die Identifikation mit den Siegern als zweite Phase der „Entwirklichung" (Mitscherlich/Mitscherlich 1998: 40) zeigt sich in diesem Punkt konkret in der Zusammenarbeit beim Einsatz von DPs. Die Deutschen Behörden fühlen sich – angesichts der von der Militärregierung eingeführten „de-facto-Arbeitspflicht" für DPs – mit ihrem Ansinnen einer kontinuierlichen Heranziehung von „Fremdarbeitern" zu unangenehmen Arbeiten offenbar ganz selbstverständlich im Recht.

> „Einzig die Verbissenheit, mit der sofort mit der Beseitigung der Ruinen begonnen wurde und die zu einfach als Zeichen deutscher Tüchtigkeit ausgelegt wird, zeigt einen manischen Einschlag. Vielleicht ist es auch von dieser manischen Abwehr her zu verstehen, mit wie wenig Anzeichen äußerer Gemütsbewegung die Nachrichten von den größten Verbrechen in unserer Geschichte hingenommen wurden",

heißt es bei Mitscherlich/Mitscherlich (ebd.). Räumen und Wiederaufbau als Äußerungen einer „manischen Abwehr" in Kontrast bzw. als Komplement zur „Gefühlsstarre“ entpuppt sich, zumindest im Nachkriegs-Münster, allerdings selbst als weitere Derealisierung bzw. Deckerinnerung. Diese Art manischer Abwehr, die von den damals und später sich dazu Äußernden als ‘Anpacken’, ‘trotziges Bezwingen des Schicksals’, also als ein Sich-Selbst-Wiederaufrichten letztlich unschuldiger Opfer wahrgenommen und dargestellt wird, ist in der Realität spätestens ab Oktober 1946 der breit angelegte Versuch, eine solche Entwirklichungs-Arbeit – erneut – auf „Fremdarbeiter“ abzuwälzen. Hier entspringt diese Form der Abwehr der faschistischen jüngsten Vergangenheit nicht nur einem unermüdlichen Einsatz der ‘Einheimischen’, von dem auch Alexander und Margarete Mitscherlich ausgehen.

Was folgt, sind weitere Entwirklichungen. So in der Abqualifizierung der Arbeitsleistungen von DPs durch die Münsteraner Verwaltung. Im Dezember 1946 behauptet diese, „nach anfänglich befriedigender Leistung“, sei die Arbeit „bald so schlecht“ geworden, „daß wir diese Kräfte nur noch dort ansetzen konnten, wo ein Bagger das Arbeitstempo vorschrieb oder gewisse Akkordmengen festgelegt werden konnten“ (zit. n. Schröder 2005: 250f.). Und 1954 heißt es dann, Ende 1946 habe sich „die Gelegenheit“ zum Einsatz der „in den um Münster liegenden Lägern untergebrachten Fremdarbeiter, hauptsächlich Polen und Ukrainer“ geboten. Und weiter:

> „Nach anfänglich gutem Anlauf gingen die Leistungen und der Arbeitswille so erheblich zurück, daß ein weiterer Einsatz nicht mehr vertretbar war. Hinzu kam, daß die Fremdarbeiter nach und nach zurückgeführt oder ins Ausland verschickt wurden.“ (zit. n. ebd.)

Der Einsatz soll also „nicht mehr vertretbar“ gewesen sein. Keine Rede davon, dass die Räumarbeit auch weiter dringend auf DPs abgewälzt werden sollte, oder davon, dass die Stadt in ihren Statistiken noch bis 1949 (wenn auch vermutlich nur noch wenige) DPs als Beschäftigte angibt (ebd.: 251). Hier spricht nicht nur erneut eine völlige Ignoranz über die Vorgeschichte, hier sind ebenso der „Unwille wie auch die Unfähigkeit“ zu einem humanen statt einem bürokratischen Umgang mit dieser Opfergruppe dokumentiert, weshalb auch die eigentlich nahe liegende Antizipation und Abmilderung erwartbarer Spannungen unterbleibt. Stattdessen wird das „Argument der Arbeitsunwilligkeit [...] vorgeschoben“ (Schröder 2005: 251). Wohl als noch immer unterstelltes Merkmal qua ‘Volkszugehörigkeit’. Denn auch hier zeigt sich Kontinuität. So notiert etwa der Stadtarchivar Franz Wiemers im Januar 1943 zustimmend die Meinung eines städtischen Vorarbeiters zur Arbeitsleistung halbverhungerter russischer Kriegsgefangener beim Trümmerräumen: „Die ganze Gesellschaft sei nicht viel wert. Sie sei für unsere Begriffe direkt faul, und man müsse ständig dahinter sein.“ (zit. n. Schwarze 1999: 52). Noch 1954 werden aus dieser Sicht „Fremdarbeiter“ „zurückgeführt“ oder „verschickt“. Eine eigene Motivation oder eigenes Handeln wird ihnen nicht zugebilligt.

Schließlich verschwindet der Einsatz von DPs nahezu ganz aus dem Erinnerungsdiskurs. In der Darstellung des Oberstadtdirektors Austermann über „10

Jahre Wieder-Aufbau“ von 1956 sollen nur „die arbeitsfähigen Bürger der Stadt“ der Räum-Pflicht „gefolgt“ sein. Als dann später Kritik am Einsatz laut geworden sei, hätten bereits Maschinen zur Verfügung gestanden; zur Erleichterung des städtischen Rechtsamts, das nun „das alte Rechtsinstitut der ‘Hand- und Spanndienste’ nicht mehr zu bemühen brauchte (vgl. Stadt Münster 1980: 208f.).

Kontinuitäten stützen/spiegeln Kontinuitäten. Auch die Ikonographie der Propaganda wird zum Teil in die Nachkriegszeit transferiert: „Um ihre Volksverbundenheit zu betonen“, schreibt Wilfried Beer (1990: 31), „formulierten Gau- und Kreisleitung der NSDAP ihre Parolen und Aufrufe gelegentlich auch in westfälischer Mundart, so etwa auf einem Propagandaplakat, das nach dem Luftangriff vom 10. Oktober 1943 [...] den Durchhaltewillen der Münsteraner stärken sollte“. Gemeint ist die Darstellung eines unversehrten Kiepenkerldenkmals inmitten eines Infernos aus Rauch und Trümmern, unterlegt mit der Parole „Trotzdem und dennoch Wi staoht fast!“ (zit. n. ebd.: 33, Abb. 6). Im Sonderheft des *Schönen Münster* von 1950 – *Die Stadt der Westfälisch-Lippischen Landwirtschaft* – heißt es:

> „Welche tiefen Wunden die Furie des Krieges der Stadt Münster geschlagen hat, ist bekannt. [...] Das Sinnbild der Stadt, der berühmte Kiepenkerl, dagegen blieb erhalten, während in furchtbaren Bränden ein Stadtteil um ihn herum versank.“

Illustriert wird das mit einer Abbildung, die weitgehend der des Plakats entspricht (vgl. ebd.: 3). Allerdings wird hier ein Foto verwendet, auf dem Menschen versuchen, die Trümmer zu beseitigen. Die Durchhalteparole des NS-Plakats fehlt zwar selbstverständlich, aber ein Dokument des ‘Fast-Staohns’ soll es offenbar auch sein – in Richtung Wiederaufbau. Und auch bei H.C.C. Hüffner wird dieses ‘Fast-Staohn’ noch immer selbstverständlich bemüht:

> „Das Bild des ‘Kiepenkerls’, der inmitten rauchender Trümmer unversehrt wie ein Denkmal westfälischer Sturheit stehengeblieben ist, hat schon Geschichte gemacht. Es ist als eines der wenigen Fotos aus dem münsterischen Kriegsgeschehen um die Welt gegangen.“ (Hüffner 1983: 109)

Gut möglich, dass die Trümmer räumenden Menschen auf dem Foto im *Schönen Münster* ZwangsarbeiterInnen sind. ZwangsarbeiterInnen aus der Sowjetunion etwa, die sich früh morgens an der Fürstenbergstraße auf dem Rasen der Promenade sammeln müssen. Unweit davon, am Hörsterplatz befindet sich in einem Bauwagen ein „Arbeitsbüro“ des Arbeitsamtes, wo Baufirmen und Privatleute „ihre Arbeitssklaven mieteten“ (Schwarze 2005: 186). Diese „Vergabestelle“ für bis zu 300 Menschen wird laut „Kriegschronik“ der Stadt im Herbst 1943 vom Tiefbauamt gegründet (vgl. Frings/Sieve 2003: 74). Auf offenen Lastwagen herangekarrt, müssen sich die Arbeitssklaven „getrennt nach Frauen, alten Männern und Kindern“ aufstellen, erinnert sich der Zeitzeuge Nikolai Karpow, und werden in bürokratischen Prozeduren ausgewählt, um von morgens acht bis abends 18 Uhr Trümmer zu beseitigen.

Abb. 14: Im Kriegs-Alltag präsent, nach 1945 aus der (kollektiven) Erinnerung 'verschwunden': weißrussische Familien im November 1943 auf dem Rückweg vom Trümmerräumen (aus: Schwarze 1999: 92)

In der Mittagspause gibt es nichts zu essen (Schwarze 2005: 185f.). Das zumindest scheint die Regel zu sein.

Auch kirchliche Einrichtungen bedienen sich der Menschen am Hörsterplatz. So etwa die „Schwestern Unserer Lieben Frau vom Liebfrauenstift". Diese schreiben in ihrer Chronik allerdings über die „[r]ussische[n] Männer, Frauen und Kinder aus dem Lager", die sie nach schweren Bombenschäden zur Trümmerräumung und Instandsetzung holen: „Sie halfen uns fleißig, und wir sorgten, sie arbeitsfähig zu erhalten. Die warme Suppe tat gut, und das Brot fand dankbare Abnehmer." (zit. n. Frings/Sieve 2003: 76) Anfang 1944 setzen sie nach eigenen Angaben mehrere Italiener, Holländer, Franzosen und Russen ein (vgl. ebd.).

Auch zur Trümmerräumung in der Lambertikirche (mehrere Holländer) und im Dom (vor allem Ukrainer) werden im Oktober 1943 „Fremdarbeiter" herangezogen, und später wird ihrer in „dankbarer Erinnerung [...] gedacht" (zit. n. ebd.: 74). Ebenfalls für Oktober 1943 ist fotografisch die Zwangsarbeit von Ukrainerinnen bei den „Clemensschwestern" dokumentiert (vgl. Schäbitz/Schollmeier 2005: 48). Im Dezember 1944 können die Vorsehungsschwestern in St. Mauritz ihre „guten Beziehungen zu den örtlichen Stellen" nutzen und „unter Aufsicht benachbarter Bauern polnische Zivilarbeiter" heranziehen. Noch im Frühjahr 1945 beschäftigen die Schwestern zum Aufräumen ihrer „Friedrichsburg" Franzosen, Serben und „Ostarbeiter". Kriegsgefangene aus Griechenland und „Ostarbeiter" müssen 1944 ebenfalls in den Bombentrichtern von Friedhöfen schuften, dabei auch Leichenteile in großer Zahl bergen (vgl. Frings/Sieve 2003: 76ff.).

Auch wenn häufig Dankbarkeit aus diesen kirchlichen Quellen spricht, oder das Bemühen, sie einigermaßen zu ernähren (um „sie arbeitsfähig zu erhalten“; abends werden sie den NS-Stellen ‘zurück gegeben’): Grundsätzliche Zweifel am Einsatz von ZwangsarbeiterInnen sind auch hier offenbar nicht zu finden. Weder auf unterer, noch auf oberer Ebene der Hierarchie. „Die Hirtenworte der Bischöfe“ vom Oktober 1943, schreibt Bernhard Frings, zeigten hier „kein Unrechtsbewusstsein“, zumal die Oberhirten in der Regel das ‘Ringen im Osten’ zumindest als Kampf gegen den Bolschewismus positiv betrachteten. Daher werden auch sie „die Ausländer“ – zu denen bekanntlich auch alte Menschen und Kinder gehören – „als erforderlichen Ersatz für die an der Front kämpfenden Soldaten eingeordnet haben“. Wie das gesamte Episkopat unterscheide sich hier auch der Münsteraner Bischof Galen „nicht von der weitgehenden Mehrheit der deutschen Bevölkerung“ (ebd.: 127).

Die „Fremdarbeiter“ sind im NS-Münster offenbar stark begehrt. Jeden Morgen schon ab 6 Uhr 30 seien „ein bis zwei Dutzend bombengeschädigte Münsteraner an der ‘Einsatzstelle Hörsterplatz’“, heißt es in der städtischen „Kriegschronik“. Und täglich gingen viele „leer aus, weil nicht genügend Hilfskräfte zur Verfügung sind. Oft hört man, daß manche Personen sich Hilfskräfte unter falschen Angaben hier abholen und so die Bombengeschädigten benachteiligen“ (zit. n. Frings/Sieve 2003: 127). Überhaupt erscheint der Einsatz von „Fremdarbeitern“ im „Dritten Reich“ als ein Hort der Korruption. Gisela Schwarze (2005: 83) spricht von einem „Kompetenz- und Machtwirrwarr“ auf Regierungs- wie auf lokaler Ebene, wo es „die Hakenkreuzbinde“ jedem ermöglichte, sich zu bereichern. So seien Planung und Zuteilung von Arbeitskräften und Material, Unterbringung und Verpflegung von ‘Ausländern’ (und Deutschen) jeweils verschiedenen, oft auch zugleich mehreren Dienststellen zugeordnet gewesen. Das ermöglicht, „in großem Umfange zu ‘kungeln’“, Material und Arbeitskräfte zu verschieben, und zwar „waggonweise“. Beteiligt sind Arbeitsämter und Lagerführer. „Baufirmen, die in der Zeit der Bombenzerstörungen Hochkonjunktur hatten, bildeten ‘Fremdarbeiterpools’ (so im Stadt- und Landkreis Münster), um sich die Zwangsarbeiter“, meist aus der SU, „untereinander nach Bedarf zuzuschieben“ (ebd.). Während die Wehrmacht Kriegsgefangene in der Rüstungsindustrie ‘vermarktet’, teilen die Arbeitsämter, in Kooperation etwa mit den Landesbauernschaften, zivile ‘Arbeitskräfte’ zu. Wegen nicht ausreichender Zahl „verschob man ganze Gruppen von Betrieb zu Betrieb, um alle mal in den Genuß von Arbeitskräften zu bringen“. So seien rund 500 „holländische[] Arbeitskräfte bei der Firma Peter Büscher [...] durchgeschleust“ worden, von denen „viele nur wenige Tage blieben“. In Münster gründet sich zudem eine „Interessengemeinschaft des münsterschen Handwerks“ zur besseren Durchsetzung ihrer ‘Ansprüche’ auf solche ‘Arbeitskräfte’ „gegenüber dem Kriegsgefangenenkommando und Wehrwirtschaftsführer im Wehrkreis VI und dem Arbeitsamt Münster" (Schwarze 1999: 82).

Die Sklaven kommen etwa aus den drei Lagern der „Deutschen Arbeitsfront": Mecklenbeck, Hiltrup (damals noch Kreis Münster) und Gremmendorf/Angelmodde. Letzteres besteht aus rund zehn Baracken für je 60 Menschen. Anscheinend ist es zunächst nicht eingezäunt und wird von Belgiern, Niederländern, Polen bewohnt. Mit der systematischen Deportation ganzer in Güterwaggons eingepferchter Familien aus der SU während des deutschen 'Rückmarsches' seit 1943 werden diese auch hier eingewiesen. Ab jetzt ist das Lager hoch eingezäunt (vgl. ebd.: 183f.). Ein ähnliches Bild bietet das Lager „Waldfrieden" in Hiltrup. Die sechs Wohnbaracken für bis zu 70 Menschen haben „Wasseranschluß, aber keine Kanalisation". 1940 sind hier zunächst „Zivilfranzosen", die im Hoesch-Röhrenwerk Hiltrup arbeiten, untergebracht, später Polen und ab 1943 kaum „in Industriebetriebe vermittelbare" Familien aus der SU (vgl. ebd.: 195). Das größte Lager in Mecklenbeck ist „mit neun 'Mannschaftsbaracken', zwei Wirtschaftsbaracken, drei Waschbaracken und vier Aborten für 700 bis 800 Personen angelegt". Zunächst von deutschen Soldaten, ist es später von „Fremdarbeitern" aus Frankreich, Belgien, den Niederlanden, Polen bewohnt, die in der Industrie, auf dem Bau, bei Handwerkern arbeiten. Ab 1943 sind auch hier deportierte 'russische' Familien (vgl. ebd.: 199f.). Sie sind zu 20 Personen in einen Raum gepfercht. Sie leiden an Ungeziefer und Hautkrankheiten, Duschen gibt es nicht, sie hungern. Das Essen besteht aus Rübensuppe, „Russenbrot", gebacken „aus Schrott und Sägemehl oder Baumrinde" und einer halbe Scheibe Kochwurst, ausgegeben einmal am Tag. Für Kinder bis 12, später zehn Jahren, gibt es die Hälfte (vgl. ebd.: 21 u. 187).

Nach dem Krieg zeigt sich auch hier das bekannte Muster. Trotz der Größe des Lagers will sich kaum jemand in Mecklenbeck daran erinnern können:

> „Obwohl dieses Lager noch über die Befreiung 1945 hinaus weiter für die nun 'Displaced Persons' benannten Ausländer bestand, hatten es die meisten Mecklenbecker nicht wahrgenommen. [...] Als all jene, die nicht in ihre Heimatländer zurückkehren wollten, 1948 ausgewandert waren, errichtete die Stadt Münster dort ein Lager für 'obdachlose Münsteraner und Asoziale'. Der größte Teil der inzwischen maroden Holzbaracken wurde durch Steinbaracken ersetzt. Dieses Lager dagegen war vielen Mecklenbeckern in lebhafter Erinnerung." (Schwarze 1999: 95f.)

Ähnlich sieht es bei den „Ausländerlagern" inklusive Kriegsgefangenenlager insgesamt aus.

> „Die nachträgliche Erfassung durch die Alliierten in den ersten Nachkriegsjahren leidet unter der 'Gedächtnisschwäche' jener, die die Lager führten. Mit der Vernichtung der Akten zahlreicher Firmen durch Bombenangriffe war auch meist die Erinnerung der Verantwortlichen geschwunden." (ebd.: 39)

Dabei sind „Fremdarbeiter" auch in Münster an den verschiedensten Punkten untergebracht gewesen und dürften häufig in der Öffentlichkeit anzutreffen gewesen sein. So heißt es auch in der „Kriegschronik" des NS-Stadtarchivars Franz Wiemers im Dezember 1942: „Tagtäglich sieht man gegenwärtig in allen Straßen Russen-Kommandos. Alle haben die gleichen müden Bewegungen, von denen die Münsteraner nicht genau unterscheiden können, ob sie von Trägheit oder Entkräftung herrühren." (zit. n. Weidner 1984: 133)

Nach Weidners Recherchen sind die Lager für ZwangsarbeiterInnen oft „direkt in der Stadt, besonders in Schulen und Gaststätten errichtet worden". Etwa im Schlossgarten-Restaurant, im „Schützenhof" an der Hammer Straße, im „Neubrücker Hof" in der Neubrückenstraße, aber auch in bekannten Ausflugslokalen wie „Hugerlandshof" in Handorf oder „Wienburg" an der Kanalstraße. Ebenso in der heutigen Erpho-Schule am Kaiser-Wilhelm-Ring (vgl. ebd.: 20f.; vgl. Schwarze 1999: 108). Kriegsgefangenen-Lager hingegen befinden sich „außerhalb des damaligen Stadtgebietes". So auch das Wehrmachtslager am Hohen Heckenweg (damals Gemeinde St. Mauritz) mit einem „Mannschafts-Stammlager" (Stalag VI F) und einem Offizierslager (Oflag VI D) (vgl. Schwarze 1999: 38 u. 65). Auch die Reichsbahn unterhält, geleitet von Schaffnern oder Hilfszugführern, eine Reihe von Lagern an den Bahnstrecken entlang. Deren InsassInnen müssen die Gleisanlagen nach Bombenschäden instand setzen (vgl. ebd.: 108f.). Ebenso gibt es mehrere Lager des „Reichsarbeitsdienstes". Es bleibt oft ungeklärt, ob jeweils nur „Fremdarbeiter" oder Kriegsgefangene untergebracht worden sind, selbst, wenn diese Bezeichnungen von den damaligen Behörden zugeordnet wurden (vgl. Weidner 1984: 20).

Eigene Lager für Kriegsgefangene und „Fremdarbeiter" haben die großen Münsteraner Betriebe wie Ostermann & Scheiwe am Kanalhafen, das Bauunternehmen Peter Büscher am Hawerkamp, die Flugzeugwerke Hansen & Co am Dahlweg (vgl. Weidner 1984: 21f.; vgl. Beer 1990: 179f., Anm. 88). Ludwig Hansen, selbst ehemaliger Flieger und mutmaßlicher Bekannter Hermann Görings, leitet das „im Krieg größte Rüstungsunternehmen Münsters" – es baut die „Messerschmitt 109" – mit 2000 Mitarbeitern, davon „1200 Ausländer, zivile Zwangsarbeiter und Kriegsgefangene", vor allem aus der Sowjetunion, die es hier „schwer" haben (Schwarze 1999: 55f.). Bei Hansen sind ebenfalls „[e]inige Italiener" eingesetzt. Auch Büscher beschäftigt italienische Militärinternierte, die „aber nach Bedarf auch bei anderen Baufirmen" arbeiten. „Die 1943 zu Militärinternierten erklärten Italiener saßen", wie Schwarze schreibt „'zwischen allen Stühlen'. Geächtet von den ehemals Verbündeten wie von den früheren Feinden und ebenso schlecht versorgt wie die 'Russen', war ihre Situation erbarmungswürdig" (ebd.).

„Einblick in das Lagerleben" sollen „möglichst wenig Münsteraner" haben, um eine Kommunikation grundsätzlich auszuschließen (Weidner 1984: 20). Das reichsweite „Merkblatt Verhalten gegenüber Kriegsgefangenen im Arbeitseinsatz" verbietet deren Aufnahme in die „Haus-, Tisch- oder Hofgemeinschaft", erklärt die Gleichstellung mit „deutschen Arbeitskräften" und erst recht die Aufnahme von „Beziehungen zu Kriegsgefangenen" durch „[d]eutsche Frauen" zum strafbaren Verrat „an der Volksgemeinschaft" (zit. n. Schwarze 1999: 32). 'Einvernehmlicher' Geschlechtsverkehr zwischen deutschen Frauen und „Fremdarbeitern" führt zur KZ-Einweisung für die Frauen, für die Männer zu rassistisch abgestuften Strafen: „Bei 'aufgenordeten', demnach 'eindeutschungsfähigen' Polen" zur KZ-Einweisung oder zum „Kalfaktor-Dienst", also zur „(freiwillige[n]) Durchführung von Hinrichtungen an Landsleuten". „Bei 'asiatischen', demnach 'nicht eindeutschungsfähigen' Polen" lauten die Urteile auf Hinrichtung (Weidner 1984: 62). Als todeswürdige Verbrechen von Ausländern verfolgt die Gestapo ebenso „sogenannte Arbeitsverweigerung, Flucht vor Prügel" bei der Arbeit oder „'Diebstahl' von Essbarem" (Schwarze 1999: 139). Auch dass Einheimische den Gefangenen heimlich Lebensmittel zustecken, was durchaus vorkommt (und zeigt, dass diesen Einheimischen die Lage der Betroffenen nicht verborgen bleibt), soll verhindert werden. So warnt ein Plakat aus dem Kreis Warendorf vor „[f]alsche[m] Mitgefühl" bei „Brotmarkenbettelei" und schließt: „Bringen wir rücksichtslos jeden zur Anzeige, der gegen dieses Gebot verstößt!" (zit. n. Schwarze 1999: 103)

Außerhalb der 'Arbeitseinsätze' also soll jeder persönliche Kontakt verhindert werden. Bei der 'Arbeit' aber sind die Insassen zwangsläufig sichtbar. Häufig als Elendsgestalten, mit den NS-Stigmata als „slavische Untermenschen" versehen. Sowjetische Kriegsgefangene mit dem Kennzeichen „SU" auf dem Rücken laufen als Arbeitskommando inmitten von Einheimischen über den Prinzipalmarkt, oder müssen, von Hunger und Erschöpfung gezeichnet, Schnee schippen (vgl. ebd.: Abb. 50; vgl. Weidner 1984: Abb. 17-19).

Es existiert eine Vielzahl von Fotos, insbesondere aus der „Sammlung Wiemers", die den Einsatz von „Fremdarbeitern" in Münster dokumentieren. Aber: „Viele beschönigen die Realität, indem sie Zwangsarbeiterinnen beim Spaziergang zeigen" (Schäbitz/Schollmeier 2005: 49). Solche Bilder präsentieren „junge[] Ukrainerinnen beim sonntäglichen Ausgang auf dem Prinzipalmarkt", Frauen zwischen Schüchternheit und Lächeln nach Aufforderung (vgl. Schwarze 1999: 88), oder zwei polnische Arbeitssklaven vorm Schaufenster eines Zigarrenladens auf dem Prinzipalmarkt (vgl. ebd.: 46). Dass die Menschen zur Trümmerräumung gezwungen werden, ist dabei ganz offen und selbstverständlich auf anderen Fotos festgehalten. Ein Bild vom August 1943 verdeutlicht, dass sie „die gefährlichsten und unangenehmsten Arbeiten verrichten müssen" (Schäbitz/Schollmeier 2005: 49). Ein ausgemergelter „Russe" steht in mehreren Metern Höhe ungesichert auf einem schiefen Balken in der Augustastraße, und muss noch brauchbare Dinge herauf reichen. Dabei hat er gleichzeitig für den Fotografen Wiemers zu posieren. Von ihm stammt auch eine Aufnahme von älteren Weißrussinnen, nur mit Eimern und Besen ausgerüstet, bei der Trümmerräumung am Domplatz (vgl. ebd.). Zu den „Ostarbeitern" im Trümmer-Einsatz gehören immer wieder auch Kinder, so zu sehen auf einem Foto vom

Provinzial-Schulkollegium im November 1943 (vgl. Schwarze 1999: 102). Auch italienische Militärinternierte werden 1944 zum Räumen im Dom eingesetzt (vgl. ebd.: 70). Und bereits 1940 werden französische Kriegsgefangene, von „Landesschützen" bewacht, zum Räumen in die Innenstadt geschickt (vgl. ebd.: 25).[38]

ZwangsarbeiterInnen dürfen bei Bombenangriffen nicht in die Bunker, weder in den Lagern noch während der Zwangseinsätze in der Stadt; allerdings gibt es hier in Münster rassistische Hierarchien: ZwangsarbeiterInnen aus der Ukraine oder Weißrussland dürfen „als rassisch etwas wertvollere Menschen den Eingangsbereich oder die obere Etage der Hochbunker aufsuchen" (Schwarze 2005: 23f.). Auch die Vorschriften, „Ostarbeiter" während der Angriffe aus den Schutzräumen herauszuhalten, dürften den 'Zugangsberechtigten' zumindest mitunter aufgefallen sein. Vorschriften, die unbekannt bleiben, lassen sich schließlich nicht einhalten.

Wie viele Menschen in Münster und Umgebung Zwangsarbeit leisten mussten, lässt sich aufgrund „zu weniger Quellenangaben" nur schätzen. So sind zwar im Dezember 1944 insgesamt 28.032 Kriegsgefangene im „Stalag VI F" registriert. Die hier als arbeitsfähig Eingestuften werden aber seit November 1942 nicht in der Stadt, sondern im Regierungsbezirk Münster und im Ruhrgebiet eingesetzt. Im „Stalag" in Münster bleiben 5.395 als arbeitsunfähig Registrierte (vgl. Schröder 2005: 47f.). Eine noch im Mai 1945 von der Stadtverwaltung durchgeführte und im Herbst veröffentlichte Volkszählung vermerkt unter dem Punkt „Anzahl der Fremdarbeiter" 2.939 Frauen und 6.849 Männer. Ob hierzu auch Kriegsgefangene gezählt werden, bleibt unklar. Sollten diese Zahlen zutreffen, so Schröder, und berücksichtige man, dass in den letzten Kriegswochen viele der eigentlich als arbeitsunfähig registrierten Kriegsgefangenen „wahrscheinlich" noch zur Arbeit gezwungen wurden, so dürften in dieser Zeit gut 10.000 ZwangsarbeiterInnen in Münster gewesen sein, bei kriegsbedingt nur noch 23.500 Einheimischen (vgl. ebd.: 49f.).

Was fürs Leben gilt, trifft erst Recht auf den Tod zu. Genaue Aussagen über das Sterben dieser Menschen seien praktisch unmöglich, schreibt Weidner. Gerade hier sind die Akten mehr als ungenau. So vermerken die Unterlagen des städtischen Friedhofsamts nicht, ob es sich bei den Toten um „Fremdarbeiter", Kriegsgefangene oder in den Kämpfen um Münster getötete polnische Soldaten innerhalb britischer Verbände handelt (vgl. 1984: 72f.).

„Insgesamt starben von 1941 bis 1945 laut Kriegsgräberlisten in Westfalen 115.000 Kriegsgefangene und Zwangsarbeiter aus der Sowjetunion" an Hunger, an Fleck-

---

38 Nach Schwarze (1999: 41) lässt bei den französischen Kriegsgefangenen mit der Zeit „die Bewachung auf den Arbeitswegen nach. In den letzten beiden Kriegsjahren bewegten sich die meisten Franzosen – trotz der Hysterie der Gestapo und Partei – relativ frei". Überhaupt habe sich die „Situation der Westgefangenen", konträr zur Situation der 'Ostgefangenen' an der Genfer Konvention orientiert (vgl. ebd.: 37).

fieber oder Tuberkulose (Schwarze 1999: 51), seit Oktober 1944 auch im „Stalag" am Hohen Heckenweg in Münster (vgl. ebd.: 173). Die Todeszahlen werden nach Schwarze (2005: 23) in den amtlichen Akten systematisch bis zu 50 Prozent zu niedrig angegeben. Tote Kriegsgefangene seien auf Friedhöfen unerwünscht gewesen und oft auf dem Land verscharrt worden. Die von der Gestapo „erschossenen, gehenkten oder erschlagenen Russen, Polen, Franzosen, Italiener und Holländer" (Schwarze 1999: 188) werden erst gar nicht auf Friedhöfen beerdigt, sondern in die Anatomie bzw. Pathologie der Münsteraner Universität 'geliefert' oder „irgendwo verscharrt" (ebd.: 143).[39] Die Hinrichtungen erfolgen im Zwinger, im Zuchthaus, am Landgericht oder im „Oflag". Einige Fälle sind dokumentiert (vgl. ebd.: 146ff.; vgl. Weidner 1984: 71f.). Normalerweise schweigen die Akten aufgrund eines Erlasses des Innenministers Himmler vom 7. Mai 1943: Der Tod von „Ostarbeitern" wird zwar noch den Arbeitsämtern gemeldet, aber nicht mehr standesamtlich beurkundet (vgl. Schwarze 1999: 140). Damit verbleiben oft nicht einmal „[n]ur Gräber als Spuren", denn der 1946 von der britischen Militärregierung an die Oberbürgermeister und Landräte ergangene Befehl, Listen über die „Opfer des Krieges und der Gewaltherrschaft" zu erstellen, hat so bei „Fremdarbeitern" praktisch keine Grundlage (vgl. Weidner 1984: 73).

Es bleibt meist bei Zufallsfunden. Und auch die sollen möglichst „unberücksichtigt" bleiben, wie etwa die 1960 unter einer Hecke des Kriegsgefangenenfriedhofs „Haus Spital" entdeckten rund 200 „Russen". Da der Volksbund Kriegsgräberfürsorge eine Exhumierung mangels Identifizierungsmöglichkeiten für unnötig hält, bittet der Regierungspräsident, bei der Neugestaltung des Friedhofs „diese Toten unberücksichtigt zu lassen". Das Vergessenmachen ist auch in diesem Fall erfolgreich (Schwarze 1999: 187).

Wenn dann doch Zahlen genannt werden, werden Opferhierarchien aufgestellt. So etwa in der direkten Nachkriegszeit. Diese Hierarchien werden auch dann eingehalten, wenn die Bevölkerung aufgeklärt, wenn „bereits allen Kriegsgeschädigten [ein Opferstatus] gleichermaßen zugestanden" werden soll (Muhl/Klatt 2007: 54). So in einem Plakat der Provinzialregierung Münster (ca. 1946), das überschrieben ist: „Zahlen klagen an. Westfalens Opfer im Hitlerkrieg". Zuerst angeführt werden „300.000 Westfalen", die „auf den Schlachtfeldern" 'gefallen' seien und 200.000 „als Krüppel" Heimgekehrte. Es folgen Belege für die „Heimat" als „Trümmerfeld": „36.676 Männer, Frauen und Kinder Westfalens im Bombenhagel getötet", über 200.000 „zwangsverschickt[e]" Kinder, gut 450.000 Wohnungen und 536 Kirchen total zerstört oder schwer beschädigt. Erst danach ist von „Westfalens jüdischer Tragödie" die Rede: „20.502 Juden aus Westfalen vertrieben und ermordet", „103

39 Auch der Klapptisch, der beim Erhängen zum Einsatz kommt, wird „in der Anatomie der Universität untergestellt" (vgl. Schwarze 1999: 141).

Synagogen in Westfalen geschändet". Am Ende der Liste stehen die „Menschen in Todesmühlen": „12.177 Westfalen schmachteten in Konzentrationslagern. Tausende endeten durch Genickschuß und Folterqualen". Erwähnt werden noch 992 verschleppte und ermordete Kranke und „268 westfälische Geistliche", die „zu Märtyrern" geworden seien (zit. n. ebd.).

Auch wenn das Bestreben deutlich wird, den „Westfalen" zu zeigen, dass „Hitler" auch ihr „Unglück" war – „Das war Hitlers Geißel über Westfalen. Blut und Tränen, Jammer und Verzweiflung. Denkt immer daran!" –, auch wenn allen Opfergruppen gleichermaßen ein „[Sie] klagen an" (zit. n. ebd.) folgt: Zurecht sprechen Susanne Muhl und Marlene Klatt von einer eingeschränkten Schuldzuweisung (ebd.). „Hitler" ist schuld, „Westfalen" tauchen nicht als TäterInnen, nur als Opfer auf. Und sie erscheinen (ihrerseits hierarchisiert in Soldaten und ZivilistInnen) als größte und wichtigste Opfergruppe. Nicht zuletzt ein Effekt der Auflistung nach absteigenden Zahlen (der vielleicht auch politisch-pädagogisch motiviert ist). Die argumentative Segregation geht weiter: Während zu den jüdischen Opfern nichts Näheres zu erfahren ist, wird bei den 'Kriegs-Krüppeln' zahlenmäßig differenziert nach Gliedmaßen- oder Augenlichtverlusten (vgl. ebd.). Zudem ist von „Juden *aus* Westfalen" die Rede, nicht von jüdischen „Westfalen". Und: Während, ganz auf der Linie der Allegorese des Bischofs Clemens August von Galen zum „Löwen von Münster", „Kranke" und „Geistliche" (zit. n. ebd.) eigens als Mordopfer angesprochen werden, fehlen andere Gruppen: Homosexuelle, Sinti und Roma, Zwangssterilisierte. Ebenso fehlen „Fremdarbeiter" in diesem Plakat.

Kontinuitäten: Hochrangige städtische Architekten, die schon unter Albert Speer 'dienten' und nach 1945 eine 'schönere' Altstadt 'wiedererrichten', Hitlerbüsten fabrizierende Bildhauer, die sich in den Fassaden dieser neuen Altstadt verewigen, Schriftsteller, die in offiziellen Periodika der Stadt Münster vor und nach 1945 'Schicksalsgemeinschaften' beschwören. Und eine Verwaltung, die ebenso bruchlos nach 1945 zur Trümmerbeseitigung „Fremdarbeiter" einplant. Eine Verwaltung, die von 1933 bis 1945 „[t]rotz aller Fördermaßnahmen für aktive Nationalsozialisten" keineswegs von diesen 'überflutet' wird, wie Mecking (2005: 83f.) betont, habe doch die Gruppe der nachgewiesenermaßen „aus rassischen, politischen oder religiösen Gründen entfernten Personen 'nur' etwa 0,9 %" ausgemacht. Das „insgesamt systemkonforme Verhalten" der Verwaltungsmitglieder, ob „aus innerer Überzeugung, Opportunismus, politischem Desinteresse oder Einschüchterung, machte entsprechende Maßnahmen überflüssig" (ebd.). Eine Verwaltung also, in der zwar (wie auch in anderen Kommunen) die „große Masse" der Beschäftigten „von direkt gegen ihre Person gerichteten Eingriffen verschont" bleibt (ebd.: 84), die aber trotzdem 'funktioniert'. Desgleichen in den Jahren nach 1945.

Zu dieser Zeit beginnt der Neubau von Münsteraner Traditionskneipen. Diese Räume einer 'urwestfälischen Gemütlichkeit' komplettieren die Derealisierung des

Jüngstvergangenen. Auch sie erzählen von einem zähen westfälischen Wiederaufbauwillen. Und die durch sie produzierte Gemütlichkeit konstituiert eine spezielle eingehegte gutbürgerliche Welt, in der wieder alles 'in Ordnung' ist und in der zugleich immer alles 'in Ordnung' war.

9.8 Die (Neu-) Erfindung 'urwestfälischer Gemütlichkeit'

> „Nicht umsonst spricht man in Münster mit liebenswürdiger Freundlichkeit von Heinrich Benteler als dem K. u. K.-Baumeister. Daß das erste K. 'Kirchen' bedeutet, ist unschwer zu erraten. Das zweite K. jedoch ist nicht anders aufzulösen als in das banale Wörtchen 'Kneipe'..." (Gruna 1974: 27)

Benteler-Biograph Klaus Gruna betont allerdings sogleich, dass es hier um Kultur gehe, nicht um beliebige Räume, die dem bloßen Bier- und Schnapskonsum oder „Skat dreschen" dienen:

> „Eine Bentelersche Kneipe ist anders, sie stößt in ihrer Form und Aufmachung sicherlich in das Gebiet vor, in dem man ruhig von Kultur reden darf. Um in sie hineinzugehen, bedarf es von vornherein der Muße, eines gewissen Hangs zur Geselligkeit, der Vorfreude, sich mit Freunden zu treffen. Wäre es anders, sähe man in diesen Einrichtungen keine Damen, jawohl, richtige Damen. Deftiges, dunkel gebeiztes Eichenholz gehört zu diesen Kneipen, alte bäuerliche Truhen, Anrichten und Schränke, ländliches Haushaltsgerät aus Zinn, Kupfer, Ton und Holz, womöglich ein gebrauchsfähiges Herdfeuer mit gußeisernen Platten, mit Feuerbock und Püster, nicht zu vergessen antike Fliesen in Blau und Manganviolett, gemütliches Lampenlicht und abgeschlossene Ecken, darin idyllisch zu sitzen, zu klönen, unter seinesgleichen zu sein. Münstersche Gaststättenkultur – das ist ein Begriff, den Benteler über alle Zerstörungen und geistige Wandlungen hinweg in Münster hat heimisch bleiben lassen." (ebd.: 27f.)

'Deftiges', 'Altes', 'Ländliches', 'Gemütliches', 'Idyllisches' – vom „Zauber an bodenständiger Behaglichkeit" spricht 1956 die *Deutsche Bauzeitschrift* (740) – „heimisch" gehalten durch alle Fährnisse hindurch. „Münster blieb Münster", schreibt Edmund Scharf (1956: 739). Und auch die Kneipen gehören fraglos zum „schönsten Eindruck einer bürgerlichen Stadt im besten Sinne" (Ostermann), in der 'Hochkultur' und „Gaststättenkultur" miteinander verknüpft sind; schon durch die Figur des Dombaumeisters und Rathausarchitekten Benteler. Dessen Kunst, so Gruna (1974: 28), steige „aus dem Fundament echter Handwerklichkeit". Sie setzt demnach getreu der konservativen Architektur-Doktrinen des frühen 20. Jahrhunderts tradiertes Können gegen die entfremdeten industriellen Fertigungen der Moderne. Bentelers Kunst steige ebenso „aus dem Boden des Geschichtlichen" (ebd.: 21).

Benteler hat mit seinem Kompagnon Albert Woermann beim Wiederaufbau der Altstadt außerhalb des Prinzipalmarktes zahlreiche Gebäude realisiert. Dass diese „landläufig als 'typisch münsterisch' oder 'urmünsterisch'" (Rosinski 1987: 84) aufgefasst wurden (und noch immer werden) liegt vor allem an seinen Kneipen.

„Roter Backstein und Naturstein – echte münsterische Tradition – schufen den äußeren Rahmen, dazu Bleiverglasung und Schmiedeeisen“, schreibt die *Deutsche Bauzeitschrift* (1956: 740) für das „Alte Gasthaus Leve“ (Neubau 1949-1961). Ebenso könnten der „Kiepenkerl“ (1955/56), das Brauhaus „Pinkus Müller“ (1962) oder das „Kruse Baimken“ (1949) gemeint sein. Zum „äußeren Rahmen“ gehört auch meist ein prägnanter Ziergiebel.

Zwar dürfte Grunu (1974: 28) mit Bentelers „Hang“ zum ‘Mittelalterlichen’ eher in Richtung der Architekturdenkmäler Dom und Rathaus argumentieren. Aber, wer die „Geheimnisse“ mittelalterlicher Baukunst lüftet, weiß allemal, wie profanere ‘Traditionsbauten’ zu schaffen sind. Rosinski (1987: 84, Fn. 260) hingegen urteilt zu recht, dass „Bentelers Nachkriegsbauten zum einen an die traditionelle holländische Backsteinarchitektur der Jahrhundertwende und zum anderen an die deutsche Heimatschutzarchitektur“ erinnern.

„Geheimnisse“ aus „dem Boden des Geschichtlichen“ – Resultat: eine ‘urwestfälische Gemütlichkeit’. Zu besichtigen ist hier etwas, was Eric Hobsbawm als „invented tradition“ bezeichnet. Gemeint sei damit

> „a set of practices, normally governed by overtly tacitly accepted rules and of a ritual or symbolic nature, which seek to inculcate certain values and norms of behaviour by repetition, which automatically implies continuity with the past. [...] In short, they are responses to novel situations which take the form of reference to old situations, or which established their own past by quasi-obligatory repetition“ (Hobsbawm 1983: 1f.).

Genauer geht es um die Konstruktion einer Kette von erfundenen Traditionen, die aufeinander aufbauen bzw. die sich gegenseitig stützen sollen: Als Basis dient der „Raum Westfalen“, der seit ‘Urzeiten’ eine untrennbare und ‘unvergängliche’ Verbindung des ‘westfälischen Stammescharakters’ mit der ‘heimatlichen Landschaft’ und ihrer Natur bilden soll. Dieser „Raum“ muss sich in dieser Perspektive seit der Varusschlacht immer wieder gegen invasive Versuche der „Überfremdung“ zur Wehr setzen (Oberkrome 2004: 79ff.). Diese tribalistischen/völkischen Standpunkte, wie sie der westfälische „Heimatschutz“ seit Beginn des 20. Jahrhundert vertritt, und die auch nach 1945 den architekturtheoretischen und -praktischen Diskurs dominieren, sollen hier noch einmal kurz angesprochen werden. In Behauptungen eines „volksbedingten Formgefühls“, von „allgemein gültige[n], aus der Eigenart westfälischen Volkes und Bodens erwachsene[n] Merkmale[n]“ (Rave 1953: 6), anhand derer sich der ‘Charakter’ und die ‘eigene Physiognomik’ der ‘Westfalen’ in ihren Bauten identifizieren lassen sollen (vgl. ebd.: 8ff.), stecken auch Behauptungen einer Überzeitlichkeit. Schon Petsch (1976) hat für die konservative deutsche Architektur des frühen 20. Jahrhunderts insgesamt – besonders für den Heimatschutz – deren Anspruch gezeigt, autonome Kunstformen zu schaffen, „die einer eigengesetzlichen Ordnung unterliegen“: der „Wiederkehr des ‘Ewig-Gleichen’, ‘Zeitlos-Gültigen’“ (42). Prinzipien, die erneut in der „restaurativen Wiederaufbauphase“ dominieren (vgl. ebd.: 231). Die Konstruktion der Überzeitlichkeit eines „volksbedingten Formgefühls“ reklamiert nicht nur die Vergangenheit für sich, sondern ebenso die Gegenwart und Zukunft mit einer ‘Pflicht’, gemäß dieses ‘Gefühls’ zu bauen. Der schon vorgestellte Gustav Wolf, u.a. westfälischer Landesbaupfleger zwischen 1939 und 1952, betont 1938, „gute[s] und heimatliche[s] Bauen“ sei „nichts modisches“, also auch nicht an historische Baustile gebunden, „sondern etwas sittliches“ (Wolf 1938: 1). So sei auch bei „guten“ „neuzeitlichen Häusern“ die Errichtung „nach münsterländischer Art als Ziegelbau mit Werksteingewänden“ selbstverständlich (ebd.: 13). In der stereotypen Betonung dieser ‘echten’ und ‘typisch münsterschen’ oder ‘münsterländischen Tradition’ der Fassadengestaltung (Vergleichbares gilt für die ‘westfälische Tradition’ der Giebelhäuser) steckt – zumindest implizit – die falsche Behauptung einer regionalen Exklusivität derartigen Bauens.

„Invented traditions“ als Reaktionen auf soziale Umbrüche, die sich symbolisch oder rituell auf die Vergangenheit beziehen oder ihre eigene Vergangenheit schaffen, sind für die wieder aufgebaute Altstadt Münsters allgemein von Bedeutung. Offenkundig ragen die Kneipen in dieser Traditions-Inszenierung heraus. Das soll zunächst am äußeren Erscheinungsbild verdeutlicht werden. Mit den beschriebenen architektonischen Mitteln entstehen Fassaden, die es an diesen Stellen so vor 1945 gar nicht gegeben hat; statt etwa schlichter heller Putzfassaden und Krüppelwalmdächern entstehen nun mit ‘rustikal-repräsentativen’ Giebelfassaden klare Blickfänge in den Straßenbildern.

Das „Kruse Baimken“ („Krause Bäumchen“) ist „der erste Neubau einer Gaststätte nach dem Krieg in Münster“ (Haunfelder/Olliges 1994: 104), Baubeginn ist 1948, Fertigstellung Oktober 1949: „Das neue Haus am Aasee entpuppte sich als eine echte Attraktion, und die Besucher strömten in großer Zahl. Kruse Baimken war urgemütlich“ (ebd.).

Gerade dieses Gebäude ist besonders geeignet, die Erfindung der Tradition ‘westfälischer Urgemütlichkeit’ nach 1945 zu zeigen. Denn zuvor gibt es an dieser Stelle gar keine Gaststätte. Vielmehr steht hier „jahrhundertelang das im Krieg zerstörte Aegidiitorhäuschen“. Das ebenfalls zerstörte „Kruse Baimken“ steht bis dahin knapp 200 Meter entfernt in der Weseler Straße. Der an dieser Stelle geplante Wiederaufbau scheitert aber an städtischen Verkehrsplänen. Als Ausweichgrundstück erhält der Wirt und „Urmünsteraner“ Anton Allard das Torhausgelände in direkter Nähe zu zwei herausragenden Freizeitanlagen: dem Aasee und dem damaligen Zoo (ebd.).

Es entsteht ein einfacher giebelständiger Bau, eine Backsteinfassade mit Sandsteineinlaibungen im Erdgeschoss. Bleiverglaste und verkuppelte Bogenfenster adaptieren diffus ‘mittelalterliche’ Formen. Der ‘Clou’ der Front aber ist ein Rundturm mit Kegeldach rechts neben dem Haupteingang, mit einem Stockwerkgesims, konsolenartig gestützt von kleinen Steinköpfen (vgl. Gruna 1974: Abb. 70), ganz ähnlich dem 'Wehrturm', wie ihn Benteler 1949 für die Rathausrückfront geplant und 1956 realisiert hat (vgl. Gutschow/Stiemer 1982: 89f.).

Beim „Kruse Baimken" behauptet die Kombination einer schlichten Giebel-Fassade mit einem Rundturm die geschichtsübergreifende Gültigkeit einer Bautradition, in der ein vorgeblich ergründetes architektonisches Mittelalter und eine restaurative Gegenwart verbunden werden. Zugleich soll das 'Wehrtürmchen' offenbar anknüpfen

Abb. 15: (Neu-)Erfindung einer 'urwestfälischen' Gemütlichkeit inmitten eines fiktiven architektonischen Urzustands: die Gaststätte „Kruse Baimken", realisiert 1949 von Heinrich Benteler

an den zuvor jahrhundertelang an dieser Stelle anzutreffenden Bautyp; dabei nicht direkt an das vorherige Aegidiitorhaus – ein eher ländlich anmutendes Krüppelwalmdachhaus (vgl. Abb. 80 in Werland 1970: 57) –, sondern an viel ältere Teile der Stadtmauer, wie den Buddenturm. Auch hier bezieht sich Benteler demnach auf einen fiktiven 'historischen Urzustand'.

Bentelers Paradebau ist das „Alte Gasthaus Leve". Der Name verweist auf die „älteste noch bestehende Herberge" der Stadt. Gegründet 1607 (vgl. Werland 1971: 8f.) firmierte es seit 1805 als „Gasthaus Leve" (vgl. ebd.: 21f.). Seit 1936 ist Josef Horstmöller Pächter, ab 1939 Besitzer. Horstmöller und seine Frau Thea, so Walter Werland, „brachten das 'Alte Gasthaus Leve' zu Ruf und Ansehen, weit über Münsters Grenzen hinaus". Im Juli 1941 wird das Haus bei einem Bombenangriff völlig zerstört (vgl. ebd.: 34).

Der Gasthauskomplex inklusive eines Apartmenthauses erstreckt sich nach dem Neubau nicht mehr nur über die Altgrundstücke, sondern auch auf ein Nachbargrundstück (heutige Adresse: Alter Steinweg 37). Die Vorkriegsbebauung besteht aus einem „zurückhaltende[n] zweigeschossige[n] Krüppelwalmdachhaus" (Gutschow/Stiemer 1982: 210; vgl. ebd.: Abb. 219) und einem eingeschossigen Traufhaus, beide hell verputzt. Eine Rundbogen-Einfahrt wird 1923/25 zu einem Fenster vor einem neuen Gastraum umgebaut (Werland 1971: 21 u. 8). Schon 1846 soll ein vorkragendes Fachwerkobergeschoss mit Giebel abgerissen worden sein (vgl. Geisberg, M. 1935: 562f.). Das Nachbarhaus ist bis 1941 ein Bau im Gründerzeit-Historismus (Werland 1971: 24).

Der Neubau entsteht in vier Abschnitten von 1949 bis 1961. Das Resultat ist eine Architektur, die an dieser Stelle bis dahin keine Tradition hat: Ein dreigeschossiges Traufhaus mit Sandsteinverkleidung im Erdgeschoss, darüber Backstein. 'Gekrönt' wird der Bau von einer strategisch angefügten Giebelfassade mit einem großen geschweiften Backstein-Giebel mit Traufgesims und einem flachen Dreieck als Abschluss (jeweils in Sandstein). Zuganker und zwei auffällige parallele Erker in der ersten Etage sind weitere Gliederungselemente. Der Giebel, er erinnert an niederländische Glockengiebel des 18. Jahrhunderts, befindet sich rechts vom Gasthaus-Eingang über dem Apartmenthaus; nach Gutschow/Stiemer (1982: 210; vgl. ebd.: Abb. 220.), „um das Straßenbild des Alten Steinwegs zu schließen". Aber eben auch, um dieses Straßenbild zu dominieren. Und um weithin sichtbar zu werben.

Das alte Gebäude hatte einen schlichten rechteckigen Eingang mit Oberlicht. Der Neubau wartet mit einem wuchtig wirkenden, tiefen Rundbogen-Eingang und einer massiven zweiflügeligen Glassprossentür auf; flankiert von gusseisernen Laternen und Brauereischildern. Der Namenszug ist in metallenen Lettern angebracht (beim Vorgängerbau war er einfach aufgemalt). Neben dem Eingang fungiert ein Erker als 'Schaufenster'. Die Fenster im Erdgeschoss sind zu je zwei gekuppelt, dabei aus der glatten Sandstein-Fassade heraus gemauert. Sie haben sehr hohe Oberlichter mit

Stichbogen-Stürzen. Im Verein mit tiefen Laibungen soll so offenbar eine diffus 'mittelalterliche' Wirkung erzeugt werden.

Auch das Gasthaus „Kiepenkerl" am Spiekerhof erfährt durch Benteler einen deutlichen Wandel. Der Vorkriegsbau ist zweigeschossig und grau verputzt mit Walmdach (vgl. Gutschow/Stiemer 1982: 212, Abb. 223). Der (inklusive Dachgeschoss) dreigeschossige Neubau von 1955/56 erhält (über einem schmalen Feldstein-Sockel) die übliche Fassade aus rotem Backstein mit Werksteingewänden und einen prägnanten, mit Zugankern geschmückten Dreistaffelgiebel mit auskragenden Seitenstufen. Sie sind, wie auch der Schlussstein, mit Werksteinquadern ummauert. Die Fenster haben profilierte Steinpfosten und -laibungen, Sturz- und Sohlbankrahmen ragen über die Fensterbreite hinaus. Die zweiflügeligen Fenster der ersten Etage haben Fensterläden und doppelt so hohe Oberlichter. Das Bild erinnert an ländliche Herrenhäuser, aber auch an städtische Bürgerhäuser des 16. Jahrhunderts. Die Fenster der ersten Etage könnten an den ehemals „auffällig großen Oberlichter[n]" des späten 16. Jahrhunderts etwa am Krameramtshaus orientiert sein (vgl. Geisberg, M. 1934: 30ff.). Anders sieht es im Parterre aus. Der mittig platzierte breite Haupteingang weist eine wuchtige und tiefe Sandsteinlaibung in Form eines Kleeblattbogens auf. Die zweiflügelige Sprossenfenstertür mit Oberlicht ist dem Barock entlehnt. Die breiten Segmentbogen-Sprossenfenster erinnern eher an Formen des Expressionismus.

Der Schmuckgiebel bedeutet hier weniger eine Herausstellung. Der Spiekerhof gehört zur Verlängerung des Prinzipalmarktes westlich der Lambertikirche. Der „Kiepenkerl" wird so architektonisch integriert in das bis hier reichende Ensemble repräsentativer giebelgeschmückter Bürgerhäuser. Zum Blickfang wird er trotzdem. Die Giebelfassade ist nicht auf die Straße, sondern auf einen kleinen Platz (Ecke Spiekerhof/Bergstraße) gerichtet. Sie ist damit aus Richtung Lambertikirche frühzeitig sichtbar. Und sie dominiert den früher offenbar „Kleiner Fischmarkt" genannten Platz.[40] Hier steht seit 1896 das Kiepenkerl-Denkmal, Namensgeber der Gaststätte erst seit 1912 (vgl. Müller 1924: 71). Der Kiepenkerl, ein Handelsbote zwischen Stadt und Land, der noch bis ins frühe 20. Jahrhundert seine Waren in einem Korb (der Kiepe) auf dem Rücken trug, wird seither als Wahrzeichen inszeniert. Kiepenkerl-Darsteller sind daher ebenso seitdem bei 'hohen Besuchen' der Stadt anwesend.

Begrenzt wird der Platz an seiner hinteren Seite von einer weiteren Gaststätte: „Wielers" (bzw. „Kleiner Kiepenkerl"[41]). „Wielers" wird ebenso wie die Gaststätte „Kiepenkerl" 1943/44 zerstört und nach Benteler-Plänen neu errichtet. Der Vorgän-

40 Nach der Marktordnung von 1880 wird hier an Wochentagen auf einem kleinen Markt mit Fisch, aber auch Fleisch gehandelt (vgl. Balster/Gussek-Revermann 1997: 164f.).

41 „Der Name 'Kleiner Kiepenkerl' wurde vom Volksmund geprägt und ist seit 1988 offizieller Name" (Kleiner Kiepenkerl Geschichte 2008.

gerbau erstreckt sich über drei ungleich hohe und breite, hell verputzte Fachwerkgiebelhäuser (vgl. Gutschow/Stiemer 1982: 211, Abb. 221).

Bentelers Neubau ist im Erdgeschoss mit Sandstein, in den darüber liegenden Gefachen mit Backstein verkleidet, dazu vereinheitlicht. Die Traufhöhen sind nun angeglichen, es gibt durchgehend drei Etagen. Als Reminiszenz an die frühere Uneinheitlichkeit sind in der linken Fassade die Fenster der Obergeschosse asymmetrisch nach rechts gerückt. Der Eingang hat nun auch hier eine 'barocke' zweiflügelige Glassprossentür. Im Erdgeschoss gibt es weniger und deutlich kleinere Fenster (vgl. ebd.: Abb. 222).

Versuche einer 'Rustikalisierung' bzw. 'Historisierung' der beiden Gasthäuser gibt es schon in den 1930er Jahren. Der „Kiepenkerl" erhält 1936 einen falschen „verzierten Schildgiebel" (vgl. ebd.: 210). Bei den drei Fassaden von „Wielers" ist um 1900 auch das Rahmenwerk hell getüncht. Im Parterre gibt es hohe, weiß gestrichene kleinteilige Sprossenfenster (vgl. ebd.: 211f., Abb. 221 u. 223). In den späten 1930er Jahren sind die Rahmenwerke braun gestrichen. Ein geschnitzter Löwenkopf ragt unter der mittleren Giebelspitze aus der Wand. Nun steht, flankiert von zwei gusseisernen Laternen, der Namenszug in Fraktur über dem Eingang. Alle Parterre-Fenster sind jetzt bleiverglast (vgl. Werland 1979: 15).

Der Kiepenkerl-Platz wird seit den 1950er Jahren zur Inszenierung eines 'Alt-Münster', das es so zuvor, zumindest an dieser Stelle, nicht gegeben hat. Diese Inszenierung eines 'Historischen' dient der Distinktion zugunsten bürgerlicher Repräsentation und gegen eine real auch kleinbürgerliche Vergangenheit. Dazu passt die Selbstdarstellung des „Kleinen Kiepenkerls": „Die gepflegte Gastronomie ist seit mehr als 300 Jahren Tradition dieses Hauses", heißt es da einerseits. Zugleich aber wird Wert auf die Nobilitierung des Unternehmens seit dem Neubau im November 1955 gelegt: „Die ehemaligen Bierstuben Wielers wurden [als Speiserestaurant; M.T] zu einer feinen Adresse in Münster" (Kleiner Kiepenkerl Geschichte 2008). Vergleichbares gilt für den „Großen Kiepenkerl", wo bis 1919 eine Altbierbrauerei und Bäckerei betrieben wurde (vgl. Werland 1970b: 185ff.; Müller 1924: 70f.).

„Pinkus Müller" – gegründet 1816 als „Schokoladenfabrikation und Schwarzbrotbäckerei" nebst einer Altbierbrauerei (vgl. Werland 1970b: 26ff.), seit 1866 Mälzerei, Brauerei und Gastwirtschaft (vgl. ebd.: 36) – ist eine weitere überregional bekannte Traditionsgaststätte, für deren Äußeres Benteler verantwortlich ist. Die Fassaden werden dabei erst in den 60er Jahren umgestaltet. Von den drei Gebäuden des Brauhauses „Pinkus Müller" bleibt in der Kreuzstraße der seit 1928 existierende Neubau im Krieg ebenso unbeschädigt, wie ein niedriges und schmales Haus mit einfachem Giebel. Das Walmdachhaus Ecke Kreuzstraße/Rosenplatz, in dem sich die „Altbierküche" befindet, brennt nach Bombentreffern „bis auf das mittlere Stockwerk nieder" (ebd.: 10, 23, 38; vgl. Gutschow/Stiemer 1982: 212). Anstelle der beiden letztgenannten Häuser entsteht zunächst 1962 ein Ergänzungsbau mit auffälligem Dreistaffelgiebel zum Rosenplatz. Die sonstige Fassade aus Back- und Sandstein bleibt hier aber eher schlicht (mit rechteckigen Türen und Fenstern), glatt und weitgehend schmucklos (vgl. Gruna 1974: Abb. 71). 1969 kommt es zur Angleichung des 'rustikalen' Bildes. Beim von 1928 stammenden Haupthaus wird die Putzfassade mit Backstein verblendet, Fenster und Türen erhalten Werksteingewände (vgl. Werland 1970b: 22f.). Der älteste Teil des Brauerei-Komplexes, die „alte Mälzerei", ein Backstein-Fachwerkbau (vgl. ebd.: 21), befindet sich im Hinterhof. Ein „altmünstersches Idyll" (Haunfelder 2000: 242), allerdings von außen unsichtbar.

Der Wiederaufbau der Gaststätte „Stuhlmacher" am Prinzipalmarkt 7[42] stellt zu den bisherigen Beispielen einen umgekehrten Fall dar. Hier, wo ein Schmuckgiebel (geforderte) Normalität gewesen wäre, entsteht 1949 ein Gebäude, dessen Fassade ungleich einfacher geraten ist als die des Vorgängerbaus. Das um 1500 errichtete Doppelhaus hat ursprünglich eine Backsteinfassade mit Sandsteineckquadern und -laibungen und einen auskragenden, viergeschossigen Fialengiebel mit auf Eck gestellten Fialleiben. Die Fenster haben Steinkreuze und Oberlichter. Zwischen 1879 und 1932 erhält die Fassade einen hellen Putz, im Erdgeschoss und in der ersten Etage entstehen Schaufenster. In diesem Zustand wird das Haus 1944/45 zerstört (vgl. Rosinski 1987: 161).

Der Neubau von 1949 (Architekt: Walter Rüschenschmidt) ist im Parterre mit Werkstein verkleidet. Die obere Fassade ist anfangs weiß, später rosa verputzt und endet in einem einfachen Dreiecksgiebel. Allerdings wird das Schaufenster 'rustikalisiert'. Wo bis 1944 eine durchgehende Scheibe mit Gardinen war, gibt es nun Holzsprossen und Bleiverglasung (vgl. die Abb. in Haunfelder 2004: 10, 33ff., 55ff.). Bis 1981 bleibt es bei diesem Fassaden-Provisorium, weil die Stadtverwaltung auf Werksteinverblendung oder hellem Putz besteht (vgl. ebd.: 16). Harald Deilmanns „postmodern angehaucht[er]" (Hänsel/Rethfeld 2008: 99) Neuentwurf führt dann oberhalb des Parterre zu einer Backsteinverblendung, die bis zur Spitze eines einfachen Treppengiebels „den inneren durchfensterten Fassadenbereich" umrahmt. Die Fenster erhalten „extrem nach innen abgefaste Sandsteingewände". Dies sowie profilierte Gesimsbänder als Giebelgliederung geben der Front eine deutliche Massivität (Rosinski 1987: 162). Auch die endgültige Gestalt ist einfacher, dabei aber spürbar wuchtiger, als die des Vorkriegshauses. Womit sie sich in das Ensemble des Prinzipalmarkts einreiht. Eine sonstige äußerliche Exponierung der Gaststätte ist hier offenbar unnötig.

Demgegenüber stehen die per Neubau herausgehobenen Fassaden der Traditionskneipen außerhalb der Haupt-Altstadtstraße, mit denen die Bedeutung dieser Gasthäuser für Münster und seine Tradition betont wird – etwas, dass zumindest

42 Es handelt sich um ein Doppelhaus mit den Nummern 6 und 7. Im Hausteil Nr. 6 befinden sich seit dem späten 19. Jahrhundert Geschäfte.

architektonisch bei den Vorgängerbauten nicht erkennbar war. Hier gab es Fachwerk, Krüppelwalm- oder Walmdächer. Letzteres scheint nach Auffassung der Protagonisten offensichtlich nicht dem Bild einer genügend 'alten' Stadt zu entsprechen.

Krüppelwalmdächer, „von älteren bäuerlichen Traditionen übernommen[e] Bauformen, werden nach Gutschow/Stiemer (1982: 206) erst „im 18. Jahrhundert zum einem wichtigen Element des Stadtbildes". Von den 1934 noch erhaltenen 51 Krüppelwalmdachhäusern seien 46 zwischen 1702 und 1805 entstanden. Noch im 17. Jahrhundert „war die typische Bauform in Münster das giebelständige Haus auf einer engen und tiefen Parzelle" (ebd.). Ausweislich des Stadtplans von Eberhard Alerdinck von 1636 sind das 70 Prozent der gut 2220 Gebäude, deren Front öffentlich sichtbar an Straßen und Plätzen der Altstadt liegt. Seit dem 19. Jahrhundert werden sie zunehmend von Traufhäusern verdrängt. 1934 werden noch knapp 50 Prozent giebelständige Bauten gezählt (wobei die Zahl der Schmuckgiebel mit ca. 300 gleich bleibt). Mit dem Altstadtwiederaufbau ist die Zahl der Giebelhäuser noch einmal erheblich reduziert worden (wobei auch nicht kriegszerstörte Giebel in den 1950er Jahren abgebrochen wurden). Häusergruppen bilden sie vor allem im Straßenbogen um den Domplatz herum, also dem Prinzipalmarkt und seinen Verlängerungen (Rothenburg bzw. Lambertikirchplatz, Drubbel, Roggenmarkt, Bogenstraße und Spiekerhof) (vgl. ebd.: 206f.). Außerhalb dessen sind sie „verhältnismäßig selten" (ebd.: 207) und oft an anderen Stellen als zuvor zu finden. Diese Seltenheit in der restlichen Altstadt macht sie hier deutlicher wahrnehmbar, und in „ihrer 'Dramatik' spielen sie eine wichtigere, geradezu symbolische Rolle im Stadtbild" (ebd.: 210).

Worin aber diese „symbolische", ideologische Rolle besteht, thematisieren sie nicht weiter. Gutschow/Stiemer sprechen von „'Dramatik'". Die von ihnen dokumentierten Giebelhäuser außerhalb des Prinzipalmarktes und seiner Verlängerungen zeigen allerdings, dass hier differenziert werden muss. Der überwiegende Teil dieser Gebäude entsteht zwischen 1948 und 1966 als relativ einfache und unauffällige Anpassungsarchitektur (vgl. ebd.: 214-218, Abb. 227-268).[43] Die Traditions-Gaststätten stechen aus diesem Straßenbild heraus. Joachim Petschs (1976: 40) Hinweis auf die „Hierarchie der Bauaufgaben" und dementsprechend der Materialien als ein Hauptcharakteristikum konservativer Architektur trifft auch hier. Backstein und Werkstein sind historisch überwiegend für Fassaden von „Herrenhäusern" oder zumindest Patrizierhäusern reserviert. So schreibt auch der konservative Volkskundler Josef Schepers (1965: 166f.), dass „die Bürgerhäuser gehobener Sozialschicht in Werk- und Backstein errichtet waren", während sich die „kleineren Bürgerschichten [...] seit dem Ende des Mittelalters" mit „nebenwertigen Fachwerkbau[ten]" begnügten. Die wesentliche Differenz zur Nachkriegsanpassungsarchitektur, die ja auch in

43 Seit Mitte der 1960er Jahre entstehen auch 'zeitgenössische' Varianten, bei denen zudem Beton die Rolle des Werksteins einnimmt (vgl. ebd.: 218, Abb. 261-264).

Back- und (wenn auch sparsamer) Sandstein ausgeführt werden, markieren dabei zwei Momente. Zum einen erscheinen die Anpassungsbauten als zeitgenössische Architektur, wie sich auch aus Gustav Wolfs (1950: 56ff.) „Baufibel“ entnehmen lässt, während die Traditionskneipen bewusst einen fiktiven Urzustand darstellen sollen. Sie ragen schon daher durch ihre auffälligen Gestaltungselemente und den reichlichen Gebrauch von Werkstein, die sie zugleich in der Hierarchie der Bauten nobilitieren sollen, heraus. In dieser Weise entsprechen sie den Vorgaben des Altstadtplans, den das Baupflegeamt 1946 als Modellzeichnung präsentiert und der hohe Giebelhäuser an repräsentativen Plätzen vorsieht (vgl. Pick 2000: 2f.).

Damit spielen sie eine wichtige Rolle bei der Fiktion einer grundsätzlichen Beibehaltung des Altstadtgrundrisses (vgl. Durth/Gutschow 1988: II, 955). Sie gehorchen desgleichen naheliegenderweise bereits damals einer symbolischen Ökonomie, schon wegen der Betonung einer Einheit von Kneipe und Kultur, die sich – verbreitet etwa durch das Sonderheft „Gaststättenkultur“ der Zeitschrift *Das schöne Münster* – prominent an den touristischen Blick wendet, und erscheinen so als Residuen einer großen Anzahl von (überwiegend kleinbürgerlichen) Altbierbrauhäusern,[44] aber in gehoben bürgerlicher Neuerfindung.

In ihrer prominenten Altstadt-Rolle fungieren die Traditions-Gaststätten ihrerseits als architektonische Deckerinnerungen, die durchlässig sind für das ‘Kriegs-Schicksal’. Gerade zu diesen Häusern gibt es Erinnerungen/Erzählungen, die ihnen einen Identifikationsstatus gar nicht weit von Dom und Rathaus zuerkennen. Und ihr Wiederaufbau verleiht ihnen – ‘bewiesen’ durch ihre neue Architektur – eine ähnliche Bedeutung für die Stadt.

Der „Dramatik“, ja Theatralik der Bauformen entspricht die Theatralik der Erzählungen über die jüngste Geschichte der Kneipen. Darin teilen sie die ‘Kriegs-Schicksale’ der wichtigsten Repräsentationsbauten der Stadt. Das „Alte Gasthaus Leve“, wird beim „29. Luftangriff auf Münster am 8. Juli 1941 […] vollständig zerstört“, beim selben Angriff, bei dem auch der Dom erstmals schwer beschädigt worden sei, merkt Werland (1971: 43) an. Und „Stuhlmacher“ wird zwar zwangsläufig „wie fast der gesamte Prinzipalmarkt […] ein Opfer der Bomben“, Haunfelder bindet aber explizit die Gaststätte und das Rathaus in ihrem „Schicksal“ aneinander. „Stuhlmacher“ wird am 5. Oktober 1944 völlig zerstört. „Das gleiche Schicksal widerfuhr am 28. Oktober dem benachbarten Rathaus. Dessen prunkvolle spätgotische Giebelfront kippte vornüber und der Giebel zerbarst.“ (Haunfelder 2004: 13)

Die rauchenden Trümmer vom „Kiepenkerl“ und von „Wielers“ werden zusammen mit dem unbeschädigten Kiepenkerldenkmal zur Ikone der „tiefen Wunden“, die „die Furie des Krieges“ geschlagen habe und zugleich eines „Wi staoht fast!“,

44 Fürs 18./19. Jahrhundert sollen rund 150 Brauernamen nachweisbar sein, zwischen 1870 und 1919 nur noch 51 (vgl. Werland, W. 1907b: 185ff.).

„westfälischer Sturheit", sowohl in der Durchhaltepropaganda 1943, als auch in der Rückschau 1950.[45]

Anders bei „Pinkus Müller". So schreibt Werland (1970b: 38), der Brauhauskomplex habe den Krieg „überdauert". Aber auch hier wird eine Dramatik entfaltet, eine des Wunders – das Haus „übersteht wunderbarerweise alle Grauen und Schrecken" und bietet eigenes Altbier „bereits kurz nach der Einnahme der Stadt wieder" an (ebd.: 23) – und eine der helfenden Wirtsleute, die „nicht nur im Kriege, sondern auch gleich nach dem Einmarsch ihre Gaststätte für jedermann" offen gehalten hätten; mit täglichem warmen Mittagessen und Bierausschank am frühen Abend. „Und das in einer Zeit, in der man ansonsten in der Stadt kaum etwas bekommen kann." (ebd.: 39) Zusätzlich können sie, während es „ringsum wegen der Vernichtung der Wasserleitungen keinen Tropfen Naß mehr gibt [...], täglich fünfzig Kubikmeter besten Wassers an die Bürgerschaft abgeben" (ebd.: 23).

So stehen dann prominent auch die Kneipen für ein 'trotziges Beharren gegen das Unmögliche': „Stuhlmacher"-Erbe Franz Feldhaus beginnt „als einer der ersten am Prinzipalmarkt", gerade erst aus dem Lazarett gekommen, im August 1945 „inmitten der Schuttberge" aufzubauen und wird von einem städtischen Steinmetz „für geisteskrank" gehalten (Haunfelder 2004: 14). Zum 'Drama' gehört auch das glückliche Ende, der Wiederaufbau, gepaart mit einem Begehren, für das bei „Stuhlmacher" stellvertretend „Fenti" steht:

> „'Hat Stuhlmacher schon wieder auf', war das erste, was der langjährige Stammgast Heinrich Wortmann, genannt Fenti, fragte, als er am Tag der Wiedereröffnung 'Stuhlmachers' [...] aus der Kriegsgefangenschaft entlassen worden war und in Münster 'heruntergekommen' ankam. Seine Geschwister interessierten ihn zunächst nicht, der erste Weg führte ihn zu 'Stuhlmacher'." (ebd.: 10)

Noch handelt es sich um einen Rohbau, bei dem erst der hintere Teil des Lokals fertig ist (der vordere folgt im Juni 1949). Aber schon „floss das erste Bier wieder aus dem Kran, richtiges Bier von der 'Dortmunder Union'. Die Münsteraner standen Schlange – Die Stadt war zerstört, aber ihre Tradition lebte weiter, vor allem auch bei 'Stuhlmacher'" (ebd.: 15).

Der erste Abschnitt des „Leve" wird im Dezember 1949 im Beisein des Oberbürgermeisters Gerhard Boyer (CDU) eröffnet. Von außen ist das ein weiß verputzter Flachdach-Pavillon. „Hätten Sie vermutet, daß sich in diesem äußerlich einer Apfelsinenkiste gleichenden Steinkasten solch eine köstliche altmünsterische Bierstube befindet", wird Boyer von den *WN* zitiert. Aus einem „Trümmerhaufen", so das Blatt weiter, sei etwas „in seiner Art bisher einmalig[es] in unserer Stadt" geschaffen worden. „Hier zeigt sich die Deftigkeit und die solide Handwerksarbeit des Müns-

---

45 Vgl. Kap. 9.7.

terlandes“ (zit. n. Werland 1971: 68ff.). Traditioneller Raum im Provisorium: Das erinnert in der Inszenierung an die Eröffnung des Friedensaals von 1648 ein Jahr zuvor im noch nicht wieder existenten Rathaus. Nebenbei: Auch ein Gastraum des „Leve“ wird durch seine Ausstattung zum „Kleinen Friedenssaal“ gestaltet werden (s.u.). Und auch „Stuhlmachers“ Wiedereröffnung steht im Zusammenhang mit der 300-Jahr-Feier des Westfälischen Friedens: „das erste Lokal der Innenstadt öffnete seine Pforten, und die Gäste der Friedenswoche [...] konnten sich einen Eindruck von einer typischen münsterischen Kneipe verschaffen“ (Haunfelder 2004: 15).

Die Neuinszenierung eines 'alten Münsters' braucht passende Interieurs. „Ein Zauber an bodenständiger Behaglichkeit umfängt den eintretenden Gast. Es sind keine Bierstuben im üblichen Sinne“, heißt es in der *Deutschen Bauzeitschrift* (1956: 740f.) zu „Leve“. Verwiesen wird auf Eichenvertäfelungen, geschnitzte und verzierte Deckenbalken, bogige Wanddurchbrüche mit Gusseisengittern, Nischen, Lampen „einmaliger Art aus Schmiedeeisen, Kupfer und Messing“ und „alte Schaustücke“. Die sieben Gasträume des „Leve“ „gleichen“ nach Werland (1971: 49f.) „einem volkskundlichen Museum mit einer Fülle von altem Kulturgut, das Heinrich Benteler und Jop Horstmöller in sorgfältiger Auswahl zusammengetragen haben“, kurz: sie bieten ein Sammelsurium an Antiquitäten (auch regional) unterschiedlicher Herkunft. Dazu zählen die für solche Innenräume in Deutschland obligatorischen Objekte, Jagdtrophäen und Hausrat: kupferne „Bettjuffern“ (Bett-Heizbecken), Teller, Becher und Kannen aus Zinn, Bierkrüge (vgl. ebd.: 51).

Einiges hat lokalen Bezug. So etwa die Altbierkrüge. Und es gibt eingebaute Trümmerteile aus anderen Gebäuden. Etwa „vier Doppelsäulen“ aus den Trümmern des Münsteraner Doms. Dem romanischen Fragment stehen andere aus der Neo-Renaissance gegenüber: Etwa ein Relief aus dem 1903-1905 gebauten Stadthaus (vgl. ebd.: 64ff.). Einiges hat keinen lokalen Bezug. So die barocke Statue des „heiligen Florian“ aus München oder der „grüngekachelte original-bayerische Ofen“ (ebd.: 54f.). Zudem bedecken gut „2000 alte Kacheln“ aus „verschiedenen Jahrhunderten“ in „Delfter Blau oder [...] Braun“ die Wände. Werland erklärt Horstmöller zu „Münsters 'Kachelkönig'“, habe dieser doch damals über 10.000 alte Kacheln aus den Niederlanden und Ostfriesland in seinen drei Gaststätten (ebd.: 107).[46]

Im Vorgängerbau des „Leve“ gibt es ebenfalls solche Kacheln – wenn auch offenbar deutlich weniger. Ein Foto des Gastraums (um 1900) zeigt sie als Kamin-Verkleidung. Ein eiserner Säulenofen steht am anderen Ende des Raumes. Auch hier

46 Neben dem „Leve“ waren das die (inzwischen verschwundenen) „Fürstenhof“- und die „Conti-Bierstuben“, die sich allerdings in Bauten der Nachkriegsmoderne befanden, im Betonskelett-Bürogebäude der „Nürnberger Lebensversicherung“ (1956-59) an der Ludgerikirche bzw. im 10stöckigen Hotel Continental (1958-61) am Hauptbahnhof (jeweils errichtet anstelle von kriegszerstörten wilhelminisch-pompösen Luxushotels); ebd.: 92ff.

dienen Zinnteller, Kannen und Krüge auf dem Kaminsims, auf Wandborden oder in einem Buffetschrank als Schmuck. Auch gibt es eine Wandvertäfelung. Raum, Mobiliar und Zierat erscheinen allerdings weitaus einfacher und zurückhaltender als in Bentelers Neubau (vgl. ebd.: 23). Dieser Neubau wird zusätzlich ausgestattet mit eigens angefertigten Stücken. Ein steinernes Relief des „Friedensreiters“ etwa stammt von Aloys Röhr. (vgl. ebd.: 57).

Die Szenarien ähneln sich. Auch bei „Pinkus Müller“ gibt es eichene Deckenbalken und Wandvertäfelungen, rustikale Deckenleuchter, Bierkrüge und Ziergeschirr auf Wandborden, Bettjuffern und Dröppelminnas, Kamin und Ofen sind mit Delfter Kacheln verkleidet; all das schon im ersten Drittel des 20. Jahrhunderts, wie ein zeitgenössisches Gemälde zeigt (ders. 1970b: 8). Eigens für das Lokal angefertigte Stücke sind die „Kartenbilder“ (Ende der 1920er Jahre) in der Decke der Altbierküche, Porträts der Müllers und damaliger Lokalprominenter (vgl. ebd.: 12ff.). Als weitere ‘Besonderheiten’ dienen etwa mit westfälischen Sprüchen verzierte Kopfstücke von Bauernbetten, die im Schankraum als Rückenstütze an die Wand montiert sind (vgl. ebd.: 18ff.). Drei weitere Räume entstanden nach Umbauten von 1899 und 1969, „ganz im Stil der altdeutschen – besser: der altmünsterischen – Gaststätte gehalten“: mit Sandstein und Backsteinbögen und eingebauten Teilen aus kriegszerstörten alten Gebäuden (vgl. ebd.: 86ff.).

Das Interieur bei „Stuhlmacher“ signalisiert gehobene bürgerliche Distinktion zumindest seit Ende der 1920er Jahre. Auch hier gibt es Jagdtrophäen, Bierkrüge, Zinn- und Kupfergeschirr, Kacheln. Aber alles deutlich zurückhaltender platziert. Die Eichentäfelung ist ‘vornehm’. Bei Aus- und Umbauten des Lokals 1927-35 werden die wichtigsten Ausstattungsstücke von „namhafte[n] münsterische[n] Künstler[n]“ gefertigt. Gemälde, die das ‘alte Münster’ inszenieren, allen voran Fritz Grotemeyers „Dämmerschoppen bei Stuhlmacher“, einige große Motiv-Deckenleuchter aus Messing, Kleinskulpturen der drei „Wiedertäufer“-Anführer von Albert Mazzotti. Vergleicht man die Fotos der 1930er und der 1950er Jahre, bietet sich nach dem Wiederaufbau ein sehr ähnliches Bild. Die meisten Ausstattungsstücke hängen auch wieder. Die Motiv-Kacheln des Tresens sind Ende der 1940er Jahre gebrannt worden (vgl. Haunfelder 2004: 35ff u. 75ff.).

„Pinkus“ und „Stuhlmacher“ knüpfen vom Interieur her an die ‘Vorkriegszeit’ an, „Leve“, „Kiepenkerl“ und „Wielers“ sind Neukonzeptionen, „Kruse Baimken“ (an dieser Stelle) eine komplette Neuerfindung. Auffällig an den Beschreibungen ist eine hohe Ähnlichkeit, die doch jeweils einmalig sein muss. „Wo findet man andernorts solch heimelige Atmosphäre?“, fragt etwa Werland (1970b: 12) für „Pinkus Müller“. Für „Leve“ wirbt er ähnlich. Ebenso auffällig ist eine weitere wiederkehrende Wahrnehmung/Bezeichnung: „Pinkus Müller“ erscheint als „köstliches Museum“ (ebd.: 12), „Leve“ als „volkskundliche[s] Museum“, die drei Betriebe der Horstmöllers sind allesamt „Kachelmuseen“ (ders. 1971: 107). Auch „Stuhlmacher“ „ist ein musealer

Mikrokosmos, ein Stück Stadtgeschichte und das in bemerkenswerter Vitalität und Unnachahmlichkeit", ein Haus das „Geschichte atmet, dokumentiert in Bildern, Skulpturen und Kunsthandwerk".[47] Diesen 'volksmusealen Mikrokosmen' sind dann auch wesentliche Funktionen innerhalb der Traditions-Inszenierungen zugedacht.

„Wer je in Münster in Westfalen war, aber nicht bei Pinkus Müller, der war nie in Münster". Diese Feststellung eines Reiseschriftstellers von 1962 (zit. n. Werland 1970b: 9) ist mehr als bloß plumpe Werbung (die ist es auch): Die Traditionsgaststätten erscheinen als gültiger Mikrokosmos des 'echten', des 'alten' Münster. Analog heißt es daher bei Haunfelder (2004: 9): „Nur wer bei Stuhlmacher war, war auch in Münster", oder auch „wer als Studiosus nie bei 'Stuhlmacher' Bier trank, war in Münster kein Student". Wer diese Studenten sein sollen, wird im Bildteil deutlich: Mitglieder von „Akademischen Verbindungen", vor allem der „farbentragenden katholischen Verbindungen", die – so Bernd Haunfelder – in Münster wie „in kaum einer anderen großen deutschen Universitätsstadt dominieren" (ebd.: 114; vgl. ebd.: 115 u. 122). Das müsste im Umkehrschluss bedeuten: wer kein (katholischer) Burschenschaftler ist, ist bei „Stuhlmacher" kein „Studiosus" (ebd.: 60).[48]

Der beschworene Mikrokosmos aber hat mehr zum Inhalt, eine spezifisch konstruierte traditionelle Egalität. Bei „Pinkus Müller", betont der schon zitierte Reiseschriftsteller 1962, „verkehren [...] alle Stände, vom Straßenkehrer bis zum Universitätsprofessor, vom städtischen Hilfsarbeiter bis zum Stadtrat" (zit. n. Werland 1970b: 9f.). Auch „Stuhlmacher", unter diesem Namen seit 1890 geführt, bis 1912 von einer „Kneipe für Kutscher und Marktbeschicker" zu einem „Lokal für den bürgerlichen Jedermann", für „Studenten aus fernen preußischen Provinzen" und auswärtige „Militärs und Juristen" geworden (Haunfelder 2004: 10f.), wird ähnlich beschrieben: Die *Frankfurter Allgemeinen Zeitung* vom 4. Juni 1990 behauptet zum 100. Jubiläum des Hauses, hier habe sich seit dem frühen 20. Jahrhundert „eine bürgerliche Utopie erfüllt, die liberale Vision der brüderlichen Gleichheit, der Bürgergesellschaft rangloser Ebenbürtigkeit. Professor und Student, Handwerker, Geselle und Kaufmann, Bettelmann und Honoratior – vor dem Tresen sind alle gleich." (zit. n. ebd.: 99)

Das müsste sich auf Haunfelders Abbildungen eigentlich niederschlagen. Aber schon Grotemeyers 1935 gemalter „Dämmerschoppen", der das Selbstverständnis des Hauses zeigen soll, hat nur gut situierte Bürger meist gesetzteren Alters zu bieten. Handwerker, Gesellen oder gar Bettelmänner sind nicht einmal allegorisch

47 So beschreibt es der Ex-Ratsherr Wolfgang Weikert (CDU) in seinem Vorwort (Haunfelder 2004: 6).

48 Ein 1949 „noch vorherrschender strenger Comment reduzierte die Anzahl jener Gaststätten, die als 'couleurfähig' galten, auf sehr wenige. 'Stuhlmacher' war indes die erste Adresse. Das hat sich bis in die Gegenwart nicht geändert", schreibt Haunfelder (2004: 60f.).

anwesend (vgl. ebd.: 38). Auch die zwischen 1949 und 2004 gemachten Fotos zeigen nur gut situierte Bürger, Burschenschafter, lokale Honoratioren, bundespolitische Prominenz von CDU und FDP (vgl. ebd.: 51f, 60ff., 110ff.) und „Persönlichkeiten des münsterischen Wirtschaftslebens", zu denen auch „Stuhlmacher"-Chef Franz Feldhaus als Mitglied des Vereins der Kaufmannschaft zähle (ebd.: 60).

Alle Stände. Die Formulierung weist die Richtung. Denn die hier beschworene Egalität aus Tradition wird begründet in der Gesellschaft des 19. und frühen 20. Jahrhunderts. Die Altstadt ist eine 'Entdeckung' des 19. Jahrhunderts. Ihre Wahrnehmung ist eine Reaktion auf gesellschaftliche Umbrüche, Urbanisierung und Industrialisierung. Und so ist auch die Ur-Zeit der immer wieder so auffällig gleichförmig beschriebenen und ausgestatteten „urwüchsig westfälischen [...] Gaststätten" (Vollmer 1963: 21), das 19. Jahrhundert. Das zeigen die wesentlichen innenarchitektonischen Elemente dieser Bauten und die mit ihnen verbundenen Empfindungen. Das heißt dann auch, die Neuerfindung einer 'urwestfälischen Gemütlichkeit' nach 1945 basiert auf weiteren zurückliegenden Neuerfindungen von Traditionen.

Niederländische Fayencefliesen werden hauptsächlich seit dem 19. Jahrhundert in ganz Nordwestdeutschland (in Ostfriesland aber schon seit Mitte des 17. Jahrhunderts) – mit dem Raum Osnabrück/Münster als süd-östlichem Rand des Verbreitungsgebietes – in Bürger- und Bauernhäuser eingebaut, in Feudalbauten oft schon eher. Die Fliesen dienen meist nur zur Verkleidung von Herden und Kaminen (vgl. Marggraf 1984: 73f.).

In den Münsteraner Traditionslokalen sind vor allem die Tresen gekachelt. Der Tresen, schreibt Wolfgang Schivelbusch, vermittelt „die authentischste Trinksituation in der Kneipe", weil hier die Getränke gezapft werden. Der Tresen aber entsteht als „Bar" erst Anfangs des 19. Jahrhunderts in den „Gin Palaces" englischer Großstädte. Auf dem europäischen Festland, so auch in Deutschland, folgt der Tresen später. Er ist deutlich kürzer als in England und er erhält eine etwas andere Funktion. Er ist normalerweise Stammgästen vorbehalten. Der Tresen ist also ein „echtes Kind der Industriellen Revolution", die „innenarchitektonische Entsprechung" zum Schnaps, der, anders als Bier und Wein, gekippt werde und ein Vielfaches an Alkohol beinhalte. Dieser „Vorgang der Beschleunigung" (des Trinkens, des Rausches) und der Profitmaximierung sei „innerlich verbunden mit anderen Beschleunigungsvorgängen der Moderne" (1983: 206ff.).[49] Erfunden wird Schnaps als Disziplinierungsmittel beim Militär, das täglich rationiert ein „Maß an Betäubung" liefern soll, das „den Soldaten zum integrierten Glied des mechanischen Truppenkörpers" mache; eine

49 Etwas irritierend ist, dass Schivelbusch, der allerdings im Text keine Quellenbelege angibt, Friedrich Rauers „Kulturgeschichte der Gaststätte" kommentarlos in seiner Bibliographie angibt. Rauers Werk von 1941 wartet mit einigen Ergebenheitsadressen ans NS-Regime auf.

„Vorarbeit zur späteren Industriedisziplin". Wobei aber die Industrialisierung des 19. Jahrhunderts „für die Arbeiter eine solche Steigerung des sozialen Elends" bringe, dass der Eskapismus durch „Suff" sich enorm steigert (ebd.: 161ff.). Zudem wird Schnaps nun „relativ noch billiger als 1700". Er kostete nun zwar „absolut das drei- bis fünffache des Bieres", hatte „aber relativ zum Preis [...] einen weitaus höheren [Rausch-]Wirkungsgrad" (Mania 1997: 51f.).

Die Zerstörung der hergebrachten bier- und weinbasierten Trinkkultur – bis dahin ist Bier ein Hauptnahrungsmittel – wird auch angetrieben durch Kolonialismus und zunehmenden Welthandel; konkret durch die Einführung von Kaffee, Tee, Kakao, ebenso von Kartoffeln im 17./18. Jahrhundert. Kaffee und Tee werden seitdem zum bürgerlichen Getränk der Ernüchterung und der Vernunft erklärt und zum Distinktionsmittel, während der Schnaps mit steigender Tendenz das Getränk der Unterschichten wird. Nach Thomas Mania (ebd.) gehen Konsum und Produktion von Bier (ebenso Wein) daher in der nördlichen Hälfte (anders als in der südlichen) des deutschsprachigen Raums seitdem deutlich zurück.

Der Tresen ist nichts weiter als ein Ladentisch und markiert seit ca. 1800 die endgültige Kommerzialisierung der Gasthäuser. Diese schafft zugleich neue Bedürfnisse (etwa für Stammgäste). Bis dahin sind europaweit Gaststuben von Privathaushalten kaum unterscheidbar. Die Wirtsleute stellen Fremden gegen Geld ihre Überschüsse an Getränken, Speisen, Zimmern zur Verfügung. Die Gaststube ist dabei die „Küche des Hauses, der Kamin dient der Zubereitung der Speisen und als Mittelpunkt". Nur große Gasthöfe haben separate Aufenthaltsräume – „für vornehme Reisende". Erst mit zunehmender Kommerzialisierung auch der normalen Gaststätten wird die Küche ein vom Aufenthaltsraum abgetrennter Bereich. „Die einzige Spur", die diese Küche „in der Gaststube hinterläßt, ist der offene Kamin sowie das – nun zu Dekorationszwecken reduzierte – Geschirr an den Wänden" (Schivelbusch 1983: 205ff.). Geschirr dürfte also in den ursprünglichen Küchen-Gaststuben eher reichlich an den Wänden vorhanden sein, da es ständig benutzt wird. Später kann ein kleinerer Teil in den nun abgetrennten Gasträumen zur Dekoration dienen, der größere Teil wird weiter benutzt. Auf die Entstehung der Volkskunde als wichtige Voraussetzung und Motor dieser Art Verwendung ehemaliger Gebrauchsgegenstände kann hier nur verwiesen werden (vgl. Weber-Kellermann u.a. 2003 und de Jong 2007).

Gegenüber den Kontextveränderungen im 'richtigen' Museum, die immer auch eine Enträumlichung bedeuten (vgl. de Jong 2007: 29ff.), erhält die Ausstellung von Geschirr und anderen Objekten in Traditionsgaststätten eine vermeintlich größere Authentizität zugesprochen, werden die Objekte doch in ihren 'angestammten' Räumen wahrgenommen. Gerade die Ausstellung in einem 'Urtümlichkeit' behauptenden Interieur, das real erst eine Entwicklung seit den 1920er Jahren ist (s.u.), erzeugt eine besonders starke „Illusion der Wirklichkeit" (ebd.: 105). Präsentiert wird, ähnlich wie in Heimatmuseen, „eine Art volkskundliche Konstante, die nicht mit der tatsächlichen historischen Situation übereinstimmt" (ebd.: 27). Da es sich aber um Räume mit aktuellem Gebrauchswert (zu dem auch die 'Gemütlichkeit' zählt) handelt, wird die 'Besichtigung' nicht (oder überwiegend nicht) zum eigentlichen Akt, sondern ist eingebettet in die primären Zwecke des Besuchs: Trinken und Essen. Gerade, weil es sich um Alltagserfahrungen handelt, ist die Wirkung größer als in real musealen Umgebungen, schon, weil die angebliche 'longue durée' der Tradition selbst erlebt werden kann.

Bei der Erzeugung dieser Illusion einer historisch kontinuierlichen Realität, bei der Funktion solcher Einrichtungen als nationale, regionale oder lokale Symbole, wirken „Dirigenten der Erinnerung", wie de Jong sie nennt, also jene, die das als „Volkskultur" Erhaltenswerte und seine 'angemessene' Präsentation und Interpretation definieren (vgl. ebd.: 27). Zugleich allerdings beeinflussen die BesucherInnen solcher Orte deren Aussehen – selbst beeinflusst etwa durch Genremalerei, die ihrerseits seit dem späten 19. Jahrhundert nicht zuletzt von den Erwartungen des Tourismus stark beeinflusst wird (vgl. ebd.: 186).

Die „urtümliche" Traditionsgaststätte ist umfassend das Produkt von Modernisierungsprozessen. Auch – trotz geringer Industrialisierung – im regionalen Handelszentrum Münster. Hier gibt es auch schon um 1900 „eine recht breite wohlhabende und anspruchsvolle Bevölkerungsschicht" mit einem gehobenen Lebensstandard und gesteigertem „Bedarf an exklusiven Konsumgütern" (Balster/Gussek-Revermann 1997: 82ff.). Nach einer Umfrage der Stadt Essen von 1885 liegt Münster „unter 130 befragten Städten an der dritten Position", was die Zahl an unterschiedlichsten Gastronomie- und Hotelbetrieben angeht (ebd.: 268). Zugleich beginnen industrielle Umbrüche in der Bierproduktion. Es entstehen mit „Westfalia" und „Germania" zwei Großbrauereien, während die Zahl der herkömmlichen kleinen Altbier-Hausbrauereien seit 1870 von zuvor ca. 150 auf rund 50 sinkt (vgl. ebd.: 132ff.). Zu den verbliebenen gehört die „Altbierbrauerei Appels" (Neubrückenstraße). Zwar treffen sich in diesen Gasthäusern morgens Handwerksmeister zum Bier, abends aber eher höhere Bürgerschichten, vor allem Theaterpublikum (vgl. ebd.: 270ff.).

Bei den Gaststätten ergibt sich insgesamt ein ausdifferenziertes Bild. Begünstigt durch die neuen Großbrauereien entstehen große, relativ luxuriöse und als großstädtisch empfundene „Bierpaläste" wie der „Centralhof" (Rothenburg) oder der „Kaiserhof" am Bahnhof. Ebenso „neuzeitliche Gaststätte[n], wie der 300 Quadratmeter große Dachgarten des „Stadthotels Freudinger" (Ludgeristraße). Es gibt ein knappes Dutzend Weinlokale – auch hier hat es offenbar einen deutlichen Rückgang gegeben –, so etwa das „imposante" Weinrestaurant „Schmedding" im Landsberger Hof am Alten Steinweg. Es gibt Restaurationen im Stil der wilhelminischen Moderne: pompöse wie das „Dortmunder Kind'l" (1906-1919 Alter Fischmarkt) oder schlichtere wie das „Restaurant Stienen" in der Syndikatsgasse (vgl. ebd.: 273ff. u. 282ff.), eine Reihe von luxuriösen Cafés wie „Schucan" (Prinzipalmarkt) oder die „Hofkonditorei

Albin Middendorf" in der Bogenstraße (vgl. ebd.: 286f.).[50] Bei den schon um 1900 in Münster beliebten Ausflugs-Kaffeewirtschaften „bevorzugten unterschiedliche Berufs- und Standesgruppen" jeweils „bestimmte Lokale" (ebd.: 288ff.).

Und es gibt noch Häuser wie „Im Krug zu Überwasser" in der Jüdefelderstraße, Brauerei, Bäckerei und Herberge seit rund 1625. Der „Krug" ähnelt noch 1924 einem Zustand, wie ihn Schivelbusch fürs späte 18. Jahrhundert beschreibt. In einer durch zwei Stockwerke gehenden Küche mit zentralem Herd hängen Schinken von der Decke, Geweihe von den Wänden. Geschirr und Bierkrüge sind dort aufgereiht, aber offenbar noch zur Benutzung. Zwar gibt es schon einen Tresen, aber nur zum Verkauf der Backwaren (vgl. Müller 1924: 16f.; Balster/Gussek-Revermann 1997: 276ff.). Zeitgenössische Schenkwirtschaften präsentieren sich schlicht und mit kurzem holzvertäfeltem Tresen und kommen offenbar ohne Inszenierungen lokaler Tradition aus (vgl. Balster/Gussek-Revermann 1997: 279). Das, was als 'urmunstersche' Traditionsgaststätte gilt, ist anscheinend so selbst um 1900 noch nicht vorhanden. Das deutet auch Haunfelder (2004: 11) an, wenn er erst für die späten 1920er Jahre von einem „Stil der klassisch werdenden münsterischen Gaststättenarchitektur" spricht.

Wie die (innen-)architektonisch erzeugten Ambientes, so sind auch die hiermit in Verbindung gebrachten Empfindungen von 'Gemütlichkeit' Produkte von Modernisierungsprozessen. Brigitta Schmidt-Lauber (2003: 94ff.) behandelt in ihrer „kulturwissenschaftlichen Annäherung" an die 'Gemütlichkeit' Kneipen vor allem als Gegenwartsthema. Bei der Betrachtung der historischen Genese dieser bürgerlichen Empfindung konzentriert sie sich aufs Privat-Familiäre, auf „Rituale der Häuslichkeit" (vgl. ebd.: 161ff.). Räume der Gastronomie thematisiert sie nur am Rande. Für die Beschäftigung mit der 'Gemütlichkeit' von Traditionsgaststätten insgesamt aufschlussreich ist aber der Hinweis auf die „Gartenlaube", von 1853 bis 1943 das Zentral-Medium der „Leitbilder eines bürgerlichen Lebensstils" (ebd.: 149). Hierin wird Mitte des 19. Jahrhunderts 'Gemütlichkeit' besonders im Kontext von „Räumen und Raumgestaltungen" verhandelt. Und neben einzelnen privaten Zimmern werden ebenso Gaststätten als beispielhaft vorgestellt (vgl. ebd.: 149, Fn. 74).

Belegt, so Schmidt-Lauber, sei das Phänomen eines „Drang[es] nach Gemütlichkeit" erst seit dem ausgehenden 18., verbreitet besonders seit dem 19. Jahrhundert.[51] Verknüpft ist es aufs Engste mit „der Entwicklung der bürgerlichen Gesellschaft in

---

50 Einrichtungen, die grundsätzlich seit ihrer Einführung in Europa um 1700 als Kaffeehäuser das bürgerliche „Gegenbild zur Schenke" darstellen, „Nüchternheit und Mäßigung" sowie „gesittete Umgangsformen" fordern. Im 17./18. Jahrhundert handelt es sich um Räume für (Geschäfts-) Männer. Die „modernen Konditorei-Café[s] mit ihren „kuchenessende[n] ältere[n] Damen" stellen eine Entwicklung erst des 19. Jahrhunderts dar (Schivelbusch 1983: 61f.).

51 'Gemütlich' entstammt zu Beginn des 18. Jahrhunderts dem pietistischen Kontext (ebd.: 142f.).

ihrer spezifischen Ausprägung in Deutschland" (ebd.: 144f.). Das „Gemüt" in seiner „Verdichtung und Aufladung" zum „'Sitz' der Empfindungen und Gefühle, der durch äußere Einflüsse angeregt werden kann und die Wahrnehmung lenkt", wird „zum zentralen Begriff des Biedermeiers" insbesondere „mit der Betonung der 'Wärme seelischer Empfindungen'". Das Adjektiv und seine Substantivierung werden seitdem konstitutiv für die (bürgerliche) Alltagskultur in Deutschland, verstanden auch als emotionaler Zustand der Behaglichkeit (ebd.: 140ff.).

Im 19. Jahrhundert wird 'Gemütlichkeit' zum „identitätsbildende[n] Distinktionsmedium des Bürgertums" (ebd.: 145) und seines Lebensstils, zum „soziale[n] Definitionsmuster gegen oben *und* unten", repräsentiert Status und Individualität gepaart mit „Innerlichkeit und Wahrhaftigkeit". Den „unteren Schichten" gegenüber demonstriert sie ein Verfügen über genügend Zeit und Geld „jenseits von Arbeitszwängen", dem Adel gegenüber demonstriert sie Selbstbehauptung, 'Natürlichkeit' und 'Ungezwungenheit' statt adeliger Zwänge zur Etikette (ebd.: 156). Die Empfindung ist also gebunden an den bürgerlichen Klassenkörper. Pierre Bourdieu (1994: 310f.) spricht vom „Raum jeweils klassenspezifischer Körper", der „tendenziell die Struktur des sozialen Raumes reproduziert". Der Klassenkörper ist Resultat historischer Prozesse. Gunter Gebauer (1982: 314ff.) hat den Wandel des Körpers vom ständischen *Besitzer* zum modernen *Repräsentanten* von Eigenschaften nachgezeichnet. Bis in die frühe Neuzeit hinein ist der Körper Zeichen sozialer Ungleichheit. Er besitzt spezifische, unabänderliche, patrilinear vererbte 'Naturen': die von Bauern, Adeligen oder 'ansteckenden Unehrlichen'. Im früh-kapitalistischen Produktionsprozess zunehmend obsolet, wird die Ungleichheit der Körper seit dem 18. Jahrhundert unhaltbar; sie steht dem sozialen Aufstieg der Bourgeoisie im Weg. Der Körper wird zum physisch demokratisierten „Ausdrucksmedium". Damit zugleich aber wird er zum „Klassen-Körper", Distinktionsmittel, das „Geschmacksdistanzen" zwischen den Klassen errichtet.[52]

Die Steigerung der 'Gemütlichkeit' zur 'Urgemütlichkeit' befindet sich um 1850 offenbar noch in ihrer Jugendphase. So bezeichnen Jacob und Wilhelm Grimm in „Deutschen Wörterbuch" „urgemütlich" als „ein beliebtes kraftwort besonders jugendlicher kreise" (zit. n. Schmidt-Lauber 2003: 143). Die Vorsilbe „ur" selbst findet im deutschsprachigen Raum seit dem Ende des 18. Jahrhunderts, eng verwoben mit dem 'Genie'-Diskurs, eine enorme Verbreitung, befördert durch die Philosophie und durch die Studentensprache (vgl. Best 1998: 41f.). Die Vorsilbe „Ur-" sei Trägerin mystisch-magischer Konnotationen, die den Zeitbezug überhöhen", schreibt Otto F. Best dazu (ebd.: 41). Sie diene „der Steigerung, Verstärkung, 'Vertiefung'", bedeu-

52 Ergänzend sei festgestellt: Die physische Demokratisierung unterliegt allerdings der Geschlechtertrennung: Als neue 'natürliche Differenz' wird nun der Körper des 'Gattungssubjekts' Frau wissenschaftlich zum Eigenschaftsbesitzer erklärt.

te „'original', 'unverfälscht', 'rein'". „Uralt", „urdeutsch", „ureigen", „urkräftig", der „Urbegriff", die „Urform", der „Urgeist" werden Bestandteile des philosophischen Diskurses. Die Vorsilbe „Ur-" verweist vor allem aber darauf, dass sich der bürgerliche Selbstentwurf in einer idealisierten, 'vollkommenen' Vergangenheit verortet.

Johann Gottlieb Fichte ernennt in seinen „Reden an die deutsche Nation" (1807/08) Deutsch zur „Ursprache", die Deutschen zum „Urvolk". Da sie von den Germanen abstammten und so eine 'Reinheit' der Sprache besäßen, seien sie prädestiniert für die „'Bildung' eines neuen Menschengeschlechts". Deutsch sei – wie höchstens noch Griechisch – eine „lebendige [...] unmittelbare Naturkraft". Die Sprachen anderer Völker hingegen, die sich dem Einfluss fremder Sprachen unterwürfen, seien trotz aller oberflächlichen Bewegung „abgeschnitten von der lebendigen Wurzel" und damit tot (zit. n. Best 1998: 44f.). Derartige national(istisch)-romantische Konstruktionen finden sich rund 100 Jahre später im Heimatschutz-Diskurs wieder. Nicht zuletzt verbunden mit Postulaten von 'Gemütlichkeit'.

Die Gemütlichkeit wird in Deutschland von Anfang an zum nationalen Phänomen, das 'Gemüt' zum 'deutschen Nationalcharakter' erklärt und vor allem gegen den „Erbfeind" Frankreich gewendet. Konstruiert wird ein Antagonismus entlang der Zuschreibungen „deutsche[] Seele" versus „französische Vernunft" „Gemüths-Tiefe" und Innerlichkeit versus „Esprit" und 'Oberflächlichkeit'. „Gemütlichkeit zählt damit zu den im 19. Jahrhundert so vielfältig geschaffenen Bausteinen zur Konstruktion nationaler Identität" und fügt sich ein „in die nationale Deutungsfolie" um „Integration" und „Zusammenhalt" (Schmidt-Lauber 2003: 143f. u. 151). Zugleich werden regionale Identitäten häufig an jeweilige 'Gemütlichkeiten' gebunden konstruiert. Schmidt-Lauber verdeutlicht das am Münchener Oktoberfest, eingeführt 1810 als „folkloristische Inszenierung" einer spezifisch „bayerischen Sonderidentität", um im neuen Königreich Bayern mit seinen Gebietserweiterungen ein neues „Zusammengehörigkeitsgefühl der altbayerischen, schwäbischen, fränkischen und Tiroler Gebietsteile zu kreieren." (ebd.: 180) Zwar wird schon damals ansatzweise 'Gemütlichkeit' auf eine „süddeutsche[] Charaktereigenschaft" zugespitzt – gegen die „fleißigen Preußen" (ebd.). Das bedeutet aber offenbar nicht, dass deutlich weiter nördlich keine derartigen Charakterisierungen existieren. Die Konstruktionen westfälischer Identität entstehen vergleichbar und zugleich abweichend. Die Provinz Westfalen (mit Münster als Hauptstadt) entsteht erst 1815, als Teil Preußens. Einerseits werden damit die – jeweils einzeln regierten – 'westfälischen Territorien' erstmals zu einem Gebilde zusammengefasst, andererseits findet sich nun eine überwiegend katholische Bevölkerung in einem protestantischen Staat wieder.

Die Gemütlichkeit der Heimat hat im Heimatschutz des frühen 20. Jahrhunderts die Rolle, gesellschaftliche Umbrüche zu negieren, die Gemütlichkeitsinszenierung nach 1945 knüpft daran an, nun auch, um Nationalsozialismus und Krieg zu derealisieren. Haunfelder (2004: 11) etwa schreibt, Grotemeyers Gemälde „Dämmerschoppen bei Stuhlmacher" von 1935 „vermittelt vieles von der Aura zeitverlorener Behaglichkeit, wie man sie sich eigentlich oft herbeisehnt". Ausgerechnet kurz nach 1945 scheint es damit geklappt zu haben: „Die unnachahmliche Ruhe und Gelassenheit der scheinbar zeitverlorenen Nachkriegszeit. Männer beim Bier unter den Wiedertäuferkäfigen im oberen Teil des Lokals, 1950" (ebd.: 51), heißt es zu einem Foto, das schon im Sonderheft „Gaststättenkultur" des *Schönen Münster* (1951: 9) als beispielhaft für eine „volkstümliche Gaststätte" verbreitet wurde. Geschildert wird hier wie da die Behaglichkeit der Restauration, in der historische Prozesse verschwinden in einer vorgeblichen Fortführung der 'guten alten Zeit'. So versucht sich etwa auch *Die Zeit* vom 25. Oktober 1956 am Beispiel Münsters an einer Art Ehrenrettung der Restauration:

> „Hier ist noch Geschlossenheit des Weltbildes, Eingeordnetsein in einen Kodex von alltäglichen Sitten und Gebräuchen, in denen nur der Oberflächliche etwas 'Provinzielles' sehen kann, die aber in Wirklichkeit Chiffren für etwas Tieferes sind, für das Eingebettetsein in einen noch nicht versiegten Strom, der von weit kommt",

was sich vor allem zeige in den Mußestunden „im Café oder in der Kneipe" (zit. n. Stadt Münster 1980: 206).

Die Behauptungen, bei „Pinkus Müller" oder „Stuhlmacher" – Gaststätten, die grundsätzlich einen exklusiv bürgerlichen Charakter besitzen – seien „alle Stände" gleich, dürfte sich also auf die Inszenierung/Wahrnehmung von 'Gemütlichkeit' als bürgerliche Zurückweisung ständischer Rituale im 19. Jahrhundert beziehen und ist damit doppelt rückwärts gewandt. Nicht einfach, weil Ständisches im 20./21. Jahrhundert keine Rolle mehr spielt, sondern weil hier zugleich ein Konstrukt, das dem Klima der Restauration in der frühen BRD entstammt (und dieses zugleich befördert), bis heute konserviert wird.

Die hiermit verbundene Gemütlichkeit widerspricht letztlich individuellen Entfaltungen. Das Individuelle wird quasi 'ausgelagert' dargestellt durch exzentrische Figuren, 'Originale'. Aus dem 19. Jahrhundert sind das vor allem der „unwiese Profässer" Hermann Landois, Gründer des Zoos und der „Tolle Bomberg", der „Schelmenbaron" Gisbert von Romberg (vgl. Werland 1970b: 18 u. 92). Derartige Figuren sorgen aber auch nach 1945 für 'Kontinuität', eine Überbrückung der jüngsten Vergangenheit in die 'gute alte Zeit' hinein: so nicht zuletzt Carl „Pinkus" Müller (1899-1979) selbst. Er ist nicht nur Mitglied des Vereins der Kaufmannschaft seit den frühen 1930er Jahren, sondern tritt (als ausgebildeter Tenor) seit den 1930er Jahren als „singende[r] Bierbrauer" auf (vgl. ebd.: 97ff.). Der Spitzname „Pinkus", diese Anekdote ist offenbar wesentlich für Müllers Funktion als 'Original', stammt daher, dass er als 14jähriger bei einer Wette ein Laternenlicht ausgepinkelt haben soll (vgl. ebd.: 93f.).

Die 'westfälische Urgemütlichkeit', ihre Gehäuse und Figuren fügen sich ein in eine Konstruktion von 'Heimat' als umhegte Insel, an der historische Zusammenhänge abprallen. Schon, weil diese 'Heimat' 'natürlichen' Ursprungs sein soll.

„Münster ist wahrhaft eine Heimatstadt. Münster ist Stadt in der Ebene. [...] Die Ebene weitet sich von je, als sei sie ohne Grenze. Das Grenzenlose erträgt der Mensch nicht. Darum zieht er sich zurück in sein Gehäus, in das Umhegte, ins Heim, das ihn anheimelt, während vor dem Fenster das Unheimliche droht. Die Stadt schließt zusammen [...]. So war Münster seit seinen Anfängen eine Insel im nebligen Gewoge der Ebene, Zuflucht nach Fahrten und Gängen durch wegloses Gelände. Daran hat die Zivilisation nur das Äußerliche geändert. Die Stadt in der Ebene bleibt ihrem Wesen nach das begrenzend Einhegende, das Behagliche, die Heimat also, auch wenn Autostraßen und Hochspannungs-Leitungen die Ebene überqueren." (Krug 1962: 1f.)

Konrad Maria Krug (1892-1964) war seit den 1920er Jahren Gründer von Heimatfestspielen und Freilichtbühnen. Er verfasste 'vaterländische' Theaterstücke über „Albert Leo Schlageters Leben und Tod" (1932), den „Deutschen Heldenkampf" gegen die Herero in „Deutsch-Süd-West-Afrika" oder die „christliche[] Heldenjugend" (1934). Nach 1945 initiiert er den Landesverband der Volkshochschulen (vgl. Lexikon Westfälischer Autorinnen und Autoren 1750 bis 1950). Krugs Vortrag „zur Eröffnung der Münsterischen Heimattage" im September 1961 im Rathausfestsaal erscheint im Folgejahr im *Schönen Münster*. Die „Heimat", das strikt begrenzte 'Innen', so Krug, ist erfüllt „von mütterlichen Urkräften und Innenkräften der Heimat", 'wurzelnd' im „alte[n] Mutterrecht" der „Verhäuslichung" (Krug 1962: 11ff.), ebenso im „Boden und [...] allem Naturkraft-Geistigen, das diesem Boden entsprossen ist" (ebd.: 8). Das 'Böse', „Unheimliche" stammt von 'Draußen', aus dem Nicht-Begrenzten, der umnebelten Wegelosigkeit. Von hier kamen, so Krug, „jene dämonischen Mächte, die das zerstörten", was im Innern so 'heimelig' gefügt war: „Inflation und Deflation, Drittes Reich und zweiter Weltkrieg. Zerstörung in Bombennächten, Zusammenbruch jeder Ordnung, Besatzung und Schwarzer Markt" (ebd.). Länger hält sich Krug mit diesen „Tatsächlichkeiten aus jüngster Vergangenheit" (ebd.) nicht auf.

Der „Höllensturz" der jüngsten Vergangenheit scheint heilbar: durch „eine Neubesinnung auf die Naturkraft Heimat". Gerade „Münster und seine Bewohner können diese Hoffnung begründen, wenn sie offenen Herzens durch ihre wieder erstandene Stadt gehen." (Krug 1962: 8) Denn „eine hohe Gnade" habe „fast alles das bewahrt, was wir meinten als Gabe und Aufgabe der Heimat ansprechen zu müssen." (ebd.: 20)

'Gemütlichkeit' erscheint als das Bedürfnis nach einer spezifischen Kollektivität und Egalität, die auf 'Tradition' beruht, nicht auf sozialer Gleichberechtigung, die aber, nach 1945 besonders wichtig, zusätzlich eine weitere Form der Derealisierung des Faschismus darstellt. Das 'Urwestfälisch-Gemütliche' der wichtigen bürgerlich-konservativen Kneipen in Münster wird dann auch konnotiert mit einer Resistenz gegen den Nationalsozialismus.

„'Stuhlmacher' war den 'neuen Herren' im Land nicht genehm. Allzu freimütig äußerte das alteingesessene Bürgertum hier seine Meinung. 1938 wurde deshalb ein Parteiposten vor dem Lokal postiert, der die Gäste vom Betreten des Lokals abhalten sollte. Davon ließen sich aber nur wenige beeindrucken, obwohl der NS-Kreisleiter vor dem Besuch des Lokals gewarnt hatte." (Haunfelder 2004: 40)

Haunfelder belegt seinen Bericht mit einem Foto. Es zeigt einen SS-Mann vor dem Lokal im Gespräch mit einem vielleicht etwas unsicher in die Kamera blickenden Mann im Straßenanzug (vgl. ebd.). Nur: dieses Foto kann gar nicht von 1938 stammen. Es ist bereits im September 1934 in der Zeitschrift *Das schöne Münster* (141) zu finden. Warum der SS-Mann hier steht, ist unklar. Auch die nebenstehende Bildzeile gibt keinen Aufschluss. „Zwar nicht 'unter den Bogen', aber zwischen ihnen – die Münsteraner und wer sonst noch .... wissen Bescheid" steht da ebenso grammatikalisch schief wie kryptisch (ebd.).[53]

Eine Version, die in der Datierung abweicht, dokumentiert Haunfelder (2004: 99) auch. In dem schon erwähnten *FAZ*-Artikel vom 4. Juni 1990 heißt es: „Stuhlmacher ist wohl die einzige Kneipe in Deutschland, vor der ein SA-Posten" stehend „den Weg zum Tresen versperrte". Die Machthaber hätten sich daran gestört, dass sich Münster hier an den Stammtischen „treu" geblieben sei, „frei und vornehm". Schließlich aber hätten die „Münsteraner" Posten ignoriert und Julius Feldhaus hätte „Stuhlmacher" 1935 weiter ausgebaut. Hier findet die NS-Aktion gegen „Stuhlmacher" also vor 1935 statt, was sich mit der Foto-Datierung decken würde. Nicht gedeckt vom Foto aber ist die Behauptung, es handele sich um einen „SA-Posten". Was das Foto wirklich zeigt, muss im Rahmen dieser Studie offen bleiben.[54]

Die NS-Machthaber hätten, schreibt Haunfelder, gegen die Besitzer von „Stuhlmacher", Anna und Julius Feldhaus, zur Intrige gegriffen; ein übliches Verfahren, um „unbequeme Firmen, Vereine und Privatpersonen aus dem öffentlichen Leben zu entfernen". So sei Julius Feldhaus „ein Finanzverfahren angehängt und sogleich mittels der Lokalpresse veröffentlicht" worden. „Er war somit untragbar geworden. Wenig später verpachtete er seine Gaststätte an einen gewissen Heinz Meyer. Die Ära 'Stuhlmacher' schien zu Ende" (2004: 13).

Aber in der Lokalpresse erscheint Feldhaus keineswegs als „untragbar". So übermittelt der *Münsterische Anzeiger* vom 5. März 1941 in einer kurzen Notiz seine „Glückwünsche" zum 70. Geburtstag. Das ist durchaus kein subtiler Akt der katholisch-konservativen Verweigerung gegenüber dem Regime. Das Blatt (nun als *Westfälische Tageszeitung/Münsterischer Anzeiger*) firmiert nämlich zu der Zeit als

53 Auch ohne dieses Faktum hätte erkannt werden können, dass das Bild älter sein muss: Das Nachbarhaus Nr. 5 trägt hierauf noch den Namenszug „Hertz". Das Kaufhaus Hertz ist aber schon im August 1937 „arisiert" worden. Vgl. Kap. 9.6.

54 Das Foto lässt sich zwar im Stadtarchiv Münster finden, ist aber weder mit einer exakten Datierung, noch mit Hinweisen auf den Fotografen versehen. Dem *Münsterischen Anzeiger* ist für den fraglichen Zeitraum vom Frühjahr 1933 bis September 1934 auch nichts zu entnehmen.

„Amtliches Organ des Gaues Westfalen-Nord der NSDAP und sämtlicher Behörden". Zudem wird berichtet, „der Inhaber des weit über die Grenzen Münsters bekannten Gasthauses" sei in Ansprachen seiner „Berufskameraden" und des „Vorstand[s] des Verkehrsvereins der Stadt Münsters" für seine „großen Verdienste" um „die münsterische Gaststättenkultur" gewürdigt worden. Am 3. April 1941 wird im selben Blatt „Stuhlmacher" anlässlich des 50. Jubiläums in einem längeren Artikel als „Begriff kernig-münsterischer Däftigkeit [sic!] einer wohlgepflegten Gaststätte" und herausragendes in der „einzigartigen, [...] schollenverwachsenen wie traulich-anheimelnden Gaststättenkultur" Münsters bezeichnet. Julius Feldhaus, heißt es weiter, habe „neben der Pflege des alten guten Rufes dieses Hauses seine vornehmste Aufgabe darin" gesehen, „seine Gasträume den Erfordernissen der aufkommenden münsterischen Gaststättenkultur führend anzupassen". Daher habe er sie in den 1910er und 1920er Jahren „vollständig" durch Münsteraner Künstler und Handwerker umgestalten lassen. Dabei sei „überhaupt so gut wie alles, was diese Räume so traulich und angenehm macht", geschaffen worden.

Die Behauptung, „Stuhlmacher" und Julius Feldhaus seien von den lokalen Machthabern durchweg bekämpft worden, ist demnach falsch. Das lässt sich weiter stützen. Fritz Grotemeyer, der Maler des für die Gaststätte emblematischen Bildes „Dämmerschoppen" wurde, zumindest zu seinem 75. Geburtstag, von den Nazis hofiert. Laut *Münsterischer Anzeiger* vom 20. Juni 1939 ehrt ihn die Stadt aus diesem Anlass mit einer großen Ausstellung in der Stadthalle. Die Laudatio hält in Vertretung des NS-Oberbürgermeisters der „alte Kämpfer" Hans Aschhoff. „Als jüdische und undeutsche Maler die Herrschaft in der deutschen Malerei erzwangen", betont er, habe Grotemeyer dieser „Modemalerei zum Trotz aus [seiner] westfälischen Eigenart heraus gemalt". Und weil er „keine entarteten Kunstwerke" geschaffen habe, seien ihm „während der Systemzeit" bedeutende Galerien „versperrt" geblieben. Inwieweit es sich hier um eine gegenseitige Wertschätzung oder doch um eine einseitige Vereinnahmung handelt, lässt sich einem solchen Artikel nicht sicher entnehmen. Immerhin aber heißt es hier, Grotemeyer habe kurz zuvor der Stadt rund 150 seiner Werke vermacht. Und er habe für die Ausstellung ein „große[s] Bild vom Führer" gemalt (ebd.). Zwei Jahre zuvor malt Grotemeyer den Prinzipalmarkt als zeitgenössische Winteridylle mit schneebedeckten Dächern, Pferdefuhrwerken, spielenden Hunden, lachenden jungen Frauen und Kindern und einem uniformierten NS-Repräsentanten (vgl. Stadtmuseum Münster 1983: 98, Abb. 27). 1946 dann schildert der Maler den feierlichen Einzug des soeben zum Kardinal ernannten Bischofs Galen im Vierspänner mit Schimmeln (vgl. ebd.: 209, Abb. 211), nun im allgemeinen Duktus des vorgeblichen katholischen Dagegen-Gewesen-Seins.

Auch das „Alte Gasthaus Leve" steht in Erinnerungskonstruktionen – zumindest mittelbar – für das Eingehegte einer Heimat, in die ein fremdes und undefinierbares Böses wenn überhaupt, dann nur von außen eingedrungen sein kann, aber bald schon wieder verschwunden ist. Walter Werland (1971: 42) referiert in seiner „Leve"-Geschichte eine Anekdote, die so bereits Ostern 1970 in den *WN* erschien, und die gleich zu einer kollektiven Entlastungsdarstellung wird. Josef Horstmöller erlebt das Kriegsende mit seiner Familie in Nienborg bei Ahaus. 1945 wird er, der nach einem USA-Aufenthalt in den 1920er Jahren Englisch spricht, den britischen Truppen, als „Parlamentär" entgegengeschickt. Bei dieser Begegnung rede sich ein britischer Offizier

> „ein Problem von der Seele, das offensichtlich viele Engländer in diesen Tagen bewegt: 'Wissen Sie, ich habe inzwischen alles Mögliche gesehen – Trümmer, zerstörte Städte und Elend. Nur eines ist mir noch nicht begegnet – ich habe noch keinen Nazi gesehen. Tun Sie mir einen Gefallen und zeigen Sie mir einen, damit ich endlich einmal weiß, wie so ein Kerl aussieht...'" (ebd.: 47).

Kein Nazi in Westfalen. Nur deutsche Opfer. Und wo es eigentlich keine Nazis gibt, gibt's auch keine Verantwortung für den Krieg. Das liegt nach Haunfelder (2004: 10) „auch grundsätzlich" an „Münsters gemütliche[r] Bierseligkeit, die es eben in dieser Ausprägung andernorts nicht gibt". Denn: „Völker, die 'trinken und essen', führen keine Kriege, weiß der Volksmund. Ersteres trifft in jedem Fall auf Münster zu". Sie führen keine Kriege, werden aber Opfer; dokumentiert wird das mit dem 1944 durch Bomben zerstörten schmiedeeisernen „Stuhlmacher"-Ausleger, einem Emblem gemütlicher Bierseligkeit (vgl. ebd.: 9f.). Ähnliches findet sich bei Werland (1971: 43). In den Luftangriffen sei „der Stadt ein unersetzbarer Verlust" an Kirchen, Adelshöfen, Patrizierhäusern „bereitet worden", seien ebenso die Kneipen weitgehend zerstört worden. „Demgegenüber erlitten die ausgesprochenen militärischen Anlagen [...] nur geringe Beschädigungen".

Die Erzählung einer speziellen „gemütlichen Bierseligkeit", die gegen Nationalsozialismus und Kriegslüsternheit immunisiere, und deren Horte die Traditionsgasthäuser seien, gibt sich ihrerseits immun gegen Widersprüche. Carl „Pinkus" Müller wird mit der „Gleichschaltung" des Münsteraner „Wirtevereins" Mitglied in dessen Vorstand, man singt unter einer Hitler-Büste das Horst-Wessel-Lied (*Münsterischer Anzeiger* vom 11. Mai 1933). 1935 wird er Vize-Vorsitzender der Klein- und Mittelbrauer Deutschlands sowie ab 1941 „Obermeister der mittelständischen Brauereien" (Werland 1970b: 109f.). Und er singt selbstverständlich vor Angehörigen von NS-Vereinigungen. Auf Einladung der Stadt Münster verbringen etwa die „Bezirksapothekerführer" zusammen mit dem „Reichsapothekerführer" und SA-Gruppenführer Schmierer einen geselligen Abend bei „Pinkus Müller", den der gleichnamige Wirt „durch zwei plattdeutsche und zwei hochdeutsche Lieder [...] verschönt" (*MZ* vom 20. Februar 1941). Josef Horstmöller verschafft dem „Alten Gasthaus Leve" seit 1936 überregionales Ansehen (vgl. Werland 1971: 34), drei Jahre nach der Gleichschaltung. Die Gaststätten und ihre Wirte erscheinen so real als Bestandteile alltäglicher NS-Normalität, wohl nicht mehr, aber auch nicht weniger.

Bei der (Neu-) Erfindung 'urwestfälischer Gemütlichkeit' sind die „old situations", auf die sich die „quasi-obligatory repetition" (Hobsbawm 1983: 2) nach 1945 bezieht, ihrerseits bereits im 19. und frühen 20. Jahrhundert erfundene Traditionen. Diese werden allerdings nicht einfach wieder aufgenommen und fortgeführt – das wäre eine Perspektive, die den Traditions-Konstruktionen selbst entsprechen würde. Die Schaffung einer eigenen Vergangenheit anhand bierseliger heimatlicher Geselligkeit erhält hier innerhalb einer umfassenden Derealisierung der eben noch real gewesen Geschichte eine prominente Rolle. Analog zum Prinzipalmarkt werden – entgegen aller beschworenen (architektonischen) Einfachheit und in diesem Fall auch Volkstümlichkeit – hier nun rustikal-gediegene Gehäuse für die Bedürfnisse eines bald schon wieder prosperierenden Bürgertums geschaffen. Ebenso beinhaltet auch hier die architektonische Derealisierung ein Beharren auf einer Kontinuität der konservativen Architektursprache des frühen 20. Jahrhunderts.

Zusammenfassung: Promenade

> „Dieser Standort am 'Kalkmarkt' liegt in unmittelbarer Nähe zum damaligen Verlauf der Trümmerbahn und ist daher in besonderer Weise geeignet, den historischen Bezug zur Kriegs- und Nachkriegszeit nachzuzeichnen."

Gemeint ist der jetzige Standort der alten Büscher-Lokomotive, die nach 1945 mit „weiteren kleinen Lokomotiven und Kipploren" den Schutt – nach städtischen Angaben insgesamt „2, 5 Millionen Kubikmeter Trümmermassen" aus der Innenstadt abtransportierte. Etwa auf den in unmittelbarer Nähe liegenden Hindenburgplatz vorm Schloss.

> „Die 'Trümmerlok' gilt somit als Zeitzeuge für den Wiederaufbau der Stadt".

Die Zitate stammen von der Informationstafel „Promenade Münster: Die Trümmerlok", aufgestellt vom Amt für Grünflächen und Umweltschutz.

1961 stiftete die Firma Peter Büscher der Stadt diese Lok. Sie stand Jahrzehnte lang nicht weit entfernt auf einem Spielplatz an der Promenade auf dem zum Kreuzviertel gehörenden „Coerdeplatz", oder, in den Worten der städtischen Infotafel: sie „prägte" diesen Spielplatz, und „Generationen von Münsteraner Kindern spielten auf" ihr. Ende 2003 sei sie aus „Sicherheitsgründen" abgebaut und umfassend saniert worden, um im August 2004 ihren neuen Stellplatz zu erhalten. Und ihre neue Funktion.

Diese geographische wie semantische Verlagerung ist äußerst aufschlussreich. Die vorherige Funktion erweist sich als eigentlich angemessene 'Entsorgung' eines mit Opfer-Pathos aufgeladenen Transportmittels – unabhängig von den realen Intentionen der damals Handelnden. Was gut 40 Jahre als Spielgerät überdauerte, wird nun, rechteckig mit niedrigem Eibensaum umfriedet, zum Denkmal erhoben: Eine (Re-) Pathetisierung der Lok zum „Zeitzeugen", zur materiellen Trägerin von 'Opfern' und 'Wiederaufbau', die Täterschaften negiert: Die Rolle der Firma Büscher als Spenderin wird auf den Infotafeln zweimal betont, die Rolle Büschers in der NS-Zeit als Halter von ZwangsarbeiterInnen mit eigenem Lagers ist dagegen nicht zu finden. Stattdessen ausführliche technische Daten der Lok (Baujahr 1910 usw.).

An dieser Stelle scheint etwas stattzufinden, das sich einpasst in den von Tom Holert (2006: 111) dargestellten „Kontext einer Konjunktur des Bildes der zerbombten Städte" in Deutschland, maßgeblich ausgelöst von den Fernsehdokumentationen Guido Knopps im *ZDF* oder von *Spiegel TV*. Diese Konjunktur sei auch die eines spezifisch ideologisch aufgeladenen „Normalisierungs- und Opferdiskurse[s]“ (ebd.). Holert betrachtet das Interesse am „Bild der Zerstörung“ auch als Form des „touristische[n] Gedenken[s]“ (ebd.: 109), Bestandteil des Stadt-Marketings.

> „Die widersprüchliche Popularität von Wunde und Trauma beruht auf unterschiedlichen, ineinander verschränkten Motiven. Voyeurismus und Trauer, historische Einfühlung und die Sensation des Schreckens werden zu immer geläufigeren Aspekten des Erlebens von Städten und den sich hier konstituierenden Varianten von Öffentlichkeit. Das Trauma wird zum touristischen Anziehungspunkt, aber auch Anlass und Grund individueller wie kollektiver Selbstvergewisserung. [...] Stadtverwaltungen können aus dieser Entwicklung den Schluss ziehen, dass gerade die Schattenseiten der Stadtgeschichte, die Risse im urbanen Gewebe und die gewaltsamen Unterbrechungen von Normalität und Alltag sich als Marketingargumente eignen. Die historische Beschädigung und ihre erfolgreiche Überwindung oder Bewältigung fügen sich zur Sehenswürdigkeit, die Wunde und Heilung vereint.“ (ebd.: 113f.)

Die Promenade ist selbstverständlich ein wichtiger Punkt im städtischen Tourismus-Marketing. Nicht zuletzt für ‘auswärtige Gäste’ sind die Informationstafeln aufgestellt worden. Die nun allegorische Lokomotive steht für Beschädigung, vor allem aber für ihre Heilung. Diese Allegorese nimmt den Diskurs, wie er im Kapitel „Wiederaufbau als Verdrängung der Opfer“ beschrieben wurde, wieder auf. Sie thematisiert die Stadt als Opfer des Krieges und die ‘westfälische Beharrlichkeit’ des Aufräumens und Aufrichtens. Die historischen Bezüge werden dabei zum Verschwinden gebracht.

Allerdings: Die Lok steht direkt am Stabssitz des „1. Deutsch-Niederländischen Korps“ (zuvor von 1956-1995 Sitz des „1. Korps“ der Bundeswehr). Bis 1945 war hier der Sitz des „Wehrkreises VI“ und das „Generalkommando des VI. Armeekorps“. Der von Edmund Scharf 1941 realisierte Lazarett-Bunker ist rund 200 Meter entfernt. Nur wenige Meter neben der Lok steht ein von Scharf entworfenes Denkmal für die „16. Infanterie-Division“ und die „16. Panzerdivision“ mit Hinweisen auf „Stalingrad“ und „1939-1945“. Allerdings ist dieses Denkmal von Gebüsch verborgen, der Bunker ist von hier nicht sichtbar (und eine Hinweistafel hat er auch nicht), und dass die Stabsgebäude während der NS-Zeit gebaut wurden, dürfte der Wahrnehmung auch oft entgehen.

Man könnte das Trümmerlok-Denkmal als Korrektiv, als verspätete Reaktion auf Rebecca Horns Installation „Das gegenläufige Konzert“ im Zwinger interpretieren. Diese wurde für die „Skulptur Projekte 1987“ und erneuert für die „Skulptur.Projekte in Münster 1997“ realisiert. Horns künstlerische Aneignung des Zwingers, frühneuzeitliches Gefängnis und im Faschismus zunächst HJ-Heim und dann Folter- und Hinrichtungsstätte der Gestapo, nach 1945 „als teilzerstörte Ruine vermauert und verschwiegen“ (Bußmann 2003: 11), basiert darauf, die Ruine als Ruine zu erhalten, mitsamt des Schutts und der frei gewachsenen Vegetation. Mit den Schichten der äußeren und inneren Mauern sollen historische Prozesse erfahrbar werden. In den

Gängen und Zellen schlagen metallene Hämmer in irritierten, versetzten Rhythmen gegen die Mauern, flackern rote Grableuchten, fällt im Zentrum des Baus ein Wassertropfen aus einem gläsernen Trichter in Dachhöhe in ein Wasserbecken am Boden. Annäherungen an die Empfindungen der Gefangenen.

Erst 1994 beschließt der Rat, den Zwinger offiziell zum Mahnmal zu erklären. Horns Erneuerung drei Jahre später setzt einen „Schlusspunkt unter ein fast 35 Jahre währendes Tauziehen um die Nutzung“, schreibt Bernd Thier (2003: 134) vom Stadtmuseum, das den Zwinger seit 1998 betreut. Schon in den 60er Jahren gibt es Überlegungen, den Zwinger als Mahnmal zu nutzen. Die lokalen Soldatenverbände wollen hier allerdings ein „Ehrenmal für die Gefallenen der Weltkriege“ (ebd.: 120f.). Aus beidem wird nichts. 1977 bringt die „Vereinigung Niederdeutsches Münster“ eine Tafel an. Die informiert über die mittelalterliche und frühneuzeitliche Baugeschichte und über schwere Beschädigung im Zweiten Weltkrieg (ebd.: 125). Die Ratsfraktion der GAL verlangt 1984 erfolglos, eine Tafel, die an die Opfer des Faschismus erinnert, anzubringen. Ein Jahr später installiert das „Bündnis 8. Mai“ – ein Zusammenschluss aus AStA, Studierendengemeinden, VVN-BDA, DGB, SPD, Jusos, GAL, DKP und Friedensinitiative – klandestin und gegen den Willen der Ratsmehrheit der CDU eine eigene Tafel. Die wird bald von Unbekannten beschmiert und entwendet. Die CDU will ein „Mahnmal für Frieden und Freiheit“ und stört sich am Antifaschismus (ebd.: 126f.). Erst mit Rebecca Horns Kunstwerk von 1987, mit dessen Realisierung als unsichere Ruine „sich die Stadt sehr schwer [...] tat“ (ebd.: 129), kommt es zu einer Wende.

Ein anderes Mahnmal entsteht ebenfalls 1987 für die „Skulptur Projekte“: Sol LeWitts „Black Form. Dedicated to the missing Jews“ auf dem Schlossplatz. Die Skulptur, die „das Fehlen eines Teils der sozialen Gemeinschaft, de[n] unwiederbringliche[n] Verlust und die Leere zu einem schweigenden Körper“ macht, „der sich sichtbar und störend der Inanspruchnahme und jedem Trost verweigert“ (Sachs 2002: 8), wird im März 1988 abgerissen (und 1989 in Hamburg Altona wiederaufgebaut). Es war zu vielfachen Protesten gegen die „Black Form“ gekommen. Der überlebensgroße schwarze Kubus aus Gasbeton störe die barocke Ästhetik[1] und behindere den Zugang zum Schloss, hieß es. In der Tat „lag die *Black Form* wie ein Riegel auf dem Cour d'honneur des Schlosses [...] und versperrte die Sicht und den direkten Weg zu seinem Eingang“. Mit den ästhetisch begründeten Protesten gegen das Leere, Störende und Hindernde wurde so zwangsläufig gegen die Intentionen des Künstlers und die Inhalte seiner Arbeit protestiert. Der Abriss machte die „Black Form“ zu

1 Tatsächlich ist LeWitts Arbeit eine Beschäftigung mit der barocken Ästhetik. Sie arbeitet mit der Axialität des Schlosses. Die „Black Form“ hat daher auch ein Gegenstück (in jeder Hinsicht) auf der Schloss-Rückseite gehabt, die „White Pyramid“ als Anknüpfung an Schlauns nicht ausgeführte Schlosspark-Pläne (vgl. ebd.: 5).

einem „unfreiwillig verschwindende[n] Monument, das ja seinerseits das Verschwinden thematisiert hatte“, schreibt Angeli C. F. Sachs (ebd.: 5). Zu diesem doppelten Verschwinden hat sich mit dem in Richtung Schlossplatz weisenden Trümmerlok-Denkmal ein weiteres Verschwinden einer Opfergruppe hinzugesellt, allerdings mit anderen Mitteln.

Entstanden ist die Promenade im letzten Drittel des 18. Jahrhunderts zusammen mit dem Schloss. Beide sind Werke des Oberingenieurs Generalmajor Johann Conrad Schlaun. An der Stelle des Schlosses steht hier seit 1661 die „Paulsburg“, eine gewaltige Zitadelle. Im Laufe des Jahres 1764 wird sie, wie auch die Stadtmauer, abgebrochen. 1770/71 ist die Promenade als vierreihige Lindenallee mit Reit- und Spazierwegen realisiert. Das Schloss als Mittel- und Höhepunkt der Promenade ist im Rohbau 1773 fertig (vgl. Haunfelder/Ollliges 1994: 11f u. 30). Militärische Bedeutung hat auch das Schloss. Ab 1813 residiert hier neben dem westfälischen Oberpräsidenten der kommandierende General. Der Schlossvorplatz diente dem soldatischen Drill, der vorgelagerte Neuplatz zu militärischen Feiern und großen Paraden für preußische Könige und 1907 für Kaiser Wilhelm II. 1927 wird der Neuplatz zu Paul von Hindenburgs 80. Geburtstag zum Hindenburgplatz umbenannt; so heißt er bis heute. 1933 wird der Steigbügelhalter Hitlers mit demselben Ehrenbürger Münsters (vgl. ebd.: 28).

Bei der Promenade bleibt das ‘Wehrhafte’ durch Reste der Stadtmauer – Buddenturm, Wasserbär und Zwinger – präsent, wobei dieses ‘Wehrhafte’ dann seine Fortsetzung als ‘politische Landschaft’ in einem die gesamte Route umspannenden regelrechten Kriegerdenkmalparcours aus dem frühen 20. Jahrhundert findet. Symbol auch des bedeutenden militärischen Standortes Münster einst und jetzt. Diese Kriegerdenkmale dürften allerdings im touristischen Geschichtsraum Promenade eher keine Rolle spielen.

> „In ihrer touristischen Konstruktion kehrt Geschichte nicht als Tragödie und auch nicht als Farce wieder, sondern als Dienstleistung, als Service, als Bedienung eines Bedürfnisses nach flüchtiger Verankerung in der Raum-Zeit der tourist city.“ (Holert/Terkessidis 2006: 227)

Geschichte als touristische Dienstleistung bringt den anbietenden unternehmerischen Städten aber vor allem „gute Zinsen“, wie Münster als Mitglied des Marketingverbunds „Historic Highlights of Germany“ betont (*PresseInfo* vom 10. April 2004). Lukrativ ist aber nicht nur das historische „Erbe“ (ebd.), also die alte Baukunst – die Landschaftsarchitektur der Promenade und die hier angesiedelten Bauten –, sondern ebenso die Materialisierung von ‘Nachhaltigkeit’ – die Promenade als ‘Fahrrad-Autobahn’ und als Ausweis einer ‘grünen Stadt’ –, lukrativ ist schließlich auch die vorhandene moderne Kunst, bzw. die Erinnerung an sie. So sind 1997 eine ganze Reihe von Installationen der „skulptur projekte“ in der Promenade realisiert worden, 2007 allerdings sehr viel weniger.

Anfang 2009 schlagen Matthias Lückertz und Andreas Freisfeld unter dem Motto „Eine Stadt muss auch Träume und Visionen haben“ vor, die Promenade zum Weltkulturerbe erklären zu lassen, denn: „Münster hat in den letzten Jahren viele Titel und Auszeichnungen eingeheimst. Aber etwas fehlt noch [...]: Münster ist bislang auf der Unesco-Liste des Weltkulturerbes nicht vertreten.“ (*WN* vom 14. Februar 2009) Im Gespräch mit der Zeitung begründen die Unternehmer, warum sie die Promenade ausersehen haben. Diese sei

> „‚auch international ein Alleinstellungsmerkmal', betont Freisfeld, ‘es gibt keine andere Stadt auf der Welt, die so etwas in dieser Art hat.’ [...] Es gehe auch um das barocke Erbe Münsters, das noch heute im Weichbild der Stadt greifbar sei. Es gehe um den großen Barockbaumeister Johann Conrad Schlaun, der im 18. Jahrhundert die Grundlagen für die Promenade schuf. Und es gehe um die barocken Schlaun-Bauten, die in unmittelbarer Promenade-Nähe angesiedelt sind – Schloss, Erbdrostenhof, Clemenskirche. Man kann, so Matthias Lückertz, ‘die Promenade auch als eine wertvolle Kette mit kulturgeschichtlichen Perlen begreifen’. Hinzu komme, dass die Promenade auch heute noch von herausragender Bedeutung für die Stadt sei. Etwa durch ihre Funktion als Verteiler des Fahrradverkehrs. Lückertz: ‘Alle reden von der grünen Stadt, wir haben sie.’ Und nicht ohne Grund hätten sich zahlreiche Künstler bei den Skulpturen-Ausstellungen mit der Promenade auseinandergesetzt. Freisfeld: ‘Die Promenade hat eine hohe Erlebnisqualität’“ (ebd.).

Lückertz ist bekanntlich im Vorstand des „Vereins der Kaufmannschaft“ und Vorsitzender der „Initiative starke Innenstadt“ (ISI), zusammen mit Freisfeld ist er zudem Sprecher der Salzstraßen-Kaufleute. Es liegt nahe, diesen Vorschlag im Zusammenhang mit anderen Äußerungen Lückertz’ in derselben Zeitung eine Woche später zu sehen. Da hatte er für die Kaufleute der Salzstraße die Aufwertungen des Zugangs zu dieser Fußgängerzone – beginnend mit dem Neubau der NRW-Bank am Ausgang der Warendorfer Straße, fortgesetzt mit dem Bau des Parkhauses am Alten Steinweg und der Umwidmung der Tor-Ruine der Dominikanerkirche – als enormen Auftrieb für die geschäftliche Entwicklung gelobt (*WN* vom 21. Februar 2009). Die Salzstraße beginnt an der Promenade und endet am Prinzipalmarkt. Die erwähnten barocken „Perlen“ Erbdrostenhof und Clemenskirche liegen an der Salzstraße bzw. direkt dahinter. Die Promenade ist also logischerweise Entree für die Salzstraße und für die gesamte Altstadt. Ein Entree aber, das sich als Gesamtanlage baulich nicht ‘aufwerten’ lässt. Wohl aber symbolisch mit dem weltweit zu beachtenden Label Weltkulturerbe. Eine solche weitere und gesteigerte „kulturelle Attributierung“ (Kirchberg 1998: 90) käme den meisten Bauprojekten, die ich in diesem Buch behandelt habe, zu Gute. Auf die „Münster Arkaden“, die „Stubengasse“ und das „Hanse Carré“ träfe das allemal zu. Ebenso auf den *Business Improvement District* Altstadt mit seiner Außengastronomie und seinen Einkaufsstraßen. Aber auch etwa auf die *Gated Community* „Klostergärten“, die in Promenadensichtweite liegt, wie auch auf andere neue Luxusresidenzen am Aasee. Damit wäre der Sinn und Zweck der ISI, gebildet aus der „Wirtschaftsinitiative Münster“ (WIN) und dem städtischen

„Münster Marketing", Projekte zur Immobilienwerterhaltung und -steigerung sowie zur Handelsförderung umzusetzen, wieder einmal erfüllt. Eine „Win-Win-Situation" für die WIN, steht sie doch gleichzeitig als Förderin global bedeutender Kultur und Lebensqualität und damit des großen und ganzen 'Wir' Münsters da.

Die Promenade ist in den letzten Jahren mehrfach zum Inszenierungs-Raum dieses 'Wir' geworden; so im Rahmen der „Entente Florale". Seit 2006 werden auf ihren Rasenflächen großformatig Schriftzüge wie „Münster bekennt Farbe" aus Blumen gepflanzt, ebenso Stadtwappen und andere Ornamente. Aber auch die von den Abfallwirtschaftsbetrieben der Stadt koordinierte Kampagne „Sauberes Münster" gehört hier hin. Sie feiert jedes Jahr neue Teilnahmerekorde. 2009 hatten „sich über 8500 Teilnehmerinnen und Teilnehmer in 230 Initiativen fest angemeldet" womit das Presseamt einen erneuten „Teilnehmerrekord" meldet. Dieser organisierte „Frühjahrsputz", bei dem „Spielplätze, Parks und ganze Straßenzüge [...] nach der Aktion vor Sauberkeit blitzen" sollen, findet zwar im ganzen Stadtgebiet statt (*PresseInfo* vom 13. März 2009), die Promenade dürfte aber ein Schwerpunkt sein.

In den letzten Jahren klagt die Stadt über eine zunehmende Vermüllung während der Sommermonate dadurch, dass Grünflächen von vielen Gruppen nicht nur zum Sonnen, sondern auch großräumig zum Grillen genutzt werden. Betroffen seien vor allem die Rasenflächen der Promenade (ebenso die Aasee-Wiesen). Derartige Verstöße gegen die städtische 'Hausordnung' rufen das Ordnungsamt auf den Plan, genauer: die von ihm angeleiteten Ein-Euro-jobbenden „Gelbe Engel", die den Müll beseitigen müssen. Ein sinnfälliges Bild der „Hierarchien in der Verfügungsgewalt über den städtischen Raum" (Grothe 2005: 82). Die „Initiative starke Innenstadt", deren Interesse die 'Inwertsetzung' des städtischen Raums, die Steigerung von Immobilienpreisen und Handelsvolumina im Sinne ihrer unternehmerischen Mitglieder ist, erscheint als Repräsentantin der ganzen, homogenen städtischen 'Gemeinschaft'. Die *working poor* dagegen repräsentieren nicht einfach neue Armut in einer reichen Stadt, sondern konkreter die Renaissance eines für seine Exklusion selbst verantwortlichen autonomen Subjekts und zugleich Formen einer neuen Verräumlichung sozialer Kontrolle. Ein Zusammenhang, der entpolitisiert und also naturalisiert erscheint im Bild der „lebenswertesten Stadt der Welt".

Angesichts dessen und angesichts der in diesem Buch thematisierten (architektonischen) Imageproduktionen Münsters im permanenten postfordistischen Städte-Wettbewerb bleibt zum Schluss die Frage, wie diese Ikonographie und ihre alltäglichen Manifestationen zu unterlaufen wären.

> „[E]s gibt unterhalb und jenseits der Bilder und Erzählungen, die das Bild der Stadt naturalisieren, immer auch die Chance, die Orte durch eine andere Praxis des Sehens und Erzählens zu dislozieren, die Verhältnisse zwischen Vorbildern und Nachbildern zu verwirren, Erinnerung gegen das Bild zu setzen. Denn gerade historisch gesättigte Orte haben die Möglichkeit, sich dagegen zu wehren, Bedeutung im Raum zu fixieren",

sagen Holert/Terkessidis (2006: 227). Am Anfang möglicher Zurückweisungen solcher Fixierungen steht die Erkenntnis einer falschen Behauptung. Nämlich der, dass die Stadt und ihre „Dinge", dass „eine gegebene Realität [...] für sich selbst sprechen" könnten. Dieser Fetischismus im Marxschen Sinn „hat die Wirkung, diejenigen Operationen zu tilgen, die die Bedeutungshaftigkeit der Stadt hervorbringen, und verschleiert die Identität derer, die durch die Stadt sprechen", wie Rosalyn Deutsche das ausdrückt (zit. n. Bareis 2007b: 168). Eine weitere Erkenntnis hält die *Dialektik der Aufklärung* bereit. Heinz Steinert:

> „Es kommt immer darauf an, wer welchen Begriff mobilisiert, um damit wen oder was zu bezeichnen und so den Rahmen für Handeln diesem so identifizierten Gegenstand gegenüber abzustecken. [...] Wenn Begriffe [also] Teil der Herrschaftsbeziehungen sind, sind sie auch in die Dialektik von Befreiung verstrickt. Die besteht freilich nicht darin, daß man die Begriffe ändert, sie besteht vielmehr in einem reflexiven Umgang mit ihnen, in der Analyse ihrer Verflochtenheit in Herrschaft. Gerade wenn die Begriffe herrschaftlich geprägt sind, kann man sie benützen, um über Herrschaft etwas zu erfahren, indem man sich mit den so beherrschten Gegenständen befaßt." (2002: 82)

Städte und ihre Strukturen sind, eingedenk dieser Erkenntnisse, nichts Naturgegebenes, Geschlossenes, sie lassen sich alltäglich aneignen; wenn auch nur höchst partiell. Was Ellen Bareis, vor allem mit Henri Lefèbvre, aber auch mit Helga Cremer-Schäfer und Michel de Certeau im Gepäck, zu Aneignungsstrategien bezüglich *Shopping Malls* sagt, trifft auf städtische Räume allgemein zu. Sie reklamiert das nicht „gewährte", nicht normativ fundierte „Recht auf die Stadt", das sich auf die „Politiken der Beziehung" gründe und das es ermögliche,

> „die Konstitution von Raumproduktionen, -formationen, und -ordnungen von der Seite der alltäglichen Praktiken und der sozialen Kämpfe her zu denken. Kämpfe um Rechte können sich in den alltäglichen Verrichtungen und Aneignungen niederschlagen, indem beispielsweise Nutzungen sozialer Infrastruktur [...] entsprechend 'eigensinniger', institutionell nicht zwingend intendierter Strategien erfolgen. Die nicht-diskursiven Taktiken setzen 'auf einen geschickten Gebrauch' [...], der darin besteht, Gelegenheiten zu erkennen und wahrzunehmen, das Spiel in den Orten der Macht (ohne Verfügung darüber) zu spielen" (Bareis 2007b: 168).

Aus dieser Perspektive ließen sich auch die hegemonialen Raumproduktionen der „konsumistischen Formen der Identitätsbildung" (Ronneberger/Lanz/Jahn 1999: 72) unterlaufen. Denn Konsum, das betont Bareis zu Recht, besteht ja nicht nur im Erwerb von Gütern, sondern auch im Gebrauch von Bildern.

> „Bei Konsum inklusive der Möglichkeit seiner 'Nicht-Nutzung', ihn also zurückzuweisen, geht es um die Teilnahme an der Produktion der Bilder, die über die gesellschaftlichen Beziehungen zirkulieren und diese materialisieren." (Bareis 2007b: 169)

Bei solchen Nutzungen und Nicht-Nutzungen von Stadtbildern kann allerdings eine gewisse Skepsis nicht schaden. Wann und wie sind Aneignungsstrategien nichtdiskursiv? Und gerade weil postfordistische Raumproduktionen auf Kommunikation und Interaktion angewiesen sind, und daher trotz aller „machtvolle[n] Versuche, Orte zu fixieren, sie mit Identitäten aufzuladen, sie abzuschotten und die Bildproduktionen zu kontrollieren" (ebd.), immer auch 'Öffnungen' zulassen müssen, haben sie doch die Fähigkeiten, Widersprüchliches nutzbringend zu absorbieren.

Bibliographie

Monographien und Aufsätze

„Arisierung“ im Nationalsozialismus. Volksgemeinschaft, Raub und Gedächtnis. Jahrbuch 2000 zur Geschichte und Wirkung des Holocaust. Hg. im Auftrag des Fritz Bauer Instituts von Irmtrud Wojak und Peter Hayes. Darmstadt: Wissenschaftliche Buchgesellschaft 2000

Bajohr, Frank (2002): „Arisierung“ und Rückerstattung. Eine Einschätzung, in: Goschler, Constantin/Lillteicher, Jürgen (Hg.): „Arisierung“ und Restitution. Die Rückerstattung jüdischen Eigentums in Deutschland und Österreich nach 1945 und 1989. Göttingen: Wallstein 2002; S. 39-59

– (2000): „Arisierung“ als gesellschaftlicher Prozeß. Verhalten, Strategien und Handlungsspielräume jüdischer Eigentümer und „arischer“ Erwerber, in: „Arisierung“ im Nationalsozialismus; S. 15-30

Baldauf, Wolfgang (1984): Zwischen Staatstreue und Widerstand – Katholische Jugend in Münster nach 1933, in: Thien, Hans-Günter/Wienold, Hanns/Preuß, Sabine (Hg.): Überwältigte Vergangenheit – Erinnerungsscherben. Münster: Westfälisches Dampfboot

Balster, Jutta/Gussek-Revermann, Anja (1997): Münster vor 100 Jahren. 380 Bilder aus dem Alltagsleben um 1900. Münster: Aschendorff

Bardelmeier, Ulrich/Schulte Hemming, Andreas (Hg.) (1993): Mythos Münster. Schwarze Löcher – Weiße Flecken. Münster: UNRAST Verlag

Bareis, Ellen (2007a): Verkaufsschlager. Urbane Shoppingmalls – Orte des Alltags zwischen Nutzung und Kontrolle. Münster: Westfälisches Dampfboot

– (2007b): Urbane Shoppingmalls und Subjektivitäten. Konzeptionen der Shoppingmalls als Narrativ und tägliches Handeln im postfordistischen Städtischen, in: Wehrheim, Jan (Hg.): Shopping Malls; S. 153-171

Becker, Wibke/Haunfelder, Bernd/Schollmeier, Axel (2006): Die Wunderjahre. Münster in Fotos 1950-1958. Herausgegeben vom Stadtmuseum Münster. Katalog zur Ausstellung 31. Oktober 2006-22. April 2007. Münster: Aschendorff

Beer, Wilfried (1990): Kriegsalltag an der Heimatfront. Alliierter Luftkrieg und deutsche Gegenmaßnahmen zur Abwehr und Schadensbegrenzung, dargestellt für den Raum Münster. Bremen: Verlag H.M. Hauschild

Benjamin, Walter (1991): Das Passagen-Werk. Gesammelte Schriften V.1 u. V.2. Herausgegeben von Rolf Tiedemann (Orig. 1927-1940)

Berger, Olaf/Schmalfeld, Andreas (1999): Stadtentwicklung in Hamburg zwischen „Unternehmen Hamburg“ und „Sozialer Großstadtstrategie“, in: Dangschat, Jens S. (Hg.): Modernisierte Stadt – Gespaltene Gesellschaft. Opladen: Leske + Budrich; S. 317-342

Berking, Helmuth/Löw, Martina (2005): Wenn New York nicht Wanne-Eickel ist... Über Städte als Wissensobjekte der Soziologie, in: Dies. (Hg.): Die Wirklichkeit der Städte. Baden-Baden: Nomos; S. 9-22

Best, Otto F. (1998): Die blaue Blume im englischen Garten. Romantik – ein Mißverständnis? Frankfurt/M.: Fischer

Böhme, Hartmut (1989): Die Ästhetik der Ruinen, in: Kamper, Dietmar/Wulf, Christoph (Hg.): Der Schein des Schönen. Göttingen: Steidl; S. 287-304

Boltanski, Luc/Chiapello, Ève (2003): Der neue Geist des Kapitalismus. Konstanz: UVK (Orig. Paris 1999)

Bourdieu, Pierre (1994): Die feinen Unterschiede. Kritik der gesellschaftlichen Urteilskraft. Frankfurt/M.: Suhrkamp (Orig. Paris 1979)

– (2003): Sozialer Sinn. Kritik der Theoretischen Vernunft. Frankfurt/M: Suhrkamp (Orig. Paris 1980)

– (1998): Ortseffekte, in: Kirchberg, Volker/Gröschel, Albrecht (Hg.): Kultur in der Stadt. Stadtsoziologische Analysen zur Kultur. Opladen: Leske + Budrich 1998; S. 17-25

Bröckling, Ulrich/Krasmann, Susanne/Lemke, Thomas (Hg.) (2004): Glossar der Gegenwart. Frankfurt/M.: Suhrkamp

Buck-Morss, Susan (2000). Dialektik des Sehens. Walter Benjamin und das Passagen-Werk. Frankfurt/M.: Suhrkamp (Orig. Cambridge, Mass 1989)

Buss, Klaus-Peter/Wittke, Volker (2001): „Wissen als Ware“, in: Bender, Gerd (Hg.): Neue Formen der Wissenserzeugung. Frankfurt/M., New York: Campus; S. 123-146

Bußmann, Klaus (2003): „Das gegenläufige Konzert“ in der Skulpturenausstellung, in: Stadt Münster (Hg.): Der Zwinger in Münster 1528 – 1732 – 1945 – 1997 und „Das gegenläufige Konzert“ von Rebecca Horn. Köln: Verlag der Buchhandlung Walther König; S. 11-12

Butterwegge, Chistoph (2008): Rechtfertigung, Maßnahmen und Folgen einer neoliberalen (Sozial-) Politik, in: Ders./Lösch, Bettina/Ptak, Ralf: Kritik des Neoliberalismus. 2., verbesserte Auflage. Wiesbaden: VS Verlag für Sozialwissenschaften ; S. 135-219

Clemens-Schierbaum, Ursula (1995): Mittelalterliche Sakralarchitektur in Ideologie und Alltag der Nationalsozialisten. Weimar: VDG

Das schöne Münster (1934a). 6. Jahrgang, 9. Heft, September 1934. Der Prinzipalmarkt. Unter den Bogen und über den Giebeln.

– (1934b). 6. Jahrgang, 12. Heft, Dezember 1934: Westfälisch-Niederdeutsche Dichtertagung in Münster

– (1939). 11. Jahrgang, 6. Heft, Juni 1939. Münster – die nationalsozialistische Stadt

– (1950). Gestern, heute und morgen. Sonderheft: Die Stadt der Westfälisch-Lippischen Landwirtschaft. Münster

De Jong, Adriaan (2007): Die Dirigenten der Erinnerung. Musealisierung und Nationalisierung der Volkskultur in den Niederlanden 1815-1940. Münster u.a.: Waxmann (Orig. Nijmegen 2001)

Denkmalbereichssatzung Prinzipalmarkt Münster (1998). Verfasser: Planungsbüro Prof. Dr.-Ing. Krause & Partner. Stadtgestaltung, Stadtforschung, Denkmalpflege. Dortmund. Bearbeitung: Veit Berroth u.a. Im Auftrag des Stadtplanungsamtes Münster

Deutsche Bauzeitschrift – Fachblatt für Entwurf und Ausführung. Heft 7/1956

Dierl, Florian (2001): Das Hauptamt Ordnungspolizei 1936 bis 1945. Führungsspitze und die Befehlshaber in den Wehrkreisen, in: Kenkmann, Alfons/Spieker, Christoph (Hg.): Im Auftrag; S. 159-175

Ditt, Karl (1988): Raum und Volkstum. Die Kulturpolitik des Provinzialverbandes Westfalen 1923-1945. Münster: Aschendorff

– (2001): Die westfälische Heimatbewegung in der ersten Hälfte des 20. Jahrhunderts zwischen Nationalismus und Regionalismus, in: Heimatpflege in Westfalen. 14. Jg., 2/2001; S. 2-11

Dörhöfer, Kerstin (Hg.) (1990): Stadt – Land – Frau. Soziologische Analysen feministischer Planungsansätze. Freiburg/Br.: Kore

– (2007): Passagen und Passanten. Shopping Malls und Konsumentinnen, in: Wehrheim, Jan (Hg.): Shopping Malls; S. 55-73

Durth, Werner (1986): Deutsche Architekten. Biographische Verflechtungen 1900-1970. Braunschweig, Wiesbaden: Friedrich Vieweg & Sohn

Durth, Werner/Gutschow, Niels (1988): Träume in Trümmern. Planungen zum Wiederaufbau zerstörter Städte im Westen Deutschlands 1940-1950. Erster Band: Konzepte. Zweiter Band: Städte. Braunschweig/Wiesbaden: Friedrich Vieweg & Sohn

Eickhoff, Antonius Fr. (Hg.) (1978): Theo Breider. Sein Leben und Wirken. Festschrift zur Vollendung des 75. Lebensjahres 16. November 1978. Münster: Aschendorff

Farocki, Harun (2001): Amerikanische Einstellung. Notizen zu einem Film über Malls, in: Ders.: Nachdruck/Imprint. Texte/Writings. Hg. von Susanne Gaensheimer, Westfälischer Kunstverein Münster und Nicolas Schafhausen, Frankfurter Kunstverein. Berlin: Vorwerk 8, New York: Lukas & Sternberg; S. 293-305

Farwick, Christa/Riese, Adam (2007): Das Münsterbuch. Der Stadtführer. Münster: Daedalus Verlag

Fasse, Norbert/Houwink ten Cate, Johannes/Lademacher, Horst (Hg.) (2000): Nationalsozialistische Herrschaft und Besatzungszeit. Historische Erfahrung und Verarbeitung aus niederländischer und deutscher Sicht. Münster: Waxmann

Fasse, Norbert (2000a): Republik, Nationalsozialismus und regionale Gesellschaft. Zum grenznahen Münsterland und dem 'weltanschaulichen Gepäck' des katholischen Milieus 1918 – 1933, in: Ders./Houwink ten Cate, Johannes/Lademacher, Horst (Hg.): Nationalsozialistische Herrschaft und Besatzungszeit; S. S. 33-58

– (2000b): Herausbildung milieuspezifischer apologetischer Deutungsmuster im Kontext von Entnazifizierung, Verdrängung und Restauration: exemplarische Befunde aus dem Westmünsterland, in: Ders./Houwink ten Cate, Johannes/Lademacher, Horst (Hg.): Nationalsozialistische Herrschaft und Besatzungszeit; S. 349-363

Frank, Hartmut (Hg.) (1985): Faschistische Architekturen: Planen und Bauen in Europa 1930-1945. Hamburg: Hans Christians Verlag

Freud, Sigmund (1998): Zur Psychopathologie des Alltagslebens. Über Vergessen, Versprechen, Vergreifen, Aberglauben und Irrtum. Frankfurt/M.: Fischer (Orig. 1904)

– (1960): Erinnern, Wiederholen und Durcharbeiten, in: Gesammelte Werke Bd. X. Frankfurt/M.: Fischer; S. 126-136 (Orig. 1914)

Freund, Susanne (1999): „Arisierung“ in Münster – dargestellt anhand lebensgeschichtlicher Zeugnisse, in: Kenkmann, Alfons/Rusinek, Bernd-A. (Hg.): Verfolgung und Verwaltung. Die wirtschaftliche Ausplünderung der Juden und die westfälischen Finanzbehörden. Münster: Oberfinanzdirektion Münster; S. 41-66

Freundeskreis Paul Wulf (Hg.) (2007): Lebensunwert? Paul Wulf und Paul Brune. NS-Psychiatrie, Zwangssterilisierung und Widerstand. Nettersheim: Verlag Graswurzelrevolution

Frings, Bernhard/Sieve, Peter (2003): Zwangsarbeiter im Bistum Münster. Kirchliches Handeln im Spannungsfeld von Arbeitseinsatz, Seelsorge und Krankenpflege. Münster: dialogverlag

Gebauer, Gunter (1982): Ausdruck und Einbildung. Zur symbolischen Funktion des Körpers, in Kamper, Dietmar/Wulf, Christoph (Hg.): Die Wiederkehr des Körpers. Frankfurt/M.: Suhrkamp; S. 313-329

Geisberg, Max (1933): Die Stadt Münster. Zweiter Teil. Die Domimmunität, die Marktanlage, das Rathaus = Bau- und Kunstdenkmäler von Westfalen. Im Auftrag des Provizialverbandes hg. von Wilhelm Rave, Provinzialkonservator. 41. Band. Zweiter Teil. Münster: Aschendorff

– (1934): Die Stadt Münster. Dritter Teil. Die Bürgerhäuser und Adelshöfe bis zum Jahre 1700 = Bau- und Kunstdenkmäler von Westfalen. Im Auftrag des Provizialverbandes hg. von Wilhelm Rave, Provinzialkonservator. 41. Band. Dritter Teil. Münster: Aschendorff

– (1935): Die Stadt Münster. Vierter Teil. Die profanen Bauwerke seit dem Jahre 1701 = Bau- und Kunstdenkmäler von Westfalen. Im Auftrag des Provizialverbandes hg. von Wilhelm Rave, Provinzialkonservator. 41. Band. Vierter Teil. Münster: Aschendorff

Gieseking, Franz Klemens (1956): Die Westfälische Wilhelms-Universität. Verdienstvolle Geschichte, Niedergang und Aufstieg der westfälischen Hochschule = Das schöne Münster. Neue Folge, Heft 5, 1956

Glasze, Georg (2003): Wohnen hinter Zäunen – bewachte Wohnkomplexe als Herausforderung für die Stadtplanung, in: Gestring, Norbert u.a. (Hg.): Jahrbuch StadtRegion 2002. Schwerpunkt: Die sichere Stadt. Opladen: Leske + Budrich; S. 1-21

Goschler, Constantin/Lillteicher, Jürgen (Hg.) (2002): „Arisierung“ und Restitution. Die Rückerstattung jüdischen Eigentums in Deutschland und Österreich nach 1945 und 1989. Göttingen: Wallstein

Graw, Isabelle (2003): Adorno ist unter uns, in: Schafhausen, Nicolaus u.a. (Hg.): Adorno. Die Möglichkeit des Unmöglichen, Bd. 2. New York, Berlin: Lukas & Sternberg

Grothe, Nicole (2005): InnenStadtAktion – Kunst oder Politik? Künstlerische Praxis in der neoliberalen Stadt. Bielefeld: transcript

Gruna, Klaus (1974): Der Architekt Heinrich Benteler. Münster: Verlag Regensberg

Gruppe, Heidemarie (1976): „Volk“ zwischen Politik und Idylle in der „Gartenlaube“ 1853-1914. Frankfurt/M., München: Lang

Gutschow, Niels/Pick, Gunnar (1983): Bauen in Münster. Ein Architekturführer. Münster: F. Coppenrath Verlag

Gutschow, Niels/Stiemer, Regine (1982): Dokumentation Wiederaufbau der Stadt Münster 1945-1961. Münster: F. Coppenrath Verlag

Haar, Ingo/Fahlbusch, Michael (Hg.) (2008): Handbuch der völkischen Wissenschaften. Personen – Institutionen- Forschungsprogramme – Stiftungen. München: K G Saur

Hänsel, Sylvain/Rethfeld, Stefan (2008): Architekturführer Münster. Berlin: Dietrich Reimer Verlag

Häußermann, Hartmut: Zuwanderung und die Zukunft der Stadt, in: Heitmeyer, Wilhelm u.a. (Hg.): Die Krise der Städte. Analysen zu den Folgen desintegrativer Stadtentwicklung für das ethnisch-kulturelle Zusammenleben. Frankfurt/M.: Suhrkamp; S. 145-175

Hannemann, Christine/Sewing, Werner (1998): Gebaute Stadtkultur: Architektur als Identitätskonstrukt, in: Kirchberg, Volker/Göschel, Albrecht (Hg.): Kultur in der Stadt; S. 53-79

Hartlieb von Wallthor, Alfred (1996): Entstehung, Entwicklung und Inhalt des Werkes „Der Raum Westfalen“, in: Der Raum Westfalen. Band VI: Fortschritte der Forschung. Zweiter Teil. Im Auftrag des Landschaftsverbandes Westfalen-Lippe herausgegeben von Franz Petri und Alfred Hartlieb von Wallthor; S. 327-380

Hasse, Jürgen (2007): Übersehene Räume. Zur Kulturgeschichte und Heterotopologie des Parkhauses. Bielfeld: transcript

Haunfelder, Bernd (1985): 150 Jahre Verein der Kaufmannschaft zu Münster von 1835. Münster: Aschendorff

– (2000): Münster. Wiederaufbau und Wandel. Münster: Aschendoff

– (2004): Stuhlmacher. Ein Haus – ein Name – Erinnerungen. Münster: Aschendorff

Haunfelder, Bernd/Olliges, Ute (1994): Die Promenade in Münster. Vom Festungsring zum Grüngürtel. Bilder aus drei Jahrhunderten. Mit einem Beitrag von Hartmut Tauchnitz. Münster: Aschendorff

Haunfelder, Bernd/Rommé, Barbara/Schollmeier, Axel (2008): Ein Geschenk an die Stadt. Das Rathaus in Münster. Der Wiederaufbau 1948-1958. Münster: Aschendorff

Heeg, Susanne (2008): Von Stadtplanung und Immobilienwirtschaft. Die „South Boston Waterfront“ als Beispiel für eine neue Strategie städtischer Baupolitik. Bielefeld: transcript

– (2004): Globalisierung als catch-all-Phrase für städtische Veränderungen? Das Wechselverhältnis zwischen global und lokal in Metropolen, in: Beerhorst, Joachim/Demirović, Alex/Guggemos, Michael (Hg.): Kritische Theorie im gesellschaftlichen Strukturwandel. Frankfurt/M.: Suhrkamp; S. 178-198

Heise, Sabine (1997): Geschichte im Gespräch: Kriegsende 1945 und Nachkriegszeit in Münster. Berichte von Zeitzeuginnen und Zeitzeugen bearbeitet von Sabine Heise unter Mitarbeit von Gerburg Harenbrock. Im Auftrag der Stadt Münster hg. von Franz-Josef Jakobi und Roswitha Link. Münster: agenda Verlag

Helten, Frank (2007): Die Sicherheit der Shopping Mall: Überwachung und Kontrolle des postmodernen Konsums, in: Wehrheim, Jan: Shopping Malls; S. 241-260

Herbert, Ulrich (1995): Rückkehr in die Bürgerlichkeit? NS-Eliten in der Bundesrepublik, in: Weisbrod, Bernd (Hg.): Rechtsradikalismus in der politischen Kultur der Nachkriegszeit. Die verzögerte Normalisierung in Niedersachsen. Hannover: Hahn; S. 157-173

Hickel, Rudolf (2005): Finanzbullen statt Heuschrecken, in: Blätter für deutsche und internationale Politik, Heft 6/2005; S. 647-650

Hobsbawm, Eric (1983): Introduction: Inventing Traditions, in: Hobsbawm, Eric/Ranger, Terence (Ed.): The Invention of Tradition. Cambridge: Cambridge University Press; pp. 1-14

Hoffmeister, Dieter/Kiewit, Frank (1987): Armut in einer reichen Stadt. Zum Zusammenhang von Arbeitslosigkeit und Neuer Armut in Münster. Düsseldorf: Hans-Böckler-Stiftung

Hoffmeister, Dieter (Hg.) (2007): Von Bettlern und Business-Menschen. Städtische Armut am Beispiel Münster. Münster, Berlin: LIT Verlag

Hoffmeister, Dieter/Kiewit, Frank (1993): Armut in einer reichen Stadt, in: Bardelmeier, Ulrich/Schulte Hemming, Andreas (Hg.): Mythos Münster; S. 277-291

Holert, Tom/Terkessidis, Mark (2006): Fliehkraft. Gesellschaft in Bewegung – von Migranten und Touristen. Köln: Kiepenheuer & Witsch

Holert, Tom (2006): Zerstörung zum Bild. Medialität der Stadt und Diskurse der Verletzung, in: Dempf, Rainer et al. (Hg.): Delete! Die Entschriftung des öffentlichen Raums. Freiburg/Br.: orange-press; S. 107-115

Hüffner, H.C.C. (1983): Münster in Schutt und Asche. Texte von Wolfgang Schemann. Münster: Aschendorff

Jarnot, Sabine (2001): Die Salzstraße. = Häuserbuch der Stadt Münster. Bd. 2. Münster: Aschendorff

Kammerer, Dietmar (2005): This is my beautiful house. Ratlose Poplinke auf der Suche nach einem Neuanfang: Am Sonntag endete in der Volksbühne Berlin die Veranstaltungsreihe „ErsatzStadt", in: *taz* vom 25. Mai 2005

Kaufmann, Doris (1984): Katholisches Milieu in Münster 1928-1933. Politische Aktionsformen und geschlechtsspezifische Verhaltensräume. Düsseldorf: Schwann

Kenkmann, Alfons/Spieker, Christoph (Hg.) (2001): Im Auftrag. Polizei, Verwaltung und Verantwortung. Begleitband zur gleichnamigen Dauerausstellung – Geschichtsort Villa ten Hompel Münster. Essen: Klartext Verlag

– (2001a): Die nationalsozialistische Ordnungspolizei als Konstrukt zwischen Wunschbild und Weltanschauung, in: Dies. (Hg.): Im Auftrag; S. 17-37

Kersting, Franz-Werner (2007): Psychiatrie in Westfalen zwischen NS-„Euthanasie" und Reform, in: Freundeskreis Paul Wulf (Hg.): Lebensunwert?; S. 37-56

Klee, Ernst (2001): Deutsche Medizin im Dritten Reich. Karrieren vor und nach 1945. Frankfurt/M.: S. Fischer

– (2003): Das Personenlexikon zum Dritten Reich. Wer war was vor und nach 1945. Frankfurt/M.: S. Fischer

Kirchberg, Volker/Gröschel, Albrecht (Hg.) (1998): Kultur in der Stadt. Stadtsoziologische Analysen zur Kultur. Opladen: Leske + Budrich

Kirchberg, Volker (1998a): Kulturerlebnis Stadt? Money, Art and Public Places, in: Ders./Gröschel, Albrecht (Hg.): Kultur in der Stadt; S. 81-99

– (1998b): Stadtkultur in der Urban Political Economy, in: Ders./Gröschel, Albrecht (Hg.): Kultur in der Stadt; S. 41-54

Kirchhoff, Karl-Heinz (2001): Der Prinzipalmarkt – mit Michaelisplatz, Gruetgasse, Syndikatgasse, Syndikatplatz = Häuserbuch der Stadt Münster, Bd. 1. Münster: Aschendorff

Kocyba, Hermann (2004): Wissen, in: Bröckling, Ulrich/Krasmann, Susanne/Lemke, Thomas (Hg.): Glossar der Gegenwart; S. 300-306

Köhler, Gabriele (1990): Städtische Öffentllichkeit und Stadtkultur, in: Dörhöfer, Kerstin (Hg.) (1990): Stadt – Land – Frau; S. 67-79

Krieg, Robert (2007a): Eine nicht vorhersehbare günstige Spätentwicklung, in: Freundeskreis Paul Wulf (Hg.): Lebensunwert?; S. 17-36

– (2007b): Der Rote von der Münzstraße, in: Freundeskreis Paul Wulf (Hg.): Lebensunwert?; S. 116-121

Krüger, Gerd (1992): 'Treudeutsch allewege!'. Gruppen, Vereine und Verbände der Rechten in Münster (1887 – 1929/30). Münster: Aschendorff

– (1993): „Eine Unzahl von Organisationen machte sich auch in Münster breit". „Vaterländische Verbände" und NSDAP 1920 bis 1925, in: Bardelmeier/Schulte Hemming (Hg.): Mythos Münster; S. 186-206

Krug, Konrad Maria (1962): Heimat als Gabe und Aufgabe = Das schöne Münster. Neue Folge, Heft 31

Kunst, Hans-Joachim (1971): Architektur und Macht. Überlegungen zur NS-Architektur, in: Mitteilungen, Kommentare, Berichte der Philipps-Universität Marburg, 3. Jg., Nr. 9, Mai 1971; S. 51-52

Kurz, Lothar (Hg.) (1980): 200 Jahre zwischen Dom und Schloß. Ein Lesebuch zu Vergangenheit und Gegenwart der Westfälischen Wilhelms-Universität Münster. Münster: dvv

Kurz, Lothar/Witte, Klaus (1980): Die Entnazifizierung an der Universität Münster, in: Kurz, Lothar (Hg.): 200 Jahre zwischen Dom und Schloß; S. 117-126

Lefèbvre, Henri (1972): Die Revolution der Städte. München: List Verlag

Legnaro, Aldo/Birenheide, Almut (2007): Die Mall als Ort kommoder Freiheit, in: Wehrheim, Jan (Hg.): Shopping Malls; S. 261-275

Löffler, Peter (Bearb.) (1996): Bischof Clemens August Graf von Galen. Akten, Briefe, Predigten 1933-1946. 2 Bände. 2., erw. Auflage. Paderborn u.a.: Ferdinand Schöningh

Löw, Martina (2001): Raumsoziologie. Frankfurt/M.: Suhrkamp

– (2007): Die Kontextabhängigkeit der Raumwahrnehmung. Eine Annäherung über Taten und Bilder im Feld des Tourismus, in: Letermann, Christina u.a. (Hg.): Möglichkeitsräume. Zur Performativität sensorischer Wahrnehmung. Berlin: Erich Schmidt Verlag; S. 93-106

– (2008): Soziologie der Städte. Frankfurt/M.: Suhrkamp

Lübbe, Hermann (1989): Nationalsozialismus im Bewußtsein der deutschen Gegenwart, in: Die Aufdringlichkeit der Geschichte. Herausforderungen der Moderne und Historismus bis zum Nationalsozialismus. Graz u.a.: Verlag Styria; S. 335-350

– (2007): Vom Parteigenossen zum Bundesbürger. Über beschwiegene und historisierte Vergangenheit. München: Wilhelm Fink Verlag

Mania, Thomas (1997): „Weißte was – 'nen Schnaps?". Die Gaststätte als Kommunikationszentrum. Theorie und Praxis am Beispiel eines Dortmunder Wohnquartiers. Münster u.a.: Waxmann

Marggraf, Rainer (1984): Vorkommen niederländischer Fayencefliesen in Nordwestdeutschland, in: Universität Osnabrück/Kulturgeschichtliches Museum Osnabrück (Hg.): Niederländische Wandfliesen in Nordwestdeutschland. Einfluß der Niederlande auf die Volkskultur zwischen Weser und Ems. Katalog zur Ausstellung in der Dominikanerkirche Osnabrück 15. Januar bis 12. Februar 1984. Bramsche: Verlag Rasch; S. 40-80

Mattausch, Roswitha (1981): Siedlungsbau und Stadtneugründungen im deutschen Faschismus. Dargestellt anhand exemplarischer Beispiele. Frankfurt/M.: Haag + Herchen

Mecking, Sabine (2003): „Immer treu". Kommunalbeamte zwischen Kaiserreich und Bundesrepublik. Schriften der Villa ten Hompel 4. Essen: Klartext

– (2005): „Beamte mit sportgestähltem Körper, hellem Geist und einem soldatischen Herzen"? Städtische Personalpolitik während des Krieges in Münster, in: Wirsching, Andreas (Hg.): Stadtverwaltung im Nationalsozialismus. Systemstabilisierende Dimensionen kommunaler Herrschaft. Paderborn u.a.: Schönigh; S. 77-103

Meyer, Betina/Skarabis, Roman (Hg.) (2007): Münster Architektur 1997-2007. Münster: zeichen + raum

Michel, Boris (2005): Stadt und Gouvernementalität. Münster: Westfälisches Dampfboot

Mitscherlich, Alexander/Mitscherlich, Margarete (1998): Die Unfähigkeit zu trauern. Grundlagen kollektiven Verhaltens. München, Zürich: Piper (Orig. 1967)

Möllenhoff, Gisela/Schlautmann-Overmeyer, Rita (1995): Jüdische Familien in Münster 1918-1945. Teil 1: Biographisches Lexikon. Münster: Westfälisches Dampfboot

– (1998): Jüdische Familien in Münster. Teil 2,1: Abhandlungen und Dokumente 1918-1935. Münster: Westfälisches Dampfboot

– (2001): Jüdische Familien in Münster. Teil 2,2: Abhandlungen und Dokumente 1935-1945 Münster: Westfälisches Dampfboot

Mongin, Martin (2008): Dieses Subjekt wird bewacht. Smarter Bodygard, verdruckster Aufpasser oder kantiger Rausschmeißer: Der private Wachschutz ist vor Banken, in Supermärkten und Diskotheken allgegenwärtig – und längst auch akzeptiert. Porträt eines Berufes mit unklarem Profil, in: *Le Monde diplomatique*, Januar 2008

Müller, Eugen (1924): Die Herbergen und Gasthöfe der Stadt Münster. Mit einem Anhang: Geschichtlich denkwürdige Gaststätten. Münster: Aschendorff

Müller, Michael (1977): Die Verdrängung des Ornaments. Zum Verhältnis von Architektur und Lebenspraxis. Frankfurt/M.: Suhrkamp

Muhl, Susanne/Klatt, Marlene (2007): Bildteil, in: Kenkmann, Alfons et al. (Hg.): Wiedergutmachung als Auftrag. Begleitband zur gleichnamigen Dauerausstellung – Geschichtsort Villa ten Hompel. Essen: Klartext Verlag; S. 49-80

Nachtwei, Winfried (1993): Nachbarn von Nebenan – Verschollen in Riga. Auf den Spuren der nach Riga deportierten Juden, in: Bardelmeier, Ulrich/Schulte Hemming, Andreas (Hg.): Mythos Münster; S. 207-223

Nerdinger, Winfried (1985): Versuchung und Dilemma der Avantgarde im Spiegel der Architekturwettbewerbe 1933-35, in: Frank, Hartmut (Hg.): Faschistische Architekturen. Planen und Bauen in Europa 1930 bis 1945. Hamburg: Christians 1985; S. 65-87

Noller, Peter/Prigge, Walter/Ronneberger, Klaus (1994): Zur Theorie der Globalisierung, in: Dies. (Hg.): Stadt-Welt. Über die Globalisierung städtischer Milieus. Fankfurt/M, New York: Campus; S. 13-21

Oberkrome, Willi (2004): „Deutsche Heimat". Nationale Konzeption und regionale Praxis von Naturschutz, Landschaftsgestaltung und Kulturpolitik in Westfalen-Lippe und Thüringen (1900-1060). Paderborn u.a.: Schöningh

Oberstadtdirektor der Stadt Münster (Hg.) (1988): Ungebautes in Münster. Ausstellungskatalog. Münster: Burlage

Ostermann, Hans (1945): Gedanken über die Einrichtung der neuen Stadtbauverwaltung und über den Wiederaufbau der Stadt Münster (Westf.), 5. Juli 1945, in: Stadt Münster (1980); S. 28-30

Petsch, Joachim (1976): Baukunst und Stadtplanung im Dritten Reich. Herleitung /Bestandsaufnahme /Entwicklung /Nachfolge. München, Wien: Carl Hanser Verlag

– (1979): Zum Problem der Kontinuität nationalsozialistischer Architektur in den 50er Jahren am Beispiel der Zeitschrift „Baumeister", in: Hinz, Berthold (Hg.): Die Dekoration der Gewalt. Gießen: Anabas; S. 231-242

– (1981): Architektur und Städtebau in den 50er Jahren, in: Siepmann, Eckhardt (Hg.): Bikini – die fünfziger Jahre: Kalter Krieg und Capri-Sonne. Fotos – Texte – Comics – Analysen. Berlin (W): Elefanten Press; S. 220-234

– (1990): Wiederaufbau oder Neuaufbau? Zur Geschichte der Denkmalpflege in der Nachkriegszeit, in: Klueting, Edeltraud (Hg.): Der Wiederaufbau nach dem 2. Weltkrieg und die Probleme des Denkmalschutzes; Münster: Verlag Westfälischer Heimatbund; S. 9-13

Plöger, M. Frederik (2007): Soziologie in totalitären Zeiten. Zu Leben und Werk von Ernst Wilhelm Eschmann (1904-1987). Münster u.a.: LIT

Posener, Julius (1979): Berlin auf dem Wege zu einer neuen Architektur. München: Prestel

Potrč, Marjetica (1997): Vorschlag für *Skulptur. Projekte in Münster 1997*, in: Bußmann, Klaus/König, Kasper/Matzner, Florian (Hg.): Skulptur. Projekte in Münster. Westfälisches Landesmuseum 22. Juni – 28. September 1997. Ostfildern bei Stuttgart: Verlag Gerd Hatje; S. 323-331

Prinz, Joseph (1954): Münster – Die Stadt der deutsch-niederländischen Nachbarschaft = Das schöne Münster. Neue Folge, Heft 1, 1954

Rada, Uwe (1998): Die Urbanisierung der Angst. Von einer kulturellen zur sozialen und räumlichen Technik der Verdrängung, in: Kirchberg, Volker/Gröschel, Albrecht (Hg.): Kultur in der Stadt; S. 101-119

Rave, Wilhelm (1930): Das westfälische Bürgerhaus. Erste Folge: Das klassische Haus = Westfälische Kunsthefte. Hg. im Auftrag des Provinzialverbandes von Johannes Körner, Provinzialkonservator. Heft 1. Dortmund: Verlag von Fr. Wilh. Kuhfus

– (1952): Westfalens Kunststätten im Untergang und Wiederaufbau. Münster: Aschendorff

– (1953): Westfälische Baukunst. Münster: Verlag der Universitätsbuchhandlung Franz Coppenrath

Resch, Christine (2005): Berater-Kapitalismus oder Wissensgesellschaft? Zur Kritik der neoliberalen Produktionsweise. Münster: Westfälisches Dampfboot

– (2008): Beratung: Über die Banalität und Exklusivität von Wissen. Abstract zum Vortrag für die Sektion Arbeits- und Industriesoziologie: Macht der Berater?, in: Unsichere Zeiten. 34. Kongress Deutsche Gesellschaft für Soziologie, Friedrich-Schiller-Universität Jena, 6.-10. Oktober. Abstractband; S. 439

Resing, Volker (1999): Der Theaterneubau in Münster. Kulturpolitische Konflikte 1949-1956. Münster: Verlag Regensberg

Respondek, Peter (1995): Besatzung, Entnazifizierung, Wiederaufbau. Die Universität Münster 1945-1952. Münster: agenda Verlag

Richard-Wiegandt, Ursula (1996): Das neue Münster. 50 Jahre Wiederaufbau und Stadtentwicklung 1945-1995. Münster: Aschendorff

Ronneberger, Klaus/Lanz, Stephan/Jahn, Walther (1999): Die Stadt als Beute. Berlin: Dietz

Rosinski, Roswitha (1987): Der Umgang mit der Geschichte beim Wiederaufbau des Prinzipalmarktes in Münster/Westf. nach dem 2. Weltkrieg. Bonn: Verlag Dr. Rudolf Habelt

Saldern, Adelheid von (1979): Mittelstand im „Dritten Reich". Handwerker – Einzelhändler – Bauern. Frankfurt/M., New York: Campus

– (1999): „Statt Kathedralen die Wohnmaschine". Paradoxien der Rationalisierung im Kontext der Moderne, in: Dies.: Politik – Stadt – Kultur. Aufsätze zur Gesellschaftsgeschichte des 20. Jahrhunderts. Zum 60. Geburtstag hg. von Inge Marßolek und Michael Wildt. Hamburg: Ergebnisse-Verlag; S. 105-120

Schäbitz, Michael/Schollmeier, Axel (2005): Die bitteren Jahre. Krieg, Hunger, Hoffnung. Münster in Fotos 1940-1950. Herausgegeben vom Stadtmuseum Münster. Katalog zur Ausstellung 25. Oktober 2005-27. April 2006. Münster: Aschendorff

Schäfer, Franka (2007): Einleitung, in: Hoffmeister, Dieter (Hg.): Von Bettlern und Business-Menschen; S. 11-38

Schäfers, Gottfried (1979): Als unser Münster sich wieder machte. Erinnerungen an den Wiederaufbau. Münster: J.C. Fahle

Scharf, Edmund (1947): Vortrag vor dem kleinen Rat am 10. November 1947 über die „Sicherung der Baudenkmale in der Altstadt von Münster", in: Stadt Münster (1980); S. 82-85

– (1949): Der Prinzipalmarkt im Wiederaufbau = Das schöne Münster. Gestern, heute und morgen. Sonderheft 1949

– (1956): Der Wiederaufbau der Stadt Münster (Westf.), in: Deutsche Bauzeitschrift – Fachblatt für Entwurf und Ausführung. Heft 7/1956; S. 731-739

Schepers, Josef (1965): Westfalen in der Geschichte des nordwestdeutschen Bürger- und Bauernhauses, in: Aubin, Hermann u.a. Hg.): Der Raum Westfalen. Band IV: Wesenszüge seiner Kultur. Zweiter Teil: Beiträge zur Volkskunde und Baugeschichte. Münster: Aschendorff; S. 123-228

Schepper, Rainer (1990): Karl Wagenfeld – ein Wegbereiter des Nationalsozialismus. Spuren eines deutschen Heimatdichters, in: Quickborn. Zeitschrift für plattdeutsche Sprache und Dichtung. 80. Jahrgang, Nr. 2; S. 104-119

Schivelbusch, Wolfgang (1983): Das Paradies, der Geschmack und die Vernunft. Eine Geschichte der Genußmittel. Frankfurt/M., Berlin: Ullstein (Orig. München 1980)

Schmidt, Christoph (2006): Nationalsozialistische Kulturpolitik im Gau Westfalen-Nord. Regionale Strukturen und lokale Milieus (1933-1945). Paderborn u.a.: Schöningh

Schmidt, Matthias (1982): Albert Speer. Das Ende eines Mythos. Bern, München: Scherz

Schmidt-Lauber, Brigitta (2003): Gemütlichkeit. Eine kulturwissenschaftliche Annäherung. Frankfurt/M., New York: Campus

Schröder, Stefan (2005): Displaced Persons im Landkreis und in der Stadt Münster 1945-1951. Münster: Aschendorff

– (1997): Trümmerräumung durch Displaced Persons in Münster 1946/47, in: Westfälische Zeitschrift Nr. 147, 1997; S. 221-232

Schroeder, Gerd (1960): Münster – Stadt der Westfälischen Landwirtschaft = Das Schöne Münster. Neue Folge, Heft 22

Schwarze, Gisela (1999): Gefangen in Münster. Kriegsgefangene – Zwangsarbeiter – Zwangsarbeiterinnen 1939 bis 1945 = Kleine Schriften aus dem Stadtarchiv Münster Bd. 4. Essen: Klartext

– (2005): Die Sprache der Opfer. Briefzeugnisse aus Russland und der Ukraine zur Zwangsarbeit als Quelle der Geschichtsschreibung. Kommentiert und herausgegeben von Gisela Schwarze. Essen: Klartext

Sennebogen, Waltraud (2005): Propaganda als Populärkultur? Werbestrategien und Werbepraxis im faschistischen Italien und in NS-Deutschland, in: Reichardt, Sven/Nolzen, Armin (Hg.): Faschismus in Italien und Deutschland. Studien zu Transfer und Vergleich. Göttingen: Wallstein; S. 119-147

Sierek, Karl (2007): Foto, Kino und Computer. Aby Warburg als Medientheoretiker. Hamburg: Philo Verlag

Sievers, Karen (2007): Center-Science – Kunden- und Verhaltensforschung als Grundlage der Planung und Betreibung von Shopping-Centern, in: Wehrheim, Jan: Shopping Malls; S. 225-240

Spieker, Christoph (2001a): Die Befehlshaber der Ordnungspolizei im Wehrkreis VI – biographische Skizzen, in: Kenkmann/Ders.: Im Auftrag; S. 192-199

– (2001b): Export von Münster nach Den Haag: BdO Dr. Heinrich Lankenau (1891-1983), in: Kenkmann/Ders.: Im Auftrag; S. 176-191

Stadt Münster (1980): Dokumentation Wiederaufbau. Materialsammlung. Redaktion: Niels Gutschow, Regine Stiemer, Stadtplanungsamt = Beiträge zur Stadtforschung, Stadtentwicklung, Stadtplanung, 6/1980

– (Hg.) (2007): 10 Jahre Beirat für Stadtgestaltung Münster. Steinfurt: Tecklenborg Verlag

Stadtmuseum Münster (1983): Bomben auf Münster. Ausstellung über die Luftangriffe auf Münster im Zweiten Weltkrieg. 10. Oktober 1983-29. April 1984. Münster: Aschendorff

Steinborn, Erwin (1954): Die Universitätsbibliothek Münster, in: Thiekötter, Hans: Münster, Stadt des Buches = Das schöne Münster. Neue Folge, Sonderheft 1954; S. 7-10

Steinert, Heinz (2002): Kulturindustrie. 2., überarb. Auflage. Münster: Westfälisches Dampfboot

– (2007): Die Widerständigkeit der Theorie. Abschiedsvorlesung anlässlich der Emeritierung auf der Professur für Soziologie, Schwerpunkt Devianz und soziale Ausschließung, am Fachbereich Gesellschaftswissenschaften der J.W.Goethe-Universität Frankfurt am Main, in: Soziologie. Forum der Deutschen Gesellschaft für Soziologie. Jahrgang 36, Heft 4, 2007; S. 382-395

Süß, Winfried (2003): Der „Volkskörper“ im Krieg. Gesundheitspolitik, Gesundheitsverhältnisse und Krankenmord im nationalsozialistischen Deutschland 1939-1945. Oldenbourg Wissenschaftsverlag.

Terlinden, Ulla (1990): Kritik der Stadtsoziologie – Zur Raumrelevanz der Hauswirtschaft, in: Dörhöfer, Kerstin (Hg.) (1990): Stadt – Land – Frau; S. 31-65

Termeer, Marcus (2005): Verkörperungen des Waldes. Eine Körper-, Geschlechter- und Herrschaftsgeschichte. Bielefeld: transcript

– (2009): Gartenstadt als Disziplinar-Raum. Zur politischen Wirkmacht von „Heimatschutz“-Siedlungen, in: Seidl, Ernst (Hg.): Politische Raumtypen. Zur Wirkungsmacht öffentlicher Bau- und Raumstrukturen im 20. Jahrhundert = Kunst und Politik. Jahrbuch der Guernica-Gesellschaft Bd. 11. Göttingen: v & r unipress; S. 71-86

Teuteberg, Hans-Jürgen (1994): Bevölkerungsentwicklung und Eingemeindungen (1816-1945), in: Jakobi, Franz-Josef (Hg.): Geschichte der Stadt Münster, Bd. 2: Das 19. und 20. Jahrhundert (bis 1945). Münster: Aschendorff 1994; S. 331-386

Thien, Hans-Günter/Wienold, Hanns/Preuß, Sabine (Hg.) (1984): Überwältigte Vergangenheit – Erinnerungsscherben. Faschismus und Nachkriegszeit in Münster i.W. Münster: Westfälisches Dampfboot

Thier, Bernd (2000): Münster – „Die Wiedertäuferstadt“. Über den Umgang mit der eigenen Geschichte, in: Stadtmuseum Münster (Hg.): Das Königreich der Täufer. Bd. 2: Die münsterischen Täufer im Spiegel der Nachwelt. Münster: Stadtmuseum; S. 6-21

Urban, Hans-Jürgen (Hg.) (2006): ABC zum Neoliberalismus. Von „Agenda 2010“ bis „Zumutbarkeit“. Hamburg: VSA-Verlag

Van Dyk, Silke/Schauer, Alexandra (2008): Kontinuitäten und Brüche, Abgründe und Ambivalenzen. Die Soziologie im Nationalsozialismus im Lichte des Jenaer Soziologentreffens von 1934, in: Van Dyk, Silke/Lessenich, Stephan (Hg.): Jena und die deutsche Soziologie. Der Soziologentag 1922 und das Soziologentreffen 1934 in der Retrospektive. Frankfurt/m., New York: Campus; S. 100-120

Vieten, Bernward (1980): Medizin ohne Menschlichkeit. Rassenhygiene und Kriegsforschung an der Medizinischen Fakultät Münster, in: Kurz, Lothar (Hg.): 200 Jahre zwischen Dom und Schloß; S.104-116

Vinken, Gerhard (2006): Gegenbild – Traditionsinsel – Sonderzone. Altstadt im modernen Städtebau, in: Scheuermann, Ingrid/Meier, Hans-Rudolf (Hg.): Echt – alt – schön – wahr. Zeitschichten der Denkmalpflege. München, Berlin: Deutscher Kunstverlag; S. 190-201

Voigt, Wolfgang (1985): Die Stuttgarter Schule und die Architektur des Dritten Reiches, in: Frank, Hartmut (Hg.): Faschistische Architekturen; S. 234-250

Volmer, Julia (2001): Zur Hausgeschichte nach 1945. Die Villa ten Hompel 1953 bis 1968 – ‘Wiedergutmachung’ an einem Täterort, in: Kenkmann, Alfons/Spieker, Christoph (Hg.): Im Auftrag; S. 342-364

Vollmer, Walter (1963): Metropolis Westphaliea = Das schöne Münster, Neue Folge, Heft 39

Voswinkel, Stefan (2004): Kundenorientierung, in: Bröckling, Ulrich/Krasmann, Susanne/Lemke, Thomas (Hg.): Glossar der Gegenwart; S. 145-151

Weber-Kellermann, Ingeborg u.a. (2003): Einführung in die Volkskunde/Europäische Ethnologie. Eine Wissenschaftsgeschichte. Dritte Auflage. Stuttgart, Weimar: Metzler

Wehrheim, Jan (Hg.) (2007a): Shopping Malls. Interdisziplinäre Betrachtungen eines neuen Raumtyps. Wiesbaden: VS Verlag für Sozialwissenschaften

– (2007b): Die Ordnung der Mall, in: Ders. (Hg.): Shopping Malls; S. 277-294

– (2002): Die überwachte Stadt. Sicherheit, Segregation und Ausgrenzung. Opladen: Leske + Budrich

Weidner, Marcus (1984): Nur Gräber als Spuren. Das Leben und Sterben von Kriegsgefangenen und „Fremdarbeitern“ in Münster während der Kriegszeit 1939-1945. Münster: Westfälisches Dampfboot

Welz, Gisela (1994): Der Tod des Lokalen als Ekstase des Lokalismus, in: Noller, Peter/Prigge, Walter/Ronneberger, Klaus (Hg.): Stadt-Welt; S. 218-225

Werland, Walter (1970a): Münster – so wie es war. Düsseldorf: Droste

– (1970b): Pinkus Müller. Der singende Bierbrauer in Münster. Zum 150jährigen Bestehen der Altbierbrauerei Carl Müller. Münster: Selbstverlag Pinkus Müller

– (1971): Altes Gasthaus Leve. Münsters älteste Herberge, erbaut 1607. Besitzer: Josef Horstmöller. Münster: Selbstverlag Josef Horstmöller

– (1979): Münster – so wie es war 2. Düsseldorf: Droste

Wienold, Hanns/Thien, Hans-Günter (1984): Katastrophale Zeiten. Vier Essays zum deutschen Umgang mit Geschichte und Gegenwart. Von der Unzulänglichkeit der Moral – Vermessung des Grauens – Ein Gesamtbauwerk – 8. Mai 1985, in: Thien/Wienold/Preuß (Hg.): Überwältigte Vergangenheit – Erinnerungsscherben; S. 157-190

Wigger, Iris (2007): Die „Schwarze Schmach am Rhein“. Rassistische Diskriminierung zwischen Geschlecht, Klasse, Nation und Rasse. Münster: Westfälisches Dampfboot

Wimmer, Ulla (2004): Kultur messen: Zählen, Vergleichen und Bewerten im kulturellen Feld. Berlin: Logos-Verlag

Wolf, Gustav (1938): Vom guten Bauen = Heim und Handwerk. Eine Schriftenreihe des Westfälischen Heimatbundes. Heft 2. Münster: Verlag Westfälische Vereinsdruckerei

– (1950): Baufibel für das nördliche Westfalen. München: Verlag Georg D.W. Callwey

Wolf, Hubert (2006): Clemens August Graf von Galen. Gehorsam und Gewissen. Frieburg/Br. u.a.: Herder

Zinganel, Michael (2003): Real Crime. Architektur, Stadt & Verbrechen. Wien: edition selene

Zukin, Sharon (1998): Städte und die Ökonomie der Symbole, in: Kirchberg, Volker/Gröschel, Albrecht (Hg.): Kultur in der Stadt; S. 27-40

Akten und andere städtische Druckwerke

Beschlussvorlage Bäder (2005): Der Oberbürgermeister, Dezernat II. Öffentliche Beschlussvorlage, Vorlagen-Nr.: V/0844/2005: Zukünftige Entwicklung der städtischen Bäderlandschaft – Ergebnis des Gutachtens und Entscheidung über das weitere Vorgehen. 27. Oktober 2005

– (2005): Der Oberbürgermeister, Sportamt. Öffentliche Beschlussvorlage, Vorlagen-Nr.: V/0131/2007/1. Erg.: Weiterentwicklung der Bäderlandschaft in Münster. 22. März 2007

ISM (2004): Integriertes Stadtentwicklungs- und Stadtmarketingkonzept. Prozessdokumentation. Herausgegeben von der Stadt Münster

Kulturausschuss (2007): Stadt Münster, 9.10.2007. Niederschrift über die Sitzung (öffentlicher Teil) des Kulturausschusses am Dienstag 18.9.2007

Münster bekennt Farbe (2007): Flyer zum Wettbewerb „Entente Florale Europe". Herausgeberin: Stadt Münster, Amt für Grünflächen und Umweltschutz, Presse- und Informationsamt. Januar 2007

Münster-Morphosen (2009): Die Stadt zum Mitmachen, Diskutieren und Entdecken. 12 Projekte laden Sie dazu ein, Münster neu zu begreifen – unter dem Motto: „Stadt. Einfach Machen", 18.-26.09.2009. Programmflyer. Herausgeber: Münster Marketing

ObVO GE (2008): Ordnungsbehördliche Verordnung über die Aufrechterhaltung der öffentlichen Sicherheit und Ordnung im Gebiet der Stadt Gelsenkirchen (ObVO GE) vom 15. Mai 2008

Rödl & Partner (2006): Abschlussbericht: Beratung und Begleitung der Stadt Münster bei der Konsolidierung des städtischen Haushalts 2007ff. 24. Juli 2006. Autor: Heiko Pech

Stadt Münster (2006): Fahrradhauptstadt Münster. Alle fahren Rad: gestern, heute morgen

Stadt Münster Kulturhauptstadt (2004): Münster – Kulturhauptstadt für Europa 2010. Flyer zur Bewerbung 2004

Wirtschaftsförderung Münster (Hg.) (2006): Standort Münster.Land. Visionen schaffen Zukunft! Messeflyer zur Immobilioenmesse Expo Real München

'Neue Medien'

Ab in die Mitte Geschichte (2009): Ab in die Mitte! Die City-Offensive NRW: www.abindiemitte.de; abgerufen am 2. Oktober 2009

ADFC (2005): www.adfc.de/2596_1; abgerufen am 15. Juli 2008

architektur stadt ms (März 2008): architekturstadtms0803.pdf, in: www.architekturstadt.ms; abgerufen am 29. August 2009

BPC Branchen (2008): www.bpc.ag/Branchen/ALT-Oeffentliche-Verwaltung/Integriertes-oeffentliches-Rechnungswesen.html; abgerufen am 29. Juli 2009

BPC Philosophie (2008): www.bpc.ag/Wir-ueber-uns/Philosophie.html; abgerufen am 29. Juli 2009

Bürgerbad Handorf (2009): www.buergerbad-handorf.de; abgerufen am 2. Januar 2009

Bürgerbad Münster Süd (2008a): www.suedbad-muss-bleiben.de; abgerufen 12. Dezember 2008

– (2008b): www.suedbad-muss-bleiben.de/?m=200705; abgerufen 12. Dezember 2008

Bürgerzeitung für Mönchengladbach und Umland (2007): www.bz-mg.de/index.php/rwe-aktien-jansen-winkeln-fdp-mit-rundumschlag-kollateralschaden-in-kauf-genommen; abgerufen am 12. Januar 2009

CM Aufgaben (2009): www.cm-immobilien-entwicklung.de/aufgaben.php; abgerufen am 9. September 2009

CM Objekte (2009): www.cm-immobilien-entwicklung.de/objekt.details.php?ID=488PARENT=%2FaktuelleProjekte.php&GRUPPE=Aktuelle+Projekte; abgerufen am 9. September 2009

CM Referenzen (2009): www.cm-immobilien-entwicklung.de/obkjekt.details.php?ID=50&PARENT=%2Freferenzen.php&GRUPPE=Referenzen; abgerufen am 9. September 2009

Comfort Center Consulting (2009): www.comfort.de/de/index.php?content=consulting&sub=center&page=leistungen; abgerufen am 12. August 2009

DSD (2008): DSD – Der Sicherheitsdienst. Verbandsorgan des Bundes Deutscher Wach- und Sicherheitsdienste (BDWS) und der Bundesvereinigung Deutscher Geld- und Wertdienste (BDGW). Heft 4/2008

DStGB Doppik-Neu (2008): Deutscher Städte- und Gemeindebund. Dokumentation Nr. 78. Doppik in den kommunalen Haushalten. Auswirkungen auf die Kreisumlage: www.dstgb.de/kommunalreport/einfuehrung_der_doppik_und_kreisumlage/doku78_doppikneu.pdf; abgerufen am 10. Januar 2009

DUH (2009): Deutsche Umwelthilfe: Wettbewerb „Bundeshauptstadt im Klimaschutz“: www.duh.de/1881.html; abgerufen am 13. August 2009

Fassadenpreis (2003): www.fassadenpreis.de/engelstr49.html; abgerufen am 5. September 2009

Frankonia Eurobau Home (2009): www.frankonia-eurobau.de; abger. am 18. Februar 2009

Frankonia Eurobau Leistungsspektrum (2009): www.frankonia-eurobau.de/de/unternehmen/leistungsspektrum; abgerufen am 20. Februar 2009

Frankonia Eurobau Philosophie (2008): www.frankonia-eurobau.de/de/unternehmen/pphilosophie/; abgerufen am 20. September 2008

Frankonia Eurobau Projekte (2008a): www.frankonia-eurobau.de/de/projekte/kategorie/premium-quartiere/; abgerufen am 20. September 2008

– (2008b): www.frankonia-eurobau.de/de/projekte/alle/klostergaerten/; abgerufen am 5. September 2008

Frankonia Eurobau Quartiersentwicklung (2008): www.frankonia-eurobau.de/de/Themen/Quartiersentwicklung/; abgerufen am 8. November 2008

Frankonia Eurobau Zielgruppen (2008): www.frankonia-eurobau.de/de/unternehmen/Zielgruppen/; abgerufen am 20. September 2008

Holstein Brasserie (2009): www.butterhandlung-holstein.de/brasserie; abgerufen am 3. September 2009

ICG (2009): www.icg.eu.com/1256_DE-Referenzen-Staedtische_Buehnen_Muenster.htm; abgerufen am 22. Januar 2009

INSM Städteranking (2007): www.insm-wiwo-staedteranking.de/stadt_muenster.html; abgerufen am 5. Mai 2009

ISI (2009): Initiative Starke Innenstadt. www.isi-muenster.de; abgerufen am 21. August 2009

ISI Projekte (2009): Initiative Starke Innenstadt: Projekte. http://p59021.typo3server.info/projekte.html; abgerufen am 21. August 2009

ISI Wir über uns (2009): Initiative Starke Innenstadt: Wir über uns. http://p59021.typo3server.info/wir-ueber-uns.html; abgerufen am 21. August 2009

Kleihues Münster Arkaden (2002): Kleihues + Kleihues: Münster Arkaden. www.kleihues.com/de/index.php?u=/de/mainbody/body/projekte/scm/set.php; abgerufen am 5. Oktober 2007

Kleiner Kiepenkerl Geschichte (2008): www.kleiner-kiepenkerl.de/unsere_geschichte.html; abgerufen am 22. Mai 2008.

Klostergärten Doorman (2008): www.klostergaerten-muenster.de/doorman.html; abgerufen am 10. November 2008

Klostergärten Entwickler (2008): www.klostergaerten-muenster.de/entwickler.html; abgerufen am 9. November 2008

Klostergärten Film (2009): www.klostergaerten-muenster.de; abgerufen am 25. Juli 2009

Klostergärten Idee (2008): www.klostergaerten-muenster.de/idee.html, abgerufen am 15. November 2008

Klostergärten Impressum (2008): www.klostergaerten-muenster.de/impressum.html, abgerufen am 9. November 2008

Klostergärten Index (2008): www.klostergaerten-muenster.de/index2.html; abgerufen am 10. November 2008

Klostergärten Service (2008): www.klostergaerten-muenster.de/service.html; abgerufen am 15. November 2008

Klostergärten Verkauf (2009): www.klostergaerten-muenster.de; abgerufen am 25. Juli 2009

KOD GE (2007): www.gelsenkirchen.de/Leben_in_GE/Pressestelle/Kommunaler_Ordnungsdienst.asp: abgerufen am 15. September 2008

Kresing (2009): Kresing Architekten Münster: www.kresing.de/indexflash1.htm; abgerufen am 28. September 2009

Lenbach-Gärten Sammlung Frankonia (2008): www.lenbach-gaerten.de/sammlung_frankonia/index.html; abgerufen am 26. November 2008

Lexikon Westfälischer Autorinnen und Autoren 1750 bis 1950 (2009): www.lwl.org/literaturkommission/alex/index.php?id=00000003&letter_k&layout=2&author_id=00000733; abgerufen am 23. Mai 2009

LivCom Awards (2009): www.livcomawards.com; abgerufen am 20. Februar 2009

LivCom Awards Benefits (2009): www.livcomawards.com/2009-awards/benefits.htm; abgerufen am 20. Februar 2009

LivCom Awards Previous Winners (2009): www.livcomawards.com/previous-winners/2004.htm; abgerufen am 20. Februar 2009

Löw, Martina (2006): Immer einzig und überall gleich. Chancen und Risiken moderner Städte. Vortrag auf dem 33. Römerberggespräch: „Der Umbau der Städte", Frankfurt/M., 21. Januar 2006, in: www.raumsoziologie.de

Muckel, Petra (1996): Orte und Erinnerungen, in: Dröge-Modelmog, Ilse u.a. (Hg.): Frauen- und Geschlechterforschung. Standortbestimmung und Perspektive. Frauenstudienwoche vom 17.-21. Juni 1996. docserver.bis.uni-oldenburg.de/publikationen/bisverlag/drofra97/kap10.pdf, S. 101-106

Münster Arkaden (2009): www.arkadenmuenster.de; abgerufen am 14. August 2009

Münster Arkaden Anfahrt (2009): www.arkadenmuenster.de/anfahrt.php?kat=anfahrt; abgerufen am 12. August 2009

Münster Arkaden Konzept (2009): Die Münster Arkaden. www.arkadenmuenster.de/die_arkaden.php?kat=arkaden; abgerufen am 14. August 2009

Münster Arkaden Kultur (2009): www.arkadenmuenster.de/picasso.php?kat=kultur; abgerufen am 14. August 2009

Münster Marketing (2009a): www.muenster.de/stadt/tourismus/mm.html; abgerufen am 5. Januar 2009

– (2009b): www.muenster.de/stadt/tourismus/muenster-marketing.html; abgerufen am 21. August 2009)

Münster Marketing A-Z (2009): www.muenster.de/stadt/tourismus/a-bis-z.html; abgerufen am 5. Januar 2009

Münster Marketing Fahrradhauptstadt (2009): www.muenster.de/stadt/tourismus/fahrradhauptstadt.html; abgerufen am 5. September 2009

Münster Marketing Münster-Morphosen (2009): www.muenster.de/stadt/torismus/muenstermorphosen.html; abgerufen am 20. September 2009

Münsterpress (31. Oktober 2006): www.muensterpress.de/meldung.php?meldung=17&Page=18; abgerufen am 15. Januar 2009

MZ Topnews (2009a): www.muensterschezeitung.de/lokales/Muenster/top/Topnews;art17120,490922; abgerufen am 23. Februar 2009

– (2009b): www.muensterschezeitung.de/lokales/Muenster/top/Topnews;art17120,491092; abgerufen am 23. Februar 2009

NKF-Netzwerk (2008): www.neues-kommunales-finanzmanagement.de/cms/website.php; abgerufen am 30. Dezember 2008

NRW-Tournews: Newsletter des Nordrhein-Westfalen Tourismus e.V. Köln – der touristische Informationsdienst für Nordrhein-Westfalen

PresseInfo: Stadt Münster Presse- und Informationsamt: www.muenster.de/stadt/presse

Prinzipalmarkt Grümer (2007): www.prinzipalmarkt.de/was_und_wo/geschaefte/gruemer/?idkau=12; abgerufen am 16.11. 2007

Prinzipalmarkt Petzhold (2007): www.prinzipalmarkt.de/was_und_wo/geschaefte/petzhold/?idkau=4; abgerufen am 16.11. 2007

Raphaelsklinik (2008): www.raphaelsklinik.de; abgerufen am 25. November 2008 und 17. Dezember 2008

Rlp-doppik (2005): Empfehlungen zur Erstellung eines produktbezogenen Kennzahlensystems als mögliche Grundlage für einen interkommunalen Vergleich. Stand 29. Juni 2005. www.rlp-doppik.de/Schlussbericht/Folder.2005-07-14.5704898145/02%20Abschlussbericht%20Kennzahlensystem.pdf

Rödl Deutschland (2009): www.roedl.de/Deutschland_National.Roedl?ActiveID=1015; abgerufen am 14. Januar 2009

Rödl Haushaltskonsolidierung (2009): www.roedl.de/Haushaltskonsolidierung.Roedl?ActiveID=1027; abgerufen am 14. Januar 2009

Rödl Kommunales Treasury (2009): www.roedl.de/Kommunales_Treasury.Roedl?ActiveID=1028; abgerufen am 14. Januar 2009

Rödl NKF (2009): www.roedl.de/Neues_Kommunales_Finanzmanagement.Roedl?ActiveID=1311; abgerufen am 14. Januar 2009

Rödl Öffentlicher Sektor (2009): www.roedl.de/Oeffentlicher_Sektor.Roedl?ActiveID=1026; abgerufen am 14. Januar 2009

Rödl PPP (2009): www.roedl.de/Public_Private_Partnership_und_Vergaberecht.Roedl?ActiveID=1035; abgerufen am 14. Januar 2009

Rödl Standorte (2009): www.roedl.de/Standorte.Roedl?ActiveID=1015; abgerufen am 14. Januar 2009

Sachs, Angeli C. F. (2002): Neue Formen der Erinnerung. Zwei Mahnmale von Jenny Holzer und Sol LeWitt in Deutschland, in: kunsttexte.de 3/2002

Soziale Stadt Programm (2009): www.sozialestadt.de/programm; abgerufen am 4. Juli 2009

Stadt Mühlheim an der Ruhr (2008): Pressemeldung vom 16. April 2008; in: www.muehlheim-ruhr.de/cms/ob_muehlenfeld_sicherheit_ist_ein_wichtiger_standortfaktor.html; abgerufen am 19. September 2008

Stadt Münster Jahresstatistik (2007): in: www.muenster.de/stadt/stadtplanung/pdf/Jahres-Statistik-2007.pdf; abgerufen am 13. September 2009

Stadt Münster Kommunale Umfragen (2009): www.muenster.de/stadt/stadtplanung/strategie-umfragen.html; abgerufen am 17. September 2009

Stadt Münster Kommunalwahl (2009): www.stadt-muenster.de/wahlen/kommunal2009/Rat/index.html; abgerufen am 1. September 2009

Stadtplanung Münster Radverkehr (2009): www.muenster.de/stadt/stadtplanung/radverkehr.html; abgerufen am 9. September 2009

Stadtmuseum Münster (2002): Denk ich an Münster. Von Souvenirs und dem Image der Stadt. Informationstext zur Ausstellung vom 10. November 2002 bis 27. April 2003, in: www.muenster.de/stadt/museum/archiv_36269.htm; abgerufen am 11. Juli 2008

– (2008): Informationstext zur Ausstellung „Individualität und Zeitgeist. Carl Busch (1905-1973)“, 27. Juni-5. Oktober 2008, in: www.muenster.de/stadt/museum/sonderausstellungen_ausstellung-busch.html; Stand 20. Oktober 2008

Stadtwerke Münster Preise (2009): Tickets und Preise für Fahrten im Stadtgebiet Münster, in: www.stadtwerke-muenster.de/fahrgaeste/tickets/preise-fuer-muenster.html; abgerufen am 14. September 2009

Stadtwerke Münster Umwelt-Busse (2009): Umweltbusse für die Klimahauptstadt Münster, in: www.stadtwerke-muenster.de/fahrgaeste/wissenswertes/umwelt-busse.html; abgerufen am 14. September 2009

Stadt Solingen (2005): Interkommunaler Vergleich – Benchmarking HzE 2003. Informationsvorlage für den Jugendhilfeausschuss der Stadt Solingen vom 31. Januar 2005. www2.solingen.de/Ebuero/ablviarv.nsf/HTML/DCE3F4C9598083F0C1256F88004CA460/$File/Interkommunaler%20Vergleich%20-%20Be.pdf

WBI (2009): Westfälische Bauindustrie: www.wbi-muenster.de/index.php; abgerufen am 5. September 2009

WBI Engelenschanze (2009): www.wbi-muenster.de/parkeninms/engelenschanze/beschreibung.php; abgerufen am 5. September 2009

Wenzel Consulting Bäderkonzept (2005): Entwicklungsanalyse – Bäderkonzept Stadt Münster: www.wenzel-consulting.de/pdf/refwasser/muenster_entwicklungsanalyse_baederkonzept.pdf; abgerufen am 14. Januar 2009

Wenzel Consulting (2009): www.wenzel-consulting.de; abgerufen am 14. Januar 2009

Wenzel Consulting Kultur (2009): www.wenzel-consulting.de/refkultur.html; abgerufen 14. Januar 2009

WFM (2009): Wirtschaftsförderung Münster: www.wfm-muenster.de; abgerufen am 15. August 2009

WFM Immobilien (2009): www.wfm-muenster.de/index3.htm; abgerufen am 12. August 2009

WFM Index (2009): www.wfm-muenster.de/index10.htm; abgerufen am 1. Juli 2009

WFM Standort (2009): www.wfm-muenster.de/Index45.htm, abgerufen am 12. August 2009

WIN (2009): Wirtschaftsinitiative Münster: www.win-muenster.de/183.html; abgerufen am 20. August 2009

WIN Akteure (2009): Wirtschaftsinitiative Münster: Akteure für Münster: www.win-muenster.de/195.html; abgerufen am 20. August 2009

WIN: BID (2009): Wirtschaftsinitiative Münster: Marketing für Münsters Innenstadt (BID): www.win-muenster.de/206.html; abgerufen am 19. Januar 2009

WIN Fremdbildanalyse (2009): Wirtschaftsinitiative Münster: Münsters Profil stärken: www.win-muenster.de/228.html; abgerufen am 20. August 2009

WIN Ziele (2009): Wirtschaftsinitiative Münster: Die WIN-Ziele: Gemeinsam weiter kommen: www.win-muenster.de/196.html; abgerufen am 20. August 2009

Clemens Knobloch

Wir sind doch nicht blöd!

Die unternehmerische Hochschule

2010 – 264 Seiten – € 24,90

ISBN 978-3-89691-790-4

Werner Rügemer

Colonia Corrupta

Globalisierung, Privatisierung und Korruption im Schatten des Kölner Klüngels

6. überarbeitete und erweiterte Auflage

2010 – 214 Seiten – € 19,90

ISBN 978-3-89691-525-2

Stefan Selke

Fast ganz unten

Wie man in Deutschland durch die Hilfe von Lebensmitteltafeln satt wird

2. Auflage

2009 – 231 Seiten – € 19,90

ISBN 978-3-89691-754-6

Werner Rügemer (Hrsg.);

ArbeitsUnrecht

Anklagen und Alternativen

2009 – 251 Seiten – € 24,90

ISBN 978-3-89691-780-5